Die Wasserversorgung

Von

Dr.-Ing. E. h. Joseph Brix †
Geh. Regierungsrat
Prof. a. d. Technischen Hochschule Berlin

Dipl.-Ing. Hermann Heyd †
Staatlicher Baurat im technischen
Schuldienst, Frankfurt a. M.

Dr.-Ing. Ernst Gerlach
Prof. an der Technischen Universität
Berlin Charlottenburg

5. verbesserte Auflage mit 123 Abbildungen

Verlag von R. Oldenbourg · München 1952

INHALTSVERZEICHNIS

1*

4 Inhaltsverzeichnis

VORWORT

Fertig ausgedruckt ging die fünfte Auflage dieses Buches im November 1944 bei den Luftangriffen auf München zum größten Teil verloren. Nunmehr erscheint sie zum zweiten Male, erweitert und verbessert auf Grund der Ergebnisse der dazwischenliegenden Zeit.

Mein verehrter Lehrer, Herr Geheimrat Dr. -Ing. E. h. Joseph Brix, verstarb noch während des Krieges im Januar 1943, Herr Baudirektor Dipl.-Ing. Hermann Heyd folgte ihm im Februar 1946 nach.

Geheimrat Brix war dieses Buch derart ans Herz gewachsen, daß er noch wen'ge Tage vor seinem Tode kurz nach Abschluß der letzten Auflage neue Anregungen für weitere Verbesserungen gab. Mit der gleichen Selbstverständlichkeit, mit der er davon sprach, daß er die nächste Auflage nicht mehr erleben würde, stellte er auch seine letzten praktischen Erkenntnisse und Erfahrungen für sein Lieblingsbuch — wie er es nannte — zur Verfügung. Mit der gleichen Liebe arbeitete Dipl.-Ing. Heyd; sofort nach seiner Rückkehr in die Heimat am Ende des Krieges begann er mit der Neubearbeitung des ersten Teiles und nahm mit dem Unterzeichneten den Schriftverkehr zur Vorbereitung der Neuauflage wieder auf.

Es ist dankenswert, wenn der Verlag den Wunsch hatte, das Buch noch einmal in möglichst unveränderter Form herauszugeben als Ehrung und zum Gedächtnis der Verstorbenen, deren fachliches Wissen und Können ihnen die Achtung und Hochschätzung des In- und Auslandes sicherte. Allerdings forderten die inzwischen eingetretenen Änderungen der geltenden Bestimmungen und gesetzlichen Grundlagen, die zahlreichen in der Zwischenzeit gewonnenen Erkenntnisse und das Bekanntwerden der Erfahrungen des Auslandes, schließlich die erhöhte Bedeutung der Wasserversorgungsbauten wie auch der Baukosten eine weitgehende Neubearbeitung, bei der teilweise nur noch die Aufgliederung beibehalten werden konnte. Zu überarbeiten war besonders der chemisch-physikalische Teil. Ergänzt werden mußte die Literatur, die bis zum Ende des Jahres 1951 ausgewertet werden konnte.

Bei der Neubearbeitung habe ich für zahlreiche Anregungen zu danken, ganz besonders Herrn Dipl.-Chem. Dr. F. Boettcher vom Deutschen Verein von Gas- und Wasserfachmännern, den Herren der Direktion der Berliner Wasserwerke, allen den Herren der Städte und Firmen, die mir Unterlagen zur Verfügung gestellt haben, und meinen Mitarbeitern am Lehrstuhl.

Schließlich habe ich einen besonderen Dank dem Verlag abzustatten, dessen Herren in mühevoller und langwieriger Arbeit für die Herausgabe und Ausstattung des Buches Sorge getragen haben.

E. Gerlach

AUS DEM VORWORT DER 2. AUFLAGE

Im Vorwort zur ersten Auflage habe ich darauf hingewiesen, daß die Aufgaben der neuzeitlichen Wasserversorgung durch Umsiedlung, Meliorationsanlagen, wachsenden Wasserverbrauch für Industrie, Gewerbe und Heeresbedarf, nicht zuletzt durch Aussiedlung und Neuanlage von Industrien und Gewerbebetrieben in hohem Maße beeinflußt werden. Dabei treten auch Fragen der Erschließung von Wassergewinnungsgebieten und der Wahl von Wassergewinnungsstellen in den Vordergrund. Im Zusammenhang damit stellen sich neue Aufgaben für Planung und Leistung ein, wie z. B. die Durchführung von Gemeinschaftswasserversorgungen oder auch von Fernwasserversorgungen, ausgehend von der Wassergewinnungsstelle bis zur Verbrauchsstätte.

Die laufende Unterhaltung, die ständige Beaufsichtigung, die dauernde Instandhaltung der Wasserwerke und die Sicherung des Wasservorrats bedürfen der fortwährenden Fürsorge und Überwachung durch Techniker, Hygieniker, Bakteriologen, Chemiker, Wirtschaftsprüfer, Verwaltungsbeamte und Ärzte. Von dem Gedanken ausgehend, daß diese Kreise und ihr Nachwuchs ein zeitgemäßes, das ganze Gebiet umfassendes Werk über Wasserversorgung brauchen, habe ich das vorliegende Werk geschaffen. Es ist ein Handbuch, vor allem aber ein Leitfaden, der alles Neue aus seinem Gebiete bringt und in dem nichts übergangen ist, was dem Lernenden und dem Praktiker von Nutzen ist.

Das beigegebene sorgfältig bearbeitete Schrifttums-Verzeichnis stellt eine fast lückenlose neuere Bibliographie der Wasserversorgung dar. Ich hoffe, dadurch den Wert des Buches als Quellenwerk und Auskunftsbuch wesentlich gesteigert zu haben. Die Abbildungen wurden in der zweiten Auflage vermehrt und verbessert. Auch die Zahl der Tabellen und Berechnungsweisen konnte vergrößert werden.

J. Brix

I. TEIL

GRUNDLAGEN DER WASSERVERSORGUNG

I. ALLGEMEINES

Die einfache Form der Wasserentnahme unmittelbar aus Quellen und durch Schöpfen aus Wasserstellen, Wasserläufen und Entnahme von angesammeltem Oberflächenwasser wurde bald von besonderen Vorrichtungen abgelöst, durch die das Wasser in guter Beschaffenheit zu erlangen war. Uralte Bezugsstellen dieser Art dienen noch heute der Allgemeinheit (z. B. Brunnen in Mekka, Davidsbrunnen). Die ursprünglichste Form derartiger Bauwerke ist die Zisterne, die auch heute noch unter bestimmten Voraussetzungen angewendet wird.

Mit dem Zusammenschluß von Menschen, mit der Entstehung von Ortschaften hat sich die Erkenntnis vom Werte zentraler Gemeinschaftsanlagen Bahn gebrochen und zu großartigen Bauten in Kleinasien, Ägypten, Griechenland und vor allem im römischen Weltreich geführt. Die Überreste bewundern wir noch heute, zum Teil sind sie noch in Gebrauch (Bologna, Rom, Spalato, Jerusalem). Man beschränkte sich dabei fast ausschließlich auf die Speisung öffentlicher Brunnen und Bäder, Hausversorgungen kamen nur ausnahmsweise vor (Pompeji). Im Mittelalter trat die einheitliche (zentrale) Versorgung zurück, der Einzelbrunnen in den Vordergrund. Erst die Verwendung eines gegen Druck widerstandsfähigen Baustoffes, wie es das Gußeisen darstellt, führte zu einer Änderung (erster Guß eines Rohres angeblich 1672 von Francini). Die Zuleitung von Wasser in die Häuser verbreitete sich erst dann allgemein, als es gelang, den dazu notwendigen Überdruck leicht hervorzurufen. Das geschah im 18. Jahrhundert durch die Durchbildung der Dampfmaschine (Watt 1766). Bis dahin mußten Paternosterwerke, Wasserschnecken u. dgl. aushelfen, mit denen Hausversorgungen nicht möglich waren. Eine Ausnahme machten solche Anlagen, bei denen das Wasser mit natürlichem Gefälle zugeleitet werden konnte.

Zur Dampfmaschine, als dem Erzeuger des notwendigen Überdruckes, trat im 19. Jahrhundert die Vervollkommnung der Bohrtechnik, die es ermöglichte, neben Quell- und Flußwasser auch das Grundwasser für die Versorgung heranzuziehen. Dieses entsprach, als auch heute noch einwandfreiestes Wasser, am besten den mit steigendem Bedarf an die Wasserbeschaffenheit gestellten Anforderungen. Es wurde in immer größerem Umfange dem gereinigten Oberflächenwasser vorgezogen.

Den Ausgleich zwischen dem zu verschiedenen Zeiten verschieden großen Bedarf und dem gleichmäßigen Zufluß schufen Speicherbehälter der

verschiedensten Art, in denen Wasser angesammelt werden konnte. Die
Anlagen wurden noch mehr vervollkommnet, als es durch die elektrische
Kraft (20. Jahrhundert) möglich wurde, die an verschiedenen Orten
einzeln wirkenden Kräfte an einem Punkte zu vereinigen und den Betrieb
übersichtlich zu gestalten. Die weitere Durchbildung aller dieser Errungen-
schaften ermöglichte schließlich auch die gemeinsame Versorgung mehrerer
getrennt liegender Orte (Gruppenwasserversorgung), wie sie heute in
Deutschland in vielen Gegenden besteht (Rauhe Alb, Hessen, Thüringen,
Bayern usw.).

Die einheitliche Versorgung eines Ortes ist unbedingt notwendig. Sie
gewährleistet Gleichmäßigkeit in Beschaffenheit und Güte des Wassers,
sie hilft Epidemien vermeiden und bewirkt damit einen Rückgang der
Sterblichkeit, sie vereinigt die manchmal schwierige Wasserbeschaffung
an geeigneten Orten, sie macht den Wasserbezug billiger und wirtschaftlicher. Wenn sich auch die Einzelversorgung durch Brunnen in den ersten
Betriebsjahren billiger stellen kann, so ist doch die einheitliche Ortsver-
sorgung auf die Dauer immer vorzuziehen. Schließlich ist der gemeinschaftliche Bezug entschieden wirtschaftlicher als die Einzelversorgung.
Das alles hat dazu geführt, daß in Deutschland der größte Teil der Groß-
und Mittelstädte mit einheitlichen Versorgungen versehen ist, und daß
auch in kleineren Gemeinden diese Wasserbezugsart immer mehr an Verbreitung gewinnt. Es hat sich endgültig die Auffassung durchgesetzt, daß
überall die gesamte Wasserbewirtschaftung in geregelte Bahnen zu leiten
ist, und zwar nicht nur für Einzelanlagen, für die Gemeinden, für die
Städte, sondern für ganze Gebiete, ja sogar Landesteile und wo nötig noch
darüber hinaus. Eine geordnete Wasserversorgung im Rahmen der Gesamtwasserwirtschaft zu schaffen, gehört zu den Aufgaben der Landesplanung
beziehungsweise der Raumplanung. Fehler, wie sie immer wieder gemacht
worden sind, weil man Industrien und die dazugehörenden Siedlungsgebiete in Einzugsgebiete legte, die niemals die notwendigen Brauchwassermengen liefern konnten, müssen unbedingt vermieden werden.

Das Wasser hat in unserem Leben und in unserer hochentwickelten Wirtschaft ungezählte Bedürfnisse zu erfüllen. Ohne Wasser war von jeher das
Leben des Menschen unmöglich. Die moderne Entwicklung, insbesondere
die der Industrie, hat aber seinen Wert noch erhöht, so daß Wasser heute
eines unserer wertvollsten Güter ist. Je dichter und je kultivierter die
Besiedlung eines Landes wird, um so mehr hat man erkennen müssen, wie
unentbehrlich und wie wertvoll dieses Gut ist. Durch den Kreislauf in der
Natur hat sich das Wasser selbst davor geschützt, persönliches Eigen-
tum eines einzelnen zu werden. In diesem ewigen Kreislauf hat es die
ungezählten Bedürfnisse aller Menschen und ihrer Wirtschaft zu erfüllen.
Unter diesem Gesichtspunkt ist es zu werten. Seine Bedeutung zwingt
dazu, es im Interesse der Allgemeinheit zu nutzen.

Die Wasserversorgung darf als Teil des Wasserkreislaufes nicht für sich behandelt werden, sie muß vielmehr in stetem Zusammenhang mit den übrigen Nutzungsarten des Wassers bleiben. Sie muß in eine großräumige, planvolle Wasserwirtschaft, die sich über ganz Deutschland erstreckt, eingegliedert werden. Es geht nicht an, daß ein Gemeinwesen für sich allein das Wasser von irgendeinem Punkte bezieht und sich nicht darum kümmert, was aus dem verbrauchten Wasser wird. Es sollen durch eine Bestandsaufnahme die Wasservorkommen in jeder Hinsicht festgehalten werden, es sollen Überschuß- und Mangelgebiete festgestellt und jedem Ort seine Bezugsstelle zugeteilt werden. Dadurch können die fast immer notwendigen Aufbereitungsarten des Wassers in Betracht gezogen und der Verbleib des verbrauchten Wassers geregelt werden.

Ein Ergebnis der Bestrebungen zur Gewinnung einer planvollen Wasserwirtschaft sind die „Richtlinien für die Ordnung der Wasserwirtschaft in der Landes- und Stadtplanung", die im Abschnitt Normung wiedergegeben sind.

Wesentlich zum Erreichen in jeder Beziehung einwandfreier Anlagen haben die wissenschaftlichen Forschungen der Abteilung für Wasser- und Lufthygiene des Robert Koch-Instituts für Hygiene und Infektionskrankheiten in Berlin-Dahlem (Corrensplatz 1) beigetragen, die den Gemeinden bei Anlage ihrer Werke beratend zur Seite steht. Nicht mindere Verdienste haben sich das Bayerische Landesamt für Wasserversorgung in München erworben und schließlich die technisch-wissenschaftliche Facharbeit des Deutschen Vereins von Gas- und Wasserfachmännern.

WIE SOLL TRINKWASSER BESCHAFFEN SEIN?

Trinkwasser soll nicht allein ohne Nachteil für die Gesundheit zu trinken sein, sondern auch als anregendes Genußmittel wirken.

Diese Forderung bedingt das Vorhandensein von bestimmten Eigenschaften physikalischer, chemischer und bakteriologischer Natur.

Chemisch reines Wasser kommt in der Natur nicht vor. Das Wasser nimmt bei seinem Wege durch Luft und Boden immer fremde Bestandteile auf, die, soweit sie schädlich sind, beseitigt werden müssen (Aufbereitung).

Man verlangt von einem Trinkwasser, daß es klar, durchsichtig, farblos, geruchlos ist, daß es eine möglichst gleichbleibende Temperatur besitzt und angenehm schmeckt, daß Krankheitserreger und gesundheitlich schädliche Stoffe in ihm nicht enthalten sind und vor seinem Verbrauch auch nicht aufgenommen werden können. Wasser muß lagerfähig sein, d. h. es darf bei längerem Aufenthalt in Rohren und Speicheranlagen weder Trübungen noch Ausscheidungen zeigen. Eine Übersicht der an Trinkwasser zu stellenden Anforderungen, wie sie normalerweise erwartet werden können, befindet sich im 2. Teil. Nachfolgend sind die Eigenschaften einzeln aufgeführt und Hinweise über die Untersuchung von Trinkwasser gegeben.

1. Physikalische Beschaffenheit

a) Geruch

Trinkwasser soll geruchlos sein. Der persönliche Geruchssinn spielt hierbei mit; ein und dasselbe Wasser scheint dem einem geruchlos, dem andern nicht. Öfter wird der Geruch erst bei Erwärmung bemerkbar.

Darum soll sich die Untersuchung auf die frisch entnommene, geschüttelte Probe und auf eine auf 50° C erwärmte erstrecken. Bei Berührung mit Luft oder bei längerem Stehenlassen der Probe in offener oder geschlossener Flasche kann der Geruch schwinden. Im einzelnen deutet mooriger Geruch auf Huminverbindungen, ebenso machen sich Eisen- und Schwefelwasserstoffgehalt durch Geruch bemerkbar.

b) Geschmack

Er hängt in erster Linie von der Empfindlichkeit der Geschmacksnerven des Menschen ab. Trinkwasser soll erfrischend schmecken. Der Geschmack wird durch den Gehalt an Salzen, Eisen und besonders organischen Stoffen

bestimmt. Geschmacksprüfungen dürfen wegen etwaiger Infektions-
gefahr nur mit Vorsicht vorgenommen werden. Sie sind n a c h der Geruchs-
prüfung auszuführen.

Kostproben sollen auf 30⁰ C erwärmt werden, weil niedrige Temperaturen die
Geschmacksnerven irreführen. Humusstoffhaltiges Wasser schmeckt torfig,
eisenhaltiges tintig. Die Bereitung von Tee oder Kaffee mit dem zu untersuchenden Wasser gibt ein Mittel zur guten Geschmacksprüfung.

Die einzelnen Salzmengen, deren Anwesenheit im Wasser dieses fremd-
artig schmeckend macht, gibt Rubner wie folgt an:

In 1 l Wasser: 300 bis 400 mg Kochsalz,
           500 ,, 600 ,, Gips,
           500 ,,1000 ,, Schwefelsaure Magnesia,
            60 ,, 100 ,, Chlormagnesium,
           0,5 ,, Eisen.

c) Farbe

Trinkwasser soll farblos sein; im durchfallenden Lichte soll es bläulichen
Schein zeigen. Andere Färbung deutet meist auf Verunreinigung hin.
Oberflächenwässer sind meist deutlich gefärbt. Gelbliche Färbung deutet
auf Eisengehalt, Huminstoffe, Verunreinigungen organischer Art oder Gehalt von Ton bzw. Lehm hin.

Als Farbton ist diejenige Farbe anzusehen, die bei geringer Schichtstärke (etwa
10 cm) gegen eine weiße Unterlage festzustellen ist. Die Färbung muß, ebenso
wie die Klarheit, unbedingt an frisch entnommenen Proben festgestellt werden,
da diese Eigenschaften sich bei längerem Stehenlassen der Proben ändern können,
z. B. bei Eisengehalt. Die Prüfung erfolgt in Glaszylindern mit Hilfe von Vergleichslösungen oder mit festen Vergleichsfarben (Platinkobaltskala).

d) Klarheit

Trübes Wasser ist unappetitlich. Die Trübung kann in gesundheitlicher
Hinsicht harmlos (durch Eisen, Ton), sie kann aber auch gesundheitsschädlich sein (Beimengung von unreinem Humus).

Man versteht unter Klarheit denjenigen Grad von Durchsichtigkeit, der sich
bei Betrachtung einer Schichtdicke von etwa 10 cm gegen einen weißen Hintergrund ergibt. Der Durchsichtigkeitsgrad wird festgestellt mit dem Durchsichtig-
keitszylinder. Dieser wird mit dem gut durchgeschüttelten Wasser gefüllt und
über die Snellensche Schriftprobe Nr. 1 gesetzt. Dann wird solange Wasser abgelassen, bis die Schriftprobe deutlich sichtbar wird. Die dabei festgestellte
Wasserhöhe gibt ein Maß für die Klarheit. Bei Oberflächenwasser wird eine
weiße Porzellanscheibe in das Wasser gelegt und die Eintauchtiefe gemessen, bei
der die Scheibe nicht mehr sichtbar ist. Weiter kommt das Arbeiten mit Vergleichslösungen und mit optischen Geräten in Betracht.

e) Temperatur

Um erfrischend zu schmecken, sollte Trinkwasser möglichst gleichmäßig
kühl sein. Am bekömmlichsten sind Temperaturen von 7 bis 12°C. Kälteres
Wasser wirkt gesundheitsschädlich; wärmeres, von etwa 15° ab, schmeckt
fad. Wärmeschwankungen sind nicht zu vermeiden; sie treten am ausge-
prägtesten bei Oberflächenwasser auf, das von der Außentemperatur
stark abhängig ist. Echtes Grundwasser zeigt von etwa 8 bis 10 m Tiefe
ab ziemlich gleichbleibende Temperatur. Zwischen 10 und 40 m Tiefe
entspricht sie meist der mittleren Jahrestemperatur, bei größeren Tiefen
nimmt sie weiter zu. Die Tiefe, innerhalb der die Temperatur um 1° zunimmt, heißt geothermische Tiefenstufe; sie beträgt durchschnittlich
etwa 30 m; z. T. vergrößert sie sich bis auf 60 m. Auch die Tiefenlage des
Rohrleitungsnetzes kann Temperatureinflüsse bringen.

Die Feststellung der Temperatur erfolgt durch Sonderthermometer, z. B. Durch-
flußthermometer nach Thumm, Umkippthermometer nach Richter. Die Tempe-
raturmessung muß selbstverständlich am Entnahmeort selbst vorgenommen
werden.

f) Radiumemanation

Radiumemanationen kommen bei Quell- und Grundwässern häufig vor, wenn
auch meist in sehr geringen Mengen. Praktisch haben sie nur insofern eine Bedeutung, als bei Überschreiten einer unteren Konzentrationsgrenze eine gewisse
Bakterienfreiheit verbürgt ist. Die Feststellung des Emanationsgehaltes erfolgt
in Macheeinheiten oder Eman und ist für Heilquellen von besonderer Wichtigkeit.

g) Elektrolytisches Leitvermögen

Reinstes Wasser leitet den elektrischen Strom außerordentlich schlecht; Auflösung von Salzen, Säuren und Basen im Wasser erhöht die Leitfähigkeit. Darum
lassen sich aus dem Leitvermögen fortlaufend und selbsttätig Feststellungen über
die Veränderlichkeit der Wasserbeschaffenheit machen. Einen Ersatz für die
genaue chemische Untersuchung stellt die Messung des Leitvermögens zur Bestimmung der gelösten Stoffe nicht dar. Man mißt das Leitvermögen mit der
Wheatstoneschen Brücke unter Verwendung von Wechselstrom.

2. Chemische Beschaffenheit

a) Chemische Grenzzahlen

Grenzzahlen sollen festlegen, bei welchem Höchstgehalt an Stoffen ein
Wasser noch verwendbar ist. Eine Normung hierfür ist immer wieder versucht worden; sie läßt sich aber nicht durchführen, da in jedem Einzelfalle
das Verhältnis der Stoffe zueinander ausschlaggebend ist. Als unge-
fähren Vergleichsmaßstab für die Eignung des Wassers lassen sich Grenzzahlen jedoch gebrauchen, wenn sie der Eigenart des Wasservorkommens
angepaßt werden. Eine derartige Zusammenstellung von Grenzwerten
gibt z. B. die Tafel über die an Trinkwasser zu stellenden Forderungen
im 2. Teil.

b) Reaktion

Der Spurengehalt eines Wassers an Säuren und Alkalien muß festgestellt werden, da diese Feststellung für die Beurteilung eines Wassers hinsichtlich seiner Angriffsfähigkeit von Bedeutung ist. Die meisten natürlichen Wässer reagieren alkalisch, einzelne sauer.

Die Feststellung der Reaktion erfolgt am einfachsten mit Lackmuspapier. Alkalische Reaktion (rotes Lackmuspapier wird blau) deutet auf Anwesenheit von Magnesium- und Kalziumkarbonaten, saure Reaktion (blaues Lackmuspapier wird rot) auf Anwesenheit von organischen Säuren, von Mineralsäuren und Kohlensäure. Besser ist für die Bestimmung der Reaktion die Benützung des Universal-Indikators nach Merck. Auf diese Weise wird die Reaktion artmäßig (sauer, neutral, alkalisch) bestimmt. Das Maß für die Reaktionsstufe ist die Wasserstoffionenkonzentration, ausgedrückt durch den p_H-Wert.

Die Ursache der Leitfähigkeit ist die Aufspaltung eines kleinen Teils der vorhandenen Wassermoleküle in elektrisch geladene Molekülbestandteile (Ionen). Das Molekül zerfällt dabei in ein positiv elektrisch geladenes Wasserstoffatom H· und in eine negativ elektrisch geladene Atomgruppe OH′. Dieser elektrolytischen Spaltung des Wassers (Dissoziation) entsprechend enthält ein Molekül Wasser den 10 millionsten Teil gespalten als Wasserstoffion H· + Hydroxylion OH′. In einem Liter neutralen Wassers beträgt bei 23° C die Menge der Wasserstoffionen und Hydroxylionen je 10^{-7} Grammäquivalente. Diese Konzentration der Wasserstoffionen wird durch den p_H-Wert, den negativen Logarithmus, ausgedrückt (p_H = potentia hydrogenii oder Stärke des Wasserstoffions = Wasserstoffexponent = Säurestufe), die der Hydroxylionen durch p_{OH}. Beide sind in reinem Wasser gleich groß.

Die Auflösung bestimmter Stoffe (Salze, Säuren, Basen) im Wasser erhöht seine Leitfähigkeit, da sie dissoziieren. Alle Säuren enthalten H-Ionen, alle Basen OH-Hydroxylionen im Überschuß. Das Produkt aus Wasserstoffionen- und Hydroxylionenkonzentration ist für jede Temperatur konstant ($p_H + p_{OH} = 14$). Wenn demnach die Anzahl der Wasserstoffionen größer ist als die der Hydroxylionen (p_H kleiner als 7), dann reagiert

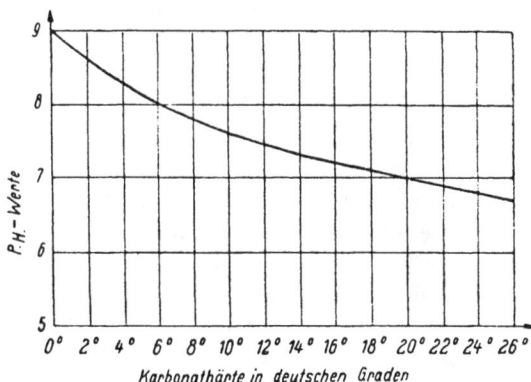

Bild 1. p_H-Kurve für neutrales Wasser bei verschiedener Karbonathärte.

die Flüssigkeit sauer, im umgekehrten Falle (p_H größer als 7) alkalisch. Es ist nun nicht so, daß ein p_H-Wert = 7 immer „neutrale" Reaktion des Wassers anzeigt. Es hat sich gezeigt, daß der Neutralpunkt von der Karbonathärte des Wassers abhängt (siehe S. 27, 170). Die Abhängigkeit ist aus Bild 1 ersichtlich. Nach ihr reagiert z. B. ein Wasser mit Karbonathärte 2^0 d neutral bei $p_H = 8,6$, ein solches mit Karbonathärte 12^0 d bei $p_H = 7,5$. Eine allgemeine Formel zur Berechnung des p_H-Wertes findet sich im 2. Teil. Bei warmem Wasser ist für den Neutralwert die Temperatur maßgebend, da mit zunehmender Temperatur der neutrale p_H-Wert sinkt.

Zur Bestimmung des p_H-Wertes dienen kolorimetrische und elektrometrische Verfahren.

c) Salpetersaure Salze (Nitrate)

Die salpetersauren Salze sind das Endergebnis der Oxydation aller stickstoffhaltigen organischen Stoffe im Boden (Mineralisation). Mengen bis 30 mg/l NO_3' sind nicht gesundheitsschädlich.

Der Nachweis erfolgt durch konzentrierte Schwefelsäure, von der 5 cm³ mit etwa 2 cm³ des zu untersuchenden Wassers unter Abkühlung versetzt werden. Dieser Mischung werden einige Bruzinkristalle zugefügt. Die Färbung bei Anwesenheit von Salpetersäure ist rosa bis rot.

d) Salpetrigsaure Salze (Nitrite)

Sie entstehen durch Oxydation von Ammoniumverbindungen (z. B. hinter einer Enteisenungsanlage) oder durch Reduktion von Nitraten. Auch die Tätigkeit von Bakterien bei der Zersetzung organischer, namentlich von menschlichen und tierischen Abgängen stammender Stoffe kann sie erzeugen. An sich ist ihre Anwesenheit nicht gesundheitsschädlich, sie deutet aber meist auf eine Verunreinigung durch Abfallstoffe hin.

Der bequemste, jedoch nicht spezifische Nachweis erfolgt durch Zusatz von 3 bis 5 Tropfen 25 proz. Phosphorsäurelösung und anschließend 10 bis 12 Tropfen Jodzinkstärkelösung auf 10—15 cm³ des zu untersuchenden Wassers. Das Wasser färbt sich bei Anwesenheit von salpetriger Säure blau.

e) Ammoniumsalze

Ammoniumsalze können durch rein chemische Sauerstoffentziehung aus Nitraten und Nitriten entstehen oder sich unter dem Einfluß von Kleinlebewesen bilden. Im ersten Falle sind sie gesundheitlich nicht von Bedeutung (z. B. in Grundwasser aus großen Tiefen). Im zweiten Falle deuten sie auf Fäulnis organischer Stoffe (Verunreinigung durch Menschen oder Tiere) und ihre Anwesenheit ist dann gesundheitlich bedenklich. Ammoniakvorkommen im Wasser muß darum immer so lange besonders beachtet werden, bis der Nachweis seiner Herkunft einwandfrei geliefert ist.

Das Vorhandensein wird durch das Neßlersche Reagenz festgestellt. Es werden 4 bis 6 Tropfen auf 10 cm³ Wasser gegeben. Färbung zeigt die Anwesenheit von

Ammoniak an. Die Farbtönung (gelb, orange, braunrot) zeigt die Stärke des Ammoniakgehaltes.

Die genannten Stickstoffverbindungen (Ammoniumsalze, Nitrite, Nitrate) können auf Zersetzung organischer Stoffe menschlicher oder tierischer Herkunft schließen lassen. Darum ist die Eignung derartiger Wässer als Trinkwasser immer unsicher. Wenn noch andere Umstände auf eine Verschmutzung hindeuten, sind derartige Wässer stets auszuschließen.

f) Eisen

Eisen findet sich ziemlich häufig im Grundwasser, namentlich in den Grundwässern der norddeutschen Tiefebene. Meist ist es von Mangan begleitet. Abgesehen von der Verbindung mit organischen Säuren, Phosphorsäuren und Mineralsäuren ist das Eisen meistens gelöst als doppelkohlensaures Eisenoxydul (Ferrobikarbonat) vorhanden. Durch Berührung mit dem Sauerstoff der Luft erfolgt eine Ausscheidung von Eisenocker. Es spaltet sich dabei Kohlensäure ab unter Bildung von Eisenhydroxyd, das im Wasser nicht löslich ist. Die entstehenden Flocken lassen sich leicht aus dem Wasser entfernen. Dagegen ist huminsaures Eisen, wie es in Wässern mit viel organischen Stoffen (Huminstoffen) vorkommt, nur schwer ausscheidbar.

Gesundheitlich ist Eisen nicht schädlich, doch ist eisenhaltiges Wasser zum Kochen, Waschen und für gewerbliche Zwecke nicht verwendbar. Außerdem ist der Geschmack unangenehm (tintig), das Wasser riecht oft nach Schwefelwasserstoff. In Leitungen entstehen Ablagerungen, die den Betrieb stören, oft durch Mitwirkung von Eisenbakterien, die die Fähigkeit besitzen, das im Wasser als Bikarbonat oder in organischer Bindung gelöste zweiwertige Eisen in Form von unlöslichem Eisenoxydhydrat niederzuschlagen. Derartige Eisenbakterien sind: Leptothrix, Crenothrix, Gallionella, Spirophyllum, Clamydothrix. Bis höchstens 0,1 mg/l Eisengehalt finden sich Eisenbakterien nicht.

Solange der Eisengehalt unter 0,2 mg/l Fe bleibt, treten Ausscheidungen kaum auf. Im Wasserwerksbetrieb wird man das Wasser schon enteisenen, wenn der Eisengehalt 0,1 mg/l übersteigt. Der Eisengehalt kann bis zu 20 mg/l und mehr betragen. Man unterscheidet folgende Eisengehaltsstufen in Rohwässern und Mineralwässern:

$$\begin{aligned}
&\text{geringer Eisengehalt} = 0,2 \text{ bis } 0,5 \text{ mg/l Fe}\\
&\text{etwas erhöhter} \quad ,, \quad = 0,5 \;,,\; 1,0 \;,,\\
&\text{hoher} \quad ,, \quad = 1 \;,,\; 3 \;,,\\
&\text{sehr hoher} \quad ,, \quad = \text{über } 3 \;,,
\end{aligned}$$

Die Untersuchung auf den gesamten Eisengehalt kann auf verschiedene Arten durchgeführt werden. Eine einfache Art ist folgende: 200 cm³ Wasser werden mit 3 cm³ Salzsäure und 10 Tropfen (0,5 cm³) Wasserstoffsuperoxyd versetzt und zum Sieden erhitzt. Nach dem Verdampfen von 100 cm³ kühlt man ab, setzt

3 cm³ Kaliumrhodanidlösung zu und füllt mit destilliertem Wasser bis 200 cm³ auf. Nun wird die Färbung mit derjenigen einer Lösung mit bekanntem Eisengehalt verglichen. Auf diese Art ist Eisen bis herunter zu 0,05 mg/l nachweisbar.

g) Mangan

Mangan tritt fast immer mit Eisen zusammen auf. Es findet sich in den gleichen Verbindungen wie Eisen, die Auswirkungen sind aber stärker, die Beseitigung ist schwieriger als die des Eisens. Gesundheitlich ist Mangan nicht schädlich, doch stört es in technischer Beziehung, wenn seine Menge mehr als 0,1 mg/l beträgt. Es werden dadurch vor allem schwarzbraune Ablagerungen in den Leitungen hervorgerufen, die durch das fließende Wasser weiterbefördert werden. Die Mangangehaltsskala entspricht der des Eisens, wenn die angegebenen Werte auf die Hälfte herabgesetzt werden.

Zum Nachweis des Mangans kocht man 50 cm³ Wasser mit 5 cm³ 25 proz. Salpetersäure 5 bis 10 min lang. Zu der etwas abgekühlten Flüssigkeit wird eine Messerspitze voll chemisch reines Bleisuperoxyd zugesetzt. Mangangehalt zeigt sich an einer Violettfärbung der Flüssigkeit, die nach 2 bis 5 min langem Kochen und Absetzen des Bleisuperoxyds eintritt.

h) Kohlensäure

Die im Wasser gelöste Gesamtkohlensäure setzt sich aus gebundener und freier Kohlensäure zusammen. Bei der ersten Art unterscheidet man ganz gebundene und halb gebundene, bei der zweiten zugehörige (unschädliche) und angreifende (aggressive) Kohlensäure.

Zu einer bestimmten Menge gelöstem Kalziumbikarbonat gehört eine ganz bestimmte Menge freier Kohlensäure (gelöstes CO_2-Gas), die das Karbonat in Lösung hält; das ist die „zugehörige" Kohlensäure. Was mehr an freier Kohlensäure vorhanden („überschüssig") ist, ist die „angreifende" Kohlensäure. (Zusammenstellung siehe 2. Teil S. 172.) Die gebundene Kohlensäure ist für die Karbonathärte des Wassers verantwortlich.

Gesundheitlich bzw. geschmacklich ist die Anwesenheit von Kohlensäure angenehm; technisch kann sie sehr störend wirken, weil sie Metalle und Mörtel angreift. (Näheres siehe Abschnitt q, S. 26.)

Die Bestimmung der freien Kohlensäure erfolgt durch Titration mit genau eingestellter Soda- oder Ätznatronlösung in Gegenwart von Phenolphthalein. Der Endpunkt der Titration zeigt sich durch schwache Rosafärbung. Aus der Bestimmung der freien Kohlensäure und der Karbonathärte läßt sich die zugehörige und angreifende Kohlensäure mit Hilfe der graphischen Darstellung von Tillmans bestimmen. Die Untersuchung muß sehr sorgfältig ausgeführt werden. Die gebundene Kohlensäure wird bestimmt durch Titration mit $n/10$ Salzsäure bei Gegenwart von Methylorange als Indikator. Sogenannter m-Wert oder Alkalität.

i) Sauerstoff

Während Grundwasser aus tiefen Schichten sauerstofffrei ist, enthält jedes Wasser, das mit Luft in Berührung kommt, Sauerstoff gelöst. In gesundheitlicher Hinsicht entsteht dadurch kein Nachteil, jedoch kann

bei gleichzeitiger Anwesenheit von angreifender Kohlensäure aus Blei-
röhren Blei in toxischer Menge gelöst werden.

Der Nachweis des im Wasser enthaltenen Sauerstoffs geschieht wie folgt: Der
Inhalt einer vorsichtig vom Boden aus gefüllten Glasstöpselflasche wird nacheinander mit einigen cm³ 40proz. Manganchlorürlösung und einigen cm³ 33proz.
Natronlauge versetzt. Nach Aufsetzen des Glasstöpsels ohne Luftblasenbildung
wird umgeschüttelt. Bläulichweißer Niederschlag zeigt das Fehlen, gelblich-
bräunlicher das Vorhandensein von Sauerstoff an.

k) Schwefelwasserstoff

Seine Anwesenheit deutet bei Wasser aus flachliegenden Schichten auf
starke Verunreinigungen von der Oberfläche her hin. Bei Wasser aus tieferen
Schichten ist der Schwefelwasserstoff meist mineralischen Herkommens
(z. B. Zersetzung von Schwefelkies) und tritt mit Eisengehalt zusammen auf.
In diesen Fällen ist er gesundheitlich unbedenklich und verschwindet bei
Berührung mit Luft sehr rasch. Der Schwefelwasserstoffgehalt bleibt meist
weit unter 1 mg/l. Er sollte in Trinkwasser nicht enthalten sein, weil er
schon in geringen Mengen giftig wirkt. Er riecht außerordentlich stark und
unangenehm, darum ist mit ihm behaftetes Wasser zum Genuß nicht
geeignet.

Der Nachweis erfolgt durch Erwärmung von 100 cm³ Wasser. Über die Öffnung
des Kolbens wird dabei ein angefeuchteter Bleiazetatpapierstreifen gehalten.
Bei Vorhandensein von freiem Schwefelwasserstoff färbt sich der Streifen braun
bis schwarz.

l) Chloride

Jedes Wasser enthält Chlor, nicht als freies Gas, sondern gebunden an
Metalle als Chlorid. Der Salzgehalt ist meist auf Auslaugung irgendwelcher
Salzschichten im Boden zurückzuführen. Die am meisten vorkommende
Verbindung ist Chlornatrium (Kochsalz). Ein geringer Gehalt ist nicht
schmeckbar. Die Schmeckgrenze hängt außerdem noch von dem Gehalt des
Wassers an Härtebildnern, Kohlensäure usw. ab. Man hat beobachtet, daß
412 mg reines Kochsalz (entsprechend einem Chlorgehalt von 250 mg/l)
noch nicht als störend durch den Geschmack erkannt werden. Auch Chlor-
kalzium wird erst in verhältnismäßig großen Mengen durch den Geschmack
erkannt. Dagegen macht sich Chlormagnesium (erzeugt durch die Abwässer
der Kaliindustrie) durch einen unangenehmen, süßlichen Geschmack schon
in kleinen Mengen bemerkbar.

Die Bestimmung des Chloridgehaltes erfolgt vornehmlich durch Titration mittels
einer neutralen Silbernitratlösung unter Zugabe von Kaliumchromat. Aktives
Chlor (Chlorgas) ist in mit Chlor entkeimten Wässern oft noch mit kleinem Restgehalt vorhanden, der sich durch Geschmack und Geruch bemerkbar macht. Es
ist in den üblichen, minimalen Mengen nicht gesundheitsgefährlich.

Zur Bestimmung des aktiven Chlors benützt man meist kolorimetrische Verfahren.
Man gibt eine Tolidinlösung zu, die in dem chlorhaltigen Wasser eine grünlich-
gelbe bis orangegelbe Färbung erzeugt. Die Empfindlichkeitsgrenze liegt bei

etwa 0,02 mg/l Cl_2. Der Chlorgehalt wird nach bis zu 5 min langem Stehen durch Farbvergleich ermittelt (Chlorometer nach Meinck-Horn oder Anwendung von Vergleichslösungen, gemischt aus Kupfersulfat- und Kaliumbichromatlösungen in verschiedenen Mengenverhältnissen, z. B. Apparat der Chlorator-Gesellschaft mit Vergleichslösungen in Ampullen).

m) Härte

Unter Härte versteht man den Gehalt eines Wassers an Kalzium- und Magnesiumverbindungen. Man unterscheidet Karbonathärte (vorübergehende) und Nichtkarbonathärte (bleibende, Mineralsäurehärte). Die Karbonathärte wird gebildet durch die Karbonate und Bikarbonate der Erdalkalien (vor allem Kalzium, Magnesium). Diese werden durch Kohlensäure im Wasser in Lösung gehalten. Bei Erwärmung wird die Kohlensäure ausgetrieben und die Karbonate flocken aus. Die Nichtkarbonathärte umfaßt sämtliche nicht an Kohlensäure gebundenen Salze und Verbindungen der Erdalkalien (Hydroxyde, Chloride, Nitrate, Sulfate, Phosphate, Silikate, Humate). Die Gesamthärte ist die Summe von Karbonat- und Nichtkarbonathärte.

Zur Angabe der Härte dienen die Härtegrade. Ein deutscher Härtegrad (^{0} d) entspricht 1 Teil Kalk in 100000 Teilen Wasser (10 mg CaO/l) oder der entsprechenden Menge Magnesia (7,14 mg MgO/l) (DIN 8103). Außer deutschen Härtegraden gibt es auch noch französische und englische. In Frankreich und England wird der Gehalt an Kalziumkarbonat ($CaCO_3$) zugrundegelegt. Man gibt auch Magnesia- bzw. Kalkhärte an (Umrechnung von Magnesia- auf Kalkhärte und umgekehrt, siehe Zahlentafel 7 im 2. Teil, S. 167).

Fast immer sind die Kalksalze gegenüber den Magnesiasalzen vorherrschend. Man bezeichnet Wässer mit wenigen Härtebildnern als weich, solche mit vielen als hart. Nach Klut sind folgende Benennungen eingeführt:

Härtegrad (deutsch)	Benennung	Härtegrad (deutsch)	Benennung
0 bis 4	sehr weich	12 bis 18	ziemlich hart
4 „ 8	weich	18 „ 30	hart
8 „12	mittelhart	über 30	sehr hart

Die Angabe in Härtegraden wird ersetzt durch Angabe in Val (val) und Millival, wenn man die Salzionenmengen vergleichen will. Man versteht unter Val die Zahl der Grammäquivalente eines Salzes im Liter Wasser, das Millival ist der tausendste Teil eines Val. 1 mval ist gleich $2,8^0$ d. Ein deutscher Härtegrad (1^0 d) entspricht 0,357 mval.

Durch die Härte ergeben sich beim Kochen und Verdampfen des Wassers umfangreiche feste Rückstände (Wasser- bzw. Kesselstein), die außer-

ordentlich lästig sind und zu Versteinungen, Verstopfungen, Wärme-
stauungen und zu Kesselexplosionen führen können. Darum bevorzugt die
Industrie, die ja oft Wasser aus der Trinkwasserversorgung entnimmt,
weiches Wasser (mindestens unter 6⁰ d, meist unter 2⁰ d). Sie enthärtet
geliefertes Wasser, falls zu hart, oder gewinnt es aus eigenen günstigeren
Bezugsquellen. Für den Genuß ist hartes Wasser angenehm, weiches
Wasser schmeckt meist fad. Von großer wirtschaftlicher Bedeutung ist
die Wasserhärte für die Textilwäsche. Harte Wässer verursachen auf den
Fasern wäschevergrauende und -versprödende Kalkablagerungen, die die
hygienisch wichtige Porosität der Gewebe und ihre Lebensdauer stark
beeinträchtigen. Außerdem treten die Erdalkalisalze mit der Seife, d. i.
fettsaures Alkali, in Reaktion (Bildung von Kalkseife). Ein beachtlicher
Teil der Seife, etwa 16 g je 100 Liter Wasser und Härtegrad (jedoch nicht
ganz proportional mit der Härtezunahme) geht dadurch verloren, bevor
es zur wirksamen (schmutzlösenden) Schaumbildung kommt. Man wählt
daher für den Waschvorgang „weiches" Wasser, z. B. Regenwasser, oder
„enthärtet" das Leitungswasser in Haushalt und Gewerbe (s. a. S. 95).
Neuerdings führen sich auch die härteunempfindlichen „synthetischen"
Waschmittel immer stärker ein.

Die einfachste Bestimmung der Gesamthärte erfolgt durch Zugabe normaler
Seifenlösung. Wenn mit einer Seifenlösung versetztes Wasser geschüttelt wird,
bildet sich Schaum, der stehen bleiben und nicht knistern soll. Je größer die
Härte, desto mehr Seifenlösung muß zur Schaumbildung zugesetzt werden
(Tabelle siehe 2. Teil). Die Untersuchung der Karbonathärte entspricht der der
gebundenen Kohlensäure.

n) Kaliumpermanganatverbrauch

Er dient zur Bestimmung der organischen Substanzen des Wassers und
als Maßstab oxydierbarer organischer Stoffe (Zertrümmerungsprodukte
tierischer oder pflanzlicher Reste, Humusstoffe).

Man bringt eine bestimmte Wassermenge (100 cm³) mit verdünnter (1 : 3) Schwefelsäure (5 cm³) zum Sieden. Hierzu wird $n/100$ Kaliumpermanganatlösung
(15 cm³) gefügt und alles 10 min gekocht. Dann wird schnell $n/100$ Oxalsäure
(15 cm³) zugesetzt und mit $n/100$ Kaliumpermanganatlösung titriert, bis violett-
rötliche Färbung eintritt. Jedes cm³ der verbrauchten Lösung entspricht
0,316 mg Permanganat oder 0,08 mg Sauerstoff (Oxydierbarkeit des Wassers).

Nach Klut soll der Kaliumpermanganatverbrauch bei einem Trinkwasser unter
12 mg/l bleiben. Doch ist die Überschreitung dieser Zahl nicht immer ein Beweis
dafür, daß das Wasser absolut unbrauchbar ist (z. B. bei Moorwässern). Zur Ergänzung dieser Angaben verwendet man die sogenannte Chlorzahl, das ist diejenige Menge Chlor, die das Wasser infolge seines Gehaltes an oxydierbaren
organischen Verbindungen zu binden vermag.

o) Ungelöste Stoffe

Je mehr derartige Stoffe im Wasser enthalten sind, desto schlechter ist das Wasser. Solche Stoffe finden sich vor allem in den Oberflächenwässern (Fluß, See, Talsperre) als Sink- oder Schwebestoffe. Trinkwasser soll höchstens 1 cm³ absiebbare Schwebestoffe in 1 m³ Wasser enthalten (bei Seen gewöhnlich etwa 2, bei Flüssen etwa 20 bis 80 cm³ vorhanden). Neben der Menge ist aber die Art der Bestandteile ausschlaggebend; z. B. sind etwaige Organismen zu berücksichtigen. Ihre Feststellung erfolgt durch mikroskopisch-biologische Untersuchung.

p) Abdampfrückstand

Unter Abdampfrückstand versteht man das Gewicht der nach restlosem Eindampfen des Wassers bei 105° C nicht flüchtigen (festen) Bestandteile. Wenn dieser Rückstand verglüht wird, vermindert sich sein Gewicht. Der verbleibende Rückstand heißt Glührückstand, die Gewichtsverminderung wird Glühverlust genannt. Er ist bei Vorhandensein vieler organischer Stoffe groß. Einwandfreies Wasser hat rein weißen, eisenhaltiges Wasser gelben bis braunen, bei Anwesenheit von organischen Stoffen dunkleren Abdampfrückstand. Wenn der Rückstand beim Glühen seine Farbe ändert, verkohlt, oder wenn übelriechende Dämpfe auftreten, dann ist das Wasser stark verunreinigt. Beim Entweichen von braunen Dämpfen sind viele Nitrate im Wasser.

Es werden 100 cm³ filtriertes Wasser in einer ausgeglühten und gewogenen Platinschale über einem Wasserbad eingedampft und die Schale etwa 3 st im Trockenschrank bei 105° C getrocknet. Die dann festgestellte Gewichtszunahme der Schale bildet den Abdampfrückstand. Die Schale wird dann 10 min geglüht (600 bis 700° C), bis die organische Substanz vollständig verbrannt ist. Der erkaltete Rückstand wird mit einigen Tropfen Ammoniumkarbonatlösung angefeuchtet, bei 180° C getrocknet und wieder gewogen. Die Gewichtsabnahme gegenüber dem Gewicht des nicht geglühten Abdampfrückstandes gibt den Glühverlust.

q) Angriffslust

Fast alle natürlichen Wässer wirken infolge der in ihnen gelösten Stoffe auf Bauteile ein. Die Einwirkung äußert sich in Zerstörung, in Förderung der Zerstörung der Baustoffe oder auch in Verhinderung der Zerstörung. Eine derartige, nicht beabsichtigte Veränderung eines Baustoffs, die von der Oberfläche ausgeht und durch chemische oder elektrochemische Vorgänge hervorgerufen wird, nennt man Korrosion. Wasser, das solche Vorgänge einleitet und durchführt, heißt angreifendes (aggressives) Wasser. Die Wirkung des angreifenden Wassers ist je nach dem Baustoff verschieden. In der Wasserversorgung handelt es sich vornehmlich um kalkhaltige (Mörtel, Beton) und metallische Baustoffe.

Kalkhaltige Baustoffe. Ganz allgemein ist festzulegen: Alle Wässer, die gegen die Indikatoren Methylorange, Rosolsäure, Kongorot, Lackmus sauer reagieren, verursachen bei ständiger Einwirkung Zerstörungen.
Abgebundener Kalkmörtel enthält Kalziumkarbonat und zersetzliche Kalziumsilikate und -aluminate. Diese Bestandteile werden durch sehr weiche, an mineralischen Stoffen arme Wässer gelöst, d. h. der Mörtel wird lockerer im Gefüge, es bilden sich Spalten und Löcher.
Eine bestimmte Wassermenge kann nur eine bestimmte Menge fester Stoffe lösen, darum wirkt stehendes Wasser weniger ein als fließendes Wasser; denn in diesem Falle greift immer neues lösendes Wasser an. Das Wasser wirkt vornehmlich in den Poren, ein dichter Beton wird infolgedessen weniger angegriffen als ein poröser. Das Lösungsvermögen des Wassers ist um so geringer, je härter es ist. Überschüssige, freie Kohlensäure (CO_2) verändert die Verhältnisse; denn diese kann das Karbonat des Baustoffs in Bikarbonat umwandeln. Darum wirkt ein und dieselbe Menge freie Kohlensäure in weichem Wasser viel zerstörender als in hartem. Unter „kalkangreifender" Kohlensäure ist nicht einfach der Überschuß über die „zugehörige" zu verstehen. Beim Angriff auf Kalziumkarbonat steigt ja der Bedarf an „zugehöriger". Ihr Wert ist graphisch zu ermitteln (Tillmanskurve).
Stärker und rascher als Kohlensäure greift freie Schwefelsäure an. Auch Humussäure vermindert die Festigkeit des Betons und zermürbt ihn. Wasser mit mehr als 300 mg/l Sulfaten (Gips) ist besonders gefährlich. Es bildet sich Kalziumsulfaluminat (gefügesprengender Zementbazillus), daneben können Gipskristalle in den Betonporen ausgeschieden werden (Rissebildung). Mit Magnesiumsalzen angereichertes Wasser setzt sich mit den Kalziumverbindungen des Mörtels zu neuen Stoffen um (Rissebildung). Ebenso bewirkt ein hoher Gehalt an Nitraten oder Ammoniak Schädigungen. Chloride wirken erst bei hoher Konzentration.
Metallische Baustoffe. Gewöhnlich wirken hierauf angreifend: Nicht alkalische Wässer, weiche Wässer, kohlensäurehaltige Wässer (überschüssige freie Kohlensäure), chlorid-, nitrat- und sulfatreiche Wässer (namentlich bei geringer Karbonathärte), nicht genügend luftsauerstoffhaltige Wässer (bei eisernen Rohrleitungen). Für Warmwasser gilt das gleiche, nur ist der Gehalt an gelöstem Sauerstoff ausschlaggebend, weniger die chemische Zusammensetzung des Wassers.
Die Korrosion der Metalle äußert sich entweder in der allgemeinen Zerstörung des Baustoffs (Rißbildung) oder in sog. Lochfraß, bei dem einzelne scharf abgegrenzte Stellen zerstört werden.
Am meisten von allen metallischen Baustoffen wird Eisen verwendet. Chemisch reines Wasser greift Eisen nur unmerklich an, da sich ein hemmender Polarisationsvorgang einstellt. Mit sinkendem p_H-Wert (Anwesenheit von freier Kohlensäure) steigt die Angriffslust des Wassers. Im

Gegensatz zum Angriff auf Beton wirkt hier der Gesamtüberschuß der freien Kohlensäure (rostschutzverhindernde Kohlensäure).

Sauerstoff im Wasser führt zur Bildung von Rost (Eisenhydroxyd mit Wasser). Wenn in einem Wasser, das neben freier Kohlensäure auch Bikarbonat enthält, der Wert der zugehörigen Kohlensäure unterschritten wird, dann fällt neben dem Rost auch Kalziumkarbonat aus. Die sich hierbei bildende hellgelbe Deckschicht (Kalk-Rostschutzschicht) ist dicht, haftet fest am Metall und bildet darum einen guten Schutz gegen weitere Angriffe. Demnach hindert angreifende Kohlensäure die Ausbildung einer derartigen Schutzdeckenschicht; man muß sie entfernen. Außerdem muß aber noch eine bestimmte Sauerstoffkonzentration (mindestens 6 mg/l), vorhanden sein, sonst bleibt die Deckschicht locker und haftet nicht fest.

Die Schutzschicht wirkt nur, wenn sie die ganze Metalloberfläche so dicht bedeckt, daß nicht mehr als $^1/_{1000}$ bis $^1/_{100\,000}$ derselben in Form von Poren unbedeckt bleibt. Diese Tatsache hängt mit der Bildung von Lokalelementen zusammen, die entstehen, wenn 2 voneinander getrennte Metalle mit einer leitenden Flüssigkeit in Berührung stehen. Das ist bei einer nicht genügend dichten Schutzschicht der Fall. Durch die Bildung von Lokalelementen wird das unedlere Metall entsprechend seinem Platz in der elektrolytischen Spannungsreihe zur Lösung gebracht. Die im Wasserversorgungswesen gebräuchlichsten Metalle folgen einander, angefangen mit solchen geringeren Lösungsdrucks (korrosionsfester) und ansteigend nach solchen größeren Lösungsdrucks in der Reihe:

Kupfer, Blei, Zinn, Nickel, Eisen, Zink, Aluminium.

Von den hier aufgeführten Metallen sei besonders auf das Blei hingewiesen. Auch Blei wird bei Gegenwart von Sauerstoff durch angreifende Kohlensäure gelöst und wirkt im Wasser durch seine gefährlichen, giftigen Eigenschaften gesundheitsschädlich (zulässige Grenze 0,3 mg/l Pb während zwölfstündigem Stehen des Wassers in der Leitung). Schon bei 1,2 mg täglicher Bleiaufnahme kann in kurzer Zeit chronische Bleivergiftung auftreten.

Die Schutzmaßnahmen gegen Korrosion sind zweierlei Art. Einmal kann man die Baustoffe selbst gegen den Angriff des Wassers schützen (z. B. bituminöse Schutzanstriche), zum anderen kann man dem Wasser seine angreifenden Eigenschaften dadurch nehmen, daß man es in das sog. „Kalk-Kohlensäure-Gleichgewicht" bringt. Im Abschnitt V ist auf die zweite Art und ihre Anwendungsmöglichkeiten näher eingegangen.

Schließlich sei noch folgendes bemerkt. Die hier angegebenen Untersuchungsverfahren können im allgemeinen auch vom Nichtfachchemiker durchgeführt werden; sie beziehen sich überwiegend auf den Nachweis der Qualität, nicht der Quantität. Der Nachweis der Qualität ist der zunächst wichtige. Die quantitativen Bestimmungen sind meist umständ-

licher und erfordern größere Übung. Bei größeren Bauvorhaben muß daher
von Anfang an ein Wasserchemiker hinzugezogen werden. Hinsichtlich
der Einzelheiten der Durchführung von Wasserentnahme und -untersuchung
muß auf die Fachliteratur verwiesen werden, insbesondere: Klut-Olszewski,
,,Die Untersuchung des Wassers an Ort und Stelle", 9. Auflage 1945,
Springer-Verlag Berlin; Juckenack, ,,Handbuch der Lebensmittelchemie",
Band VIII, Teil 2, Untersuchung des Wassers, Verlag Julius Springer,
Berlin 1939,und ,,Die Einheitsverfahren der physikalischen und chemischen
Wasseruntersuchung", Verlag Chemie, Berlin.

3. Bakteriologische Beschaffenheit

Das Trinkwasser soll frei von Krankheitserregern (Bakterien, Keimen)
sein. Es gibt zwei Arten von Bakterien: Krankheitserreger (pathogene
Keime) und harmlose (nicht pathogene) Keime. Die Mehrzahl der Wasser-
bakterien ist von der letzteren Art, von der ersteren können im Wasser
vorkommen: die Erreger des Typhus, der Ruhr, des Paratyphus und der
Cholera.
Da der Nachweis pathogener Keime umständlich ist und lange Zeit beansprucht, und da nicht dauernd die gesamte Wassermenge auf Krankheitserreger untersucht werden kann, hilft man sich auf andere Weise. Es ist
einleuchtend, daß die Wahrscheinlichkeit der Anwesenheit von Krankheitserregern um so geringer ist, je weniger Keime überhaupt im Wasser
enthalten sind. Darum ermittelt man zunächst die Gesamtkeimzahl, und
auch diese nur in einer kleinen, zur Probe entnommenen Menge. Von dem
Ergebnis dieser Zählung wird auf die Gesamtmenge geschlossen.
Eine bestimmte Anzahl Keime im cm^3 als Gefahrengrenze für Trinkwasser anzunehmen ist nicht angängig. Die Leitsätze für die Trinkwasserversorgung des DVGW bestimmen folgendes: ,,Durch Langsamfilter
gereinigtes Wasser (Oberflächenwasser) soll in der Regel weniger als 100,
mit keimtötenden Mitteln behandeltes weniger als 10 Keime im cm^3 enthalten. Außerdem soll Reinwasser in 100 cm^3 kein Bacterium coli enthalten. Wird im Reinwasser Bacterium coli gefunden, so ist es mit keimtötenden Mitteln zu behandeln mit dem Ziel der Abtötung der Keime.
Grundsätzlich darf mit keimtötenden Mitteln behandeltes Wasser in
200 cm^3 kein Bacterium coli mehr enthalten".
Eine dauernd vorgenommene Keimzählung bietet den Vorteil, daß plötzliche Erhöhungen der Keimzahl sofort erkannt und nach der Ursache der
Verschlechterung des Wassers gefahndet werden kann.
Da die Zählung der einzelnen Bakterien unmöglich ist, geht die Keimzahl-
bestimmung folgendermaßen vor sich. Eine Wasserprobe wird sehr vorsichtig entnommen (sterilisierte Gefäße, keine Verunreinigung). Dann wird

die Aussaat vorgenommen. In eine entkeimte Glasschale (Petrischale) wird
1 cm³ Wasser eingelassen, dazu sofort erwärmte Nährgelatine (bis 40°)
gegossen (Fleischextrakt, Nährgelatine usw.) und das Gemisch durch
Abkühlung zur Erstarrung gebracht. Die Kulturen werden dann bei 20 bis
22° C im Brutschrank aufbewahrt. Durch die Nährgelatine wird jeder
einzelne Keim festgeleimt. Infolge günstiger Ernährungsbedingungen
vermehrt sich jeder Keim zu einer mit bloßem Auge sichtbaren Kolonie.
Diese werden nach 48 Stunden gezählt. Das Auszählen erfordert Übung
und Sorgfalt. Zur Kontrolle werden in anderen Schalen 0,1, 0,5 cm³ angesetzt und das Ergebnis auf 1 cm³ Wasser umgerechnet.

Da der Nachweis von pathogenen Keimen immer umständlich ist und viel
Zeit erfordert, benutzt man meist die einfachere Untersuchung auf Anwesenheit von Bacterium coli. Dieses lebt im Darm von Menschen und Tieren
und ist in seinen Lebensbedingungen viel anspruchsloser als die pathogenen
Keime. Die Anwesenheit dieses Keimes im Wasser ist ein Anzeichen dafür,
daß auch die weniger widerstandsfähigen pathogenen Keime in das in
Frage kommende Wasser gelangt sein können. Bei dieser Untersuchung
kann man mit größeren Wassermengen arbeiten, was unbedingt ein Vorteil ist. Man prüft Wassermengenreihen nach Zufügung von Nährböden
von etwa 0,01 (verdünnt) bis 100 cm³. Die kleinste Wassermenge, in der
nach 48 Stunden bei 37 bzw. 46° C eine positive Reaktion gefunden
wird, heißt Colititer.

4. Eignung natürlicher Vorkommen für die Bedürfnisse des Verbrauchs

Aus dem Gesagten ergibt sich, daß fast alle natürlichen Vorkommen des
Wassers mit irgendwelchen Stoffen behaftet sind, die die Eignung des
Wassers für Versorgungszwecke beeinträchtigen können. Daraus folgt die
Notwendigkeit, bei einer geplanten Versorgung das Wasser zunächst nach
seinem Herkommen zu beurteilen. Muß weniger geeignetes Wasser verwendet werden, so ist die technische Anlage entsprechend auszugestalten.
Über die Eignung des Wassers unterrichtet eine eingehende Besichtigung
des Ursprungsortes (unter Berücksichtigung des Erdaufbaues) und seiner
gesamten Umgebung. Eine Ergänzung hierzu bildet dann die chemische
und bakteriologische Wasseruntersuchung.

Nach der Bedeutung der einzelnen Stoffe für die Trinkwasserversorgung
sind 5 Gruppen von Stoffen zu unterscheiden.

Es gibt gesundheitlich schädliche Stoffe (z. B. Blei, Arsen, Antimon),
gesundheitlich bedenkliche Stoffe (organische Erzeugnisse der Fäulnis,
Ammoniak, Verwesungsprodukte wie Nitrite, Nitrate, Sulfate, Chloride),
wirtschaftlich bedenkliche Stoffe (Eisen, Mangan, angreifende Kohlen-

säure, Härte) und gleichgültige Stoffe (das sind alle genannten Gruppen
— mit Ausnahme der ersten — in geringer Menge, wie sie dem Vorkommen
in der Gegend entsprechen). Hierzu treten als letzte Gruppe die Krank-
heitserreger, die Bakterien. In Hinsicht auf diese Gruppen sind die
Wasservorkommen zu beurteilen und sind gegebenenfalls Aufbereitungsverfahren vorzusehen.
Das Wasser einer Versorgungsanlage wird aber nicht nur als Trink- und
Haushaltswasser gebraucht. In den meisten Fällen benützt es auch die
Industrie. Für einzelne Industriezweige sind öfter Stoffe störend, die für
Trinkwasserzwecke belanglos sind.
Die Industrien kann man einteilen in solche, die gesundheitlich einwand-
freies Wasser verlangen und solche, bei denen die gesundheitlichen Belange
in den Hintergrund treten. Zur ersten Gruppe gehören Bäckereien, Mol-
kereien, Eisfabriken, Brauereien, Brennereien, Konservenfabriken, Stärke-,
Kartoffelmehl-, Zuckerfabriken u. a. und Badeanstalten. Die zweite Gruppe
umfaßt: Warmwasserversorgung, Wäschereien, Bleichereien, Färbereien,
Gerbereien, Papierfabriken, die Bauindustrie (Mörtel und Beton), Kühl-
wasseranlagen, Eisenbahnwasserwerke, Glasindustrie, Textilfabriken u. a.
Hier erfordern oft die technischen Belange besondere Aufbereitungsarten.
Aus dem Herkommen des Wassers kann von vornherein auf die Anwesenheit einzelner Stoffe der 5 Gruppen geschlossen werden. Im allgemeinen
wird man feststellen können:
Regenwasser enthält aus der Luft aufgenommene Schmutzstoffe, wie
Staub, Ruß, salpetersaure, schwefelsaure, schwefligsaure und Ammoniumsalze sowie Bakterien; dazu kommen noch Sauerstoff, Stickstoff, Kohlensäure. Der Kaliumpermanganatverbrauch ist meist hoch. Der Gehalt an
solchen Stoffen nimmt in der Regel mit der Dauer des Regens ab. Härtebildner fehlen vollkommen, darum Metallangriff.
Quellen sind ihrer Zusammensetzung nach sehr verschiedenartig. Da sie
als Grundwasser anzusehen sind, ist die chemische Zusammensetzung von
den durchflossenen Gesteinsarten abhängig. Auch die hygienische Beschaffenheit kann außerordentlich wechseln. Die Temperatur zeigt große Schwankungen. Es kommt zur Ausscheidung von Teilen der gebildeten Bikarbonate
(Tuffstein, Eisenabscheidungen).
Grundwasser ist in hygienischer Hinsicht meist am besten geeignet.
Es ist bakterienarm und von gleichbleibender Temperatur. Dagegen führt
es oft viel gelöste Stoffe mit sich (Manganverbindungen, Eisen als Eisenbikarbonat, als Eisensulfat, als Eisenhumat, ferner Kalk als Kalzium
bikarbonat, Kieselsäure, lösliche Silikate, Kochsalz, Glaubersalz, Gips).
Die Zusammensetzung richtet sich immer nach den Schichten, die durchflossen wurden. Wegen dieser Stoffe kann es für gewisse Industrien ungeeignet sein. Geruchs- und geschmacksverschlechternde Stoffe sind kaum
vorhanden (ausgenommen schwefelwasserstoffhaltige Mineralwässer).

Oberflächenwasser ist in physikalischer, chemischer und bakteriologischer Hinsicht meist viel stärker verunreinigt als jedes andere Vorkommen, besonders durch organische Stoffe. Angreifende Kohlensäure ist meist nicht vorhanden und das Wasser weich. Deshalb und wegen der stets ausreichenden Menge wird es viel von der zweiten Gruppe von Industrien benützt. Am stärksten verunreinigt ist das Flußwasser. Seine Beschaffenheit hängt weitgehend von der Wasserführung, den Zuflüssen und der „Selbstreinigungskraft" gegenüber den eingeleiteten Abwassermengen ab. Zur Trinkwasserversorgung eignet sich Flußwasser nur nach weitgehender Aufbereitung. Als Industriewasser findet man es häufig verwendet, weil man hier mit einfachen Aufbereitungsarten auskommt. Als Reinheitsgradmesser kann der biochemische Sauerstoffbedarf genommen werden. Das Wasser der Süßwasser-Seen ist reiner als Flußwasser. Der Reinheitsgrad wird durch die Seegröße, die Strömungsverhältnisse und die Beschaffenheit der Zuflüsse beeinflußt. Das gleiche gilt in erhöhtem Maße für Talsperrenwasser.

5. Allgemeine Anforderungen an Brauchwasser

Für die im vorhergehenden Abschnitt angeführten Industrien sind nachfolgend kurz die Anforderungen zusammengestellt, die an das von ihnen zu verwendende Wasser gestellt werden.

Wenn die Sammelwasserversorgung als Bezugsquelle benützt wird, muß das Wasser geeignet und zu erträglichem Preis lieferbar sein. Die besonderen Anforderungen werden dann meist durch Weiterbehandlung des Wassers erfüllt. In den Fällen, in denen es sich um besonders große Wassermengen handelt, wird man billigere Bezugsquellen suchen müssen. Dadurch wird auch die Standortswahl der Industrie bedingt.

Mindestanforderungen sind immer: Keine Verunreinigungen fester Natur, Reaktion möglichst neutral, genügende Menge.

Im einzelnen ist folgendes zu fordern:

Badeanstalten: Hygienisch einwandfrei, Temperatur 20 bis 22°, klar, geruchlos, keine Verunreinigung durch Öl, Staub, Ruß, nicht zu hart, wenig Eisen und Mangan (keine Gelbfärbung).

Bäckereien: Hygienisch einwandfrei, geruchlos, geschmacklos, eisenfrei, manganfrei, keine fäulnisfähigen organischen Bestandteile.

Beton- und Zementbauten: Keine saure Reaktion, keine aggressive Kohlensäure, keine Sulfide, wenig Sulfate, keine Magnesiumverbindungen, keine Ammoniumsalze, kein freies Chlor, keine Gerbsäuren, keine Fette, keine Öle.

Bettfedernfabriken: Weiches mineralstoffarmes Wasser, kein Eisen, kein Mangan, keine Humusstoffe.

Bleichereien: Klar, farblos, weich, mineralstoffarm, kein Eisen, kein Mangan, keine Nitrite.

Brauereien: Hygienisch einwandfrei, klar, farblos, geruchlos, kein Schwefelwasserstoff, kein Eisen, kein Mangan; für das Weichen der Gerste weiches Wasser, kochsalzarm, keine Organismen, keine gelösten Stoffe wie Ammoniak, Eisen, Mangan; Härte je nach Bierart verschieden.

Brennereien und Likörfabriken: Hygienisch einwandfrei, biologisch einwandfrei (keine Fäulniserreger), keine organischen Stoffe, kein Eisen, kein Mangan, sehr weich, geruchlos, geschmacklos.

Eisenbahnwasserwerke: Lokomotivspeisewasser siehe Kesselspeisewasser; für Speise- und Schlafwagen hygienisch einwandfreies Wasser.

Eisherstellung (Kunsteis): Hygienisch einwandfrei, keine ungelösten und gelösten organischen Stoffe, möglichst wenig mineralische Stoffe.

Färbereien siehe Bleichereien.

Gerbereien: Nicht zu hartes Wasser, keine Verschmutzung.

Glas- und Tonwaren: Weiches Wasser, klar, kein Eisen, kein Mangan.

Gummi- und Kautschukfabriken: Möglichst niedriger Chlorgehalt.

Holzverzuckerung: Hygienisch einwandfrei, Temperatur 11° C, klar, geruchlos, kein Eisen, keine aggressive Kohlensäure, Ammoniak, Nitrite, organische Substanz nur in Spuren, Nitrate und Chloride nur in geringen Mengen.

Kartoffelmehl- und -stärkefabriken: Hygienisch einwandfrei, keine Schwebestoffe, frei von Gärungserregern, von hefeartigen Organismen, von Spaltpilzen, kein Ammoniak, keine salpetrige Säure, kein Eisen, weiches Wasser.

Kesselspeisewasser: Weiches Wasser, keine gelösten Gase (Sauerstoff, Kohlensäure), keine gelösten organischen Stoffe, kein Öl (Kondensatwasser), keine Trübung, kein Eisen, keine Salze, keine Schwebestoffe.

Konservenfabriken: Hygienisch einwandfrei, kein Eisen, kein Mangan, weiches Wasser.

Kühlwasser: Keine aggressive Kohlensäure oder andere freie Säuren und Salze, keine belagbildenden Lebewesen (Pilze, Algen), kein Öl, keine anderen ungelösten ansatzbildende Stoffe, möglichst wenig anorganische Bestandteile.

Molkereien: Hygienisch einwandfrei; für Waschen der Butter und Reinigen der Gefäße: Klar, farblos, geruchlos, geschmacklos, kein Eisen, kein Mangan, salzarm, arm an Gasen (Sauerstoff, Kohlensäure).

Papierfabriken: Klar, farblos, weich, mineralstoffarm, kein Eisen, kein Mangan (je nach Papiersorte verschieden).

Photoindustrie und Filmfabriken: Kein Eisen, kein Mangan, weich, arm an Chloriden.

Stärkefabriken: Hygienisch einwandfrei, ohne Zersetzungsprodukte von pflanzlichen Bestandteilen, weich, geringer Magnesiumgehalt.

Textilfabriken: siehe Bleichereien.

Warmwasseranlagen: Gleichgewichtswasser, kein gelöster Sauerstoff, Korrosion ist zu vermeiden.

Wäschereien: siehe Bleichereien.

Ausführliche Darlegungen siehe u. a. bei Sierp im Handbuch der Lebensmittelchemie, Bd. VIII, 1. Berlin 1939.

WO IST DAS WASSER IN DER NATUR ZU FINDEN?

1. Kreislauf und juveniles Wasser

Für Versorgungszwecke geeignetes Wasser findet sich in der Natur als Flüssigkeit in Form von Regen, Grundwasser und Oberflächenwasser. Dieser Zustand des Wassers ist nur einer der möglichen drei Aggregatzustände, nämlich des ausdehnbar-flüssigen (Dampf), des tropfbarflüssigen (Wasser) und des festen (Eis). Die drei Aggregatzustände gehen ineinander über. Den ständigen Wechsel des Verdunstens, der Niederschläge, des ober- oder unterirdischen Abflusses nennt man den Kreislauf des Wassers.

Der den Kreislauf regelnde Vorgang ist die Verdunstung, die unter dem Einfluß der Sonnenwärme das auf die Erde gelangende Wasser als Nebel und Wolken wieder in die Luft zurückführt. Die atmosphärische Luft wird durch die Verdunstung mit großen Mengen Wassers in Form von Wasserdampf gesättigt. Durch Abkühlung oder Zufuhr weiterer Feuchtigkeit (Übersättigung) bildet sich der Dampf zu Wasser zurück in Form von Tropfen. Diese fallen, dem Gesetze der Schwere folgend, als Regen auf die Erde. Andere Formen sind der Tau, Reif, Schnee, Hagel. Der niederfallende Regen dringt zum Teil in den Boden, zum Teil fließt er oberirdisch ab (großer Kreislauf), zum Teil verdunstet er wieder (kleiner Kreislauf). In den großen Kreislauf schiebt sich die Benützung des Wassers durch den Menschen ein. Das geschieht dadurch, daß entweder das in den Boden eingedrungene oder das oberirdisch abfließende Wasser zu Trinkzwecken und für die Industrie benützt wird. Nach der Benützung muß das Wasser so gereinigt werden, daß es von neuem benützt werden kann oder so wieder in den Kreislauf eintritt, wie es ihn verlassen hat. Die Benützung und Reinigung soll so vor sich gehen, daß das Wasser der betreffenden Gegend möglichst lange erhalten bleibt, d. h. es muß planvolle Wasserbewirtschaftung betrieben werden.

Der in den Boden eindringende Teil bildet Grundwasser, das sich langsam im Erdinnern weiter bewegt. Wo die wasserführenden Schichten zutage treten, kommt Grundwasser an die Oberfläche in Form von Quellen. Die Quellbäche vereinigen sich zu Flüssen und Strömen, durchlaufen Bodenmulden, bilden dort Seen und münden schließlich in das Meer. Die Meeresoberfläche bildet eine zur Verdunstung sehr geeignete Fläche.

Zu diesem Wasser tritt im Erdinnern noch juveniles Wasser, das sich dort gebildet hat. Es sei auch darauf hingewiesen, daß außer dieser Theorie von der Erhaltung des Gleichgewichts des Wasserhaushaltes der Erde auch eine andere besteht, nach

der der Wasservorrat der Erde immer wieder durch neue Zufuhr aus dem Welten-
raum ergänzt wird (Welteislehre).

Eine Übersicht über den Aufbau des Erdinnern von der Oberfläche an, die Aufeinanderfolge der Formationen, deren ungefähre Entstehungsdauer in Millionen
Jahren und ihre Unterteilung in Epochen gibt die umstehende Tafel der erd-
geologischen Formationen.

2. Verdunstungshöhe

Zahlenmäßige Angaben über Niederschlagsmengen, Verteilung des Nieder-
schlags auf die Jahreszeiten, auf die einzelnen Gebiete in Deutschland,
Verdunstungsgrößen, Wasseraufnahmefähigkeit der Bodenarten usw.
finden sich im 2. Teil, S. 164.

3. Regenwasser

Die einfachste Form, das Wasser für die Versorgung nutzbar zu machen,
ist demnach die, das Regenwasser aufzufangen. Die Sammlung des
aufgefangenen Regens erfolgt, gleichfalls in einfachster Form, in Zisternen.
Diese Art der Versorgung ist sehr unsicher, weil der Regen nicht immer zur
gewünschten Zeit und in der gewünschten Menge fällt. Das Wasser selbst
muß oft wegen der aufgenommenen Schmutzstoffe vor Genuß und Gebrauch einer Reinigung unterzogen werden. Sein Geschmack läßt zu
wünschen übrig.

4. Grundwasser

Grundwasser ist das Wasser, das die Hohlräume der Erdrinde zusammen-
hängend ausfüllt und nur der Schwere unterliegt. Es hängt vom geologischen Aufbau und vom Gefüge der Schichten ab, wieviel Wasser in den
Boden eindringen kann. Eruptivgesteine mit ihrer kristallinischen und
glasigen Struktur nehmen sehr wenig Wasser auf und geben auch kein
Wasser ab. Sedimentgesteine (Trümmergesteine) nehmen dagegen Wasser
in größerem Ausmaße auf und geben es, soweit das Gefüge ein lockeres ist,
auch leicht wieder ab. Derartiges Gestein findet sich in den jungen Formationen der Erdrinde, im Diluvium und Alluvium. (Vgl. die Übersicht
über die geologischen Formationen von der jüngsten bis zur ältesten Periode
der Erdentstehung, S. 36.) Man kann nicht allgemein sagen, daß alles, was
als Gestein bezeichnet wird, für Wasser undurchlässig ist, was als Boden
bezeichnet wird, dagegen durchlässig. Es kann sehr wohl auch Gestein
durchlässig sein, wenn es von Klüften und Spalten durchzogen ist, und es
kann Boden undurchlässig sein, wenn er Wasser zwar aufnimmt, aber nur
schwer wieder abgibt (Ton, Torf, Löß).

Das in den Boden eintretende Wasser sinkt dem Gesetz der Schwere folgend durch
die Zwischenräume in die Tiefe. Wird auf diesem Wege eine Bodenschicht ange-

3*

Erdgeologische Formationen

Weltalter (Ära)	Periode	Dauer ca. Mio Jahre	Epoche
Känozoische Gruppe. Erd-Neuzeit	*Quartär-Formation* (System)	61	Alluvium Diluvium (Eiszeit, Dauer ca. 1 Mio Jahre)
	Tertiär-Formation	60	Jung-Tertiär { Pliocän / Miocän — Alt-Tertiär { Oligocän / Eocän / Paleocän
Mesozoische Gruppe. Erd-Mittel-alter	*Kreide-Formation*	110	Obere Kreide / Untere Kreide
	Jura-Formation		Oberer (weißer) Jura, Malm / Mittlerer (brauner) Jura, Dogger / Unterer (schwarzer) Jura, Lias
	Trias-Formation		Obere Trias (Keuper) / Mittlere Trias (Muschelkalk) / Untere Trias (Buntsandstein)
Paläozoische Gruppe. Erd-Altertum	*Perm-Formation* (Dyas)	330	Zechstein / Rotliegendes
	Karbon-Formation (Steinkohlen)		Oberkarbon / Unterkarbon
	Devon-Formation		Ober-Devon / Mittel-Devon / Unter-Devon
	Silur-Formation		Ober-Silur / Ordovicium (Unter-Silur)
	Kambrische Formation		Ober-Cambrium / Mittel-Cambrium / Unter-Cambrium
Erd-Urzeit	*Archäozoische = Eozoische Gruppe*	500	Prä-Cambrium / Proterozoikum / Algonkium
	Azoische Gruppe = Archäikum	500	Urgebirge (Erdrinde) / Flüssiges Erdinnere (Magma)
Erd-Sternzeit	—	1500	—

Unter Zugrundelegung von:

Bruhns-Ramdohr „Petrographie", Sammlung Göschen 173. Berlin 1926.
von Seidlitz „Der Bau der Erde", Berlin 1932, Verlag Julius Springer.
S. von Bubnoff „Geschichte und Bau des Deutschen Bodens", Berlin 1936, Verlag Borntraeger.
Kayser „Allgemeine Geologie", Stuttgart 1940, Verlag Enke.

troffen, deren Zwischenräume außerordentlich klein sind, die also praktisch undurchlässig ist, dann sammelt sich das Wasser auf dieser Schicht und bewegt sich,
ihrer Neigung entsprechend, durch den Grundwasserträger als Grundwasserstrom weiter. Bildet die undurchlässige Schicht eine waagerechte Ebene
oder Mulde, dann kommt das Grundwasser auf ihr zur Ruhe und bildet einen
Grundwassersee. Es kann auch der Fall eintreten, daß der Grundwasserträger
wieder von einer undurchlässigen Schicht überdeckt wird. In diesem Falle bewegt
sich das Grundwasser wie in einer Röhre. Wenn die Deckschicht fällt und steigt,
steht das Grundwasser an den tiefen Stellen unter Druck. Sein freier Wasserspiegel würde höher liegen, man spricht von Grundwasser mit gespanntem
Spiegel (artesisches Wasser). Artesisches Wasser erkennt man daran, daß
das Grundwasser im Bohrloch ansteigt, evtl. über die Erdoberfläche austritt. Es
kommt sehr häufig vor, daß durchlässige und undurchlässige Schichten sich mehrmals ablösen, und daß die durchlässigen Grundwasser enthalten. Dann spricht
man von Grundwasserstockwerken. Die Oberfläche des in der wasserführenden
Schicht befindlichen Grundwassers ohne Druck nennt man Grundwasserspiegel.
Mit ihrer Hilfe (Oberfläche) kann festgestellt werden, ob das Grundwasser still-
steht oder fließt, und wohin die Fließrichtung zeigt. Ein Schnitt senkrecht zur
Strömungsrichtung gibt ein Grundwasserprofil, aus dem die Tiefe des Grundwasserstromes, die Mächtigkeit der wasserführenden Schicht usw. erkennbar
werden.

Das Grundwasser nimmt bei seinem langsamen Lauf durch die Poren des
Grundwasserträgers die in diesem vorhandenen löslichen Bestandteile
(Salze usw.) auf. Zum Teil (bakteriologisch) wird die Wasserbeschaffenheit
verbessert, oft aber (chemisch) verschlechtert, so daß eine Aufbereitung
vor der Verwendung notwendig wird. Von unbedingtem Vorteil ist, daß
Bakterien während des Durchflusses beseitigt werden, wenn das Grundwasser genügend tief ($\geqq 10$ m) in ausreichend feinkörnigen Bodenschichten
fließt. Tieferes Grundwasser ist darum meist keimfrei und eignet sich
hygienisch vorzüglich für Trinkwasserversorgungszwecke.

a) Vorkommen

Da Grundwasser die Zwischenräume im Boden ausfüllt, findet es sich nur
in durchlässigen Bodenarten. Das sind vor allem die Sande und Kiese von
Alluvium und Diluvium.

Namentlich letztere finden sich in reichlichem Ausmaße in der norddeutschen
Tiefebene, wo die Urstromtäler in den Sedimenten (entstanden durch die Gletscher
und Schmelzwässer der Eiszeiten) Grundwasser in ungeheuren Mengen führen.
Außer in Form von Quellen kann Grundwasser auch unsichtbar in die Bach-
und Flußläufe austreten. Der Nachweis des Übertritts läßt sich bei kleinen
Wassermengen im Bach durch Messung der Wassermengen an verschiedenen
Stellen führen. Bei großen Flüssen ist dies kaum möglich. Hier läßt sich der Nachweis mit Hilfe von Messungen der Temperaturunterschiede und Härteabweichungen
erbringen.

Aus obigem ergibt sich, daß bei der Feststellung eines Grundwasservor-
kommens als Hilfsmittel Karten anzusprechen sind, die Auskunft über
orographisches, hydrologisches und geologisches Verhalten der betreffenden

Gegend geben (siehe 2. Teil, S. 178, Grundwasser). Am einfachsten gestaltet sich die Feststellung da, wo vom Austritt des Grundwassers als Quelle die unterirdischen Grundwasservorkommen aufwärts verfolgt werden können. Hierbei leisten eine Reihe von oberirdischen Anzeichen wertvolle Dienste.

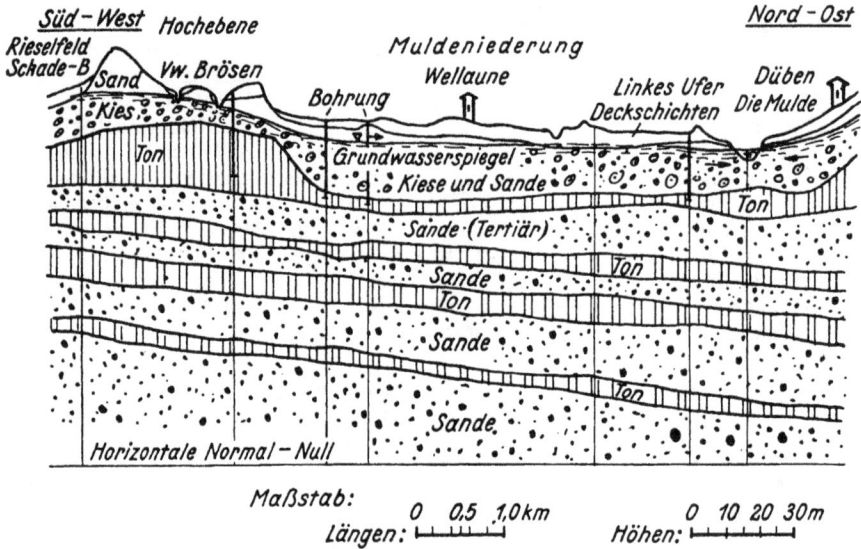

Bild 2. Schnitt durch ein Grundwasser führendes Gelände mit durch Bohrung ermittelter Schichtenfolge.

Als erstes Anzeichen dient die Oberflächenbeschaffenheit. Trockenheit und Nässe, feuchte und nasse Standorte liebende Pflanzen, warme Stellen in zugefrorenen Wässern, Schmelzstellen in der Schneedecke, Eisenausscheidungen können Anhalte für die Anwesenheit von Grundwasser geben und lassen auf die Bodenbeschaffenheit (Durchlässigkeit) und Höhe des Wasserstandes schließen. Aufschlußreich sind weiter die Talbildungen. Ihre waagerechte Oberfläche ist für Grundwasser günstig, ebenso können Flußterrassen als Anzeichen gelten. Bodenerhebungen in Gegenden, die in der Eiszeit mit Eis bedeckt waren, lassen auf Stirnmoränen schließen, Geländeeinschnitte (der Straßen und Eisenbahnen) geben über die Zusammensetzung und Schichtung des Untergrundes Aufschluß.

In bewohnten Gegenden können an vorhandenen Brunnen Feststellungen über Tiefe des Grundwasserspiegels und Wassermenge gemacht werden, doch ist hier mit Vorsicht zu verfahren, da sonst falsche Schlüsse gezogen werden.

Auch die Wünschelrute wird für die Feststellung von Grundwasservorkommen benützt, ihre Zuverlässigkeit ist stark umstritten, sie wird sogar überwiegend abgelehnt. Diese Ablehnung bezieht sich nicht auf die Tatsache des Rutenausschlags, wohl aber auf die Ausdeutung, die dieser Tatsache gegeben wird. Auch die geophysikalischen Instrumente ergeben noch nicht in allen Fällen eindeutige Ergebnisse. Die Feststellung von Grundwasservorkommen muß darum stets unter

Mitwirkung des Geologen und Hydrologen vorgenommen werden, wenn Fehlschläge vermieden werden sollen.

Da die dauernde Entnahme von Grundwasser nur dann erfolgen kann, wenn die entnommene Wassermenge fortlaufend wieder ersetzt wird, kommen nur solche Grundwasservorkommen in Frage, bei denen diese Voraussetzung zutrifft. Das Kennzeichen für fließendes Grundwasser ist das Wasserspiegelgefälle, stehendes Grundwasser besitzt einen waagerechten Wasserspiegel. Diese Feststellung ist darum die erste Aufgabe, die gelöst werden muß (Bild 2).

Im allgemeinen fällt die Bewegungsrichtung des Grundwassers mit der eines Flußlaufes zusammen. Erst in der Nähe des Flusses fließt das Grundwasser meist senkrecht auf diesen Wasserlauf zu.

Die Durchführung der Voruntersuchung, die sich auf Feststellung der Fließrichtung, des Spiegelgefälles und der Wassermenge erstreckt, findet sich im 2. Teil unter Grundwasser.

b) Beziehungen zwischen Grund- und Flußwasser

Bei Grundwasserentnahme in der Nähe von Flüssen ist auch wesentlich, ob es sich um reines Grundwasser handelt oder ob Flußwasser in die Entnahme mit einströmt. Letzteren Vorgang bezeichnet man als natürliche Uferfiltration (Bild 3).

Die Tatsache der natürlichen Uferfiltration läßt sich feststellen durch die Form des Grundwasserspiegels zwischen Entnahme und Flußlauf, durch die Änderung der Temperatur, durch die chemische Zusammensetzung des entnommenen Wassers, durch das plötzliche Ansteigen der Bakterienzahl, durch starke Spiegelschwankungen im Entnahmebrunnen. Die eingetretenen Flußwassermengen dagegen lassen sich nur auf Grund längerer Beobachtung ungefähr ermitteln.

Natürliche Uferfiltration kann nur eintreten, wenn das Flußbett mehr oder weniger durchlässig ist. Beim Steigen und Fallen des Flußwasserspiegels treten zwischen Fluß- und Grundwasserspiegel Höhenunterschiede auf, da das Grundwasser diesen Spiegelschwankungen nur langsam folgen kann. Dadurch tritt beim Steigen des Flußwasserspiegels Flußwasser in den Grundwasserstrom. Befindet sich die Entnahmestelle innerhalb der Spiegelschwankungen, dann kann Flußwasser dort entnommen werden. Die Beobachtung dieser Spiegelschwankungen läßt die Feststellung zu, ob Flußwasser in die Fassung eintritt oder nicht.

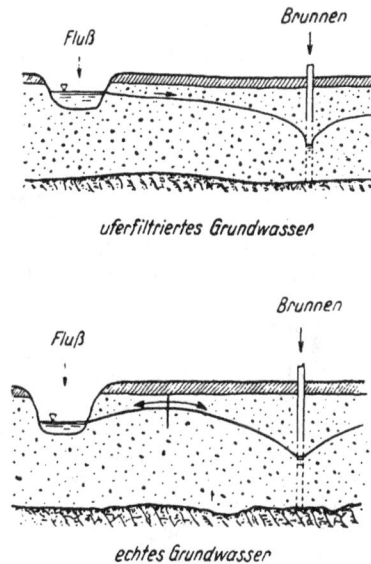

uferfiltriertes Grundwasser

echtes Grundwasser

Bild 3. Beziehungen zwischen Grund- und Flußwasser.

Ebenso deutet Temperaturänderung auf Uferfiltration hin. Grundwasser hat
ziemlich gleichbleibende Temperatur von etwa 8 bis 12° C, uferfiltriertes Flußwasser zeigt größere Schwankungen bis zu 10° C und mehr. Auch die chemische
Zusammensetzung beider Arten von Wasser ist verschieden. Bei Grundwasser
ist sie ziemlich gleichbleibend, bei uferfiltriertem Flußwasser wechselt sie stark.
Der Keimgehalt im Entnahmebrunnen steigt bei rasch steigendem Flußwasser-
spiegel ebenfalls schnell und verschwindet bei fallendem Wasserspiegel entsprechend
schnell. Schließlich verlaufen auch die starken Spiegelschwankungen an der Entnahmestelle bei Uferfiltration im selben Sinne wie die des Flußwasserspiegels.
Bodenbeschaffenheit und Entfernung der Entnahmestelle vom Fluß spielen selbstverständlich bei diesen Feststellungen eine wesentliche Rolle.

5. Quellwasser

Das Quellwasser ist meist sehr rein, kann aber große Härte oder großen
Eisengehalt besitzen. Für die Versorgung unangenehm ist fast immer die
stark wechselnde Ergiebigkeit, die gerade in den Zeiten nachzulassen
beginnt, die größten Wasserbedarf bringen.

Als Besonderheit seien die artesischen Quellen genannt, die da entstehen,
wo das Grundwasser unter Druck steht und ausfließt. Derartige Quellen
sind mit Vorsicht zu benützen.

Eine Quelle wird gebildet durch zutage tretendes Grundwasser oder anderes
austretendes, unterirdisches Wasser. Die Feststellung der Herkunft ist für
die Wasserversorgung außerordentlich wichtig, hängt doch davon das Maß
der Reinigung ab. Als wesentliche Anzeichen gelten Klarheit oder zeitweilige Trübung, Wechsel der Ergiebigkeit und Temperatur, chemische
und bakteriologische Beschaffenheit. Bezüglich all dieser Anzeichen ist
anderes unterirdisches Wasser ungünstiger als Grundwasser.

Eine Quelle muß, wenn sie zur Wasserversorgung geeignet sein soll, möglichst
gleichmäßige Temperatur, gute chemische und bakteriologische Eigenschaften
besitzen und genügende Mengen an Wasser liefern. Darum muß jede Quelle
gründlich untersucht werden. Diese Untersuchung muß öfter vorgenommen
werden und sich über größere Zeiträume erstrecken. In die Untersuchungszeit
muß mindestens eine Trockenzeit und eine Zeit nach starken Regengüssen fallen,
weil nach einer Trockenzeit die Quelle die geringste Wassermenge liefert und
starke Regengüsse Trübungen feststellen lassen. Die kleinste Wassermenge soll
noch größer sein als die notwendige. Unbedingt sollte auch eine chemische Untersuchung des Wassers durchgeführt werden und bei Verdacht der Verunreinigung
oder Trübung auch eine bakteriologische. Wassertemperatur, Farbe, Durchsichtigkeit, Geruch und mitgeführte Sandmenge müssen festgestellt werden. Um ein
einwandfreies Bild zu bekommen, ist die Quelle soweit freizulegen, daß das
Wasser ungehindert abfließen kann. Hierbei ist äußerste Vorsicht notwendig,
weil durch derartige Eingriffe in die bestehenden Verhältnisse diese vollständig
geändert werden können. Darum ist vorgeschlagen worden, bei Quellen mehr mit Heberleitungen zu arbeiten, weil hierbei die natürlichen Verhältnisse weitgehend erhalten und die
Wassermenge durch natürlichen Anstau im Grundwasserträger gesichert werden
kann (Vogt, Fehlerquellen im Wasserwerksbetrieb, Ges.-Ing. 1938).

Für die Ergiebigkeit einer Quelle ist ihr hydrologisches Einzugsgebiet maßgebend. Die Messung der Wassermenge erfolgt bei Quellen mit Schüttung bis 3 sl mit Gefäßen, bei größerer Schüttung mit Überfallwehren (s. 2. Teil S. 194).

Man bezeichnet Quellen, bei denen sich die kleinste Wassermenge zur größten verhält wie 1:5, als gute, solche mit dem Verhältnis 1:200 als schlechte. Die erste Art findet sich im Tale, hat meist gleichmäßige Temperatur und klares Wasser, was alles auf einen großen Vorrat im Erdinnern hindeutet. Die zweite Art findet sich an Berghängen; der große Wechsel in der Menge deutet auf Abhängigkeit von den Niederschlägen und infolgedessen auf kleine Vorräte im Erdinnern hin. Das meiste Wasser liefert eine Quelle im Frühjahr, das wenigste am Ende des Sommers und im Herbst, eine Ausnahme machen die Alpenländer.

Je nach der Austrittsart erhalten die Quellen verschiedene Bezeichnungen. Von diesen seien die wichtigsten hier erwähnt.

Eine Schichtquelle entsteht da, wo der Austritt auf der Grenze zwischen durchlässiger und undurchlässiger Bodenschicht erfolgt.

Dieser Austrittstelle können Schuttablagerungen vorgelagert sein. Das Wasser durchläuft dann vor dem Austritt diese Ablagerungen und tritt an ihrem Fuße aus. Derartige Schichtquellen heißen Schuttquellen.

Eine Überlauf- oder Überfallquelle bildet sich an der tiefsten Stelle des Randes einer Grundwassermulde (der Wasserspiegel in dieser Mulde besitzt immer Wölbung) oder da, wo der Grundwasserträger nicht mehr genügend mächtig ist, um die Grundwassermenge zu fassen.

Verwerfungs- oder Spaltquellen entstehen an Stellen, an denen sich Verwerfungen in den Schichten gebildet haben und infolgedessen der Grundwasserträger an eine undurchlässige Schicht stößt. Dabei kann das Wasser neben der Verwerfungsspalte austreten (Stauquelle) oder in der Verwerfungsspalte aufsteigen (natürlich aufsteigende oder artesische Quelle).

Artesische Quellen können entstehen durch Öffnen (Anbohrung) von unter Druck stehenden Grundwasserströmen.

Intermittierende Quellen liefern Wasser in regelmäßigen oder unregelmäßigen Zeitabständen.

Aufsteigende Quellen sind solche, deren Wasser durch angesammelte Gase (Wasserdampf, Kohlensäure) hochgedrückt wird (Nauheim, Kissingen).

Höhlenquellen sind unterirdische Wasserläufe, die sich in den Hohlräumen des Gesteins bewegen und zutage treten. Diese können oft beträchtliche Wassermengen liefern.

Sekundäre Quellen sind eigentlich keine Quellen. Sie entstehen dadurch, daß Bach- oder Flußwasser eine Zeitlang unterirdisch weiterfließt und an anderer Stelle wieder zutage tritt. Das bekannteste Beispiel dieser Art ist das Donauversickern bei Immendingen. Das Donauwasser tritt bei der Stadt Aach nach 12 km unterirdischem Laufe als Aach wieder zutage und fließt zum Rhein.

6. Oberflächenwasser

a) Flußwasser

Das Flußwasser wird in seinem Laufe sehr bald durch die Abwässer von Menschen, Tieren und vor allem der Industrie stark verschmutzt, so daß es ohne weiteres kaum zu gebrauchen ist. Wegen seiner geringen Härte wird es aber von der Industrie gerne benützt. Die Verunreinigung zeigt sich in der .chemischen, bakteriologischen und biologischen Beschaffenheit des Wassers. Besonders sei hingewiesen auf die Versalzung und Verhärtung, die durch die Einleitung von Industrie- und anderen Abwässern hervorgerufen werden kann. Die schlechten Eigenschaften zeigen sich infolge des Wechsels zwischen Hoch- und Niedrigwasser besonders deutlich. Sie beeinflussen Aussehen, Geruch und Geschmack des Flußwassers. Als unangenehmste Eigenschaft seien schließlich die hohen Temperaturschwankungen erwähnt. Die Selbstreinigungskraft des Flusses reicht in den meisten Fällen nicht zur Beseitigung aller Mißstände aus, künstliche Reinigung ist fast immer erforderlich. Dagegen ist meist eine genügende Menge vorhanden.

b) See-(Talsperren-)Wasser

In Seen reinigt sich das Wasser weitgehend, sie wirken wie Klärbecken. Die verminderte Durchflußgeschwindigkeit bewirkt ein Absetzen der mitgeführten Schmutzstoffe, die ausgiebige Belüftung an der großen Oberfläche, verbunden mit der Besonnung, vermindert die Bakterienzahl. Das Reinigungsausmaß nimmt mit der Aufenthaltsdauer des Wassers (Bodensee 4 bis 5 Jahre) und mit der Wassertiefe zu. Bei kleinen derartigen Wasserbecken finden sich demnach ungefähr dieselben Verhältnisse wie bei Flüssen, große Seen wirken dagegen sehr günstig. Bei ihnen ist eine Entnahme in großen Tiefen möglich, Wind und Wellenschlag üben hier keinen Einfluß mehr aus, das Wasser ist sehr rein, die Temperatur ist das ganze Jahr hindurch fast gleichmäßig.
Die guten Erfahrungen mit Seewasser haben zur Herstellung künstlicher Seen (Talsperren) geführt, die sich, wo sie verhältnismäßig leicht hergestellt werden können, durchaus bewährt haben.

7. Meerwasser

Meerwasser eignet sich infolge seines Salzgehaltes nicht zur Versorgung. Es gibt aber Apparate, mittels deren Meerwasser destilliert oder weitgehend entsalzt werden kann, was jedoch nur in kleinstem Umfange wirtschaftlich ist.

WIE WIRD DAS WASSER GEWONNEN?

Das Wasser wird als Regenwasser, Grundwasser und Oberflächenwasser zur Wasserversorgung entnommen. Wo die notwendigen Mengen in einwandfreier Beschaffenheit fehlen, kann auch Grundwasser künstlich geschaffen oder Oberflächenwasser angesammelt werden (Talsperre). Das beste Wasser liefern im allgemeinen die Grundwasserströme und die Quellen, das schlechteste die Flüsse. Grundsätzlich wird man die Entnahmestelle dahin legen, wo das Rohwasser am reinsten entnommen werden kann.

Bevor man zur Wasserentnahme schreitet, muß untersucht werden, ob die zur Verfügung stehende bzw. in Aussicht genommene Bezugsquelle auch wirklich die Wassermenge dauernd liefern kann, die als Bedarf ermittelt wurde. Außerdem ist festzustellen, ob die Bedarfsmenge auch dauernd den Anforderungen an gutes Wasser entspricht. Am leichtesten lassen sich diese Fragen beantworten beim Oberflächenwasser (Flüsse, Seen). Hier liegen meist langjährige Beobachtungen vor, der Wasserbezug selbst macht keine Schwierigkeiten. Ausnahmen gibt es natürlich auch, am bekanntesten ist in dieser Hinsicht die Wasserversorgung des rheinisch-westfälischen Industriegebietes. Schwieriger und umständlicher wird die Feststellung bei künstlichen Seen (Talsperren), weil hier die Voraussetzungen erst geschaffen werden müssen. Entnahme aus Grundwasser erfordert Probebohrungen und Dauerpumpversuche. Quellen als Bezugsort erfordern längere, am sichersten Jahre dauernde Ergiebigkeitsmessungen und Beobachtung, wenn man ein genaues Bild über Wassermenge und Wassergüte erhalten will.

A. GEWINNUNG BEI NATÜRLICHEM VORKOMMEN

1. Regenwasser

Die Sammlung von Regenwasser ist die einfachste Wassergewinnung, die vorkommen kann. Sie ist schon im Altertum angewendet worden und kommt heute noch zur Anwendung, wo es sich um Versorgung von Einzelgehöften handelt. Für eine einheitliche Wasserversorgung eignet sich das Regenwasser nicht.

Die Sammlung größerer Mengen in Zisternen kommt da vor, wo andere Bezugsquellen fehlen oder zu weit vom Verbrauchsort entfernt sind. Das ist vor allem der Fall in hochgelegenen Gegenden und am Meere (bisher z. B. in Norden, Reg.-Bez. Aurich).

Für die Anlage einer Zisterne sind maßgebend die Regenwassermenge, die Auffangfläche und der Rauminhalt (Größenbestimmung s. 2. Teil, S. 173).

Eine Zisternenanlage besteht aus folgenden Teilen: 1. Auffangfläche, 2. Reinigung, 3. Wasserbehälter, 4. Entnahmevorrichtung.

Die Auffangfläche soll gleichmäßig leicht geneigt sein, damit das Wasser rasch ablaufen kann, ohne daß viel verdunstet und versickert. Darum eignen sich gut für diesen Zweck Dächer (aber keine mit Stroh, Dachpappe, Zink, Kupfer, Blei gedeckten), mit Pflasterung oder Plattenbelag versehene Flächen und glatte Felsflächen, deren Spalten wasserdicht ausgefüllt sind. Wiesen und Wald sind nicht geeignet. Wichtig ist, daß die Auffangfläche rein bleiben muß.

Von der Auffangfläche wird das Wasser in Zuleitungen zur eigentlichen Zisterne geführt. Da der erste Ablauf von der Auffangfläche stets mehr oder weniger verunreinigt ist, ist es vorteilhaft, in einem Vorraum den Schlamm sich absetzen zu lassen und das Wasser über einen Überlauf in den eigentlichen Sammelraum zu leiten. Der Sammelraum enthält zweckmäßig (wo es möglich) Überlauf, Leerlauf, Entlüftung und Entnahmevorrichtung. Die Wände müssen wasserdicht hergestellt werden. Um die Entnahmevorrichtung kann nochmals ein Filter angebracht werden (amerikanische Zisterne). Bei venetianischen Zisternen bildet der Sammelraum zugleich den Reinigungsraum derart, daß das Wasser hier einen Sandfilter durchfließen muß.

Eine Zisterne wirkt um so besser, je einfacher sie eingerichtet ist.

2. Grundwasser

Man soll stets Fassungen etwa senkrecht zur Fließrichtung des Grundwassers, also ungefähr parallel zu den Schichtenlinien, anlegen. Bei langen Fassungsanlagen schwenkt man mit der Achse gegen die Schichtenlinien stromaufwärts ein, um einen Ausgleich gegen die in den Heber- bzw. Saugleitungen entstehenden Bewegungswiderstände zu haben (Bild 4).

Man soll Fassungsanlagen da anlegen, wo die Höhenschichtenlinien des Grundwasserspiegels weit voneinander liegen und möglichst parallel verlaufen. Das beweist größere Durchlässigkeit des Bodens. Großes Spiegelgefälle, also nahe aneinander gerückte Schichtenlinien, deutet auf Bewegungswiderstände hin.

Für die Fassung günstig ist ein ebenes Gelände, das außerhalb der Hochwasserzone liegt und keinen allzu tiefen Grundwasserspiegel aufweist. Es ist weiter günstig, wenn die Fassungsanlage nahe am Versorgungsgebiet liegt. Eine Fassung mit natürlichem Gefälle wird meist wirtschaftlicher sein als eine solche mit künstlicher Hebung. Auch die Grundstückspreise und Erwerbsmöglichkeiten sowie die Nähe von Straße und Eisenbahn spielen bei der Auswahl eine Rolle.

Schließlich wird durch die hydrologischen Verhältnisse des Untergrundes auch die Wahl der Art der Entnahmevorrichtung bestimmt. Man unterscheidet nämlich zwischen waagerechten und lotrechten (stehenden) Fassungen. Als waagerechte Fassungen gelten: Gräben, Sickerleitungen, Sammelstollen, als lotrechte: Schachtbrunnen und Rohrbrunnen.

Wo der Grundwasserstrom flach liegt und die wasserführende Schicht nur geringe Stärke besitzt, ist die waagerechte Fassung am Platze, ebenso dort, wo der Grundwasserstrom nur geringe Mächtigkeit besitzt. Auch im

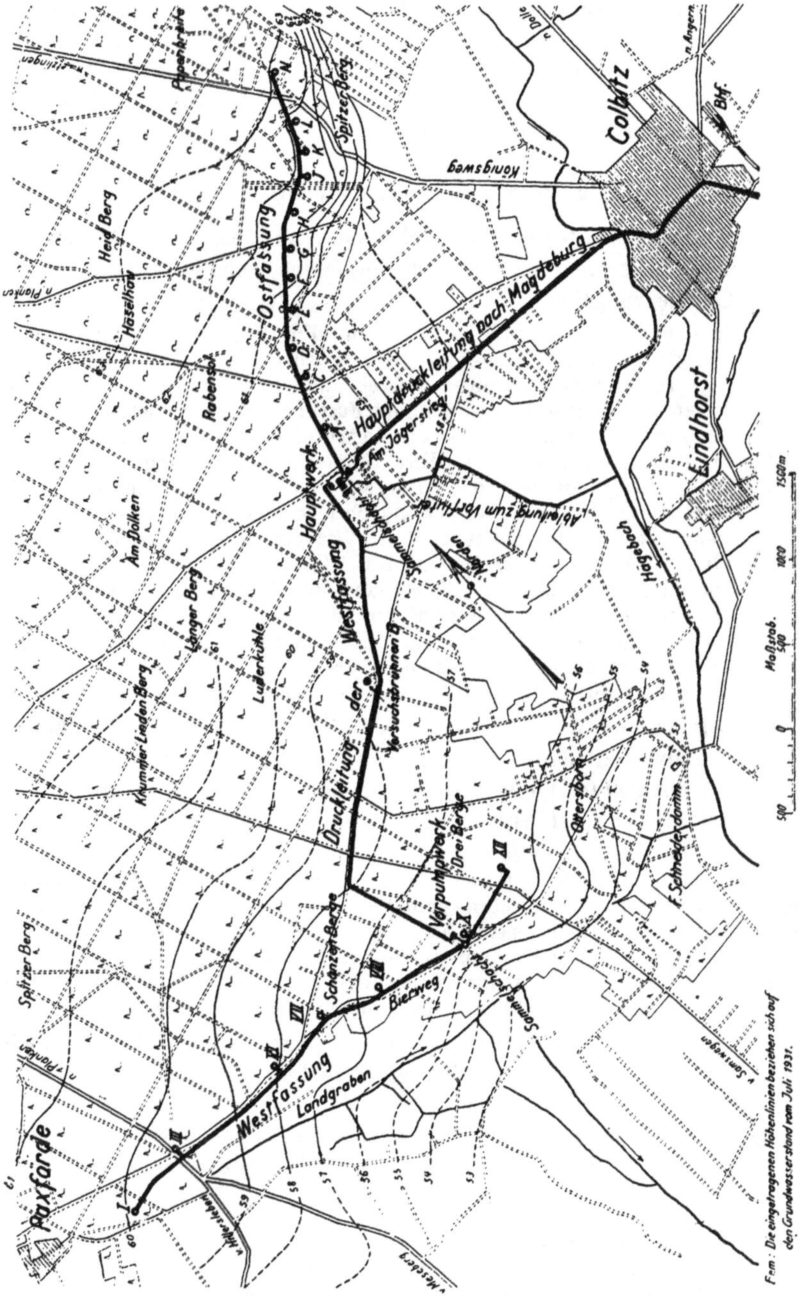

Bild 4. Lageplan einer Grundwasserfassung (Magdeburg, Letzlinger Heide), entnommen aus „Das Gas- und Wasserfach", Jahrgang 1933.

Gebirge, wo das Wasser sich in Klüften und Höhlungen bewegt, ist die waagerechte Fassung vorteilhafter als die lotrechte. In allen anderen Fällen ist die senkrechte Fassung vorzuziehen. Öfter kommt auch eine Verbindung beider Fassungsarten vor, wenn verschiedenartige Grundwasservorkommen gleichzeitig ausgenützt werden sollen.

a) Waagerechte Fassungskörper

Man kann hier nicht begehbare, schlupfbare und begehbare Fassungen unterscheiden. Allgemein wird es sich empfehlen, solchen Fassungen ein geringes Gefälle zu geben.

Die einfachste Form ist der offene Graben. Für Wasserversorgungszwecke sollte er nicht gewählt werden, da er auch Oberflächenwasser mit aufnimmt, das Wasser starke Temperaturänderungen aufweist und der Verschmutzung ausgesetzt ist. Er kommt höchstens in Frage bei Fassung von Dünenwasser.

Die geschlossenen und abgedeckten Sammelleitungen entsprechen den zu stellenden Anforderungen besser. Ihre Herstellung ist natürlich teurer, da entweder im Wasser gebaut oder das Grundwasser abgesenkt werden muß. Als Material eignen sich Rohrbrunnenkörper, gelochte Steinzeug-, Betonrohre, Mauerung. Die einfachste derartige Fassung ist die Verlegung von Drainröhren. Die Bauart ist dieselbe wie bei Meliorationen. Das Wasser tritt durch die Stoßfugen zwischen den einzelnen Röhren ein. Es ist daher das Eindringen von Wurzeln zu unterbinden. Vorteilhaft ist es, zum leichteren Auffinden derartiger Verstopfungsstellen Schächte einzubauen und die Leitungen zwischen ihnen geradlinig zu führen. Der Sickerkanal muß mindestens 4 bis 5 m tief liegen. Gelände mit landwirtschaftlicher Nutzung eignet sich nicht für Versorgungszwecke.

Sickerschlitze sind, wie der Name sagt, Gräben, die bis auf den undurchlässigen Grundwasserträger ausgehoben werden, um das Wasser aufzunehmen und abzuleiten. Sie werden im Grundwasserstrom mit durchlässigen, darüber mit undurchlässigen Stoffen ausgefüllt.

In der einfachsten Form wird der Kanal durch Steinpackung, Rohre mit Schlitzen, Fassungskörper aus Steinzeug, Beton, Mauerung oder mit Gewebe überspannten Eisenrohren nach Art der Filterkörbe gebildet. Die Schlitze brauchen nur stromaufwärts angeordnet zu sein, ebenso haben sie im unteren Teil, wo sie sich verstopfen, keinen Zweck. Der Durchmesser der Rohre wird ungefähr 30 bis 40 cm zu betragen haben. An allen Stellen, wo ein Richtungswechsel stattfindet, und in geraden Strecken alle 50 bis 100 m sind Reinigungsschächte anzulegen.

Schlupfbare und begehbare Sammelleitungen sind nicht erheblich teurer als Sickerschlitze, bieten aber viele Vorteile und sind darum vorzuziehen.

Schlupfbar ist eine Leitung von einem Durchmesser von 60 cm an, begehbar dann, wenn die Höhe ein gebücktes Gehen gestattet (ungefähr 1 m). Das Wasser tritt auch hier seitlich ein durch Schlitze im Mauerwerk. Die Ableitung erfolgt auf dichter Sohle. Vorteilhaft ist die Anordnung eines Laufstegs neben der eigentlichen Rinne. Am besten ist die Führung eines geschlossenen Sammelrohres in begehbarem Stollen. Derartige Stollen können auch bergmännisch vorgetrieben werden. Schutz gegen Sandeintritt und gegen Verschlammung ist hier genau so notwendig wie bei nicht begehbaren Leitungen.

b) Senkrechte Fassungskörper

Man unterscheidet Kesselbrunnen (Senkbrunnen, Schachtbrunnen) und Rohrbrunnen (Bohrbrunnen). Kesselbrunnen haben verhältnismäßig großen Durchmesser und werden durch Ausgraben eines Schachtes hergestellt; Rohrbrunnen besitzen kleine Durchmesser, ihre Herstellung erfolgt durch Bohrung, seltener durch Einrammen.

α) KESSELBRUNNEN

Kesselbrunnen werden angewendet bei Tiefen von 5 m bis ungefähr 12 m und da, wo große Wassermengen in einem Brunnen erfaßt werden können. Meist genügt ein solcher Brunnen, bei mehreren notwendigen Fassungsstellen sind Rohrbrunnen billiger.

Der große Querschnitt macht Zugang und Reinigung leicht möglich. Der Brunnen wirkt bei verschieden großem Wassereintritt als Ausgleichsbehälter, die Pumpen und sonstiges Zubehör lassen sich gegebenenfalls in ihm unterbringen, die Eintrittsgeschwindigkeit ist gering, was namentlich bei feinem Sand als Grundwasserträger sehr vorteilhaft ist.

Der Wassereintritt erfolgt entweder durch die Sohle (unvollkommener) oder nur durch die Seitenwandung (vollkommener Brunnen), soweit diese im Grundwasser liegt. Bei stark durchlässigen Schichten ist der Wassereintritt durch die Sohle günstiger, bei weniger durchlässigen und guter Filterung der durch die Wandungen. Beim Eintritt durch die Sohle muß dafür gesorgt werden, daß bei der Entnahme von Wasser die Sohle nicht aufgewirbelt wird und so Sand mit in die Pumpen gelangt. Darum soll das Mundstück der Saugleitung mindestens 1 m von der Sohle entfernt liegen. Bei feinem Sand bringt man außerdem eine von unten nach oben gröber werdende Kiesschicht von 2 bis 3 m Stärke auf die Sohle, durch die der Sand zurückgehalten wird. Die Absenkung des Wasserspiegels im Brunnen soll 2,5 bis 3 m

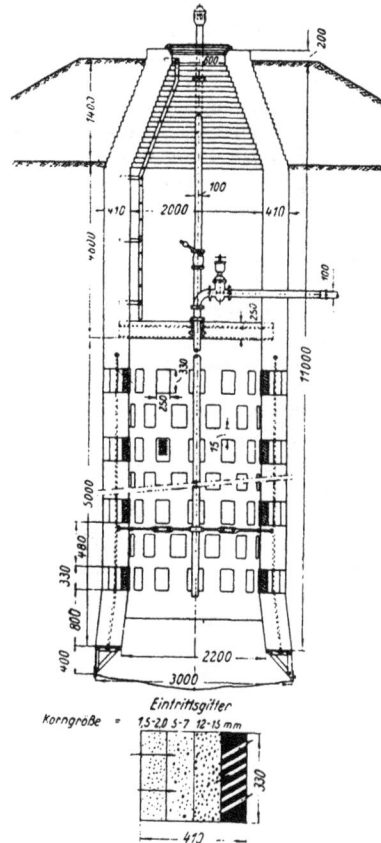

Bild 5. Kesselbrunnen mit seitlichem Wassereintritt (Wasserwerk Wasa).

nicht überschreiten, auch bei Größtabsenkung soll ein Wasserstand von 1 bis 2 m im Brunnen verbleiben. Das gilt auch bei seitlichem Wassereintritt (Bild 5).

Bei seitlichem Wassereintritt wird die Sohle durch Beton abgedichtet. Der Wassereintritt erfolgt durch offene Stoßfugen, Drainrohre, Lochsteine oder besondere Eintrittgitter. Eine Verstopfung der Stoßfugen durch Moos u. dgl. ist abzulehnen, weil hierdurch das Algenwachstum begünstigt wird. Die gesamte Fläche der Eintrittsöffnungen soll etwa $\frac{1}{8}$ bis $\frac{1}{10}$ der gesamten Mantelfläche betragen. Die Höhe des durchlässigen Mantelteils hängt von der Mächtigkeit der wasserführenden Schicht ab. Sie sollte den abgesenkten Wasserspiegel nicht überschreiten, da der Luftzutritt schnelles Verkrusten der Durchlaßöffnungen bewirken kann. Auf alle Fälle soll der Eintrittsquerschnitt so bemessen sein, daß kein Sand in den Brunnen gelangen kann.

Kesselbrunnen werden meistens mit kreisförmigem Querschnitt gebaut. Bei Verwendung als Sammelbrunnen kann auch elliptischer Querschnitt vorteilhaft werden. Der Durchmesser beträgt gewöhnlich 1 bis 5 m. Brunnen mit größerem Durchmesser sind schwer in größere Tiefen abzusenken. Man baut dann meist mehrere Brunnen mit kleinerem Durchmesser. Unter einen Durchmesser von 1 bis 1,5 m geht man nicht, weil in solchen Brunnen nur schwer gearbeitet werden kann. Bei tiefen Brunnen wird der Durchmesser nach oben hin verjüngt (1 : 50), wenn diese im Absenkungsverfahren hergestellt werden, was meist der Fall ist. Die Höhe des Verjüngungsteils beträgt $\frac{1}{4}$ bis $\frac{1}{3}$ der Absenkungshöhe.

Die Brunnen können aus Holz, Mauerwerk, Beton, Eisenbeton und Eisen hergestellt werden. Holz und Beton kommen, abgesehen von Betonringen, für Wasserversorgungszwecke kaum in Betracht. Dagegen wird Mauerwerk in Zementmörtel am meisten angewendet. Außen wird mit Zementmörtel 1 : 2 bis 1 : 3 etwa 1 bis 1,5 cm stark wasserdicht verputzt, innen mit Zementmörtel 1 : 1 ausgefugt. Eisenbeton ermöglicht eine geringe Wandstärke bei großen Tiefen, Schmiede- und Gußeisen sind vorteilhaft im schwimmenden Untergrunde. Gußeiserne Brunnen werden aus einzelnen Ringen (Tübbings) zusammengesetzt, die bei großem Durchmesser wieder aus einzelnen Teilen bestehen können. Die Verbindungen befinden sich alle im Brunneninnern. Solche Brunnen lassen sich leicht herstellen, dagegen ist die Gefahr der Rostbildung zu berücksichtigen.

Die Herstellung kann je nach der Tiefe des Grundwasserspiegels unter der Erdoberfläche und der notwendigen Brunnentiefe verschieden erfolgen. Am meisten angewendet wird das Absenkverfahren. Hierbei wird zunächst bis zum Grundwasser ausgehoben und der unterste Brunnenteil in der Baugrube aufgemauert. Dann wird im Brunnen die Erde ausgeschachtet oder ausgebaggert. Durch sein Gewicht sinkt der fertige Brunnenteil in die Tiefe. Auf den versenkten Teil wird weiter aufgemauert und so nach und nach der Brunnen bis zur notwendigen Tiefe gesenkt. Zur Erleichterung des Einsinkens wird als unterster Teil des Brunnens der Brunnenkranz (Senkkranz) verlegt. Er besteht aus Holz, Eisen oder Eisenbeton. Der Querschnitt ist immer ein Dreieck mit der Spitze nach unten. Bei Holz und Beton wird als Schneide ein Eisenring angebracht (siehe Bild 13). Dieser Brunnenkranz wird mit der Brunnenwandung durch hochgeführte Eisenanker (Durchmesser 2 bis 3 cm) verbunden. Diese sind so lang wie der abzusenkende Brunnenteil. In der Endhöhe sind die Anker durch einen Ring oder hölzernen Brunnenkranz verbunden. An ihn schließen sich neue Anker, wieder in der Versenkungslänge. Auf diese Weise geht ein Verbindungsgerüst von Ankern vom Brunnenkranz bis zum oberen Ende des Brunnens, das den Zusammenhalt aller Bauteile während des Absenkens gewährleistet und den Brunnen vor dem Zerreißen schützt. Dem leichteren Absenken dient auch die schon erwähnte Verjüngung des Brunnendurchmessers durch Verringerung der Reibung. Meistens genügt das Eigengewicht zur Absenkung nicht. Es wird dann Zusatzbelastung aufgebracht, bestehend aus alten Schienen, Eisenbarren u. dgl. Diese muß sorgfältig aufgebaut werden, weil sich sonst der Brunnen schräg stellt. Schrägstellung kann auch durch Hindernisse im Boden bewirkt werden, sie wird, wenn möglich, durch Vermehrung der Auflast auf der betreffenden Seite ausgeglichen.

Durch die Brunnensenkung wird der Boden gelockert, es können bei Wasserentnahme Hohlräume entstehen. Darum müssen ohne Wasserhaltung abgesenkte Brunnen nach Erreichen der richtigen Tiefe festgesetzt werden. Dazu wird der Brunnen möglichst tief ausgepumpt, damit sich der umliegende Boden endgültig setzt.

Weitere Verfahren zur Brunnenherstellung sind die Druckluftsenkung, das Gefrierverfahren und die chemische Bodenverfestigung, auf die nicht näher eingegangen werden soll, weil sie hier immerhin selten angewendet werden.

Der fertige Brunnen erhält eine dichte Abdeckung, die den Zutritt von Oberflächenwasser verhindert. Weiter muß für Entlüftung und für Zugangsmöglichkeit gesorgt werden. Besonders vorsichtig muß bei Brunnen verfahren werden, die im Überschwemmungsgebiet liegen. Hier soll die Abdeckung 20 cm über dem höchsten beobachteten Hochwasserstand liegen. Auch die nächste Umgebung des Brunnenkopfes muß Schutz gegen Eindringen von Tagwasser bieten (nach außen fallender Tonkranz um den Brunnenkopf). Von Bauwerken, die Verunreinigungen bringen können (Ställe, Dungstätten, Abortgruben), sollen Kesselbrunnen wenigstens 10 m entfernt liegen. Kesselbrunnen werden nur noch selten gebaut.

β) ROHRBRUNNEN

Durch Rohrbrunnen kann Wasser aus größerer Tiefe entnommen werden. Sie sind billiger herzustellen als entsprechende Kesselbrunnen, nicht ergiebige Brunnen können entfernt (gezogen) werden, und eine Erweiterung des Wasserwerkes ist jederzeit möglich, wenn Bedarf dazu vorhanden ist. Der Durchmesser bewegt sich im allgemeinen zwischen 20 und 50 cm.

Bei der Versorgung einzelner Häuser, wo es sich um geringe Wassermengen handelt, und wo die Tiefe nicht allzu groß ist (bis 10 m), genügen Rohre kleiner Durchmesser, die dann meistens nicht gebohrt, sondern gerammt werden. Das sind die Norton- oder Abessinierbrunnen.

Rohrbrunnen werden stets in ein Bohrloch eingesetzt. Die Herstellung des Bohrlochs erfolgt durch Entfernen des Bodens aus ihm mittels eines der vielen Bohrverfahren. Bei Bohrung in Sand, Kies, Geröll und anderen nicht festen Bodenarten (auch Ton, Mergel, Lehm) würde das Bohrloch sich mit der Zeit wieder füllen oder zusammenstürzen. Man erhält es durch die Verrohrung (Auskleiden der Wandung mit Rohren). Die Verrohrung (Rohrfahrt) sinkt in das durch das Entfernen des Bodens entstehende Loch vermöge ihrer Schwere oder durch Nachtreiben hinein. Bei großen Tiefen nimmt die Reibung zwischen Rohraußenwand und Boden stark zu; zu ihrer Überwindung sind starke Kräfte notwendig. Eine erhebliche Verminderung der zu leistenden Arbeit läßt sich dadurch erzielen, daß man mehrere Rohrfahrten verwendet. Bis zu ca. 30 m kommt man mit einer

Rohrfahrt aus, darüber nimmt man 2 Rohrfahrten oder auch mehr. Es wird dann in die oberste Rohrfahrt eine zweite mit kleinerem Durchmesser eingesetzt, welche die Reibungswiderstände erst vom Ende der ersten an zu überwinden hat. Die Durchmesser der oberen Rohrfahrten müssen von Anfang an entsprechend groß gewählt werden. Die richtige Wahl der Durchmesser ist Sache des Brunnenbauers, der Enddurchmesser ist meist vorgeschrieben. Das Wechseln der Rohrfahrten soll in tonigen Schichten erfolgen, da in nichtbindigen Böden Sand in die erste Rohrfahrt eindringt und die Rohre sich festklemmen.
Über Bohrrohre siehe 2. Teil, S. 201.
Zu den Rohren gehört das Verrohrungsgerät. Es ist dies der Rohrschuh als Verstärkung des Rohrendes, die Rohrschelle zum Fassen, Heben und Bewegen des Rohres, die Holzklammer zur Aufnahme der etwa notwendig werdenden Belastung, Preßschrauben und Zugspindeln, Schraubenwinde und andere Hebevorrichtungen.

Das Entfernen des Bodens aus den Bohrrohren geschieht durch die Bohrer, von denen je nach der Bodenart und je nachdem die Bohrung im trockenen oder nassen Boden erfolgt, verschiedene Arten verwendet werden. Grundsätzlich ist zu sagen, daß nur Bohrer verwendet werden sollen, die es gestatten, die Aufeinanderfolge der Schichten und ihre Mächtigkeit festzustellen und Bodenproben zu entnehmen. Das sind im trockenen Boden vor allem der Löffelbohrer (Schappe), evtl. auch der Sackbohrer, im nassen der Ventilbohrer oder Stauchbohrer (Schlammbüchse). Die Trockenbohrer werden mittels festen Gestänges in den Boden gedreht, die Naßbohrer am Seil aufgehängt und fallen gelassen, sie dringen durch ihr Gewicht in den Boden ein. Alle andern Bohrerarten sollten nur in besonderen Fällen verwendet werden.
Nach Erreichen der notwendigen Tiefe bleibt das Bohrrohr entweder als Brunnenmantelrohr im Boden (es wird dann nur soweit hochgezogen, daß das eingesetzte Brunnenfilter frei wird), oder der Rohrbrunnen wird als Ganzes eingesetzt und die Rohrfahrt gezogen.

Ein Rohrbrunnen besteht in der Hauptsache aus Filterkorb, Futter-(Mantel-)rohr, Brunnenkopf, Entnahmevorrichtung und den sonstigen Ausrüstungsteilen.
Der Filterkorb ist der wichtigste Bestandteil des Rohrbrunnens. Durch ihn erfolgt der Wassereintritt. Wirkung und Lebensdauer des Brunnens sind von ihm abhängig. Die Wirkung wird beeinträchtigt durch Eintritt von Sand, der sich im Innern ablagert und langsam das Filter verstopft. Die Lebensdauer richtet sich nach der Widerstandsfähigkeit des Filters gegen äußere Angriffe durch Stoß und Druck, gegen Einwirkung des Wassers (Verstopfung der Öffnung durch Ablagerungen aus dem Wasser, Zerstörung durch Zerfressen). Die Lebensdauer erhöht sich, wenn sich das Filter leicht reinigen läßt.
Schutzmaßnahmen gegen Versandung sind genügend großer Filterdurchmesser, Gewebeumhüllung, Kiesschüttungen. Letztere sind am besten und haben sich trotz hoher Anlagekosten weitgehend eingeführt.

Ein genügend großer Durchmesser bewirkt, daß das Wasser so langsam eintritt, daß Sand nicht mehr mitgerissen wird. Diese Maßregel, die den besten Schutz darstellt, hängt davon ab, daß von vornherein der Bohrlochdurchmesser genügend groß gewählt wird. Der Schutz durch Gewebe wurde früher fast ausschließlich angewendet. Man schafft durch ihn Öffnungen, die wohl dem Wasser den Durch-

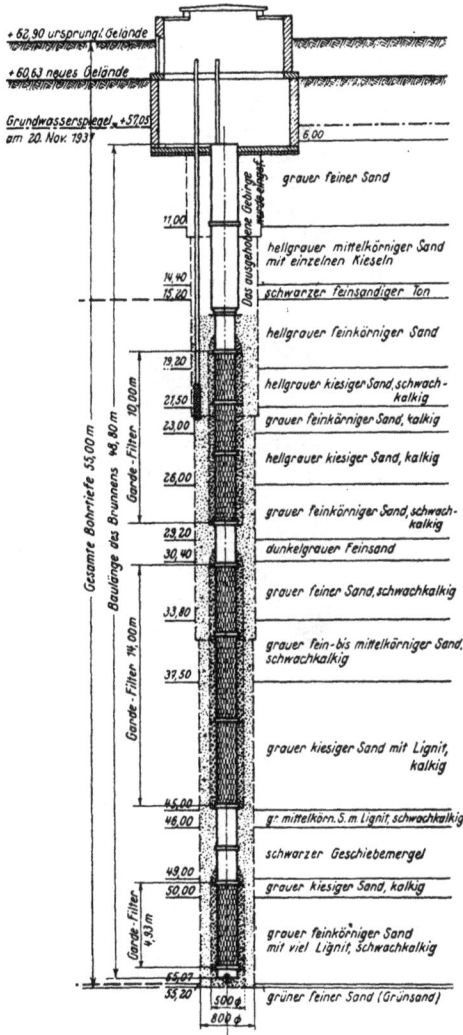

gang gestatten, den Sand aber vor dem Brunnen zurückhalten. Die Größe der Öffnungen muß dem Boden angepaßt werden und soll so sein, daß nur ein Teil des Bodenmaterials zurückgehalten wird (siehe 2. Teil, S. 205). Es wird also anfangs Sand mit eindringen, der beseitigt werden muß. Dazu wird zunächst dem Brunnen mehr Wasser entnommen als im gewöhnlichen Betrieb. Die Wassergeschwindigkeit wird dadurch erhöht und der feine Sand mitgerissen. Um den Filterkorb bildet sich dabei außen ein natürliches Filter. Es werden je nach der Bodenbeschaffenheit 3 Arten von Metallgeweben verwendet. Bei grobem Material nimmt man das einfache Gewebe mit quadratischen Öffnungen. Das einfache Gewebe dient außerdem auch als Unterlage für feineres Gewebe. Bei Köpergewebe können die

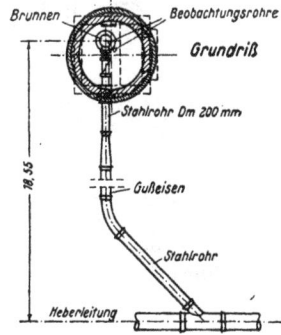

Bild 6. Grundriß und Schnitt eines Brunnens (Kiesschüttungsfilter).

Öffnungen kleiner gehalten werden als beim einfachen Gewebe, das Gewebe wird lockerer. Bei sehr feinen Sanden verwendet man das Tressengewebe. (Weiteres s. 2. Teil, S. 203). Die Gewebe werden durch Lötung, Drähte oder Schienen auf dem Filterkorb befestigt. Dieser selbst muß dann genügend große Öffnungen besitzen (Bild 6).
Da Gewebe mancherlei Beschädigungen ausgesetzt sind, hat man sie bei feinen Sanden durch Ringschüttungen aus Kies zu ersetzen verstanden. Bei diesen nimmt die Korngröße nach dem Brunnen hin zu. Solche Kiesfilter können unter

Tag geschüttet oder über Tag hergestellt werden. Zur ersten Art braucht man genügend große Bohrlöcher. Die verschiedenen Korngrößen werden (in mindestens 10 cm Breite) durch eingesetzte Rohre voneinander getrennt. Die Schüttung erfolgt meterweise unter jedesmaligem Ziehen der Rohre. Die Öffnungen des eigentlichen Filterkorbes müssen gegen Eindringen des Schüttmaterials geschützt werden, die Öffnungen sind meist lappenartig herausgedrückt (z. B. Gardefilter). Die schwierige Herstellung führte schließlich zur Herstellung über Tag. Dabei ist der Filterkorb aus einzelnen Taschen zusammengesetzt, in die das Filtermaterial gebracht wird (z. B. Taschenfilter Hempel, Dädlow-Pollems-Stachelfilter, Trichterfilter, Glockenfilter, Radlikfilter, Steinzeugtaschenfilter u. a. (Bild 8).
Der Baustoff soll Stoß- und Druckbeanspruchungen aushalten können und gegen Zerstörungen durch Ausscheidungen aus dem Wasser widerstandsfähig sein.
Gewebe erfordern fast immer metallische Filterkörper. Durch die Befestigung derselben auf dem Filterkorbe werden Lokalelemente gebildet,

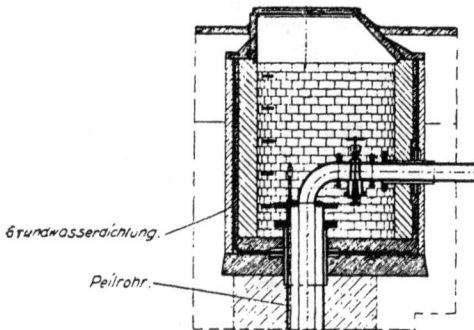

Bild 7. Ausbildung des Rohrbrunnenkopfes eines Kiesschüttungsfilters mit Schieber und Beobachtungsrohr im Schacht.

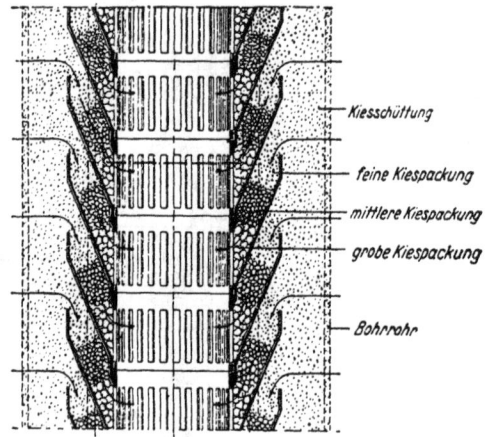

Bild 8. Taschenfilter für Kiespackung an der Oberfläche. (Nach Dädlow-Pollems.)

die die Zerstörung begünstigen. Darum muß das Metall gegen Korrosion geschützt werden. Das geschieht bei Gußeisen durch Asphaltierung (bis zu 50 m Brunnentiefe am geeignetsten), bei Stahl durch Gummi- und Kadmiumüberzug; auch Stahllegierungen sind mit Erfolg verwendet worden (Remanitfilter). Metallische Filterkörbe werden deswegen gerne genommen, weil sie gegen Stoß und Druck am wenigsten empfindlich sind.
Die nicht metallischen Filterkörbe (wie Steinzeug, Porzellan, Glas, Beton, Holz) haben im allgemeinen nur geringe Bruchfestigkeit, die sich beim Transport, beim Einbau und beim Setzen des fertigen Brunnens nachteilig auswirkt. Sie sind gegen Wasserangriff praktisch unempfindlich, sie besitzen eine glatte Oberfläche, an der die Ausscheidungen nicht festhaften. Es sind auch Kunstharzfilter aus Mipolam eingebaut worden. Als Verbindungen der einzelnen Filterstücke dürfen Metalle nicht verwendet werden.
Eingeführt haben sich vor allem nichtmetallische Filter aus Steinzeug (Hänchen-Patent-Steinzeugfilter, Schönebecker Steinzeugrippenfilter, Brechtel-Steinzeugfilter, Hamannfilter). Die Verwendung von Steinzeug ist nicht neu. Das gleiche gilt für Holzfilter. In Porzellan sind gut brauchbare Filter herausgebracht.

Die Verbindung zwischen Filterkorb und Entnahme stellt das Mantelrohr oder Futterrohr dar. Es schließt die kein oder nicht brauchbares Wasser führenden durchbohrten Schichten vom Brunnen ab und besitzt keine Eintrittsöffnungen. Der Baustoff sollte dem des Filterkorbes entsprechen, damit der Brunnen ein einheitliches, zusammengehöriges Ganzes bildet. Vorzugsweise wird aber hier Gußeisen gewählt, sonst nimmt man bei Steinzeugfiltern Steinzeugrohre, die mit elastischem Kitt verbunden sind, bei Porzellanfiltern Porzellanrohre mit Flansch- oder Muffenverbindung, bei Schleuderbetonfiltern Betonrohre mit Muffen, bei Holzfiltern Holzrohre. Bei Benützung der Bohrrohre hierzu ist der Stelle, wo Filterkorb und Bohrrohr zusammentreffen, besondere Aufmerksamkeit zu widmen. Der Filterkorb besitzt dabei einen kleineren Durchmesser als das Bohrrohr und muß entweder durch ein Aufsatzrohr soweit in das Futterrohr verlängert werden, daß Sand nicht mehr eintreten kann, oder er muß durch einen Gummiring abgedichtet werden. Das Saugrohr wird auch häufig an den Filterkorb angeschweißt.

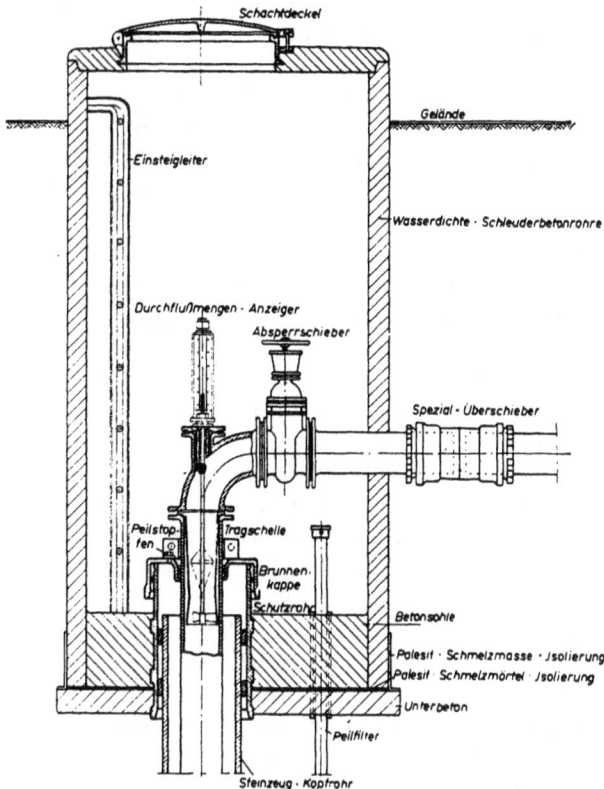

Bild 9. Brunnenkopf mit Absperrschieber und Durchflußmengenanzeiger. Peilrohr innerhalb des Schachtes.

Das Saugrohr (Entnahmerohr) muß bis 1 m unter den tiefsten abgesenkten Wasserspiegel reichen, damit Luftansaugung vermieden wird.
Der Brunnenkopf bildet das obere Ende eines Rohrbrunnens. Er bildet
den Anschluß an die gemeinschaftliche Entnahmeleitung und enthält die
Absperrvorrichtung und die sonstige Ausrüstung. Vor allem ist in ihm ein
Anschlußstutzen für das Beobachtungsrohr angebracht, das auch bis
1 m unter den tiefsten abgesenkten Wasserspiegel reichen soll. Der Brunnenkopf kann mit Erde eingedeckt sein, er kann als Schacht bis zur Erdoberfläche führen und dort durch eine Kappe geschützt sein (s. Bild 6 u. 7). Die
Unterbringung in einem Schacht ist unbedingt vorzuziehen. An sonstigen
Ausrüstungsgegenständen ist noch zu erwähnen die Absperrvorrichtung, die Rückschlagklappe (falls eine gebraucht wird), die Vorrichtung
zur Entnahme von Wasserproben (Bild 9).

γ) BRUNNENGALERIEN

Weil die Größtwassermenge, die einem Rohrbrunnen entnommen werden
kann, begrenzt ist, müssen für eine größere Wassermenge mehrere Brunnen
gebaut werden. Auch die Forderung, daß die Wasserförderung keine Unterbrechung erleiden darf, zwingt dazu. Schließlich kann der Grundwasserspiegel nicht beliebig abgesenkt werden, weil sonst die Saughöhe der Pumpen zu groß wird und gegebenenfalls die Landwirtschaft durch zu tief
liegenden Grundwasserspiegel Not leiden könnte. Darum ist eine Absenkung
des Spiegels um 2 m (höchstens 3 m) das Äußerste, was noch vertreten
werden kann.
Der Abstand der einzelnen Brunnen voneinander richtet sich nach der
notwendigen Wassermenge und nach der Eintrittsgeschwindigkeit des
Wassers in den Brunnen. Diese darf nicht allzu groß werden. Der Abstand bewegt sich zwischen 10 und 50 m, bei größeren Durchmessern
kann er bis 100 m und mehr ansteigen. Die Brunnen selbst schließt man
an eine gemeinsame Saug- oder Heberleitung (Bild 10 und 11) an. Die
letztere ist betriebssicherer und wird darum vorzugsweise ausgeführt. Die
Sammelleitung legt man seitlich und schließt jeden Brunnen für sich
an. Es lassen sich dabei kleine Abweichungen, die bei der Bohrung
eintreten, durch Paßstücke leicht ausgleichen, ferner ist jeder Brunnen
für sich ausschaltbar (siehe auch Bild 6).
Die Sammelleitungen führen in einen Sammelbrunnen, aus dem die Pumpen
das Wasser schöpfen, oder aus dem das Wasser mit natürlichem Gefälle
abfließt. Es ist vorteilhaft, wenn an den Sammelbrunnen zwei getrennte
Äste angeschlossen werden, es kann dann durch den einen Strang der
Betrieb aufrechterhalten werden, falls am anderen Ausbesserungen notwendig werden. Oder es kann zunächst nur der eine Strang gebaut werden,
der zweite stellt die Erweiterung dar.

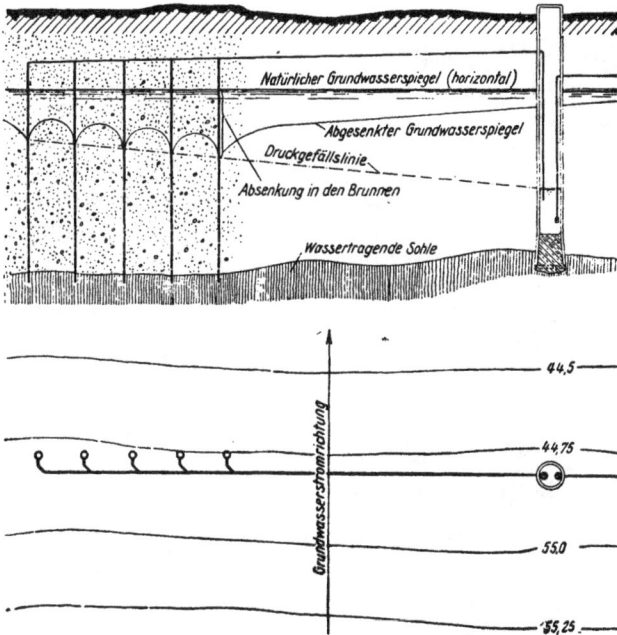

Natürlicher Grundwasserspiegel (horizontal)

Abgesenkter Grundwasserspiegel

Druckgefällslinie

Absenkung in den Brunnen

Wassertragende Sohle

Grundwasserstromrichtung

44,5

44,75

55,0

55,25

Bild 10 a. Heberleitung mit senkrecht zur Grundwasserstromrichtung
angeordneter Brunnenreihe.

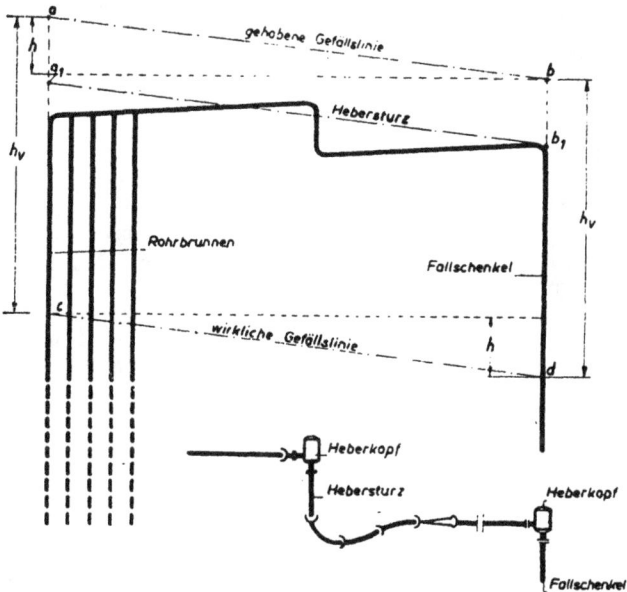

gehobene Gefällslinie

Hebersturz

Rohrbrunnen

Fallschenkel

wirkliche Gefällslinie

Heberkopf

Hebersturz

Heberkopf

Fallschenkel

Bild 10 b. Heberleitung mit Hebersturz (Einzelheiten siehe Bild 11).

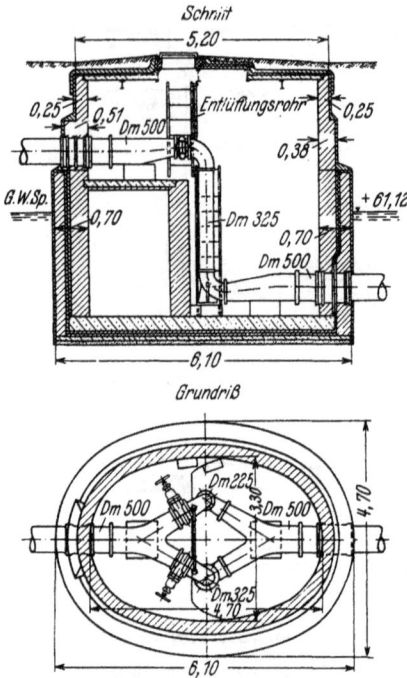

Bild 11. Absturzschacht in der Heberleitung (Magdeburg), nach „Das Gas- und Wasserfach", Jahrgang 1933.

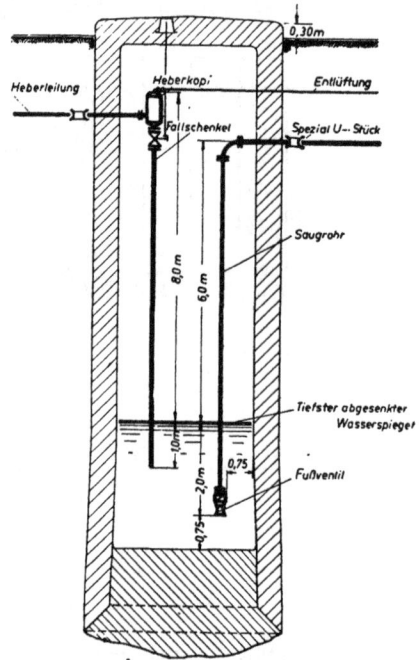

Bild 12. Sammelschacht mit Heber- und Saugrohrleitung.

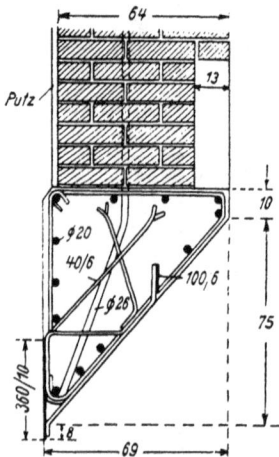

Bild 13. Brunnenkranz zu Bild 12, nach „Die Bautechnik", Jahrg. 1932.

Die Heberleitung soll nach dem Sammelbrunnen zu ansteigen (1 : 100 bei kurzen Strängen, 1 : 1000 bis 1 : 2000 bei langen). Die Querschnittbemessung erfolgt nach den zu fördernden Wassermengen und so, daß die Geschwindigkeit höchstens 0,6 bis 0,7 m/s beträgt. Dabei sind spätere Verlängerungen der Leitung von vornherein zu berücksichtigen. Jedes Wasser führt Gas mit sich, infolgedessen muß für Entlüftung gesorgt werden. Die Saughöhe der Heberleitung kann höchstens 6 bis 7 m betragen. Rückschlagklappen zur Verhinderung des Abreißens der Wassersäule sind nur notwendig, wenn die Fassung im Gefälle liegt und Wasser in die tieferen Brunnen zurückfließen könnte. Die Leitung besteht gewöhnlich aus gußeisernen Muffenrohren mit Gummi- oder Bleidichtung. Sie muß auf standfestem Boden liegen oder in einem begehbaren Kanal untergebracht werden.

Ein Sammelbrunnen sollte stets angeordnet werden (Bild 12 und 13). Er soll einen

Ausgleich schaffen zwischen Förderung und Entnahme und zur Unterbringung der notwendigen Rohrleitungen dienen. Er nützt weiter der Sicherheit des Betriebes, weil er die Anlage mehrerer Heberleitungen ermöglicht, die voneinander unabhängig sind. Schließlich dient er als Ab-
lagerungsstätte für Verschmutzungen, die den Pumpen ferngehalten werden
sollen, und zum Zusetzen von Reinigungsmitteln.

Sammelbrunnen werden als Kesselbrunnen mit dichten Wandungen und Sohle
gebaut. Der Durchmesser richtet sich nach Anzahl der in ihm unterzubringenden
Leitungen. Der Brunnen soll so tief sein, daß das Ende der Heberleitung bis 1 m
unter den tiefsten abgesenkten Wasserspiegel reicht, die Saugleitung der Pumpen
endet etwas höher, damit bei Betriebsstörungen die Wassersäule der Heberleitung
nicht abreißt. Man ordnet ihn so dicht als angängig am Pumpenhaus an oder
setzt ihn in das Pumpenhaus, um kurze Saugleitungen zu erhalten.

c) Dünenwasser

Süßes Grundwasser, das auf dem Meerwasser. schwimmt, bildet sich auf
Inseln und an Küsten. Bei seiner Gewinnung ist dafür zu sorgen, daß der
bestehende labile Gleichgewichtszustand zwischen beiden Wasserarten
nicht gestört wird. Jeder stärkere Eingriff (große Absenkung) ist gefährlich.
Es empfiehlt sich deshalb hier die Gewinnung durch offene Gräben. Doch ist
auch Gewinnung mittels Rohrbrunnen mit Erfolg durchgeführt worden.

d) Quellwasser

Man hat Quellen immer sehr gern zur Wasserversorgung verwendet, weil
mit dieser Bezugsart viele Vorteile verbunden sind. Das Wasser ist meist
rein, der Bau der Fassungsanlagen erfordert geringe Kosten, der Betrieb
ist billig. Die Quellen liegen meist so hoch, daß das Wasser mit Gefälle
zum Versorgungsort geleitet werden kann. Der große Höhenunterschied
kann zu Kraftzwecken ausgenützt werden. Bei langen Zuleitungen können
auch andere Orte mit versorgt werden. Daraus ergibt sich, daß die Höhenlage entscheidend ist. Die Grundbesitzverhältnisse lassen sich meist leicht
regeln, ebenso der Grunderwerb für lange Zuleitungen. Daß trotzdem immer
mehr zum Bezug von Grundwasser übergegangen wurde, hat seinen Grund
darin, daß dessen Eigenschaften fast stets besser sind als die des Quellwassers, daß dauernd gleichmäßige Wassermengen gesichert erscheinen
und daß das gerade in den Zeiten des größten Bedarfs der Fall ist.

Quellfassung. Jede Quellfassung muß so ausgeführt werden, daß Menge
und Beschaffenheit des Wassers nicht beeinträchtigt werden; die technische
Ausführung soll dabei möglichst einfach und zweckentsprechend erfolgen.
Oberster Grundsatz ist: Am bestehenden Zustand soll am besten gar nichts
geändert werden (keine Spiegelsenkung, kein Aufstau!). Die Fassung muß
leicht zugänglich und gut gelüftet sein. Temperaturschwankungen in ihr
sind zu vermeiden (gute Überdeckung!), Lebewesen dürfen nicht in sie

gelangen können, Verunreinigungen dürfen nicht möglich sein, mitgeführter Sand muß zurückgehalten werden (Bild 14 und 15).

Jede Quelle erhält einen Sammelbehälter (Quellschacht, Brunnenstube, Wasserschloß genannt je nach Größe), in dem mitgeführter Sand abgelagert werden kann, in dem sich eine größere Wassermenge ansammeln kann, aus dem Wasser

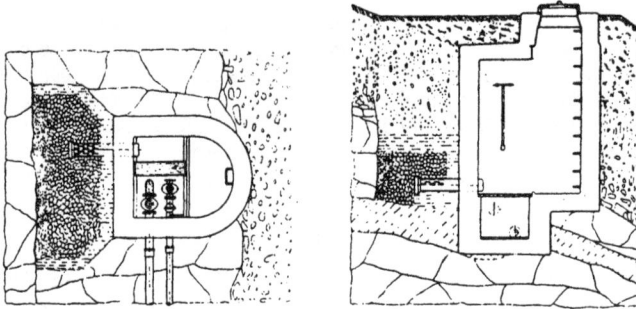

Bild 14. Normalquellfassung in Felsen auf undurchlässiger Schicht (Bauamt für das öffentliche Wasserversorgungswesen Stuttgart), nach „Das Gas- und Wasserfach", Jahrgang 1931.

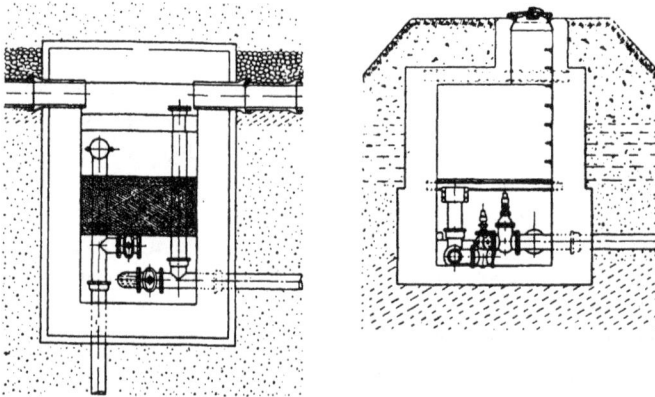

Bild 15. Normalquellfassung in diluvialem Kies (Bauamt für das öffentliche Wasserversorgungswesen Stuttgart), nach „Das Gas- und Wasserfach" Jahrgang 1931.

entnommen wird, und in dem alle notwendigen Einrichtungen untergebracht werden können. Bei kleinen Quellen läßt sich dieser Behälter aus Brunnenringen herstellen, bei größeren ist er gemauert oder in Beton ausgeführt. Mehrere kleine Quellen (jede für sich absperrbar) werden in einem gemeinsamen Sammelschacht zusammengeführt, der dann die notwendigen Einrichtungen erhält, während die Einzelquelle auf das einfachste ausgerüstet wird. Der Behälter soll so groß sein, daß die Durchflußgeschwindigkeit höchstens 10 cm/s beträgt. Sand wird in einer besonderen Vorkammer abgefangen.

An technischen Einrichtungen sind notwendig: Entnahmeleitung, Überlauf, Leerlauf, Einsteigöffnung, Entlüftung, genügende Überdeckung, dazu kommt oft eine Vorrichtung zur Wassermessung.

Die Entnahmeleitung ist durch einen Seiher abgeschlossen. Seine Lochung hat 6 bis 10 mm Durchm., die gesamte Lochfläche soll gleich dem 2- bis 3 fachen des Rohrquerschnittes sein. Der Seiher soll etwa 20 cm bis 80 cm über der Sohle liegen und wenn möglich sich ganz im Wasser befinden. Die Entnahmeleitung muß absperrbar sein. Der Absperrschieber liegt, der leichten Bedienung halber, ebenfalls im Bedienungsraum des Sammelbehälters. Bei kleinen Quellen kann er von der Oberfläche aus bedient werden, ohne daß der Behälter betreten wird.
Der Überlauf soll das überschüssige Wasser entfernen. Er besteht entweder in einem offenen Rohr oder in einem Überfallwehr. Er muß bei Erreichung eines bestimmten Wasserstandes selbsttätig arbeiten.

Die Leerlaufleitung dient zum Entleeren des Behälters bei notwendigen Arbeiten in ihm. Sie ist durch einen Schieber zu verschließen. Die Rohrleitung dient meist mit für den Überlauf und ist am Ende mit einer Froschklappe versehen.
Die Einsteigöffnung ist je nach Größe des Behälters mit einem Schachtdeckel (Einstieg von oben) oder einer Tür (Einstieg von der Seite her) verschlossen. Diese müssen dicht schließen, so daß kein Lebewesen und auch kein Oberflächenwasser eindringen kann. Bei Ausführung nach Bild 15 ist seitliche Verschiebung der Einsteigöffnung vorzuziehen.

Die Entlüftung besteht in Rohren oder Kaminen, die mit einer Haube versehen sind und Gitter gegen das Eindringen von Lebewesen besitzen.
Zum Schutz gegen Temperaturschwankungen wird der Behälter ungefähr 1 m hoch mit Erdschüttung überdeckt und mit der Sohle mindestens 3 m unter der Oberfläche angelegt.

Die eigentliche Quellfassung (die Zusammenführung der einzelnen Wasseradern zum gemeinsamen Austritt in den Sammelbehälter) wird je nach der Art, wie die Quelle zutage tritt, verschieden ausgeführt. Zunächst sind aufsteigende Quellen und seitlich austretende zu unterscheiden, bei letzteren wieder solche, die in starkem Wasserstrahl gefaßt werden können und solche, die aus mehreren kleinen Wasseradern bestehen und erst zusammengefaßt werden müssen.

Eine einfache Fassung für aufsteigende Quellen ist folgende: An der Austrittsstelle wird der Boden bis zur wirklichen Quelle weggeräumt, um die Grube wird eine Holzspundwand geschlagen und der Innenraum mit Steinen ausgefüllt. Über die Ausfüllung kommt eine Tondecke zum Schutze gegen Eindringen von Oberflächenwasser. Das Ganze deckt schließlich eine Erdschüttung. Das Wasser sammelt sich in den Zwischenräumen der Steinschüttung und wird von hier durch die Entnahmeleitung entnommen. Die Lüftung erfolgt durch Lüftungsrohre. Bei dieser Bauart kann man nachträglich nicht ohne weiteres an die Fassung heran.

Besser, aber natürlich auch teurer, ist es, wenn neben diese Fassung ein Sammelbehälter gesetzt wird. Auf die Spundwand kann dann verzichtet werden. Dafür muß aber die Tonwand über und um die Steinschüttung angeordnet werden. Entnahmeleitung usw. kommen in den Sammelbehälterraum.
Als Zwischenlösung ist anzusehen, daß der Sammelbehälter direkt über der Wasseraustrittstelle angeordnet wird. Bei Quellen mit großer Schüttung werden

die Einrichtungen diesem Umstand angepaßt. Eine große, bekannte Anlage dieser Art ist die Quellfassung bei Ranna für die Versorgung von Nürnberg.

Eine Quelle, die seitlich am Hang und breit (in starker Ader) austritt, wird durch absperrende Mauern nach Art der Flügelmauern zur Quellstube hingeleitet. Je nach der Bodenbeschaffenheit sind entweder keine weiteren Maßnahmen notwendig, oder es muß hinter dieser Mauer zur leichteren Ansammlung des Wassers eine Kiesschüttung angebracht werden, die dann wieder gegen Oberflächenwasser abzuschließen ist.

Bei Quellen, die aus einzelnen Wasseradern bestehen, geht man zur Erleichterung des Abflusses den Adern nach und leitet sie durch Sickerrohre mit Kiespackung oder bei großen Adern durch Stollen zusammen nach der Brunnenstube. Auch hier muß der Zutritt von Oberflächenwasser verhindert werden. Das kann durch Tonschlag oder durch Betonplatten oder wasserdichte Mauerung geschehen.

Die Baustoffe für Quellfassungen müssen so beschaffen sein, daß Angriffe des Wassers nicht stattfinden können, sie werden also je nach der Beschaffenheit des zu fassenden Wassers verschieden sein müssen. Zum Abdichten der Fassung eignet sich vor allem Ton, für Sickerleitungen sind Steinzeugrohre sehr gut geeignet, Zementrohre nur dann, wenn das Wasser keine angreifende Kohlensäure enthält, Holz ist nur da zu gebrauchen, wo es dauernd unter Wasser ist. Beton und Mauerung werden mit wasserdichtem Putz versehen, oft ist ein Schutzanstrich oder eine Wandverkleidung notwendig, alle Gußeisenteile müssen Schutzanstrich erhalten. Zum Schluß sei nochmals darauf hingewiesen, daß überall da, wo einzelne Quellen gefaßt werden müssen, um die notwendige Wassermenge zu erhalten, jede Quelle für sich gefaßt werden und absperrbar sein muß. Alle Quelleitungen müssen in einen gemeinsamen Behälter zusammengeführt werden, von dem aus die Entnahme stattfindet. Die Leitungen sind so anzuordnen, daß der Sammelbehälter im Notfall ausgeschaltet werden kann, ohne den Wasserbezug zu unterbrechen.

3. Oberflächenwasser

a) Flußwasser

Flußwasser ist für Trinkwasserversorgung ohne Reinigung nicht zu gebrauchen. Dagegen benützt es die Industrie wegen seiner geringen Härte sehr gern. Die Entnahme selbst macht keine besonderen Schwierigkeiten. Vor Einrichtung einer Entnahme müssen Wassermenge und Eigenschaften des Flußwassers genau bekannt sein.

Die Entnahme wird man grundsätzlich dahin legen, wo das Wasser möglichst gute Beschaffenheit aufweist. Das ist meist der Fall oberhalb des Versorgungsgebietes da, wo die Wassertiefe und Geschwindigkeit groß sind. Liegeplätze von Schiffen und Stellen, wo Anlandungen entstehen, sind zu vermeiden, weil hier zuviel Sink-, Schwimm- und Schwebestoffe mit gefaßt werden könnten.

Die Entnahme erfolgt je nach der Größe des Flußlaufes und der Art seiner
Ufer verschieden. Ohne irgendwelche Einbauten, die Schwimm- und Sinkstoffe
oder Lebewesen fernhalten, kommt man nicht aus. Bei kleinen Flüssen werden
die Baulichkeiten am Ufer angelegt, bei großen Flüssen sucht man mehr in die
Strommitte zu kommen. Die einfachste Entnahme ist die durch ein Rohr mit
Seiher, sie ist für Trinkwasserversorgung meistens nicht geeignet. Bei Einbauten
am Ufer muß die Eintrittsöffnung durch Steinpackungen (unzugänglich!), Grob-
rechen, Feinrechen oder Siebe geschützt werden. Der Gesamtquerschnitt der Eintrittsöffnungen soll möglichst groß werden. Die Eintrittsgeschwindigkeit wird

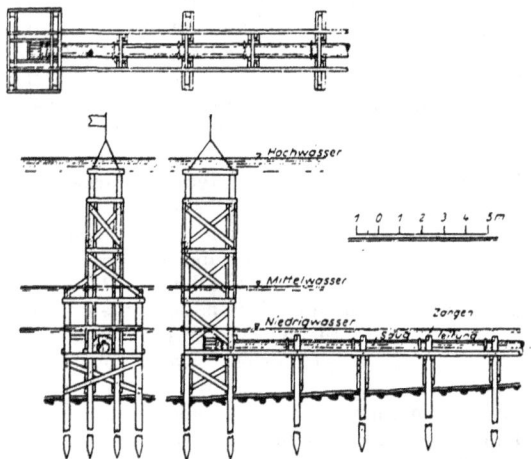

Bild 16. Entnahmestelle einer Flußwasserversorgung (Conception),
nach „Der Bauingenieur", Jahrgang 1928.

dadurch geringer (10 bis 20 cm/s). Der Eintritt soll möglichst parallel mit der
Stromrichtung liegen, niemals stromaufwärts. Es ist vorteilhaft, die Leitungen
doppelt anzuordnen, damit der Betrieb bei Ausbesserungen nicht unterbrochen
wird. Für Spülungsmöglichkeit muß gesorgt werden. Bei ganz großen Flüssen
wird man die Einrichtungen in einem Turm, der im Flusse selbst steht, unterbringen (Bild 16).

Die gröbsten Verunreinigungen sollen möglichst sofort hinter der Fassung beseitigt werden. Hierfür leisten Absetzbecken oder grobkörnige Filter gute
Dienste.

Die Flußwasserversorgung ist namentlich in Nordamerika viel verbreitet.
In Deutschland ist sie in den letzten Jahrzehnten fast vollständig hinter
Grund- und Quellwasserversorgung zurückgetreten, heute beginnt man
ihr wieder mehr Aufmerksamkeit zuzuwenden und sie wieder mehr anzuwenden, seitdem man in den Aufbereitungsverfahren bedeutende Fortschritte gemacht hat (z. B. Königsberg, Wiesbaden).

b) Seewasser

Da in Seen das Wasser weitgehend gereinigt wird und die Temperatur das
ganze Jahr hindurch fast gleichmäßig ist, so spielen die notwendig werdenden langen Zuleitungen fast gar keine Rolle. Seewasser muß in den
meisten Fällen künstlich gehoben werden.

Die Voruntersuchung hat sich auf Keimgehalt und Plankton, chemisch gelöste
Stoffe (Chlor, Ammoniak, organische Stoffe, Härte usw.), Wasserströmungen an
der Oberfläche und in verschiedenen Tiefen, Wellenbildung, Temperaturen in verschiedenen Tiefen und die örtliche Untersuchung der geplanten Entnahmestelle.
sowie auf Zuflußmenge, höchsten und niedrigsten Seewasserspiegel zu erstrecken.
Die Untersuchungen müssen mehrmals wiederholt werden. Bezüglich der Wassertemperatur ist zu bemerken, daß dieselbe an der Oberfläche im Sommer höher.
im Winter niedriger ist als in der Tiefe, und daß in großer Tiefe (mehr als 40 m)
die Temperaturschwankungen sehr klein werden und sich um 4 bis 5° C bewegen.
Die Wasserentnahmestelle muß diesen Voraussetzungen entsprechend gewählt
werden. Sie soll da liegen, wo Strömungen von bewohnten Ufern oder von Zuflüssen her nicht hingelangen können. Buchten mit starkem Pflanzenwuchs und
stehendem Wasser sind zu vermeiden, ebenso starker Wellenschlag, wie er in der
Nähe flacher Ufer vorkommt. Die Entnahme erfolgt am besten 3 bis 5 m über
dem Seeboden, damit kein Schlamm mit aufgenommen wird und 30 bis 50 m
unter dem Wasserspiegel, weil hier schon gleichmäßige Temperatur herrscht. Bei
Seen mit steilen Ufern wird man infolgedessen die Entnahmestelle näher ans Ufer
rücken können, bei flachen Ufern und starker Besiedlung derselben wird man
mehr nach der Seemitte zu gehen müssen. Eine besondere Aufbereitung wird
meist unnötig sein, sonst kommt vor allem Filterung in Frage.
Für die Rohrleitung nimmt man als Baustoff Gußeisen, Stahl, Kupfer, Aluminium.
Stahlrohre und in neuerer Zeit Aluminiumrohre sind am besten, weil sie nicht
so teuer sind und die Bruchgefahr geringer ist, sie können sich dem Seeboden
besser anpassen. Die Rohre werden am Ufer zum Schutz gegen Frost und Wellenschlag in einem Graben verlegt, weiter draußen liegen sie auf dem Seeboden oder
auf Jochen aus Holz bzw. Eisen. Die Rohre werden steif oder gelenkartig verbunden und nach Art der Düker versenkt. Heute baut man meistens die Leitungen
am Ufer zusammen (Schweißung), fährt den Rohrstrang schwimmend aus, bringt
ihn in die gewünschte Richtung und versenkt ihn durch Füllen mit Wasser und
Beschwerung mit Gewichten. Das Ende wird auf 3 bis 5 m Länge rechtwinklig
nach oben abgebogen und der Einlauf mit Saugkorb, Seiher und Hut versehen.
Der Seiher soll aus Kupfer oder Aluminium sein. Statt der Rohrleitung kann
auch ein Stollen vorgetrieben oder eine Vereinigung von Stollen und Rohrleitung
angewendet werden. Statt des Seihers kann auch ein Schacht gewählt werden,
namentlich bei großen Wassermengen.

B. GEWINNUNG BEI KÜNSTLICHER ANREICHERUNG

1. Künstliches Grundwasser

Bei unterirdischer Aufspeicherung von Grund- und Quellwasser handelt es sich nicht darum, solches Wasser künstlich zu schaffen, es soll vielmehr vorhandenes, überschüssiges Wasser bis zum Verbrauch im Untergrund zurückgehalten werden, denn bekanntlich fallen größte Ergiebigkeit und größter Verbrauch nicht zusammen.

Leider liegen die natürlichen Verhältnisse nur in den seltensten Fällen so, daß eine derartige Aufspeicherung mit erträglichen Kosten durchgeführt werden kann. Der Bau wird sich nur dann vertreten lassen, wenn es gelingt, mit kleinen Abschlußvorrichtungen große Wassermengen zurückzuhalten. Die geologische Untersuchung der Bodenschichtung, in der das Wasser zurückgehalten werden soll, ist sehr wichtig. Das bekannteste Beispiel für den Aufstau von Wasser im Boden ist die Anlage in Wiesbaden, wo es gelang, durch Abschluß des Sammelstollens eine Aufstauung zu erzielen.

Eine weitere Möglichkeit bieten die Geröllablagerungen in Gebirgstälern, in denen sich die Wassermengen talabwärts bewegen. Hier würde bei einer Entnahme der

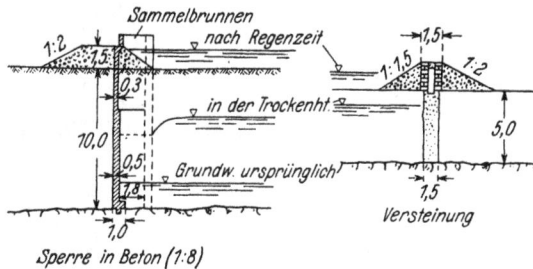

Bild 17. Grundwassersperren, nach „Die Bautechnik", Jahrgang 1933.

Wasserzufluß bei der großen Zahl von Hohlräumen bald versiegen. Durch unterirdische Stauwände kann das Wasser an zu raschem Abfluß gehindert und so der ganze Körper in einzelne Wasserhaltungen zerlegt werden. Das Verfahren der Bodenverfestigung und Versteinung führt hier zu billigen Ausführungsweisen und damit zu größerer Verbreitung derartiger Anlagen. In den Kolonien sind zahlreiche derartige unterirdische Talsperren zum Schutz gegen Verdunstung ausgeführt (Bild 17).

Uferfiltriertes Flußwasser hat nicht die gleichen Eigenschaften (gleichbleibende Temperatur, chemische Beschaffenheit, geringe Keimzahl, geringe Spiegelschwankungen) wie echtes Grundwasser, darum ist die Erzeugung von künstlichem Grundwasser mit annähernd den Eigenschaften natürlichen Grundwassers vorzuziehen. Da die Erzeugung von den Jahresniederschlägen unabhängig gemacht werden kann, ist sie nicht nur für Neuanlagen in Erwägung zu ziehen, sondern eignet sich auch zur

Steigerung der Leistungsfähigkeit bei bestehenden Anlagen und schützt vor allzu großer Absenkung, vorausgesetzt, daß die natürlichen Bedingungen für ihre Anwendung gegeben sind. Solche sind einmal gute, für die Versickerung geeignete Bodenverhältnisse und einwandfreie Beschaffenheit des Rohwassers. Eine scharfe Kontrolle des Betriebs ist immer notwendig. Die Anlage muß so beschaffen sein, daß das Wasser genügend lange im Boden bleibt (Wochen, Monate), um vollständig keimlos zu werden und eine einigermaßen gleichmäßige Temperatur zu gewinnen. Eine unmittelbare Verbindung zwischen Fluß und Entnahmevorrichtung darf nicht bestehen.

Bei allen angewendeten Versickerungsverfahren ist eine Vorreinigung des Flußwassers von großem Vorteil, weil sich sonst die Versickerungsfläche schnell verstopft und damit die Ergiebigkeit abnimmt (Bild 18).

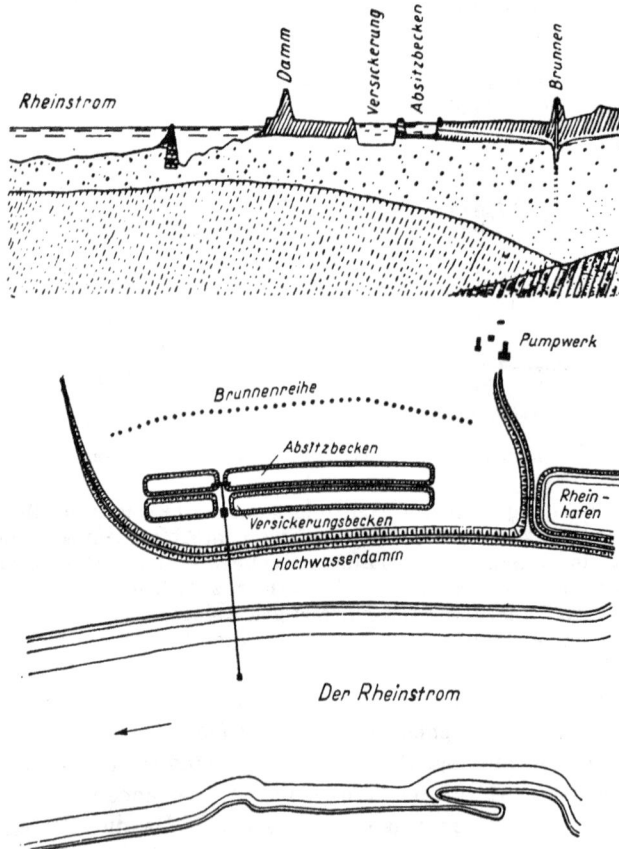

Bild 18. Künstliche Grundwassergewinnung mit Hilfe von Sickerbeeten und Rohrbrunnen (Schierstein bei Wiesbaden) nach GWF, Jahrgang 1950.

Überall da, wo eine undurchlässige Deckschicht nicht vorhanden ist, sind Sicker-
gräben und -teiche zweckmäßig. Man rechnet für 1 m³ Wasser, der in 24 h versickern soll, 1 m² Sickerfläche. Die Wassertiefe soll mindestens 1,2 m betragen.
Bei anderen Böden als Sand ist eine 50 cm hohe feine Sandschicht auf dem Boden
vorteilhaft, weil sonst der Schlamm eindringt und die Poren verstopft. Eine
Reinigung ist immer leicht möglich. Für eine gleichmäßige Wirkung der Anlage
ist notwendig, daß der Wasserstand in
den Becken und Gräben stets gleich
bleibt. Das künstliche Grundwasser
wird dann mit Rohrbrunnen oder
Sickergalerien wieder entnommen. Die
Regelung der Entnahme geschieht
durch die Spiegelabsenkung im Entnahmebrunnen.

Außerdem kann die Versickerung erfolgen durch Berieselung (Breslau),
durch Rohrbrunnen (Bild 19) oder
waagerechte Sickerrohre. Diese Arten
haben aber verschiedene Nachteile, so
daß sie nicht allzu häufig angewendet
werden. Über die Berechnung siehe
2. Teil, S. 187.

Derartige Anlagen finden sich vornehmlich bei großen Wasserwerken,
wo die vorhandene Grundwassermenge
dauernd oder zeitweise nicht mehr
ausreicht, sei es, daß der Umfang des
Versorgungsgebietes unverhältnismäßig
rasch zunimmt, sei es, daß das zur
Erweiterung des Werks notwendige

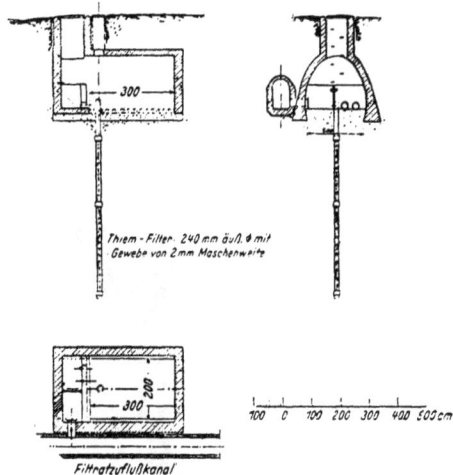

Bild 19. Künstliche Grundwassererzeu-
gung mit Rohrbrunnen, nach „Das Gas-
und Wasserfach", Jahrgang 1931.

Gelände nicht mehr erworben werden kann (Ruhrwasserwerke, Hamburg).

2. Talsperrenwasser

Bei Talsperren liegen die Verhältnisse im allgemeinen günstiger als bei
natürlichen Seen, da hier das bestgeeignete Gelände herausgesucht werden
kann. Talsperren sind da am Platze, wo die Niederschläge große Wassermengen liefern, die infolge der Bodengestaltung zu schnellem und stoß-
weisem Abfluß gelangen. Hier kann durch Aufspeicherung in Sperren
(künstliche Seen) das gewinnbare Wasservorkommen wesentlich gesteigert
werden.

Für die Anlage von Sperren sprechen viele Vorteile. Sink- und Schwebestoffe des Oberflächenwassers werden ausgefällt, die große Oberfläche
bewirkt eine gründliche Besonnung und Belüftung des Wassers, das Leben
im Wasser bewirkt eine weitgehende Selbstreinigung, die Keimzahl wird
wesentlich vermindert, die Härte ist gering, die Temperatur ist infolge der
großen Wassertiefe angenehm (in 10 m Tiefe beträgt sie 8 bis 12°C, ent-

spricht also der des Grundwassers). Als Nachteil ist zu bezeichnen, daß Talsperrenwasser eben immer noch Oberflächenwasser und infolgedessen verunreinigt ist. Bei Benützung zur Trinkwasserversorgung läßt sich eine Aufbereitung nicht umgehen.

Die Voruntersuchungen müssen sich erstrecken auf die Form und die Baustoffe der Sperre (Mauer oder Damm), auf die Eignung des Baugrundes zur Er-

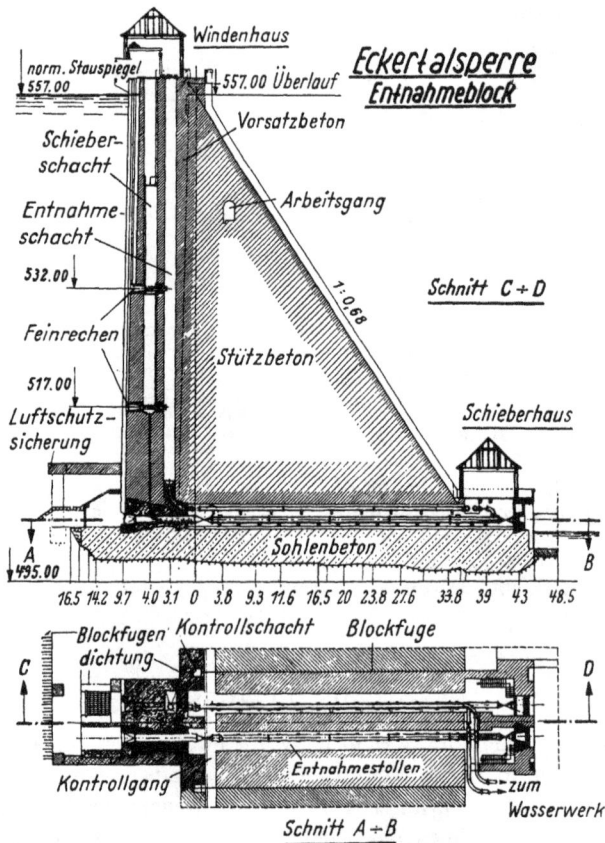

Bild 20. Trinkwassertalsperre mit Entnahmeeinrichtung aus verschiedenen Höhen. Entnahmeleitung 500 ⌀, Entwässerungsleitung 800 ⌀, nach GWF, Jahrgang 1947.

richtung der Sperre, auf die zu wählenden Baustoffe, auf die Wasserdichte der Beckensohle, auf die Größe des Einzugsgebietes, auf seine Niederschlagsmengen, auf seine Beschaffenheit (Fehlen von Ansiedlungen, Vermeidung des Zuflusses von Moorgebieten), auf die Höhe der Verdunstung und der Versickerung, auf die Abflußverhältnisse und auf die Bemessung des Stauinhaltes. Die Untersuchungen müssen über mehrere Jahre durchgeführt werden, weil sonst bei längeren Trockenzeiten Wassermangel eintreten kann.

Die Ausführung der Sperren erfolgt als Mauer oder als Erddamm (Bild 20). Mauern lassen sich nur auf Fels als Fundament aufsetzen, Erddämme auf jeden tragfähigen, wasserdichten Boden. Das Baumaterial und die Ausführung müssen weitgehendste Wasserdichte gewährleisten. Ein Vorbecken kann zur Ablagerung von Geröll usw. und zur Aufrechterhaltung des Betriebs während Ausbesserungen an der Sperre angeordnet werden.

Talsperren müssen mit Entnahmevorrichtung (doppelt), Leerlauf, Überlauf (über die Sperre, am Abhang, im Schacht, als Saugheber), Wassermeßvorrichtung, Fernsprecher, Alarmvorrichtung ausgestattet werden. Die Entnahme soll bei mehr als 40 m Wassertiefe in verschiedenen Tiefen möglich sein, sonst immer 3 bis 5 m über der Beckensohle.

WANN UND WIE WIRD WASSER AUFBEREITET?

Das Wasser wird bei seinem Kreislauf in physikalischer, chemischer und biologischer Hinsicht mehr oder weniger intensiven Veränderungen unterworfen. Die in Abschnitt II angeführten sind auf seine Verwendung bei einer Wasserversorgung von Einfluß. Diese Veränderungen sind besonders zu beachten, wenn das zukünftige Versorgungswasser vorher von Menschen oder Industrie oder beiden zusammen benützt wurde. Gebrauchtes Wasser geht ja nicht verloren, es erscheint als Abwasser und gelangt wieder in Vorfluter oder Grundwasser. Es kann somit als Trinkwasser wieder zur Verwendung gelangen. Unreines Wasser kann man durch entsprechende Behandlungsmaßnahmen für die Wasserversorgung wieder geeignet machen, jedoch wird es für Zentralversorgungen aus ästhetisch-hygienischen Gründen abgelehnt, wenn der unmittelbare Zusammenhang mit der Verunreinigungsquelle noch erkennbar ist. Derartige Verfahren bezeichnet man mit Aufbereitung (Reinigung).

Immer wird man zunächst versuchen, Wasser für eine Versorgung zu erhalten, das von vornherein allen zu stellenden Anforderungen vollauf oder wenigstens in größerem Umfange entspricht. Man wird solche Wasservorkommen auch aus größerer Entfernung vom Verbrauchsorte heranziehen, sofern die größeren Aufwendungen für die Zuleitung den Betriebskosten für eine Aufbereitung eines näher liegenden verunreinigten Wassers vorzuziehen sein werden. Es wird sich aber nicht immer vermeiden lassen, daß eine Aufbereitung durchgeführt werden muß.

Gesundheitlich schädliche Beimengungen wie Blei, Arsen, Antimon usw. machen ein Wasser ganz unbrauchbar. Die Bedürfnisse der Industrie geben für das Ausmaß der Aufbereitung den Ausschlag, wenn nicht die Industrie selbst das Wasser für ihre Zwecke besonders aufbereitet bzw. aufbereiten muß, weil sonst das Ausmaß der allgemeinen Aufbereitung die Bedürfnisse der Trinkwasserversorgung weit überschreiten würde. Auch der umgekehrte Fall kann eintreten. Es kann das Wasser in der Hauptsache ohne Aufbereitung für die Industrie benützbar sein und nebenbei als Trinkwasser benützt werden. Dann wird man das zum Trinken benützte Wasser besonders behandeln. Schließlich kann auch die Aufbereitung lediglich zum Schutze der Baustoffe der Gewinnungs- und Verteilungsanlagen notwendig werden, trotzdem das Wasser an sich für Trinkzwecke und die Industrie einwandfrei ist, sofern nicht die Baukörper selbst gegen Korrosion geschützt werden können.

Daraus ergeben sich folgende allgemeine grundsätzliche Forderungen:

1. Man wird Wasser aufbereiten, wenn es zur Trinkwasserversorgung dienen soll, dabei aber einer oder mehreren der Anforderungen nicht genügt, die an Trinkwasser gestellt werden müssen. In Frage kommen vor allem die gesundheitlichen (hygienischen) Anforderungen.

2. Man wird Wasser aufbereiten, das als Trinkwasser dienen kann, aber für den Verbrauch in Gewerbe und Industrie nicht passende Eigenschaften aufweist. Derartige Eigenschaften sind hauptsächlich Verunreinigungen chemischer Natur. Dabei steht die Frage offen, ob die Aufbereitung für die ganze Wassermenge einheitlich durchgeführt werden muß, ob Gewerbe und Industrie jeweils im Einzelfalle besonders aufbereiten oder ob das Trinkwasser jeweils gesondert aufbereitet werden muß.

3. Man wird Wasser aufbereiten, das als Trink- und Brauchwasser geeignet ist, dagegen die Baustoffe der technischen Verteilung des Wassers (vor allem das Rohrnetz) angreifen und zerstören kann. Auch diese Eigenschaften sind hauptsächlich chemischer Natur.

Aufbereitungsverfahren zur Erfüllung der beiden ersten Forderungen besitzen wir schon seit vielen Jahrzehnten, z.T. in höchster technischer Vollendung; denn diese beiden Forderungen standen von jeher durchaus im Vordergrund. Aufbereitungsverfahren, die der letzten Forderung genügen, besitzen wir heute gleichfalls. Man legt immer mehr Gewicht darauf, daß die im Bau der Wasserversorgungen angelegten großen Werte unter allen Umständen erhalten bleiben. Die Wasseraufbereitung ist billiger und wirtschaftlicher als die Neuherstellung zerstörter Leitungen. Durch sie werden beginnende Zerstörung, Leistungsminderung durch Verkrustung der Rohre, Unterbrechung der Wasserzufuhr durch Rohrbrüche, Korrosion der Werkstoffe usw. dauernd und von vornherein verhindert.

Für die Art und Weise, wie eine Aufbereitung durchgeführt werden kann, dienen die in der Natur vorhandenen Wasserreinigungsvorgänge als Vorbild. Diese Vorgänge werden nachgeahmt und zugleich durch die Art der Durchführung beschleunigt. Demzufolge arbeiten die Aufbereitungsanlagen z. T. mechanisch, z. T. chemisch, z. T. biologisch. Dabei ist es immerhin interessant, daß bei einigen Aufbereitungsarten zwar die Wirkungen unstreitig festliegen, die Aufbereitungsvorgänge selbst aber wissenschaftlich noch nicht gänzlich einwandfrei erforscht sind.

Die Natur zeigt an mechanischen Verfahren das Absetzen und die Filterung, an chemischen Verfahren die Lösung und neue Verbindung von im Wasser enthaltenen Stoffen, an biologischen Verfahren die Einwirkung der Tätigkeit der Kleinlebewesen auf die Wasserbeschaffenheit. Demgemäß lassen sich auch die künstlichen Aufbereitungsverfahren einteilen in solche mechanischer, chemischer und biologischer Art. Wie in der Natur werden auch

bei den künstlichen Aufbereitungsverfahren des öfteren zur Erreichung
des Endzweckes mehrere derartige Verfahren nach- oder nebeneinander
verwendet.

Grundsatz jeder Aufbereitung ist immer, den auszuscheidenden Stoff
irgendwie in andere chemische Verbindungen umzusetzen oder ihn aus-
zuscheiden und so unschädlich zu machen.

In der Hauptsache sind es die technischen Verfahren des Absetzens, der
Filterung, der Belüftung, der Zugabe von chemischen Mitteln
und der Benutzung der Lebenstätigkeit der Kleinlebewesen,
die bei der Wasseraufbereitung angewendet werden. Sie werden in technischer Durchführung und Wirkungsweise nachstehend kurz erläutert.

A. ABSETZVERFAHREN

Bei diesem mechanischen Verfahren werden die ungelöst im Wasser mitgeführten Stoffe zurückgehalten. Stoffe, die im Wasser durch seine Bewegung schwebend erhalten (Schwebestoffe) oder mit auf der Sohle fort-
gerollt werden (Sinkstoffe), lassen sich dadurch ausscheiden, daß man die
Wasserbewegung wesentlich verringert oder ganz aufhören läßt (daß
schwimmende Stoffe abgefangen werden müssen, ist selbstverständlich).
Das Vorbild für diese Absetzbecken bilden die natürlichen Seen und Talsperren. Je größer ein solches Becken ist, desto gründlicher ist die Klärung
des Wassers. Da niemals alle Schwebestoffe abgesetzt werden und sehr
große Becken auch bedeutende Kosten verursachen, muß das geklärte
Wasser noch einer weiteren Reinigung durch Filterung oder Sterilisation
unterzogen werden (Bild 21).

Bei Industriewasser kann es genügen, wenn die Schwimmstoffe allein
durch Rechen und Siebe, die groben Schwebestoffe außerdem durch Filter-
pressen, Zellenfilter u. a. zurückgehalten werden.

Absetzen mit Zusatz von Fällmitteln

Der Absetzvorgang kann beschleunigt und verstärkt werden, wenn Chemikalien (Fällmittel) zugegeben werden, die auch die feinsten Schwebestoffe
elektrophysikalisch an sich binden. Dadurch werden Flocken gebildet, die
infolge ihres größeren Gewichts schneller zu Boden sinken bzw. leichter aus
dem Wasser entfernt werden können (Bild 22).

Die Aufgabe ist nicht so einfach zu lösen. Der größere Teil der Schwebestoffe besteht aus Kolloiden (von leimartiger Beschaffenheit) und ist
schwer auszuflocken. Die einzelnen Kolloidteilchen sind elektrisch (meist
negativ) geladen. Der zu bildende Niederschlag muß dann positiv elektrisch

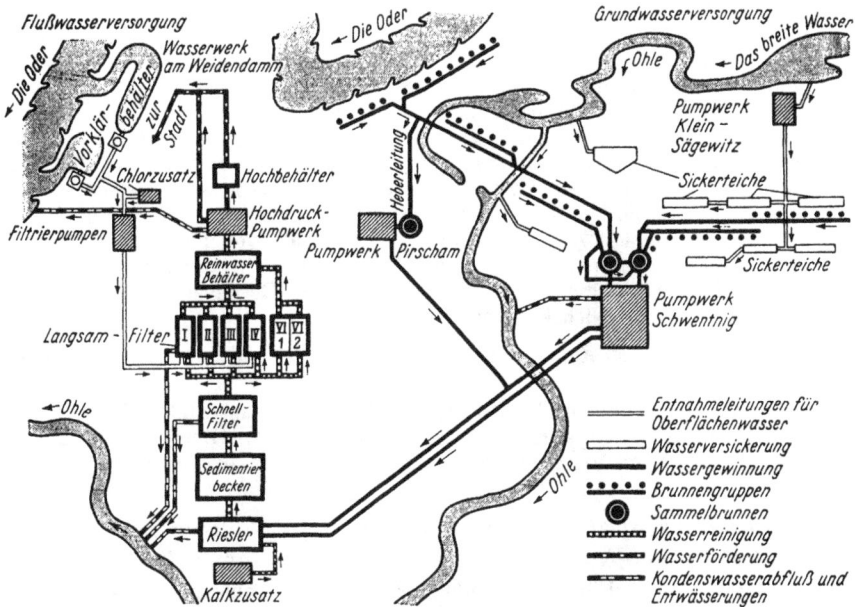

Bild 21. Beispiel eines Gesamtwerkes mit umfangreicher Reinigungsanlage nach ,,Das Gas- und Wasserfach", Jahrgang 1930.

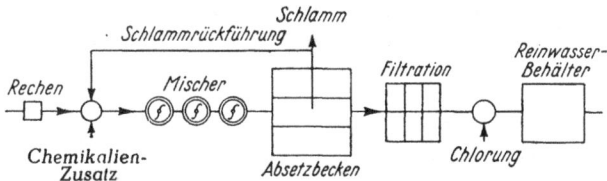

Bild 22. Schema der Reinigung von Flußwasser, nach ,,Das Gas- und Wasserfach", Jahrgang 1930.

geladen sein, damit die Schwebestoffe gebunden und möglichst restlos beim Absinken mitgerissen werden. Diese elektrischen Ladeverhältnisse bedingen die Einhaltung eines bestimmten p_H-Wertes.

Als Fällmittel hat man bisher meist Aluminiumsulfat (schwefelsaure Tonerde, Alaun) verwendet.

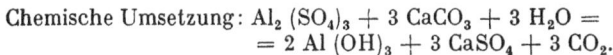

Chemische Umsetzung: $Al_2(SO_4)_3 + 3\, CaCO_3 + 3\, H_2O =$
$$= 2\, Al(OH)_3 + 3\, CaSO_4 + 3\, CO_2.$$

Alaun bildet also mit dem im Wasser vorhandenen kohlensauren Kalk Aluminium-hydroxyd und Gips. Aluminiumhydroxyd fällt in Flocken aus, welche die Verunreinigungen mit zu Boden reißen. Bei weichem Wasser muß zur Flockenbildung Kalk oder Soda zugesetzt werden, da der p_H-Wert durch Alaun abfällt und das

Wasser angreifend wird. Die Wassertemperatur ist von Einfluß (je kälter das Wasser, desto langsamer die Ausfällung). Alaun wird in 2- bis 5proz. Lösung zugesetzt. Heute treten die Eisensalze, vor allem Eisenchlorid, wieder in den Vordergrund, die bei uns in den Beizereien gewonnen werden. Man braucht an Menge nur etwa die Hälfte des Alauns und der p_H-Wert ist von geringem Einfluß. Bei sehr weichen Wässern muß noch Kalkwasser oder Soda oder Natronlauge zugesetzt werden. In Verbindung mit Oxydationsmitteln (wie Chlor, Kaliumpermanganat) können auch Geschmack, Geruch, Farbe verbessert und organische Substanz zerstört werden. Man rechnet mit einer Zugabe von etwa 25 g/m³ Eisenchlorid (10 bis 50 mg/l Aluminiumsulfat). Der Zusatz von Fällungschemikalien vermindert die Karbonathärte (um je 1° d durch 39,07 mg/l Aluminiumsulfat bzw. 19,3 mg/l Eisenchlorid). Trotzdem bleibt die Gesamthärte unverändert, da die gleiche Menge Nichtkarbonathärte entsteht.

Weitere Ausflockungsmittel sind Natriumaluminat, seltener Bleicherde oder Lehm.

Es kann auch vorkommen, daß sich im Becken Algen ansiedeln oder daß das Wasser irgendwelche Organismen in großer Zahl enthält. Hier hilft ein Zusatz von Kupfersulfat zur Vernichtung. Algen können auch durch Chlorzusatz getötet werden.

Der Absetzbeckenbetrieb kann intermittierend (Füllung mit längerem Stehenlassen) oder kontinuierlich (ständiger Zu- und Abfluß) sein. Der letztere ist besser. Für Dauerbetrieb sind mindestens zwei Becken notwendig. Bezüglich der Form sind einfache Erdbecken mit Böschung am billigsten. Die Beckensohle erhält Gefälle zur leichten Reinigung. Zu- und Abfluß sollen möglichst gleichmäßig verteilt über die Beckenbreite erfolgen. Tauchwände, Gitter, Rechen, Siebe können zur Zurückhaltung der Schwimmstoffe und Beruhigung der Wasserströmung zweckmäßig sein (Bild 23).

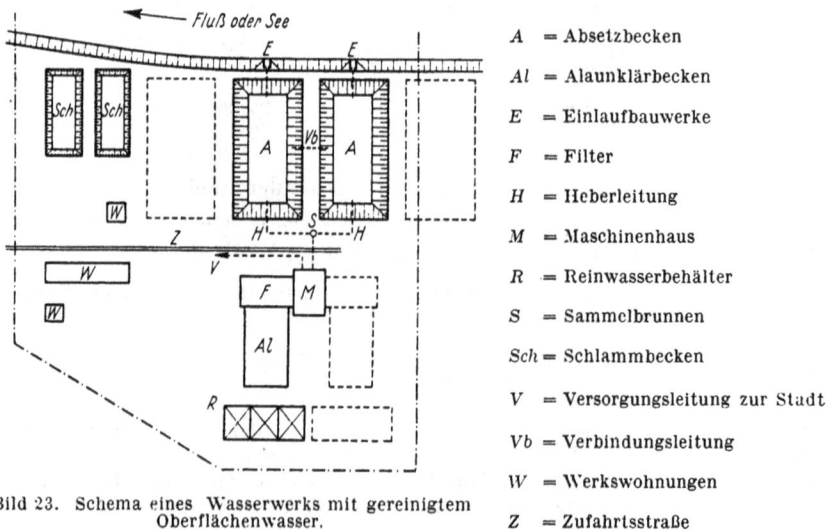

Bild 23. Schema eines Wasserwerks mit gereinigtem Oberflächenwasser.

A = Absetzbecken
Al = Alaunklärbecken
E = Einlaufbauwerke
F = Filter
H = Heberleitung
M = Maschinenhaus
R = Reinwasserbehälter
S = Sammelbrunnen
Sch = Schlammbecken
V = Versorgungsleitung zur Stadt
Vb = Verbindungsleitung
W = Werkswohnungen
Z = Zufahrtsstraße

Bei Zusatz von Fällmitteln ist folgendes zu beachten. Für jedes Wasser ist eine bestimmte Menge an Fällungsmitteln notwendig, sonst entstehen keine Flocken. Ebenso wichtig ist die Einhaltung eines dem Fällungsmittel spezifischen p_H-Wertes, z. B. bei Aluminiumhydroxyd, $p_H = 4$ bis 6, bei Eisenchlorid $p_H = 6$ bis 7. In einer Zugabevorrichtung wird das Flockungsmittel zugegeben. Die Menge (10 bis 50 g/m³) richtet sich nach der Beschaffenheit des Wassers, nach seiner Temperatur und nach der Einwirkungsdauer. Durch Säure oder Lauge regelt man den p_H-Wert des Wassers. Unmittelbar nach der Zugabe wird gemischt. Die Mischung muß gründlich geschehen, die Flocken müssen genügend lange im Wasser schweben. Die Mischzeit soll nicht zu kurz sein. An den Mischvorgang schließt ein Reaktionsbecken (Koagulationsbecken) evtl. mit Rührwerk an, in dem sich die Flocken bilden. Auf dieses folgt das Absetzbecken selbst, in dem sich der Flockenschlamm absetzt. Da dieses Becken nicht zu groß werden darf, so kann es vorkommen, daß sich hier nur die groben Flocken absetzen. In diesem Falle muß für die feinen Flocken, die länger schweben, ein Filter nachgeschaltet werden (Bild 24).

Absetzanlagen beanspruchen große Flächen; mit zunehmender Platzgröße steigen natürlich auch die Anlagekosten. Ebenso ist der Bedarf an Chemi-

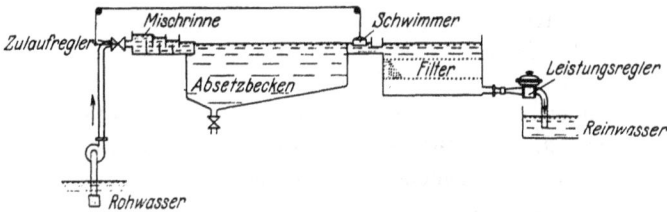

Bild 24. Schema eines Absetzbeckens mit Mischbecken und nachfolgendem Filter nach ,,Das Gas- und Wasserfach'', Jahrgang 1930.

kalien, der sich ja nach dem Grad der Verunreinigung des Wassers richtet, ein maßgeblicher wirtschaftlicher Faktor. Außerdem wird es meist nötig werden, das Wasser zweimal mit Pumpen zu heben, falls man nicht das sog. Direktverfahren, das sich gut bewährt hat, anwenden kann. Über dieses Verfahren siehe Filterung.

B. FILTERUNG

Die Filterung (Filtration) ist wohl das beste, einfachste und bequemste Aufbereitungsverfahren, das wir besitzen; sie wird in mannigfachster Weise angewendet. Die natürliche Bodenfiltration wird bei der Herstellung von künstlichem Grundwasser benützt. Als Aufbereitungsverfahren kommt sie aber kaum vor, dazu sind der Platzbedarf und die notwendige Einwirkungszeit zu groß. Zur Wasseraufbereitung dienen die künstliche Sandfiltration mit mechanischer und z. T. biologischer Wirkung und die Filterung mit anderen Filterstoffen, bei denen neben mechanischer Reinigung vor allem chemische Bindung der Verunreinigungen erstrebt wird.

Die Wirkung der Filterung besteht darin, daß das Wasser beim Durchgang durch das Filter von den nicht gelösten Stoffen befreit wird (sie werden in den Poren des Filters zurückgehalten), und daß außerdem der Filterstoff als Katalysator (Kontaktstoff) die chemischen Veränderungsprozesse beschleunigt oder direkt mit im Wasser befindlichen Stoffen neue chemische Verbindungen eingeht (aktive Filterstoffe). Außerdem können auch Wirkungen biologischer Natur erzielt werden, indem entweder Kleinlebewesen (Bakterien) im Filter zurückgehalten werden oder aber die Filter von vornherein als Ansiedlungsorte für Bakterien und Algen ausgebaut werden, die ihrerseits bestimmte Stoffe aus dem Wasser entfernen sollen.

1. Künstliche Sandfiltration

Unter künstlichen Sandfiltern versteht man Behälter, in die Schichten aus porösen Steinen, Kies und vor allem Sand (am besten und am billigsten) eingepackt sind. Sie dienen dazu, feine Schwebestoffe, pflanzliche und tierische Organismen zurückzuhalten.

Man unterscheidet Langsam- und Schnellfilter entsprechend der Filtergeschwindigkeit, d. h. Wasserdurchsatz in m^3/m^2 und Stunde = m/st.

Schnellfilter nehmen gegenüber den Langsamfiltern einen bedeutend kleineren Raum ($^1/_{30}$ bis $^1/_{50}$ der Grundfläche der Langsamfilter) ein, die Anlagekosten sind geringer, der Betrieb ist billiger, die Reinigung weitaus einfacher (kein Arbeiter betritt das Filter), die Filtergeschwindigkeit ist größer. Darum verdrängen die Schnellfilter die Langsamfilter immer mehr.

a) Langsame Sandfiltration

Das Wasser passiert eine Sandschicht. Dabei werden die Schwebestoffe mechanisch zurückgehalten. Es bildet sich ein gallertartiger Überzug des Sandes (Filterhaut), der einmal die mechanische Wirkung erhöht, andererseits aber auch im Wasser gelöste kolloide Stoffe durch Adsorption festzuhalten vermag; in der Oberschicht siedeln sich Bakterien und Urtierchen an, die durch ihre Lebenstätigkeit die adsorbierten Stoffe und im Wasser vorhandene Stoffe abbauen. Die Filterwirkung hängt von der Temperatur ab (Bild 25).

Um zu vermeiden, daß Filtersand durch das Wasser mitgerissen wird, liegen unter ihm die Stützschichten, das sind Schichten geringerer Stärke mit nach unten zunehmender Korngröße. Unter den Stützschichten folgen zur Wassersammlung Drainrohre, gelochte Steinzeug- oder Zementrohre, Kanäle aus Ziegelsteinen, in die Sohle eingeschnittene, mit Betonplatten abgedeckte Kanäle. Alles ist in einer wasserdichten Filterkammer eingebaut. Die Kammern können überdeckt oder

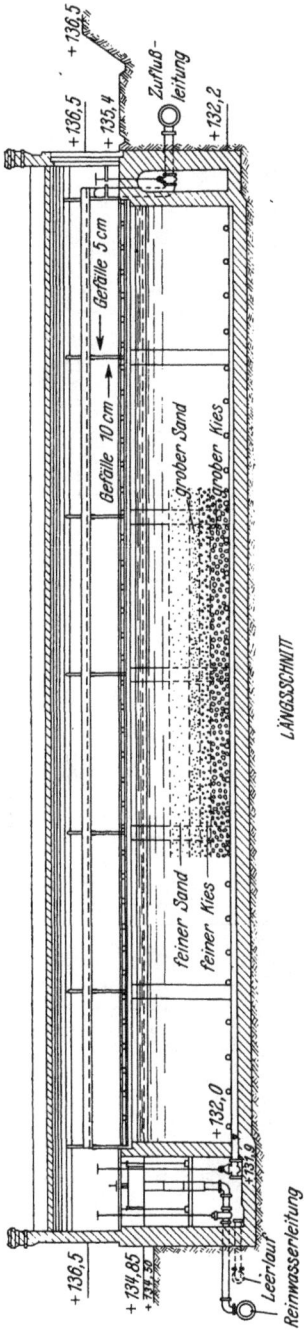

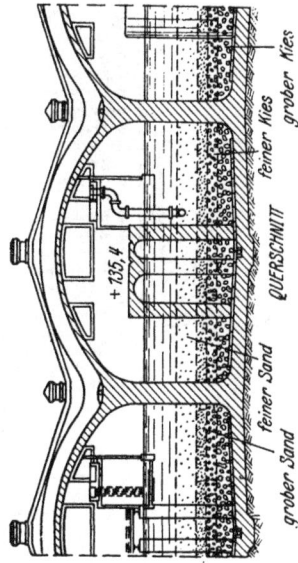

Bild 25. Überwölbte Feinfilterkammer des Wasserwerks Hamm (Westfalen), nach „Das Gas- und Wasserfach", Jahrgang 1931.

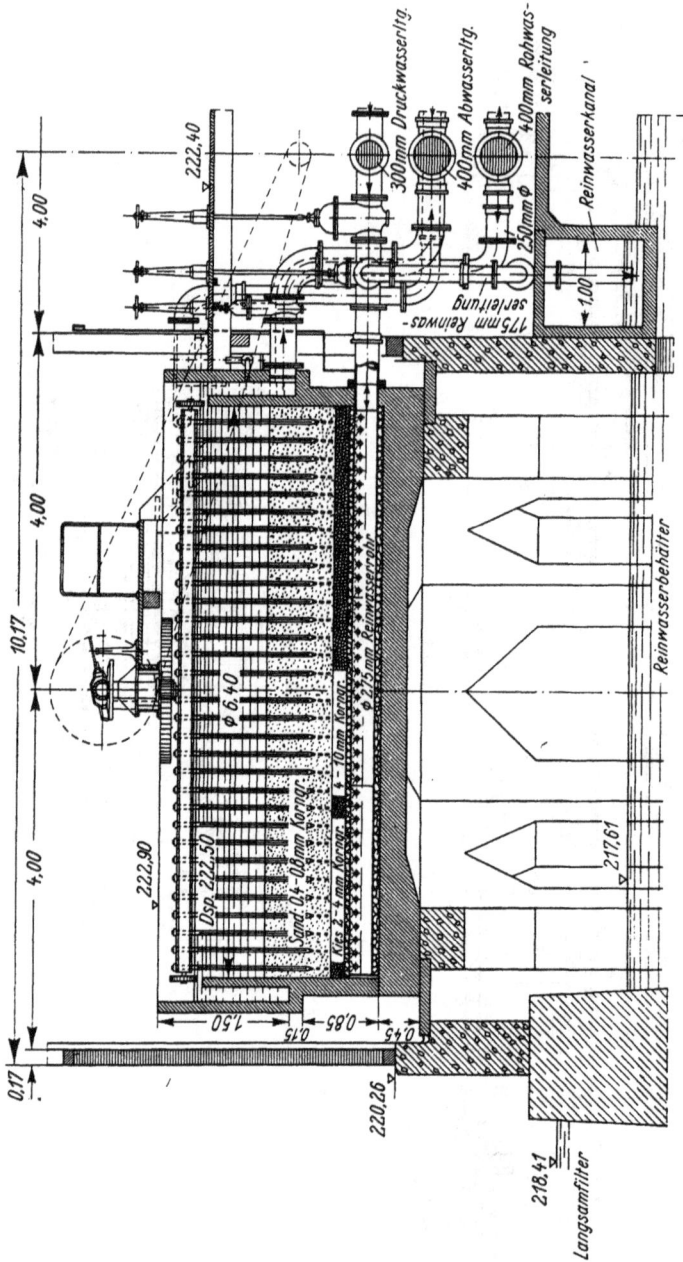

Bild 26a. Offenes Schnellfilter mit Rührwerk, nach „Das Gas- und Wasserfach", Jahrgang 1929.

offen sein. Die ersteren sind nicht Temperatureinflüssen ausgesetzt und gegen
Staub und Algenwachstum gesichert. Die letzteren sind billiger und leichter zugänglich. Gedeckte Filter müssen belüftet werden. Das Wasser durchläuft das
Filter mit Gefälle, es tritt so über der Filterschicht ein, daß eine Aufwirbelung des
Sandes nicht erfolgt. Die Höhe der Wasserschicht über dem Filter beträgt mindestens 60 cm bis 100 cm. Der Zulauf oder Ablauf muß durch einen Schieber oder
selbsttätig geregelt werden können. An sonstigen Einrichtungen ist ein Überlauf
und eine Entleerungsvorrichtung notwendig. Mit zunehmender Undurchlässigkeit
der Filterhaut ist zum gleichmäßigen Betrieb eine Vergrößerung der Stauhöhe
über dem Filter notwendig. Diese kann allerdings nicht beliebig vergrößert
werden, weil sonst die Filterhaut durchreißt. Dieses Maß wird ausgedrückt durch
den Druckhöhenverlust, den Unterschied zwischen dem Wasserspiegel über dem
Filter und dem des Reinwasserkanals. Er darf nicht über 1 m betragen. Man
rechnet mit 2 bis 5 m³ Ergiebigkeit in 24 st auf 1 m² Filterfläche. Die Filtergeschwindigkeit beeinflußt die Laufzeit, d. h. den Zeitraum von der Inbetrieb-
setzung bis zu dem Augenblick, in dem das Filter wegen zu großer Verschmutzung
ausgeschaltet und gereinigt werden muß (je größer die Geschwindigkeit, desto
kürzer die Laufzeit). Die notwendige Reinigung bedingt die Haltung von Reserve-
filtern (s. 2. Teil, S. 209).

Jedes Filter muß zunächst von unten nach oben langsam bis 20 cm über die
Filteroberfläche gefüllt werden. Dann erst darf das Rohwasser von oben zufließen.
Die Filterhaut bildet sich erst nach einiger Zeit vollständig aus, und erst von diesem
Zeitpunkt an liefert das Filter ein einwandfreies Filtrat. Am Ende der Laufzeit
wird das Filter außer Betrieb gesetzt und die oberste Schmutzschicht mit Schaufeln
abgeschält. Ist die Filtersandschicht nach mehrmaligem Abschälen bis auf 30 cm
abgetragen, so ist die ursprüngliche Höhe durch Einbringen des alten, ge-
waschenen Filtersandes wieder herzustellen.

b) Schnellfiltration

Während beim Langsamfilter der Filtervorgang sich fast ausschließlich
in der Schmutzschicht abspielt (Oberflächenfilter, großer Platzbedarf),
ist beim Schnellfilter die ganze Filtermasse an der Reinigung beteiligt
(Raumfilter, geringer Platzbedarf). Hier wird auf die Bildung der wirksamen Schmutzschicht verzichtet, man begnügt sich mit der die Sand-

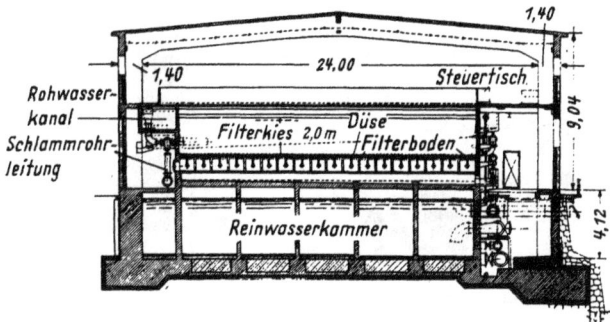

Bild 26 b.   Schnitt einer Schnellfilteranlage mit darunterliegender
Reinwasserkammer nach „Das Gas- und Wasserfach", Jahrgang 1947.

körner umgebenden gallertartigen Schicht, deren Bildung man in vielen
Fällen durch Zugabe von Fällungsmitteln unterstützt. Damit wird der
ganze Filterkörper (aus gröberem Korn) zur Schmutzschicht. Er verstopft
sich entsprechend schneller, so daß eine Reinigung in viel kürzeren Zeitabständen stattfinden muß als beim Langsamfilter.

Die Leistung ist 50- bis 300mal so groß als die der Langsamfilter. Die
Schnellfilter sind besonders am Platze bei wechselnder Rohwasserbeschaf-
fenheit, bei der Anwendung von Fällmitteln, zur Enteisenung, Entmanganung, Entsäuerung, Schönung und bei Platzmangel.

Es gibt offene und geschlossene (Druckfilter) Schnellfilter. Offene Schnellfilter arbeiten meist mit gleich hoch bleibendem Wasserspiegel über dem
Filterkörper und mit im Ablauf eingebautem Geschwindigkeitsregler.
Geschlossene Schnellfilter arbeiten mit größeren Durchflußgeschwindigkeiten unter dem Rohrnetzdruck bei gewöhnlich gleichbleibender Wassermenge.

Bei offenen Schnellfiltern benützt man offene Behälter mit kreisförmiger (Baustoff Eisen oder Stahl-
beton) oder rechteckiger (große Wassermengen, Baustoff meist Beton)
Grundfläche. Der Aufbau des Filters
ist bei den vielen Ausführungsarten
derselbe, die Unterschiede liegen
meist in der Art der Reinigung
(Rückspülung). Das Wasser läuft
von oben nach unten durch das Filter, die Spülung erfolgt von unten,
sie kann u. U. durch ein Rührwerk
unterstützt werden (Bild 26), in

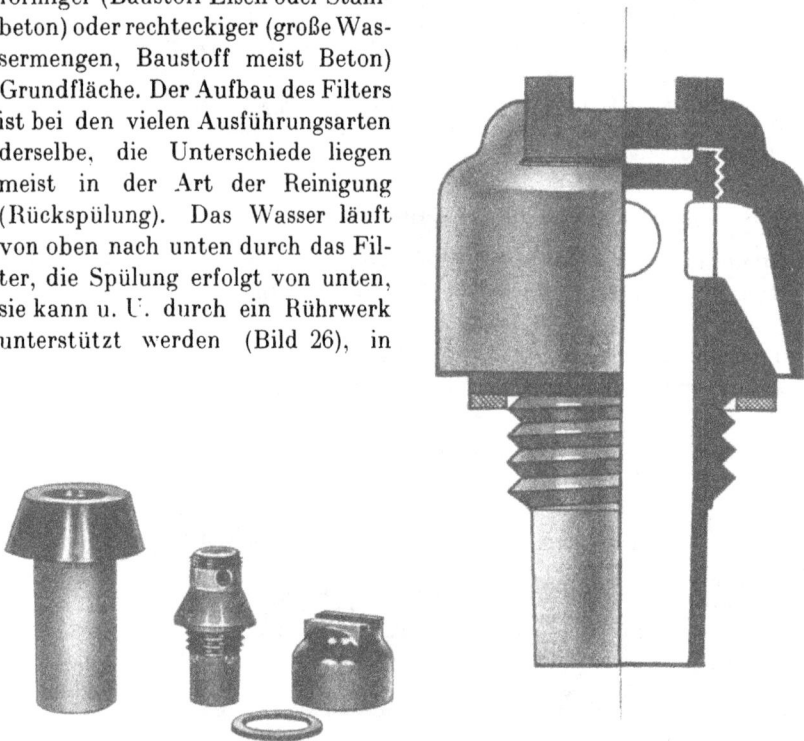

Bild 27. Filterdüse aus Kunststoff. Rechts: Schnitt und Ansicht bei Ausführung zum
Einschrauben in Metallböden. Links: Einzelteile der Düse bei Ausführung
zum Einbetonieren.

neuerer Zeit bevorzugt man für die Spülung Wasser und Luft zusammen. Die Korngröße beträgt 0,35 bis 1 mm, bei Enteisenung und Schönung 1 bis 2 mm, die Wassergeschwindigkeit 2 bis 10 m/st. Geschlossene Schnellfilter arbeiten mit den gleichen Korngrößen, aber mit Filtergeschwindigkeiten von 8 bis 15 m/st. Auch höhere. Filtergeschwindigkeiten werden angewandt.

Geschlossene Schnellfilter werden meist in Zylinderform aus Eisen, selten aus Stahlbeton ausgeführt. Bei geschlossenen Anlagen wird das Filter vielfach in zwei Stockwerke unterteilt, was eine Teilung des Filtermaterials in grobes und feines ermöglicht. Im oberen Raum liegt das grobe Filtermaterial, das gleichsam der Vorreinigung dient, im unteren werden die feinen Flocken ausgeschieden. Bekannte Ausführungen sind die der Firmen Reisert, Halvor-Breda, Bollmann, Permutit, Rheinisch-Westfälische Wasserreinigungs-Gesellschaft, Lösch, Reichling u. a.

Für die gute Wirkung derartiger Anlagen ist es notwendig, daß das Wasser möglichst gleichmäßig über die ganze Oberfläche verteilt wird und sich die Spülung gleichmäßig über den ganzen Querschnitt erstreckt. Dies erfordert eine zweckentsprechende Verteilung durch einen geeigneten Filterboden, z. B. Siebboden, Düsenboden, düsenlosen Trägerboden. Eine gute Spülung ist Voraussetzung für ein einwandfreies Arbeiten des Filters.

Für die überwiegend angewendeten Düsenböden stehen Düsen aus den verschiedensten Baustoffen in mannigfachen, pilzartigen oder zylindrischen Formen zur Verfügung. Die Düsen werden aus Metallen (meist Kupfer, Messing) oder Porzellan und Kunststoff bzw. Preßstoff hergestellt. Der Wasserein- und -austritt erfolgt entweder durch eingeschnittene, eingepreßte oder eingebohrte feine Öffnungen im Düsenkopf oder durch größere Öffnungen an der Unterseite

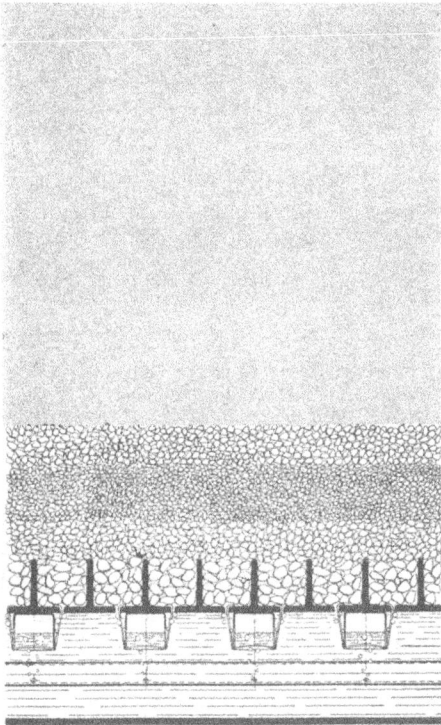

Bild 28 a. Düsenloser Filterboden aus T-Trägern. Die grobkörnigen Stützschichten bewirken weitestgehende Verteilung des Luft- und Spülwasserstromes.

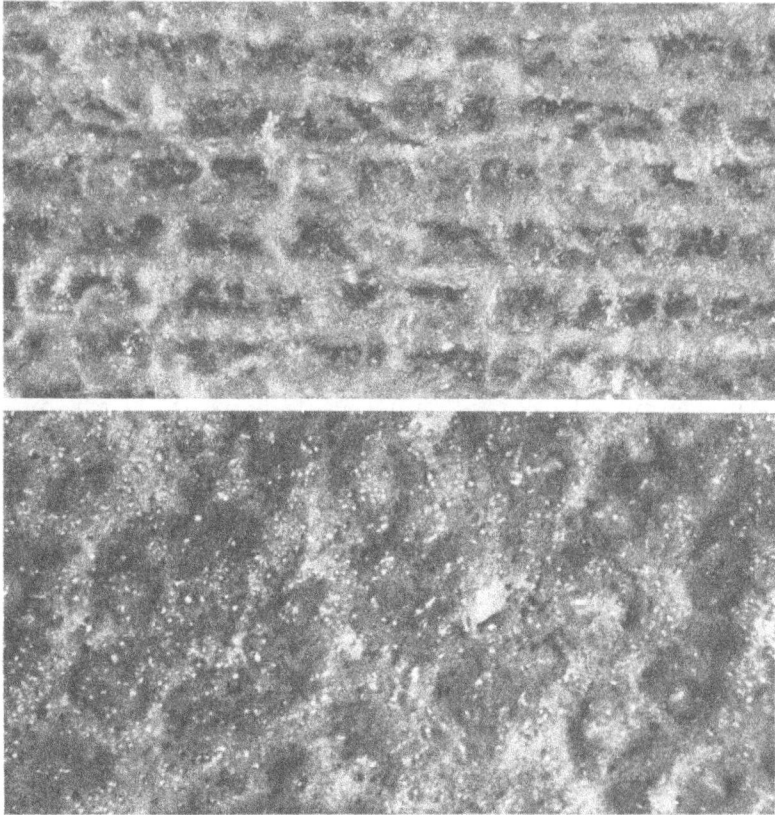

Bild 28 b. Aufsicht auf Filter mit düsenlosen Filterböden. Oben: Luft-Wasserspülung bei düsenlosem Filterboden ohne Tragschicht und Filterkies. Unten: Gleiches Filter mit Trag- und Sperrschicht, jedoch noch ohne Filterschicht. Filteroberfläche etwa 2 m².

der Düsen. Eine Filterdüse letzterer Art zeigt Bild 27[1]). Einen düsenlosen Filterboden zeigt Bild 28a, seine durch gleichmäßige Wallung gekennzeichnete Spülwirkung Bild 28 b[2]).

Für Trinkwasserversorgung ist unter Umständen (Oberflächenwasser) nach der Schnellfilterung noch eine nachfolgende Entkeimung (z. B. durch Chlorung) notwendig, da die bakteriologische Reinigung bei den hohen Filtergeschwindigkeiten nicht vollkommen sein kann.

---

[1]) Ausführung der Berliner Wassertechnischen Gesellschaft Dr. Zauber & Co.
[2]) Ausführung Bamag Meguin, Berlin.

2. Filter aus anderen Stoffen als Sand

a) Kleinfilter

Sie dienen vor allem der Entkeimung (mitunter auch der Beseitigung von schlechtem Geschmack) im Kleinbetrieb. Unter Kleinbetrieb ist die Wasserversorgung von einzeln liegenden Häusern mit eigener Wasserversorgungsanlage oder die Verwendung von Bruchteilen von Industriewasser für Trinkwasserzwecke zu verstehen.

Kleinfilter müssen bequem und leicht gereinigt, sterilisiert und erneuert werden können. An Stelle von Sand benützt man als Filtermaterial Asbest in Form von Brei oder Scheiben, Ton, Porzellanerde, Kieselgur in Form von Kerzen. Namentlich die Kerzen aus gebrannter Infusorienerde (Berkefeldfilter) haben sich wegen ihrer leichten, einfachen Reinigungsmöglichkeit bewährt. Gegen schlechten Geschmack wird hauptsächlich ein Kleinfilter mit aktiver Kohle verwendet. Asbest hält Bakterien besonders gut zurück, ist aber umständlicher zu reinigen.

Die Reinigung ist in kurzen Zeitabständen notwendig, da sich die Filter schnell verstopfen.

b) Direktfilterung

Man kann geschlossene Anlagen in die Zuleitung vom Fluß zur Verbrauchsstelle einfügen und mit einmaligem Ansaugen des Wassers durch Pumpen auskommen. Dies ist anwendbar, wenn der Schwebestoffgehalt des Rohwassers gering ist (kleiner als 0,5 bis 1 cm³ je Liter).Wie beim Absetzbeckenbetrieb wird mit Fällungsmitteln gearbeitet. Sie werden vor dem Eintritt des Wassers in das Schnellfilter zugegeben und in einem eingeschalteten Mischkessel innig mit dem Wasser vermischt. Die Wirkung kann schon mit einem einfachen Sandfilter erreicht werden, sie ist aber ganz bedeutend größer, wenn katalytisches Filtermaterial verwendet wird.

Es können so Durchflußgeschwindigkeiten von 8 bis 10 m/st erreicht und an Fällmittel 10 bis 40% gegenüber Absetzbecken gespart werden.

c) Kohlefilter

Aktive Kohle wird zur Beseitigung von unangenehmen Geruchs- und Geschmacksstoffen, weiter zur Entfernung gelöster organischer Trübungen, Öl und von Chlorüberschuß aus dem Wasser benützt. (Bild 29).

Die Kohle muß, damit sie aktiv wird, behandelt werden. Man imprägniert mit konzentrierter Zinkchloridlauge, die Mischung wird bei allmählich steigender Temperatur getrocknet und dann kalziniert. Das Kalzinat wird mit Wasser ausgelaugt (Chlorzinkkohle). Oder man entfernt aus der noch nicht aktiven Kohle durch Oxydation die Kohlenwasserstoffe und ätzt gleichzeitig die zurückbleibende amorphe Kohle. Dadurch wird sie aktiv.

Aktive Kohle hat eine große Adsorptionsfähigkeit, die darauf beruht, daß sie eine große innere Oberfläche besitzt, die auf die unendlich vielen feinen Poren und Kapillaren zurückzuführen ist. Man hat festgestellt, daß 1 g aktive Kohle 600 bis 1000 m² Oberfläche besitzt.

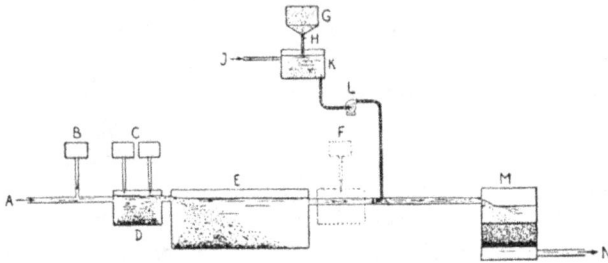

Bild 29. Schema für die Anwendung pulverförmiger Aktivkohle nach dem Dosierungsverfahren, nach „Wasser und Gas", Jahrgang 1933.

A Rohwasser	F Nachchlorung	L Pumpe
B Chlorung	G Aktivkohlenbunker	M Schnellsandfilter
C Fällungsmittel	H Dosiervorrichtung	N Reinwasser
D Mischbecken	J Kontaktbecken	
E Absetzbecken	K Mischgefäß	

Für den Haushalt sind Kleinfilter aus Porzellan oder Steingut ausgebildet worden (Lurgi, Dabeg). Siehe auch a) Kleinfilter. Man unterscheidet Korn- und Pulverkohle.

Kornkohle von 1,5 bis 3 mm wird als Filter verwendet (Schichthöhe bei geschlossenen Filtern 1,5 bis 3 m, bei offenen Filtern mit entsprechend größerer Oberfläche bis herunter zu 0,5 m). Vorreinigung (Entfernung der Schwebestoffe) ist notwendig, damit die Aktivkohle nicht vorzeitig unwirksam wird. Heute wird Pulverkohle überwiegend angewendet, Zugabe von etwa 0,5 bis 30 g/m³ Wasser je nach Art der zu beseitigenden Stoffe. Die Pulverkohle wird entweder in einem mit Rührwerk versehenen Behälter oder in einer Mischrinne zugegeben, mindestens ½ st in Mischung gelassen, dann durch Absetzen oder Filterung wieder entfernt (eine Verbindung mit chemischen Fällungsverfahren ist ohne weiteres möglich), oder man baut eine Aktivkohlenschicht (6 kg aktive Kohle je m² Filterfläche) in 40 cm Tiefe unter der Sandoberfläche ein (Schichtstärke ca. 3 cm). Man kann auch mit Wasser (1:10) vermischen und auf das Sandfilter aufleiten (Bild 29), so daß die Kohle als Schicht liegen bleibt (dann Schichthöhe 15 bis 20 cm). Die Kohle kann auch trocken mit dem Sand vermischt werden.

d) Manganfilter

Besonders wirksam sind Filter aus mit Manganoxyden umhülltem Sand. Der katalytisch wirkende Braunsteinüberzug kann auch künstlich hergestellt werden, indem man den Sand mit Kaliumpermanganatlösung behandelt.

Man kann auch Braunsteinpulver in den Sand einschlämmen oder direkt das natürlich vorkommende Manganerz (Braunstein) in Kornform als Filter benützen.

Bei der Entmanganung überzieht sich der verwendete Quarzsand langsam mit einem Braunsteinfilm (Mangandioxyd), der mit der Zeit immer stärker wird. Bei Inbetriebnahme neuer Filter wird daher gern alter „schwarzer" Sand aus anderen Betrieben beschafft.

Verschmutzung der Filter durch Schwebestoffe ist zu vermeiden, ein bestimmter, im alkalischen Bereich liegender p_H-Wert ist einzuhalten, Rückspülungs- und Regenerationsmöglichkeit ist vorzusehen, organische Stoffe müssen vorher aus dem Wasser entfernt sein. Die Filter sind entweder offen oder geschlossen, in letzterem Falle einstufig mit gleichmäßiger Körnung oder zweistufig mit gröberer und feinerer Körnung.

Bei der sogenannten biologischen Entmanganung werden Kiesfilter benützt, in denen Manganbakterien angesiedelt sind.

e) Marmorfilter

Sie dienen zur Entsäuerung (chemische Bindung der überschüssigen Kohlensäure), dabei erhöht sich die Härte leicht, was bei Trinkwasser nicht störend wirkt, bei Brauchwasser aber von Bedeutung ist.

Das Wasser, das schwebestofffrei und vorher von Eisen und Mangan befreit sein muß, wird über Schichten feinen Marmorkieses geleitet. Dabei wird der kalkangreifende Teil der Kohlensäure unter Bildung von Kalziumbikarbonat gebunden. Das Wasser nimmt Kalziumbikarbonat auf und wird dadurch härter ($CaCO_3 + CO_2 + H_2O \rightleftharpoons Ca(HCO_3)_2$).

Die Marmorfilterung eignet sich nur für weiche Wässer (höchstens für solche mit bis 7 bis 8° d). Wenn nach dem Abbinden der angreifenden Kohlensäure mehr als 50 bis 60 mg gebundene Kohlensäure vorhanden sind, ist die Marmorfilterung nicht mehr brauchbar (Reaktion zu langsam). Die Filterungszeit soll 30 bis 60 min betragen. Die Filterung erfolgt meist von unten nach oben. Der Marmor löst sich allmählich auf, die kleinen mitgerissenen Stückchen müssen durch ein Sandfilter vor dem Leitungsnetz abgefangen werden. Die Wirkung ist von der Temperatur abhängig, sie nimmt mit Temperaturerhöhung zu. Der Betrieb ist einfach und selbsttätig, da Schwankungen im Kohlensäuregehalt und Härtegrad des Wassers keine Rolle spielen.

f) Magnofilter

Die Filterung über Magnomasse dient daneben auch der Entsäuerung, Enteisenung, Entmanganung, Entfärbung. Je nach den Eigenschaften des Rohwassers hat der Aufbereitungsvorgang als Hauptaufgabe die Beseitigung eines oder mehrerer der genannten Stoffe zu erfüllen.

Für die Entsäuerung gilt: Bei Berührung der Magnomasse durch Wasser, das freie überschüssige Kohlensäure enthält, bilden sich Magnesium- und Kalziumbikarbonate bis zum Gleichgewichtszustand. Das Magnofilter muß darum die für den vorkommenden Höchstgehalt an freier Kohlensäure notwendige Menge an Masse und die für die erforderliche Berührungszeit notwendige maßgebende Schichthöhe aufweisen.

Für Enteisenung und Entmanganung gilt: Durch die basische Wirkung der Magnomasse wird das doppeltkohlensaure Eisen in einfachkohlensaures überführt, das
leicht oxydiert und in grobflockiger Form ausfällt, aber nicht an den Magno-
körnern haftet. Bei der Entmanganung ist der Vorgang der gleiche. Es ist aber
von Vorteil, die Magnokörner so vorzubereiten, daß an ihnen möglichst viel
Mangandioxydhydrat haften bleibt. Das geschieht durch Anreicherung der Magnomasse mit Mangansalzen.

Magnomasse ist ein Doppelsalz (Verbindung von Kalziumbikarbonat und
Magnesiumoxyd), das durch einen besonderen Brennvorgang aus einheimi-
schem Dolomit gewonnen wird. Die Korngröße beträgt 0,5 bis 3 mm. Durch
die Filterung wird ebenso wie beim Marmorverfahren Masse verbraucht
(13 bis 22,5 g je 10 g Kohlensäure). Im Vergleich zum Filtersand sind daher
die Kosten für den fortlaufenden Ersatz des Magnos zu berücksichtigen.
Ein ähnlicher dolomitischer Filterstoff ist das Akdolit (Hersteller: H. Börner & Co.,
Düsseldorf).

g) Basenaustauschfilter

Natürliche Zeolithe sind Aluminiumsilikate, die die Eigenschaft haben,
ihre Base gegen andere Basen im Wasser auszutauschen. „Permutit" ist
ein künstlich hergestelltes, im Wasser nicht lösliches Zeolith; es entsteht
durch Zusammenschmelzen von Quarz, Kaolin und Soda. Natrium-Permutit kann sein Natrium leicht gegen andere Basen im Wasser (z. B.
Kalzium, Magnesium) austauschen. So werden die Härtebildner aus dem
Wasser ganz selbsttätig und praktisch restlos entfernt. Wenn der Basenaustausch beendet ist, ist auch die Wirkung zu Ende. Permutit läßt sich
leicht regenerieren.

Permutit (Korngröße 0,5 bis 2 mm) wird in offenen oder geschlossenen Filtern
eingebaut. Das Wasser läuft von oben nach unten durch das Filter (Geschwindigkeit 2 bis 10 m/st). Schlamm fällt beim Basenaustausch nicht an. Beim Nachlassen
der Wirkung wird zuerst von unten nach oben gespült. Dabei lagert sich das
Permutitmaterial der Größe nach, die feineren Stücke oben. Schließlich wird
das Regeneriermittel eingeleitet und nach Regenerierung ausgespült. Die Filter
arbeiten selbsttätig und passen sich der Wasserbeschaffenheit an. Einzig die
Betriebszeit zwischen zwei Spülungen ist von der Wasserbeschaffenheit abhängig.

Je nach dem Regeneriermittel unterscheidet man zwischen normalem Permutit
und Wasserstoff-Permutit. Bei normalem Permutit wird mit Kochsalz
regeneriert. Den Austauschvorgang kennzeichnen nachfolgende chemische Um-
setzungen (Natrium-Permutit sei mit Na_2P bezeichnet).

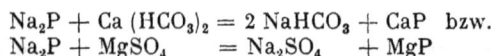

$$Na_2P + Ca(HCO_3)_2 = 2 NaHCO_3 + CaP \quad bzw.$$
$$Na_2P + MgSO_4 \quad = Na_2SO_4 \quad + MgP$$

Es wird also Natrium gegen Kalzium bzw. Magnesium ausgetauscht, das Wasser
wird weich. Zum Wiederauffrischen wird Kochsalz (NaCl) verwendet. $CaP +$
$2 NaCl = CaCl_2 + Na_2P$ bzw. $MgP + 2 NaCl = MgCl_2 + Na_2P$. Diese Art der
Enthärtung ist für Wasser bis etwa 40° C geeignet (s. auch S. 96).

Andere Basenaustauscher sind Filtrolit, Invertit und Wofatit.
Die Basenaustausch- und Regeneriervorgänge sind bei allen diesen Stoffen die
gleichen, z. B. gilt für Filtrolit:

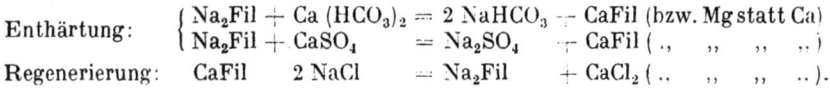

Enthärtung: $\begin{cases} Na_2Fil + Ca(HCO_3)_2 = 2\,NaHCO_3 + CaFil\;(bzw.\;Mg\,statt\,Ca) \\ Na_2Fil + CaSO_4 \quad\;\; = Na_2SO_4 \quad\; + CaFil\;(\;.,\quad,,\quad ,,\quad ,.) \end{cases}$

Regenerierung: $CaFil \quad 2\,NaCl \quad = Na_2Fil \quad + CaCl_2\;(\;..\quad ,,\quad ,,\quad ..).$

C. BELÜFTUNG

Durch Belüftung wird das Wasser, möglichst fein verteilt, mit Luft in
innige Berührung gebracht. Dabei werden die im Wasser gelöst enthaltenen
Stoffe, die sich mit Luftsauerstoff verbinden können, als neue Stoffe aus
dem Wasser entfernt. Sie müssen dann in Absetzbecken ausflocken, die
Flocken werden zum Schluß meist in Schnellfiltern zurückgehalten. Die
Belüftung ist daher meist kein selbständiges Aufbereitungsverfahren, sie
dient bei der chemischen Aufbereitung als Einleitung. Stoffe, die durch ein
derartiges Verfahren beseitigt werden können, sind Schwefelwasserstoff,
Kohlensäure, Eisen, Mangan (letztere aber nicht ohne nachfolgendes Filter).

Man kann die Belüftung durchführen mittels Verregnen, Zerstäuben, Verspritzen, Rieseln über Kaskaden oder Körper mit großen Oberflächen,
durch Mischrinnen oder Überfallwehre, Einblasen oder Einschlagen von
Luft. Auch Belüftungsbecken
mit Druckluft, ähnlich dem Be-
lebtschlammverfahren bei der
Abwasserbehandlung, hat man
angewendet. Von diesen vielen
Möglichkeiten kommen in Wasserwerken am häufigsten vor:
Verregnen, Rieseln, Zerstäuben
und Verspritzen bei offenen,
Einblasen von Luft bei geschlossenen Anlagen.

Beim Verregnen fällt das Wasser
aus Brausen durch die Luft als feiner Regen etwa 2 bis 2,5 m hoch
hinunter (Östen).

Beim Rieseln wird das Wasser
durch Brausen, Siebbleche, gelochte Rinnen oder Rohre in Was-
serfäden zerlegt. Es rieselt dann
durch 2 bis 5 m hohe Körper aus
Koks, Ziegelsteinen, Betonbauten,
früher auch Holzhorden, hinab
(Piefke). Beim Zerstäuben wird
das Wasser aus zwei unter 90° ge-
genüberstehenden Düsen (Bild 30)
(Acetylenbrenner-Anordnung) ge-
geneinander gespritzt und dadurch
in einen feinen Wasserschleier auf-

Bild 30. Belüftung des Wassers durch
Zerstäuben.

gelöst. Man kann das Wasser auch aus Fallstrahldüsen (Flatterdüsen) auf dar-
unter angeordnete Prallteller auffallen lassen.

Beim Einblasen von Luft muß die Luft in möglichst feinen Bläschen gleichmäßig im Wasser verteilt werden. Bei geschlossenen Anlagen benützt man
zum Einblasen der Luft vornehmlich Kompressoren. Es werden auch
Schnüffelventile angewendet. Im Luftmischkessel werden zur guten Durch-
mischung von Wasser und Luft Mischvorrichtungen aus Leitblechen und
Pralltellern angeordnet.

D. CHEMISCHE VERFAHREN

Bei allen chemischen Verfahren, die mit Zugabe von Chemikalien in irgendeiner Form arbeiten, ist die Frage der jederzeit richtigen Dosierung des
zuzugebenden Mittels außerordentlich wichtig. Die Zugabemenge muß sich
der jeweiligen Wasserbeschaffenheit und -menge auf der einen Seite, der
Forderung auf Einschränkung der Baustoffe und des Platzbedarfs auf der
anderen Seite anpassen.

Namentlich bei der Verwendung von Warmwasser sind neue Aufbereitungsverfahren, die man an sich schon lange kennt, erst möglich geworden, als
man in der Lage war, durch geeignete Dosierungseinrichtungen das Zusatzmittel stets verhältnisgleich zuzugeben. Hierher gehört z. B. die chemische
Sauerstoffbindung zur Verhinderung des Metallangriffs, das Grenzmengen-
(Schwellenwert)verfahren zur Verhütung von Ablagerungen. (Näheres
s. S. 108.)

E. BIOLOGISCHE VERFAHREN

Rein biologische Verfahren haben einen beschränkten Anwendungsbereich.
Hingewiesen sei auf die Entmanganung mit Manganalgen, die bei den
Manganfiltern erwähnt ist, und auf die Tätigkeit der Bakterien bei der lang-
samen Sandfiltration.

F. ANWENDUNG DER AUFBEREITUNGSVERFAHREN

Für Trinkwasser müssen in der Hauptsache die Verfahren zur Schönung
und Entkeimung des Oberflächenwassers und die zur Beseitigung von
Eisen, Mangan und Kohlensäure aus Grundwässern angewendet werden.
Alle übrigen Verfahren dienen mehr der Industrie, wobei jeweils zu entscheiden ist, ob das Wasser durch die Industrie gesondert oder allgemein
zu behandeln ist. Eine Ausnahme machen die Verfahren, die zum Schutze
der technischen Einrichtungen der Versorgung dienen.

1. Schönung des Wassers

Die Beseitigung von Trübung und Färbung kann durch Absetzen mit oder ohne Fällungsmittel, durch Filterung über aktive Kohle und andere aktive Stoffe erfolgen. In vielen Fällen wird diese Wirkung bei aus anderen Gründen notwendig werdenden Aufbereitungsverfahren nebenbei erzielt.

Bei Geruch und Geschmack ist die Aufbereitung je nach der Ursache verschieden. Schwefelwasserstoff läßt sich durch gute Belüftung entfernen, sonst hilft eine schwache Chlorung. Eisen und Mangan werden durch entsprechende Verfahren (siehe dort) beseitigt. Humusstoffe werden durch Zugabe von Kaliumpermanganat oder Ausfällung unschädlich gemacht; Kleinlebewesen durch Kaliumpermanganat, Kupfersulfat oder Chlor.

Am sichersten beseitigt die störenden Geruchs- und Geschmacksstoffe die aktive Kohle und vernichtet die Überchlorung. (Siehe S. 92.) Eine Versalzung des Wassers kann im großen auf wirtschaftliche Weise nicht beseitigt werden.

2. Enteisenung

Abgesehen von dem tintigen Geschmack können durch Ausscheidung der sich bildenden Flocken auch Verstopfungen in Becken und Rohren entstehen. Besonders wenn sich Eisenbakterien entwickeln, nehmen diese Eisen aus dem Wasser auf und lagern Eisenoxydhydrat ab.

Wenn Eisen als Eisenbikarbonat im Wasser vorliegt, geht die Enteisenung des Wassers in der Weise vor sich, daß zunächst dem Wasser Luft (Sauerstoff) zugesetzt wird (siehe Belüftung); hierbei oxydiert das im Wasser aus dem Bikarbonat zuerst gebildete Eisenoxydulhydrat zu Eisenhydroxyd. Dieses scheidet sich in Flockenform aus dem Wasser und wird durch Filterung zurückgehalten.

$4\ Fe\,(HCO_3)_2 + O_2 + 2\ H_2O = \underline{4\ Fe\,(OH)_3} + 8\ CO_2$ (Unterstrichenes unlöslich).

Das Eisen kann auch als Eisensulfat (Ferrosulfat) vorkommen, dann ist die Oxydation durch den Luftsauerstoff schwieriger. Dabei geht die folgende Umwandlung vor sich:

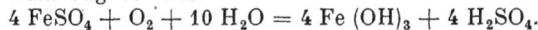

$4\ FeSO_4 + O_2 + 10\ H_2O = \underline{4\ Fe\,(OH)_3} + 4\ H_2SO_4$.

Die dabei frei werdende Schwefelsäure säuert stark an. Wenn sie nicht durch genügend Karbonathärte neutralisiert werden kann, wird der p_H-Wert erniedrigt und die Bildung des Eisenhydroxydes verlangsamt. Darum muß der p_H-Wert durch Zusatz von Ätzkalk oder Ätznatron künstlich erhöht werden.

Die Enteisenung geht leicht vor sich bei hohem Gehalt an Karbonaten des Kalziums und Magnesiums, bei überschüssigem Sauerstoff, bei alkalischer Reaktion des Wassers ($p_H > 7$). Sie wird gehemmt durch saure Reaktion ($p_H > 7$), durch zu geringen Gehalt an Karbonathärte (insbesondere bei hohem Gehalt an freier Kohlensäure), Natriumbikarbonat und andere Salze.

Huminstoffe (organische Stoffe) können als Schutzkolloide wirken, so daß bei Belüftung das Eisen schlecht ausflockt. Größere Mengen von organischen Stoffen müssen darum durch chemische Fällung mit Aluminiumsulfat und ähnlichem beseitigt oder durch Zugabe von Oxydationsmitteln (Kaliumpermanganat, Chlor) zerstört werden.

Man unterscheidet offene und geschlossene Enteisenungsanlagen. Bei einer offenen Anlage (Bild 31 a) wird das eisenhaltige Wasser in Tropfenform

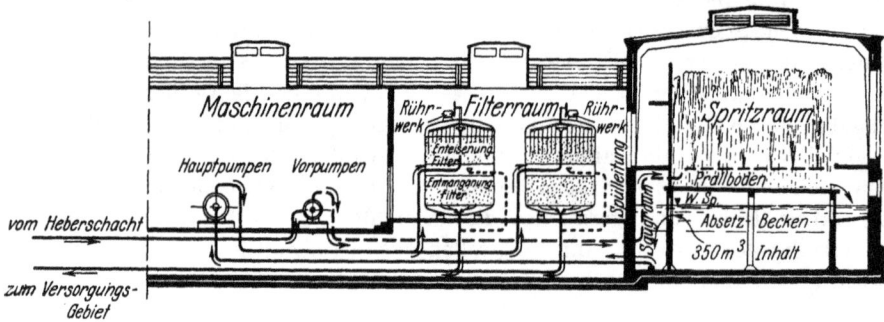

Bild 31a. Schematische Darstellung einer Wasseraufbereitungsanlage. Belüftung mit nachfolgendem Absetzen und Filtern. Belüftung mit Spritzdüsen. Enteisenung in geschlossenen, zweistufigen Kiesfiltern.

mit Luft in Berührung gebracht, und zwar durch Verregnen, Rieseln oder Zerstäuben. Die Bildung der Flocken und das Absetzen der groben Flocken erfolgt im darunterliegenden Absetzbecken, wozu das belüftete Wasser etwa 1 st Zeit braucht. Die feinen Flocken werden in nachgeschalteten Filtern zurückgehalten. Von hier aus gelangt das Wasser in Reinwasserbehälter.

Man kann auch Luft in feinsten Bläschen durch den Boden eines Beckens in das Wasser eintreten lassen. Hinter dem Becken folgen dann gleichfalls ein Reaktionsbecken und Filter.

Durch offene Enteisenungsanlagen werden bei der Belüftung gleichzeitig freie Kohlensäure und Schwefelwasserstoff ausgeschieden.

Infolge der Unterbrechung des Wasserlaufes durch die Riesler muß das Wasser (es handelt sich fast immer um Grundwasser) ein zweites Mal aus dem Absetzbecken hinter der Belüftung bzw. aus dem Reinwasserbehälter (Bild 31 a) durch das Hauptpumpwerk in das Rohrnetz gedrückt werden. Das ist bei geschlossenen Anlagen (Anwendung nur bei leicht ausscheidbarem Eisen) nicht erforderlich. Hier genügt die einmalige Hebung durch die Rohwasserpumpen. Die Belüftung erfolgt im Rohrstrang. Die Luft wird durch Kompressoren im Mischraum zugemischt, dann tritt das Luft-Wasser-Gemisch in den Kontaktraum, die Flocken werden gebildet und im nachfolgenden Druckfilter abgeschieden. Die Entfernung der zurückgehaltenen Flocken erfolgt durch Rückspülung (Bild 31 b).

Eine gute Enteisenungsanlage arbeitet
so, daß der Abfluß immer klar,' farblos,
geruchlos und eisenfrei ($< 0{,}1$ mg Fe/l) ist.
Bei weichen Wässern mit hohem Koh-
lensäure- und Eisengehalt wird als Filterstoff mit Vorteil Magnomasse benützt
(siehe S. 100).

Hoher Eisengehalt im Rohrnetz hinter
geschlossenen Enteisenungsanlagen kann
auf unzureichender Wirkung infolge bau-
licher oder betrieblicher Fehler beruhen,
oder auf Wiedervereisung. In letzterem
Falle wurde das Wasser nicht genügend
be- und entlüftet, so daß die verbliebene
angreifende Kohlensäure aus dem Leitungsnetz Eisen löste.

3. Entmanganung (Bild 32)

Da Mangan sich vor allem als Bikarbonat
und selten als Sulfat im Wasser vorfindet,
so läßt sich auch hier die übliche Form
der Filterung über Sand nach vor-
heriger Belüftung durchführen. Das
Ausfällen geht meist schwieriger vor sich

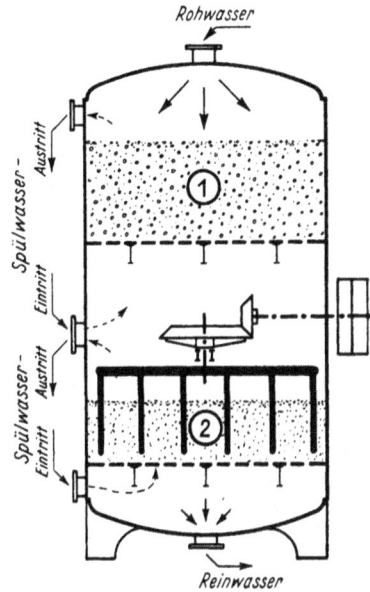

Bild 31b. Geschlossene, zweistufige
Enteisenungsanlage.
1 Kontaktraum (Kies 5 bis 12 mm).
2 Filterraum (Sand) mit Rührwerk
zur Auflockerung während des Spül-
vorganges.

als die Enteisenung, weil die Oxydation nur in alkalischer Lösung
($p_H > 7$) möglich ist. Bei gleichzeitiger Anwesenheit beider Stoffe fällt
Mangan nach dem Eisen aus. Es bildet sich langsam eine Braunstein-
schicht, welche das Mangan zurückhält.

An die Stelle von manganisiertem Sand kann auch Mangan-Permutit
treten.

Die Reinigung auf biologischem Wege wird in Dresden angewendet.
Es gibt Kleinlebewesen (Algen: Clonothrix fusca, Crenothrix manganifera,
Siderocapsa), die Mangan in Braunstein umwandeln und aufspeichern.
Es werden für diese Algen Filterkörper aus für die Algenansiedlung beson-
ders gut geeignetem Kies geschaffen.

4. Entkeimung (Sterilisation)

Trotz Aufbereitung verbleiben unter Umständen je nach Ursprung und
Beschaffenheit des Rohwassers Bakterien im Wasser. Darum muß jedes
zum Genuß bestimmte Wasser, bei dem irgendwie die Gefahr der Übertragung von Krankheitserregern besteht, vor der Benützung unschädlich

Spülleitung

Selbsttätiges Entlüftungs-Ventil

H_2S N CO_2 entweichen.

Aggressive Kohlensäure =0 ph-Wert 7,5-7,6 also alkalisch. Gelöstes Eisen ist in kolloidale Form übergeführt

Belüftetes u. entsäuertes aber eisen- u. manganhaltiges Wasser

Überführung d. gelösten Eisens

Spülwasser-Abfluß

Enteisnungs-Filter (Volumenfilter) Kiespackung von 1-3mm Korngröße

oxydische filtrierbare Form
$2Fe(HCO_3)_2 + O + H_2O = 2Fe(OH)_3 + 4CO_2$

2000 Ø

1500

Reaktionsraum mit 3,8m hoher Kalkstein-Füllung. Bindung der aggressiven Kohlensäure d. Kalkmilch. Belüftung d. Rohwassers d. Sauerstoffaufn.

Spülrichtung

enteisnetes n. manganhaltiges Wasser

$Mn(HCO_3)_2 + H_2O = Mn(OH)_2 + H_2CO_3$

$Mn(OH)_2 + O + H_2O = Mn(OH)_4$

Proben-Entnahme

Entmanganungs-Filter (Volumenfilter) Kies wie oben aber m. Braunstein als Kontaktmaterial überzogen

Spülrichtung 3800

800 Ø

eisen- u. manganfreies Wasser

ph-Wert=7,5-7,6
Reinwasser-Abfluß

Rohwasser-Eintritt

Reinwasser-Abfluß

Rohwasser enthält: Eisenbikarbonat $Fe(HCO_3)_2$ 64mg/l. Manganbikarbonat $Mn(HCO_3)_2$ 1mg/l. Aggressive Kohlensäure 9-10mg/l ph-Wert = 6,9-7,0

Rohwasser-Zufluß

Atmosphärische Luft (Druckluft)

Rohwasser zur Entsäuerung mit Kalkmilch versetzt
$2H_2CO_3 + Ca(OH)_2 = Ca(HCO_3)_2 + 2H_2O$

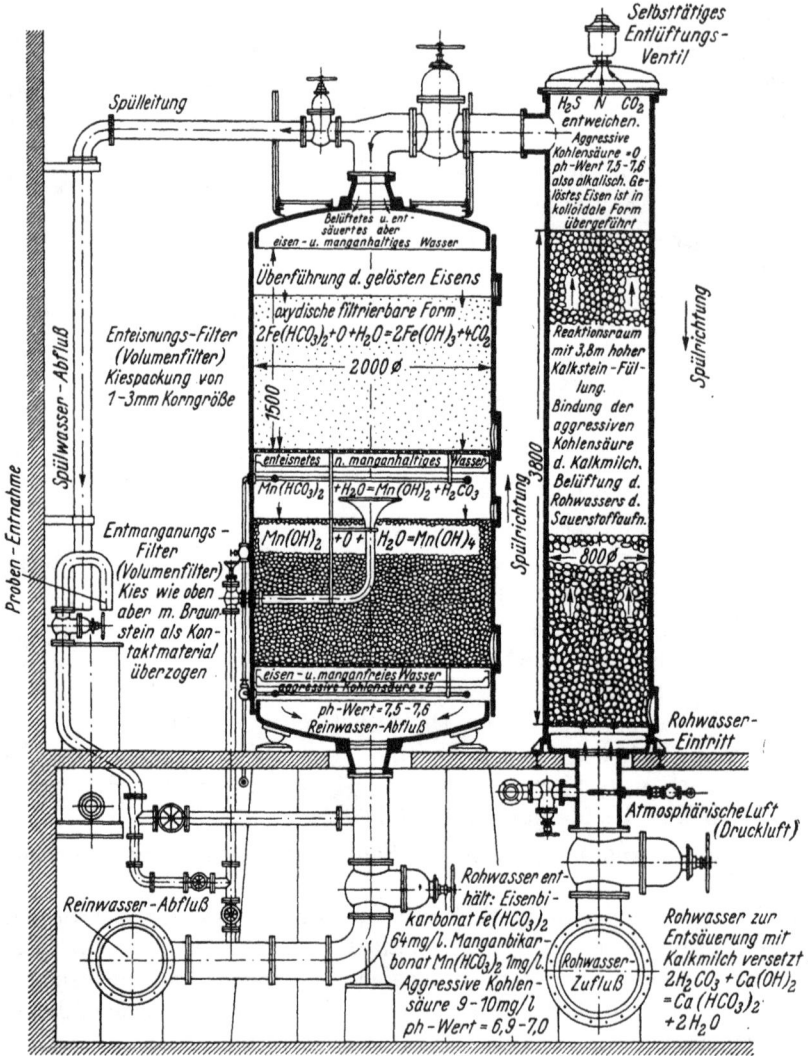

Bild 32. Filteranlage Kaulsdorf für Entsäuerung, Enteisenung, Entmanganung (geschlossene Anlage mit Oxydator). nach „Das Gas- und Wasserfach", Jahrgang 1934.

gemacht (entkeimt, sterilisiert) werden. Dies ist in der Regel bei jedem Oberflächenwasser notwendig, während bei den praktisch bakterienfreien Grundwässern nur in Ausnahmefällen eine Entkeimung berechtigt ist. Die Art der Entkeimung richtet sich nach den örtlichen Verhältnissen. Bei kleinen Wassermengen bedient man sich des Abkochens, des Katadynverfahrens oder der ultravioletten Bestrahlung, bei großen Wassermengen leisten die Filterung, Chlorung, Ozonisierung und das Elektrokatadynverfahren gute Dienste.

a) Abkochen

Das Abkochen in den Haushaltungen kann auch bei zentraler Versorgung gelegentlich nötig sein, wenn eine Verseuchung des Rohrnetzes befürchtet wird oder stattgefunden hat.

b) Langsame Sandfiltration

Die Sandfiltrierung, von der bereits gesprochen wurde, ist zur Keimunschädlichmachung außerordentlich gut geeignet. Durch Bakterien sehr verunreinigtes Wasser muß durch Chemikalienfällung in Absetzbecken vorgereinigt werden.

c) Zusatz von Ätzkalk

Der Zusatz von Ätzkalk (Kalkmilch) wird bei weichem Talsperrenwasser angewendet. Der Zusatz muß so groß bemessen werden, daß der p_H-Wert mindestens 9 beträgt. Durch diese Änderung des p_H-Wertes gehen die Bakterien zugrunde. Zur sicheren keimtötenden Wirkung ist notwendig, daß sich das Wasser nach dem Zusatz mindestens 12 st in großen Becken aufhält.

d) Chlorung und Überchlorung

Das Chlor, als billigstes und einfachstes Entkeimungsmittel, hat alle anderen Mittel verdrängt.

Ursprünglich verwendete man Chlor in Form von Chlorkalk (Aktivchlorgehalt 25% in frischem Zustand). Chlorkalk ist schwer löslich, wird bei Lagerung feucht und nimmt darum in der Wirkung schnell ab, er bildet auch viel Schlamm.
Darum benützt man heute reines Kalziumhypochlorit (Caporit), das leichter dosierbar und lagerbeständig ist.
Magnesiumhypochlorit (Magnocid) kommt weniger zur Anwendung. Beliebt ist auch Natriumhypochloritlösung (Bleichlauge mit 16% Aktivchlor), die man auch auf elektrolytischem Wege am Verwendungsort herstellen kann.

Am verbeitetsten ist die Verwendung des Chlors in Form von Chlorgas. Es spaltet sich bei Verbindung mit Wasser in Salzsäure und unterchlorige Säure, die ihrerseits in Salzsäure und Sauerstoff zerfällt.

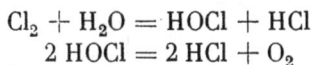

$$Cl_2 + H_2O = HOCl + HCl$$
$$2\,HOCl = 2\,HCl + O_2$$

Der im Entstehen besonders stark angreifende Sauerstoff tötet die Bakterien und oxydiert die Geschmack und Geruch beeinflussenden Verbindungen. Organische Stoffe werden durch ihn zu Kohlensäure und Wasser

oxydiert. Die entstandene Salzsäure wird durch die Karbonathärte
neutralisiert.

Die Zusatzmenge richtet sich nach der Wasserzusammensetzung. Jedes
Wasser benötigt in einer bestimmten Zeit eine gewisse Chlormenge (Chlor-
bindungsvermögen). Um sicher zu gehen, gibt man in der Praxis soviel
Chlor zu, daß im gechlorten Wasser noch eine gewisse Menge an freiem
Chlor vorhanden ist. Dieser Überschuß beträgt bei Trinkwasser mindestens
0,05 bis 0,1 mg/l, bei Badewasser 0,1 bis 0,3 mg/l. Diese Überschußmenge
muß jeweils sorgfältig eingestellt und laufend kontrolliert werden, wenn
die Entkeimung auch tatsächlich erreicht werden soll. Das geschieht durch
automatische Dosier- und Registriervorrichtungen.

Das Chlor wird in Stahlflaschen oder Tanks flüssig geliefert und wird meist
indirekt als Chlorwasser dem Wasser zugegeben. (Dosiergeräte von Chlo-
rator, Bamag-Meguin, Bran und Lübbe)

Bei zu starker Chlorung können Geruchs- und Geschmacksbeeinträchti-
gungen entstehen (Geschmacksgrenze bei etwa 0,3 mg/l Restchlorgehalt).
Das kann durch das kombinierte Chlor-Ammoniakverfahren (Zugabe von
Ammoniak oder Ammoniumsalzlösung vor der Chlorung) verhindert
werden. Es werden dabei Chloramine gebildet. Diese müssen länger wirken,
um Bakterien abzutöten, behalten jedoch auch längere Wirksamkeit.

Die Chlorung hat den Vorzug größter Billigkeit. Für Trinkwasser kann
man mit Betriebskosten von 0,01 bis 0,05 DPf/m³ rechnen.

Überchlorung (siehe Bild 33).

Die Überchlorung, zuerst als ADM-Verfahren (Adler-Diachlor-Mutonit-
Verfahren) bekannt geworden, dient nicht nur zur Abtötung der Keime,
sondern auch zur Entfernung von Geruchs- und Geschmacksstörungen,
indem die Phenole usw. oxydiert werden (Anwendung in Stuttgart,
Aussig und anderen Orten).

Bei der einfachen Chlorung (Tiefchlorung) werden die Bakterien beseitigt,
bei der Hoch- oder Überchlorung wird eine zur Oxydation aller Störstoffe
reichende Chlormenge zugesetzt, die von der Art und Menge der chlor-

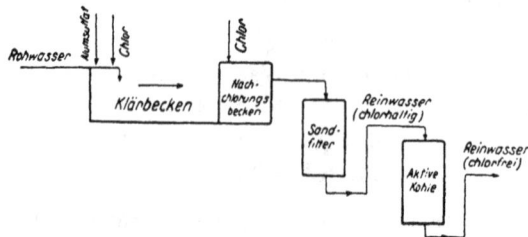

Bild 33. Hochchlorung. Schema der Ludwigshafener ADM-Anlage, nach „Das Gas- und
Wasserfach", Jahrgang 1931.

bindenden Stoffe, von der Temperatur des Wassers und der Einwirkungszeit abhängig ist. Die Zusatzmenge wird mit Hilfe des sog. Chlordiagramms
bestimmt. Dieses legt die Chlorzahl nach bestimmten Einwirkungszeiten
fest. Je nach dem Verschmutzungsgrad des Wassers schwankt die Menge
zwischen 1 und 7 mg/l. Chlor und Wasser müssen so lange in Berührung
bleiben, bis der Chlorgehalt auf etwa 0,5 mg/l herabgegangen ist (Kontakt-
filter). Ein solcher Chlorüberschuß ist notwendig, damit die Bakterien
abgetötet und die organischen Schmutzstoffe zerstört werden. Das Wasser
wird dann durch ein Filter aus aktiver Kohle geleitet, wobei das überschüssige Chlor zu Salzsäure reduziert wird (das Wasser wird „mutoniert").
Daneben werden die Stoffe adsorbiert. Die Entchlorungsleistung der
aktiven Kohle läßt zuerst schnell, dann langsam nach, die Kohle ermüdet.
Die Wiederbelebung der Kohle besteht in der Entfernung der gebildeten
Salzsäure. Statt der aktiven Kohle kann auch Katarsit (Doppelverbindung
CaO/CaSO$_3$) genommen werden. Dieser Stoff behält seine Härte und Festig-
keit. Zur Entchlorung wendet man auch schweflige Säure (SO$_2$) oder
Natriumthiosulfat (Antichlor) an.

e) Ozonisierung

Das Ozonisierungsverfahren beruht darauf, daß Ozon (aktiver Sauerstoff)
sehr rasch und sicher ohne Nebenwirkungen (Geschmack und dgl.) tötet. Ozoni-
sierte Luft wird mit Rohwasser möglichst innig gemischt. Das so behandelte
Wasser muß nachträglich belüftet werden. Wasser mit Trübungen und Eisengehalt muß vorbehandelt werden. Der Betrieb arbeitet zwar sicher, ist aber teuer
(hoher Stromverbrauch).

f) Ultraviolette Strahlen

Ultraviolette Strahlen, die keimtötende Wirkung besitzen (Wasserstoff-
superoxydbildung) werden von Quecksilberdampfquarzlampen erzeugt.
Vorbedingung ist, daß das Wasser gut vorgereinigt (klar) ist. Das Verfahren ist
nur bei kleinen Wassermengen anwendbar.

g) Katadynverfahren

Es beruht auf der Fähigkeit bestimmter Metalle oder Metallsalze (Kupfer und
Silber), die Lebensäußerungen niederer Organismen in solchen Medien zu beeinflussen, die durch Berührung mit den Metallen minimale Mengen derselben aufgelöst haben.
Als derartiges oligodynamisch wirksames Metall wird metallisches Silber in feinst
verteilter Form mit außerordentlich großer Oberfläche auf Sand, Tonringen,
Kugeln, Ketten niedergeschlagen und bildet hier einen festhaftenden feinen Überzug. Durch Berührung dieser „Katadynkörper" mit Wasser gehen Silberionen
in Lösung, die keimtötend wirken. Das Wasser wird dabei in Geruch, Geschmack
und Aussehen nicht verändert. Der Zeitpunkt der vollkommenen Sterilisierung
ist von der Keimmenge, Einwirkungsdauer und Temperatur abhängig. Derartig
„aktiviertes" Wasser behält seine keimtötenden Eigenschaften längere Zeit bei
und sterilisiert mit ihm gemischtes, noch nicht behandeltes Wasser.

Voraussetzung für die Anwendung des Verfahrens ist vollkommen klares Wasser, weil auf den versilberten Flächen sich niederschlagende Verunreinigungen die Berührung von Silber und Wasser verhindern. Die Silbermenge, die in Lösung geht, ist etwa 0,015 mg/l; sie genügt, um in 2 bis 4 st Keimfreiheit zu erzielen.

Das Katadynverfahren benötigt lange Kontaktzeiten, dazu kommen große Anschaffungs- und Betriebskosten. Für große Wassermengen entwickelte man daher das Elektrokatadynverfahren. Hier werden mit schwachem Gleichstrom (höchstens 1,6 V) Silberionen aus Silberelektroden in das Wasser geschickt. Die Elektroden befinden sich im „Aktivator". Von Wichtigkeit sind das elektrische Leitvermögen, die erreichbare Stromausbeute, der p_H-Wert (neutrale und alkalische Reaktion beschleunigt, saure Reaktion verzögert die Wirkung), die Wassertemperatur (tiefe Temperaturen verlangsamen den Vorgang). Das Verfahren wird besonders in der Lebensmittelindustrie angewendet. Die Betriebskosten betragen etwa 0,5 Dpf/m³. Auf ähnlichem Prinzip beruhen die Cuma-Groß-Aktivatoren (Angelmi-Werke).

5. Entölung

Die fortschreitende Motorisierung der Verkehrsmittel und die industriellen Abwässer bringen erhebliche Ölmengen in Flüsse und Seen, aus denen Wasser für die Wasserversorgung entnommen werden kann. Durch das Öl können die Filter der Trinkwasserversorgung verstopft und ihre biologische Wirkung gestört werden. Doch werden solche Wässer von vornherein für die Trinkwasserversorgung abgelehnt. Auch als Kesselspeisewasser, für Färbereien und die Nahrungsmittelindustrie ist ölhaltiges Wasser nicht brauchbar.

Die Entölung kann auf mechanischem, chemischem oder elektrolytischem Wege vor sich gehen, je nachdem wie das Öl im Wasser vorkommt (schwimmend, im Wasser fein verteilt).

Grundsätzlich ist zu sagen, daß es einfacher und billiger ist, das Öl direkt an der Anfallstelle zu erfassen, als es nachträglich wieder aus dem Wasser zu entfernen.

Schwimmendes Öl kann im Absetzbecken erfaßt werden. Das Wasser läuft langsam auf möglichst langem Wege durch das Becken. Dabei bildet sich auf der Oberfläche eine Ölschicht. Das fein verteilte (emulgierte) und absinkende Öl kann man ebenfalls in Absetzbecken erfassen, wenn Druckluft in das Becken geleitet wird. Alles Öl wird dabei an die Oberfläche getrieben und sammelt sich dort als Schaum. Man kann auch im letzten Teil des Beckens mit Filterstoffen arbeiten, die das Öl adsorbieren. Auch Filter mit aktiver Kohle können mit Erfolg angewendet werden.

Auf chemischem Wege findet die Entölung statt, indem man das Wasser im Absetzbecken mit Aluminium- oder Eisenhydroxyd mischt. Dadurch

wird Öl adsorbiert. Großer Wert ist auf genaue Dosierung des Fällungs-
mittels und genaue Einhaltung eines bestimmten p_H-Wertes zu legen.
Bei elektrolytischer Entölung wird das zu entölende Wasser an Eisen-
elektroden vorbeigeführt. Der elektrische Strom zerstört Ölemulsionen.
Dabei bildet sich Eisenhydroxyd, das die Öltröpfchen adsorbiert und ausflockt. Die Flocken werden mit Kiesfiltern entfernt.

6. Enthärtung

Sie ist für das Trinkwasser nicht notwendig. Für Brauchwasser wäre aber
eine Herabsetzung der Härte auf 2 bis 3^0 d angebracht, weil sich dadurch
ganz erhebliche Vorteile ergeben würden. Im Gegensatz zu den USA, wo
die Enthärtung mit der meist notwendigen umfangreichen Aufbereitung
gekoppelt wird, hat sich in Deutschland der Bau und Betrieb reiner Ent-
härtungsanlagen nicht als wirtschaftlich erwiesen. In Industrie, Gewerbe
und Haushalt wird dagegen von der Enthärtung vorteilhaft Gebrauch
gemacht.
Man unterscheidet thermische Verfahren (Verdampfung, Destillation),
chemische Verfahren (Fällung, Basenaustausch) und elektrische Verfahren.

a) Kalkverfahren

Das Kalkverfahren ist das älteste Enthärtungsverfahren auf chemischer
Grundlage. Es eignet sich für Wasser mit hoher Karbonathärte. Dabei
wird Kalk in Form von Kalkmilch, 1 kg gelöschter Kalk (CaO) auf 3 bis 5 l
Wasser oder Kalkwasser von 1250 mg/l, dem Wasser in genau dosierten
Mengen zugegeben. Dadurch werden die freie und die halbgebundene
Kohlensäure in unlösliches Karbonat übergeführt, das ausfällt. Die Klärzeit
beträgt etwa 2 bis 3 st.

b) Kalk-Sodaverfahren

Hier wird zuerst Kalkwasser zugesetzt. Kalziumkarbonat und Magnesium-
hydroxyd fallen aus. Nach kurzer Einwirkungszeit erfolgt der Zusatz
von Soda. Dadurch verschwindet die Karbonathärte vollständig, die Nichtkarbonathärte wird ausgefällt und der überschüssig zugesetzte Kalk abgeschieden. Zur Beschleunigung der Ausflockung kann bereits abgesetzter
Schlamm zurückgeführt werden. Eine Filterung muß nachfolgen. Die
Ausfällung geht bei Erwärmung des Wassers schneller vor sich. Die
wesentlichsten Reaktionen sind folgende:

a) mit Kalk

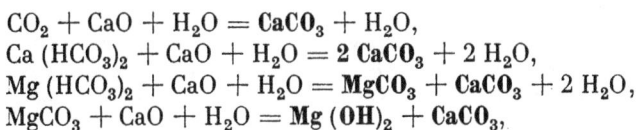

$$CO_2 + CaO + H_2O = \mathbf{CaCO_3} + H_2O,$$
$$Ca\,(HCO_3)_2 + CaO + H_2O = \mathbf{2\ CaCO_3} + 2\ H_2O,$$
$$Mg\,(HCO_3)_2 + CaO + H_2O = \mathbf{MgCO_3 + CaCO_3} + 2\ H_2O,$$
$$MgCO_3 + CaO + H_2O = \mathbf{Mg\,(OH)_2 + CaCO_3},$$

b) mit Soda

$$CaSO_4 + Na_2CO_3 = \mathbf{CaCO_3} + Na_2SO_4,$$
$$MgSO_4 + Na_2CO_3 = \mathbf{MgCO_3} + Na_2SO_4.$$

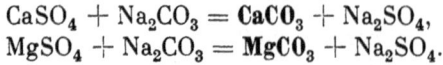

c) Basenaustauschverfahren

Näheres hierüber findet sich unter „Basenaustauschfilter" (S. 84). Da Permutit, Invertit, Wofatit, Filtrolit das Wasser fast vollständig enthärten, was für Trinkwasser nicht notwendig ist, so kann man sich auf eine Teilenthärtung beschränken. Man leitet dann nur einen Teil des Wassers über Permutit und mischt mit dem restlichen, nicht enthärteten Wasser.

Die Austauschreaktionen sind folgende:

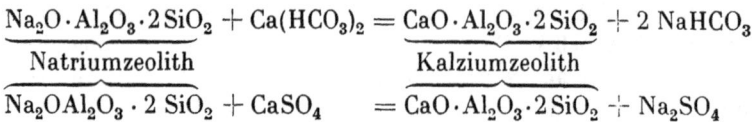

$$\underbrace{Na_2O \cdot Al_2O_3 \cdot 2SiO_2}_{\text{Natriumzeolith}} + Ca(HCO_3)_2 = \underbrace{CaO \cdot Al_2O_3 \cdot 2SiO_2}_{\text{Kalziumzeolith}} + 2NaHCO_3$$

$$\underbrace{Na_2OAl_2O_3 \cdot 2SiO_2}_{} + CaSO_4 \qquad = \underbrace{CaO \cdot Al_2O_3 \cdot 2SiO_2}_{} + Na_2SO_4$$

d) Kalküberschußverfahren

Es eignet sich für Wasser mit hoher Magnesiahärte. Hierbei wird Ätzkalk dem Wasser im Überschuß zugesetzt, so daß zum Schluß mit Säure neutralisiert werden muß, damit das Trinkwasser nicht alkalischen Charakter aufweist. Hierdurch wird das Wasser weich, die gelösten und suspendierten, färbenden Stoffe werden ausgeschieden, die Ausscheidung von Eisen und Mangan, die Entkeimung werden begünstigt. Der Vorzug des Verfahrens besteht in kurzen Absetzzeiten und hohen Filtergeschwindigkeiten.

Der technische Vorgang (Dresden-Tolkewitz) ist folgender: Das uferfiltrierte Elbgrundwasser wird auf eine Versprühungsanlage gehoben, in der freie Kohlensäure ausgeschieden und Sauerstoff aufgenommen wird. Von hier fließt das Wasser über einen Abflußboden (hier Zugabe von Kalkmilch evtl. auch Pulverkohle) und ein Überfallwehr zum Absetzbecken. Dahinter wird das Wasser auf die Schnellfilter gehoben. Nach deren Durchlaufen wird Kohlensäure zugegeben und hinterher Chlor (Bild 34).

Die bis jetzt kurz beschriebenen Verfahren sind für die Enthärtung von Trinkwasser in zentralen Anlagen mehr oder weniger gut anwendbar. Sie lassen sich natürlich auch sehr gut für Sonderbehandlung bei der Industrie verwenden. Die nachfolgenden Enthärtungsverfahren dienen mehr diesen Sonderzwecken.

e) Destillation

Die Kesselsteinbildung ist die Folge einer derartigen Enthärtung, denn durch die Erwärmung des Wassers wird unter Freiwerden der Kohlensäure die Karbonathärte ausgeschieden. Die Destillation selbst kommt nur da in Frage, wo chemisch reines Wasser unentbehrlich ist, bei Kesselspeisewasseraufbereitung aber nur in besonderen Fällen.

Kalkaufbereitungs-Anlage

Kohlensäurezugabe-Anlage

Querschnitt durch das Absetzbecken

Längsschnitt durch das Absetzbecken

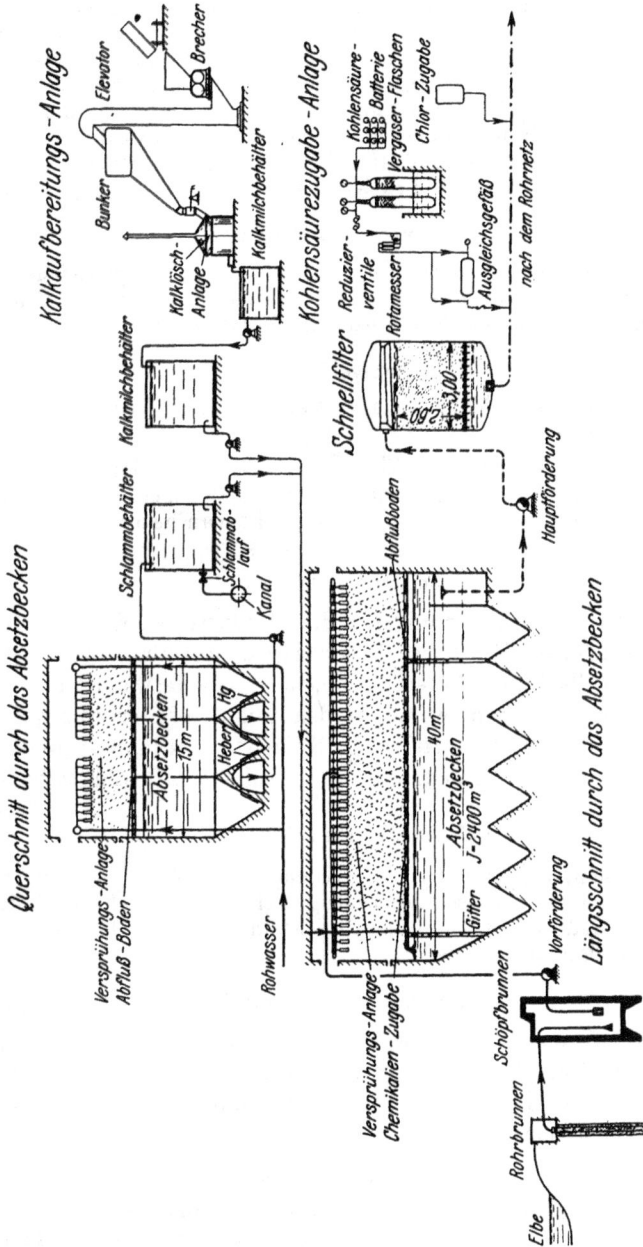

Bild 34. Überschußkalkreinigungsverfahren. Schema der Anlage im Wasserwerk Tolkewitz (Dresden), nach „Das Gas- und Wasserfach", Jahrgang 1934.

f) Sodaenthärtung

Das Verfahren eignet sich nur für Wasser, das keine oder nur geringe Karbonathärte aufweist. Durch Soda werden die schwefelsauren Salze (Kalziumsulfat, Magnesiumsulfat) ausgefällt. Im Kessel reichert sich das Wasser mit Soda an, das unter der Einwirkung der Wärme und des Druckes im Kessel sich in Kohlensäure und Ätznatron spaltet. Letzteres bewirkt eine Ausfällung der restlichen Härtebildner. Ein Teil des Kesselwassers und Schlammes wird dauernd in den Reiniger zurückgebracht (Neckarverfahren). Durch die Erwärmung werden Sauerstoff und Kohlensäure weitgehend entfernt.

g) Ätznatron-Sodaverfahren

Das Verfahren wird angewendet zur Enthärtung magnesia- und gipsreicher Wässer. Die Menge des sich bildenden Schlammes ist verhältnismäßig gering, doch sind die Betriebskosten wegen der hohen Ätznatronkosten groß.

h) Impfverfahren

Es dient zum Entkarbonisieren und beruht auf der genau dosierten Zugabe von Säure (meist Salzsäure):

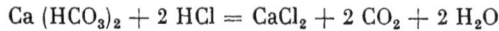

$$Ca\,(HCO_3)_2 + 2\,HCl = CaCl_2 + 2\,CO_2 + 2\,H_2O$$

Die entstandene Kohlensäure muß entfernt werden (Rieseln, Erhitzen). Da eine sehr sorgfältige Überwachung notwendig ist, zieht man neuerdings Wasserstoffpermutit vor (s. auch S. 84).

i) Phosphatenthärtung

Lösliche Phosphate reagieren mit den Härtebildnern, wobei schwer lösliche Phosphate entstehen. Besonders Trinatriumphosphat enthärtet praktisch beinahe vollständig. Wegen des hohen Preises verwendet man es aber nur da, wo diese Forderung erfüllt werden muß. Der Ersparnis wegen enthärtet man zuerst z. B. mittels des Kalk-Soda-Verfahrens und drückt durch nachfolgenden Phosphatzusatz die verbliebene Resthärte bis $< 1^0$ d herunter.

k) Elektrolytisches Verfahren

Hierbei wird schwachgespannter Gleichstrom (6—10 Volt) von eingehängten Anoden gegen die gegen Kesselsteinansatz zu schützende Fläche geleitet. Hierdurch wird verhindert, daß sich fester Kesselstein bildet, die Härtebildner fallen als feinste Schlammteilchen nieder.

l) Elektroosmotisches Verfahren

Es kann ebenso wie die Wasserdestillation alle Salze entfernen. Das Wasser wird in Reihen von Dreizellenapparaten mit Gleichstrom behandelt. Man kann im Wasser jeden Reinheitsgrad herstellen, indem man die Durchflußzeit entsprechend einstellt.

m) Tonisatorverfahren

Tonisatoren sind evakuierte, mit einem Tropfen Quecksilber und Neongas gefüllte Glaskugeln. Die „Glasbojen" werden in einem Gestell in das Wasser gebracht und von dem fließenden Wasser bewegt (geschüttelt). Dabei werden elektrische Energien durch die elektrischen Entladungen der Kugelfüllungen in das Wasser übertragen, so daß keine festen Verkrustungen (Kesselstein) entstehen, bereits vorhandene wieder zermürben und in Schlamm übergehen. Die Ansichten über die Wirkung derartiger Anlagen weichen einstweilen noch sehr voneinander ab.

7. Entgasung

Die praktisch sehr bedeutungsvolle Entfernung gelöster Kohlensäure (CO_2) wird als Entsäuerung bezeichnet (siehe unter 8.).
Die Entfernung von Sauerstoff kommt für Trinkwasser nur sehr selten in Betracht. Dagegen spielt sie eine wichtige Rolle bei Warmwasseranlagen und bei Kesselspeisewasser. Sauerstoff kann im Wasser gelöst oder in Blasenform enthalten sein. Die Entgasung kann mechanisch, thermisch, chemisch und elektrisch vorgenommen werden.
Mechanisch wird entgast durch Verrieselung des Wassers in sauerstofffreier Atmosphäre und durch Verregnung in einem unter Vakuum stehenden Behälter.
Die thermische Entgasung macht von der Tatsache Gebrauch, daß der Gasgehalt mit wachsender Wassertemperatur abnimmt.
Chemisch läßt sich Sauerstoff binden durch Filterung über Eisenfeilspäne oder durch Zugabe von sauerstoffbindenden Chemikalien wie Schwefeldioxyd oder Natriumsulfit.
Die Zugabe von Natriumsulfitlösung in kleinen Mengen ist für Warmwasserversorgungen am gebräuchlichsten. Die entstehenden geringen Mengen Natriumsulfat (Glaubersalz) sind gesundheitlich nicht bedenklich. Hier ist es aber besonders wichtig, daß mit unbedingt genauen Zugabevorrichtungen gearbeitet wird (Feindosierung).
Es muß natürlich dafür gesorgt werden, daß das entgaste Wasser nicht nachträglich wieder Sauerstoff aufnimmt, z. B. durch ein Dampfpolster im Speicher.

8. Entsäuerung

Die im Wasser gelöste Kohlensäure kann zusammen mit Sauerstoff unter Umständen zur Korrosion führen (siehe Abschnitt II, Angreifendes Wasser). Die Korrosion von Blei, Kupfer und Zink ist gesundheitlich bedenklich, während die von Eisen durch Zerstörung der eisernen Anlagen wirtschaftlich nicht tragbar ist. Besonders schädlich ist der Kohlensäureangriff in Dampfkesseln, weil der gasdurchlässige Kesselschlamm den ungehinderten Angriff durch Kohlensäure und Sauerstoff zuläßt.
Die Wahl der Art einer Entsäuerungsanlage hängt von der Beschaffenheit des Wassers ab. Gesamthärte, Eisen- und Mangangehalt des Wassers und die örtlichen Verhältnisse spielen dabei eine wichtige Rolle. Wir besitzen mechanische und chemische Verfahren.

7*

a) Mechanische Verfahren

waschen die freie Kohlensäure (auch den Schwefelwasserstoff) durch Luft
aus (siehe Belüftung S. 85).

Das kann geschehen durch Rieseln, Verregnen oder Verdüsen. Hauptsache ist, daß das Wasser in möglichst feine Tropfen aufgelöst wird. Die ausgewaschene Kohlensäure sinkt nach unten und muß durch kräftige Luftbewegung (natürliche oder künstliche Ventilation) entfernt werden, sonst wirkt die Anlage schlecht. Das Verfahren ist anwendbar, wenn das Wasser 60 bis 70 mg/l gebundene Kohlensäure enthält. Die Belüftung soll nur die zugehörige Kohlensäure entfernen, weil sonst kohlensaurer Kalk in größeren Mengen ausfällt (kenntlich an Trübungen, weißen Schichten im Hochbehälter, weißen Rohransätzen). Bei weichen Wässern mit viel freier Kohlensäure läßt sich mit Rieselung zwar der größte Teil der Kohlensäure entfernen (bis zu einem Restgehalt von 5 bis 10 mg/l), eine Nachbehandlung mit einem andern Verfahren ist jedoch notwendig, z. B. Marmor-, Magnofilterung.

Thermische Entsäuerung kommt bei Trinkwasser nicht vor, sie spielt eine Rolle besonders bei Kesselspeisewasser. Bei der thermischen Entsäuerung wird das Wasser bis zum Sieden erwärmt.

Auch das Vakuumrieselungsverfahren ist für Trinkwasserversorgung ohne Bedeutung.

b) Chemische Verfahren

zur Beseitigung der Kohlensäure arbeiten mit Sonderfiltermassen (Marmor, Magno) oder es werden Stoffe (Natronlauge, Soda, Kalk) zugesetzt. Bei diesen Verfahren, ausgenommen Natronlauge und Soda, erhöht sich die Härte leicht. Demnach sind die Verfahren bei Trinkwasser, wo die Härtezunahme nicht störend wirkt, am Platze, für Brauchwasser (Wäscherei, Kesselspeisewasser) eignen sie sich weniger gut.

Sonderfilter. Marmorfilter eignen sich nur für weiche, Magnofilter auch für härtere Wässer. Auf Magnesitfilter (geglühter Magnesit) sei wenigstens hingewiesen, sie wurden wenig verwendet, Magnofilter haben ihre Stelle eingenommen. Vorteilhaft bei der Enthärtung durch Filter ist der Fortfall jeder Dosierung.

Marmorfilterung:　　$CaCO_3 + CO_2 + H_2O = Ca(HCO_3)_2$

Magnofilterung:　　$CaCO_3 + MgO + 2 H_2O + 3 CO_2 =$
　　　　　　　　　　$= Ca(HCO_3)_2 + Mg(HCO_3)_2.$

Zusatzstoffe. Das älteste Entsäuerungsverfahren ist das Kalkhydratverfahren. Bei ihm wird die Kohlensäure durch Kalziumhydroxyd in Kalziumbikarbonat übergeführt.

$$Ca(OH)_2 + 2 CO_2 = Ca(HCO_3)_2.$$

Das Wasser wird hierbei entsäuert und alkalisiert. Jeder Grad von Entsäuerung und Alkalisierung kann je nach der Zugabemenge des Kalkes erreicht werden.

Gewöhnlich wird genau auf die Entfernung der angreifenden Kohlensäure eingestellt (Kalk-Kohlensäure-Gleichgewicht). Dadurch erreicht man Schutzschichtbildung. Zu weitgehende Kalkung kann zu Kalkübersättigung und damit zu trübenden Ausscheidungen im Rohrnetz führen.

Ein Nachteil ist, daß der Kalkzusatz den Schwankungen in Wasserzusammensetzung und -menge folgen muß, daß also die Dosierung dauernd überwacht werden muß. Die Zugabe erfolgt am besten in Form von klarem, gesättigtem Kalkwasser (z. B. Bücher-Verfahren der Bamag-Meguin A.G.).

Die Entsäuerung mit Natron oder Soda ist anwendbar, wenn reichliche Mengen von Kalk im Wasser vorhanden sind (also nicht bei sehr weichen Wässern). Das Verfahren wird bei Trinkwasserversorgungen kaum angewendet.

9. Sonderverfahren in der Wasseraufbereitung

Es handelt sich nicht allein darum, das Wasser im ganzen zu verbessern und ihm zur Erhaltung der Werkstoffe, mit denen es in Berührung kommt, seine Aggressivität zu nehmen, sondern es so umzugestalten, daß es gerade diejenigen Eigenschaften erhält, die für einen ganz bestimmten Zweck benötigt werden. Je nach der Art des Rohwassers ist das eine oder andere der vorher beschriebenen Verfahren bzw. eine Verbindung verschiedener Behandlungsweisen, oder aber eines der nachstehend beschriebenen Sonderverfahren, zur Anwendung zu bringen.

Nun sind aber nicht allein die Anforderungen an die Beschaffenheit des Wassers erheblich gesteigert worden. Es wird zwecks Senkung der Baukosten auch gefordert, den Stoffbedarf zu beschränken. Auch der für die Aufbereitungsanlagen benötigte Raum soll aufs knappste bemessen werden. Dabei waren in erster Linie die Korrosion und deren Auswirkungen, wie Lochfraß, Rost- und Wassersteinbildung, zunächst bei Warmwasserversorgungsanlagen, zu verhüten.

Mit der feineren Wasseraufbereitung sind an sich Mehrkosten bedingt, welche auf einen Kleinstwert gebracht werden müssen, wenn die schließlich erzeugte Ware, nicht bloß in Anbetracht ihrer Güte, sondern auch im Hinblick auf den Preis, dem Volkswohl dienen und wirtschaftlich bleiben soll. Die wirtschaftliche Frage spielt überhaupt bei der Aufbereitung eine bedeutsame Rolle.

Die Anwendung der nachstehend genannten Sonderverfahren beschränkt sich auf besondere Verwendungszwecke des Wassers, vor allem als Warmwasser. Bei diesen Verfahren handelt es sich um:

a) Die Feindosierung zur genauesten Bemessung der Zusatzmittel.
b) Sauerstoffbindungsverfahren.
c) Die neueren Permutitverfahren.
d) Das Chromverfahren.
e) Die katalytischen Behandlungsweisen.
f) Der Schlammrücknahmebetrieb.
g) Die Schwellenwert-Behandlung.
h) Das Silikatverfahren.

a) Feindosierungsmaschinen

Es liegt auf der Hand, daß die richtige Bemessung und Regulierung der beizugebenden Zusatzmengen zu dem aufzubereitenden Rohwasser von großer Wichtigkeit sind. Aber eine wirkliche Verfeinerung im Zugabeverfahren, wobei es auf die genaueste, den Rohwasserverhältnissen stets Rechnung tragende Mengenbestimmung der Zusatzmittel ankommt, wurde erst durch die Einführung der Feindosierung in die Praxis erreicht. (Vgl. Bild 35.)

Erst durch diese Geräte kann stets das als notwendig befundene Zusatzverhältnis zum zuströmenden Rohwasser mit laboratoriumsmäßiger Sicherheit eingehalten werden. Durch sie werden bei beliebig großen und wechselnden Wassermengen die gebotenen Zusätze an Chemikalien, Säuren oder Laugen genauestens verabreicht.

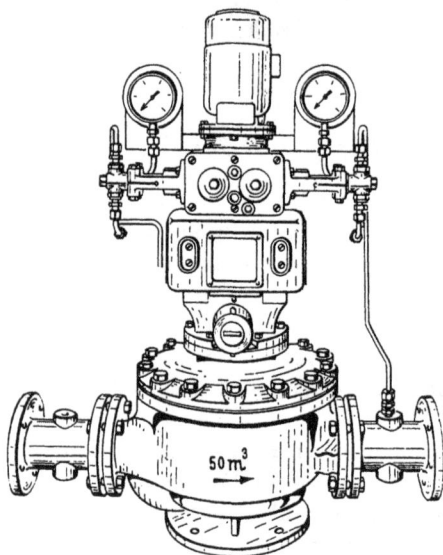

Bild 35. Feindosierungsmaschine nach „Das Gas- und Wasserfach", Jahrgang 1947.

Die Feindosierungsmaschinen arbeiten entweder als von Hand einstellbar oder völlig automatisch.

Zusammen mit Leistungsmesser und Durchflußmengenzähler gewähren sie eine ausgezeichnete, auch selbsttätig sich aufzeichnende Kontrolle eines Wasserreinigungsbetriebes.

Die Feindosierungsapparate können auch erhebliche wirtschaftliche Bedeutung haben. Bei der Entsäuerung mit Kalkhydrat z. B. wird wegen der genaueren Dosierung die abgesetzte Schlammenge geringer, weil man nicht wie beim gewöhnlichen Verfahren aus Sicherheitsgründen mit Überschußzugaben der Chemikalien arbeiten muß. Besonders wertvoll ist außerdem dabei, daß die Versinterung des Rohrnetzes durch überkalktes Wasser mit Sicherheit verhindert wird. Selbst bei hohen Anschaffungskosten verbilligen sich durch die Einführung der Feindosierung die Betriebskosten in nicht wenigen Fällen, besonders wenn es sich um beträchtliche Wassermengen handelt.

Auch für manche der alten Verfahren hat bei oft stark schwankenden Wassermengen die Verbindung mit Feindosierungen sehr verbessernd gewirkt. Dies gilt auch für den Zusatz von Aluminiumsulfat, Eisenchlorid, Permanganat oder Chlor zur Beseitigung organischer Substanzen, wie es bei der Badewasserreinigung, für Waschkauen und ähnliche Anlagen notwendig wird.

b) Sauerstoffbindungsverfahren

Durch chemische Bindung des Sauerstoffs mit Natriumsulfit verliert heißes Wasser seine Aggressivität gegen Eisen, ohne daß das behandelte Warmwasser für den menschlichen Genuß ungeeignet wird. Das Natriumsulfit geht dabei in Natriumsulfat über, das ein normaler Bestandteil des Wassers ist.

Durch genau dosierte Sauerstoff-Bindemittel kann auch noch größerer Härte oder saurer Reaktion des Wassers Rechnung getragen werden. Bei sehr hoher Karbonathärte wird zur Erzielung des Erfolges außer Sulfit mit einer Hilfspumpe soviel verdünnte Schwefelsäure zugesetzt, daß eine ausreichende Menge Karbonathärte in löslich bleibende Gipshärte umgesetzt wird. Die dadurch frei werdende Kohlensäure stellt das durch die Erwärmung gestörte Kalk-Kohlensäure-Gleichgewicht, unter Verhütung der Karbonatausscheidung, wieder her.

In der Deutschen Umstellnorm DIN 4809 U wird das Sauerstoff-Bindungsverfahren an erster Stelle für die praktische Anwendung für Warmwasseranlagen empfohlen.

Das Sauerstoff-Bindungsverfahren konnte erst mit Hilfe der Feindosierung praktisch einwandfrei zur Anwendung gebracht werden (Desoxygen-Verfahren der Firma Bran und Lübbe).

c) Die neueren Permutitverfahren

Die älteren Permutite sind anorganischer Natur. Die neuen organischen Permutite rein deutschen Ursprungs sind im Gegensatz zu den anorganischen nicht nur gegen freie Kohlensäure beständig, sondern auch gegen freie Mineralsäure. Außerdem sind die auf Kohlebasis aufgebauten Permutite beständig gegen heißes Wasser, während die anorganischen Permutite nur mit Wassertemperaturen bis zu 35 bis 40⁰ C betrieben werden können, ohne zerstört zu werden. Die Beständigkeit der organischen Permutite gegenüber freien Mineralsäuren ermöglicht es, die Filter mit Salz- oder Schwefelsäure zu regenerieren, wobei sich Wasserstoff-Permutit bildet.

Dieses Wasserstoff-Permutit tauscht wie das bei der Kochsalz-Regeneration entstehende Natrium-Permutit die Basen (Kationen) aus:

$$H_2\text{-Permutit} + Ca(HCO_3)_2 = Ca\text{-Permutit} + 2\,H_2O + 2\,CO_2$$
$$H_2\text{-Permutit} + CaSO_4 \quad = Ca\text{-Permutit} + H_2SO_4.$$

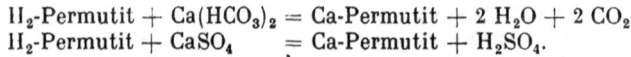

Die aus der Karbonathärte entstehende Kohlensäure wird durch Rieseln (kalt) oder Entgasen (warm) aus dem Weichwasser entfernt. Die freie Mineralsäure wird neutralisiert:

1. durch Mischen des sauren Weichwassers mit über normalen Natrium-Permutit enthärteten natriumbikarbonathaltigem Wasser oder
2. durch Zusatz von Lauge oder Soda.

Das Wasserstoff-Permutit kann auch gleichzeitig mit Säure und Salz regeneriert werden. Bemißt man die Säure- und Salzmengen bei der Regeneration derart, daß das gebildete Wasserstoff-Permutit nur die Karbonathärte und das gebildete Natrium-Permutit die Nichtkarbonathärte austauscht, so entsteht kein mineralsaures Weichwasser. Es muß lediglich die aus der Karbonathärte freigewordene Kohlensäure durch Rieseln entfernt werden.

Die Höhe der Alkalität im Weichwasser kann bei dieser Regeneration mit Säure und Salz durch entsprechendes Bemessen der Regenerationsmittel nach Belieben eingestellt werden. Geringe Alkalitäten im Weichwasser sind für die Kesselspeisung von größter Bedeutung.

Andere organische Permutite tauschen auch Anionen aus. Eine Anlage zur Gesamtentsalzung des Wassers besteht aus zwei Filtern, einem Wasserstoff-Permutitfilter und einem Anionen-Permutitfilter.

Das erste Filter wird mit Säure, das zweite mit Lauge oder Soda regeneriert. Das Filtrat des ersten Filters ist restlos enthärtet und enthält alle Anionen in Form von freier Säure. Diese Säure-Ionen werden im zweiten Filter durch das OH-Permutit ausgetauscht:

$$(OH)_2\text{-Permutit} + H_2SO_4 \rightleftharpoons SO_4\text{-Permutit} + 2\,H_2O.$$

Das zweite Filtrat ist also auch frei von Anionen und mithin salzfrei, soweit die Salze ionogen gelöst waren. Da dies bei der Kieselsäure nicht der Fall ist, so muß sie vorher gesondert entfernt werden (Fällung mit Eisen- oder Aluminiumsalzen)[1].

d) Chromverfahren

Bei diesem, für Trinkwasser nicht in Betracht kommenden Verfahren wird dem Wasserkreislauf in Heiz- und Kühlanlagen eine der Karbonathärte äquivalente Menge bestimmter Chromlösungen (Chromsäure, Kalium- oder Natriumchromat oder -bichromat) beigemischt, wozu meistens keine besonderen Vorrichtungen und Dosiereinrichtungen notwendig sind. Die Karbonathärte wird hier sofort in wasserlösliche Chromsalze umgewandelt. Sie bleiben selbst bei hoher Salzanreicherung gelöst, wie diese z. B. bei Niederdruckdampfkesseln eintreten kann. Diesen muß wegen der starken Dampf- bzw. Kondensatverluste viel Frischwasser laufend zugesetzt werden.

Da außerdem auch die Gipshärte in solchem chromhaltigen Wasser höher löslich ist, so sind Steinverkrustungen praktisch ausgeschlossen. Vorhandene Wassersteinverkrustungen werden beim Verbrauch entsprechender

---

[1] Mitteilung der Permutit A.-G., Berlin.

Mengen Chromlösung beseitigt. Einfache Prüfverfahren zeigen an, ob noch alter Wasserstein vorhanden ist[1]).

e) Die katalytischen Behandlungsweisen

Die Ausscheidung von im Wasser löslichen Stoffen und z. T. auch unlöslichen Schwebe- und Sinkstoffen wird wesentlich beschleunigt, wenn das solche Stoffe enthaltende Rohwasser in Berührung (Kontakt) mit Körpern gebracht wird, die katalytisch wirken.

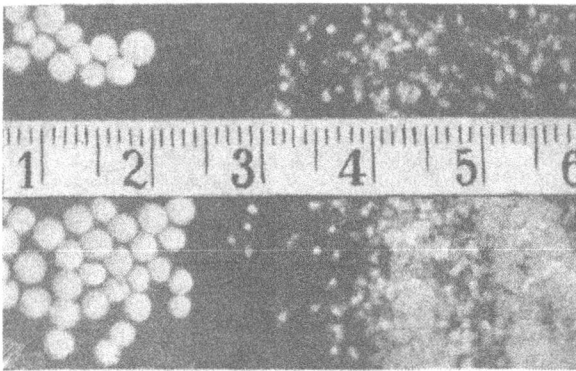

Bild 36. Katalytisch wirkende Feinkörperchen zu Beginn (rechts) und am Ende (links) des Ausscheidevorganges.

Auch die Ausscheidung von Kalk (und Magnesia) durch Ätzkalk (Kalkwasser oder Kalkmilch), Ätznatron, Soda oder Mischungen dieser Stoffe wird durch die katalytische Behandlungsweise wesentlich verbessert. Ungebrannter Kalkstein ($CaCO_3$) hat sich als katalytisch wirkend besonders gut bewährt (Marmorkontaktverfahren). Diese „Reaktorkörper"-Körner werden in konische Behälter eingefüllt, die vom Wasser von unten nach oben durchströmt werden. Die Körner sollen dabei im Wasser schweben. Sie gelangen entsprechend der durch die konische Erweiterung bedingten Abnahme der Auftriebsgeschwindigkeit des Wassers bis zu einer bestimmten Höhe im Behälter.

An die Körner setzt sich das ausgefällte Kalziumkarbonat kristallin an, so daß statt des lästigen Absetzschlammes der Absetzbecken, abgesehen von sonstigen Sinkstoffen, nur eine Kornvergrößerung in Erscheinung tritt. Im Betrieb erreichen die Körner einen Durchmesser von 1 bis etwa 2 mm (Bild 36[2]), worauf sie als zu schwer und zur Kontaktwirkung nicht mehr geeignet abgelassen werden.

----

[1]) Aus „Archiv für Wärmewirtschaft und Dampfkesselwesen" Nr. 7, Bd. 21 (1940).
[2]) Abb. Permutit A.G., Berlin.

Durch einfaches Auswaschen erhält man daraus einen für viele Zwecke verwendbaren Kalksand. Die weitere Verwertung dieses Sandes gestaltet sich für viele Zwecke vorteilhaft und wirtschaftlich. Man kann ihn z. B. wie gewöhnlichen Sand und auch zur Boden- und Straßenverbesserung gebrauchen. Es ist außerdem naheliegend, ihn wieder zu brennen und zu

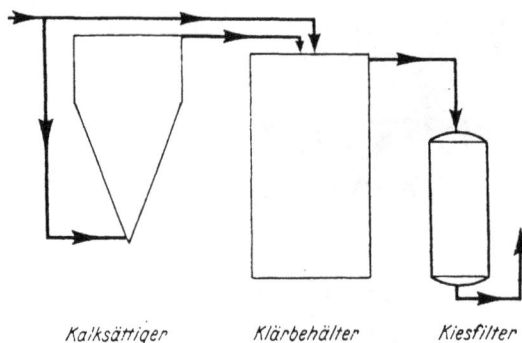

Kalksättiger   Klärbehälter   Kiesfilter

Bild 37. Kalkwassersättigungsverfahren.

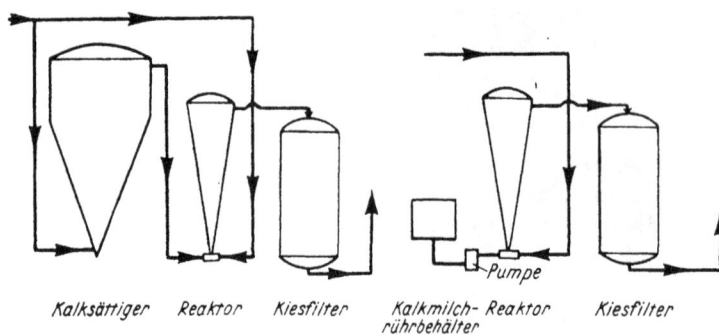

Kalksättiger   Reaktor   Kiesfilter   Kalkmilch- Reaktor   Kiesfilter
                                         rührbehälter

Bild 38. Katalytisches Verfahren.
links mit Kalkwasserzusatz   rechts mit Kalkmilchzusatz.

Kalkmilch und Kalkwasser aufzubereiten, ihn Baustoffen zuzumischen, (z. B. Ziegelverarbeitung) und ihn auch beim Hochofenbetrieb oder als Düngerkalk zu verwerten.

Das Wasser ist nach dem Durchgang durch die Katalysatormasse, soweit es noch schlammige und schwebende Bestandteile aufweist, schließlich einem offenen oder geschlossenen Filter üblicher Anordnung, mit oder ohne Sonderfilterkies, z. B. Magno, zur Schlußreinigung zuzuführen.

Die Entkarbonisierungswirkung ist sehr weitgehend; es wird eine Restkarbonathärte von $\leq 1^{\circ}$ d erreicht.

Welche Raum- und Materialersparnisse die katalytischen Behandlungsweisen gegenüber dem bisher üblichen Verfahren durch Zusatz von Kalkwasser, das in besonderen Sättigungsapparaten hergestellt wird, erbringen
können, zeigt beispielsweise eine Gegenüberstellung in Bild 37 und 38
(Permutit A.-G.).

Wirbelstromverfahren

Beim Wirbos-Verfahren der Permutit A.-G. wird das Rohwasser nach
inniger Vermischung mit Kalk in Form von Kalkwasser oder Kalkmilch
durch einen konischen Reaktor mit Kontaktmasse geleitet. Nach etwa

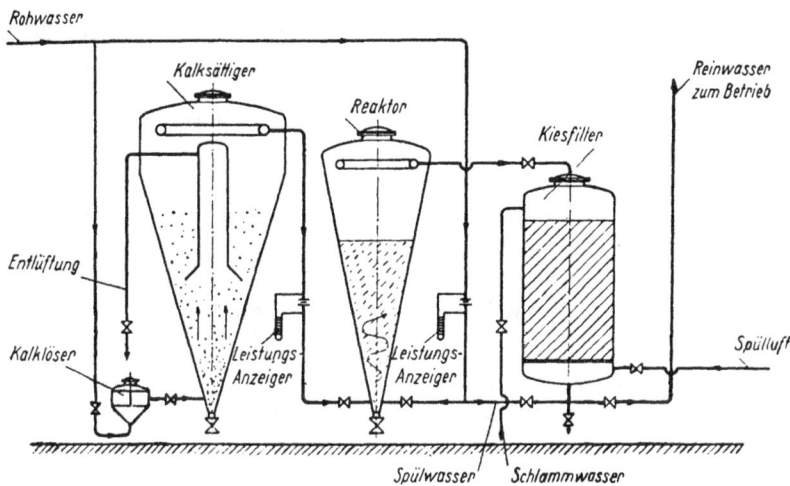

Bild 39. Das Wirbos-Verfahren der Permutit A.-G.

10 min ist das Wasser beim Austritt aus der Masse ausreagiert. Am obersten Ende des Reaktors ist es weitgehend von den ausgeschiedenen Reak-
tionsprodukten ($CaCO_3$) befreit. Es kann daraufhin unmittelbar einem
Kiesfilter zur Entfernung geringer Trübungen zugeleitet werden. Beim
Wirbos-Verfahren fallen ebenfalls die im Reaktor sich bildenden Rückstände in Form von körniger, sandiger Masse fast vollständig aus. Sie sind
nur wenig vermengt mit schlammigen Teilen, je nach der Natur des Rohwassers (Bild 39).

Seitens der Permutit A.-G. wird außerdem ein Sonderkatalytmaterial empfohlen.
Es besteht im wesentlichen aus Kieselsäure, Eisen und Mangan, ist sehr stark
porös und spezifisch leicht. Durch die katalytische Wirkung werden die durch
das Zusatzmaterial begonnenen Ausflockungen stärkstens unterstützt. Das
Katalytmaterial dient im gewissen Sinne als im Wasser schwebendes Vorfilter.
Die Katalytstoffe müssen wasserunlöslich sein und dürfen auch nicht durch Zusatzstoffe zerstört werden.

Bei der Umwandlung eines Teiles der Karbonathärte in Nichtkarbonathärte wird Kohlensäure frei. Sie kann sich in dem gereinigten Wasser aggressiv auswirken. Ein Zusatz von z. B. rd. 20 g $Al_2(SO_4)_3$ je m³ Rohwasser bedingt eine Abnahme der Karbonathärte von rd. 1° d, wobei die für diesen Härtegrad zugehörige Kohlensäure frei wird und aggressiv wirken kann. Durch Verwendung von Sonderfiltermaterial kann die beim Reinigungsvorgang freigewordene Kohlensäure wieder in gebundene Form übergeführt werden.

f) Schlammrücknahmebetrieb

Zur besseren Ausnützung und um die Klärwirkung und Reinigungswirkung noch mehr zu steigern, ist das Schlammrücknahmeverfahren in Anwendung gekommen.

Es besteht darin, daß ein Teil des abgesetzten Schlammes aus den Absetzbecken, unter Umständen auch ein Teil des geklärten Wassers vor der Übergabe an Filter, für sich allein oder auch im bestimmten Verhältnis zusammen mit Schlamm dem Rohwasser vor dessen Eintritt in die Absetzbecken zugesetzt und gemischt wird (Mischkammern). Auch die Rücknahme von Filterwaschwasser kommt in Frage.

Der Erfolg ist neben Wasserersparnis ein erhöhtes Klärergebnis; auch katalytische Vorgänge wirken hierbei mit.

g) Schwellenwertbehandlung (Phosphatimpfung)

Dieses Verfahren beruht auf der Tatsache, daß sehr geringe Mengen komplexer Phosphate, z. B. 2 g/m³ Natriumhexametaphosphat $(NaPO_3)_6$, bekannt unter dem Handelsnamen „Calgon", die Kristallisation des Kalziumkarbonats zu verhindern vermögen, ähnlich wie dies auch kolloidale Stoffe tun (Wirkung der sog. Geheimmittel im Kesselwasser). Weil diese Stabilisierung kalkgesättigter Lösungen an der „Schwelle" der Ausfällungskonzentration und mit Zusatzmengen erfolgt, die an der Grenze des analytischen Nachweises liegen, bezeichnete man dieses Verfahren in USA als treshold treatment, d. h. Schwellenbehandlung. Verständlicher ist die in Deutschland vorgeschlagene Bezeichnung „Phosphatimpfung".[1] Man

---

[1] „Über den Angriff des Eisens durch Wasser und wässerige Lösungen", Mitteilungen a. d. kgl. Materialprüfungsamt zu Großlichterfelde 1908—1910. Wichtig auch Dr. P. Hermann, „Abrostung, Korrosion und Wasserreinigung". Archiv für Wärmewirtschaft und Dampfkesselwesen, Heft 9 (1924). Owen Rice and Everett P. Partridge, „Threshold Treatment". Elimination of Calcium Carbonate Deposits from Industrial Waters. Hall Laboratories, Inc., Pittsburg. Pa. Industrial and Engineering Chemistry, vol. 31. Jan. 1939. — Received September 12. 1938. — Presented before the Division of Water, Sewage, and Sanitation Chemistry at the 96th Meeting of the American Chemical Society, Milwaukee, Wis., September 5 to 9, 1938. — Überreicht durch Chem. Fabrik Joh. A. Benckiser G. m. b. H., Ludwigshafen a. Rh. Schönaich, Wärme 63 (1940), 435—439. Godin, Journ. Inst. of Water Engineers 2 (1948), 574. Seelmeyer, Rost- und Steinschutz in Niederdruck-Anlagen 1950.

benutzt eine solche Behandlung vorteilhaft für Kühlwasser und Warmwasser (bis höchstens 80° C) zur Steinverhütung. Alte Steinansätze werden von Metallteilen, z. B. Rohrwandungen, langsam abgelöst. Auch die Ausscheidung von Eisenhydroxyd aus eisenhaltigen Wässern wird verhindert. Außerdem wird ein Korrosionsschutz der Eisenrohre erzielt, der auf der Bildung unlöslicher, porenfreier Deckschichten von Eisenkalziumphosphaten beruht (KCS-Zusatzverfahren und Rhenaphosfilterverfahren von F. Killewald). Angesichts der sehr kleinen Phosphatzusätze ist eine gesundheitliche Beeinflussung des Wassers nicht zu befürchten. In USA wird das Calgonverfahren viel für Durchlauferhitzer angewandt.

h) Silikatverfahren

Die natürlichen Wässer enthalten geringe Mengen von Kieselsäure, teils kolloidal, teils echt gelöst. Ihre Anwesenheit ist praktisch von Bedeutung bei der Verwendung des Wassers zur Dampfkesselspeisung, weil sie zusammen mit den Härtebildnern zur Entstehung sehr harten Kesselsteins beiträgt. Der bei nassem Dampf entstehende Salzbelag der Turbinenschaufeln wird durch Kieselsäure besonders hart und unangenehm. Die Wasseraufbereitung für Höchstdruckkessel umfaßt daher immer auch eine Entkieselung (z. B. durch ein Natriumaluminat-Magnesiumchlorid-Fällverfahren)[1].

Für Warmwasseranlagen ist andererseits der Umstand günstig, daß silikathaltige Wässer eine passivierende Schutzschicht auf Eisen zu bilden vermögen. Der amorphe, leichte Rohrbelag besteht hauptsächlich aus Eisen und Kieselsäure und enthält fast gar keine Erdalkaliverbindungen. Zur Erhöhung des oft nur minimalen Kieselsäuregehaltes des Roh- oder Leitungswassers setzt man daher Natriumsilikatlösung (Wasserglas) in einer Höchstdosis von 30 g SiO_2/m³ zu. Auch ein kombinierter Natriumsilikat-Phosphat-Zusatz hat sich als Korrosionsschutz bewährt (Verfahren, der Rhein.-Westfäl. Wasseraufbereitung, Düsseldorf).

[1] Kaissling, Archiv für Wärmewirtschaft und Dampfkesselwesen 20 (1939), S. 89—91.

WIE WIRD DAS WASSER VON DER ENTNAHMESTELLE ZUM VERWENDUNGSORT GELEITET?

Die Zuleitung des Wassers von der Entnahmestelle zum Verwendungsort ist in den meisten Fällen zu teilen in die Strecke vom Ort der Wasserentnahme bis zur Speicheranlage und von dieser zum Verwendungsort. Hierbei ergeben sich verschiedene Möglichkeiten, je nachdem das Wasser von der Entnahmestelle mit natürlichem Gefälle zur Speicheranlage geleitet werden kann oder dahin künstlich gehoben werden muß. Die Strecke von der Speicheranlage bis zum Verwendungsort ist immer eine Druckleitung. Das Fehlen einer Speicheranlage ist zu vermeiden, da sich zu viele Nachteile zeigen.

Über die Berechnung der Rohrleitungen wird im 2. Teil ausführlich berichtet. Hier sei nur gesagt, daß zweierlei zu beachten ist. Einmal muß für die gegebene Wassermenge und die angenommene passende Wassergeschwindigkeit der Rohrdurchmesser ermittelt werden. Zweitens muß dafür gesorgt werden, daß an den Rohrenden der notwendige Wasserdruck (Druckhöhe) vorhanden ist. Dazu müssen die durch das Fließen entstehenden Widerstände berechnet und in Meter Wassersäule (Druckhöhenverlust) ausgedrückt werden (s. 2. Teil, S. 232ff.).

1. Zuleitung mit natürlichem Gefälle (Gefällsleitung)

Eine solche Zuleitung kann entweder als Leitung mit freiem Wasserspiegel oder als Druckleitung ausgeführt werden oder eine Vereinigung beider Arten darstellen (Bild 40). Die letztere Ausführung kommt da vor, wo eine reine Gefällsleitung zu große Umwege bedingen würde, und wo Tunnelstrecken und Aquädukte vermieden werden sollen. Die Leitungen werden immer als Rohrleitungen ausgebaut. Der offene Graben, der sonst die billigste Ausführungsart wäre, kommt für Trinkwasserversorgungen wegen der möglichen Verunreinigung des Wassers nicht zur Ausführung, man wählt vielmehr geschlossene Querschnitte. (Siehe Bild 41).

Baumaterial für Leitungen mit freiem Wasserspiegel ist vor allem an Ort und Stelle hergestellter Beton, Mauerwerk kommt nur noch selten vor. Bei Druckleitungen stehen an erster Stelle: Gußeisenrohr und Stahlrohr bei großen Durchmessern, außerdem bei kleinen Durchmessern bis zu 30 cm Asbestzementrohr,

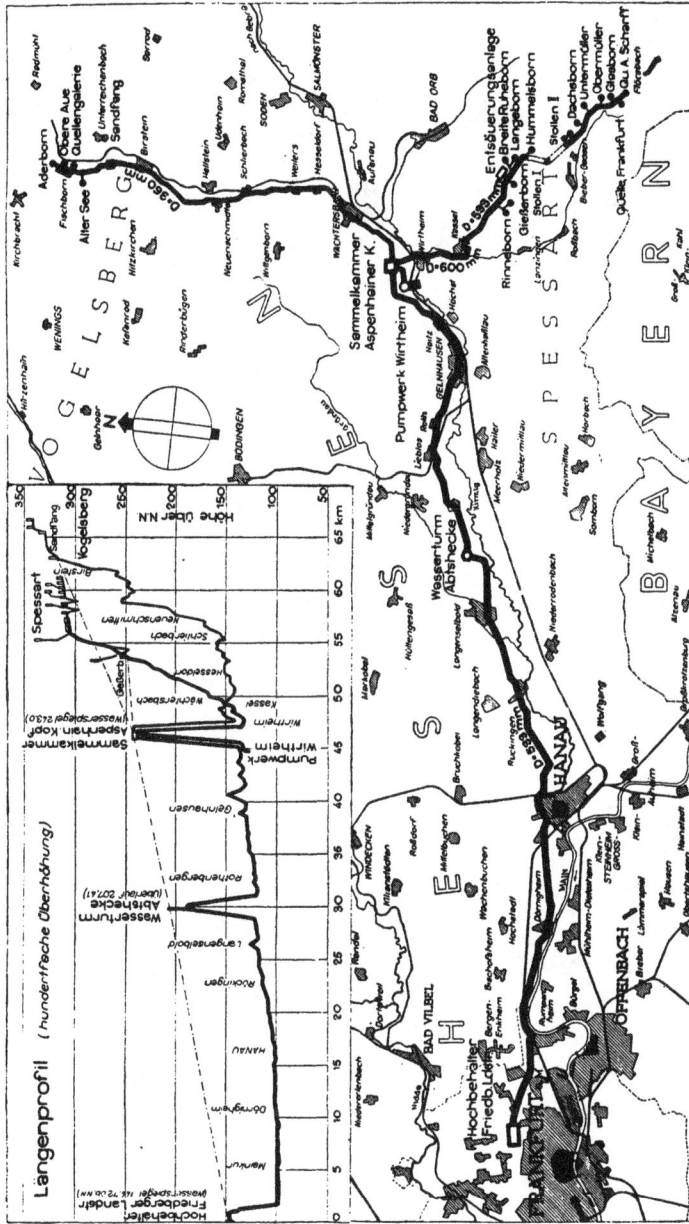

Bild 40. Quellwasserzuleitung vom Vogelsberg und Spessart nach Frankfurt am Main. Übersichtsplan und Längsschnitt nach „Das Gas- und Wasserfach" Jahrgang 1949.

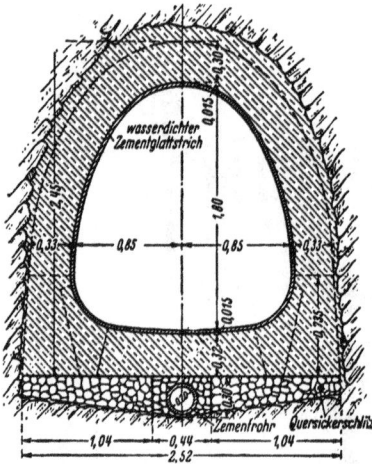

Bild 41. Stollenquerschnitt (München).
nach ,,Die Bautechnik‘‘, Jahrgang 1932.

Holzrohr ist immer noch umstritten, Stahlbetonrohre werden mehr und mehr verwendet.

Zur Verkürzung der oft sehr langen Zuleitungsstrecken werden im Wege stehende Bergrücken öfter durch Tunnelstrecken unterfahren, tiefe Täler mittels Brücken (Aquädukte) übersetzt.

Düker haben sich zur Überwindung tiefer Taleinschnitte vorzüglich bewährt. Beim Übergang über große und schiffbare Flüsse sind auch schon Rohrkabel (aus Blei mit Schutzumhüllung aus Papiermasse und Jute und Bewehrung aus Bandeisen) bis 110 mm l. W. benützt worden. Die Verlegung erfolgt ähnlich dem der Seekabel und nimmt nur kurze Zeit in Anspruch.

Zwecks Untersuchung, Reinhaltung und Entlüftung werden in Abständen von 100 bis 150 m Schächte eingebaut. Vor dem Anfang der Druckleitungen sind Entlastungsanlagen notwendig, bei Kreuzung tief eingeschnittener Täler müssen am oberen Ende Rohrbruchsicherungen, am unteren Ende Vorrichtungen gegen das Rücktreten des Wassers vorgesehen werden. An Hochpunkten ist eine Entlüftungsvorrichtung einzubauen. Man wird bei langen Zuleitungen mit verschieden großen

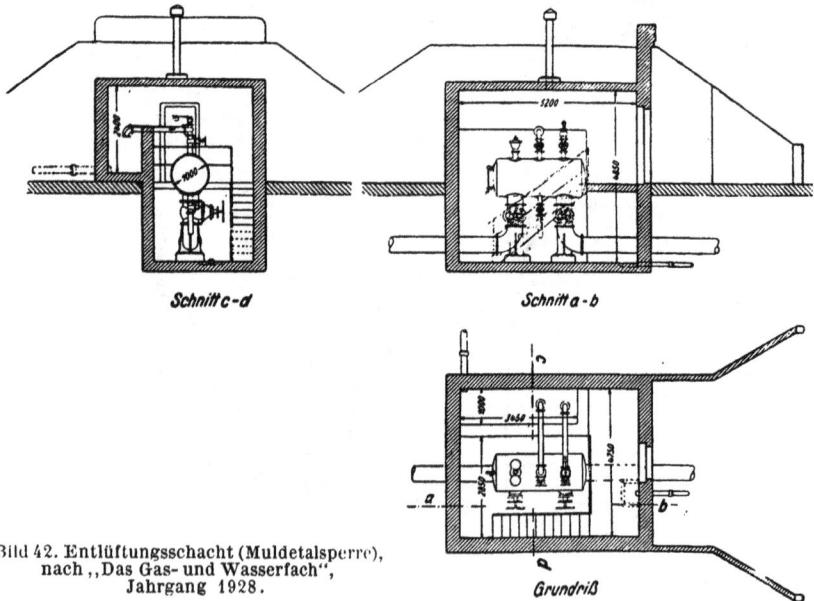

Bild 42. Entlüftungsschacht (Muldetalsperre),
nach ,,Das Gas- und Wasserfach‘‘,
Jahrgang 1928.

Querschnitten und Gefällen arbeiten müssen, um sich möglichst der Gelände-
beschaffenheit anpassen zu können. Eine frostsichere Lage der Leitung ist immer
notwendig (Bild 42).

2. Zuleitung bei künstlicher Hebung

Während es bei Leitungen mit natürlichem Gefälle immerhin möglich ist,
ohne besondere Speicheranlagen auszukommen, ist dies bei künstlicher
Hebung nicht der Fall. Hier muß zur Gewährleistung einer wirtschaftlichen
Arbeit der Hebemaschinen stets eine Speicheranlage eingeschaltet werden.
Jede derartige Zuleitung gliedert sich in zwei Teile: die Leitung bis zur

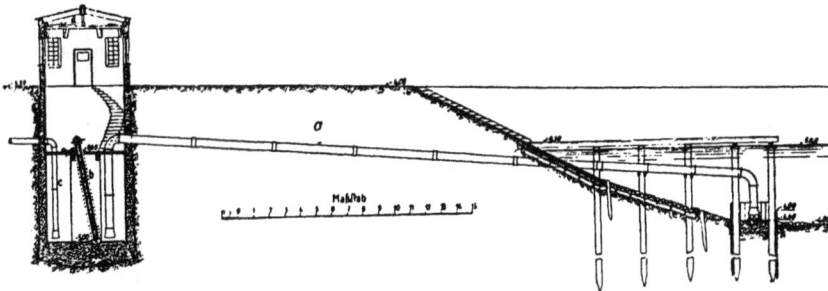

Bild 43. Heberleitung und Saugbrunnen (Königsberg), nach „Das Gas- und Wasserfach"
Jahrgang 1929.
a Heberleitung   *b* Schlitzrechen   *c* Saugrohr   *d* Drehkran

Heberanlage und die von dort zur Speicheranlage. Die erste Leitung kann
eine Leitung mit natürlichem Gefälle, eine Saugleitung oder eine Verbindung von Heberleitung mit Saugleitung sein. Meistens wird der Entnahmeort tiefer liegen als das Pumpwerk und das Wasser angesaugt werden müssen (Bild 43).

Da eine Saugleitung unbedingt luftdicht sein muß, wird man danach streben, sie
möglichst kurz zu machen. Dazu kommt, daß die Saughöhe beschränkt ist. Sie
beträgt theoretisch 10 m, praktisch wird man über 7 m nicht hinausgehen können.
Bei Saughöhen über 3 m muß eine Rückschlagklappe in die Leitung eingebaut
werden, damit die Wassersäule bei Stillstand nicht abreißt. Aus diesen Gründen
soll das Pumpwerk möglichst nahe beim Entnahmeort angelegt werden. Bei
größerer Entfernung oder bei mehreren Entnahmestellen kann man sich durch
Anlage einer Heberleitung helfen, durch die das Wasser an das Pumpwerk heran-
gebracht wird. Das Wasser wird hierbei in einen Sammelbrunnen geleitet, aus
dem die Saugleitung entnimmt. Falls auch in diesem Falle die Saughöhe zu groß
wird, können die Pumpen entsprechend tief aufgestellt werden (Vorpumpen).
Diese heben meist auf die Aufbereitungsanlage. Von hier aus wird das Wasser
durch die Hauptpumpen zum Ausgleichbehälter gedrückt.

Die Leitung zwischen Pumpwerk und Speicheranlage (bzw. Versorgungsnetz) ist immer eine Druckleitung. Desgleichen ist die Zuleitung von der
Speicheranlage zum Versorgungsnetz eine Druckleitung, sie muß den größten

Stundenverbrauch leisten, wenn die Speicheranlage vor, den durchschnitt-
lichen, wenn die Speicheranlage hinter dem Versorgungsnetz liegt.

a) Berechnung der Pumpenleistung

Die manometrische Förderhöhe H setzt sich aus der geodätischen Förderhöhe H_1 (Höhenunterschied zwischen tiefstem Wasserspiegel am Entnahmeort und höchstem Wasserspiegel in der Speicheranlage) und
dem Druckhöhenverlust h_3 zusammen, H_1 setzt
sich aus der Saughöhe h_1 und der Druckhöhe h_2 zusammen, so daß (siehe Bild 44)

$$H = h_1 + h_2 + h_3 \text{ ist.}$$

Ist Q die Wassermenge in m³/st und q in l/s, so
ist die von der Pumpe sekundlich zu leistende
Arbeit (A):

$$A = q \cdot H = \frac{Q \cdot 1000}{3600} \cdot (h_1 + h_2 + h_3);$$

in Pferdestärken ausgedrückt wird

$$A = \frac{q \cdot H}{75} = \frac{Q}{270} \cdot (h_1 + h_2 + h_3).$$

Da die Pumpe selbst nur einen Wirkungsgrad
(w_1) von 0,5 bis 0,9 (je nach Art) besitzt und der
Antriebsmotor ebenfalls nicht 100prozentig wirkt
(w_2), so ergibt sich die Zahl der zur Hebung
wirklich notwendigen Pferdestärken zu:

$$A_{PS} = \frac{q \cdot H}{75 \cdot w_1 \cdot w_2} =$$
$$= \frac{Q}{270 \cdot w_1 \cdot w_2} \cdot (h_1 + h_2 + h_3).$$

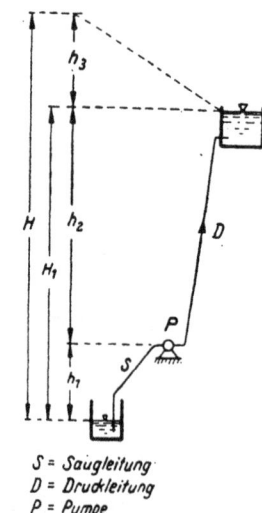

S = Saugleitung
D = Druckleitung
P = Pumpe

Bild 44. Schema einer Pumpanlage zum Heben des
Wassers.

Während sonst die Wirtschaftlichkeit des Betriebes im Vordergrund steht,
muß bei künstlicher Hebung des Trinkwassers unbedingt die Betriebssicherheit an erster Stelle berücksichtigt werden, da eine Unterbrechung
in der Wasserlieferung ausgeschlossen ist. Das bedingt, daß für Pumpen
und Motoren ein ausreichender Ersatz vorgesehen werden muß (Bild 45).

Bei kleinen Werken und Speicheranlagen, die für mehrere Tage Wasser enthalten,
kann auf einen Ersatz verzichtet werden. Größere Anlagen sollen wenigstens zwei
Pumpen enthalten, von denen jede den Durchschnittsbedarf leisten kann, jede
Pumpe soll in möglichst großem Umfange ihre Leistung vergrößern können.
Ebenso sollen für die Antriebskraft möglichst zwei verschiedene Kraftquellen zur
Verfügung stehen, damit beim Versagen der einen die andere, davon unabhängige,
benützt werden kann.

Außer der Sicherheit spielen auch die Betriebsbereitschaft, die Art der
Bedienung und die Überlastungsmöglichkeit eine wichtige Rolle. So braucht
eine Dampfkraftanlage etwa 1 bis 1½ st, eine Sauggasanlage 30 bis 40 min

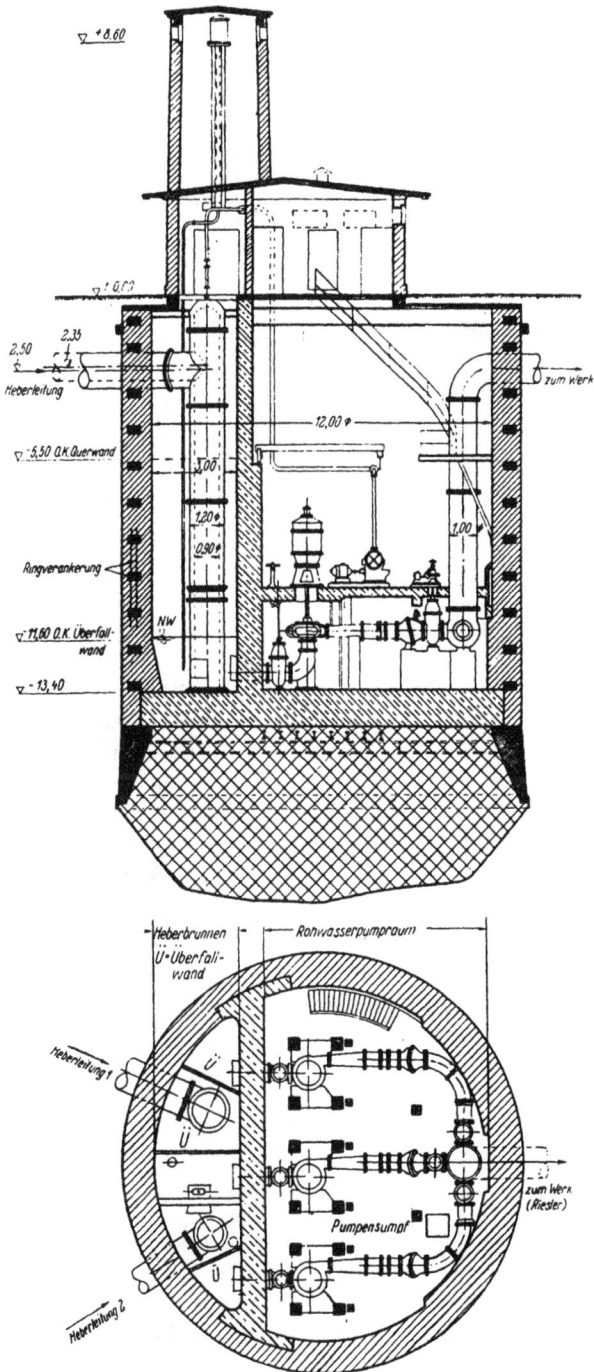

Bild 45. Rohwasserpumpwerk Tegelort der Berliner Wasserwerke.

bis zur Einschaltung des Betriebs, während Wasserkraft-, Wind-, Öl-,
Leuchtgasanlagen schon nach 5 bis 10 min und elektrische Anlagen sofort
betriebsbereit sind. Dagegen beträgt die Überlastungsmöglichkeit bei
Gasmotoren auf die Dauer nur etwa 12%, bei Dieselmotoren auf kurze Zeit
etwa 20%. Bei Dampfkraftanlagen ist sie am größten.

Während früher fast ausschließlich die Kolben- und Plungerpumpe mit
Dampf als Antriebskraft Verwendung fand, hat heute die Kreiselpumpe,
namentlich in Verbindung mit dem elektrischen Motor, außerordentlich an Verbreitung gewonnen (Bild 46).

Die Art der Bedienung hängt in ausgedehntem Maße von der Betriebszeit ab. Am wenigsten Bedienung benötigen Anlagen mit kurzen Betriebszeiten, die meiste Bedienung braucht ein ununterbrochener 24stündiger Betrieb. Bei gleicher Betriebssicherheit entscheidet der Kostenaufwand. Es ist weiter zu berücksichtigen, daß der Wasserverbrauch im Laufe der Zeit erfahrungsgemäß ansteigt, daß also Platz für Vergrößerung des Werkes von vornherein bereitgestellt werden muß.

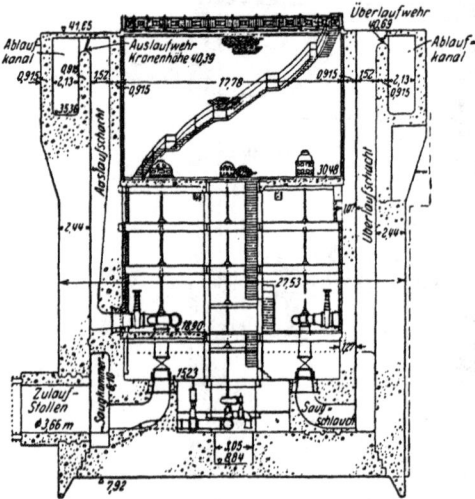

Bild 46. Flußwasserpumpwerk Detroit, nach „Der Bauingenieur", Jahrgang 1931.

Neben derartigen aus Pumpen und Motoren bestehenden Pumpwerken
gibt es auch Anlagen, bei denen die Betriebskraft direkt ohne Vermittlung
eines Motors das Wasser hebt.

b) Kolbenpumpen

Pumpen, bei denen die Kolbenbewegung in senkrechter Richtung erfolgt,
heißen stehende, solche mit waagerechter Bewegung liegende Pumpen.
Bei der letzten Art kann die Saughöhe höchstens 6 m betragen.

Der Kolben wird entweder als Scheibenkolben (dieser arbeitet stets nur mit
einer seiner Flächen) oder als Tauch- (bzw. Plunger-)kolben ausgeführt (hier
wird das Wasser durch das Volumen des Kolbens fortgedrückt). Scheibenkolben
werden verwendet bei Förderhöhen bis 30 m, sie können undicht werden. Plungerkolben sind besser, weil sie eine unbewegliche, leicht zugängliche Dichtung besitzen.

Hinsichtlich der Wirkung sind zu unterscheiden einfach wirkende, doppelt
wirkende und Differentialpumpen.

Bei der einfach wirkenden Pumpe saugt der Kolben beim Hingang das Wasser an und drückt es beim Rückgang in das Druckrohr. Sie läßt sich nur bei kleinen Wassermengen und nicht zu großer Förderhöhe gebrauchen. Bei großen Wassermengen und Förderhöhen muß die Arbeit durch ein Schwungrad unterstützt werden, oder es müssen mehrere einfach wirkende Pumpen mit versetzter Kurbel auf gemeinsamer Welle benützt werden.

Bei der doppelt wirkenden Pumpe saugt der Kolben beim Hingang in dem einen und drückt in dem anderen Zylindergehäuse, beim Rückgang ist die Wirkung umgekehrt. Sie eignet sich für kleine und mittlere Förderhöhen.

Die Differentialpumpe steht hinsichtlich der Wirkung zwischen einfach und doppelt wirkender Pumpe. Sie besitzt einen Kolben mit zwei verschiedenen Querschnitten. Beim Hingang wird aus dem Arbeitsraum des großen Kolbens das Wasser zum Teil in die Förderleitung, zum Teil in den Arbeitsraum des kleinen Kolbens gedrückt, beim Rückgang saugt der große Kolben und drückt gleichzeitig Wasser aus dem Arbeitsraum des kleinen Kolbens in die Förderleitung. Es besteht also einfache Saugwirkung und doppelt verteilte Druckwirkung. Diese Pumpe eignet sich für kleine Wassermengen und große Förderhöhen.

Außerordentlich wichtig ist bei allen Arten eine gute Ausbildung der Ventile. Bei kleinen Wassermengen benützt man Tellerventile, bei großen Wassermengen Ringventile oder Gruppenventile. Für schnellaufende Pumpen sind federnde Klappenventile im Gebrauch, gesteuerte Ventile kommen nur noch bei sehr großer Hubhöhe zur Verwendung.

Um die Bewegung möglichst gleichmäßig zu gestalten und um zu große Saug- bzw. Druckspannungen zu vermeiden, ist in der Nähe der Saugventile ein Saugwindkessel, in der Nähe der Druckventile ein Druckwindkessel notwendig. Die Windkessel müssen um so größer sein, je größer die Wassermenge und je größer die Saug- und Druckhöhe ist.

Als Vorteile der Kolbenpumpen sind zu bezeichnen: die große mögliche Saughöhe, der hohe Wirkungsgrad (0,85 bis 0,98), die große Regulierfähigkeit durch Veränderung der Drehzahl (60 bis 250 U/min).

Als Nachteil sind zu benennen: die hohen Anlagekosten, der große Platzbedarf, die vielen beweglichen Teile.

Man wird Kolbenpumpen verwenden bei großen Leistungen, bei langen Arbeitszeiten und bei Benützung von Dampf als Antriebskraft.

c) Kreiselpumpen

Die Kreiselpumpe (Zentrifugal-, Rotationspumpe) besteht aus einem mit Schaufeln versehenen Laufrad in einem Gehäuse. Das an der Achse des Rades eintretende Wasser wird bei der Radumdrehung an den Radumfang geschleudert und tritt aus dem Gehäuse mit einer bestimmten Geschwindigkeit und mit bestimmtem Druck aus. Die erzeugte Geschwindigkeitshöhe kann dadurch für eine Druckzunahme nutzbar gemacht werden, daß das aus dem Laufrad austretende Wasser in Leitkanäle geleitet wird, die feststehen und sich nach außen erweitern.

Während bisher fast ausschließlich Kreiselpumpen mit waagerechter Welle benützt wurden, werden neuerdings auch vielfach solche mit senkrechter Welle verwendet.

Jede Kreiselpumpe besitzt bei einer bestimmten Förderhöhe und Fördermenge einen günstigsten Wirkungsgrad, der sich bei einer gewissen Umdrehungszahl einstellt. Er kann durch Regelung eingestellt werden. Wird die Förderhöhe darüber gesteigert, dann geht die Fördermenge zurück, verringert man die Förderhöhe, dann steigt die Fördermenge. Die Regelung kann außer durch Veränderung der Drehzahl auch durch Drosselung in der Druckleitung erfolgen. Die Saughöhe beträgt meist 4 bis 5 m, höchstens 7 bis 8 m.

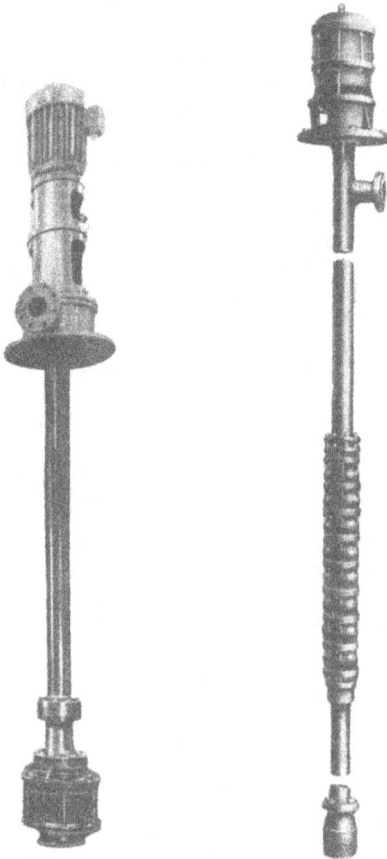

Bei kleinen Wassermengen und großen Förderhöhen wird der Wirkungsgrad für ein Laufrad gering. Man ordnet dann zwei oder mehrere Laufräder hintereinander an auf gemeinsamer Welle. Das Wasser muß hierbei nacheinander die Räder durchströmen. Nach der Zahl der Laufräder unterscheidet man einstufige und mehrstufige Kreiselpumpen. Unter sonst gleichen Verhältnissen muß mit größer werdender Förderhöhe die Zahl der Stufen zunehmen, für eine Stufe rechnet man 70 bis 80 m Förderhöhe. Außer durch Erhöhung der Stufenzahl ist eine Steigerung möglich durch Erhöhung der Drehzahl. Dabei erfordern kleine Förderhöhen große Drehzahl und umgekehrt. Die Zahl der Umdrehungen in der Minute beträgt zwischen 500 und 3000.

Kreiselpumpen werden auch als Verbundpumpen ausgeführt. Man kuppelt hierbei an die beiden Seiten eines Elektromotors je eine Pumpe, von denen die eine das Wasser ansaugt und beispielsweise auf die Filter drückt, die andere aus dem Reinwasserbehälter entnimmt und ins Rohrnetz fördert.

Vor der Inbetriebnahme muß die Kreiselpumpe nebst der Saugleitung mit Wasser gefüllt werden. Es gibt auch sog. selbstansaugende Kreiselpumpen (Elmopumpe, Sihipumpe).

An besonderen Ausführungsarten, soweit sie in der Wasserversorgung verwendet werden, seien genannt: die Simopumpe, die Rohrbrunnenpumpe und die Tiefbrunnenpumpe.

Bild 47. Vertikale Tiefbrunnenpumpe: links für geringe Förderhöhen, rechts für große Förderhöhen in Tiefbrunnen. Ausführung: Firma Klein, Schanzlin & Becker. Frankenthal/Pfalz.

Bei der Simopumpe, die für Leistungen von 500 bis 2500 l/min bis zu 25 m Förderhöhe geliefert wird, sind Pumpe und Motor unmittelbar zusammengebaut. Die Rohrbrunnenpumpe mit senkrechter Welle ist aus einzelnen Druckstufen zusammengebaut und befindet sich im Rohrbrunnen. Der Antrieb erfolgt über dem Wasserspiegel durch direkt gekuppelten Elektromotor, selten über Riemen. Die Leistung beträgt etwa 0,2 bis 6 m³/min und 70 m Förderhöhe.

Die Unterwasserpumpe (Tauchpumpe), ebenfalls für Rohrbrunnen geeignet, taucht vollständig mit dem Motor in das zu fördernde Wasser (Bild 48). Sie hat sich in die Wasserversorgung immer mehr eingeführt (Frankfurt a. M., Erfurt,

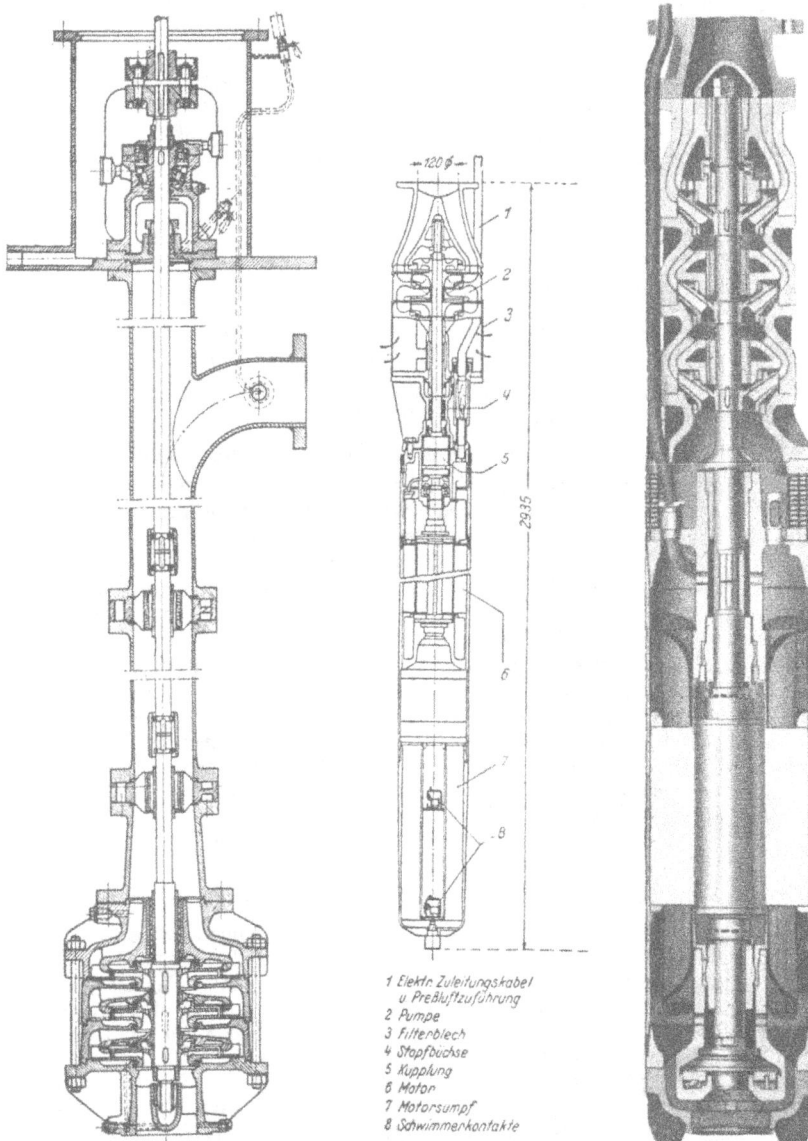

1 Elektr. Zuleitungskabel
  u. Preßluftzuführung
2 Pumpe
3 Filterblech
4 Stopfbüchse
5 Kupplung
6 Motor
7 Motorsumpf
8 Schwimmerkontakte

Bild 48. Vertikale Tiefbrunnenpumpen[1].
Links: Wellenpumpe (lange Welle mit über dem Wasserspiegel liegendem Motor).
Rechts: Tauchpumpe (Unterwasser-Motorpumpe mit kurzer Welle).

[1] Ausführung: Klein. Schanzlin & Becker, Frankenthal/Pfalz.

Senftenberg), nachdem sehr betriebssichere Anlagen gebaut werden. Sie hat den Vorteil, daß die Welle in der Länge des Brunnens entfällt.

Als Vorteile der Kreiselpumpe sind zu bezeichnen: geringer Preis, geringer Raumbedarf, geringe Bedienungskosten, geringe Instandhaltungskosten, große Einfachheit, große Betriebssicherheit, keine Bruchgefahr (auch bei geschlossener Druckleitung), keine Wasserstöße in der Leitung.

Als Nachteile sind zu nennen: die geringe Saughöhe, der geringe Wirkungsgrad und damit größerer Kraftbedarf.

Die Kreiselpumpe ist vorzuziehen bei großen Wassermengen und geringer Förderhöhe, bei kurzer Betriebsdauer und bei elektrischem Antrieb.

d) Die Antriebskraft

α) DAMPF

Die Anlage besteht aus Dampfkessel und Kraftmaschine. Es werden Großwasserraumkessel (Ein- und Zweiflammrohrkessel), Wasserrohrkessel (mit großer Heizfläche auf kleiner Grundfläche) verwendet.

Fast immer wird mit überhitztem Dampf gearbeitet, der keine Kondensationsverluste ergibt und trocken ist. Mischkondensation wird bei Kolbenmaschinen, Oberflächenkondensation bei Turbinen vorgezogen.

Die Kraftmaschine kann eine Kolbenmaschine oder Turbine sein. Bei der Kolbenmaschine unterscheidet man je nach Bauart, Wirkungsweise usw. stehende, liegende, Einzylinder- und Mehrzylindermaschinen, einstufige und mehrstufige Expansionsmaschinen usw. Die Drehzahl bewegt sich zwischen 80 und 150 in der Minute. Bei Leistungen bis 100 PS werden meist Einzylindermaschinen gebraucht, für größere Leistungen bevorzugt man mehrstufige Expansionsmaschinen.

Dampfturbinen kommen namentlich bei großen Leistungen zur Anwendung. Die Umdrehungszahl beträgt 1000 bis 9000 in der Minute, darum ist die Turbine vor allem geeignet für Kreiselpumpen.

Die Turbinen haben etwa von 500 PS Leistung an aufwärts gegenüber den Kolbenmaschinen geringeren Dampfverbrauch. Außerdem benötigen sie geringere Bedienungs- und Schmierkosten, geringeren Platz; bei Kreiselpumpen kann der Antrieb direkt erfolgen.

β) ELEKTRIZITÄT

Für Wasserförderung kommt Gleichstrom und Drehstrom in Betracht.

Von den Gleichstrommotoren wird fast ausschließlich der Nebenschlußmotor, bei dem nur ein Teil des Stromes durch die Magnete fließt, verwendet. Dieser besitzt nämlich bei den verschiedensten Belastungen beinahe gleiche Drehzahl. Die Drehzahl beträgt bei kleinen Motoren bis 1500 und mehr, bei großen bis 900 U/min. Als Vorzug der Gleichstrommotoren ist zu bezeichnen, daß sie unter voller Belastung anlaufen können. Im allgemeinen werden derartige Motoren bis zu 400 PS mit einer Spannung bis zu 500 V ausgeführt.

Von den Wechselstrommotoren wird fast nur der 3-phasige Drehstrommotor bei Spannungen über 500 V verwendet. Man benützt ihn statt des Gleichstromes, wenn der Strom aus großen Entfernungen bezogen wird, falls nicht eine Umformung in Gleichstrom erfolgt. Der Drehstrommotor ist sehr einfach in Bau und Betrieb, läßt sich ohne Gefahr überlasten und ist daher außerordentlich betriebssicher.

Der elektrische Strom als Antriebskraft hat sich sehr verbreitet, seitdem man ihn bequem und einfach von Kraftwerken beziehen kann, er bedingt geringe Anschaffungskosten, braucht wenig Platz, dagegen sind die Betriebskosten oft hoch. Man findet elektrischen Betrieb vor allem in Verbindung mit Kreiselpumpen oder als Reserveantrieb. Selbsttätige Pumpwerke und Kreiselpumpen mit senkrechter Welle sind nur durch ihn möglich.

γ) VERBRENNUNGSKRAFTMASCHINEN

In diesen Maschinen erfolgt die Umänderung der im Brennstoff enthaltenen Energie in mechanische Arbeit in der Maschine selbst. Man unterscheidet Explosionsmotoren und Gleichdruckmotoren.

Beim Explosionsmotor bringt man den Brennstoff (Gas, Flüssigkeitsnebel) mit der nötigen Luftmenge zusammen in den Arbeitszylinder; dort explodiert er. Beim Gleichdruckmotor wird der Brennstoff so in den Arbeitszylinder gebracht, daß eine allmähliche Verbrennung vor sich geht. Nach der Arbeitsweise sind zu unterscheiden: Viertakt- (4 Hübe = 2 U für den Arbeitsvorgang) und Zweitaktmotoren (2 Hübe = 1 U).

Allen Verbrennungskraftmaschinen ist eigentümlich, daß das Brennstoffgemisch möglichst kalt in den Arbeitszylinder kommt. Dieser muß deshalb gekühlt werden. Der Verbrauch an Kühlwasser ist ziemlich hoch, nach der Art der Maschinen aber verschieden groß. Die Ausnützung des Brennstoffes ist bedeutend besser als in einer Dampfkraftanlage.

Es werden in der Wasserversorgung benützt: Gasmotoren, Motoren mit flüssigen Brennstoffen und Dieselmotoren.

Unter den Gasmotoren ist der Sauggasmotor der verbreitetste. Bei ihm wird das Kraftgas durch die Saugwirkung des Motors erzeugt. Die Anlage umfaßt den Generator (Verbrennungsbehälter), Skrubber (Naßreiniger) und den Trockenreiniger. Weniger benützt wird der Leuchtgasmotor, weil Leuchtgas teurer ist als Sauggas.

Unter den Motoren mit flüssigen Brennstoffen ist hauptsächlich der Dieselmotor verbreitet. Vergasermotoren kommen weniger häufig vor.

Im Gegensatz zu den bisher erwähnten Maschinen saugt der Dieselmotor nur Luft an. Diese wird auf 30 bis 32 at komprimiert. In die so auf 600 bis 700° C erhitzte Luft wird der Brennstoff, fein zerstäubt, eingeleitet. Er entzündet sich von selbst. Der Dieselmotor ist schnell betriebsbereit, er eignet sich als Antrieb großer Pumpanlagen. Bei elektrischem Betrieb wird er gerne als Reservemaschine aufgestellt.

Alle Verbrennungskraftmaschinen beanspruchen wenig Platz, dafür sind sie aber gegen Belastungsschwankungen sehr empfindlich.

δ) WASSER- UND WINDKRAFT

Dient Wasser als Antriebskraft, so wird die Turbine fast ausschließlich verwendet. Das Wasserrad wird dagegen wegen seiner langsamen Umdrehung sehr selten benützt. Unter den Turbinen sind die Francisturbine, die Propellerturbine und das Peltonrad am meisten verbreitet. Die leicht regulierbare, mit hoher Drehzahl ausgestattete Francisturbine kann bei Gefällen

bis 250 m und beliebig großen Wassermengen benützt werden, die Propellerturbine findet Verwendung bei Gefällen bis zu 20 m, sie hat eine sehr hohe
Drehzahl. Das Peltonrad wird neben der Francisturbine benützt, ausschließlich bei Gefällen über 250 m.

Der Wind wird mittels der Windräder und Windmotoren ausgenützt. Er eignet
sich nur als Antriebskraft für sehr kleine Anlagen. Ein genügend großer Speicherbehälter für windschwache und windstille Zeiten und ein Ersatzmotor anderer
Antriebskraft sind immer notwendig.

e) Unmittelbare Hebung des Wassers durch die Betriebskraft

Außer den am weitesten verbreiteten Kolben- und Kreiselpumpen mit Antrieb
kommen ab und zu bei Vorliegen besonderer Verhältnisse andere Hebemaschinen
zur Verwendung, von denen die bekanntesten hier wenigstens kurz angeführt
werden sollen.

α) DER HYDRAULISCHE WIDDER (STOSSHEBER)

Dieser dient dazu, kleine Wassermengen mit mäßigem Druck auf größere Höhen
zu heben (Bild 49). Von der vorhandenen Wassermenge wird aber nur wenig
gehoben, der weitaus größte Teil dient als Trieb-
wasser und läuft so ab. Der Widder besitzt zwei
Ventile in der vom Bezugsort kommenden Rohrleitung. Das eine dieser Ventile, das Stoßventil, ist
zunächst durch den Wasserdruck geschlossen. Das
andere Ventil, das Druckventil, wird durch den gleichen Wasserdruck gehoben und läßt Wasser in einen
Windkessel eintreten. Durch die dadurch zusammen-
gepreßte Luft wird von diesem Wasser in die an den
Windkessel angeschlossene Steigleitung gedrückt. Dadurch entsteht am Stoßventil eine Druckverminde-
rung, welche dieses Ventil sich öffnen läßt. Das Wasser strömt an dieser Stelle ins Freie. Die Geschwindigkeit dieses Triebwassers schließt das Stoßventil,
das Druckventil öffnet sich, und das Spiel beginnt
von neuem.

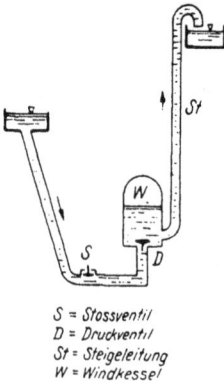

S = Stossventil
D = Druckventil
St = Steigeleitung
W = Windkessel

Bild 49. Schema eines
hydraulischen Widders.

Der hydraulische Widder ist ein sehr einfaches In-
strument, das bei Druckhöhen bis zu 15 m angewendet werden kann, die Steighöhe beträgt etwa das 6-
bis 7fache der Druckhöhe. Bei großen Druckhöhen
werden die Stöße sehr stark und können die Rohrleitung zerstören. Der Wirkungsgrad beträgt etwa 0,6 bis 0,7, die geförderte Wassermenge zwischen 0,05
und 10 l/s.

β) WASSERSÄULENMASCHINEN

Sie werden heute nur noch sehr selten verwendet, seitdem im selbsttätigen elektrischen Pumpwerk ein vollwertiger Ersatz dafür geschaffen ist.

Einzig die Lambachpumpe (eine Art Wassersäulenmaschine) hat sich bei kleinen
Wasserwerken mit reichlicher Quellschüttung an Stelle des hydraulischen
Widders bewährt.

γ) PULSOMETER

Eine direkte Hebung des Wassers durch Dampf ist möglich durch das Pulsometer. Hier wird durch Kondensation von Wasserdämpfen ein luftleerer Raum
erzeugt, in den das Wasser angesaugt wird. Da der Wirkungsgrad ein geringer ist,
das geförderte Wasser wärmer wird, und mit dem Wasser auch der verbrauchte
Dampf gefördert wird, kommt das Pulsometer für Wasserversorgung kaum in
Frage. Das gleiche kann auch von den Dampfstrahlpumpen gesagt werden.

δ) MAMMUTPUMPE

Zu den Maschinen zur Hebung von Wasser durch Druckluft gehören die Ejektoren und die Mammutpumpe. Ejektoren werden fast nur zur Hebung von
Abwasser benützt. Dagegen kommt die Mammutpumpe auch in der Wasserversorgung zur Verwendung. Ihr Vorteil ist, daß keinerlei Ventile und sonstige
bewegliche Teile vorhanden sind, ihr Nachteil, daß der Förderbrunnen eine gewisse
Tiefe besitzen muß. Die Anlage besteht in einem Kompressor (Luftpumpe), einem

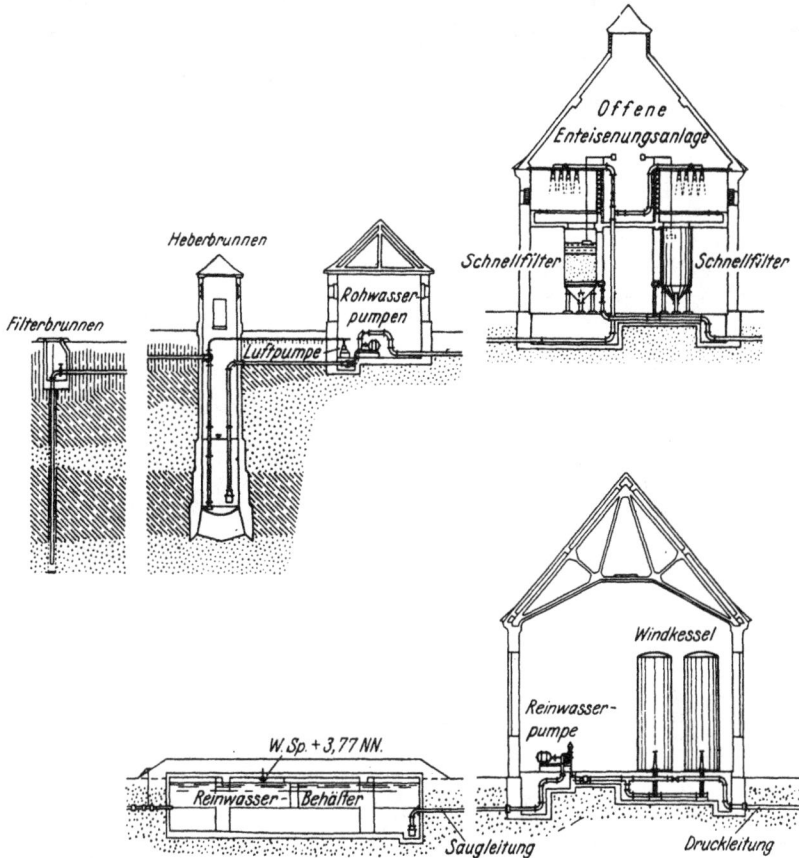

Bild 50. Selbsttätiges Wasserwerk (Meldorf in Dithmarschen), nach ,,Das Gas- und Wasserfach''
Jahrgang 1932.

Windkessel und einem Steigerohr (Förderrohr), an dessen Fußstück die Druckluft-leitung angeschlossen ist. Im Steigerohr mischen sich Wasser und Luft. Das spezifische Gewicht dieses Gemisches ist geringer als das des Wassers. Durch diesen Unterschied wird das Luft-Wassergemisch im Steigerohr gehoben. Der Wirkungsgrad beträgt 0,1 bis 0,3.

Schließlich seien noch erwähnt: die Tiefbrunnenpumpe (mit Düse) zur raschen Beseitigung kleiner Wassermengen, die Dampfpumpe ohne Schwungrad, die Gas-pumpe; sie alle haben für die zentrale Wasserversorgung keine Bedeutung.

f) Selbsttätige Pumpwerke

Während bei den Pumpwerken der einheitlichen Wasserversorgung immer ein regelmäßiger Betrieb durchgeführt werden muß, um die notwendige Wassermenge sicherzustellen, kann es bei kleinen Gemeinden oder bei einzelnen Bezirken eines Netzes, die ihrer Höhenlage wegen nicht ohne weiteres in das Gesamtnetz ein-bezogen werden können, vorkommen, daß die Wasserhebung nur im Bedarfsfalle durchgeführt werden muß (Bild 50). Hier sind selbsttätige Pumpwerke am Platze, die entweder in bestimmten Zeitabständen oder bei Erreichen bestimmter Wasser-stände im Hochbehälter oder bei Sinken des Wasserdruckes unter ein bestimmtes Maß die Pumpen selbsttätig einschalten und ebenso wieder ausschalten. Sie bestehen meist in mehrstufigen Kreiselpumpen mit elektrischem Antrieb. Meist werden hier auch Hydrophore angewendet. (Siehe Seite 275.)

WIE WIRD DAS WASSER AM VERWENDUNGSORT VERTEILT?

Die Verteilung des Wassers erfolgt am Verwendungsort durch das Ortsrohrnetz in den Straßen. Von den Straßenleitungen zweigen die Grundstücksleitungen ab, welche die Grundstücke versorgen, und in diesen wird das Wasser durch die Hausleitungen zu den Entnahmestellen in den Stockwerken und an andere Orte geleitet.

1. Rohrnetz

Für die Gesamtanordnung ist maßgebend, daß das Wasser auf kürzestem Wege zu den Entnahmestellen geführt wird.

Es wird sich dabei von selbst ergeben, daß man zunächst die Hauptversorgungsgebiete (am dichtesten bebaut) mit Wasser versieht. Örtliche Besonderheiten (wie Baugrund, günstige Drucklinie, neu befestigte Straßen usw.) können Abweichungen von dieser Regel veranlassen. Von dem auf diese Weise sich ergebenden Hauptstrang legt man Verteilungsstränge in die Stadtbezirke, die sich dann dort wieder in die einzelnen Straßenleitungen teilen. Es entsteht so ein Rohrnetz, das nach dem Verästelungssystem angeordnet ist. Auch bei mehreren Haupträngen wird man ähnlich verfahren. Für den Betrieb ist es aber günstig, wenn nicht so viele stumpf endende Rohrstränge im Netz vorhanden sind, weil in diesen Enden das Wasser ohne Bewegung ist, weil bei Rohrschäden alle Leitungen hinter der Bruchstelle ohne Wasser sind und weil die Bekämpfung von Schadenfeuer erleichtert wird, wenn der Wasserentnahmestelle (dem Hydranten) von mehreren Seiten her Wasser zuströmen kann. Man wird darum die toten Enden möglichst verbinden, so daß jedem Punkte von zwei Seiten Wasser zufließen kann, oder man wird mindestens die einzelnen Bezirke durch Rohrleitungen größerer Weite miteinander verbinden. So entsteht aus dem Verästelungssystem das Ringsystem. Auch bei diesem lassen sich aber in den Außenbezirken tote Enden nicht vermeiden. Erschwert wird durch das Kreislaufsystem die Betriebskontrolle, die Feststellung des Wasserverbrauches und des Wasserverlustes (auch bei eingebauten Bezirkswasserzählern ist sie ziemlich unsicher).
Durch Erlaß des R. d. I. vom 16. 12. 1936 wurde das Ringsystem endgültig vorgeschrieben. Es heißt dort: Bei Neuerrichtung von Wasserwerken sind einem großen Werke mehrere kleine vorzuziehen. Das Rohrnetz soll als Ringleitung mit einer ausreichenden Zahl von Absperrschiebern gebaut werden, der kleinste Rohrdurchmesser soll 100 mm nur in besonderen Fällen unterschreiten. Der Wasserdruck im Netz soll möglichst so groß sein, daß eine Brandbekämpfung von Hydranten aus auch ohne Kraftspritzen möglich ist. Im allgemeinen wird

der Druck so zu bemessen sein, daß im Dachgeschoß der höchsten zulässigen Bauklasse jeden Ortsteils an einem Strahlrohr noch ein Druck von etwa 2 at herrscht.

Die Lage der Leitungen im Straßenquerschnitt ist durch Normung festgelegt (DIN 1998). Danach ist bei vielen Versorgungsleitungen im Straßenquerschnitt ein Hauptstrang (Hauptleitung, Bezirksleitung) in den Fahrdamm zu legen, Straßenleitungen zur Versorgung der Grundstücke kommen in den Bürgersteig. In kleineren Ortschaften, wo die Zahl der Leitungen im Straßenquerschnitt nicht so groß ist, wird man wohl allgemein die Straßenleitungen in den Fahrdamm legen (falls nicht die Art der Straßenbefestigung das verhindert) und zwar auf die Seite; die Mitte ist der Kanalisation vorbehalten. Dadurch werden die Grundstückszuleitungen auf der einen Straßenseite länger als auf der andern. Da aber diese Zuleitungen bis zur Grundstücksgrenze üblicherweise auf allgemeine Kosten verlegt werden, ist diese Anordnung für den Anlieger belanglos.

Man verlegt die Leitungen mit einer Scheiteldeckung von 1,5 m (in kälteren Gegenden 1,80 m). Abweichungen sollen möglichst vermieden werden. Diese Tiefen haben sich auch in kalten Wintern bewährt.

Für unter Druck stehende Wasserrohrnetzleitungen verwendet man fast ausschließlich Gußeisen- und Stahlrohre. Bei großen Durchmessern werden auch Schleuderbetonrohre mit Eisenbewehrung gebraucht, bei kleinen Durchmessern findet man zum Teil das Asbestzementrohr (Eternit). Bei Eisenrohren unterscheidet man je nach der Art der Verbindung Muffen- und Flanschenrohre.

Gußeisenrohre. Für die Abmessungen der gußeisernen Muffen- und Flanschenrohre gelten die vom Deutschen Normenausschuß herausgegebenen Normen. Für die Lieferung dieser Rohre gelten die Technischen Lieferbedingungen (siehe Abschnitt Normung).

Das gußeiserne Muffendruckrohr wird für Wasserleitungen wegen seiner hohen, durch viele Jahrzehnte bewährten Widerstandsfähigkeit gegen zerstörende chemische Einwirkungen und seiner sonstigen Eigenschaften im allgemeinen bevorzugt.

Die Herstellung der Gußrohre erfolgte früher im Sandgußverfahren, wobei die Rohre in stehenden, getrockneten Formen mit der Muffe nach unten gegossen wurden. Heute werden in den Abmessungen bis einschließlich 600 mm l.W. fast ausschließlich Schleudergußrohre geliefert.

Die Herstellung erfolgt in rotierenden Formen und zwar entweder in Kokillen (De-Lavand-Verfahren) oder in Sandformen (sand spun-Verfahren). Die nach diesem Verfahren hergestellten Rohre haben gegenüber den Sandgußrohren eine um 50 bis 80% höhere Materialfestigkeit und dementsprechend ist auch die Widerstandsfähigkeit gegen Druckbeanspruchungen größer. Das Gefüge der Schleudergußrohre ist dichter als das der Sandgußrohre. Dadurch wird die ohnehin vorhandene große Widerstandsfähigkeit gegen chemische Einwirkungen noch vergrößert.

Zur Erhöhung der Rostsicherheit ·werden Gußrohre im Tauchverfahren innen und außen asphaltiert. Der Asphaltschutz wird durch Eintauchen der erwärmten Rohre in ein heißes Bitumenbad hergestellt. Die Temperatur des Bades und der Rohre ist genau geregelt. Bei besonders ungünstigen Wasser- und Bodenverhältnissen empfiehlt es sich, die asphaltierten Rohre noch einmal kalt mit Bitumen oder z. B. mit Inertol oder Siderosthen nachzustreichen. Auch innen emaillierte Gußrohre sind auf den Markt gebracht und mit Erfolg zur Förderung besonders angreifender Wässer verwendet worden.

Sandgußrohre werden auf 20 at Wasserdruck unter gleichzeitigem Abhämmern geprüft, sie eignen sich für Betriebsdrücke bis zu 10 at. Bei Schleudergußrohren beträgt der Prüfdruck 30 at und der zulässige Betriebsdruck 15 at. Für niedrigere Betriebsdrücke können zur Verbilligung der Anlage Schleudergußrohre in leichterer Ausführung genommen werden. Bei Betriebsdrücken über 15 at ist eine Verstärkung der Wandung erforderlich; Änderungen in der Wandstärke erfolgen stets auf Kosten der lichten Weite des Rohres.

Die Baulänge der gußeisernen Muffenrohre beträgt bis 70 mm l.W. drei und von 80 mm l.W. an vier und fünf Meter.

Stahl- und Schmiedeeisenrohre. Von diesen beiden Rohrarten werden für Wasserleitungen nahtlose Stahlrohre wegen des härteren Materials und des Fortfalles der Schweißnaht im allgemeinen bevorzugt.

Nahtlose Stahlrohre werden bis 600 mm l. W. geliefert. Wassergasgeschweißte Rohre werden von 300 mm l. W. an aufwärts bis zu den größten Abmessungen und in allen Wandstärken geliefert. Bei schmiedeeisernen Wasserleitungsrohren größeren Durchmessers soll mit Rücksicht auf die Rostsicherheit und die Festigkeit des Rohres mit der Wandstärke nicht unter $\frac{d}{100} + 2$ mm gegangen werden. Die Wandstärke der Stahlrohre ist kleiner als die der Gußrohre, sie ist je nach dem Durchmesser nur $\frac{1}{3}$ bis $\frac{1}{2}$ so groß, und dementsprechend ist das Gewicht geringer. Dadurch ist es möglich, die Stahlrohre in größeren Baulängen (8 bis 12 m) zu liefern, ohne daß dadurch die Verlegung erschwert wird.

Stahlrohre und Schmiederohre sind bruchsicher, sie lassen sich in den kleinen Abmessungen kalt biegen.

Die Widerstandsfähigkeit gegenüber elektrischen und chemischen Einwirkungen ist gering. Beide Rohrarten bedürfen daher eines besonderen künstlichen Schutzes. Dieser Schutz erfolgt von außen durch Umwicklung der Rohre mit in Asphalt getränkter Jute oder durch eine Wollfilzbitumenisolierung, im Innern durch Asphaltierung des Rohres oder durch Ausschleuderung mit Bitumen. Jeder künstliche Schutz ist der Gefahr der Zerstörung oder Beschädigung beim Transport und beim Verlegen ausgesetzt und erfordert daher strenge Aufsicht vor dem Verfüllen.

Ob Gußeisen oder Stahl bzw. Schmiedeeisen der für eine Wasserleitung geeignetste Rohstoff ist, wird von den besonderen Verhältnissen der Leitung abhängen. Das Gußrohr verdient bei Wasserleitungen im allgemeinen den Vorzug. Das gilt immer innerhalb der Orte, ganz besonders bei ländlichen Wasserleitungen infolge der hier bestehenden Zerstörungsgefahr (Jauche). Bei höheren Drücken wird zu überlegen sein, ob man mit Rücksicht auf die Preise verstärkte Gußrohre oder Stahlrohre nimmt.

a) Muffen- und Flanschenverbindungen

Die Verbindung der Rohre untereinander erfolgt bei Erdleitungen in der Regel durch Muffen, bei über der Erde liegenden Leitungen durch Flanschen. Bei der **Muffenverbindung** wird das Spitzende des einen Rohres in das erweiterte Ende des anderen Rohres, die Muffe, eingeschoben und der Raum zwischen Muffeninnern und Spitzende von außen mit Material ausgefüllt, das dem Wasser den Austritt verwehrt und dem Wasserdruck dauernd widerstehen kann.

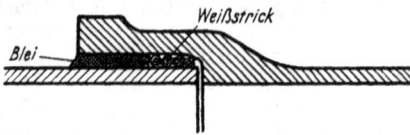

Bild 51. Stemmuffe mit Weißstrick und Blei gedichtet.

Man benützt hierzu Hanfstrick und eingegossenes Blei, das nachgestemmt wird (Stemmstoffe). Diese Dichtungsart hat sich durch viele Jahrzehnte hindurch bewährt und findet heute noch ausgedehnte Anwendung.

Man verwendet das Blei auch in fester Form als Riffelblei oder Bleiwolle. Die Bleimuffe gestattet nur eine geringe Beweglichkeit (Bild 51). Wird eine solche gefordert, so gebraucht man die sog. **Langmuffe**, bei der das glatte Rohrende die Möglichkeit hat, sich in der stopfbüchsenartigen Verlängerung der Muffe zu bewegen.

Zuverlässigkeit der Verbindung und Beweglichkeit der Rohre bietet die **Schraubmuffe** (Bild 52). Bei dieser Verbindung dient als Dichtung ein Gummiring, der in den Raum zwischen Muffe und Schwanzende eingeführt und durch einen Schraubring bis zur Abdichtung angepreßt wird. Der Vorzug dieser Verbindung besteht darin, daß die Rohrleitung völlig spannungslos im Boden liegt und sich Bewegungen des Bodens anpassen kann. Dadurch sind Rohrbrüche praktisch so gut wie ausgeschlossen. Außerdem läßt sich die Verbindung auch von ungeübten Kräften leicht und schnell herstellen. Das lange Offenstehen der

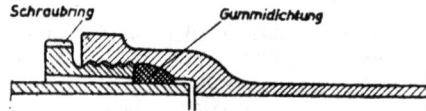

Bild 52a. Schraubmuffe nach DIN 2855 für Rohrdurchmesser bis 600 mm.

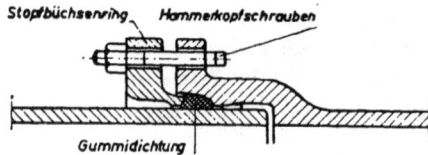

Bild 52b. Stopfbüchsen-Muffe für Rohrdurchmesser über 600 mm.

Gräben wird vermieden. Die Verbindung bietet besondere Vorteile dann, wenn die Rohrverlegung unter ungünstigen Verhältnissen erfolgt (Grundwasser).

Rohrleitungen mit Gummidichtungen eignen sich besonders für Leitungen, bei denen absolute Dichtheit gefordert wird (z. B. Heberleitungen). Für solche Fälle hat die Gußröhrenindustrie die Gummirollringmuffe herausgebracht, bei der die Herstellung der Verbindung noch einfacher ist als bei der Schraubmuffe (Bild 53). Bedenken gegen die Verwendung von Gummi als Dichtung bestehen nicht, nachdem sich Gummidichtungen bei Heberleitungen an vielen Orten durch lange Jahre bewährt haben.

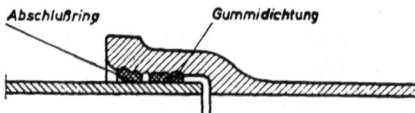

Bild 53. Rollgummi (Rolgu-Muffe) mit Abschlußring aus Hartgummi für Rohrdurchmesser bis 300 mm und niedrige Betriebsdrücke.

Stahl- und Schmiederohre haben die alte Gußmuffe wie auch die Schraubmuffe mit geringen Abänderungen übernommen. Auch hier findet sich bei
beweglichen Bodenverhältnissen eine Langmuffenkonstruktion, die Schal-
ker Muffe.

Bei beiden Rohrarten besteht noch eine besondere Verbindungsmöglichkeit durch
Zusammenschweißen der Rohre. Für Wasserleitungen ist diese Art der Verbindung
nicht vorteilhaft. Durch die Erhitzung des Roh-
res beim Schweißen wird der Schutzanstrich im
Innern des Rohres verbrannt. Da ein Ersatz des
verbrannten Anstrichs nur mangelhaft (bei kleinen
Durchmessern überhaupt nicht) möglich ist, so bedeutet die Schweißstelle immer eine Gefahrenstelle,
an der die Zerstörung des Rohres von innen einsetzen kann. Bei Gußrohren hat man eine Verbindung durch Löten versucht. Die Versuche haben
aber nicht befriedigt.

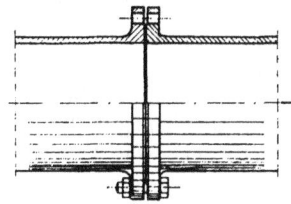

Bild 54. Flanschenverbindung.

Bei der Flanschendichtung erfolgt die Ab-
dichtung durch Ringe aus Gummi oder Metall, die zwischen die Flanschen
gelegt und durch Schrauben zusammengepreßt werden (Bild 54).

b) Formstücke

Zur Herstellung des Verteilungsnetzes sind Formstücke erforderlich, die,
soweit sie regelmäßig gebraucht, nach bestimmten Normen hergestellt
werden (Bild 55). Abnorme Formstücke sollten wegen des höheren Preises
infolge besonderer Herstellung und der damit verbundenen längeren Liefer-
zeit wo irgend möglich vermieden und durch Zusammenstellung normaler
Formstücke ersetzt werden.

Fertig verlegte Druckleitungen sollen im Rohrgraben einer Druckprobe
unterzogen werden. Der Probedruck soll dabei das Doppelte des Betriebs-

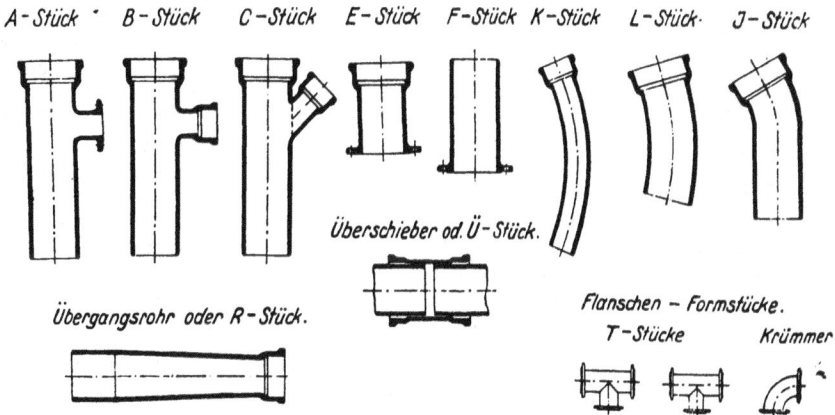

Bild 55. Formstücke.

drucks, mindestens aber 15 at, bei sehr hohen Drücken das Anderthalbfache
des Betriebsdrucks betragen.

c) Holz und andere Baustoffe

Steinzeug- und Betonrohre kommen nur für höchstens 1 at Druck erhaltende
Leitungen in Betracht. Asbestzementrohre (Eternitrohre) bestehen aus einem
Gemisch von Asbest und Zement im Verhältnis 1 : 6 und werden in der Regel bis
zu 300 mm l. W. hergestellt. Sie genügen einem Betriebsdruck bis 10 at. Sind
in Asbestzementrohrleitungen Formstücke oder Armaturen einzubauen, so sind
zum Übergang vom Asbestzementrohr zum Eisenteil besondere eiserne Übergangsstücke erforderlich. Vorteilhaft sind derartige Rohre bei längeren Zuleitungen,
da in diesen Formstücke und Armaturen nur in geringerem Umfang notwendig
sind und demgemäß die anteiligen Kosten für die Übergangsstücke klein werden.
Auch ländliche Wasserversorgungen mit weit ausgedehntem Rohrnetz kommen
in Frage.
Schleuderbetonrohre sind nach verschiedenen Verfahren (Vianini, Dywidag
und Hume) teils mit, teils ohne Eiseneinlage, auch mit Bitumenausschleuderung,
hergestellt worden, desgleichen Spannbetonrohre und Stahlsaitenbetonrohre. Für
Versorgungsnetze kommen diese Rohrarten nur in wenigen Fällen in Betracht.
Ihr Anwendungsbereich entspricht etwa dem der Asbestzementrohre.
Das gleiche gilt für Holzrohre, die verschiedentlich zur Anwendung gekommen
sind.

2. Armaturen (Zubehör)

Ein Rohrnetz muß außer der glatten Rohrleitung mit Formstücken noch
andere Einbauten enthalten, die verschiedenen Zwecken dienen.
Es ist notwendig, zum Zwecke der Reinigung und zur Ausführung von
Reparaturen einzelne Rohrstränge vom Wasserdurchfluß abzusperren.

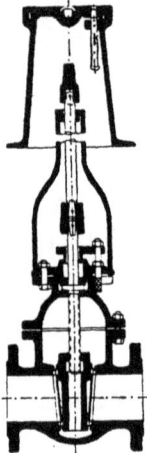

Bild 56. Absperr-
schieber mit Flan-
schen nach DIN
3206.

Diesem Zwecke dienen die Absperrschieber, welche
an allen Abzweigungen und in geraden Rohrstrecken
etwa alle 300 bis 400 m eingebaut sein sollen (Bild 56).

Die Schieber müssen so eingerichtet sein, daß sie zur Vermeidung von schädlichen Wasserstößen nur langsam geschlossen
und geöffnet werden können. Das geschieht dadurch, daß der
Schieber selbst mit Gewinde versehen ist. Der Absperrschieber besteht aus drei Teilen: dem eigentlichen Schieber mit
Gehäuse und verlängerter Spindel (letztere durch eine Hülse
geschützt), der aufsetzbaren Schlüsselstange und der Stra-
ßenschutzkappe. Der Anschluß an die Rohrleitung erfolgt
durch Flansch oder Muffe. Die Straßenkappe muß gegen
Einsinken eine Unterlage erhalten (Beton, Holz). Der Schieber muß jederzeit leicht zu finden sein, darum wird seine
Lage durch seitwärts angebrachte Tafeln mit genauen Maßen
besonders gekennzeichnet. Diese Hinweisschilder sind ebenso
wie die für Unterflurhydranten genormt.

Hydranten (Wasserpfosten) dienen zur Entnahme von
Wasser auf der Straße (Feuerlöschen, Straßensprengen,
Spülen). Man unterscheidet Unterflur- und Über-

flurhydranten, je nachdem sich die Ausflußöffnung unter oder über der Straßenoberfläche befindet.

Hydranten sollen in Abständen von 80 bis 150 m eingebaut werden. Um nicht während der Brandbekämpfung den Verkehr durch ausgelegte Schlauchleitungen zu beeinträchtigen, sollen die Hydranten abwechselnd auf beiden Straßenseiten eingebaut werden.

Abgesehen von den hier als maßgebend angeführten Gründen wird die Feuerwehr stets den Überflurhydranten bevorzugen, weil er rasch zu finden, leicht zugänglich und der Schlauchanschluß stets betriebsbereit ist. Darum wird man den Überflurhydranten trotz seines höheren Preises verwenden, wo es möglich ist.

Unterflurhydranten sind demgegenüber billiger, sie eignen sich besonders für enge, verkehrsreiche Straßen. Zur Bedienung ist stets ein Schlüssel und ein Standrohr erforderlich. Seine Lage muß durch ein Hinweisschild gekennzeichnet sein, und die Straßenkappe muß schnee- und eisfrei gehalten werden. Von den beiden Bildern zeigt der Überflurhydrant (Bild 57) ein Stromlinienventil, der Unterflurhydrant (Bild 58) ein Tellerventil (alte Ausführung). Wie groß der Unterschied in der Wasserführung bei den beiden Ventilen ist, beweist die Tatsache, daß die für eine DIN-Kraftspritze erforderliche Wassermenge von 2500 l/min beim Stromlinienventil bereits bei 0,55 atü, beim Tellerventil erst bei 2,15 atü im Rohrnetz erreicht wird.

Für die Armaturen ist es besonders wichtig, daß die Scheiteldeckung der Rohre überall gleich ist. Die Anordnung der Hydranten abwechselnd auf beiden Straßenseiten bedingt einen seitlichen Anschluß an die Rohrleitung. Die bisher übliche Art, zum mindesten die Unterflurhydranten direkt auf die Straßenleitung aufzusetzen, sollte verlassen werden. Bisher traten oft Beschädigungen dadurch ein, daß die Hydranten beim Hochfrieren abrissen und dabei die Rohrleitungen beschädigten. Wenn ein beweglicher seitlicher Anschluß (Schraubmuffe) angewendet wird, dürfte diese Gefahr beseitigt sein.

Ein Hydrant muß einfach konstruiert sein, er muß schnell und viel Wasser liefern, die Einzelteile müssen leicht auswechselbar sein, das im Innern verbleibende Wasser muß rasch und sicher entfernt werden können.

Um eine erfolgreiche Schadensfeuerbekämpfung zu gewährleisten, sollen alle alten Hydrantenformen entweder auf die

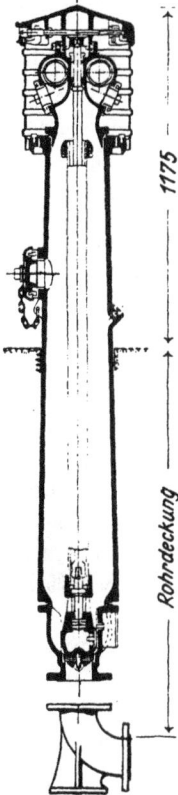

Bild 57. Überflurhydrant mit Stromlinienventil und drehbarer Haube zur Bedienung des Hauptventils und selbsttätiger Entwässerung.

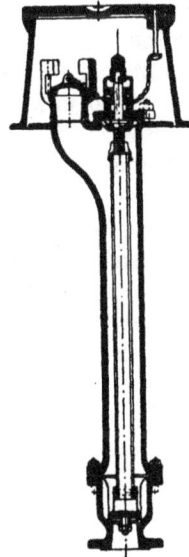

Bild 58. Unterflurhydrant (ältere Ausführung).

9*

Normform umgebaut oder, was meist vorteilhafter ist, gegen Normformen ausgetauscht werden.

Der Trinkwasserentnahme dienen Ventilbrunnen oder Trinkspringbrunnen. Sie dürfen nicht einfrieren. Ein Rücksaugen muß unmöglich sein.
Zur Kontrolle der durchlaufenden Wassermengen und zur Feststellung
der Wasserverluste werden in größeren Städten Bezirkswasserzähler
eingebaut. Hier werden wegen der stark wechselnden Wassermengen öfter
sog. Kombinationen (Verbindungen von Wasserzählern für kleine und für
große Wassermengen) mit Vorteil verwendet.

An Punkten, wo mehrere Leitungen von der Hauptleitung abzweigen, kann
man Teilkästen einbauen. Das sind runde Töpfe mit Abzweigstutzen, die
mit Entlüftungsventil und Ablaßhahn versehen sind. Eine Abzweigung
der Leitungen nacheinander mit Formstücken ist aber besser, weil sich im
Teilkasten Beimengungen absetzen können, die bei großer Wassergeschwindigkeit wieder aufgewirbelt werden.

Vereinzelt können im Rohrnetz noch vorkommen: Streifrohre zur Reinigung, selbsttätige Luftventile, Rückschlagklappen, Entlastungsventile, Druckregler.

3. Grundstückszuleitung

Die Grundstückszuleitung (Hausanschluß) verbindet die Straßenleitungen
mit den Leitungen im Innern des Grundstückes. Sie endet meist im Keller
mit einem Absperrventil vor dem Wasserzähler. Hinter dem Wasserzähler
folgt ein weiterer Absperrhahn mit Entleerungsvorrichtung. Die Zuleitung
bis zum Wasserzähler einschließlich wird von der Wasserwerksverwaltung
gebaut und unterhalten.

Als Rohrbaustoff dient Gußeisen, Flußstahl, Habitrohr, Asbestzement.
Gußeisen- und Flußstahlrohre müssen gegen Rost geschützt sein. Gußeisenrohre sind hauptsächlich in Süddeutschland verbreitet. Stahlrohre
sind wegen des geringen Preises und der hohen Druckfestigkeit beliebt, sie
übertragen aber Geräusche sehr gut, wogegen Schutzmaßnahmen vorgesehen werden müssen. Habitrohre sind Stahlrohre mit verstärktem
Bitumeninnenschutz.

Die Bemessung der lichten Weiten erfolgt nach dem notwendigen Druck,
der Zahl und Größe der Zapfstellen, nach der Gleichzeitigkeit ihrer Benützung (siehe 2. Teil, S. 265).

An Zubehör kommen in Betracht: die Absperrventile und der Wasserzähler. Die Absperrventile sind von der gewöhnlichen Art.

Der Anschluß an das Straßenrohr kann bei gefülltem oder leerem
Rohr vor sich gehen. Man benützt dazu eine Anbohrschelle, die um das
Hauptrohr herumgelegt wird und in der eine Führung für die Anschlußgarnitur angebracht ist (Bild 59). Es gibt auch einen bügellosen Anbohr-

Rohranschluß. Das Anbohren erfolgt meist im Rohrscheitel, weil diese
Ausführungsart bequemer ist. An das eingesetzte Anschlußstück schließt
sich der Hauptabsperrhahn an. Dieser ist meist durch eine verlängerte
Spindel von der Straßenoberfläche aus bedienbar. Mit ihm läßt sich die
Wasserzufuhr zum Grundstück absperren, ohne
Privatgrund betreten zu müssen. Eine wichtige
Stelle der Zuleitung ist dann noch der Durch-
bruch der Hausmauer. Hier muß das Zulei-
tungsrohr so verlegt werden, daß keine Beschädigung entstehen kann. Daher wird es meist
mit Lehm umhüllt oder mit Filz umwickelt,
oder es werden besondere Schutzrohre über
das Rohr gezogen.

Die Wasserzähler dienen zur Kontrolle der
verbrauchten Wassermengen und zur Feststellung des zu bezahlenden Wasserzinses.

Von den verschiedenen Arten (Flügelradzähler,
Woltmannzähler, Scheibenzähler, Ringkolbenzähler, Venturimesser) kommen für Hausleitungen der Flügelrad- und der Ringkolbenzähler in Betracht (Bild 60 a—c). Bei ersterem
wird durch das strömende Wasser ein Flügelrad
gedreht und dessen Umdrehungszahl zur Be-
stimmung der Durchflußmenge benützt. Beim Ringkolbenzähler wird die
Wassermenge durch Füllen und Leeren sich drehender Kammern bestimmt.

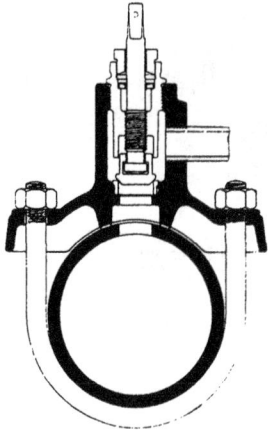

Bild 59. Ventilanbohrschelle zum Anschließen der Grundstücksleitungen an den Straßenstrang

Nochmals hingewiesen sei auf die sog. Kombinationen, bestehend aus zwei Messern,
von denen der kleinere, meist Flügelradzähler, die kleinen Mengen mißt, der
größere, meist Woltmannzähler, die größeren Wassermengen erfaßt. Angewendet
werden Kombinationen da, wo durch die gleiche Rohrleitung einmal große, einmal
kleine Wassermengen fließen. Zwei Messer müssen verwendet werden, weil die
Empfindlichkeit (das Maß, bei dem ein Messer anfängt zu zählen) der großen
Messer die kleinen Wassermengen unerfaßt durchläßt.
Wasserzähler müssen in regelmäßigen Zeitabständen (ungefähr alle 2 bis 3 Jahre)
in bezug auf ihre Meßgenauigkeit nachgesehen werden, weil diese durch Verschmutzung, Verschleiß und andere Umstände beträchtlich vermindert werden
kann. Diese Prüfung ist notwendig, weil der Teil der Wasserverluste, der auf
Mängel in den Hauswasserleitungen (Undichtigkeiten in der Leitung, tropfende
Wasserhähne, undichte Klosettspülkästen usw.) zurückzuführen ist, wobei es sich
in der Zeiteinheit um geringe Wassermengen handelt, vom Zähler meist nicht mehr
ausreichend erfaßt wird. Man strebt deshalb danach, die Zählerempfindlichkeit
zu erhöhen. Die Gesamtwasserverluste betragen in gut erhaltenen Rohrnetzen
etwa 10% und steigen gelegentlich auf 30% und mehr der geförderten Wassermenge, welche sich auf das Rohrnetz und die Hausleitungen verteilen.
Große Wasserzähler müssen ausgebaut und in einer Prüfstelle nachgesehen werden.
Bei kleinen Zählern kann man aber auch fahrbare Prüfeinrichtungen benützen
oder durch Vorschalten eines sog. Schadensuchers (das ist ein besonders empfind-

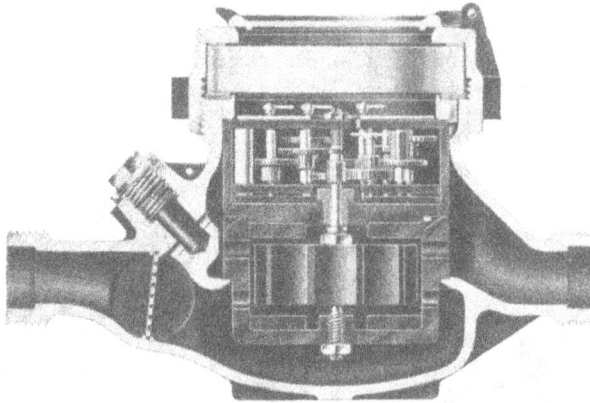

Bild 60a. Neuzeitlicher Mehrstrahl-Flügelradmesser. Naßläufer mit Teil-
strömregelung. Nach „Gas- und Wasserfach", Jahrgang 1950.

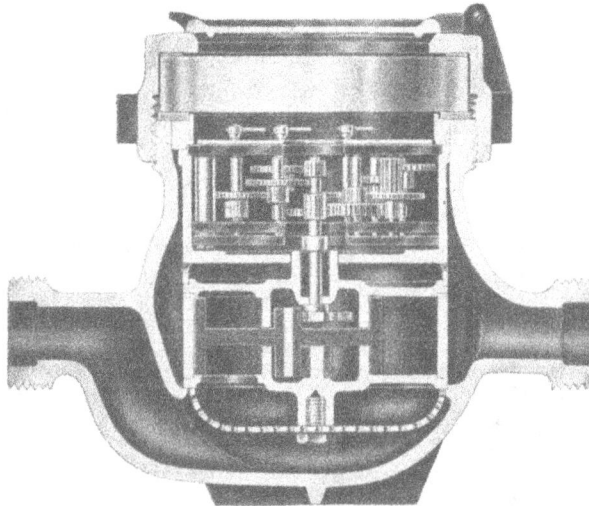

Bild 60b. Ringkolbenzähler mit Metallmeßkammer, nach „Gas- und Wasserfach", Jahrgang 1950.

licher Wasserzähler mit Registriervorrichtung, meist ein Mengenzähler) oder
schließlich auch durch einen aufgesetzten Anlaufprüfer an Ort und Stelle die
Prüfung ohne Unterbrechung der Belieferung durchführen.

Die Nachprüfung bei ortsfester und fahrbarer Prüfstelle geschieht dadurch, daß
eine bestimmte Wassermenge durch den Zähler in ein geeichtes Sammelgefäß
fließt. Die Anzeige des Zählers wird mit dem Gefäßinhalt verglichen und so die
Anzeigegenauigkeit des Zählers festgestellt. Das muß mehrere Male mit verschiedenen für den Zähler maßgebenden Beanspruchungen geschehen. Für Prüfung
und Einregulierung eines Zählers braucht man ungefähr 2 bis 3 st; des Zeitgewinnes

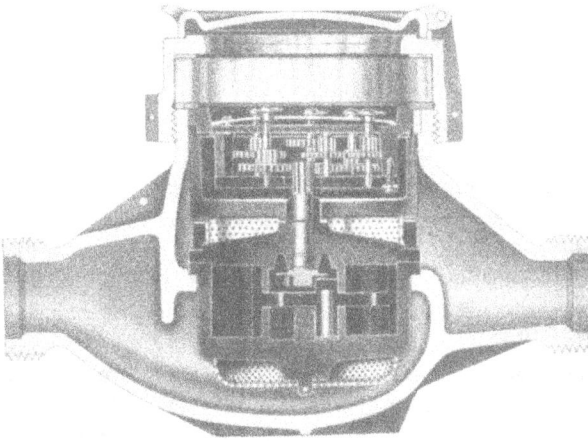

Bild 60 c. Ringkolbenzähler mit druckentlasteter Hartgummimeßkammer
nach „Gas- und Wasserfach", Jahrgang 1950.

wegen sind die Prüfstellen möglichst handlich und übersichtlich eingerichtet. Namentlich die Prüfung kleiner Wasserzähler erfordert unverhältnismäßig viel Zeit. Darum prüft man Hauswasserzähler meist in Serien, d. h. sie werden hintereinander in die Leitung eingebaut und gleichzeitig geprüft.

Für die Benützung eines Schadensuchers ist es praktisch, wenn von vornherein ein Anschlußstück in die Leitung eingebaut ist. Dann findet keine Unterbrechung der Wasserzufuhr während der Prüfung statt. Die Feststellung der Meßgenauigkeit erfolgt hier durch den Vergleich der Angabe des zu prüfenden Zählers mit der des Schadensuchers. Es ist anzustreben, alte unempfindlichere Wasserzähler durch neue empfindlichere Wasserzähler zu ersetzen.

Der Wasserzähler muß so angeordnet werden, daß er bequem abgelesen, leicht eingebaut und geprüft werden kann; eine Überschwemmung des Kellers soll bei Bruch unmöglich sein. Der Wasserzähler kann auch außerhalb des Gebäudes in einem besonderen Schacht oder im Gebäude unter dem Fußboden in einer Grube angeordnet werden.

4. Einrichtung (Installation)

Die Ausführung der Leitungen und Entnahmestellen hinter dem Wasserzähler ist Sache des Hausbesitzers. Maßgebend für die Hausleitungen und Anlagen ist DIN 1988. Es führen eine oder mehrere (hier Verteilungsanlage — Batterie — notwendig) Steigeleitungen zu den einzelnen Stockwerken, von denen die Zweigleitungen das Wasser zu den Entnahmestellen leiten. Diese Leitungen müssen alle ansteigend ausgeführt werden, damit eine vollständige Entleerung und Entlüftung möglich ist. Jede Steigeleitung erhält einen Absperrhahn mit Entleerungsvorrichtung. Die Verlegung der Leitungen muß frostfrei (also nicht an Außenwänden, in zugigen Hausfluren oder kalten Korridoren) und gegen Beschädigungen geschützt erfolgen, die der Hauptleitung in der Nähe der stärksten Verbrauchsstellen.

Bei Mauerdurchbrüchen muß ein Spielraum gelassen werden (Einlegen
in ein eingemauertes Schutzrohr und Abdichten mit plastischen Massen).
Die Befestigung erfolgt durch Rohrhaken oder Rohrschellen. Die Schall-
übertragung wird gehemmt durch Einlagen von Friesstreifen, Jutebändern,
Hanf u. dgl. Die Lichtweite der Leitungen soll so sein, daß alle Hausteile
ständig mit Wasser versehen sind, die Bemessung erfolgt nach den Richtlinien für die Bemessung von Kaltwasserleitungen (siehe 2. Teil, S. 265).
Es ist verboten, Leitungen durch Aborte oder Dunggruben, durch Abfluß-
kanäle, durch Schornsteine zu führen. Außerdem ist der unmittelbare
Anschluß von Dampf- und Druckkesseln (Zwischenbehälter notwendig),
von Aborten und Pissoiren (Spülkästen oder bei unmittelbarem Anschluß
Rohrunterbrecher, die das Rücksaugen verhindern, anordnen) nicht
gestattet. Bei Waschküchenhähnen, an die ein Schlauch angeschraubt
wird, muß ein Rückschlagventil eingebaut werden. Unter jeder Entnahmestelle ist eine Abflußleitung vorzusehen.
Für die Leitungen werden verwendet: verzinkte, schmiedeeiserne Gewinderohre nebst Bögen, Verbindungs-, Abzweig- und Anschlußstücke (Fit-
tings). Das früher viel verwendete Hartbleirohr wird in Fällen schwieriger
Rohrführung auch heute noch benützt. Die Anwendung von rostfreien
Stahlrohren, Glasrohren, Mipolamrohren (Vinidurrohren) und Porzellanrohren ist mehrfach versucht worden.
Zur Wasserentnahme braucht man Zapfhähne. Hauptbedingung ist,
daß der Zapfhahn sich langsam schließt und öffnet, damit Wasserstöße
vermieden werden. Diese Bedingung erfüllt der Ventil- oder Niederschraub-
hahn, der in vielen Ausführungen vorhanden ist. Man erstrebt heute vor
allem einen glatten Durchfluß des Wassers. In Gärten benützt man auch
Hähne mit Schlauchverschraubung. Bei den Spülkästen in Aborten usw.
haben sich die Schwimmerventile bewährt.

VIII. SPEICHERANLAGEN

Wie wird das Wasser gespeichert?

Der Bau von Speicheranlagen ist bei Wasserversorgungsanlagen fast immer notwendig; die Art der Ausführung richtet sich nach den besonderen Verhältnissen.

Ein Speicherbehälter soll die Schwankungen zwischen Zu- und Ablauf ausgleichen, den notwendigen Betriebsdruck gewährleisten und Druckschwankungen ausgleichen, er soll auch eine größere Wassermenge für besondere Zwecke aufspeichern, auf die Leistungen der Hebemaschinen, Filter und sonstigen Aufbereitungsanlagen günstig einwirken, bei etwa notwendigen Betriebsunterbrechungen eine Störung in der Wasserbelieferung vermeiden helfen und schließlich zur Beständighaltung der Wasserbeschaffenheit beitragen.

Der Verbrauch des Wassers ist immer unregelmäßig, in den Monaten, wie in den Tagen und Stunden. Das Fehlen einer Speicheranlage würde bewirken, daß zu Zeiten geringen Verbrauchs zuviel Wasser zugeleitet wird, und daß in den Zeiten des höchsten Verbrauchs Wasser fehlen würde. Dadurch, daß im ersten Fall das überschüssig zugeleitete Wasser im Behälter aufgespeichert wird, ist es möglich, im zweiten Falle dieses Mehr der gewöhnlichen Leistung zuzusetzen.

Die Speicheranlage soll weiter so hoch liegen, daß auch beim tiefsten Wasserspiegel der an der ungünstigsten Entnahmestelle notwendige Betriebsdruck gewährleistet ist. Durch die Festlegung des Mindestdruckes und die des höchsten zulässigen Wasserspiegels lassen sich die Druckschwankungen in angemessenen Grenzen halten, so daß zu große, schädliche Druckschwankungen unmöglich sind. Für Brandfälle, für die plötzlich größere Wassermengen auf kurze Zeit gebraucht werden, für notwendig werdende Betriebsunterbrechungen infolge Beschädigungen an der Zuleitung oder Heberanlage, für Zeiten mit außergewöhnlich hohem Wasserverbrauch soll in der Speicheranlage ein genügend großer Vorrat von Wasser bereitstehen.

Durch den mittels der Speicheranlage zu schaffenden Ausgleich zwischen Zu- und Ablauf ist es möglich, die Leistung der Hebemaschinen und der Aufbereitungsanlagen wirtschaftlich zu gestalten, weil diese Anlagen jetzt nur zu bestimmten Zeiten und gleichmäßig arbeiten müssen und von den Verbrauchsschwankungen vollständig unabhängig sind, die sonst einen schnellen Verschleiß durch notwendige Überbeanspruchung hervorrufen würden.

Der Behälterinhalt muß so groß sein, daß bei notwendig werdender Unterbrechung der Wasserzufuhr (Schäden können meist in wenigen Stunden behoben werden) eine Unterbrechung der Belieferung nicht eintritt.

Endlich ist auch durch die Speicheranlage eine Gewähr dafür gegeben, daß das Wasser am Verbrauchsort von gleichmäßiger Beschaffenheit ist. Bei Störungen mitgeleitete Verunreinigungen usw. können sich im Notfall noch im Behälter absetzen.

Die Speicheranlage kann, in der Fließrichtung gesehen, vor, hinter oder im Versorgungsgebiet liegen (Bild 61). Wo sie hinkommt, entscheiden fast immer die örtlichen Verhältnisse. Die günstigste Lage ist die im Schwerpunkt des Gebietes unter Berücksichtigung der Bebauungsdichte, weil von hier aus das Wasser durch die Hauptleitungen auf kürzestem Wege und mit dem geringsten Druckhöhenverlust abgegeben werden kann. An zweiter Stelle steht der Behälter am Ende des Gebietes. Über die Lage

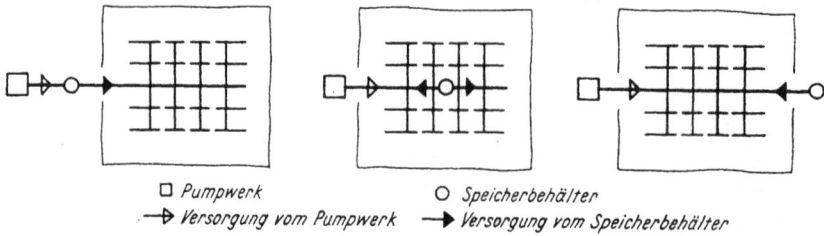

Bild 61. Lage des Speicherbehälters zum Versorgungsgebiet.

entscheiden die örtlichen Höhenverhältnisse, da die Baukosten eines Behälters in einer Höhe, die seiner notwendigen Wasserspiegelhöhe entspricht, am geringsten werden.

An Druckhöhe ist im allgemeinen eine solche von 20 bis 40 m über Straßenoberfäche notwendig (bürgerlicher Versorgungsdruck), damit das Wasser aus den höchstgelegenen Zapfhähnen ausfließen kann (siehe 2. Teil, S. 233). Andererseits sollte der Hochbehälter nur etwa 60 m über der tiefstgelegenen Straßenoberfläche liegen, weil sonst zu große Beanspruchungen des Netzes, der Hausleitungen und Entnahmevorrichtungen entstehen. Sind größere Höhenunterschiede im Gelände vorhanden, dann muß das Gebiet in einzelne Zonen geteilt werden. Für vereinzelte Hochhäuser wird der notwendige Druck in den oberen Stockwerken durch eine hauseigene Drucksteigerungspumpe erzeugt (Bild 62).

Behälter vor dem Versorgungsgebiet werden meist so eingerichtet, daß das Wasser den Behälter durchfließen muß, daß also die Pumpen nur in diesen fördern und das Versorgungsgebiet nur von ihm aus versorgt wird (Durchlaufbehälter). Es muß hier die Leitung zum Behälter für den mittleren Stundenverbrauch, die Leitung vom Behälter für den höchsten Stundenverbrauch bemessen werden.

Behälter hinter dem Versorgungsgebiet werden meist so eingerichtet, daß nur das überschüssig geförderte Wasser in ihn gelangt; die Leitung zum Versorgungsgebiet kann also nach dem mittleren Stundenverbrauch bemessen werden, in Stunden mit Höchstverbrauch gibt der Behälter (Gegenbehälter) seinen Vorrat als Zuschuß ab. Hierbei wird allerdings

das Wasser in geringerem Maße erneuert als bei einem Durchgangsbehälter,
dagegen läuft das Wasser dem Versorgungsgebiet von zwei Seiten zu.
Ein Behälter im Versorgungsgebiet ist meist für den Teil des Gebiets vor
ihm Gegenbehälter, für den hinter ihm gelegenen Durchgangsbehälter.
Wenn für den Bau der Speicheranlage eine passende Geländeerhöhung
vorhanden ist, wird der Behälter dorthin gesetzt und befindet sich ganz
oder teilweise im Boden (Erd-Hochbehälter oder Flur-Hoch-
behälter). Solche Behälter sind vorzuziehen; sie schützen gegen Wärme-
und Kälteeinwirkungen und ihre Vergrößerung ist, falls notwendig, in
einfachster Weise möglich. Im andern Falle muß die Höhenlage erst
künstlich geschaffen werden (Behälter auf Stützen, Wasserturm). Da
Türme teuer sind, begnügt man sich bei kleinen Versorgungsgebieten mit
Tiefbehältern (Saugbehältern); man braucht dann allerdings ein Pump-

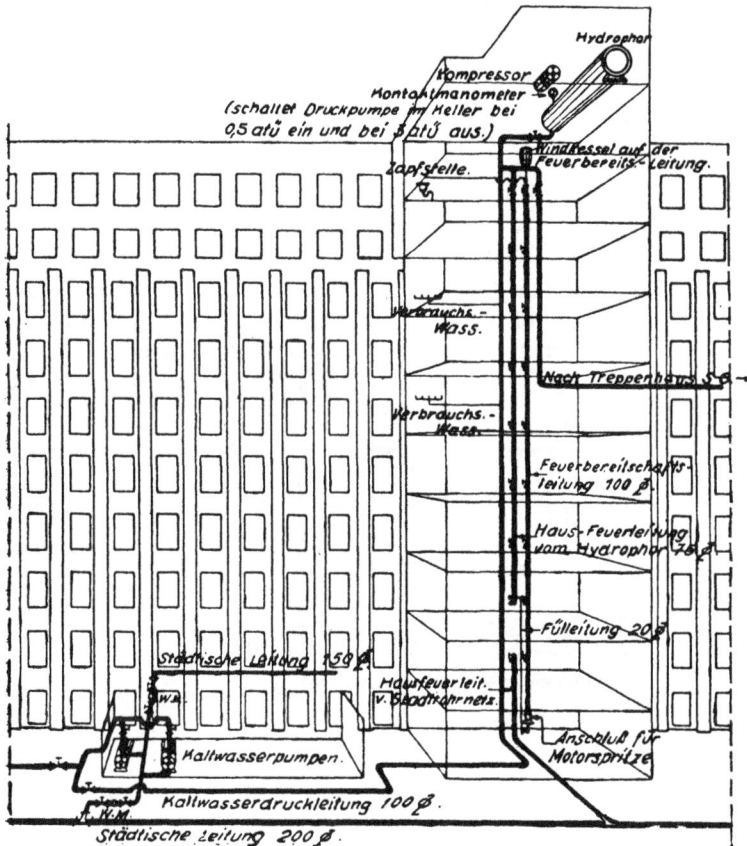

Bild 62. Schema der Wasserversorgung eines Hochhauses nach „Das Gas- und
Wasserfach", Jahrgang 1933.

werk für den Regelverbrauch mit Reservepumpen für erhöhte Förderleistung für Feuerbekämpfung und Deckung des Spitzenbedarfs.

1. Hydrophore (Preßluft-Wasserbehälter)

Hydrophorkessel können zu den Speicheranlagen gezählt werden (Bild 62).
Weil diese Art eine ziemlich große Verbreitung gefunden hat, sei sie vor-
weggenommen; sie findet sich bei selbsttätigen Pumpwerken. In dem
Kessel befindet sich eine kleine Wassermenge, zu der so viel Luft zuge-
preßt wird, daß der Luftüberdruck der erforderlichen Druckhöhe im
Rohrnetz entspricht (Vorpressung). Jetzt wird der Kessel mit Wasser
vollgepumpt; dadurch wird die Luft noch mehr zusammengedrückt.
Nach Ausschalten der Pumpen drückt die Luft das Wasser aus dem Kessel
in die Leitungen. Nach Erreichen des Anfangsdruckes arbeiten die Pumpen von neuem. Die Kessel sind genormt (DIN 4810). Weiteres siehe
2. Teil, S. 277.

2. Flur-Hochbehälter (Erdbehälter)

Als beste Grundrißform ist für Behälter mit einer Kammer das Quadrat
zu bezeichnen. Auch rechteckige Grundrisse werden angewendet (Bild 63).
Meist werden zwei Kammern ausgeführt, weil dann die eine ohne Betriebs-
unterbrechung ausfallen kann. Mehr als zwei Kammern anzuordnen, ist
wegen der Kosten und der erschwerten technischen Einrichtung nicht
zu empfehlen. Außerdem werden auch kreisförmige Kammern ausgeführt,
deren Herstellung bei Verwendung von Stahlbeton sich billiger stellt als

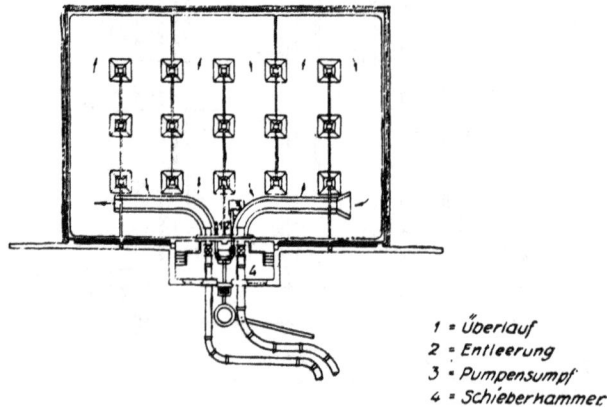

1 = Überlauf
2 = Entleerung
3 = Pumpensumpf
4 = Schieberhammer

Bild 63. Einkammeriger rechteckiger Erdbehälter,
nach „Das Gas- und Wasserfach", Jahrgang 1934.

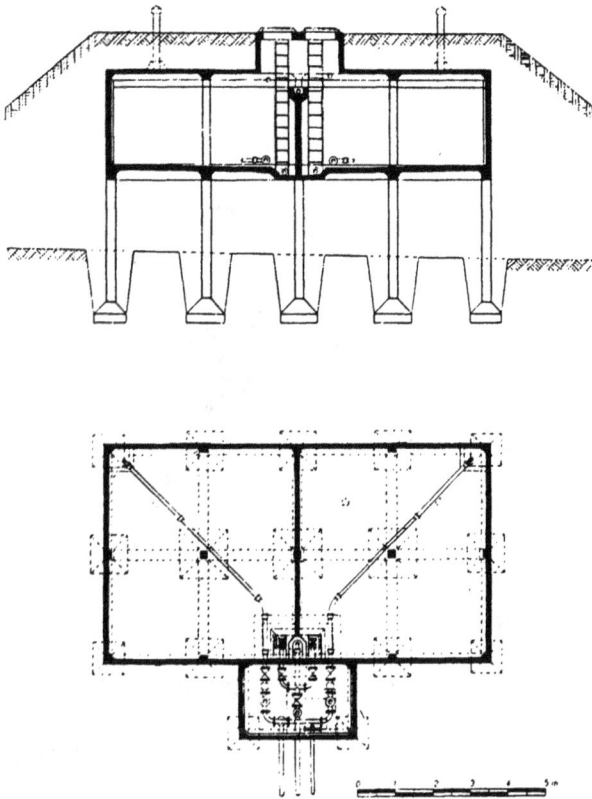

Bild 64. Zweikammeriger Erdbehälter mit Stützen, nach Festschrift des
Bayerischen Landesamtes für Wasserversorgung, München 1938, Aufsatz
O. Bauer „Wasserbehälter und Wassertürme".

die rechteckiger Kammern. Entscheidend sind immer die örtlichen Verhältnisse, siehe z. B. die Sonderausbildung Bild 64. Dieser Flurhoch-
behälter (Stahlbeton auf Stützen) kann als Übergang zum Turmhoch-
behälter betrachtet werden.
Der Inhalt errechnet sich aus der aufzuspeichernden Wassermenge, wobei
für kleine und mittlere Behälter eine Wassertiefe von 2,5 bis 4 m, für große
eine solche von 3 bis 5 m am günstigsten ist.
Das Beispiel einer sparsamen Stahlbetonbauweise zeigt Bild 65.

Da das Wasser seine Temperatur möglichst beibehalten soll, werden die Behälter
mit ebenen oder gewölbten Decken überspannt. Zum weiteren Schutz gegen äußere
Temperatureinflüsse dient eine Überdeckung mit Erde (1 bis 1,5 m stark) und
Rasenbelag. Die Decken werden wie die Wände in Mauerwerk, Beton oder Stahlbeton hergestellt.

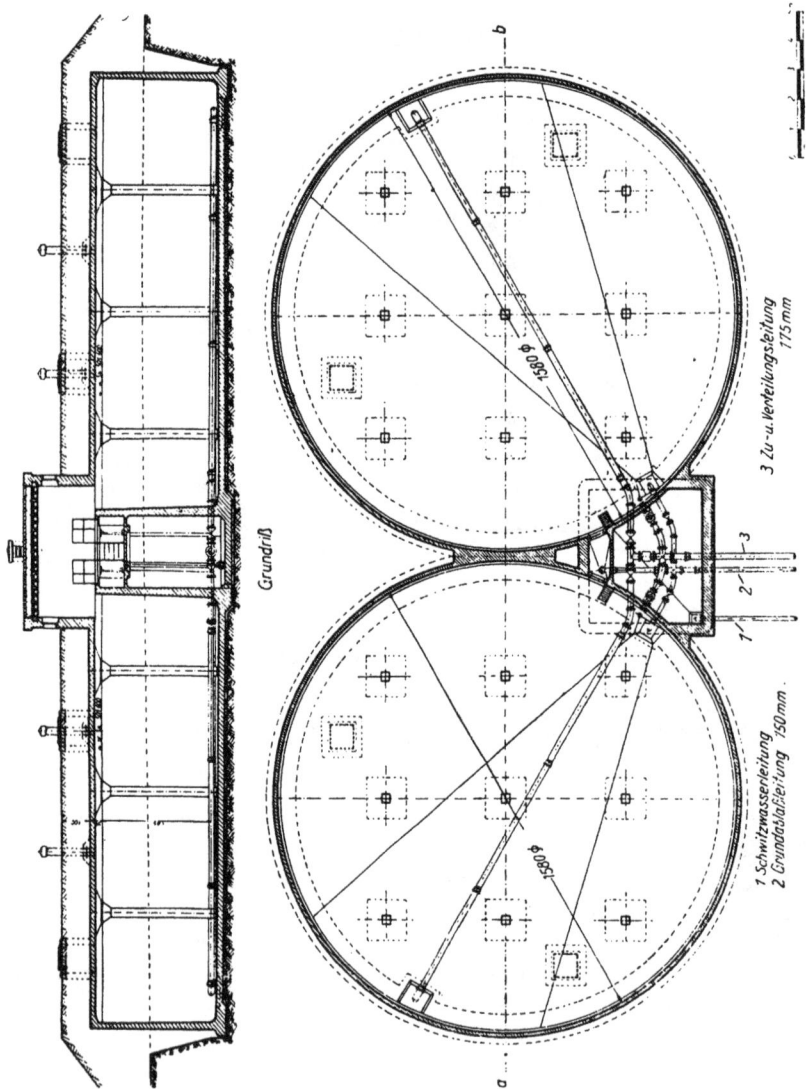

Bild 65. Hochbehälter in Brillenform vom Jahre 1936, nach O. Bauer „Wasserbehälter — Wassertürme" in der Festschrift des Bayerischen Landesamtes für Wasserversorgung, München 1938.

Der Verbindung zwischen Außenluft und Behälterinnerem dienen Lüftungsrohre, die gegen Eindringen von Regenwasser, Insekten usw. abgedeckt sein müssen. Die Seitenwände werden entweder senkrecht als Stützmauern oder der Stützlinie entsprechend ausgebildet. Die Wände müssen, wie die Sohle, wasserdicht hergestellt werden (Schutzschicht aus Zement) und gegen Wasserangriffe mit Schutzanstrich oder Belag versehen werden.

Die Sohle besteht meist aus Beton, sie ist je nach der Bodenbeschaffenheit als durchgehende Platte oder als nachträglich zwischen die Wandfundamente eingebrachte Schicht ausgebildet mit Gefälle zum Entleerungssumpf.

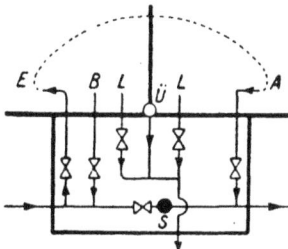

mit Verbindung beider Kammern

E = Einlauf
B = Brandreserve   ⋈ = Absperrschieber
A = Auslauf   S = Standrohr
L = Leerlauf
U = Überlauf

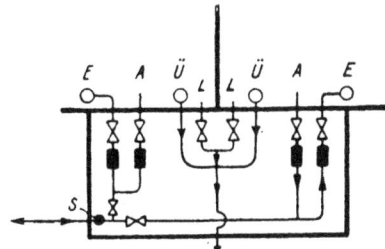

Bild 66. Schieberkammer-Rohrschema
eines Zweikammer-Durchgangs-
behälters.

mit getrennten Kammern

E = Einlauf
A = Auslauf   ⋈ = Absperrschieber
Ü = Überlauf   ■ = Rückschlagklappe
L = Leerlauf
S = Standrohr

Bild 67. Schieberkammer-Rohrschema eines
Zweikammer-Gegenbehälters.

Auch der notwendige Zugang (Tür, Schacht) muß so eingerichtet sein, daß von außen nichts Schädliches eindringen kann.

Das Wasser wird dem Behälter durch die Zuleitung zugeführt. Sie mündet meist auf der Sohle, aber auch über dem Wasserspiegel. Die Entnahmeleitung soll so angeordnet sein, daß das Wasser den Behälter von der Zuleitung her durchströmen muß. Gegebenenfalls kann der Weg durch eingezogene Zwischenwände geregelt werden. Wenn für die Zuleitung und Entnahme dasselbe Rohr benützt wird (Gegenbehälter), dann müssen sich beide vor dem Behälter trennen und mit entsprechend spielenden Rückschlagklappen versehen sein. Beim Durchgangsbehälter muß zwischen Zu- und Entnahmeleitung eine absperrbare Verbindungsleitung vor dem Behälter bestehen.

Weiter gehört zu jedem Behälter eine Überlaufleitung, die das über den höchsten Wasserspiegel zufließende Wasser ins Freie fördert. Zur vollständigen Entleerung dient ein Leerlauf mit Absperrschieber. Überlauf und Leerlauf haben meist eine gemeinsame Ableitung.

Zuleitung, Entnahmeleitung, Leerlauf, Verbindung zwischen Zu- und Entnahmeleitung müssen jede für sich absperrbar sein. Alle diese Armaturen vereinigt man in der dem Behälter vorgesetzten Schieberkammer, damit an dieser einen Stelle der Betrieb übersichtlich und einfach geregelt werden kann (Bild 66, 67, 68). Die Leitungen können nicht einfach auf der Behältersohle liegen, es muß vielmehr dafür gesorgt werden, daß die Zuleitung etwa 15 cm über der Sohle ausmündet, damit kein Schlamm aufgewühlt wird, daß der Seiher der Entnahmeleitung 25 bis 30 cm über der Sohle liegt, daß die Sohle gegen den Leerlauf Gefälle besitzt und dieser selbst genügend tief (in einem Sumpf) liegt, um den Behälter vollständig trocken zu bekommen.

Über die im Behälter bestehende Wassertiefe, Wassermenge usw. muß ein Wasserstandsanzeiger (evtl. mit Fernmeldung) Auskunft geben.

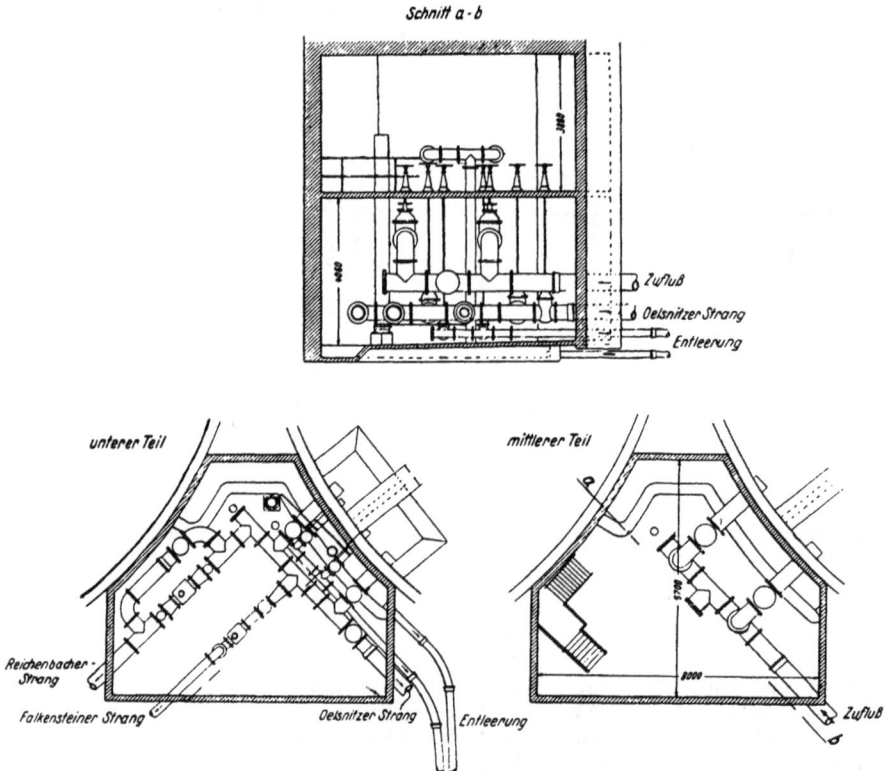

Bild 68. Schieberkammer eines Erdbehälters in Brillenform (Muldetalsperre), nach „Gas- und Wasserfach", Jahrgang 1928.

3. Wassertürme

Der Grundriß einer solchen Speicheranlage ist meist eine Kreisfläche, bei kleinen Behältern kommt auch das Rechteck vor. Wegen der entstehenden großen Kosten wählt man vorzugsweise nur einen Behälterraum.

Der Behälter aus Eisen ist fast immer zylinderförmig (Bild 69). In der ältesten Form wurde die Sohle durch einen durchhängenden Kugelboden gebildet. Da hierbei der notwendige Auflagerring große Spannungen aufzunehmen hat, wurde durch Intze der Boden aus einem Kugel- und Kegelschnitt derart zusammengesetzt, daß der Auflagerring spannungslos wird. Die immerhin nicht einfache

Ausführung derartiger Behälter führte zu der Form von Barkhausen, bei der der Boden eine Halbkugel bildet. Der Auflagerring sitzt am Zylindermantel und ruht auf Stützen. Klönne hat dann den Behälter ganz als Kugel ausgebildet.

Man bemißt bei zylindrischen Behältern die Höhe meist gleich der Hälfte des Durchmessers.

Gegen Temperaturschwankungen schützt einmal die Umhüllung des Behälters mit der Turmwand (ein Zwischenraum ist für die Kontrolle notwendig) und das Dach, in dem für Lüftung durch mit Gaze geschlossene Fenster gesorgt ist. Sonst kann auch Verkleidung der Behälterwand mit Korkplatten u. dgl. erfolgen.

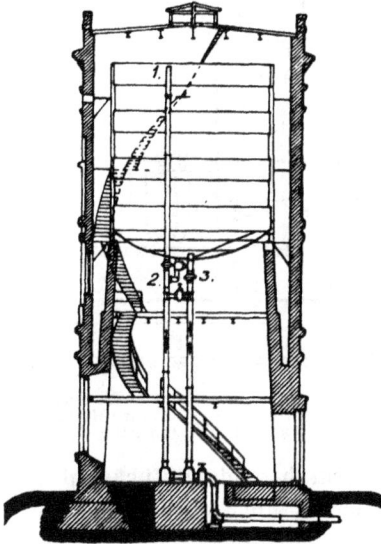

Bild 69 links. Schnitt durch einen Wasserturm (Gegenbehälter). Tragkonstruktion aus Mauerwerk, Behälter aus Stahl, nach „Gas- und Wasserfach", Jahrgang 1934.
1 = Überlauf; 2 = Entleerung;
3 = Ausgleichsstück.

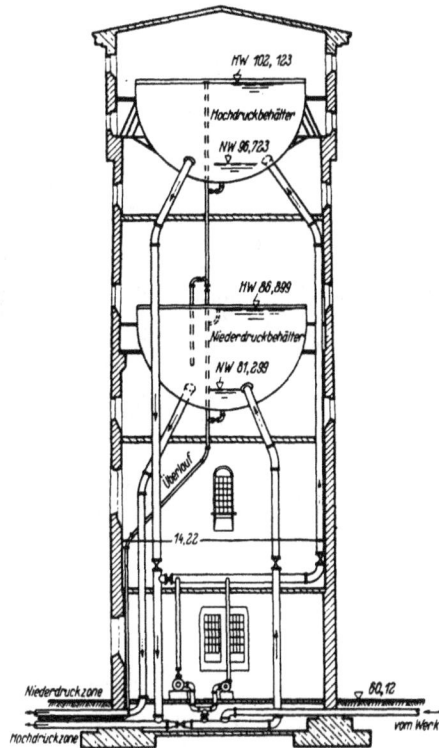

Bild 70 rechts. Wasserturm Berlin-Westend der Berliner Wasserwerke. Schematische Darstellung. Zweizonenbehälter mit Überpumpanlage im Turm.

Als Baustoff wird für die Behälter überwiegend Eisen oder Stahlbeton genommen. Im ersten Fall ist der Turm selbst meist aus Mauerwerk, Beton oder Stahlbeton, im zweiten Fall wird der Turm ebenfalls aus Stahlbeton hergestellt (Bild 70). Öfter findet man auch Behälter und Stützen aus Stahlbeton gebaut und die Turmwand aus Mauerwerk von geringer Stärke (dieses dient dann nur als Wärmeschutz).

Im Durchlaufbehälter wird die Zuleitung im Turminnern bis über den höchsten Wasserspiegel geführt, die Entnahmeleitung beginnt über dem Behälterboden, so daß das Wasser hier eine mehr senkrechte Bewegung vollführen muß. Man legt auch Einlauf- und Entnahmerohr in die Behältersohle, wodurch eine Wirbelbewegung des Wassers eintritt. Beim Gegenbehälter gabelt sich das gemeinsame Rohr im Behälter in Zu- und Entnahmeleitung. Letztere ist durch einen Schieber

verschließbar, so daß das
Steigrohr auch als Stand-
rohr dienen kann. Das
Steigrohr ist dann mit dem
Überlauf durch eine ab-
sperrbare Zwischenleitung
verbunden. (Vielfach findet
man nur ein Rohr für Zu-
leitung und Entnahme.)
Der Leerlauf beginnt am
tiefsten Punkt des Bodens.
Die Einrichtung ist ähnlich
wie bei Hochbehältern
(Bild 71).
Die Absperrschieber sind
auf dem unter der Behältersohle liegenden Tropfboden
vereinigt.
Wesentlich ist, daß alle
senkrechten Rohrleitungen
die Bewegungen des Be-
hälters mitmachen können.
Dazu sind Dilatations-
stücke (Kompensations-
stücke) eingebaut, die eine
Verkürzung bzw. Verlänge-
rung der Leitungen ohne
Bruch ermöglichen.

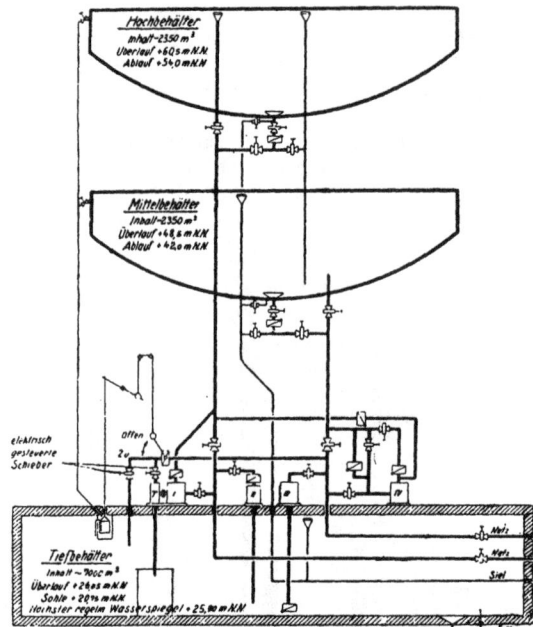

Bild 71. Behälter- und Rohrleitungsschema eines Wasserturms mit Behälter für drei Höhenzonen (Sternschanze Hamburg), nach „Das Gas- und Wasserfach", Jahrgang 1935.

Bei Wassertürmen muß auf die äußere Form besondere Rücksicht genommen werden, da sie oft an beherrschender Stelle in der Landschaft
stehen.

4. Sonstige Behälter

Als Ersatz für Behälter können auch lange Zuleitungen oder Stollen-
behälter gelten, ebenso Standrohre. Der Standrohrdurchmesser soll mindestens 1 m betragen (sonst doppelt so groß wie der Durchmesser des
Hauptverteilungsrohrs), der Wasserspiegel in ihm soll sich um 8 bis 10 m
ändern können, Baustoff meist Stahlbeton.

II. TEIL

BERECHNUNG, BAU UND BETRIEB DER WASSERVERSORGUNGSANLAGEN

EINLEITUNG

Vielfach wird bei der Durchführung von Wasserversorgungsanlagen die Meinung vertreten, daß alles Rechnen überflüssig und nur die praktische Erfahrung von Wert sei. Unzweifelhaft ist die Erfahrung das beste Hilfsmittel. Aber gerade die besten Praktiker werden sich nicht vermessen, lediglich gefühlsmäßig oder nach Schätzung zu arbeiten. Die Kosten, die bei Wasserwerksanlagen für Bau oder Betrieb benötigt werden, sind so hoch, daß es sich sehr wohl lohnt, einen oder mehrere Entwürfe eingehend rechnerisch durchzuarbeiten. Allerdings soll es kein rein zahlenmäßiges Rechnen sein, es muß ein Rechnen sein, bei dem der Sinn und der Zweck der Zahlen nicht verlorengehen.

Man darf nicht vergessen, daß trotz der Erfahrungen, die durch den Bau zahlreicher Werke gemacht wurden, jede neue Anlage auch neue Aufgaben stellt. Die Rechnung wird sehr oft zeigen, in welcher Richtung das Ziel zu erreichen und das Ergebnis zu verbessern ist. Niemals dagegen sollte man auf rechnerischem Wege versuchen, Unterlagen herzustellen, die doch nur die ständige Beobachtung oder der Versuch schaffen können. Die Rechnung kann nur einen Anhalt geben, ausgenommen die Bemessung der Leitungen und der Speicheranlagen. Sie wird niemals den Versuch ersetzen können, doch wertvolle Aufschlüsse geben. Zweifellos ist die Rechnung der billigste Versuch.

I. BERECHNUNG

A. ALLGEMEINE ENTWURFSGRUNDLAGEN

Jedem Bauentwurf muß eine allgemeine Untersuchung über die Einordnung der geplanten Wasserversorgung in die Wasserwirtschaft des dabei zu benutzenden Raumes beigefügt werden. Sie muß nachweisen, daß sich die geplante Versorgung auch mit Rücksicht auf anderweitige Wasserbenutzung ermöglichen läßt, daß die notwendige Wassermenge in einwandfreier Beschaffenheit vorhanden ist, und daß sie sich in die allgemeine Wirtschaftsplanung organisch einpaßt.

Dem endgültigen (speziellen) Bauentwurf sollen ein, unter Umständen mehrere Vorentwürfe (genereller Entwurf) vorangehen, die zur Ergänzung der Unterlagen für den Bauentwurf, zur Klärung grundlegender Fragen, zur Prüfung der Wirtschaftlichkeit, zur Festlegung der zukünftigen städtebaulichen Gestaltung des Ortes zu dienen haben.

Zu beachten sind die „Hinweise für den Entwurf und die Berechnung von Wasserversorgungsanlagen", aufgestellt von der Abteilung für Wasser- und Lufthygiene des Robert-Koch-Institutes für Hygiene und Infektionskrankheiten, Berlin-Dahlem, 1948 und DIN 2000 Leitsätze für die Trinkwasserversorgung.

1. Vorentwurf

Für den Vorentwurf sind an Planunterlagen erforderlich:

1. Übersichtsplan 1 : 25000 (Meßtischblatt), eine Ergänzung durch die geologische Karte ist vorteilhaft.

2. Stadtplan, Maßstab etwa 1 : 5000 für das Ortsnetz.

3. Ein oder mehrere Längsschnitte durch die Zuleitung und die Hauptstränge des Ortsnetzes.

4. Erläuterungsbericht mit Berechnung und Kostenangabe.

Es sollen enthalten:

Zu 1. Der Übersichtsplan:
    Die Zuleitung zwischen Versorgungs- und Gewinnungsstelle,
    die Lage der Wasserspeicher (Hochbehälter oder Turm),
    die Aufbereitungs- und Pumpanlage
    und, je nach Art der Wassergewinnung,

bei Quellen:
>Lage der Quellen, des Einzugsgebietes, der Brunnenstube usw.,

bei Talsperren:
>Lage der Sperre, des Einzugsgebietes, des Staugebietes usw.,

bei Fluß- und Seewasser:
>Entnahmestelle, Bebauung des Ufers usw.,

bei Grundwasser:
>Angabe der Grundwasserstromrichtung, Lage und Zahl der Brunnen.

Zu 2. Der Stadtplan:
>Das Verteilungsnetz,
>die voraussichtliche Lage der Hydranten und Schieber,
>Hochbehälter bzw. Wasserturm usw.

Zu 4: Der kurzgefaßte Bericht alles Wesentliche, insbesondere schon gemachte Voruntersuchungen, wie Wassermengenmessungen, Bohrproben usw.

Die Berechnung muß den Nachweis für folgende Punkte erbringen:
>Größe und Deckung des Wasserbedarfs,
>Abmessung der Hauptleitungen,
>Größe der Speicher-, Pump- und Aufbereitungsanlagen.

Ferner gehören zum Vorentwurf
>ein überschläglicher Kostenanschlag und
>eine Wirtschaftlichkeitsberechnung.

Zur Aufstellung des endgültigen, wirtschaftlich tragbaren Entwurfs sind erhebliche Vorarbeiten notwendig.

2. Vorarbeiten

Den Vorarbeiten ist das größte Gewicht beizumessen. Die Kosten sind bei erforderlichen Bohrungen und Beobachtungen oft erheblich. Verständlicherweise will der Bauherr diese Arbeiten möglichst einschränken, doch ist dringend vor falscher Sparsamkeit zu warnen.

1. Die Höheneinmessung ist zumindest für die Hauptleitungen und die Höchst- und Tiefstpunkte durchzuführen.
Wenn möglich, ist ein Plan mit Höhenschichtlinien herzustellen.

2. Vorhandene Wasserversorgungseinrichtungen sind zwecks Anschlusses aufzunehmen und zu untersuchen.

3. Vorhandene Rohrnetze anderer Versorgungsanlagen wie Gas, Entwässerung, Kabel sind planmäßig aufzunehmen, um mit der neuen Baugrube auf die vorhandenen Leitungen Rücksicht nehmen zu können (bei Straßenneuanlage DIN 1998).

4. Die Bodenbeschaffenheit ist zu untersuchen auf Tragfähigkeit, Standfähigkeit der Baugrube und Lösbarkeit des Bodens.
Geeignet sind Tellerbohrungen oder Schürfgruben von wenigen Metern Länge. Auch die Aufteilung des Querschnittes und die Befestigung der Straßen sind festzustellen.

5. Die Grundwasserstände sind einzumessen.

6. Die voraussichtliche Bevölkerungsbewegung ist auf Grund der bisherigen Einwohnerzahlen für 20 bis 30 Jahre eingehend zu prüfen (vgl. S. 215).

Die städtebauliche Entwicklung ist zu klären, wenn nicht durch einen Bebauungsplan, so wenigstens durch einen Flächennutzungsplan, denn es kommt zunächst nicht auf die Lage jeder Straße an. Es genügt zu wissen, wo und in welcher Menge bei der Stadterweiterung Wasser gebraucht wird.
Unter Umständen hat sich die Ermittlung auch auf den Anschluß naheliegender Ortschaften zu erstrecken.

7. Aufzeichnung der Krankheits- und Sterblichkeitsverhältnisse.
Besonders zu berücksichtigen sind die Infektionskrankheiten (Typhus, Cholera) und die Kindersterblichkeit.

8. Untersuchung der Wassergewinnung. Die Durchführung der Vorarbeiten ist abhängig davon, ob Oberflächen- oder Grundwasser zur Verwendung kommt.
Einer eingehenden Prüfung und Sicherstellung der Wassergewinnung ist größtes Gewicht beizumessen. Ungenügender Umfang der Voruntersuchungen ist später vielleicht nicht wieder gutzumachen. Einzelheiten siehe 1. Teil, III und IV.

9. Untersuchung der Wasserbeschaffenheit.
Grundwasser ist in der Hauptsache chemisch zu untersuchen. Abgesehen von Einzelfällen (Infiltration aus Flußlauf) genügen einige Untersuchungen. Oberflächenwasser macht eine fortlaufende physikalische, chemische und bakteriologische Untersuchung notwendig. Einzelheiten vgl. 1. Teil, V.

10. Ermittlung örtlicher Besonderheiten.
Z. B.: Hohe Strompreise, die eine eigene Kraftversorgung wirtschaftlich machen. Gewöhnung der Bevölkerung an besondere Eigenschaften des Wassers (große Härte, bitterer Geschmack usw.), die ein Abweichen von der sonst geforderten Güte rechtfertigen. Inanspruchnahme von Privatbesitz für die Rohrverlegung oder Errichtung von Baulichkeiten, um die Enteignung rechtzeitig einzuleiten.

3. Ausführungsentwurf

Für den Ausführungsentwurf sind an Planungsunterlagen erforderlich:

1. Ein Übersichtsplan 1 : 25000 (Meßtischblatt, wie Vorentwurf).
2. Ein Stadtplan etwa 1 : 5000 bis 1 : 10000 mit der Einteilung der Versorgungsgebiete (Bauzonen, Höhenzonen) und den Hauptleitungen.
3. Sonderpläne des Rohrnetzes im Maßstab 1 : 2000 oder ähnlich.
4. Pläne schon vorhandener Wasserrohre, evtl. auch anderer Versorgungsleitungen.
5. Längsschnitte der Hauptstränge zwecks Untersuchung und Darstellung der Druckverhältnisse.

6. Zeichnungen der zur Verwendung kommenden einheitlichen Ausführungen, Maßstab 1 : 10 bis 1 : 25.

   Bei vorhandenen DIN-Blättern genügt deren Angabe.

7. Pläne der Wassergewinnungsanlagen.

8. Pläne der wichtigen Bauwerke.

9. Musterplan einer Hausinstallation, Längsschnitt und Grundriß, Maßstab 1 : 100.

10. Eingehender Erläuterungsbericht; anzuschließen sind die erforderlichen Berechnungen, ein Kostenanschlag, die Wirtschaftlichkeitsberechnung und alle weiteren für die Genehmigung des Entwurfs durch die Aufsichtsbehörden zu beschaffenden Unterlagen.

Zu 3: In die Sonderpläne des Rohrnetzes sind alle Versorgungsstränge mit den entsprechenden Durchmessern und Längen einzutragen. Die Lage der Schieber und der Hydranten ist zu kennzeichnen, desgl. Entleerungsleitungen, Bezirkswasserzähler, Baulichkeiten usw.
Für die Nachprüfung der Berechnung empfiehlt es sich, die Berechnungspunkte und die Strangwassermengen zu vermerken.

Zu 4: Vorhandene weiterhin zu benutzende Rohrleitungen sind entsprechend den Leitungen unter 3. aufzuführen. Nicht zu verwertende Rohrleitungen sind schon durch die zeichnerische Darstellung (gestrichelt) zu kennzeichnen.
Von den beim Bau zu beachtenden Rohrleitungen anderer Versorgungsanlagen ist die Lage im Straßenkörper nachzuweisen. Die Angabe der meist kleinen Durchmesser kann mit Ausnahme von Kanalleitungen entfallen.

Zu 5: Der Maßstab der Längsschnitte entspricht in den Längen am besten dem Rohrnetzplan, während die Höhen zehn- bis zwanzigfach überhöht werden. Zur Kenntlichmachung der Druckverhältnisse sind einzutragen: Die erforderliche Druckhöhe, die hydrostatische Drucklinie, die hydraulische Drucklinie, ferner die Tiefenlage des Rohres, der Durchmesser, die jeweilige Länge, zur Erleichterung der Rechnungsprüfung die Teilpunkte, die jeweiligen Druckverluste und die Durchflußmengen.

Zu 7: Die Pläne der Wassergewinnungsanlagen sind so weit durchzuarbeiten, daß sie als einwandfreie Unterlagen für Ausschreibung und Bau dienen können.

Zu 8: An Einzelbauwerken sind alle baulichen Anlagen zu zeigen, deren Durchführung ohne Planunterlagen nicht ohne weiteres klar ist. Außer den Speicheranlagen gehören dazu also Unterdükerungen oder Aufhängung an Brücken, Wasserzählerschächte u. dgl. Als Maßstab wird meist 1 : 100 in Frage kommen.

Zu 9: Für die Hauswasserversorgung (Installation) ist ein Muster herzustellen, das alle durch örtliche Bestimmungen festgelegten technischen Vorschriften zeigt, z. B. Anschluß an die Straßenleitung, Lage der Absperrvorrichtungen, des Wasserzählers, Abstand der Zapfhähne über dem Ausguß usw. Dieser Plan ist auch aus folgendem Grunde empfehlenswert: Die Hausleitungen werden fast ausnahmslos durch vom Hausbesitzer beauftragte Handwerker ausgeführt. Hierfür sind Planunterlagen einzureichen. Das Vorhandensein eines Einheitsplanes erleichtert die Planung und Ausführung.

Zu 10: Erläuterungsbericht und Berechnungsunterlagen führen den Nachweis für die gleichen Punkte wie im Vorentwurf. Das Ortsnetz ist eingehend zu berechnen. Die Berechnungsunterlagen sind durch das Ergebnis der Voruntersuchung zu erhärten.

Der Kostenanschlag ist genauestens durchzuarbeiten, am besten schon abschnitts-(positions-)weise. Diese Unterlage kann später für die Ausschreibung benutzt werden.

Bei der Prüfung der Wirtschaftlichkeitsberechnungen wird man gut tun, gleichzeitig die Aufbringung der Baukosten bzw. ihre Umlegung durch Gebühren, Wassergeld usw. zu klären.

Zu den für die behördliche Genehmigung benötigten Unterlagen gehören in der Hauptsache die Feststellung der bestehenden Gesundheitsverhältnisse und die vorhandenen Abwehrmaßnahmen gegen Epidemien. Hierzu wird ein Bericht des zuständigen Kreisarztes erbeten. Ferner ist die Finanzlage der Gemeinde klarzustellen. Es genügt gewöhnlich die Nachweisung aus dem Haushaltsplan der letzten Jahre.

Vor der Bauausführung muß die Genehmigung der übergeordneten Behördenstellen eingeholt werden. Das Genehmigungsverfahren und die Zuständigkeit der Behörden bestimmen Landesgesetze.

4. Gesetze

Alle Wasserversorgungsanlagen stehen in Deutschland unter gesetzlichem Schutz. Da ein einheitliches Wasserrecht, abgesehen von dem Gesetz über die Wasser- und Bodenverbände, noch nicht vorhanden ist, so gelten die alten Reichs- und die Ländergesetze wie nachstehend aufgeführt nebeneinander. Die Arbeiten für ein einheitliches Wasserrecht gehören somit weiterhin zu den zu lösenden Rechtsaufgaben, die für den technischen Fortschritt notwendig sind.

1. Hinsichtlich des Verfügungsrechtes des Besitzers von Grund und Boden über das zugehörige Wasser, das im allgemeinen bis jetzt in der Gesetzgebung anerkannt wurde, gilt die einschränkende Bestimmung des **„Allgemeinen Landrechts".**

§ 131, Teil I, Tit. 8: . . . Jedoch darf innerhalb dreier Werkschuhe von des Nachbars Grenze kein neuer Brunnen angelegt werden. (1 Werkschuh = 1 Fuß = 0,304 m.)

2. Das **„Gesetz über den Verkehr mit Lebensmitteln und Bedarfsgegenständen"** vom 5. 7. 1927 in der Fassung vom 17. 1. 1936 (RGBl. I, S. 17), kurz „Lebensmittelgesetz" genannt, gibt die Vorschriften für das Wasser als Lebensmittel. In Betracht kommen vor allem § 1 (Definition des Lebensmittels), § 3 und 4 (Verbot der beim Genuß die menschliche Gesundheit schädigenden Herstellung usw.), § 11 und 12 (dazugehörige Strafvorschriften).

3. Das **„Strafgesetzbuch für das Deutsche Reich"** befaßt sich in den §§ 321, 324 bis 326, 365 mit Trinkwasser.

§ 321. Wer vorsätzlich Wasserleitungen . . . zerstört oder beschädigt und durch eine dieser Handlungen Gefahren für das Leben oder die Gesundheit anderer herbeiführt, wird mit Gefängnis nicht unter 3 Monaten bestraft.

Ist durch eine dieser Handlungen eine schwere Körperverletzung verursacht worden, so tritt Zuchthausstrafe bis zu 5 Jahren und, wenn der Tod eines Menschen verursacht worden ist, Zuchthausstrafe nicht unter 5 Jahren ein.

§ 324. Wer vorsätzlich Brunnen- oder Wasserbehälter, welche dem Gebrauch anderer dienen, oder Gegenstände ... vergiftet ..., wird mit Zuchthaus bis zu 10 Jahren und, wenn durch die Handlung der Tod eines Menschen verursacht worden ist, mit Zuchthaus nicht unter 10 Jahren oder mit lebenslänglichem Zuchthaus bestraft.

§ 325. Neben der nach den Vorschriften der §§ 321 bis 324 erkannten Zuchthausstrafe kann auf Zulässigkeit von Polizeiaufsicht erkannt werden.

§ 326. Ist eine der in den §§ 321 bis 324 bezeichneten Handlungen aus Fahrlässigkeit begangen worden, so ist, wenn durch die Handlung ein Schaden verursacht worden ist, auf Gefängnis bis zu 1 Jahr und, wenn der Tod eines Menschen verursacht worden ist, auf Gefängnis von 1 Monat bis zu 3 Jahren zu erkennen.

§ 365. Mit Geldstrafen bis zu 60 Mark oder Haft bis zu 14 Tagen wird bestraft, ... wer die zur Erhaltung der Sicherheit, Bequemlichkeit, Reinlichkeit und Ruhe auf den öffentlichen Wegen, Straßen, Plätzen oder Wasserstraßen erlassenen Polizeiverordnungen übertritt.

4. Von dem „Reichsgesetz, betreffend die Bekämpfung gemeingefährlicher Krankheiten" vom 30. 6. 1900 (RGBl. S. 306), Reichsseuchengesetz genannt, kommen die §§ 17 und 35 in Betracht.

Nach § 17 kann in Ortschaften, die von Cholera, Fleckfieber, Pest oder Pocken befallen oder bedroht sind, die Benutzung von Brunnen, Wasserleitungen ... verboten oder beschränkt werden.

§ 35. Die dem allgemeinen Gebrauch dienenden Einrichtungen zur Versorgung mit Trink- und Wirtschaftswasser ... sind fortlaufend durch staatliche Beamte zu überwachen.
Die Gemeinden sind verpflichtet, für die Beseitigung der vorgefundenen gesundheitsgefährlichen Mißstände Sorge zu tragen. Sie können nach Maßgabe ihrer Leistungsfähigkeit zur Herstellung von Einrichtungen der im Absatz 1 bezeichneten Art, sofern dieselben zum Schutze gegen übertragbare Krankheiten erforderlich sind, jederzeit angehalten werden.
Das Verfahren, in welchem über die hiernach gegen die Gemeinden zulässigen Anordnungen zu entscheiden ist, richtet sich nach Landesrecht.

Nach dem früheren „Preußischen Gesetz zur Bekämpfung übertragbarer Krankheiten" vom 28. 8. 1905 (Ges. S. S. 373) fallen auch Ruhr und Unterleibstyphus unter die Vorschriften des § 17.
Die „Verordnung des Reichsministeriums des Innern zur Bekämpfung übertragbarer Krankheiten" vom 1. 12. 1938 (RGBl. I, S. 1721) erweitert den Kreis der übertragbaren Krankheiten des § 17.

5. Um die Durchführung des § 35 des Reichsseuchengesetzes sicherzustellen, hat der Bundesrat am 16. 6. 1906 eine vom Reichsgesundheitsrat aufgestellte „Anleitung für die Einrichtung, den Betrieb und die Überwachung öffentlicher Wasserversorgungsanlagen, die nicht ausschließlich technischen Zwecken dienen" (Min.-Bl. für Med. Angelegenheiten 1907,

S. 160 und 182) den Landesregierungen empfohlen. Sie ist 1929 und 1932
überarbeitet worden.

Preußen hatte diese Anleitung übernommen und dazu eine **Anweisung**
am 3. 4. 1907 herausgegeben, zu der **Grundsätze für Anlage und Betrieb
von Grund-(Quell-)Wasserwerken** vom Jahre 1905 beigefügt wurden.
Die Anleitung behandelt die Wasserwahl, Bildung eines Schutzbezirks,
Einrichtung der Anlage, Pläne, Bauausführung, Abnahme, Betrieb und
Überwachung des Betriebes.

6. Der Preußische Landesgesundheitsrat veröffentlichte im Jahre 1932
die von der Landesanstalt für Wasser-, Boden- und Lufthygiene aus-
gearbeiteten **Hygienischen Leitsätze für die Trinkwasserversorgung** (Ver-
öffentl. der Med. Verwaltung 1932, Heft 1). Als Anlage finden sich **Richtlinien für die Reinigung von Oberflächenwasser durch Langsamfiltration,**
eine **Brunnenordnung**, eine **Anleitung zur Ausführung der bakteriologischen Wasseruntersuchung.**

7. Eine einheitliche Grundlage auf dem Gebiet der Wasserhygiene schuf
das „**Reichsgesetz über die Vereinheitlichung des Gesundheitswesens**"
vom 3. 4. 1934 (RGBl. I, S. 531).

§ 1. Zur einheitlichen Durchführung des öffentlichen Gesundheitsdienstes sind
in den Stadt- und Landkreisen in Anlehnung an die untere Verwaltungsbehörde
Gesundheitsämter einzurichten.

§ 3. Den Gesundheitsämtern liegt ob: I. Die Durchführung der ärztlichen Aufgaben a) der Gesundheitspolizei b) ...

Zu diesem Gesetz gehören die **1. Durchführungsverordnung** vom 6. 2. 1935
(RGBl. I, S. 177), die **2. Durchführungsverordnung** vom 22. 2. 1935 (RGBl. I,
S. 215), die **3. Durchführungsverordnung** vom 30. 3. 1935 (RMin.Bl. 14).
Von diesen drei Durchführungsverordnungen ist für Trinkwasser die
dritte am wichtigsten. Ihr Abschnitt VIII, § 28 bis 30, behandelt
Wasserversorgung, Beseitigung der flüssigen und festen Abfallstoffe,
öffentliche Wasserläufe.

§ 28. Wasserversorgung.

(1) Auf die Beschaffung ausreichenden und hygienisch einwandfreien Trink- und
Gebrauchswassers hat das Gesundheitsamt hinzuwirken und insbesondere anzustreben, daß mangelhafte und nicht genügend gegen Verunreinigung geschützte
Trinkwasseranlagen beseitigt und an ihrer Stelle zweckmäßige Einzel- oder Zen-
tralanlagen errichtet werden.

(2) Die bestehenden Trinkwasserversorgungsanlagen hat das Gesundheitsamt
durch regelmäßig wiederkehrende, bei besonderen Vorkommnissen auch durch
außerordentliche Prüfungen zu überwachen. Die regelmäßigen Prüfungen finden
bei größeren Anlagen je nach den Verhältnissen und dem letztmalig erhobenen
Befund innerhalb eines ein- bis zweijährigen Zwischenraumes, bei anderen Anlagen mindestens alle drei Jahre statt. Sie sind tunlichst in die Zeiten zu verlegen,
die sich für gewöhnlich als besonders gefahrvoll erwiesen haben, z. B. bei Wasser-

knappheit, Wasserfülle. Aber auch sonst soll das Gesundheitsamt geeignete Gelegenheiten wahrnehmen, um sich über die Beschaffenheit der Trinkwasserversorgungsanlagen zu unterrichten. Dabei wird der beamtete Arzt neben dem Ergebnis der chemischen und bakteriologischen Untersuchung von Wasserproben den Schwerpunkt auf die örtliche Besichtigung zu legen und dahin zu streben haben, laufend ein Bild von den Trinkwasserverhältnissen in den einzelnen Ortschaften zu erhalten, um gegebenenfalls die zur Beseitigung von gesundheitswidrigen Verhältnissen geeigneten Maßnahmen vorschlagen zu können.

(3) Über alle Pläne zentraler Wasserleitungen hat sich der Amtsarzt gutachtlich zu äußern und hierbei die Beschaffenheit und Menge des Wassers, die Entnahmestelle insbesondere im Hinblick auf die Möglichkeit einer Verseuchung oder unzureichenden Zuführung, die Einrichtung der Wasserbehälter usw. zu berücksichtigen. Besondere Aufmerksamkeit hat er auf die Errichtung von Einzelwasserversorgungsanlagen im Bereiche zentraler Wasserleitungen zu richten.

(5) Gegenüber Anträgen der Gemeinden oder Wasserwerksverwaltungen auf Übernahme der Tätigkeit als hygienischer Beirat soll der Amtsarzt sich entgegenkommend verhalten.

§ 24. Absatz 6: Als Beratungsstelle kann die Anstalt für Wasser-, Boden- und Lufthygiene in Berlin-Dahlem (jetzt Abteilung für Wasser- und Lufthygiene des Robert-Koch-Institutes für Hygiene und Infektionskrankheiten, Berlin-Dahlem, Corrensplatz) in allen schwierigen Fragen auf diesem Gebiet zugezogen werden.

Abschnitt X betrifft die Verhütung und Bekämpfung übertragbarer Krankheiten (§§ 37, 38), Abschnitt XX die Heilquellen und Kurorte (§ 70).

8. Die **Deutsche Gemeindeordnung** vom 30. 1. 1935 (RGBl. I, S. 49) gibt in § 18 den Gemeinden das Recht, unter gewissen Voraussetzungen den Anschlußzwang und Benutzungszwang der Wasserleitung ... vorzuschreiben. Hierfür ist durch den Deutschen Gemeindetag eine **Mustersatzung** entworfen worden, die im Reichsministerialblatt für die innere Verwaltung 1938, S. 2062, veröffentlicht ist.

9. Als Vorläufer eines neuen Wassergesetzes ist das „**Gesetz über die Wasser- und Bodenverbände**" vom 10. 2. 1937 (RGBl. I, S. 188) mit der **1. Verordnung über Wasser- und Bodenverbände** vom 3. 9. 1937 (RGBl. I, S. 933) zu betrachten. Beide ersetzen die älteren Bestimmungen über Wassergenossenschaften, Wasserverbände usw., ordnen das Leben bestehender und erleichtern die Bildung neuer Verbände.

10. Als Überleitung zum einheitlichen Wassergesetz gilt das „**Gesetz zur Einschränkung der Rechte am Wasser**" vom 19. 3. 1935 (Pr. G.S., S. 43).

§ 1. Rechte, einen Wasserlauf in einer der im § 46, Abs. 1 des Pr. Wassergesetzes vom 7. 4. 13 bezeichneten Art zu benutzen, werden nicht mehr sichergestellt (§ 86 des Wassergesetzes). Dasselbe gilt für Rechte, über das Wasser eines Sees und über das unterirdische Wasser zu verfügen (§ 203, Abs. 3 des Wassergesetzes).

§ 2. Das Verfahren zur Verleihung oder Verlängerung von Rechten, einen Wasserlauf 1. Ordnung in einer der im § 46, Abs. 1 des Wassergesetzes bezeichneten Arten zu benutzen, darf nur, wenn die Fachminister zustimmen, eingeleitet werden (§ 46, Abs. 4 des Wassergesetzes).

§ 3. Das Verfahren zur Feststellung oder Verlängerung von Zwangsrechten an Wasserläufen 1. Ordnung darf in folgenden Fällen nur, wenn die Fachminister zustimmen, eingeleitet werden ... b) für das Recht auf Durchleitung von Wasser durch ein Wasserlaufgrundstück zur Entwässerung, Bewässerung, Wasserbeschaffung oder Abwasserbeseitigung und für das Recht auf Unterhaltung der Leitung (§ 332 des Wassergesetzes)...

Von den früheren **Preußischen Gesetzen,** soweit sie nicht schon genannt sind, werden angeführt:

11. **Das Wassergesetz** vom 7. 4. 1913 (Pr. G.S., S. 53) mit den Änderungen dazu in 10 (siehe oben).

12. **„Gesetz zur Änderung von Gesetzen über Wasser- und Bodenkulturangelegenheiten"** vom 25. 7. 1933 (Pr. G.S., S. 274).

Das Preußische Wassergesetz (11.) ist in 11 Abschnitte gegliedert, von denen Abschnitt 3, 8 und 9 inzwischen aufgehoben wurden. Das Gesetz wird weiterhin dem Sinne nach angewendet, wobei die Aufgaben an die Landesregierungen übergegangen sind.

Im einzelnen sind hier von Bedeutung:

§ 196. Der Eigentümer eines Grundstückes kann über das auf oder unter der Oberfläche befindliche Wasser verfügen, soweit sich nicht aus diesem Gesetz ein anderes ergibt.

§ 200. Der Eigentümer eines Grundstücks darf das unterirdische Wasser zum Gebrauch oder Verbrauch nicht dauernd in weiterem Umfange als für die eigene Haushaltung und Wirtschaft zutage fördern, wenn dadurch

1. der Wassergewinnungsanlage oder der benutzten Quelle eines anderen das Wasser entzogen oder wesentlich geschmälert oder
2. die bisherige Benutzung des Grundstücks eines anderen erheblich beeinträchtigt oder
3. der Wasserstand eines Wasserlaufes oder eines Sees derart verändert wird, daß andere in der Ausübung ihrer Rechte daran beeinträchtigt werden.

Den Geschädigten steht kein Anspruch auf Unterlassung zu, wenn der aus der Zutageförderung zu erwartende Nutzen den ihnen erwachsenden Schaden erheblich übersteigt oder wenn das Unternehmen, für das die Zutageförderung erfolgt, dem öffentlichen Wohle dient. Sie können jedoch die Herstellung von Einrichtungen fordern, durch die der Schaden verhütet oder ausgeglichen wird, wenn solche Einrichtungen mit dem Unternehmen vereinbar und wirtschaftlich gerechtfertigt sind.

Wichtig ist, daß den Grundstückseigentümern nach § 203 weitere Rechte auf dem Wege der Verleihung übertragen werden können.

Der Gang ist folgender: Nach Prüfung des Verleihungsantrages sorgt der Regierungspräsident für öffentliche Bekanntgabe (§ 65) unter gleichzeitiger Nennung der Einspruchfrist (§ 66). Die Bekanntmachung hat in ortsüblicher Weise (öffentlicher Anschlag, Zeitungen) in allen Gemeinden (Gutsbezirken) zu erfolgen, in denen Interesse an der Verleihung bestehen kann. Durch die Verleihung Geschädigte müssen innerhalb der Einspruchsfrist Widerspruch erheben (§ 67). Sind Einsprüche nicht erfolgt, kann die Verleihung erteilt werden. Bei Vorliegen von

Einsprüchen entscheidet der Regierungspräsident nach Prüfung der Gründe. Die Verleihung kann nur versagt werden aus Gründen, die durch das Wassergesetz selbst begründet sind.

Einwendungen gegen die Entschädigung sind binnen drei Monaten auf dem ordentlichen Rechtswege geltend zu machen.

Hat eine Verleihung für die Öffentlichkeit Mißstände gebracht, so kann sie auf Antrag einer öffentlich-rechtlichen Körperschaft jederzeit von der Verleihungsbehörde beschränkt oder zurückgenommen werden (§ 84). Der Verleihungsinhaber ist jedoch zu entschädigen, wenn er nicht selbst an den Mißständen Schuld trägt (§ 85).

Die Genehmigung für die Errichtung einer Wasserversorgungsanlage ist eine Angelegenheit der Polizei (Gesetz über die Polizeiverwaltung vom 11. März 1850) (§ 6). Das für zentrale Wasserversorgungen geltende Genehmigungsverfahren ist durch die Wassergesetze geregelt. Nach dem Preußischen Wassergesetz kommen folgende Paragraphen zur Anwendung:

§ 204: Wer unterirdisches Wasser zum Gebrauch oder Verbrauch über die Grenzen seines örtlich oder wirtschaftlich zusammenhängenden Grundbesitzes hinaus fortleiten will, bedarf der polizeilichen Genehmigung. Zuständig ist, wenn das Unternehmen der Versorgung von Ortschaften oder größeren Ortsteilen mit Trink- oder Nutzwasser dient, der Regierungspräsident, sonst der Landrat, in Stadtkreisen die Ortspolizeibehörde. Gegen die Entscheidung steht dem Unternehmer nur die Beschwerde im Aufsichtswege zu.

Ist das Recht der Zutageförderung des unterirdischen Wassers durch Verleihung erworben, so bedarf es keiner polizeilichen Genehmigung nach Absatz 1.

Ist zur Durchführung der Wasserversorgungsanlagen die Enteignung von Privatbesitz notwendig, so kommen folgende Bestimmungen des Pr. Wasserg. in Frage:

§ 332: Zugunsten eines Unternehmens, das die ... Wasserbeschaffung zu häuslichen oder gewerblichen Zwecken ... bezweckt, kann der Unternehmer unter den Voraussetzungen des § 331, Abs. 1 von den Eigentümern der dazu erforderlichen Grundstücke verlangen, daß sie die oberirdische oder unterirdische Durchleitung von Wasser und die Unterhaltung der Leitungen gegen Entschädigung dulden.

§ 331, Abs. 1: ..., wenn das Unternehmen anders nicht zweckmäßig oder nur mit erheblichen Mehrkosten durchgeführt werden kann und der davon zu erwartende Nutzen den Schaden des Betroffenen erheblich übersteigt.

Die zur Zeit für das Genehmigungsverfahren in den einzelnen Bundesländern zuständigen Behördenstellen und gültigen Wasserrechte sind in der nachfolgenden Zusammenstellung[1]) aufgeführt.

---

[1]) Siehe Merkblatt für die Vorbereitung und Planung sowie den Bau von Trinkwasserversorgungsanlagen vom Deutschen Verein von Gas- und Wasserfachmännern. 1951.

Land	Aufsicht	Genehmigung	Wasserrecht
Baden	Badisches Ministerium der Finanzen, Baudirektion, Abt. Wasserwirtschaft, Freiburg/Br., Sautierstr 26	desgleichen	Badisches W.
Bayern	Oberste Baubehörde im Bayerischen Staatsministerium des Innern, München, Friedrichst. 8-16	Beratung durch: Landesamt für Wasserversorgung, München	Bayerisches W.
Hessen	Hessisches Ministerium für Arbeit, Landwirtschaft u. Wirtschaft - Hauptabteilung Landwirtschaft, Wiesbaden, Gutenbergplatz 1	Regierungspräsident	Hessisches und Preußisches W.
Niedersachsen	Ministerium für Ernährung, Landwirtschaft und Forsten, Abt. IV B Wasserwirtschaft, Hannover, Prinzenstr. 8 a	Regierungspräsident	Braunschweigisches, Oldenburgisches, Preußisches und Schaumburg-Lippisches W.
Nordrhein-Westfalen	Ministerium für Wirtsch. u. Verkehr, Referat Wasserwirtschaft, Düsseldorf, Ratherstr. 49 a	Regierungspräsident	Lippe-Detmoldisches und Preußisches W.
Rheinland-Pfalz	Ministerium für Landwirtschaft, Weinbau und Forsten, Abt. Landeskultur, Referat Wasserwirtschaft, Mainz, Am Judensand	I. Koblenz: Regierungspräsident II. Pfalz: Kultur- u. Wasserbauamt III. Rheinhessen: Beratung in gemeinsamer Sitzung von Landrat, Gemeinderat u. Wasserwirtschaftsamt	Preußisches W. Bayerisches W. Hessisches W.
Schleswig-Holstein	Ministerium für Arbeit, Wirtschaft u. Verkehr, Referatsgruppe Öffentl. Versorgung, Kiel, Holstenstr. 106—108	Minister für Landwirtschaft	Preußisches W.
Württemberg-Baden	a) Württemberg: Innenministerium, Stuttgart N., Königstr. 44 b) Baden: Präsident Landesbezirk Baden, Abt. Landwirtschaft u. Ernährung, Wasserwirtschaftsverwaltung, Karlsruhe, Wolfartsweiererstr. 5	Prüfung durch Techn. Landesamt Ludwigsburg Wasserwirtschaftsverwaltung Karlsruhe	a) Württembergisches W. b) Badisches W.

Land	Aufsicht	Genehmigung	Wasserrecht
Württem-berg-Hohen-zollern	Innenministerium, Abt. VI Straßen- und Wasserbau, Tübingen, Gartenstr. 3 bzw. Landwirtschafts-ministerium, Abt. Wasser-wirtschaft, Tübingen, Keplerstr. 2	I. Württemberg: Beratung der Ge-meinde durch Innen-ministerium, Abt. Straßen- u. Wasser-bau	Württembergi-sches W.
		II. Hohenzollern: Landratsamt Sig-maringen	Preußisches W.

B. ERFAHRUNGSWERTE FÜR WASSERGEWINNUNG

Vor Nennung von Werten, die erfahrungsgemäß bei Wasserversorgungs-entwürfen benutzt werden können, sei nochmals darauf hingewiesen, daß die Rechnung mit diesen Werten nur eine Annäherung geben kann. Wenn erforderlich, hat der Versuch an Stelle der Rechnung zu treten. Der Ge-samtwasserverbrauch der Zentralwasserversorgungsanlagen in Deutsch-land wird auf 3—4 Milliarden m³/Jahr geschätzt. Davon werden gewonnen:

9% als Quellwasser,
14% als Oberflächenwasser,
77% als Grundwasser.

1. Vorkommen und Beschaffenheit

Wasser ist an allen Stellen der Erde in irgendeiner Form vorhanden, be-deckt sogar den größeren Teil der Erdoberfläche. Die jeweiligen Mengen und die Beschaffenheit werden von klimatischen und geologischen Ein-flüssen bestimmt. Sieht man von den geringen Mengen des aus dem Erd-inneren kommenden (juvenilen) Wassers ab, so führt der Kreislauf der Verdunstung, der Wolkenbildung und des Niederschlages das Wasser auf die Erde zurück.

a) Niederschläge

Man schätzt den jährlichen Niederschlag auf die gesamte Erdoberfläche auf rd. 112000 Milliarden m³ [1]), entsprechend einer Niederschlagshöhe von etwa 770 mm bei gleichmäßiger Verteilung auf die Erdoberfläche. Zwei Drittel der Gesamtniederschläge fallen zwischen dem 30. Grad nörd-licher und südlicher Breite und innerhalb dieser Gebiete sehr ungleich-mäßig. Als regenreichster Ort der Erde gilt Cherarpunji (Südostabhang des Himalaja) mit im Mittel 14200 mm Jahresniederschlag. 9460 mm sind

[1]) Z. f. Gewässerkunde Jahrg. 7, S. 354 ff.

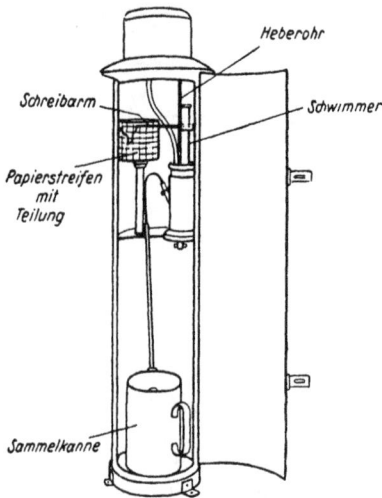

Bild 72. Hellmannscher Regenmesser.

in Debundja (Südwesthang des Kamerun-Peak) gemessen worden. Die regenreichsten Gebiete sind das Hinterindische Archipel, der Nordsaum von Australien und Neu-Guinea, die regenärmsten die Sahara, die Arabische Wüste, Teile von Südamerika und Südafrika.

Die Regenhöhen Europas und Deutschlands sind in Zahlentafel 1 zusammengestellt.

Zur Messung der Niederschlagsmengen dient der Regenmesser (Bauart „Hellmann"), dessen Auffangfläche stets 200 cm² groß ist (vgl. Bild 72).

Zahlentafel 1
Mittlere jährliche Niederschlagshöhen
Mittel von Beobachtungsreihen von 28 bis 43 Jahren

Bucht von Cattaro (1050 m hoch)	4560 mm
Styehead Pass (NW-Küste Englands, 490 m hoch)	4310 ,,
Bergen	2253 ,,
Bayerische Voralpen und Schwarzwald	2000 ,,
Freudenstadt	1840 ,,
Brocken	1700 ,,
Klausthal i. Harz	1491 ,,
Riesengebirge	1400 ,,
Thüringer Wald	1250 ,,
New York	1136 ,,
Triest	1101 ,,
Zürich (während der Jahre 1900 bis 1910)	1067 ,,
Oberrheingebiet	1060 ,,
Baden	1000 ,,
Bayern	830 ,,
Genf	822 ,,
Moselgebiet	820 ,,
Westfalen	804 ,,
Hohenzollern	790 ,,
Rheinprovinz	754 ,,
Hamburg	722 ,,
Hannover	720 ,,
Schleswig-Holstein einschl. Hamburg und Lübeck	718 ,,
Oberhessen, Braunschweig, Hannover	690 ,,
Königsberg	688 ,,
Schlesien	680 ,,
Deutschland im Mittel	660 ,,

Brandenburg . . . . 656 mm
Frankfurt a. M. . . . . 614 „
Stuttgart . . . . 610 „
Mecklenburg . . . . 602 „
Ostpreußen . . . . 600 „
Pommern . . . . 599 „
Berlin (43jähr. Beobachtung; Behre, Das Klima von Berlin) . . . . . 583 „
Wien . . . . 566 „
Westpreußen . . . . 541 „
Paris . . . . 483 „

Regenmesser sollen nicht auf hohen Gebäuden stehen, da dort die Veränderung der Windrichtung durch die Gebäudemassen die Ergebnisse beeinflussen kann. Am zweckmäßigsten wird die Aufstellung etwa 1 m hoch über dem Boden vorgenommen, windgeschützt, jedoch nicht so, daß hohe Bäume oder Gebäude Regenschatten geben.

Die Niederschlagshöhen während der Frostzeit werden durch Einschmelzen des Schnees bestimmt, der je nach Aufbau und Liegezeit verschiedene Wassermengen enthält. Sie schwanken für 10 cm Schneehöhe zwischen 8 und 45 mm Niederschlagshöhe. Für die Schwankungen während der Jahreszeiten gelten für Deutschland etwa folgende Werte:

	Deutschland	Donau- und Marchgebiet	
Winter (Dez. bis Febr.)	18,1%	16%	des Jahresniederschl.
Frühling (März bis Mai)	22,4%	24%	„ „
Sommer (Juni bis Aug.)	36,0%	38%	„ „
Herbst (Sept. bis Nov.)	23,5%	22%	„ „

Von Wert sind Regenmessungen erst, wenn sie das Ergebnis langjähriger Beobachtungen sind. Zu diesem Zweck sind in Deutschland zahlreiche Beobachtungsstellen eingerichtet. Siehe Zahlentafel 5.

Zahlentafel 2

Umwandlung von Niederschlagshöhen in Niederschlagsmengen

$$1 \text{ m}^3/\text{s auf } 1 \text{ km}^2 = 10 \text{ l/s auf } 1 \text{ ha} \qquad 1 \text{ l/s auf } 1 \text{ km}^2 = \frac{1}{100} \text{ l/s auf } 1 \text{ ha}$$

Höhe		Dauer		Niederschlag		Höhe		Dauer		Niederschlag	
0,1	mm	1 s		100	m³/s u. km²	1	mm	30 Tage		0,386	l/s u. km²
0,6	„	1 min		10	„ „	2,59	„	30	„	1	„ „
1	„	1	„	16,67	„ „	1	„	31	„	0,373	„ „
6	„	1	„	1	„ u. ha	2,68	„	31	„	1	„ „
1	„	15	„	1,11	„ u. km²	15,64	„	181	„	1	„ „
1	„	1 st		277,78 l/s	„	100	„	181	„	6,39	„ „
3,6	„	1	„	1	m³/s „	15,72	„	182	„	1	„ „
36	„	1	„	10	„ „	100	„	182	„	6,36	„ „
0,086	„	1 Tag		1	l/s „	15,90	„	184	„	1	„ „
1	„	1	„	11,57	„ „	100	„	184	„	6,29	„ „
86,4	„	1	„	1	m³/s „	31,54	„	365	„	1	„ „
1	„	28 Tage		0,41 l/s	„	100	„	365	„	3,17	„ „
2,42	„	28	„	1	„ „	31,62	„	366	„	1	„ „
1	„	29	„	0,40	„ „	100	„	366	„	3,16	„ „
2,51	„	29	„	1	„ „						

b) Verdunstung und Versickerung

Die Verdunstung ist von der Art der Bodennutzung abhängig. Man kann folgende Jahreswerte ansetzen:

Verdunstung über freien Wasserflächen . . . 700 bis 1000 mm
Verdunstung aus kapillarisch mit Wasser ge-
    sättigtem Boden im Freien. . . . . . .   409 mm
Verdunstung im Walde ohne Streudecke . .   159 mm
Verdunstung im Walde mit Streudecke . . .   70 mm.

Angaben über die Verdunstungsmengen von Talsperren enthält Zahlentafel 3, die Verteilung der Verdunstung auf die einzelnen Monate Tafel 5.

Zahlentafel 3
Jährliche Verdunstungshöhen

Lennetalsperre (NN + 340 m) . . . . 629 bis 855 mm
Ülfetalsperre (NN + 270 m) . . . . 704 ,,   966
Bevertalsperre (NN + 270 m) . . . . 749 ,, 1025 ,.
Vogesentalsperren 600   ,,
Remscheider Talsperre . . . . 850 ,.   .,
Solinger Talsperre . . . . 430 ,, 551 ,,

Von Bedeutung für die abfließenden und versickernden Mengen ist die Beschaffenheit des Bodens. Je dichter der Boden, desto geringer die Möglichkeit zum Versickern, je feiner das Korn, um so zäher wird das aufgenommene Wasser festgehalten. Über die Aufnahmefähigkeit der einzelnen Bodenarten gibt die Zahlentafel 4 Aufschluß.

Zahlentafel 4
Wasseraufnahmefähigkeit für 1 m³ verschiedener Bodenarten[1]
Wasseraufnahmefähigkeit = Größe der Hohlräume
10 Liter Wasseraufnahme = 1% Hohlräume

Granit	0,5 bis	8,6 l	Kreide	144 bis	439 l
Syenit	4,7 ,,	8,6 ,,	Feinkies (2—4 mm) etwa		370 ,,
,, (Oberpfalz) . .	,,	13,6 ,,	Mittelkies (bis 7 mm) etwa		370 ,,
Porphyr	4 ,,	13 ,,	Grobsand (1 bis 2 mm) ,,		360 ,,
Basalt	6,3 ,,	9,5 ,,	Mittelsand (unt. 1 mm) ,,		400 ,,
Basaltlava	44 ,,	56 ,,	Feinsand (¼ bis ⅓ mm) ,,		420 ,,
Marmor	1,1 ,,	5,9 ,,	sehr toniger Boden ,,	,,	464 ,,
Tonschiefer . . .	5,4 ,,	7 ,,	humusarmer Boden mit		
Kieselschiefer . . .	8,5 ,,	27 ,,	viel Ton . . . . ,,		480 ,,
Keuper Sandstein .	6,2 ,,	14,4 ,,	schwarzer, humushal-		
Jurasandstein . . .	42 ,,	49 ,,	tiger, kalkiger Lehm-		
Nebraersandstein . .	255 ,,	269 ,,	boden . . . . . . ,,		568 ,,
Dolomit	15 ,,	221 ,,	schiefriger Mergel . . ,,		660 ,,
Kalkstein:			reiner Ton		870 ,,
Hannover . . .	15,4 ,,	23,8 ,,	aufgelockerte Böden		
Englisch . . .	136 ,,	169 ,,	(Ackererde)		740 ,,
Tuffstein . . .	202 ,,	322 ,,	Gartenerde		820 ,,

[1] Teilweise entnommen: Lueger, Wasserversorgung der Städte.

Zahlentafel 5

Mittlere Monats- und Jahressummen der Verdunstungshöhen (in mm)

Bei den eingeklammerten Zahlen sind die Beobachtungen in mehr als drei Jahren ausgefallen

	Hollerath	Sonneberg	Schmiedefeld	Hadersleben	Kurwien	Lahnhof	Potsdam	Chemnitz	Marienthal	Friedrichroda	Dresden	Eberswalde	Lintzel	Solingen	Großhart-mannsdorf	Grimmitzsee	München-Bogenhausen	Jahnsgrün
Höhe über NN.	615	776	711	33	131	607	80	310	138	441	118	42	97	93	491	65	530	565
Beobachtungsjahre	15	15	15	15	15	15	40	12	15	15	15	15	15	5	33	5	10	12
Januar	4	(6)	(2)	6	6	5	9,2	13	9	9	10,7	8	6	13,9	20,5	12,6	8	23,6
Februar	6	11	5	8	10	8	11,3	15,7	12	12	14,4	12	11	18,1	21	18	12	27,8
März	12	18	14	13	13	18	23,2	25	23	24	28,1	21	19	32,2	34,7	35,7	25	41,9
April	25	24	28	24	28	36	37	38,6	42	43	48,6	38	41	59,8	47,1	63,7	45	60,7
Mai	31	35	45	38	43	47	53	50,6	58	58	55,5	58	64	82,4	65,2	86,7	115	91,4
Juni	31	34	45	44	49	42	54,8	43,1	51	54	47,9	60	60	63,7	64,5	77,6	88	81,3
Juli	33	32	41	41	47	41	55,3	44,1	49	51	44,1	60	58	64,9	71,2	83,1	103	88,8
August	31	28	34	33	38	35	47,9	43,7	45	48	47,9	50	52	60,8	69,1	66,3	101	91,7
September	21	21	24	22	25	26	33	35	37	37	33,6	40	39	41,8	51,5	45,2	50	63,9
Oktober	11	10	9	14	13	13	19	26,3	21	22	21,2	22	23	27,2	40	29,9	18	44
November	7	9	3	9	6	7	11,2	16,5	13	11	15,4	11	12	18	26,9	18,2	7	23,8
Dezember	5	(8)	(2)	6	4	3	8,4	15,3	8	9	13,2	8	7	17,6	21,1	13,6	2	21,6
Winter[1]	59	74	52	67	68	78	100,3	124,1	107	108	130,4	98	97	159,6	171,3	161,8	99	199,4
Sommer[2]	158	160	198	193	215	214	263,2	242,8	261	270	250,2	290	295	340,8	361,5	388,8	475	461,1
Jahr	217	226	250	260	283	292	363,5	366,9	368	378	380,6	388	392	500,4	532,8	550,6	574	660,5

[1] Winter (November—April). [2] Sommer (Mai—Oktober).

Eine allgemein gültige Regel über den Verbleib der Niederschlagsmengen läßt sich nicht aufstellen.

Für die Abflußmengen der deutschen Gewässer geben die „Jahrbücher der Landesanstalt für Gewässerkunde" Auskunft. Regelmäßig wird darüber in „Deutsche Wasserwirtschaft" berichtet. Für das Aufsuchen von Vergleichszahlen für Niederschläge, Verdunstung, Versickerung usw. wird das nachstehende Schrifttum angegeben.

Niederschläge

Handb. d. Ingenieurw. Teil III, Bd. 1.
Hellmann, Die Niederschläge in den norddeutschen Stromgebieten. Berlin 1908.
Z. f. Gewässerkunde, Jahrg. 7, H. 6.
Wasserwirtschaft 1914, S. 227.
Österr. Wschr. f. d. Baudienst 1914, S. 285 (Donaugebiet).
Schweiz. Wasserwirtschaft 1913, H. 2.
· Z. f. d. ges. Wasserwirtschaft 1911, S. 193 (Kolonien).

Versickerung

Jahrb. f. d. Gewässerk. Norddeutschlands, Bes. Mitt. 1906, Bd. 1, H. 4.
Z. VDI. S. 649.

Verdunstung

Weiße Kohle 1908, S. 245.
J. Gasbel. u. Wasservers. 1906, H. 48.
Z. f. Gewässerk. 1899, S. 220 u. 257.
Schweiz. Bauzeit. Bd. 18, H. 9.
Geolog. Zentralbl. 1910, S. 291.

c) Chemische Beschaffenheit

Die chemische, physikalische und bakteriologische Beschaffenheit des Wassers kann nur durch die Untersuchung ermittelt werden. Näheres im 1. Teil, II. Über die Zusammensetzung der Roh- und Reinwasser der deutschen Wasserwerke unterrichtet die „Chemische Wasserstatistik der deutschen Wasserwerke"[1]. Die Anforderungen, die an das Wasser, das zu Trinkzwecken gebraucht werden soll, zu stellen sind, zeigt die Zahlentafel 6.

Zahlentafel 6

An ein Trinkwasser zu stellende Forderungen

Physikalisch	Kleinstwert	Höchstwert	Mittel
Temperatur	6^0	12^0	8^0
Farbe.		farblos	
Klarheit		klar	
Geruch		geruchlos	
Geschmack		frisch	

[1]) Herausgeber: Deutscher Verein von Gas- und Wasserfachmännern, 2. Auflage, Berlin 1941. Verlag R. Oldenbourg.

Chemisch   Kleinstwert Höchstwert Mittel

		Kleinstwert	Höchstwert	Mittel
Härte	°dH	4—6°	20—30°	8—10°
Eisen	mg Fe/l	0—0,1	0,2	0,1
Mangan.	mg Mn/l	0—0,05	0,1	0,1
Kohlensäure.	mg CO_2/l	keine aggressive Kohlensäure		
Ammoniumsalze	mg NH_4/l	—	0,5—1,0	—
Salpetrigsaure Salze	mg NO_2/l	—	Spuren	
Salpetersaure Salze	mg NO_3/l	—	30	—
Schwefelsaure Salze	mg SO_4/l	—	60	—
Chloride	mg Cl/l	—	250	30
Chlornatrium	mg NaCl/l	—	400	—
Chlormagnesium	mg $MgCl_2$/l	—	100	—
Chlorkalzium	mg $CaCl_2$/l	—	500	—
Schwefelwasserstoff	mg H_2S/l	darf nicht vorhanden sein		
Kaliumpermanganatverbrauch . .	mg $KMnO_4$/l	0	12	—
Phosphorsäure und Phosphate . .	mg P_2O_5/l	—	Spuren	—
Abdampfrückstand	mg/l	—	500	—

Bakteriologisch

Keimzahl (Anzahl/cm³)		0	100[1])	20
Bacterium coli		darf nicht vorhanden sein		

Die Mittelwerte entsprechen einem guten Reinwasser. Im Rohwasser werden oft höhere Werte anzutreffen sein.

Einzelheiten siehe 1. Teil, II. Für die einzelnen Untersuchungen können die folgenden Zahlentafeln 7 bis 18 als Hilfe benutzt werden.

[1]) Bei filtriertem Oberflächenwasser. Bei Grundwasser erwartet man einstellige Zahlen, äußerst 20 Keime.

Zahlentafel 7

Härte

1 deutscher Härtegrad = 10 mg CaO in 1 l Wasser
1 französischer ,, = 10 mg $CaCO_3$ in 1 l Wasser
1 englischer ,, = 10 mg $CaCO_3$ in 0,7 l Wasser
1 p. p. amerikanischer = 1 mg $CaCO_3$ in 1 l Wasser

Umrechnung von Magnesia auf Kalk:

$$MgO : CaO = 40 : 56 = 1 : 1,4$$
$$1\ CaO = 0,714\ MgO.$$

Umrechnung der Härtegrade

	Deutscher Härtegrad	Englischer Härtegrad	Franzö-sischer Härtegrad	Amerik. Härtegrad p. p. m. $CaCO_3$	Millival/l (mval/l)
1 deutscher Härtegrad	1	1,25	1,79	17,8	0,357
1 englischer ,,	0,8	1	1,43	14,3	0,286
1 französischer ,,	0,56	0,7	1	10,0	0,2
1 amerikan. p. p. m. ,,	0,056	0,07	0,1	1	0,02
1 mval/l ,,	2,8	3,5	5,0	50,0	1

Millival/l = cm³ n/10 Reagenz je 100 cm³ Wasser.

Härtegrade bei Untersuchung mit Normalseifenlösung nach Clark
Bei Prüfung von 100 cm³ Wasser

Seifen-lösung cm³	Härte grade	Unter-schied	Seifen-lösung cm³	Härte-grade	Unter-schied
1,4	0	0	24	5,87	0,27
2	0,15	0,15	25	6,15	0,28
3	0,40	0,25	26	6,43	0,28
4	0,65	0,25	27	6,71	0,28
5	0,90	0,25	28	6,99	0,28
6	1,15	0,25	29	7,27	0,28
7	1,40	0,25	30	7,55	0,28
8	1,65	0,25	31	7,83	0,28
9	1,90	0,26	32	8,12	0,29
10	2,16	0,26	33	8,41	0,29
11	2,42	0,26	34	8,70	0,29
12	2,68	0,26	35	8,99	0,29
13	2,94	0,26	36	9,28	0,29
14	3,20	0,26	37	9,57	0,29
15	3,46	0,26	38	9,87	0,30
16	3,72	0,26	39	10,17	0,30
17	3,98	0,27	40	10,47	0,30
18	4,25	0,27	41	10,77	0,30
19	4,52	0,27	42	11,07	0,30
20	4,79	0,27	43	11,38	0,31
21	5,06	0,27	44	11,69	0,31
22	5,33	0,27	45	12	0,31
23	5,60	0,27			

Bei härteren Wässern 50, 25 oder 10 cm³ Rohwasser auf 100 cm³ mit aqua dest. verdünnen, da bei Verbrauch von mehr als 45 cm³ Seifenlösung falsche Resultate möglich sind.

Wasserenthärtungsmittel sind genormt. Es sind zu beachten DIN 8101 und 8102.

Zahlentafel 8

Nachweis organischer Stoffe. Kaliumpermanganatverbrauch[1])

40 cm³ $n/100$ Kaliumpermanganatlösung entsprechen

12 mg Kaliumpermanganat
3 ,, Sauerstoff

Kaliumpermanganatverbrauch zur Oxydation von

Eisenoxydul . . . . 1 Teil FeO = 0,44 Teile KMnO₄
Salpetrigsaure Salze (Nitrite) . . . . 1 ,, N₂O₃ = 1,66 ,, ,,
Schwefelwasserstoff . . . . 1 ,, H₂S = 1,86 ,, ,,

[1]) König, Die Verunreinigung der Gewässer, deren schädliche Folgen sowie die Reinigung von Trink- und Schmutzwasser.

Färbung und Kaliumpermanganatverbrauch natürlicher Gewässer[1])

Blaue Seen . . . . 1 bis 3 mg KMnO$_4$ je 1 l
Grüne Seen . . . . 6 ,, 14 ,,   ,,   ,, 1 ,,
Gelbe Seen. . . . . 30 ,, 40 ,,   ,,   ,, 1 ,,
Braune Seen (moorige) . . . . über 50 ,,   ,,   ,, 1 ,,

[1]) Kolkwitz, Die Farbe der Seen und Meere. Dtsch. Vjschr. öffentl. Gesundheitspflege, **42** (1910), H. 2.

Zahlentafel 9

Nachweis salpetrigsaurer Salze durch Jodzinkstärkelösung[2])

Blaufärbung tritt ein . . . . bei NO$_2$'-Gehalt je 1 l
sofort . . . . 0,6 mg und darüber
nach 10 s . . . . bei etwa 0,35 ,.
  ,, 30 s . . . . ,,   ,, 0,25 ,,
  ,, 1 min . . . . ,,   ., 0,20 ,,
  ,, 3 ,. ,,   ., 0,12 ,,
  ,, 8 ,. ,,   ,, 0,06 ,,
  ,. 10 ,, ... wenn Spuren vorhanden

Andere Oxydationsmittel wie Aktivchlor und Ozon geben die gleiche Reaktion.

[2]) Winkler, Nachweis und jodometrische Bestimmung der salpetrigen Säure in damit verunreinigten Wässern. Z. f. Untersuchg. d. Nahrungs- u. Genußmittel. **29** (1915), H. 1.

Zahlentafel 10

Prüfung auf Reaktion durch Indikatoren

Indikator	Bei neutraler Reaktion	Bei alkalischer Reaktion	Bei saurer Reaktion
Lackmus	violett	blau	rot
Rosolsäure.	schwach gelb	deutlich rot	gelb
Kongorot } bei Mineralsäuren	violett	scharlachrot	blau
Methylorange }	orangerot	gelb	rosarot
Phenolphtalein	farblos	rot	farblos

Zahlentafel 11

Wasserstoffionenkonzentration

$$p_H \quad 7 = \text{neutrale Reaktion}$$
$$p_H > 7 = \text{alkalische Reaktion}$$
$$p_H < 7 = \text{saure Reaktion}$$

Die Änderung des Wasserstoffexponenten p_H um eine Einheit entspricht einer Änderung der Wasserstoffionenkonzentration [H·] um eine Zehnerpotenz, da gemäß Definition $p_H = -\log[\text{H·}]$ ist. Weil der p_H-Wert natürlicher Wässer im wesentlichen von dem Verhältnis der gebundenen zur freien Kohlensäure abhängt, kann man ihn ziemlich genau aus den Kohlensäurewerten nach Tillmans[3]) berechnen.

[3]) Zeitschr. für die Untersuchung der Lebensmittel. Band 38. 1919. S. 1.

Es ist $\qquad\qquad\qquad [H\cdot] = 3\cdot 10^{-7}\cdot\dfrac{f}{2\,g}$

daher $\qquad\qquad\qquad p_H = \log\dfrac{10^7}{3}\cdot\dfrac{2\,g}{f}$

$$= 6{,}523 + \log\dfrac{2\,g}{f}$$

worin f = freie Kohlensäure in mg/l

g = gebundene Kohlensäure in mg/l (2 g = Bikarbonat-CO_2).

Zum Beispiel: $g = 100\ \ 2\,g = 200 \qquad \log 200 = 2{,}314$

$\qquad\qquad\quad f = \ \ 25 \qquad\qquad\quad -\log\ \ 25 = 1{,}398$

$$\overline{\qquad\qquad\qquad\qquad 0{,}916}$$

$$+\,6{,}523$$

$$\overline{p_H = 7{,}439} = \sim 7{,}44$$

Es gibt auch ein Berechnungs-Nomogramm (s. Nachtigall, GWF 1933 S. 833 und Handbuch für Lebensmittelchemie von Juckenack, Teil VIII, Bd. 1, S. 185).

p_H-Werte von Gleichgewichtswässern in Abhängigkeit von der Karbonathärte

Karbonathärte in deutschen Graden	Zugehöriger p_H-Wert
0	9,0
2	8,6
4	8,3
6	8,0
8	7,9
10	7,7
12	7,5
14	7,3
16	7,2
18	7,1
20	7,0
22	6,9
24	6,85
26	6,7

Zahlentafel 12

Umrechnungstabelle für Eisen

	Eisen	Ferrooxyd	Ferrioxyd
1 Teil Eisen (Fe)	1,0	1,286	1,429
1 ,, Ferrooxyd (Eisenoxydul, FeO) .	0,778	1,0	1,11
1 ,, Ferrioxyd (Eisenoxyd, Fe_2O_3) .	0,7	0,9	1,0

Zahlentafel 13

Kohlensäure

1 l Kohlensäure (CO_2) = 1,9769 g (bei 0°, 760 mm Druck, 45° Breite)

Dichte = 1,52 (Luft = 1,0)

Löslichkeit der Kohlensäure (Kohlendioxyd) im Wasser[1])

1 Liter Wasser nimmt auf bei:

Temperatur	Volumenteile	Gewichtsteile
0° C	1713 cm³	3343 mg
4°,,	1473 ,,	2869 ,,
8°,,	1282 ,,	2491 ,,
10°,,	1194 ,,	2316 ,,
12°,,	1117 ,,	2164 ,,
15°,,	1019 ,,	1969 ,,

[1]) Landolt-Börnstein, Physikalisch-chemische Tabellen, Berlin.

Zahlentafel 14

Zugehörige Kohlensäure

Härte = Karbonathärte in deutschen Härtegraden.
Geb. = gebundene Kohlensäure in mg/l.
Freie = freie zugehörige Kohlensäure in mg/l (nicht angreifend).

Härte	Kohlensäure Geb.	Freie	Härte	Kohlensäure Geb.	Freie	Härte	Kohlensäure Geb.	Freie
0,64	5,06	0	9,55	75	9,25	17,5	137,5	72,3
1,91	15,0	0,25	9,86	77,5	10,4	17,82	140	76,4
2,23	17,5	0,4	10,18	80	11,5	18,14	142,5	80,5
2,55	20	0,5	10,5	82,5	12,8	18,46	145	85
2,86	22,5	0,6	10,82	85	14,1	18,77	147,5	89,1
3,18	25	0,75	11,14	87,5	15,6	19,09	150	93,5
3,5	27,5	0,9	11,45	90	17,2	19,41	152,5	98
3,82	30	1,0	11,77	92,5	19	19,73	155	103
4,14	32,5	1,2	12,09	95	20,75	20,05	157,5	107,5
4,45	35	1,4	12,41	97,5	22,75	20,36	160	112,5
4,77	37,5	1,6	12,73	100	25	20,68	162,5	117,5
5,09	40	1,75	13,05	102,5	27,3	21	165	122,5
5,41	42,5	2,1	13,36	105	29,5	21,32	167,5	127,6
5,73	45	2,4	13,68	107,5	32,3	21,64	170	132,9
6,05	47,5	2,7	14	110	35	21,95	172,5	138
6,37	50	3,0	14,32	112,5	37,8	22,22	175	143,8
6,68	52,5	3,5	14,64	115	40,75	22,39	177,5	149,1
7	55	3,9	14,96	117,5	43,8	22,91	180	154,5
7,32	57,5	4,25	15,27	120	47	23,22	182,5	160
7,64	60	4,8	15,59	122,5	50,2	23,5	185	165,5
7,95	62,5	5,25	15,91	125	54	23,86	187,5	171
8,28	65	6,0	16,23	127,5	57,4	24,18	190	176,6
8,59	67,5	6,75	16,55	130	61	24,5	192,5	182,3
8,91	70	7,5	16,86	132,5	64,7	24,82	195	188
9,23	72,5	8,3	17,18	135	68,5	25,45	200	199,5

Zahlentafel 15

Berechnung der kalkaggressiven Kohlensäure aus gebundener und freier Kohlensäure[1])

s	G	s	G	s	G	s	G	s	G
1	1	52	49,0	104	87,2	156	116,3	240	153,8
2	2	54	50,7	106	88,4	158	117,3	250	157,5
4	4	56	52,4	108	89,7	160	118,1	260	161,2
6	6	58	54,0	110	90,9	162	119,1	270	164,9
8	8	60	55,7	112	92,8	164	120,1	280	168,5
10	10	62	57,2	114	93,4	166	121,0	290	171,9
12	12	64	58,8	116	94,6	168	122,0	300	175,3
14	13,9	66	60,4	118	95,8	170	123,0	310	178,8
16	15,9	68	62,0	120	97,0	172	123,9	320	182,1
18	17,8	70	63,5	122	98,1	174	124,7	330	185,0
20	19,8	72	65,0	124	99,2	176	125,7	340	188,3
22	21,7	74	66,5	126	100,4	178	126,6	350	191,3
24	23,7	76	68,0	128	101,5	180	127,5	360	194,2
26	25,6	78	69,5	130	102,6	182	128,4	370	197,3
28	27,5	80	71,0	132	103,7	184	129,2	380	199,9
30	29,4	82	72,4	134	104,8	186	130,2	390	202,8
32	31,2	84	73,8	136	105,9	188	131,0	400	205,7
34	33,1	86	75,2	138	106,9	190	131,9		
36	34,9	88	76,6	140	108,1	192	132,7		
38	36,8	90	78,0	142	109,1	194	133,7		
40	38,6	92	79,3	144	110,2	196	134,4		
42	40,3	94	80,8	146	111,2	198	135,2		
44	42,1	96	82,1	148	112,2	200	136,0		
46	43,9	98	83,3	150	113,2	210	141,6		
48	45,6	100	84,6	152	114,2	220	145,6		
50	47,3	102	85,9	154	115,3	230	149,8		

Zum Wert für die freie Kohlensäure addiert man den für die gebundene. Man findet diese Summe in der Zahlentafel unter s und unter G die berechnete Summe der gebundenen plus aggressiven Kohlensäure. Vom G zieht man den Wert für die gebundene Kohlensäure ab und erhält den Wert für die kalkaggressive Kohlensäure.

Zum Beispiel: Freie CO_2 55 mg/l   Gebundene CO_2 103 mg/l
$$s = 55 + 103 = 158 \qquad G = 117,3$$
$$\text{Aggressive } CO_2 = 117,3 - 103 = 14,3 \text{ mg/l.}$$

(Ist geb. $CO_2 > G$, dann fehlt aggressive CO_2; das Wasser ist kalkübersättigt.)

Zahlentafel 16

Sauerstoff

1 Liter Sauerstoff (O_2) = 1,4389 g (0°, 760 mm Druck, 45° Breite)
Dichte 1,1052 (Luft = 1).

---

[1]) Klut-Olszewski, 9. Auflage, S. 249.

Löslichkeit des Sauerstoffs in Wasser[1])

1 Liter Wasser nimmt bei Atmosphärendruck auf:

Temperatur	Raumteile	Gewichtsteile
0° C	10,19 cm³	14,56 mg
4	9,14	13,06
8	8,26	11,81
10	7,87	11,25
12	7,52	10,75
15	7,04	10,06

Zahlentafel 17

Umrechnung von Mangan

Manganoxydul	1 Teil MnO	= 0,77	Teile Mn
Mangankarbonat	1 ,, $MnCO_3$	= 0,48	,, ,,
Mangansulfat	1 .. $MnSO_4$	= 0,36	,, ,,
Mangansulfid	1 MnS	= 0,63	,, ,,
Manganoxyduloxyd	1 ,. Mn_3O_4	= 72	,, ,,
Manganpyrophosphat	1 ,, $Mn_2P_2O_7$	= 0,39	,, ,,
Mangan	1 ,, Mn	= 1,29	,, MnO

Zahlentafel 18

Biologische Untersuchungen

Zulässige Menge der absiebbaren Schwebestoffe

Art d. Wassers	in 50 l Wasser	berechnet auf 1 m³	Verhältnis
Trinkwasser	höchstens 0,05 cm³	höchstens 1 cm³	1 : 1 000 000
Klare Seen	etwa 0,1 ,,	2 ,.	1 : 500 000
Flüsse	etwa 1,0 ,,	etwa 20 ,.	1 : 50 000
	bis 4,0 ,,	bis 80 ,,	1 : 12 500

2. Sammlung und Gewinnung

a) Zisternen

Die Zisternengröße ist so zu bemessen, daß sie den Wasserbedarf auch über die Trockenzeit hinweg deckt. Der Tagesverbrauch wird bei Zisternen gering sein, ungefähr 20 bis 40 l/Kopf.

Ist die Höhe des Jahresniederschlages bekannt, ebenso die Dauer der regenlosen Zeit, so läßt sich aus der Zahl der Benutzer leicht die Zisternengröße ermitteln.

---

[1]) Lunge-Berl, Chemisch-technische Untersuchungsmethoden.

Für die Dauer, die ein Zisterneninhalt vorhalten muß, gibt Keller[1]) folgende Erfahrungsformel:

$$T = \frac{5000}{\sqrt{h}}$$

worin T = die Zahl der Tage,
       h = mittlere Jahresniederschlagshöhe in mm.

Die zu erfassende Niederschlagsfläche gewinnt man aus:

$$365 \cdot E \cdot w = F \cdot h \cdot (1 - v_d - v_s)$$

oder

$$F = \frac{365 \cdot E \cdot w}{h \cdot (1 - v_d - v_s)}$$

worin: E = Verbraucherzahl,
       w = Wasserverbrauch je Kopf und Tag in Litern,
       F = Niederschlagsfläche in m²,
       h = Jahresniederschlag in mm,
       v_d = Verdunstungsbeiwert,
       v_s = Versickerungsbeiwert.

Der Verdunstungsbeiwert ist im mittleren Klima zu etwa 0,2 bis 0,3, in heißem und windreichem Klima zu 0,5 bis 0,6 anzusetzen. Die Versickerung beträgt je nach der Befestigung 5 bis etwa 30% und nimmt bei längerem Regen erheblich ab. Nur bei amerikanischen Zisternen kann der notwendige Speicherraum = Gesamtinhalt gesetzt werden, dagegen bei Filterzisternen = Porengehalt der Filtermasse. Diesen bestimmt man z. B. durch Abwiegen von 1 dm³ (1 l) trockenen Filtergutes und erneutem Abwiegen nach Füllen der Poren mit Wasser. Die Gewichtszunahme in Kilogramm gibt die Wasseraufnahme in Litern bzw. den Hundertsatz der Aufnahmefähigkeit.

b) Talsperren

Bei Talsperren ist zu beachten, ob lediglich die Wasserversorgung oder auch andere Absichten mit dem Sperrenbau verbunden sind, wie z. B. Gewinnung elektrischer Kraft, Verbesserung der Flußwasserstände, Schutz vor Hochwassern od. dgl.

Grundsätzlich sollte man die Sperre so ausgestalten, daß einmal die Verunreinigungen der Zuflüsse zum Absinken kommen — eine Nachreinigung ist trotzdem erforderlich — und weiterhin eine Wassertiefe erreicht wird, die möglichst gleichmäßige Entnahmetemperaturen gestattet.

Einen Anhalt für den Talsperreninhalt gibt folgende Formel[2]):

$$J = \frac{1}{2} \cdot V \cdot (1 + m) - Q_s$$

worin: J = Inhalt der Sperre in m³,
       V = Jahresverbrauch des zu versorgenden Ortes (in m³),
       m = Zuschlagswert, der den mittleren Mehrverbrauch während der sechs Sommermonate gegenüber dem Jahresdurchschnittsverbrauch berücksichtigt,
       Q_s = Talsperrenzufluß während der gleichen 6 Sommermonate (in m³).

[1]) Keller H., Wassergewinnung in heißen Ländern. Berlin 1929.
[2]) Link, Über den Betrieb von Talsperren in Weyl, Th. Betriebsführung städt. Werke. Bd. 1 Wasserwerke. Verlag Dr. W. Klinkhardt, Leipzig.

Der Talsperrenzufluß entspricht der Wasserspende der aufgefangenen Bäche oder Flüsse, d. h. dem Produkt aus der Fläche des Einzugsgebietes mit dem Abfluß je Flächeneinheit; siehe Zahlentafel 19[1]).

Nach Iszkowski[2]) kann man mit folgender Wasserspende rechnen:

$$Q_m = 31{,}71 \cdot c_m \cdot h \cdot F,$$

worin: Q_m = Abflußmenge in l/s,
F = Einzugsgebiet in km²,
h = mittl. Jahresniederschlag in m,
c_m = mittl. Jahresabflußbeiwert.

Die Beiwerte für c_m gibt Zahlentafel 20.

Zahlentafel 19

Wasserspende in l/s km²

Einzugsgebiet	N. W.	M. W.	H. W.
Flachland	0,5— 2	4— 8	8— 50
Hügelland	1 — 2	5—12	80— 200
Mittelgebirge	2 — 4	6—16	200—1000
Hochgebirge	4 —10	10—30	800—4000

Zahlentafel 20

Beiwert des mittleren Jahresabflusses

Einzugsgebiet	c_m
Niederung und flache Hochebene	0,25
Niederung und Hügelland	0,30
Nicht zu steiles Hügelland	0,35
Teils Mittelgebirge, teils Hügelland oder steiles Hügelland . . .	0,40
Bodenerhebungen, wie Ardennen, Eifel, Westerwald, Odenwald, Ausläufer großer Gebirge	0,45
Bodenerhebungen, wie Harz, Thüringer Wald, Rhön, Frankenwald, Erzgebirge, Böhmer Wald, Lausitzer Gebirge, Wiener Wald	0,50
Bodenerhebungen, wie Schwarzwald, Vogesen, Riesengebirge, Sudeten, Beskiden	0,55
Hochgebirge je nach Steilheit	0,60—0,70

Bei der Bemessung sind aber noch die Verdunstungs- und Versickerungsmengen zu berücksichtigen.

---

[1]) Weyrauch, Hydr. Rechnen, Abschn. VI, § 37.
[2]) Iszkowski, Zeitschr. d. Oest. Arch. u. Ing. ,1886, S. 69.

Entsprechend Bepflanzung und Untergrundverhältnissen des Niederschlagsgebietes können 30 bis 80% des Jahresniederschlages aufgefangen werden. Die Verdunstungsmenge ist von der Größe der Staufläche abhängig und durchschnittlich mit 600 bis 1000 mm Wasserhöhe pro Jahr anzusetzen. Siehe auch Zahlentafel 3 und 5. Die Sickerverluste sind oft recht erheblich. Unter gewöhnlichen Verhältnissen wird der Sperreninhalt etwa 15 bis 30% des Gesamtjahresabflusses ausmachen, der bei Aufnahme von Hochwasserwellen noch etwa um 10% zu vergrößern ist. Zur genauen Bestimmung des für die Wasserversorgung allein erforderlichen Inhaltes muß man die Zulaufmengen zur Sperre und die Verbrauchsmengen der einzelnen Monate auftragen. Zählt man die einzelnen Mengen über ein bzw. mehrere Jahre zusammen, so entspricht innerhalb der betrachteten Zeit jeweils der größte Unterschied zwischen Zu- und Ablauf dem notwendigen Nutzinhalt der Sperre. Darüber hinaus sind Zuschläge für Hochwasserschutz usw. zu machen.

Ist die Lage der Sperre bekannt, so läßt sich der nutzbare Fassungsraum nach Lueger wie folgt schätzen:

$$J = 0{,}444 \cdot F \cdot H,$$

worin: J = Inhalt in m³,
F = Fläche des Stauspiegels in m²,
H = Füllhöhe in m.

Der Abschluß der Sperren wird aus Erdschüttungen, Mauerwerk, Beton bzw. Stahlbeton, selten aus Eisen (Spundwand) hergestellt. Gegen das Übertreten des Wellenschlages ist ein Höherziehen der Krone um etwa 2 m über H.W. erforderlich.
Erddämme sind bereits mit Höhen über 100 m ausgeführt worden. Die Kronenbreite soll auch bei niedrigen Dämmen wenigstens 4 m betragen. Thomson gibt folgende Formel für die Kronenbreite (B) bei mehr als 6 m Dammhöhe (H):

$$B = 3{,}00 + 0{,}3 \, (H - 3{,}00).$$

Zur Verringerung der Sickerverluste wird ein Beton- oder Lehmkern bis in die wasserundurchlässige Schicht herabgezogen. Die Böschungsneigungen betragen auf der Wasserseite höchstens 1 : 2, auf der Landseite 1 : 1½ und verflachen zur Sohle hin. Die Wasserseite ist gegen Wellenschlag durch Pflasterung, bituminöse Beläge oder schwere Steinpackung zu schützen.
Staumauern werden vielfach in Bogenform ausgeführt. Um Unterspülungen zu vermeiden, gründet man bis in die undurchlässige Schicht. Die Querschnittsgestaltung ist so zu bemessen, daß die Drucklinien weder bei gefüllter noch bei leerer Sperre aus dem Kern heraustreten. Die Wasserseite der Mauer soll lotrecht ausgebildet werden.

Zur Feststellung der zulässigen Bodenpressung ist in jedem Einzelfall eine Untersuchung durchzuführen. Für gewachsenen harten Fels kann man mit einer etwaigen Druckbeanspruchung von 20 bis 30 kg/m² rechnen. Als Schutz gegen Überstauung ist ein Überfall vorzusehen. Die Berechnung der Überlauflänge erfolgt nach der Formel:

$$L = \frac{3 \cdot Q}{2 \cdot n \cdot h \cdot \sqrt{h} \cdot \sqrt{29}}$$

worin: Q = überzuleitende Wassermenge in m³/s,
  h = Überfallhöhe im Abstand 4 bis 5 h von der Steinwand,
  n = Abflußbeiwert[1]) (im Mittel 0,85) abhängig von der Ausbildung der Wehrkrone.

Bei der Bestimmung der Wassermenge Q sind entsprechende Sicherheiten zu berücksichtigen.

Die Entnahme des Wassers ist so vorzusehen, daß sie in verschiedenen Tiefen erfolgen kann, um größte Reinheit und günstige Temperaturen zu ermöglichen. Undichtwerden durch unter Druck stehende Bauteile ist durch Einbau der Absperrvorrichtungen an der Wasserseite zu vermeiden. Bei Erddämmen entnimmt man daher das Wasser innerhalb eines im Becken errichteten Schachtes.

Schrifttum

Arp, Dietrich, Wasserspeicherung, Flußregulierung und Kanalisierung wasserwirtschaftlich und verkehrswirtschaftlich gesehen. Die Wasserwirtschaft, 1949/50, H. 10, S. 285—288.

Balk, Reg.-Baurat, Das Sylvenstein-Projekt. Die Wasserwirtschaft 1951, H. 9, S. 12—13.

Bauzil, V., Bewässerungsanlagen in Marokko. Travaux, 1949, H. 180, S. 581—589.

— Biologische Ergebnisse der Trinkwasserschnellfiltration an der Barmer Talsperre. I. Gasbel. und Wasservers. 1914, S. 724.

Bourgiu, A., Richtlinien für die Berechnung von Staumauern. Léon Eyrolles, éditeur, Paris 1949, 380 S.

Bruns, Kolkwitz, Schreiber, Talsperrenwasser als Trinkwasser. Mitt. Landesanstalt f. Wasser-Boden-Luft-Hygiene 1913, H. 17

Demoll, R., Die Biologie in der Wasserwirtschaft. Allg. Fischerei-Ztg. 1950, H. 1, S. 10—12, H. 2, S. 39—42.

Dominke, Staudamm am Viktoria-See, Bauplan. und Bautechn., 1948, H. 11, S. 316.

Friedrich, A., Kulturtechnischer Wasserbau, Bd. 2.

Gitywienski, Anton, Der dritte internationale Talsperren-Kongreß Stockholm 1948. Österr. Bauzeitschr., 1949, H. 3, S. 37—41, H. 4, S. 55—60.

Hautum, Fritz, Der Sylvensteinspeicher an der Isar oberhalb Bad Tölz. Bautechn. 1950, H. 1, S. 26.

Hechmer, C. A. ,Trinkwassertalsperren und Volkserholung. Journ. Amer. Water Works Assoc. 1949, Nr. 7, S. 650—653.

Helen, N., Die Staumauern, 1926.

---

[1]) Rehbock, Handbuch der Ing.-Wissenschaft, 4. Aufl. 1912.

Kolkwitz, Beurteilung der Talsperrenwässer. J. Gasbel. und Wasservers. 1905.

Kruse, Hygienische Beurteilung des Talsperrenwassers, Zbl. öffentl. Gesundheitspflege 1901, S. 147.

Lewin, D. Joseph, Übersicht über amerik. Stauanlagen; Wasserwirtschaft 1950,
H. 12, S. 349—357.

Ludin, A., Wasserkräfte, Bd. 2, 1923.

Lueger, O., Die Wasserversorgung der Städte.

Marceko, Claudio, Moderner Staumauerbau in Italien; Schweizer Bauzeitung 1950,
H. 35, S. 476—480, H. 34, S. 455—457, H. 33, S. 446—451.

McCully, John, Ein amerik. Bodenerhaltungs- und Nutzungsprogramm. Die
Wasserwirtschaft, 1949/50, H. 12, S. 359—361.

Meyer, A. F., Trinkwasser aus Talsperren 1937.

Meyer, E., Grundsätzliches zur Wahl der Stauwassertyps für große Staubecken.
Schweizer Bauzeitung 1948, H. 11, S. 150—152.
Siehe auch GWF 1949, H. 10, S. 256.

Novgorodsky, L., Die Eupen-Talsperre und die Wasserreinigungsanlage der
Vesdre. Technique d. Trav. 1950, H. 1—2, S. 37—49.

Orth, F., Die Roß-Talsperre. Bauing., 1949, H. 2, S. 59—60.

Robert, A., Über den Bau großer Staumauern im Hochgebirge. Schweizer Bauzeitung 1947, H. 6, S. 74—77.

Roch, Die Wasserversorgung mittels Talsperren in Deutschland;
Fernwasserversorgung aus der Eckertalsperre. ZVDI 1948, H. 2, S. 37—38.

Seidlitz, H. S., Die Bewirtschaftung unserer Talsperren. Allg. Fischerei-Ztg. 1948,
Nr. 9, S. 65—69, Nr. 10, S. 81—85.

Tölke, Friedrich, Der wasserwirtschaftliche und energiewirtschaftliche Planbau
in den Weststaaten der USA. Bauing. 1950, H. 10, S. 375—378.

Vecellio, Pietro, Der künstliche See von Gela. L'Energia Elettrica 1949, Nr. 7,
S. 416—427.

Wehe, H. C., Neue Stauanlagen im Niltal. Bautechn. 1949, H. 2, S. 41—47.

Ziegler, Talsperrenbau Bd. 2, 1925/27.

c) Grundwasser

Unter Grundwasser versteht man, im Gegensatz zum Oberflächenwasser,
alles unter der Erdoberfläche vorhandene Wasser.

Für die Erschließung des Grundwassers sind geologische Kenntnisse von großer
Wichtigkeit. Von Wert sind die von der Geologischen Landesanstalt herausge-
gebenen Karten und die Mitteilungen aus dem Bohrarchiv „Ergebnisse von
Bohrungen", die alle vorhandenen Tiefbohrungen enthalten.
Zu unterteilen ist der Boden nach der Wasserundurchlässigkeit in folgende Gruppen:

1. Die undurchlässigen bzw. in geringem Maße aufnahmefähigen Gesteine.
2. Diejenigen Gesteine bzw. Erden, die Wasser aufnehmen, jedoch nicht fortleiten können, z. B. Tone, Mergel, Torf, Braunkohle u. dgl.
3. Gesteine, die Wasser in reichem Maße aufnehmen, aber nur bei Nachdringen
   weiterer Wassermengen ein langsames Entweichen gestatten, z. B. Kreide und
   Löß.
4. Die Gesteinsarten bzw. Bodenarten, die das Wasser ebenso leicht aufnehmen
   wie abgeben, also Sande und Trümmergesteine jeglicher Feinheit. Hier ist eine
   günstige Grundwasserentnahme zu erwarten, da das Wasser in den vorhandenen
   Hohlräumen fließen kann. Das Leitungsvermögen eines Sandes wird mit zu-

nehmender Korngröße meist steigen, während es durch die Kapillarwirkung feiner Sande beeinträchtigt wird.

Vom Leitungsvermögen unabhängig ist die Wasseraufnahmefähigkeit, die gleich dem Hohlraumanteil gesetzt werden kann. Als Anhalt hierfür dient Zahlentafel 4, s. S. 164.

Die Wasseraufnahme- und Leitfähigkeit nimmt in großen Tiefen bei ansteigendem Gebirgsdruck ab, so daß in 1000 m Tiefe praktisch mit der Undurchlässigkeit aller Gesteine zu rechnen ist.

Mit zunehmender Tiefe steigt die Wassertemperatur (durchschnittlich 1° Temperatursteigerung auf je 30 m Tiefe), s. 1. Teil, S. 18.

Bakterien dringen nur wenige Meter in den Boden ein. Während bei Entnahme aus geringen Tiefen Vorsicht geboten ist, sind in mehr als 10 m Tiefe Bakterien kaum zu erwarten, insbesondere wenn die wasserführende Schicht durch eine wasserundurchlässige überlagert ist.

In den wasserführenden Schichten sind oft gewaltige Grundwassermengen zu finden. Das grundwasserreiche Oberrheintal (300 km) enthält nach Keilhack 37 Milliarden m³, was im Tal ausgebreitet einer Mächtigkeit von 4 m entspricht. Durchschnittlich ist etwa die 2- bis 3 fache Jahresniederschlagsmenge gespeichert.

Grundwasser kann trotzdem nicht immer ohne Schaden entnommen werden, es sind die Belange der Fischerei, der Kraftversorgung, der Landwirtschaft usw. zu beachten. Gefahren bestehen vor allen Dingen bei den Riesenstädten[1]. Hier können durch Sinken des Grundwasserspiegels erhebliche Schäden eintreten, z. B. Faulen von Fundamentpfählen, Bodensetzungen usw.

Besonders in Bergbaugebieten ist auf Schäden des Grundwasserträgers zu achten. Der beobachtete Grundwasserspiegel kann täuschen, wenn der tieferliegende Grundwasserträger, durch Stollenbauten angeschnitten, mit der Zeit zum Versiegen kommt[2] (Bild 73).

Für größere Wasserentnahmen wird zweckmäßig eine Grundwasserkarte, enthaltend die Höhenlinien des Grundwasserspiegels, angefertigt. Man bohrt das in Frage kommende Feld netzartig ab und klärt damit zugleich die geologischen Verhältnisse, die Stärke der wasserführenden Schicht, die Gleichmäßigkeit usw. Zur Spiegelbeobachtung allein genügen schon Abessinierbrunnen. Man sollte die Bohrbrunnen auch nach Durchführung

---

[1] Z. f. d. ges. Wasserwirtschaft, Februar 1913 (Berlin), ferner:
Z. f. d. ges. Wasserwirtschaft 1907 (Bayreuth), 1909 (Mühlhausen), 1910 (München),
Talsperre (Wasserwirtschaft u. Wasserrecht), 2, S. 297 (Holland).
J. Gasbel. u. Wasservers. 1906, S. 415 (Leipzig).
Gesundh.-Ing. 1905, H. 34 (Breslau).
Geschäftsber. d. Kgl. Bayr. Wasserversorgungsbüros, 1907.
Festschr. d. Stadt Nürnberg zur Eröffnung der Wasserversorgung (Ranna).
Denner: Gutachten über die Grundwasserverhältnisse und den hohen Grundwasserstand in der Innenstadt Berlins i. J. 1945/46.
[2] Kegel, Beitrag zur Frage der Bergschäden durch Wasserentziehung. Glückauf 49, 1913.

der Einmessung für die späteren Ermittlungen am Versuchsbrunnen usw. im Boden belassen. Die Oberkante Brunnenrohr kann durch Höheneinmessungen bestimmt werden. Von dort aus läßt sich der Grundwasserspiegel bei geringen Tiefen leicht mit einem bekreideten Eisenstab fest-

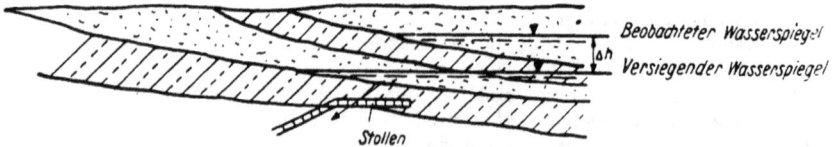

Bild 73. Veränderung des Grundwasserspiegels durch Bergschäden.

stellen, da das Abwaschen bzw. Feuchtwerden der Kreide die Eintauchtiefe des Stabes angibt. Bei größeren Tiefen benutzt man den Rangschen Brunnenmesser. Das Gerät (Bild 74) besitzt im oberen Teil eine Pfeife und ist innen hohl, so daß die beim Eintauchen nach oben gedrückte Luft einen Ton erzeugt (Brunnenpfeife). Die Tiefe wird an einer Meßkette oder Schnur gemessen unter Abzug der eingetauchten Strecke, die an der Zahl der mit Wasser gefüllten Teller erkennbar ist.

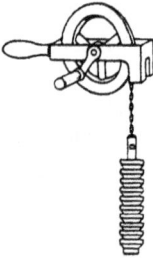

Bild 74. Rangscher Brunnenmesser (Brunnenpfeife).

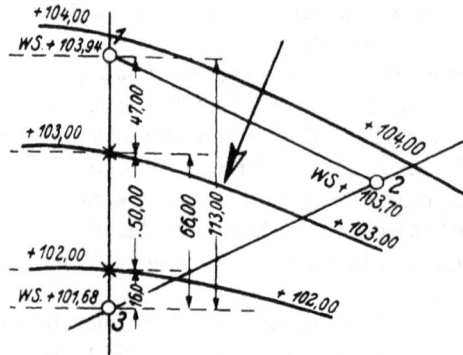

Bild 75. Einmessung und Errechnung der Grundwasserspiegelhöhen (Hydrologisches Dreieck).

Zieht man zwischen den einzelnen Brunnen die Verbindungslinie, so kann man z. B. in Bild 75 auf den Linien 1 bis 3 und 2 bis 3 durch Errechnung der Zwischenwerte die Grundwasserhöhenlinie von Zehntel- zu Zehntelmeter oder von Meter zu Meter ermitteln. Grundwasser strömt in der Richtung des größten Gefälles. Letzteres ist durch die kürzeste Verbindungslinie zwischen zwei Höhenlinien festgelegt. Diese Bedingung erfüllen die jeweiligen Senkrechten zu den Höhenlinien. Daraus folgt:

Die Richtung der Grundwasserströmung entspricht der Senkrechten zu den Grundwasser-Höhenlinien.

α) GRUNDWASSERBEWEGUNG

Als Grundwassergeschwindigkeit bezeichnet man das Maß, um das sich
das Grundwasser während einer Zeiteinheit innerhalb einer begrenzten
Durchflußfläche bewegt. Die wirkliche Wassergeschwindigkeit ist größer,
da die Wasserteilchen sich durch die verschieden großen Bodenporen
hindurchzwängen. Daher ist auch die fließende Wassermenge nicht gleich
Grundwassergeschwindigkeit × Gesamtquerschnitt. Die Durchflußmenge
ist vielmehr das Produkt aus Querschnitt, Geschwindigkeit und einem
dem Porenverhältnis entsprechenden Beiwert.
Die auftretenden Geschwindigkeiten sind gering. Bei Sanden strömt
Grundwasser oft nur um Teile eines Meters bis zu wenigen Metern je Tag.
In Kiesen werden Geschwindigkeiten von 4 bis 10 m und in sehr groben
Kiesen bis etwa 20 m/Tag erreicht.

Zur Ermittlung der Grundwassergeschwindigkeit können folgende Verfahren
dienen. Man bohrt je nach der erwarteten Geschwindigkeit in einer Entfernung
von 10 bis etwa 50 m zwei Brunnen und zwar in Richtung des Grundwasserstromes.
In den oberen Brunnen wird gesättigte Kochsalzlösung eingegossen. Anschließend
werden in gleichmäßigen Zeitabständen aus dem flußabwärts liegenden Brunnen
Wasserproben chemisch untersucht. Der Salzgehalt des Wassers im unteren
Brunnen wird ansteigen und wieder fallen. Die Zeitspanne zwischen dem Ein-
gießen und dem Erreichen des größten Salzgehaltes entspricht der Fließzeit vom
oberen zum unteren Brunnen.
Ferner kann man das Grundwasser durch Einbringen von Chlorammonium elektrisch leitfähig machen. Die Arbeitsweise ist die gleiche wie vor. Die Steigerung
der Leitfähigkeit kann mit Hilfe eines Amperemeters gemessen werden. Es ist
hierbei möglich, die Brunnen in etwa 2 m Entfernung zu setzen, so daß die Beobachtung in geringerer Zeit vor sich gehen kann. Beide Verfahren bedürfen äußer-
ster Vorsicht, allein schon deshalb, weil nur ein schmaler Grundwasserstreifen
erfaßt wird.

Die Bewegung des Grundwassers ist von dem vorhandenen Spiegelgefälle
abhängig. Um den Widerstand der einzelnen Sandarten zu messen, machte
Darcy Versuche, bei denen er Wasser senkrecht durch Sandschichten
hindurchlaufen ließ (Bild 76). Das Ergebnis dieser Versuche läßt sich auch
annähernd auf die waagerechte Bewegung übertragen (Bild 77)[1].
Danach kann die sich bewegende Grundwassermenge wie folgt ermittelt
werden (Bild 77):

$$Q = F \cdot v = F \cdot k \cdot \frac{h}{l},$$

---

[1] Siehe Hans Holler, ,,Strömungsgesetz der Grundwasserbewegung", Deutsche
Wasserwirtschaft 1941, Heft 1.

worin: Q = Wassermenge,
      F = Gesamtquerschnitt des Grundwasserträgers senkrecht zur Strom-
          richtung,
      v = Geschwindigkeit je Flächeneinheit des Grundwasserträgers,
      h = Druckhöhenunterschied innerhalb der Strecke l,
      l = Länge des zu durchströmenden Weges,
      k = Durchlässigkeitsbeiwert des Grundwasserträgers.

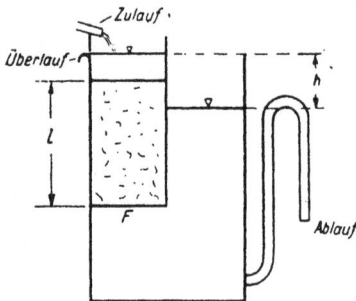

Bild 76. Versuchseinrichtung zur
Druckverlustmessung.

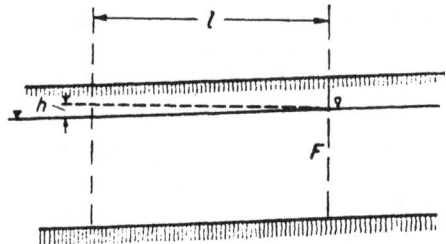

Bild 77. Druckverlust von strömendem
Grundwasser.

Die Durchlässigkeit eines Bodens ist abhängig von Korngröße, Poren-
raum, Kornoberfläche und Kornlagerung. Die große Zahl der Einflüsse
mit ihren Wechselbeziehungen schließt eine formelmäßige Ermittlung aus.
Es bleibt nur der Versuch. Für die Ermittlung ist von G. Thiem ein ver-
feinertes Verfahren ausgearbeitet worden, das den Druckverlust einer
bestimmten Länge erkennen läßt (Bild 78).

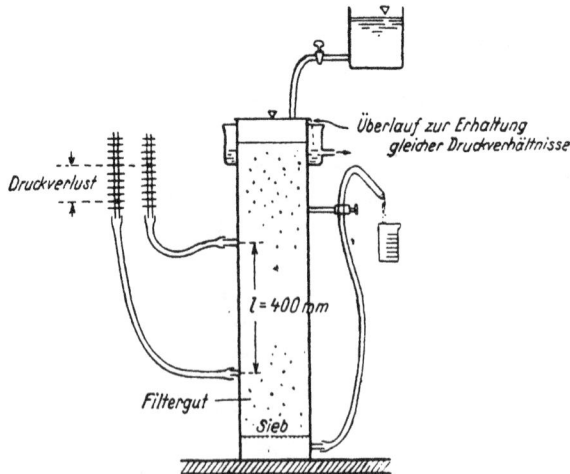

Bild 78. Versuchseinrichtung zur Druckverlustmessung (nach Thiem).

β) ABSENKUNG UND ERGIEBIGKEIT

Freier Grundwasserspiegel (Bild 79). Entnimmt man einem Brunnen mit freiem Grundwasserspiegel ständig eine Wassermenge Q, so wird diesem, gleichartige Boden-verhältnisse vorausgesetzt, das Wasser von allen Seiten gleichmäßig zuströmen. Da bei Annäherung an den Brun-nen die durchströmte Zy-linderfläche immer kleiner wird, die Wassermenge aber gleich bleibt, muß die Ge-schwindigkeit und damit auch der Druckverlust steigen. Es stellt sich eine zum Bruh-

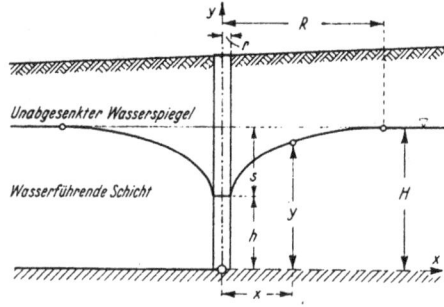

Bild 79. Absenkung bei freiem Grundwasserspiegel.

nen hin stark fallende, trichterförmige Absenkung ein.

Die durch die Ringfläche $2\pi xy$ hindurchgehende Wassermenge ist

$$Q = 2\pi x y \cdot k \cdot \frac{dy}{dx}.$$

Daraus erhält man die Differentialgleichung

$$y \cdot dy = \frac{Q}{2\pi \cdot k} \cdot \frac{dx}{x} \quad \text{und nach Integration} \quad y^2 = \frac{Q}{\pi \cdot k} \cdot \ln x + C.$$

Konstantenbestimmung: Wenn $y = h$; $x = r$

$$C = h^2 - \frac{Q}{\pi \cdot k} \cdot \ln r \qquad \text{mithin} \qquad y^2 = h^2 + \frac{Q}{\pi \cdot k} \cdot \ln \frac{x}{r}.$$

Diese Gleichung stellt eine Rotationsfläche dar.

Durch Einsetzen von $x = R$ und $y = H$ und Auflösen nach Q erhält man die Ergiebigkeitsgleichung für freien Spiegel

$$Q = \pi \cdot k \cdot \frac{H^2 - h^2}{\ln \frac{R}{r}} \quad [\mathrm{m^3/s}].$$

Es bedeuten: H = Höhe des natürlichen Grundwasserspiegels über der wasser-undurchlässigen Schicht, Mächtigkeit.

h = Höhe des Grundwasserspiegels im abgesenkten Zustand über der undurchlässigen Schicht, gemessen im Brunnen.

R = Reichweite der Absenkung

r = Halbmesser des Brunnens (bzw. Filters).

Q = Wassermenge, die dem Brunnen je Sekunde zuströmt.

k = Durchlässigkeitsbeiwert.

x = Waagerechter Abstand eines Punktes der Absenkungslinie von der Brunnenachse.

Die Reichweite R gibt Sichardt[1]) für Grundwasserabsenkungen zu $R = 3000 \cdot s \cdot \sqrt{k}$ an, worin $s = $ größte Absenkung in (m).

Gespannter Grundwasserspiegel (Bild 80)

Die Ermittlung der Ergiebigkeit läßt sich sinngemäß auch für einen Brunnen mit gespanntem Spiegel durchführen. Die Bezeichnungen sind die gleichen wie zuvor. Die Mächtigkeit der wasserführenden Schicht bei gespanntem Grundwasserspiegel wird mit m bezeichnet.

Die in der Entfernung x dem Brunnen allseitig zufließende Wassermenge wird

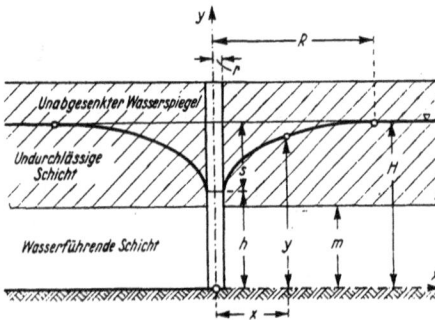

Bild 80. Absenkung bei gespanntem Grundwasserspiegel.

$$Q = 2\,\pi \cdot x \cdot m \cdot k \cdot \frac{dy}{dx}.$$

Nach Integration wird:

$$y = \frac{Q}{2\,\pi \cdot k \cdot m} \cdot \ln x + C.$$

Konstantenbestimmung:

Wenn $y = h$, $x = r$, so wird

$$C = h - \frac{Q}{2\,\pi \cdot k \cdot m} \cdot \ln r$$

mithin

$$y = h + \frac{Q}{2\,\pi \cdot k \cdot m} \cdot \ln \frac{x}{r}.$$

Durch Einsetzen von $x = R$ und $y = H$ erhält man die Ergiebigkeitsgleichung für gespannten Spiegel

$$Q = 2\,\pi \cdot k \cdot m \cdot \frac{H - h}{\ln \dfrac{R}{r}} \;\; [\text{m}^3/\text{s}].$$

Mit den Ergiebigkeitsgleichungen lassen sich die Wassermengen errechnen, die bei einer bestimmten Absenkung einem Brunnen zufließen können. Um diese Wassermengen jedoch zu fassen, muß die benetzte Filterfläche des Brunnens genügend groß sein.

Sie ist

$$q = 2\,r\pi \cdot h \cdot k \cdot I.$$

Unter Berücksichtigung eines kritischen Gefälles, das Sichardt zu $I_{\text{krit}} = \dfrac{1}{15 \cdot \sqrt{k}}$ ermittelte, kann man für das Fassungsvermögen eines Einzelbrunnens setzen:

---

[1]) Sichardt: Das Fassungsvermögen von Bohrbrunnen und seine Bedeutung für die Grundwasserabsenkung, insbesondere für größere Absenkungstiefen. Berlin 1928, Springer-Verlag.
Kyrieleis-Sichardt: Grundwasserabsenkung bei Fundierungsarbeiten, 2. Auflage, Berlin 1930, Springer-Verlag.

$$q = \frac{2\,\pi \cdot r}{15} \cdot \sqrt{k} \cdot h \; [\text{m}^3/\text{s}],$$

worin h = Höhe der benetzten Filterfläche in m ist.

Vergleicht man die Formeln für das Fassungsvermögen (q) und die Ergiebigkeit (Q), so erkennt man, daß mit zunehmender Absenkung die Ergiebigkeit (nicht linear) wächst, während das Fassungsvermögen (linear) sinkt.

Durch den Schnittpunkt der beiden Kurven (Bild 81) ist die erreichbare Wasserentnahme gegeben.

Waagerechte Fassung (Bild 82)

Für waagerechte Fassungen kann man zur Ermittlung der Ergiebigkeit folgenden Ansatz machen.

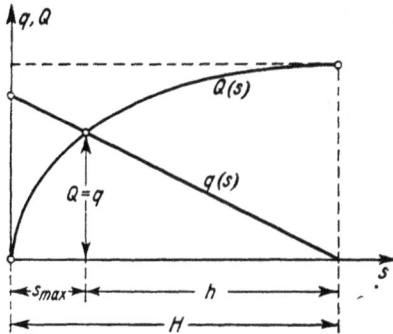

Bild 81. Ergiebigkeit (Q) und Fassungsvermögen (q) in Abhängigkeit von der Absenkung.

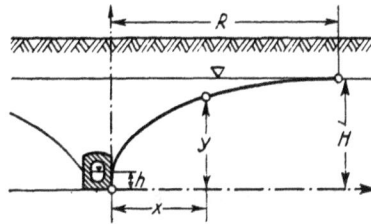

Bild 82. Absenkung bei waagerechter Fassung und freiem Grundwasserspiegel.

Die dem Stollen von jeder Seite zuströmende Wassermenge ist:

$$Q = y \cdot l \cdot k \cdot \frac{dy}{dx}.$$

Die Integration ergibt:

$$\frac{y^2}{2} = \frac{Q}{k \cdot l} \cdot x + C.$$

Konstantenbestimmung:

Wenn $y = h$, $x = 0$, so wird $C = \frac{h^2}{2}$ und damit $y^2 - h^2 = 2 \cdot \frac{Q}{k \cdot l} \cdot x$.

Für $x = R$; $y = H$ ergibt sich die Ergiebigkeitsgleichung für waagerechte Fassung und einseitigen Einfluß

$$Q = k \cdot l \cdot \frac{H^2 - h^2}{2\,R} \; [\text{m}^3/\text{s}].$$

Der den Brunnentrichter begrenzende Kreis ist meist recht groß, insbesondere im Verhältnis zum Brunnendurchmesser. Beide erscheinen (Formeln S. 183 u. 184) als Differenz ihrer natürlichen Logarithmen im Nenner eines Bruches. Schreibt man sie in der Form

$$\ln \frac{R}{r},$$

so sagt das, daß bei Vergrößerung des Brunnendurchmessers (r) — was nur in geringem Umfange erreichbar ist — der logarithmische Bruchwert

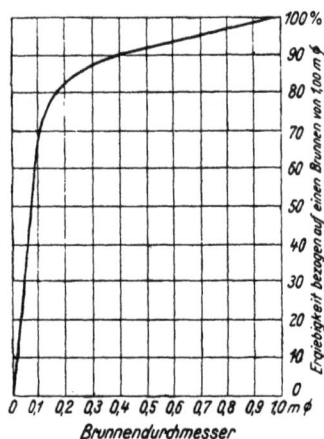

Bild 83. Brunnendurchmesser und Ergiebigkeit.

nur unwesentlich abfällt, die Ergiebigkeit Q also wenig steigt. Die Zunahme bei verschiedenen Brunnendurchmessern ist in Bild 83 dargestellt. Man kann daraus ohne weiteres ersehen, daß die wirtschaftlichsten Durchmesser zwischen 0,10 und 0,40 m liegen, da hierbei eine Ausnutzung von 60 bis 90% der Ergiebigkeit eines Brunnens von 1,00 m Durchmesser erreicht wird.

Ermittlung des Durchlässigkeitsbeiwertes aus einem Probebrunnen. Um die Größe des Beiwertes k für das zur Gewinnung vorgesehene Gebiet im Boden selbst festzustellen, ist von Thiem folgendes Verfahren (sog. ε-Verfahren) ausgearbeitet worden. Man treibt ein Bohrloch in die wasserführende Schicht und setzt ein Filter. Außerdem werden möglichst in der Strömungsrichtung des Grundwassers Beobachtungsbohrungen eingebracht. Während des Abpumpens einer Wassermenge q ist die Absenkung in den Beobachtungsbrunnen entsprechend der Absenkungslinie festzustellen, womit man die Werte h_1 und h_2 ermittelt, während l_1 und l_2 als Entfernung der Beobachtungsbrunnen bekannt sind.

Die Auswertung der Formel $y^2 = \frac{q}{\pi \cdot k} \cdot \ln x + C$ (siehe S. 183) ergibt für $y = h_1$ bzw. h_2 und $x = l_1$ bzw. l_2 (Bild 84)

$$h_2^2 = \frac{q}{\pi \cdot k} \cdot \ln l_2 + C$$

$$h_1^2 = \frac{q}{\pi \cdot k} \cdot \ln l_1 + C.$$

Durch Subtraktion der unteren Gleichung von der oberen erhält man

$$h_2^2 - h_1^2 = \frac{q}{\pi \cdot k} \cdot (\ln l_2 - \ln l_1)$$

und daraus den Durchlässigkeitsbeiwert (ε) bei freiem Spiegel:

$$\varepsilon = k = \frac{q \cdot (\ln l_2 - \ln l_1)}{\pi\,(h_2 + h_1)\,(h_2 - h_1)}.$$

Bei gespanntem Spiegel läßt
sich in gleicher Weise ableiten:

$$\varepsilon = k = \frac{q \cdot (\ln l_2 - \ln l_1)}{2\,\pi \cdot m\,(s_1 - s_2)}.$$

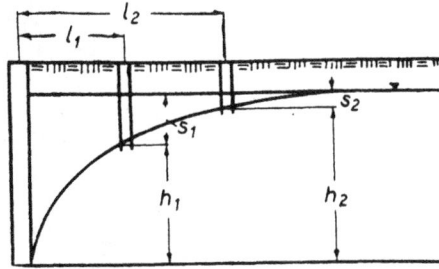

Bild 84. Absenkungskurve.

Man wird den Wert k nach Mög-
lichkeit durch Beobachtungen an mehreren Punkten nachprüfen. Bei
gleichmäßigen Untergrundverhältnissen, wie in Urstromtälern, kann der
Brunnenabstand auf 200 bis 500 m bemessen werden, bei schwierigen
(glazialen) Schichtungen oft nur auf 50 m.

γ) KÜNSTLICHES GRUNDWASSER

Bei der Versickerung von Oberflächenwasser zu künstlichem Grundwasser
liegen die Verhältnisse umgekehrt wie bei der Grundwasserentnahme.

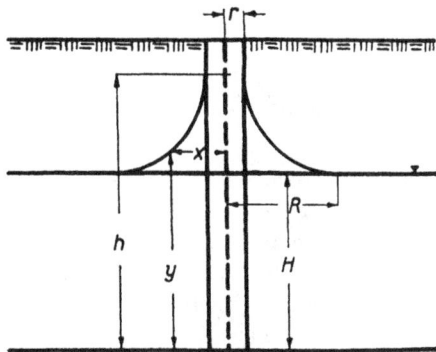

Bild 85. Versickerungsspiegel bei künstlichem
Grundwasser.

Wird die Versickerung durch
Brunnen bewirkt, so stellt sich
der Versickerungsspiegel als Spie-
gelbild zum Absenkungstrichter
ein (Bild 85). Die Berechnung erfolgt nach denselben Gleichungen, die für die Entnahme aufgestellt wurden. (Siehe auch
S. 63.)

δ) DER VERSUCHSBRUNNEN

Bei Gemeinschaftswasserversorgungen wird man die bei der
Bohrung und durch Grundwas-
serspiegelbeobachtung gewonne-
nen Erkenntnisse durch einen Pumpversuch erhärten. Dieser Versuch
ist teuer und langwierig, trotzdem wird man hierauf nur ausnahmsweise
verzichten, wenn es sich um günstige und leicht zu beurteilende Boden-
verhältnisse handelt[1].
Die Dauerleistung des Brunnens ergibt sich aus der ständig geförderten
Wassermenge bei gleichbleibender Spiegelsenkung. Die hierbei zu gewin-
nenden Unterlagen lassen sich entsprechend den obigen Ausführungen

[1] Siehe Hans Holler, „Die Ermittlung der Wasserführung von Grundwasserströmungen aus Pumpversuchsergebnissen". Das Gas- und Wasserfach 1929, 7. H.

auswerten, so daß man die Durchlässigkeit der wasserführenden Schicht
bzw. die Wasserführung des Gesamtgebietes beurteilen kann. Nach dem
Pumpversuch kann man die Anzahl der erforderlichen Brunnen, ihre
Durchmesser, ihre Entfernung voneinander bestimmen.

Zur Beobachtung der Wasserspiegel in den erforderlichen Entfernungen
werden kleinere Brunnen herabgebracht. Man muß darauf achten, daß
sämtliche Brunnen in den gleichen Grundwasserträger hineinreichen.
Zunächst ist der Wasserspiegel im Ruhezustand einzumessen. Mit Beginn
der Wasserförderung wird in gleichmäßigen Zeitabschnitten die Wasser-

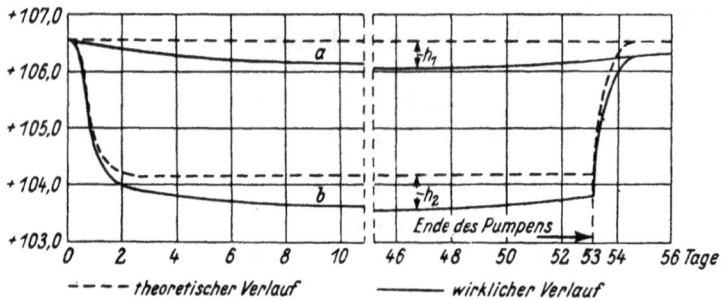

Bild 86. Dauerpumpversuch.
h_1 = Veränderung des unabgesenkten Grundwasserspiegels.
h_2 = entsprechende Veränderung des abgesenkten Grundwasserspiegels.
a = Verlauf des unabgesenkten Grundwasserspiegels.
b = Verlauf des abgesenkten Grundwasserspiegels.

spiegelsenkung an den Brunnen festgestellt. Auch das Gleichbleiben der
Fördermenge ist zu überwachen. Dies vorausgesetzt, wird sich mit der
Zeit eine unveränderliche Absenkungshöhe einstellen; der Beharrungszustand tritt ein, d. h. Gleichgewicht zwischen Entnahme aus dem Brunnen und Zufluß aus der wasserführenden Schicht. Zur Sicherheit setzt man
den Pumpversuch unter gleichen Verhältnissen längere Zeit fort. Mit einer
3- bis 4wöchigen Pumpdauer wird stets zu rechnen sein, bei feinen Sanden
mit oft erheblich längerer Zeit. Es macht meist größere Schwierigkeiten,
das Eintreten des Beharrungszustandes zu erkennen, weniger auf Grund
der Meßungenauigkeiten als auf Grund der Tatsache, daß der Grundwasserspiegel selbst während der Beobachtungszeit schwankt. Theoretisch
müßte in der bildlichen Darstellung (Bild 86) der Beharrungszustand
durch eine Gerade zu erkennen sein. Tatsächlich lehnt er sich an die
Schwankung des Grundwasserstandes an. Spiegelbeobachtungen vor dem
Pumpversuch schaffen Klarheit darüber, ob eine Zeit fallenden oder
steigenden Grundwassers vorliegt. Nach Beendigung des Pumpversuches
wird das Wiederansteigen des Spiegels in möglichst kurzen Zeitabständen
beobachtet, da dieser zunächst sehr schnell wieder ansteigt.

Die während des Pumpversuches zu entnehmende Menge wird man aus Sicherheitsgründen höher ansetzen als später notwendig. Wird der Beharrungszustand nicht erreicht, so ist der Brunnen für die gewünschte Leistung nicht geeignet. Es besteht die Gefahr des Versiegens, wenn man sich nicht mit einer geringeren Ergiebigkeit begnügen kann.

Während des Pumpversuches müssen Unterbrechungen auf alle Fälle vermieden werden. Oft nicht beachtet ist eine einwandfreie Fortführung des geförderten Wassers. Versickern in Brunnennähe kann zu gefährlichen Irrtümern führen. Zweckmäßig werden die Messungen am Pumpbrunnen und den Beobachtungsbrunnen listenmäßig aufgetragen (Zahlentafel 21).

ε) BEMESSUNG VON BRUNNENGALERIEN MIT HEBERLEITUNGEN

Bei Entnahme größerer Wassermengen aus dem Grundwasserträger wird es erforderlich, mehrere Brunnen durch eine Heberleitung zusammenzuschließen und durch diese die Gesamtwassermenge in den Sammelbrunnen abzusaugen. Die einzelnen Brunnen werden hierbei nicht gleichmäßig belastet sein. Durch die gegenseitige Beeinflussung der Brunnen und die Druckverluste in der Heberleitung werden selbstverständlich auch die Entnahmemengen aus den einzelnen Brunnen beeinflußt. Dazu kommt, daß innerhalb einer längeren Brunnen-Galerie auch die Untergrundverhältnisse, die Mächtigkeit der wasserführenden Schicht usw. sich ändern können. In dem nachstehenden Beispiel ist eine Brunnen-Galerie unter Berücksichtigung der Druckverluste in der Heberleitung berechnet.

In Zahlentafel 22 sind die Druckverluste zunächst unter der Bedingung ermittelt, daß die aus jedem einzelnen Brunnen geförderte Wassermenge gleich ist. Danach sind die tatsächlich zur Verfügung stehenden Liefermengen entsprechend der errechneten Absenkung bestimmt worden.

Das in Zahlentafel 22 durchgerechnete Beispiel geht von folgenden Annahmen aus: Die Bevölkerungsbewegung einer Stadt möge folgenden Verlauf gehabt haben[1]):

Jahr.	1924	1928	1932
Einwohnerzahl	12002	12401	12749
Zunahme je Jahr %		0,9%	0,6%

Ausreichend für die weitere Entwicklung ist eine mittlere Zunahme von 0,8% (Vgl. auch S. 215.) Daraus ergibt sich nach 20 Jahren eine Einwohnerzahl

$$E_z = 12750 \cdot \left(\frac{100 + 0,8}{100}\right)^{20} = 14950 = \text{rund } 15000.$$

Tagesverbrauch/Einwohner   = 100 l/E,
größter Stundenverbrauch   = $^1/_{10}$ des Tagesverbrauches.
Berücksichtigung eines Sommerzuschlags von 50% ergibt eine größte Stundenmenge von 15 l/Kopf u. Stunde.

---

[1]) Die Schwankungen der Bevölkerungszahl in den Kriegsjahren können für derartige Ermittlungen nur herangezogen werden, wenn die besondere Entwicklung dieser Zeit berücksichtigt bzw. ausgeschaltet wird.

Zahlentafel 21

Ergebnisse des Dauerpumpversuches

Ort............... Auftraggeber .... Beobachter ....
Ausführender.......... Pumpenwärter ....

Nummer der Messung				1	2	3	4	usw.
Zeit der Messung	Tag							
	Stunde							
Drehzahl der Pumpen (n/min)								
Förderleistg. der Pumpe	rechnerische							
	gemessene							
Gemessener Wasserspiegel	Versuchsbrunnen	Oberkante Rohr = +....N.N.	Tiefe unter Oberkante Rohr					
			Höhe bezog. auf N.N.					
	Beobachtungsbrunnen 1	O.R. = +....N.N.	Tiefe unter Oberkante Rohr					
			Höhe bezogen auf N. N.					
	Beobachtungsbrunnen 2	O.R. = +....N.N.	Tiefe unter Oberkante Rohr					
			Höhe bezogen auf N.N.					
	usw. entsprechend der Brunnenzahl							

Bemerkungen:
(Pumpbeginn und -ende, etwaige Unterbrechungen und sonstige Beobachtungen)

$$\text{Wasserbedarf nach 20 Jahren} = \frac{15\,000 \cdot 15}{3600} = 62{,}5 \text{ l/s.}$$

Der Dauerpumpversuch ergab:

Spezifische Ergiebigkeit . . . . $m = 3{,}7$ l/m,
Mittlere angenommene Absenkung . . . . $s = 2{,}20$ m,
Maximal zulässige Absenkung . . . . $s = 2{,}80$ m.
Mithin liefert jeder Brunnen $= 3{,}7 \cdot 2{,}2 = 8{,}15$ l/s. Erforderlich 8 Brunnen: $8 \cdot 8{,}15$ $= 65{,}2$ l/s, also $> 62{,}5$ l/s. Die Absenkungshöhe kann daher auf $\sim 2{,}10$ m ermäßigt werden.

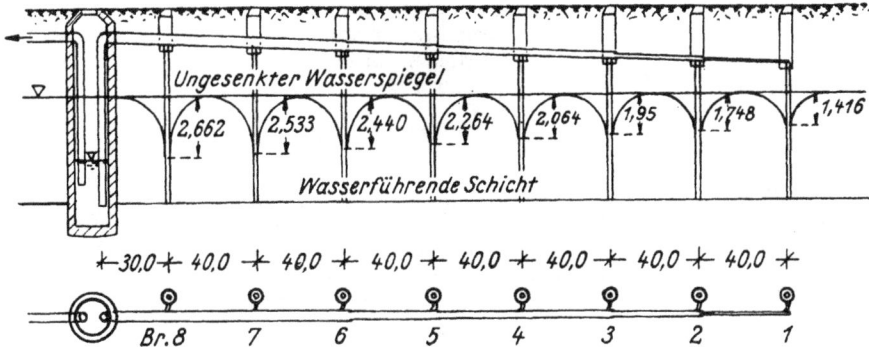

Bild 87 a. Brunnengalerie mit Heberleitung zum Sammelbrunnen.

Da innerhalb der Sammelleitung (Heberleitung) ein Gefällsverlust eintritt, erhält jeder Brunnen eine andere Absenkungstiefe. Die rechnerische Erfassung der dadurch bedingten wechselnden Wasserentnahme aus den einzelnen Brunnen ist in Zahlentafel 22 durchgeführt (Bild 87 a).

Zahlentafel 22[1])

1	2	3	4	5	6	7	8	9	10
Brunnen	Entfernung bis zum folgenden Brunnen	Die Heberleitung durchströmende Wassermenge	v	Gewählter Durchmesser	i	$h = i \cdot l$ (Sp. 6 · 2)	Angenommene Absenkung zuzügl. Reibungsverlust (+ Sp. 7) bis zum nächsten Brunnen	Sp. 8 abzüglich $^1/_2$ des Gesamttreibungsverlustes aus Sp. 7 $\left(\dfrac{\Sigma h}{2} = 0{,}684 \text{ m} \right)$	Entnahmemenge der einzelnen Brunnen Sp.9·3,7 l/m
	l	l/s	m/s	mm		m	m	m	l/s
1	40,00	8,15	0,66	125	0,00830	0,332	2,10	1,416	5,24
2	40,00	16,3	0,67	175	0,00506	0,202	2,432	1,748	6,46
3	40,00	24,45	0,62	225	0,00286	0,114	2,634	1,950	7,21
4	40,00	32,6	0,82	225	0,00500	0,200	2,748	2,064	7,64
5	40,00	40,75	0,83	250	0,00440	0,176	2,948	2,264	8,37
6	40,00	48,9	0,70	300	0,00232	0,093	3,124	2,440	9,03
7	40,00	57,05	0,81	300	0,00320	0,128	3,217	2,533	9,37
8	30,00	65,20	0,92	300	0,00412	0,123	3,345	2,661	9,85

Gesamttreibungsverlust: 1,368 m $\Sigma q = 63{,}17 \text{ l/s}$

Die sich ergebende Wassermenge von 63,17 l deckt sich also fast mit der gewünschten Menge von 62,5 l. Da in den einzelnen Brunnen sowieso nicht mit der Berechnung genau übereinstimmende Verhältnisse herrschen, genügt dieses Ergebnis für einen ersten Überschlag. Sollen genauere Feststellungen getroffen werden, so wird auf Grund der in Spalte 10 errechneten Entnahmemenge der Reibungsverlust (Sp. 6 bis 8) neu zu ermitteln und die weitere Berechnung damit sinngemäß zu wiederholen sein, bis zwischen Fördermengen und Absenkung Übereinstimmung besteht (Schrittweise Näherung). In der vorstehenden Berechnung sinken die Wasserspiegel in den Brunnen in Richtung Sammelbrunnen ab, d. h. ihre Fördermenge steigt. Eine Berechnung, die die Abhängigkeit der Brunnen untereinander berücksichtigt, gibt Paavel[2]). (Vgl. Bild 87 b).

[1]) Bezüglich der Spalten 4 bis 6 vgl. Abschnitt E, S. 230.
[2]) Paavel: Berechnung von Brunnengalerien mit Heberleitungen, Diss. Hannover 1947.

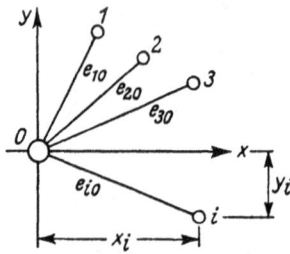

Bild 87b. Lage der Brunnen im Koordinatensystem.

Für das Beispiel einer Brunnengalerie im gespannten Grundwasser schreibt er die Gleichungen aller dieser Brunnen für den Einzelbetrieb im Nullpunkt wie folgt an:

$$H - h_{i0} = \frac{q_i}{2\,\pi \cdot m \cdot k}\,(\ln R_i - \ln e_{i0})$$
$$i = 1, 2, 3, \ldots n$$

Diese Gleichungen geben die Druckhöhen h_{i0} des Grundwassers an, die sich im Koordinatenursprungspunkt bei einer Einzelentnahme von q_i [m³/s] aus dem i-ten Brunnen einstellen.

Für den gleichzeitigen Betrieb der ganzen Brunnengruppe wird

$$H - h_0 = \frac{1}{2\,\pi \cdot m \cdot k} \sum_{i=1}^{n} [q_i\,(\ln R - \ln e_{i0})].$$

Legt man den Punkt, in dem die Druckhöhe h_0 bestimmt werden soll, an den Mantel des j-ten Brunnens, so erhält man folgendes Gleichungssystem:

$$H - h_j = \frac{1}{2\,\pi \cdot m \cdot k} \sum_{i=1}^{n} [q_i\,(\ln R - \ln e_{ij})]$$
$$j = 1, 2, 3, \ldots n$$

oder in Briggschen Logarithmen:

$$H - h_j = \frac{0{,}366\,467}{m \cdot k} \sum_{i=1}^{n} [q_i\,(\lg R - \lg e_{ij})]$$
$$j = 1, 2, 3 \ldots n.$$

Hierin bedeuten: h_j = abgesenkte Druckhöhe am Mantel des j-ten Brunnens (m)
e_{ij} = Abstand des i-ten Brunnens vom j-ten (m)
e_{jj} = Halbmesser des j-ten Brunnens (m).

Das Gleichgewichtssystem gibt n Gleichungen mit den Fördermengen q_i und den Druckhöhen h als Unbekannten. Gegeben müssen sein die Abstände e_{ij}. Durch die Auswertung der Gleichungen kann man die „gegenseitige Beeinflussung von Brunnen" berechnen.

ζ) DÜNENWASSER

Für die Versorgung im Meere gelegener Inseln ist oft der Unterschied der spezifischen Gewichte zwischen Meer- und Süßwasser dienlich. Kann z. B. bei sandigen Böden das leichtere Niederschlagswasser versickern, so schwimmt es auf dem Seewasser. Dabei gewinnt das Grundwasser an Ausdehnung, je höher der Grundwasserspiegel über den normalen Meeresspiegel ansteigen kann. Ist die Höhe des Grundwasserspiegels über dem Meere bekannt, so läßt sich die Mächtigkeit der Süßwasserschicht errechnen (vgl. Bild 88).

Gleichgewicht herrscht, wenn

$$H \cdot \gamma_S = (H - h)\,\gamma_M,$$

worin: H = Mächtigkeit der Süßwasserschicht,
h = Höhe des Wasserspiegels über dem Meeresspiegel,
γ_S = spezifisches Gewicht des Süßwassers,
γ_M = spezifisches Gewicht des Meerwassers.

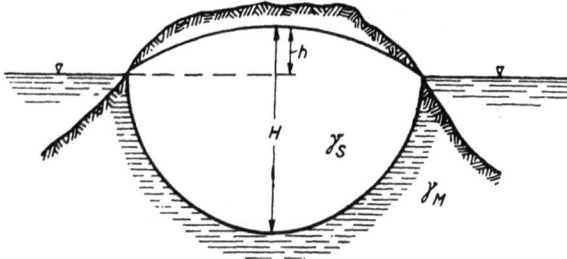

Bild 88. Wasserversorgung von Meeresinseln.

Der Wert für γ_S kann ohne Fehler $= 1$ gesetzt werden. Daraus folgt:

$$H = \frac{h \cdot \gamma_M}{\gamma_M - 1}.$$

Der Wert für γ_M beträgt

1,0014 bis 1,0259 in der Ostsee,
1,0208 ,, 1,0287 in der Nordsee,
1,0254 ,, 1,0277 im Atlantik.

Bei der Festsetzung der Entnahmetiefe (Einbautiefe des Filters) ist zu beachten, daß durch die Verminderung von h beim Abpumpen auch H verringert wird.

d) Quellen

Quellen unterliegen in ihrer Ergiebigkeit meist starken Schwankungen. Vadose Quellen, die durch Wiederzutagetreten versickerter Niederschläge entstehen, sind von den meteorologischen Verhältnissen und den Eigenarten des Einzugsgebietes abhängig. Längere Beobachtungen sind unbedingt erforderlich.

Das Schwanken der Ergiebigkeit zeigen folgende Zahlen:

	Kleinstwert	Höchstwert	$\frac{\text{Kleinstwert}}{\text{Höchstwert}}$
Kaiserbrunnen bei Wien	233 l/s	2046 l/s	1 : 9
Blautopf bei Blaubeuren	350 ,,	14000 ,,	1 : 40
Quelle der Aach (Baden)	2500 ,,	25000 ,,	1 : 10
Quelle der Sorgue bei Vaucluse . . .	550 ,,	120000 ,,	1 : 218

Die Ermittlung der Quellwassermengen erfolgt in einfachster Form durch Messen der Füllzeit eines Gefäßes mit bekanntem Inhalt. Für Dauerbeobachtungen wird an geeigneter Stelle durch eine Spundwand ein Wasserstau geschaffen und am Überfall oder an einer runden Durchflußöffnung die Wassermessung vorgenommen. Vorteilhaft ist, daß an Ort und Stelle nur die Stauhöhe zu messen ist, was durch einen geeichten

Pegel noch erleichtert wird. Diese Beobachtung kann auch von unkundigen Hilfskräften einwandfrei erledigt werden. Schließlich ist an die Verlegung einer kurzen Rohrleitung mit eingebautem Wasserzähler zu denken. Die Rohrleitung muß so verlegt werden, daß der Wasserzähler auch bei starkem Nachlassen der Durchflußmenge mit voller Rohrfüllung be-

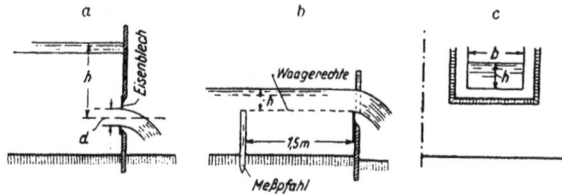

Bild 89. *a* Wassermengenmessung an kreisförmiger Öffnung; b und c Wassermengenmessung am Poncelet-Überfall, *b* Schnitt, *c* Ansicht

lastet wird, was am einfachsten durch Einbauen eines nach oben gerichteten Krümmers in genügendem Abstand hinter dem Wasserzähler erreicht wird.

Zu beachten ist, daß die Durchflußöffnung einwandfrei ausgeschnitten und mit abgeschrägten Kanten versehen wird, damit das Wasser im freien Strahl herabfällt. Der Meßpfahl wird 1,5 m bis 2 m oberhalb errichtet. Vgl. Bild 89. Ponceletüberfälle ergeben recht genaue Messungen.

Zahlentafel 23 (Bild 89)

Ausflußmengen aus kreisförmigen Öffnungen (l/s)

Wasserhöhen h in cm	Mündungsdurchmesser d in mm			
	20	30	40	50
6	0,21	0,48	0,85	1,33
7	0,23	0,52	0,92	1,43
8	0,25	0,55	0,98	1,53
9	0,26	0,59	1,04	1,62
10	0,275	0,62	1,09	1,71
12	0,30	0,68	1,20	1,87
14	0,33	0,73	1,30	2,02
15	0,34	0,76	1,34	2,10
16	0,35	0,78	1,38	2,16
18	0,37	0,83	1.47	2,30
20	0,39	0,87	1,55	2,42
25	0,43	0,98	1,73	2,70
30	0,48	1,07	1,90	2,96
40	0,55	1,23	2,19	3,42
50	0,615	1,38	2,45	3,83

Zahlentafel 24 (Bild 89b und 89c)

Gemessene Wassermengen eines Poncelet-Überfalles (l/s)

Über- fallhöhe h in cm	Überfallbreite in cm				
	20	40	60	80	100
1	0,4	0,84	1,28	1,72	2,16
2	1,1	2,28	3,46	4,64	5,82
3	1,9	4,02	6,14	8,26	10,38
4	2,9	6,08	9,26	12,44	15,62
5	4,1	8,48	12,86	17,24	21,62
6	5,3	10,98	16,66	22,34	28,02
7	6,6	13,74	20,88	28,02	35,16
8	8,1	16,80	25,50	34,20	42,90
9	9,6	19,98	30,36	40,74	51,12
10	11,2	23,36	35,52	47,68	59,84
11	12,8	26,82	40,84	54,86	68,88
12	14,6	30,58	46,56	62,54	78,52
13	16,4	34,42	52,44	70,46	88,48
14	18,3	38,44	58,58	78,72	98,86
15	20,3	42,58	64,86	87,14	109,42
16	22,3	46,86	71,42	95,98	120,54
17	24,5	51,32	78,14	104,96	131,78
18	26,6	55,82	85,04	114,26	143,48
19	28,8	60,50	92,20	123,90	155,60
20	30,9	65,12	99,34	133,55	167,77
21	33,2	69,94	106,68	143,42	180,16
22	35,6	74,90	114,20	153,50	192,80
23	37,8	77,72	121,64	163,56	205,48
24	40,1	84,68	129,26	173,84	218,42
25	42,4	89,80	137,20	184,60	232,00
26	44,7	94,88	145,06	195,24	245,42
27	47,2	100,14	153,08	206,02	258,96
28	49,6	105,38	161,16	216,94	272,72
29	52,2	110,86	169,52	228,18	286,84
30	54,6	116,32	178,04	239,76	301,48

Für die Ermittlung der Wassermenge dient folgende Formel:

$$Q = \frac{2}{3}\,\mu \cdot b\,h\,\sqrt{2\,h\,g}.$$

Es bedeutet:

Q = Wassermenge in m³/s,
h = Wasserspiegelhöhe über Unterkante des rechteckigen Überfalles in m,
b = Breite des Überfalles in m,
B = Breite des Zulaufgerinnes in m,
g = Erdbeschleunigung = 9,81 m/s²,
μ = ein von der Durchbildung des Überfalles abhängiger Erfahrungswert (0,65, wenn Zulauf und Überfall etwa gleich breit, 0,59, wenn Zulauf mehr als sechsmal so breit wie der Überfall.

Nach Rehbock ist:

$$\mu = 0{,}605 + \frac{1}{1000\,h} + 0{,}08\,\frac{h}{p},$$

worin p = Wehrhöhe [m].

Für kleinere Wassermengen ist die Messung mit kreisrunder Durchflußöffnung vorteilhaft, da kleine Wassermengenunterschiede bei steigender Stauhöhe leicht meßbar sind. Für die Ausbildung der Öffnung gelten dieselben Grundsätze wie vorher. Die Stauhöhe ist von Mitte der Durchflußöffnung ab zu messen. Die bei den einzelnen Stauhöhen, Durchmessern und Breiten austretenden Wassermengen zeigen Zahlentafel 23 und 24.

e) Brunnen

Zur Gewinnung des Grundwassers kommen in Frage

1. der Kessel- oder Schachtbrunnen, 2. der Rohr- oder Bohrbrunnen.

Man bezeichnet Brunnen, in denen bei der Förderung der Wasserspiegel nicht unter die Förderhöhe der Pumpen sinkt, als Flachbrunnen. Die Grenze liegt also etwa bei 8 m. Brunnen mit tieferem Absenkungsspiegel heißen Tiefbrunnen.

α) KESSELBRUNNEN

Die Brunnengröße ergibt sich aus der Formel:

$$Q = F \cdot v,$$

worin:

Q = Wassermenge in m³/s,
F = gesamter freier Eintrittsquerschnitt m²,
v = Eintrittsgeschwindigkeit m/s.

$$F = f_{\text{Sohle}} + f_{\text{Mantel}} = \frac{d^2 \cdot \pi}{4} + D \cdot \pi \cdot h \cdot f,$$

worin:

d = innerer Brunnendurchmesser,
D = äußerer Brunnendurchmesser,
h = Höhe der durchlässigen Wandung,
f = Anteil der freien Durchflußfläche der Brunnenwandung.

Bedingung ist, daß die Eintrittsgeschwindigkeit so gering bleibt, daß die in der Brunnensohle liegenden und den Brunnen umgebenden Sandkörnchen nicht in Bewegung geraten. Diese von A. Thiem bestimmten Geschwindigkeiten sind aus Zahlentafel 25 ersichtlich. Brinkhaus[1] empfiehlt, nur die 0,4- bis 0,6fache Geschwindigkeit zuzulassen.

Zahlentafel 25

Korngröße　　　mm	$\leqq 0{,}25$	0,25—0,50	0,50—1,0	1,0— 2,0	2,0— 3,0
Geschwindigkeit cm/s	$\leqq 2{,}9$	3,5—6,9	7,5 —9,6	11,0—17,0	17,9—18,2

[1] Brinkhaus, Anlagen zur Gewinnung von natürl. und künstl. Grundwasser. 1920.

Die Wandstärken des Brunnens. Für die Berechnung des Brunnen-mantels macht man die ungünstigsten Voraussetzungen, die denkbar sind. Sie würden bei leerem Brunnen eintreten, dann wirken Erd- und Wasser-druck von außen auf den Mantel. Es ist nach Bild 90:

$$P = E + W$$

$$e_1 = \gamma_e \cdot \lambda_a \cdot h_1$$

$$e_2 = \gamma_A \cdot \lambda_a \cdot (h_1' + h_2) = \gamma_A \cdot \lambda_a \cdot H'$$

$$h_1' = \frac{h_1 \cdot \gamma_e}{\gamma_A}$$

$$w = \gamma_w \cdot h_2$$

$$E_1 = \frac{1}{2} \cdot e_1 \cdot h_1$$

$$E_2 = \frac{1}{2} \cdot (e_1 + e_2) \cdot h_2$$

$$W = \frac{1}{2} \cdot w \cdot h_2$$

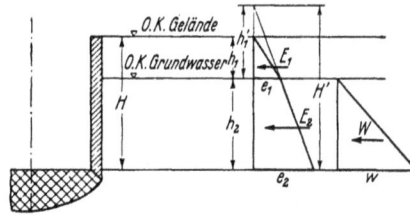

Bild 90. Erd- und Wasserdruck an einer Brunnenwand.

worin:

w = Wasserdruckspannung in der beliebigen Tiefe h [t/m²]

e = Erddruckspannung in der beliebigen Tiefe h [t/m²]

E = Erddruckkraft für die beliebige Höhe h [t/m]

H = Gesamthöhe der Brunnenwand [m]

γ_e = Raumgewicht des erdfeuchten Bodens [t/m³]

γ_A = Raumgewicht des Bodens unter Berücksichtigung des Auftriebs [t/m³]

γ_w = Spez. Gewicht des Wassers [t/m³]

W = Wasserdruck für die beliebige Höhe h [t/m]

λ_a = Erddruckziffer = $\mathrm{tg}^2 \left(\frac{\pi}{4} - \frac{\varrho}{2} \right)$

ϱ = Reibungswinkel des Bodens.

Man kann im allgemeinen setzen:

$$\gamma_e = 1,8 \text{ t/m}^3$$

$$\gamma_A = 1,0 \text{ t/m}^3$$

$$\gamma_w = 1,0 \text{ t/m}^3$$

$$\lambda_a = 0,335 \text{ für } \varrho = 30^0.$$

Die im Brunnenring wirkende Kraft ist:

$$2\,K = P \cdot D$$

$$K = \frac{P \cdot D}{2} = s_\text{erf} \cdot \Delta h \cdot \sigma_\text{zul.}$$

Die Wandstärke:

$$s_\text{erf} = \frac{P \cdot D}{2 \cdot \Delta h \cdot \sigma_\text{zul}}.$$

Hierin ist:

P = Kraft je m Brunnenumfang für die Höhe Δh [t/m] $= E + W$.
D = Äußerer Durchmesser [m] (kann gleich dem inneren gesetzt werden)
s = Wandstärke [m]
Δh = Höhe des betrachteten Ringstückes [m]
σ_{zul} = Zulässige Druckbeanspruchung des Baustoffes [kg/cm²].

Die für σ zulässigen Werte zeigt Zahlentafel 26.

Zahlentafel 26

Baustoff	Druckfestigkeit σ kg/cm²	Gültige DIN	Wasseraufnahme %
Beton 1 : 4	300—400	—	—
Klinker	350	105	bis 5
Hartbrandziegel	250	105	bis 8
Mauerziegel	100—150	105	über 8
Kalksandsteine	150	106	über 10
Radial- und Ringsteine .	—	1057	—
Betonringe	—	4034	—

Die Rechnung gibt meist schwache Wandungen. Der Brunnen muß aber großes Gewicht besitzen, um zu sinken. Einfach und bewährt ist daher die Berechnung der Wandstärke nach folgendem Erfahrungswert:

$$s = 0{,}2\,r + 0{,}1 \quad \text{(Stärke in m)},$$

worin r = innerer Halbmesser [m].

Der erhaltene Wert wird nach oben abgerundet bzw. auf Mauerstärke gebracht. Bei wasserdurchlässigen Mänteln aus Mauerwerk sollte man wenigstens mit $1\frac{1}{2}$ bis 2 Steinstärken arbeiten (vgl. Zahlentafel 27).

Zahlentafel 27

Wandstärke Steinstärke	Wandstärke in cm	Größte lichte Weite des Brunnens m	Größter äußerer Durchmesser des Brunnens m
1	25	1,5	2
$1\frac{1}{2}$	38	2,8	3,55
2	51	4,1	5,12
$2\frac{1}{2}$	64	5,4	6,68
3	76	6,6	8,12

Für die Wandstärke gußeiserner Brunnenringe gilt annähernd

$$s = 25 \cdot \sqrt[3]{d} \qquad \begin{cases} \text{Stärke in mm} \\ \quad d \quad \text{in m.} \end{cases}$$

Der Senkkranz (Brunnenkranz). Die Senkkranzbreite entspricht meist der Stärke des Brunnenmantels. Bei Maßen von mehr als 2 Stein Stärke beschränkt man sich auf dieses Maß oder auf $0,8 \cdot s$ und läßt das Mauerwerk oder den Beton auskragen.

Für die Stärke genieteter Eisenblechkränze gibt Brinkhaus folgenden Erfahrungswert:

$$\delta = 2 \cdot d = 4 \cdot r \ (\delta = \text{Stärke in mm}, \ d \text{ und } r \text{ in m})$$

Die Blechstärken wird man aber nicht unter 4 und nicht über 10 mm wählen, die Winkeleisen gleich der 10 fachen Blechstärke.

Die Wandstärke gußeiserner Senkschuhe gibt die Erfahrungsgleichung

$$\delta = \sqrt{d} + 0,5 \text{ bis } 1,0 \text{ cm}.$$

Bei eisernen Kränzen sind in Abständen von 60 bis 80 cm Querstege einzubauen, die zugleich zur Befestigung der Ankereisen dienen. Die Anzahl der Ankereisen bestimmt man aus

$$n = \frac{d \cdot \pi}{2 \cdot (0,60 \text{ bis } 0,80 \text{ m Abstand})}.$$

Bei Beton- und Eisenausführungen wird man 1 m Abstand nicht überschreiten.

Die Anker müssen von unten bis oben durchgehen, was durch Verschrauben erreicht werden kann. Sie sollen die Zugspannungen beim Absenken aufnehmen. Die Bemessung der Ankerschrauben empfiehlt Brinkhaus nach folgender Formel:

$$f = \frac{(7,5 \text{ bis } 12,5)\, d}{n}$$

β) ROHRBRUNNEN

Bei der Bohrung ist zu unterscheiden zwischen

1. Handbohrung,
2. Maschinenbohrung.

1. Für die Handbohrung können benutzt werden

a) drehend arbeitende Bohrer.

Zu nennen sind:

der Tellerbohrer, der bei lockeren Sanden mit einer Glocke versehen wird,
der Spiralbohrer für festere Sande,
der Schneckenbohrer für zähen Boden (Braunkohle, Torf),
die Schappe für Tonböden,

dazu kommen Hilfsgeräte wie Federschneider, Erweiterungsbohrer, Krätzer, letzterer zum Auflockern und Entfernen von Hindernissen.

b) stoßend arbeitende Bohrer.

Der Ventilbohrer (auch Schlammbüchse, Stauchbohrer genannt) zum Arbeiten im losen Sand und Kies und zum Entfernen von Bohrschmand. Es muß im Wasser gearbeitet werden, das beim Fehlen einzugießen ist.

Die Bohrmeißel in zahlreichen Formen beim Anschneiden von Gebirge. Die Leistung des Bohrmeißels ist abhängig von Gewicht, Fallhöhe und Schlagzahl. Größere Hubhöhen als 1 m empfehlen sich beim Trockenbohren nicht, beim Spülbohren sogar höchstens 0,6 m, da die Fallgeschwindigkeit des Meißels im Wasser kaum 2 m/s übersteigt.

2. Maschinenbohrung kommt erst bei größeren Tiefen in Frage, daher für Wasserversorgungszwecke selten. Man unterscheidet:

a) Spülbohrung.

Das vom Bohrer zerschlagene Gestein wird durch einen Wasserstrom ausgespült. Eine Spülgeschwindigkeit von 0,5 m/s läßt Korn von 8 mm, eine Geschwindigkeit von 1 m/s Korn von 32 mm Durchmesser aufsteigen. Wassermenge und Druck hängen vom Gestänge und Bohrrohrdurchmesser ab. Man rechnet mit 1,5 bis 2 at auf je 100 m Tiefe.

b) Freifallbohrung.

c) Schnellschlagbohrung.

arbeitet bis etwa 100 m Tiefe mit 60 bis 80 Schlägen je min, in größeren mit 150 Schlägen/min.

d) Seilschlagbohrung.

für große Tiefen.

e) Kronenbohrung.

Durch Drehung eines mit Diamanten besetzten Ringes wird ein Bohrkern freigelegt und nach Bedarf abgebrochen. Für weicheres Gestein werden Bohrkronen aus Stahl usw. benutzt.

Das Entfernen des Bohrschmandes erfolgt fast stets durch Wasserspülung.

Bohrgestänge und Seil. Bohrgestänge können Zug und Druck (Stoß), ebenso drehende Bewegungen übertragen. Die Möglichkeit, durch das Gestänge zu spülen, führt zur Bevorzugung von Hohlgestängen.

Am gebräuchlichsten sind Hohlgestänge aus nahtlosem oder patentgeschweißtem Rohr von 1¼, 1½, 2, 2½ Zoll Durchmesser. Die Blattschloßverbindung ermöglicht Links- und Rechtsdrehen. Die Gestängelänge beträgt gewöhnlich 5 m.

Bohrseile gestatten nur die Übertragung von Zug.

Am gebräuchlichsten sind Drahtseile, Hanfseile haben bei großen Tiefen den Vorteil der Gewichtsersparnis. Tragfähigkeit usw. siehe Zahlentafel 28.

Fördereinrichtung. Bei Arbeiten mit Gestänge und in großen Tiefen sind große Gerüsthöhen von Vorteil, da sie die Anwendung von Gestängezügen erlauben. Man rechnet mit folgenden Gerüsthöhen:

8 bis 12 m für eine Gestängelänge von 5 m,
15 bis 18 m für einen Gestängezug von 2 × 5 m,
20 bis 22 m für einen Gestängezug von 3 × 5 m.

Vom Durchmesser der Bohrung und der Tiefe wird die Tragfähigkeit des Bohrgerüstes bestimmt. Hölzerne Dreiböcke mit rund 10 m Stangenlänge (20 cm Stangendurchmesser) haben etwa 1000 bis 3500 kg Tragkraft, eiserne Dreiböcke aus Mannesmann-Röhren 4 bis 10 t bei etwa 5facher Sicherheit. Größere Leistungen erfordern den Aufbau eines Bohrturmes. Dreiböcke aus Gasrohren von 1½ bis

Zahlentafel 28

Hanfseile

Seildurchmesser . . . . .mm	13	16	18	23	29	33	36
Tragfähigkeit bei etwa							
8facher Sicherheit . . .kg	130	200	250	415	660	850	1000
Gewicht je m . . . . . .kg	0,17	0,20	0,24	0,39	0,66	0,82	0,95

Drahtseile

Seildurchmesser . . . . .mm	10	14	20	24	28	32	35
Kleinster Rollendurchmesser mm	300	400	500	650	750	850	925
Tragfähigkeit bei etwa							
7facher Sicherheit . . .kg	600	1100	2100	2500	3500	4500	6000
Gewicht je m . . . . . .kg	0,35	0,70	1,25	1,70	2,35	3,00	3,55

2 Zoll Durchmesser und 6 bis 7 m Höhe sind für kleinere Bohrungen bei 400 bis 600 kg Tragkraft geeignet.
Der Seilzug von 4 Arbeitern an der Förderwelle ist bei Verwendung von Handkurbeln zu 300 kg, bei Haspelhölzern vorübergehend zu 600 kg anzusetzen. Mit Kabelwinden können von 4 Arbeitern 500 bis 2000 kg erzielt werden.

Das Bohrrohr. Nicht standfestes Gestein erfordert Verrohrung des Bohrloches, die meist nach Bohrbeendigung wieder gezogen wird. Als Bohrrohre kommen in Frage:

1. Nahtlos gewalzte Flußstahlrohre, sog. Mannesmannrohre aus Siemens-Martin-Flußstahl mit Festigkeiten bis zu 55 kg/mm² und Durchmessern bis 550 mm (DIN 2449/52).
2. Wassergasgeschweißte Flußstahlrohre mit 34 kg/mm² Mindestfestigkeit und Durchmessern von 250 bis 2000 mm (DIN 3453).
3. Autogengeschweißte Flußstahlrohre mit 34 kg/mm² Mindestfestigkeit und Durchmessern von 50 bis 2000 mm (DIN 2454).

Allgemeine Übersicht über nahtlose Flußstahlrohre in der DIN 2448 (Auszug siehe Zahlentafel 66, S. 307). Die Länge der Rohre beträgt 4 bis 7 m, in Sonderfällen bis 15 m.
Für die Bohrrohre gelten folgende Normen:

DIN 4911 Bohrrohre, Technische Lieferbedingungen,
    4914 Nahtlose Gestängerohre für Öl-, Wasser- und Gesteinsbohrung,
    4917 Gestängerohrgewinde für Schlagbohrungen,
    4932 Nahtlose Futterrohre (Bohrrohre) für Ölbohrungen.

Entsprechend der DIN 1629 gelten folgende technische Lieferbedingungen für nahtlose Flußstahlrohre:

Abweichungen für Außendurchmesser
        bis 51 mm   ± 0,5 mm
      über 51 bis 203 mm   ± 1%
      über 203 mm   ± 1,5%

Die Wandstärke darf je nach Zustand der Gesamtlieferung um 15—18% variieren. Die Gewichtsabweichung darf für ein nahtloses Rohr der Klasse 7 + 12% und — 10% nicht überschreiten; bei Wagenladungen > 10 t sind ± 10% zulässig.

Vorgeschriebene Probedrücke sind:

I. Für Rohre in Handelsgüte . . . .   50 kg/cm²

II. Für Rohre mit Gütevorschrift . . . . $\geqq$ 60 kg/cm²
allgemein der 1,5fache Nenndruck.

Genietete und geschweißte Blechrohre werden bei großen Durchmessern (600 bis 2000 mm) verwendet. Da auch geringe Wandstärken verwendet werden können, sind sie leicht und billig. Sie werden in Längsrichtung stumpf gestoßen und geschweißt oder überlappt genietet (DIN 2455).

Das Brunnenrohr. Sehr oft kann das Bohrrohr für die spätere Wasserentnahme als Brunnenrohr benutzt werden. In besonderen Fällen, z. B. bei angreifenden Wässern, die Schmiedeeisen schnell zerstören, ist das Einsetzen widerstandsfähiger Rohre erforderlich. Hierfür kommen Rohre aus folgenden Stoffen in Frage:

Metallrohre, Steinzeugrohre, Porzellanrohre, Mipolamrohre und Holzrohre.

Unter den Metallrohren sind zu nennen:

a) Schmiedeeiserne Rohre mit Schutzüberzügen. Bewährt haben sich Asphaltüberzüge (heiß aufbringen). Verzinnte Eisenrohre sind widerstandsfähig gegen Wasserangriffe, doch durch elektrolytische Vorgänge schneller zerstörbar als Eisenrohre. Verzinkung bietet Schutz gegen Rosten, nicht gegen angreifende Wässer.

b) Gußeiserne, asphaltierte Rohre sind chemisch widerstandsfähiger als schmiedeeiserne. Die erhebliche Wandstärke und damit hohes Gewicht gestatten bei der geringen Zugfestigkeit nur Ausführungen bis etwa 50 m Tiefe.

c) Kupferrohre sind kaum durch Wasserangriffe zerstörbar. Bei sauerstoffreichen Wässern muß Kupfer verzinnt werden. Nachteilig ist die geringe Zugfestigkeit.

d) Nicht rostender Stahl ist absolut säurebeständig und von großer Festigkeit. Seine Einführung ist durch den hohen Preis behindert.

Steinzeugrohre sind in chemischer Beziehung unzerstörbar. Das Material ist leicht zerbrechlich. Starre Muffenverbindungen sind schwer herstellbar, daher nur bei geringen Tiefen als verwendbar zu empfehlen. Porzellanrohre verhalten sich ähnlich wie Steinzeugrohre.

Brunnenrohre aus Holz kommen hauptsächlich bei Solen und Thermalwässern in Frage. (Jordansprudel in Oeynhausen, 725 m tief.) Die Rohre werden aus einzelnen Dauben zusammengesetzt und mit Eisendraht spiralförmig umwickelt. Bei Sole oder Thermalwässern ist Kupfer- oder

Bronzedraht anzuwenden. Die einzelnen etwa 5 m langen Rohre werden
stumpf gestoßen und durch Kupfermuffen verbunden. Holzrohre sind
billig.

γ) DER FILTERKORB

Der Filterkorb soll gegen chemische und elektrolytische Angriffe sowie
mechanische Beanspruchungen widerstandsfähig sein. Er soll geringen
Eintrittswiderstand bieten und das Wasser sandrein halten. Die zahlreichen Filterbauarten lassen sich gliedern in Gewebefilter und Kiesschüttungsfilter.

Gewebefilter. Sie bestehen aus dem kreisrund- oder länglich geschlitzten
Filterrohr, das mit grobem Unterlagsgewebe und darauf liegendem feine-
rem Filtergewebe umhüllt ist. Längsschlitzung weist bis zu 40%, Rund-
lochung bis 35% freien Durchtrittsquerschnitt auf.

Als Filtergewebe werden benutzt:

Einfaches Gewebe aus sich rechtwinklig kreuzenden Kette- und
Schußfäden, das meist als Unterlagsgewebe benutzt wird.

Durch die Nummer des Gewebes bezeichnet der Handel die Anzahl der Kette-
und Schußdrähte auf engl. Zoll (26 mm). Gewebe Nr. 6 : 0,9 mm Draht, heißt
6 Kette-, 6 Schußdrähte von 0,9 mm Durchmesser. Die Maschenweite errechnet
sich wie folgt:

$$w = \frac{26 - n \cdot s}{n},$$

worin w = lichte Maschenweite,
$\quad\; n$ = Gewebenummer = Drahtzahl,
$\quad\; s$ = Drahtstärke.

Bei rechteckigen Geweben werden zwei Nummern angegeben. Nr. 20/24 heißt
20 Kette-, 24 Schußdrähte.

Köpergewebe aus sich rechtwinklig kreuzenden Kette- und Schußdrähten, wobei in jeder Richtung über zwei oder mehr Drähte ohne Kreuzung hinweggegangen wird.

Die Bezeichnung und Errechnung der lichten Weiten entspricht einfachen
Geweben.

Tressengewebe aus in weitem Abstand liegenden Kettedrähten, die
von den engliegenden Schußdrähten durchflochten sind.

Kennzeichnung z. B. 10/80, d. h. 10 Kette-, 80 Schußdrähte auf 26 mm. Die lichte
Weite kann nur durch Versuch, nicht durch Rechnung gefunden werden (vgl.
Zahlentafel 29).

Wahl der Maschenweiten. Grundsatz soll sein, das Gewebe so zu
wählen, daß das grobe und mittlere Korn der Entnahmeschicht zurückgehalten wird. Allzu enge Filter setzen sich schnell durch feinen Sand zu
und verockern leicht. Bei einigermaßen gleichmäßiger Kornverteilung
können nach Brinkhaus folgende Feinanteile durchgelassen werden:

Zahlentafel 29

Nummern, Drahtstärken und Maschenweiten des Tressengewebes

Nr. des Tressengewebes	Drahtstärke der Kettenfäden mm	Drahtstärke der Schußfäden mm	Maschenweite mm
6/52	0,6	0,5	0,90
8/80	0,5	0,37	0,75
8/84	0,45	0,34	0,75
10/80	0,4	0,34	0,50
10/92	0,37	0,31	0,50
12/112	0,34	0,26	0,45
14/124	0,31	0,24	0,40
16/140	0,31	0,22	0,35
18/156	0,26	0,20	0,25
20/156	0,26	0,20	0,20

Bei sehr groben Kiesen . . . . . . 20 bis 30%
bei mittelgroben Kiesen . . . . . . 30 „ 40%
bei Sanden . . . . 40 „ 60%

In schwierigen Fällen ist durch Aussiebung getrockneter Sandproben oder durch Ausschlämmen Klarheit zu schaffen (Bild 91).

Als Baustoffe für Filter und Filtergewebe kommen in Frage Kupfer, verzinntes Kupfer, Messing, Bronze und nicht rostender Stahl. Für das Filterrohr genügt meistens schon asphaltiertes oder verzinktes Eisen. Viel verwandt wurde das Gewebefilter Bauart Thiem mit gußeisernem Filter und Kupfergewebe.

Kiesschüttungsfilter. Sie erfordern größere Bohrung, sind also teuerer, zeigen aber sehr langsame Verockerung und gestatten kleinere Eintrittsgeschwindigkeiten. Nach der Einbauart ist zu unterscheiden zwischen geschütteten und gepackten Ausführungen. An nichtmetallischen Baustoffen wurden verwendet: Steingut, Porzellan, Glas, Holz, auch Kunststoffe.

Wird geschüttet, so genügt als Filterrohr ein geschlitztes Rohr, meist derart ausgeführt, daß die Öffnungen nicht ausgestanzt, sondern lappenartig herausgedrückt werden. Die Kiesschüttungen aus gesiebtem Filterkies sollen radial gemessen wenigstens je Kornstufe 10 cm Breite haben.

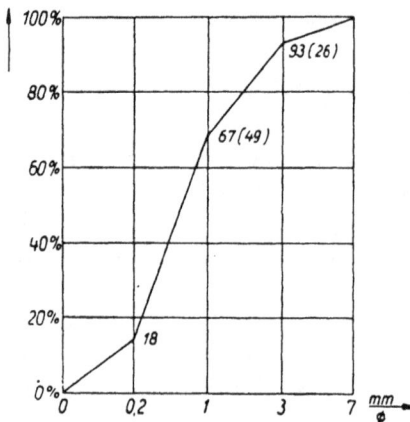

Bild 91. Siebsummenlinie einer Sandprobe.

Für die Kornabstufungen gibt Groß als Regel, daß der Korndurchmesser von Schicht zu Schicht etwa um das 4- bis 5fache ansteigen kann. Die auftretende Eintrittsgeschwindigkeit muß so klein bleiben, daß Sandkörner nicht bewegt werden. Die Geschwindigkeit errechnet sich aus der Formel

$$Q = v \cdot d \cdot \pi \cdot h,$$

worin: Q = geforderte Brunnenleistung, (m²/s)
$\quad\quad v$ = Eintrittsgeschwindigkeit, (m/s)
$\quad\quad d$ = jeweiliger Filterdurchmesser, (m)
$\quad\quad h$ = Filterhöhe.

Die in Frage kommenden Grenzwerte sind nach Groß folgende:

Korngröße	Eintrittsgeschwindigkeit v in m/s
40% kleiner als 1 mm	0,002
40% ,, ,, 0,5 mm	0,001
40% ,, ,, 0,25 mm	0,0005

Vgl. auch Korngröße und Filtergeschwindigkeit unter Kesselbrunnen (S. 196).

C. AUFBEREITUNG

Zur künstlichen Verbesserung der Wasserbeschaffenheit stehen folgende Möglichkeiten zur Verfügung:

1. Die Belüftung,
2. das Absetzen,
3. die Filterung,
4. die chemische Reinigung.

Fast stets sind innerhalb eines Werkes mehrere Verfahren miteinander verbunden. Die Wirkung und Anwendung zeigt die Übersichtstafel 30. Einzelheiten sind im 1. Teil, Abschn. V, besprochen.

1. Belüftung

Die offene Belüftung des Wassers kann vorgenommen werden durch Verbrausen, Verrieseln und Zerstäuben.

Verbrausen. Die Belüftung des Wassers durch Brausen allein kommt für kleine Wassermengen und einfache Verhältnisse in Frage (Einzelhausversorgung).
Die alleinige Verwendung von Brausen erfordert etwa 3 m Fallhöhe. Das gleiche gilt bei einer Verteilung durch Prallteller.
Riesler. Das durch gelochte Bleche, Brausen oder Prallteller verteilte Wasser fällt etwa 1 m frei herab und verrieselt dann über einem Körper

Art der Verun-reinigung	Art der Reinigung	
	Belüftung	Absetzen
Physi-kalisch	Temperatur: Geringe Verän-derung.	Temperatur: Beachtenswerte Änderung je nach Außentem-peratur.
	Nicht gelöste Stoffe: Unter Umständen Vorbereitung zur leichteren Ausscheidung.	Nicht gelöste Stoffe: Ab-setzen der Sinkstoffe je nach Absetzdauer.
	Geruch und Geschmack: Können verbessert werden.	Geruch und Geschmack: Bei nicht zu langer Absetzzeit keine wesentliche Änderung.
	Gesamtwirkung: Geringe Ge-ruchs- und Geschmacksver-besserung.	Gesamtwirkung: Ausschei-dung des größten Teiles der nicht gelösten Stoffe.
Chemisch	Ammoniumsalze, Salpetrigsaure Salze } Teilw. Beseitigung durch Oxydation.	Eisen, Mangan } Absetzbar nach Vor-belüftung oder son-stiger Vorbehandlung
	Schwefelwasserstoff, Freie Kohlensäure } Aus-treibbar.	Kohlensäure, Sauerstoff } Veränderung nicht ausgeschlossen.
	Eisen, Mangan } Zur Ausfällung vorbereitet.	Andere chemische Stoffe: Keine oder nur geringe Veränderung
	Erhöhung des Sauerstoffgehaltes	
	Salpetersaure Salze, Chloride, Härte, Organische Stoffe } werden praktisch nicht ver-ändert, ge-legentlich schwach er-niedrigt.	
	Gesamtwirkung: Nur teilweise. Hauptsächlich Vorbehandlung	Gesamtwirkung: Hauptsäch-lich Einschaltung vor Filte-rung.
Bakterio-logisch	Zunahme der luftbedürftigen Bakterien, die die Fäulniser-reger bekämpfen.	Mit den absetzfähigen Verunrei-nigungen sinkt auch ein Teil der Bakterien ab.
	Gesamtwirkung: Verminde-rung der Fäulnisfähigkeit.	Gesamtwirkung: Meist nur Hilfsmaßnahme.

Verbunden mit chemischen Vorgängen

tafel 30

Art der Reinigung	
Filterung	Chemische Zusätze
Temperatur: Keine oder nur sehr geringe Änderung.	**Temperatur**: Wird nicht verändert.
Nicht gelöste Stoffe: Praktisch restlos rückhaltbar.	**Nicht gelöste Stoffe**: Können beschwert werden (Ausfällung im Absetzbecken).
Geruch und Geschmack: Bei Eisen- und Mangangehalt verbessert, sonst kaum verändert.	**Geruch und Geschmack**: Können günstig beeinflußt werden.
Gesamtwirkung: Gute, fast 100proz. Reinigung.	**Gesamtwirkung**: Gewünschte Wirkung meist möglich. Zur Ausfällung der Schwebestoffe geeignet.
Eisen Mangan } Nach Vorbehandlung durch Belüftung weitgehendst rückhaltbar.	Entfernung chemischer Stoffe durch andere möglich, doch meist zu umständlich und zu teuer.
Härte Kohlensäure } Kann in Spezialfiltern (z. B. Permutit-, Magno-, Marmorfiltern) beseitigt werden.	**Angewandt**: Bei Eisen- und Mangangehalt, Kohlensäureüberschuß, Härte und Aktivchlor.
Gesamtwirkung: Sehr gut.	**Gesamtwirkung**: In Einzelfällen erfolgreich.
Bakterien: Bleiben praktisch restlos in Langsamfiltern, weitgehend in Schnellfiltern zurück.	Bestimmte chemische Zusätze bewirken Keimtötung (Chlorgas) oder adsorptive Keimentfernung (Fällmittel)
Gesamtwirkung: Sehr gute Reinigung.	**Gesamtwirkung**: Wenn anwendbar, sehr gut.

aus Koks oder aufgebauten Ziegelsteinen. Verrieselung über Holzhorden ist veraltet. Dagegen hat man mit Erfolg eine Verrieselung über schräg gestellte Asbestbetonwellbleche versucht (Kaskaden). Die Höhe des Rieselkörpers beträgt meist 3 bis 3½ m. Der Quadratmeter Grundfläche kann mit etwa 6 bis 10 m³ Wasser/st belastet werden.

Je nach der Stärke der Schlammausfällung während der Verrieselung bemißt man die Häufigkeit der regelmäßigen Reinigung des Rieslerkörpers. Die Reinigung erfolgt durch Abspritzen oder starkes Überströmen. Es sind annähernd 2 m³ Wasser für 1 m³ Koks, 1½ m³ Wasser für 1 m³ Hohlsteine bzw. 1 m³ für Vollsteine nötig. Der Ersatz des Körpermaterials ist selbst bei Verwendung von Koks erst nach mehreren Jahren notwendig.

Zerstäuben. Das Wasser wird durch sog. Amsterdamer Düsen oder Kreiseldüsen verspritzt. Je Düse ist etwa 1 m² Grundfläche anzusetzen. Der zum Verspritzen erforderliche Wasserüberdruck beträgt ungefähr 3 bis 5 m bei einer Strahlhöhe von 2 bis 3 m. Dabei ist die Leistungsfähigkeit einer Düse mit 10 mm Austrittsöffnung etwa 2 bis 5 m³/st.

Bei geschlossenen Reinigungsanlagen wird die Luft durch die Rohwasserpumpe oder besondere Kompressoren zugeführt. Der Luftzusatz beträgt etwa 2 bis 5%, in besonderen Fällen bis 40% der geförderten Wassermenge. Vorteilhaft für die Mischung von Luft und Wasser sind Kontaktbehälter (Oxydatoren mit Stein- oder Lavafüllung (siehe Bild 32). Die überschüssige Luft bläst durch Entlüftungsventile ab.

2. Absetzbecken

Es gibt kontinuierlich und intermittierend arbeitende Anlagen. Die Zahl und Größe der rechteckigen, meist länglichen Becken ergibt sich aus erforderlicher Stundenleistung und Absetzzeit. Für eine stündlich geforderte Wassermenge Q in m³ und eine Aufenthaltsdauer T in Stunden ist erforderlich ein Beckeninhalt J in m³ von: $J = Q \cdot T$. Die Durchflußgeschwindigkeit sollte 2 mm/s nicht übersteigen. Die Beckentiefe soll möglichst über 3 m betragen, um die Erwärmung herabzumindern. Am Ein- und Auslauf des Beckens sind Tauchwände zur Beruhigung und Verteilung des Wassers vorzusehen.

Die Aufenthaltsdauer wird bei Oberflächenwässern selten über 24 st bemessen, da auch bei längerem Aufenthalt nicht alle Schwebestoffe ausscheiden. Bei sehr langem Aufenthalt (30 bis 40 Tagen) tritt bakterienvermindernde Wirkung ein (London)[1]. Für den Absetzvorgang bei Grundwasser (Enteisenung) genügt in der Regel 1 bis 2stündiger Aufenthalt. Eine erhebliche Steigerung und Beschleunigung des Absetzvorganges, zugleich eine Keimtötung, ist durch Chemikalienzusatz zu erzielen, dessen

---

[1] Housten, Surveyor 1909, S. 436.

Höhe jeweils durch Versuche ermittelt werden muß. Als Zusatzmittel (ev. kombiniert) kommen in Frage:

Kaliumpermanganat mit 0,2 bis 2 mg/l,

Eisenchlorid 5 bis 25 mg/l,

Eisensulfat (Ferrosulfat) mit Zusatz von Kalk oder Chlor,

Eisensulfatchlorid,

Ferrisulfat,

Aluminiumsulfat (schwefelsaure Tonerde, Filteralaun). Es muß arsen-, mangan- und eisenfrei sein. Die Zusatzmengen schwanken zwischen 10 und 50 mg/l.

Natriumaluminat (Tonerdenatron) 2 bis 20 mg/l,

Kupfersulfat in Mengen von 0,5 bis 10 mg/l,

Chlor meist 0,2 bis 0,5 mg, bei Vorchlorung 1 bis 2 mg/l, bei Hochchlorung bis 10 mg/l.

3. Sandfilter

Bei der Sandfilterung wird der natürliche Filtervorgang des Grundwassers künstlich nachgeahmt. Man unterscheidet

Langsamfilter und Schnellfilter,

deren hervortretende Unterschiede in der Filtergeschwindigkeit und Reinigung liegen (siehe umstehende Tafel 31).

a) Langsamfilter

Sie kommen fast ausschließlich bei Flußwasserreinigung in Betracht. Die Größe der Gesamtfilterfläche wird bestimmt durch die Filtergeschwindigkeit (Flächenbelastung in m³/m² st) und Betriebszeit. Es ist:

$$\text{Filterfläche} = F_{Fi} = \frac{Q}{T_B \cdot V_{Fi}},$$

worin: Q = zu filternde Wassermenge je Tag in m³,

T_B = tägliche Betriebszeit in Stunden,

V_{Fi} = Filtergeschwindigkeit in m/st.

Außerdem ist ein Zuschlag für die zwecks Reinigung außer Betrieb befindlichen Filterbecken zu machen. Die Beckenzahl n ist daher:

$$n = \frac{F_{Fi}}{f} \cdot \left(1 + \frac{T_r}{T_b}\right),$$

worin: F_{Fi} = erforderliche Filterfläche in m²,

f = gewählte Fläche des einzelnen Filterfeldes in m²,

T_r = Reinigungsdauer eines Filterfeldes (in Tagen),

T_b = Betriebsdauer eines Filterfeldes bis zur nächsten Reinigung (in Tagen).

Tafel 31

Filterarten

	Langsamfilter	Schnellfilter
Körperaufbau	60—100 cm Feinsandschicht auf nach unten hin gröber werdendem Kiesunterbau.	60—250 cm Feinsandschicht auf durchlässigem Boden (Siebe, Düsenböden od. dgl.)
Filterwirkung	Die auf dem Filtersand sich bildende Filterhaut hält bereits die abzufilternden Stoffe größtenteils zurück.	Die gesamte Sandschicht wird fast gleichmäßig mit abzufilternden Stoffen belastet.
Filtergeschwindigkeit	2—3 m/Tag (100 mm/st), Größtwert: etwa 4 m/Tag.	Offene Schnellfilter: 5—10 m/st. Geschlossene Schnellfilter etwa 10—15 m/st u. mehr.
Reinigung	Ablassen des Wassers bis Oberkante Filtersand. Abnehmen. der stark verschmutzten obersten Sandschicht bis 3 cm Stärke. Langsames Wiederauffüllen mit Reinwasser von unten her. (Ein Neuaufbau erfolgt erst nach Abtragen der Filterschicht auf 30 cm Stärke.)	Spülen der Sandschicht durch Umkehren der Strömungsrichtung (Rückspülung, Verwendung von Druckluft). Die Spülgeschwindigkeit muß ein Mehrfaches der Filtergeschwindigkeit betragen.
Vorteile und Nachteile	Weitgehendes Zurückhalten der ausscheidbaren Stoffe u. besonders der Bakterien. Großer Flächenbedarf. Unhygienisches Reinigungsverfahren. Betreten der Filter.	Geringer Flächenbedarf. Geschlossene Filter können unter Druck arbeiten (nur einmaliges Pumpen). Notwendigkeit des Zusatzes von Fällmitteln bei fehlendem Flockungsvermögen. Kein bakterienfreies Filtrat bei Oberflächenwasser.

Bei großen Wasserwerken beanspruchen die Filter erhebliche Flächen. Es sind Werke mit 20 bis 30 Filtern von je 3000 m² ausgeführt. Die Filtergeschwindigkeit der Langsamfilter beträgt 50 bis 125 mm je Stunde, entsprechend 1,2 bis 3,0 m je Tag, bezogen auf m² Grundfläche, nicht auf den freien Porenquerschnitt. Die Fließgeschwindigkeit ist größer. Höhere Filtergeschwindigkeiten lassen den Durchtritt von Bakterien befürchten. Gute Vorbehandlung z. B. durch Vor- oder Grobfilter (Kies von 2 bis 10 mm) oder Vorklärung mit chemischen Zusätzen gestatten eine Steigerung der Filtergeschwindigkeit auf etwa 150 mm/st.

Größere Filtergeschwindigkeiten sind selten. Erreicht wurden z. B. 4,38 m je Tag in Stuttgart und 4,65 m je Tag in Tokio[1]).

Die Betriebszeit eines Filters ist abhängig von der Mengenbelastung und der Verschmutzung, z. B. Planktongehalt des zu reinigenden Wassers, und schwankt zwischen 5 und 60 Tagen und mehr.

Die Reinigung eines Langsamfilters erfordert meist einen Arbeitstag. Das Wiedereinarbeiten des Filters etwa 24 st. Die Höhe der bei der Reinigung zu entfernenden obersten Sandschicht schwankt zwischen 1 bis 4 cm.

Die Stärke der eigentlichen Filterschicht schwankt zwischen 60 und 100 cm und darf nach mehrfachem Abheben der verschmutzten Oberschicht nicht unter 30 cm Stärke sinken. Die Rohwasserüberstauung wählt man zu 0,9 bis 1,2 m über Oberkante Sandschicht. Ein Arbeiten mit geringeren Stauhöhen bis etwa 30 cm ist möglich, doch ist ruhiges Einströmen des Rohwassers Bedingung.

Der Filterwiderstand soll nicht über 1 m steigen.

Filtersand. Das Porenverhältnis des Filtersandes und nicht die Art des einzelnen Kornes ist ausschlaggebend für die Filterwirkung. Bewährt haben sich Quarzsande von möglichst gleichmäßiger Korngröße, die 1 bis 2 mm Durchmesser nicht übersteigen. Wesentliche Anteile von weniger als 0,25 mm Durchmesser (Unterkorn) sind auszusieben. Die Kornzusammensetzung zweier Filtersande und die etwa einzuhaltenden Mittelwerte des Anteils der verschiedenen Korngrößen zeigt Zahlentafel 32.

Zahlentafel 32

Korngröße in mm	Gröberer Filtersand %	Feinerer Filtersand %	Mittlerer Anteil %
unter 0,25	4	2	} 5— 8
0,25—0,35	4	2	
0,35—0,50	35	52	} 70—80
0,50—0,65	26	31	
0,65—1,00	21	11	} 10—30
über 1,00	10	2	
	100	100	

Erwünscht ist eine möglichst geringe Ungleichförmigkeit des Filtersandes. Unter Ungleichförmigkeit versteht man das Verhältnis des überwiegenden zum wirksamen Durchmesser.

---

[1]) Ahmad, Gerlach, Die Wasserversorgung von Tokio. Z. VDI **76** (1932), H. 52 S. 276.

14*

$$\text{Ungleichförmigkeit} = U = \frac{d_{\ddot{u}}}{d_w} = \frac{d_{60}}{d_{90}},$$

$d_{\ddot{u}} = d_{60}$ überwiegender Korndurchmesser, der das Sandgemisch in 60% feine und 40% grobe Kornmengen teilt,

$d_{\imath c} = d_{90}$ wirksamer Korndurchmesser, der das Sandgemisch in 10% feine und 90% grobe Kornmengen teilt.

Die Ungleichförmigkeit einiger Filtersande zeigt Zahlentafel 33.

Zahlentafel 33

Ungleichförmigkeit von Filtersanden

Wasserwerk	Wirksamer Korndurchmesser mm	Ungleich-förmigkeit $d_{\ddot{u}} : d_{\imath r}$
Berlin-Tegel . . .	0,35 bis 0,38	1,5 bis 1,6
Berlin-Stralau . .	0,33 ,, 0,35	1,7 ,, 1,9
Berlin-Müggelsee .	0,33 ,, 0,35	1,8 ,, 2
Magdeburg	0,39 ,, 0,40	2
Hamburg	0,28 ,, 0,34	2 ,, 2,5
Altona	0,32 ,, 0,37	2 ,, 2,8
Zürich	0,23 ,, 0,30	3,1 ,, 3,2

Die Filterschicht wird zur besseren Wasserabführung durch Stütz- und Drainageschichten unterbaut. Der Aufbau ist von oben nach unten etwa folgender:

60 bis 100 cm	Filtersand . . . . von	0,30 bis	0,6 mm	⎞
3 ,, 5 cm	Grobsand . . . . ,,	2 ,,	7 ,,	⎟
5 ,, 10 cm	Kies . . . . . . ,,	8 ,,	15 ,,	⎬ Korndurch-
10 ,, 15 cm	Kies . . . . . . ,,	15 ,,	30 ,,	⎟ messer
10 cm	gepackte Steine . ,,	50 ,,	100 ,,	⎟
darunter	,, ,, ,,	100 ,,	200 ,,	⎠

Die Steinpackung beginnt meist mit etwa 15 cm Stärke und verstärkt sich zur Entnahmestelle hin entsprechend dem Gefälle auf etwa 50 cm. Die Sammelstränge liegen in 1 bis 3 m Entfernung. Für eine Filtergeschwindigkeit von 100 mm/st sind nach Hazen folgende Durchmesser zu wählen:

Größe der Filterfläche bis . .	27	70	142	258	409 m²
Drainrohrdurchmesser	100	150	200	250	300 mm

b) Schnellfilter

Die Schnellfilter sind zu unterteilen in offene und geschlossene. Die Größenermittlung erfolgt nach den Grundsätzen der Langsamfilter, doch ist die Größe der einzelnen Kammern wegen des Spülverfahrens sehr begrenzt, offene bis etwa 50 m², geschlossene (Kessel) bis etwa 12,5 m²

entsprechend 4 m Durchmesser. Da die Reinigung und Wiedereinarbeitung in kurzer Zeit erfolgt, ist hierfür nur ein geringer Zuschlag notwendig.
Offene Schnellfilter. Die Filtergeschwindigkeit beträgt etwa 5 bis 10 m/st.
Der Druckverlust innerhalb des Filters schwankt zwischen 20 bis 120 cm Wassersäule.
Die Betriebszeit ist abhängig von der Beaufschlagung und schwankt etwa zwischen 3 und 20 Tagen.
Die Reinigung durch Rückspülung erfordert etwa 4fache Filtergeschwindigkeit, die Dauer der Rückspülung beträgt etwa 5 bis 10 min. An Spülwasser werden 1 bis 3% des gefilterten Wassers benötigt. Es kann notfalls mit Rohwasser gespült werden. Bei der Rückspülung mit Luftzusatz sind etwa 5 bis 10 l Luft/s und m² Filterfläche erforderlich.
Filteraufbau. Die Höhe der Filterschicht wird zu 0,6 bis 1,0 m bemessen. Die Überstauung durch Rohwasser ist etwa die gleiche. Der Abfluß des Reinwassers erfolgt durch Sieb- oder Düsenböden, durch eingelegte gelochte Röhren oder besondere Abflußrinnen. Eine Unterbauung durch Kies ist wegen der Durchwirbelung bei der Rückspülung nicht ohne weiteres anwendbar. Filterboden und Spüleinrichtung sind von größter Bedeutung für gute Reinigung und ständige gute Filterwirkung. Die Grundsätze für die Kornwahl des Filtersandes sind die gleichen wie für Langsamfilter. Doch wird das Korn, nicht zuletzt wegen der Rückspülung, etwas gröber gewählt.

Geschlossene Schnellfilter. Die Filtergeschwindigkeit schwankt zwischen 8 und 15 m/st, größere Geschwindigkeiten bis etwa 20 m/st sind selten.
Die Betriebsdauer liegt zwischen mehreren Stunden und einigen Tagen.
Für die Rückspülung sind etwa 30 bis 40 m Überdruck und Spülgeschwindigkeiten bis etwa 50 m/st notwendig. Der Spülvorgang beansprucht 5 bis 10 min Zeit. Durch mechanische Rührvorrichtungen oder Zusatz von Druckluft wird die Spülwirkung verstärkt. Der Spülwasserverbrauch liegt zwischen 2 und 10% der Reinwasserförderung.
Der Filterwiderstand ist abhängig von der Filtergeschwindigkeit und beträgt nach der Reinigung etwa 0,5 m und kann mit zunehmender Verschmutzung auf 5 m Wassersäule anwachsen. Schon bei 4 m sollte gespült werden.
Filteraufbau. Geschlossene Schnellfilter arbeiten vielfach mit zwei Stufen. Die erste Stufe (Kontaktschicht, oft mit Durchfluß von unten nach oben) enthält dann gröbere Sande (3 bis 4 mm Korn) oder auch Lavaschlacke in einer Schichthöhe von 1 bis 2 m. Die zweite Stufe (Filterschicht) enthält ein Korn von 1 bis 1½ mm Durchmesser in 0,6 bis 1,0 m Höhe. Derartige Zweiphasenfilter empfehlen sich besonders bei hohem Man-

gan- und Eisengehalt, der vollständig erst im zweiten Filter verschwindet.

Es gibt zahlreiche im Prinzip ähnliche Ausführungen. Eine Sonderbauart (Bollmann-Filter) arbeitet mit großen Filterhöhen (2,5 bis 4 m) und Reinigung des Filtersandes durch Wasserstrahlwäsche ohne Luft. Von Filtern kleiner Höhe vereinigt man oft zwei in einem Kessel (Doppelfilter), wobei die einzelnen Filter durch einen Zwischenboden völlig getrennt laufen.

4. Sandwäschen

Zur Reinigung des verschmutzten Filtersandes (der Langsamfilter) dienen Handwäschen, Trommelwäschen und Strahlwäschen.

Handwäschen kommen nur in allerkleinsten Betrieben vor. Der Sand wird mit dem Schlauch abgespritzt oder in Wannen mit durchlöchertem Boden durch aufwärts strömendes Wasser gereinigt.

Trommelwäschen bestehen aus sich drehenden Trommeln, die im Innern mit Hubblechen versehen sind, um den Sand mit dem Waschwasser innig zu mischen. Umdrehungszahl 8 bis 10 U/min, Wasserbedarf 8 bis 9 m³ für 1 m³ Sand.

Strahlwäsche. Hierbei wird der Sand durch einen Wasserstrahl in die Höhe geworfen. Das aufsteigende Sand-Wassergemisch gelangt in eine Reihe von hintereinander geschalteten Kästen, in denen sich der Vorgang wiederholt. Der Sand sinkt zu Boden, das verschmutzte Betriebswasser fließt durch Überläufe ab. Wasserverbrauch 15 bis 20 m³ auf 1 m³ Sand. Gröberer Sand kann noch durch Trommelwäschen, Kies und Steinmaterial muß durch Handwäschen gereinigt werden, sonst zu großer Verschleiß.

D. ERFORDERLICHE WASSERMENGE

Bestimmend für die erforderliche Wassermenge sind die Bevölkerungszahl, der Kopfverbrauch, der gewerbliche bezw. landwirtschaftliche Wasserbedarf, die Bedarfsschwankungen und die Brandwassermenge.

1. Wachsen der Einwohnerzahl

Die von einem Ort benötigte Tageswassermenge erhält man aus der Einwohnerzahl mal der Wassermenge, die der einzelne durchschnittlich je Tag verbraucht.

Es ist erforderlich, nicht nur die augenblickliche Einwohnerzahl, sondern auch die zukünftige zu kennen, wenn nicht schon in wenigen Jahren Wassermangel eintreten soll. In der Regel wird die in 30 bis 40 Jahren zu erwartende Bevölkerungszahl zugrunde gelegt. Auf diesen Wasserbedarf stimmt man diejenigen Bauteile ab, die nicht mehr oder nur mit unverhältnismäßig hohen Kosten geändert werden können, z. B. den Wasserturm oder das Hauptzuleitungsrohr. Anlagen, die eine Erweiterung jederzeit gestatten, wie Brunnen, Reinigungsanlage, Pumpen, paßt man dem Bedarf der nächsten 10 bis 20 Jahre an. Um einen Anhalt für die Bevölkerungszunahme zu erhalten, errechnet man die zukünftigen Einwohnerzahlen nach der Zinseszinsformel:

$$E_z = E_g \left(100 + \frac{p}{100}\right)^n,$$

worin: E_z = zukünftige Einwohnerzahl,
   E_g = gegenwärtige Einwohnerzahl,
   p = jährlicher Zuwachs der Bevölkerung in %,
   n = Anzahl der Jahre, für die die Zunahme berechnet wird.

Der Hundertsatz p läßt sich aus der Bevölkerungsbewegung ermitteln.

$$p = \left(\sqrt[u]{\frac{E_g}{E_a}} - 1\right) \cdot 100,$$

worin: E_a = frühere Einwohnerzahl, u = Anzahl der Beobachtungsjahre.

Fehlt ein Nachweis der Bevölkerungsbewegung, so kann man für p folgende Werte ansetzen:

   p = 0,5 bis 1 für kleine Orte,
   p = 2 bis 3 für mittlere und größere Städte,
   p = 4 (sehr selten) für Industriestädte, Neugründungen usw.

Diese Berechnungsart erfordert die einschränkende Bemerkung, daß in zahlreichen Städten mit einer Bevölkerungszunahme nicht zu rechnen ist. Man muß sich vor Augen halten, daß die Bevölkerungszunahme der letzten Jahrzehnte nicht allein auf den Geburtenüberschuß zurückzuführen ist, sondern auch auf das Sinken der Sterbeziffer, die Verlängerung des Lebensalters usw., Erscheinungen, die durch gesundheitliche Verbesserungen, also auch durch die Wasserversorgungsbauten bedingt wurden. Krieg und Nachkriegsjahre erschweren die Beurteilung der Entwicklung. Wertvolle Fingerzeige wird man aber in dem Bevölkerungsaufbau und den Lebensgrundlagen der Städte finden. Die Zusammensetzung der Einwohner nach Altersgruppen, das Überwiegen der ländlichen Bevölkerung, industrielle Neugründungen oder die Art der Industrie, die Erschließungsmöglichkeit von Bodenschätzen usw. geben Anhaltspunkte für die zukünftige Bevölkerungsbewegung[1]. Hinzu kommen heute die Bestrebungen, die Großstädte aufzulockern und die Bevölkerung bodenständig zu machen.

---

[1] Nachstehende Veröffentlichungen geben weitere Einzelheiten.
Blum: Städtebau, 1937.
Feder: Die neue Stadt, Berlin 1939.
Georgy: Das Wachstum von Städten in Abhängigkeit von der wirtschaftlichen Struktur. Dissertation TU Berlin-Charlottenburg 1948.
Herzenstein: Bevölkerungsentwicklung als Grundlage der Städt. Planung. Neue Bauwelt 1948, Heft 19.
Hoepfner: Grundbegriffe des Städtebaues, Berlin 1928.
Pfannschmidt: Die Industriesiedlung in Berlin und in der Mark Brandenburg. Stuttgart und Berlin 1937.
Rechenberg: Das Einmaleins der Siedlung. Berlin 1940.
Selin: Standortverschiebungen der deutschen Wirtschaft, Strukturwandlungen der deutschen Volkswirtschaft, Band I.
Weber, A.: Über den Standort der Industrien, Tübingen 1922.

2. Wasserverbrauch

a) Bevölkerung

Nach Ermittelung der Bevölkerungszahl ist die Verbrauchsmenge je Einwohner und Tag zu bestimmen. Der Verbrauch je Kopf/Tag ist in einzelnen Orten außerordentlich verschieden. Kultur und Wohlstand spielen eine große Rolle. Indische Städte weisen nur 30 l/Kopf/Tag, nordamerikanische mehrfach über 500 l auf. Den größten Verbrauch dürften Buffalo mit 1220 l und Otronto mit 1500 l haben. In südlichen Ländern führt das heiße Klima zu starkem Verbrauch. Das gleiche bewirkt ein niedriger Wasserpreis. Zahlentafel 34 zeigt in mittleren Zahlen die Abnahme mit zunehmendem Preis. Die gleiche Abnahme bewirkt die genauere Erfassung der verbrauchten Wassermengen. So ist der Verbrauch der Stadt Hanau von 270 l/Kopf/Tag bei Bezahlung anteilig der Wohnungsmiete nach Einführung der Wassermesser (1924) auf 160 l/Kopf/Tag zurückgegangen. Bei großen Städten ist selbst innerhalb des Stadtgebietes mit erheblichen Unterschieden einzelner Bezirke zu rechnen. So wurden z. B. in dem anspruchsvolleren Westen Berlins Wassermengen von über 300 l/Tag/Kopf gemessen, im dicht besiedelten Osten unter 100 l.

Zahlentafel 34

Wasserpreis und Wasserverbrauch

Stadt	Wasserpreis Pf./m³	Wasserverbrauch l/Kopf und Tag
Augsburg	3,6	253
München	4,4	227
Dortmund	7,2	246
Hamburg	9,3	141
Düsseldorf	11,8	138
Köln	13,0	136
Karlsruhe	13,4	125
Berlin-Charlottenburg	14,3	124
Hannover	15,1	93
Aachen	15,4	90
Halle	16,0	76
Leipzig	18,1	68
Danzig	20,1	87
Mainz	23,3	60

Der Wasserbedarf des einzelnen Einwohners setzt sich aus verschiedenen Bedürfnissen zusammen. Zahlentafel 35 gibt Werte für den häuslichen und Zahlentafel 36 für den öffentlichen Verbrauch.

Zahlentafel 35

Häuslicher Wasserverbrauch

Hausgebrauch — Brauchwasser — je Kopf und Tag:
1. Trinken, Kochen, Reinigen usw. . . . . 20 bis 30 l
2. Zur Wäsche . . . . 10 ,, 15 l
Abtrittsspülung, einmalig . . . . 6 ,, 20 l
Inhalt von Abortspülkästen:
  Hochspülung je Spülung . . . . 6 ,, 12 l
  Tiefspülung je Spülung . . . . 12 ,, 20 l
Bäder:
1. Wannenbad je Bad. . . . . 180 ., 250 l
2. Sitzbad je Bad . . . . ,, 30 l
3. Brausebad je Bad . . . . 40 ,, 80 l
Kopfwäsche
  Damen . . . . 15 ,, 25 l
  Herren. . . . . 10 ,, 15 l
Vieh tränken und reinigen, je Stück und Tag (ohne Stallreinigung):
1. Großvieh . . . . 50 l
   (Pferde bis 25 l Zuschlag)
2. Kleinvieh: Schwein, Kalb, Schaf 15 l
Garten- und Hofsprengung:
  Einmalige Sprengung je m² . . . . 1,0 ,. 1,5 l
Kraftwagen reinigen:
  je Reinigung . . . . 200 l

Zahlentafel 36

Öffentlicher Wasserverbrauch

Bedürfnisanstalten:
  Ständige Spülung je m Spülrohr und Stunde . . . . 200 l
  Zeitspülung je Stand und Stunde . . . . 30 l
Kanalreinigung je Einwohner und Tag . . . . 0,3 ,, 2 l
Schulen:
  je Schüler und Tag . . . . 2 l
  ,, ,, ,, ,, mit Brausegelegenheit . . . . 10 l
Kasernen:
  je Mann und Tag[1]) . . . . 40 ,, 60 l
  je Pferd[1]) . . . . 60 l
Arbeiterlager je Mann und Tag . . . . 100 ,, 150 l
Krankenhäuser:
  je Kopf und Tag. . . . . 250 ,, 500 l
Gasthöfe:
  je Kopf und Tag. . . . . 100 ,, 150 l
Schlachthäuser:
  je Stück geschlachtetes Großvieh. . . . . 400 l
  ,, ,, ,, · Kleinvieh . . . . 200 ,, 300 l
Markthallen:
  je m² und Markttag . . . . 5 l

[1]) Auch ein Mehrfaches dieser Mengen ist erreicht worden.

Bahnhöfe:

je verkehrenden Fahrgast und Tag	0,5 bis 1,0 l
je Tenderfüllung	10 ,, 32 m³
je Lokomotivreinigung	4 ,, 6 m³
je Güterwagenreinigung	2 ,, 2,5 m³

Straßensprengung: einmalig je m²

Asphaltstraßen	1 l
Pflasterstraßen	1 l
Schotterstraßen	1,5 l
Bürgersteige	1 l
Grünanlagen	1,5 l

Öffentliche Brunnen je s[1])

Karlsruhe, Hebeldenkmal	1 l
Paris, Place de la Concorde	50 l
Rom, Petersplatz	350 l

Badeanstalten:

Wannenbad mit Reinigung je Stunde	500 ,, 600 l
Brausebad ,, ,, ,, ,, ...	80 ,, 100 l
Brause als Vorreinigung zum Schwimmbad je Stunde . . .	600 ,, 720 l
Tägliche Erneuerung des Hallenschwimmbades je m³ Becken- inhalt	100 ,, 200 l
Dampfbad	700 l

Eigenbedarf der Wasserwerke:

Spülen des Netzes und der Filter usw. je Kopf und Tag . .	1 ,, 2 l
Rohrverluste[2])	2 ,, 6 %

Wasserbedarf für Gemüseländereien:

1. Für glasabgedeckte Treibhausfläche 1,5 mm/Tag = 1,5 l/m² und Tag
2. Für Gemüsefreiland 1,0 mm/Tag = 1 l/m² und Tag.

Beachtliche Belastungen zeigt der Verbrauch in Lagern mit 6½ l/s und ha Lagerfläche unter Berücksichtigung des Umstandes, daß der Höchstverbrauch je Tag sich auf 2½ bis 3 st erstreckt. Muß das Wasser angefahren werden, so ist mit mindestens 5 l/Kopf und Tag zu rechnen.

Besonders starke Netzbeanspruchungen können durch Beregnungsanlagen eintreten, wie die nachstehenden Zahlenangaben einiger Geräte zeigen. Die starke

Art der Regenanlage	Durchmesser der beregneten Fläche m	Verregnete Wassermenge l/s	Durchmesser der Austrittsdüse mm	Anschluß- durchmesser Zoll
Standregner	6— 10	0,15—0,4	Regulierbare Kegeldüse	½
Drehsprenger	20— 25	0,4— 3	1,5— 8	¾
	25— 50	1— 7	4—10	1
	40— 80	2—15	8—18	1½
	50—120	3—30	10—26	2

[1]) Für öffentliche Anlagen, Springbrunnen kann, wenn Einzelwerte nicht feststellbar, mit 0,5 bis 2 l je Kopf und Tag gerechnet werden. In besonderen Fällen liegen die Werte aber weit höher, z. B. Freiburg 43 l/Kopf/Tag.

[2]) Höhere Verluste bringen zu hohe wirtschaftliche Belastung und sind zu beseitigen.

Zahlentafel 37
Wasserverbrauch deutscher Städte (1934)

Einwohner-zahl	Ort	Einwohner-zahl	Durchschn.-verbrauch l Kopf u. Tag	Höchst-verbrauch l Kopf u. Tag	Höchst-verbrauch = %/₀ des Durch-schnitts
unter 5000	Hochheim	4390	7	11	167
	Rheinsberg	4738	32	38	120
	Ottmachau	4500	78	144	186
	Rüdesheim	4350	149	218	146
	Borkum	4000	250	1000	400
	Badenweiler	1180	339	508	150
5000—10000	Teuchern	6200	8	11	140
	Schlawe	8700	16	17	107
	Schwedt . . .	9000	44	67	150
	Rummelsburg . . .	6500	54	101	185
	Templin	8300	76	124	164
	Pillau	7257	83	124	150
	Lübben	8000	88	144	165
	Norderney	5500	109	291	267
	Traben-Trarbach . .	5400	111	333	300
	Bad Pyrmont . . .	6000	120	267	223
	Schreiberhau . . .	7734	130	155	120
	Werder/Havel . . .	8433	146	771	520
	Reichenhall	8400	298	452	152
10000—50000	Demmin	12600	11	16	133
	Braunsberg	14000	30	57	189
	Marienburg	24000	70	104	150
	Lötzen	12200	74	107	144
	Waren	12000	83	125	150
	Weimar	46000	87	107	123
	Goslar	22000	93	137	150
	Bad Kreuznach . .	27000	93	270	292
	Minden	28000	105	163	155
	Bad Oeynhausen . .	12600	121	248	208
	Bayreuth	37000	130	203	158
	Gießen	35958	187	247	132
	Friedrichshafen . .	12800	234	213	133
	Bieberach . .	10065	250	437	175
	Baden-Baden . . .	30000	350	533	152
	Pasing	13422	387	760	196
50000—100000	Osnabrück	90000	83	110	133
	Tilsit	54000	93	111	120
	Flensburg	66740	96	134	140
	Schwerin i. M. . . .	50000	100	150	150
	Bamberg	51000	108	246	227
	Rostock	76700	131	183	140
	Heidelberg . . .	83000	132	325	246
	Darmstadt	90000	167	333	200
	Freiburg i. Br. . . .	93000	263	323	122
über 100000	Berlin	4293000	93	257	275
	Breslau	613900	97	149	153
	Kiel . . .	217000	111	141	127
	Bremen . . .	320000	114	172	150
	Bielefeld	100000	118	185	157
	Braunschweig . . .	151000	125	192	154
	Saarbrücken . .	128858	130	185	136

Zahlentafel 37 (Fortsetzung)

Einwohner-zahl	Ort	Einwohner-zahl	Durchschn.-verbrauch l Kopf u.Tag	Höchst-verbrauch l Kopf u.Tag	Höchst-verbrauch = % des Durch-schnitts
über 100 000	Erfurt	140000	139	197	142
	Stuttgart . . .	375000	146	233	153
	Dresden . .	634000	151	213	135
	Nürnberg .	415490	159	256	161
	Wiesbaden	153520	161	241	150
	Hamburg . . .	1140000	171	220	129
	Frankfurt a. M.	543000	199	308	155
	München	750000	**240**	280	117

Weitere Zahlen für etwa 950 Orte enthält Brix, Heyd. ,,Die Bemessung des Wasserverbrauchs beim Entwurf von Wasserversorgungsanlagen", Z. f. Gesundheitstechn. u. Städtehygiene (Der städt. Tiefbau) **26** (1934), H. 1, Sp. 9—38.

Schwankung der verregneten Wassermengen ist durch die jeweils angewendeten Druckhöhen bedingt.

Für die Rechnung sucht man einen Wert, der die schwankenden Bedürfnisse des einzelnen Einwohners ausschaltet. Das ist der mittlere Tagesverbrauch je Kopf der Bevölkerung. In diesem Wert sind örtliche Eigenheiten, wie Klima, Kulturstand, Wohlstand usw., zu berücksichtigen. Vergleichszahlen gibt Zahlentafel 37.

Für Deutschland sind durchschnittlich folgende Werte anzusetzen:

Für kleine Orte bis   5000 Einwohner . . .   60 bis 80 l/Kopf u. Tag

,,   Kleinstädte unter 50000   ,,   . . .   80 ,, 150 l/Kopf u. Tag

,,   Städte über   50000   ,,   . . . 120 ,, 200 l/Kopf u. Tag

Für größere Städte sind örtliche Verhältnisse eingehend zu untersuchen.

b) Gewerbe

Wie Zahlentafel 38 zeigt, haben Industriestädte oft einen besonders großen Wasserverbrauch. Verschiedentlich spielt der Eigenverbrauch der Bevölkerung gegenüber dem des Gewerbes keine Rolle. Z. B. werden in Essen noch nicht 35% des Wassers an Kleinverbraucher mit weniger als 1000 m³ im Monat abgegeben, und auch darin sind noch erhebliche gewerbliche Mengen enthalten. Wasserwerke im Ruhrgebiet und im westfälischen Kohlenrevier (Gelsenkirchen) liefern nur etwa 15 bis 20% der Fördermenge an die Bevölkerung[1].

Liegen Gewerbe mit einem Wasserverbrauch vor, der den der Bevölkerung wesentlich übersteigt, so wird man die gewerblichen Wässer gesondert ermitteln. Die Verbrauchsmengen zeigt Zahlentafel 39.

---

[1] Nerretter, ,,Die Wasserversorgung der Stadt Essen" in ,,Kleine Mitt. d. Landesanstalt f. Wasser-, Boden- und Lufthygiene" 1927, Beih. 5.

Zahlentafel 38
Wasserverbrauch deutscher Industriestädte (1934)

Einwohner-zahl	Ort	Einwohner-zahl	Durchschn.-verbrauch l Kopf u.Tag	Höchst-verbrauch l Kopf u.Tag	Höchst-verbrauch = % des Durch-schnitts
unter 5000	Calau	4000	33·	55	169
	Eisfeld . . .	4800	42	94	225
	Cossebaude .	3400	162	250	155
	Lautawerk	4000	500	1400	**280**
5000—10000	Falkenberg	5636	44	142	320
	Freiburg, Schlesien	9500	105	137	130
	Leer . . .	5200	135	450	**333**
	Neckarsulm . . .	7500	147	213	145
	Leuna-Neurössen	5200	228	231	101
10000—50000	Auerbach i. V. .	19600	41	61	150
	Strehlen . .	11134	49	54	109
	Senftenberg· .	18000	57	89	154
	Wurzen .	18850	73	171	234
	Coswig .	10461	76	96	125
	Guben . .	43900	92	228	**250**
	Oppau . . .	12000	97	175	183
	Lüdenscheid .	34800	98	124	126
	Frechen . . .	11800	119	170	143
	Forst (Lausitz)	37882	132	238	180
	Bitterfeld .	21400	262	339	129
50000—100000	Gladbeck .	61587	37	47	127
	Zwickau .	86676	99	138	140
	Dessau .	69220	119	165	139
	Cottbus .	52000	139	279	**201**
	Hamm . . .	52000	423	—	—
über 100000	Oberhausen .	194000	72	83	115
	Plauen . .	114355	87	133	152
	Aachen . . .	154000	116	147	118
	Essen	655000	170	—	—
	Mannheim	259481	172	308	**179**
	Duisburg-Hamborn	309000	236	326	137
	Wuppertal	414000	336	488	131

Schwer zu beurteilen ist meist der Verbrauch in kleingewerblichen Ge-
bietsteilen. Man kann einen zusätzlichen Verbrauch von 1 bis 2 l/s u. ha
ansetzen.

Zahlentafel 39
Gewerblicher Wasserbedarf[1])

Waschanstalten[2]):	je kg Wäsche	40 bis	50 l
Brauereien:	je 1 l gebrauten Bieres	3 ,,	5 l
Molkereien:	je 1 l Milch	1,5 ,,	3 l
	je 1 l Milchkühlen mit Kaltwasser.		30 l
	je 1 Milchflasche reinigen	0,5 ,,	0,75 l
Gerbereien:	je große Haut		1000 l
	je kleine Haut		500 l

---

[1]) Siehe auch Sierp, Hdbch. d. Lebensmittelchemie, Bd. VIII, 1, 1939.
[2]) Siehe Seite 222 unten.

Zahlentafel 39 (Fortsetzung)

Gasanstalten: je 1 m³ Gas . . . .   5 bis   8 l
                    je t verarbeitete Steinkohle . . . . 100 ,, 350 l
                    je t   ,,   Braunkohle . . . . 500 ,, 600 l

Kühlwasser für Verbrennungsmotoren:
                    Gasmotoren je PS/st . . . . 40 ,, 60 l
Dieselmotoren je PS/st . . . . 20 ,, 30 l

Kühlwasser für Dampfmaschinen und Turbinen je 1 kg Dampf:
                    Einspritzkondensation . . . .   40 l
                    Oberflächenkondensation . . . .   60 l

Dampf- und Speisewasserverbrauch je PS effektiv
                    Auspuffmaschinen mit 5 bis 6 at . . . . . 25 ,, 40 l
                    Einzylindrige Kondensmaschinen mit 6 at . 17 ,, 20 l
                    Verbundmaschinen mit 6 bis 8 at . . . . 10 ,, 14 l
                    Triplex Expansionsmaschinen mit 10 at . . 8 ,,   9 l

Textilgewerbe: 1 kg Seide . . . . 150 ,, 250 l
                    1 kg Strohflachs . . . .   50 l
                    1 kg Wolle . . . . 1000 l
                    1 kg Garn bleichen . . . . 4000 l
                    1 kg Kunstseide (Acetat) . . . . 8000 l

Zuckerfabriken: 1 kg Rüben verarbeiten . . . . 16 ,, 20 l
                    1 kg Rüben verarbeiten bei Wasserrücknahme 4 ,,   8 l
                    1 kg Rüben waschen . . . . 8 ,, 12 l

Kartoffelbrennereien: 100 kg Kartoffeln = 12 l Sprit
                    1 kg Kartoffeln verarbeiten . . . .   4 ,,   5 l

Kartoffeltrocknereien:
                    1 kg Kartoffeln verarbeiten . . . .   4 l

---

[2]) Eingehende Unterlagen für den Entwurf von Wäschereien gibt: ,,Die Technik der Wäscherei". Herausgegeben von den Voßwerken A.-G., Sarstadt, 1939. Dem Werk sind die folgenden Zahlenangaben entnommen:

Krankenhäuser
  je Bett und Woche . . . . 6 bis 8 kg Wäsche
  Angestellte je Kopf und Woche . . . . 3 ,, 4 ,,   ,,
Frauenkliniken und Säuglingsheime
  je Bett und Woche . . . . 7 ,, 12 ,, Wäsche
Heil- und Pflegeanstalten
  je Bett und Woche . . . . 3 ,, 5 ,,   ,,
Alters- und Erholungsheime
  je Bett und Woche . . . . 2 ,, 3 ,, Wäsche
Arbeitsläger
  männlich: je Kopf und Woche . . . . 3 ,, 3,5 ,, ,,
  weiblich: ,, ,, ,, ,, ... 4 ,, 5 ,,   ,,
Gefängnisse
  je Kopf und Woche . . . . 3 ,, 4 ,,   ,,
Übernachtungsbetriebe
  je Kopf bei einmaliger Übernachtung . . . . 5,5 ,,   ,,
  je Kopf bei zehnmaliger Übernachtung . . . . 1,1 ,,   ,,

Zahlentafel 39 (Fortsetzung)

Kartoffelstärkefabriken: 100 kg = 20 kg Trockenstärke
= 34 kg Naßstärke

	1 kg Kartoffeln erfordert bei	Naßstärke-verarbeitung	Trockenstärke-verarbeitung
	Waschwasser	2 l	4 bis 8 l
	Reiben und Sieben	7 l	8 bis 12 l
	Stärkewaschwasser	1 l	2 bis 4 l
Papiergewerbe:	1 kg Zellstoff erfordert		
	Kochwasser		10 l
	Ablaufwasser		300 bis 400 l
	1 kg Papierbearbeitung erfordert		
	Pappe		200 l
	Schrenzpapier		350 ,, 400 l
	Druckpapier		500 l
	Feinpapier		900 ,, 1100 l
Schwerindustrie:	1 t Koks		6000 l
	1 t Stahl		12000 ,, 20000 l
Eichämter:	100 l Gefäße eichen		1100 ,, 1200 l
1000 Ziegel	vermauern		750 l
1 m³ Beton	aufbereiten		125 ,, 150 l

Die Feststellung eines großen gewerblichen Wasserbedarfes sollte nicht dazu führen, von vornherein ein zweites Netz für weniger gut gereinigtes Wasser zu bauen, das oft unwirtschaftlich und auch aus hygienischen Gründen zu verwerfen ist. Selbst bei schärfster Überwachung und Kennzeichnung kann das schlechtere, vielleicht bakterienhaltige Wasser gelegentlich getrunken werden. Die Gewinnung des gewerblichen Wassers innerhalb des Fabrikgeländes und Verteilung unter Vermeidung von langen Zuleitungen oder die Verwendung weichen, bakterienhaltigen Flußwassers zur Kesselspeisung oder Kondenswasserzwecken machen jedoch die Verlegung eines zweiten Netzes unter Umständen wirtschaftlich. Feste Verbindungen zwischen Eigenwasserversorgungsanlagen und dem öffentlichen Netz sind verboten. Es gibt auch in Deutschland Städte mit Nutzwasserleitungen für Gewerbe, Kanalspülung, Straßensprengung usw., z. B. Freiberg i. Sa., Gera, Hannover, Nürnberg[1]).

c) Bedarfsschwankungen

Nach Errichtung einer Gemeinschaftswasserversorgung bedient sich die Bevölkerung in steigendem Maße der sanitären Einrichtungen. Die so eintretende ständige Zunahme des Durchschnittsverbrauches ist im voraus zu beachten[2]).

[1]) Gas- u. Wasserfach 1928, 1929, 1930, 1931. Besonders Krauß; Neuzeitliche Nutzwasserversorgung in deutschen Städten. Gas- u. Wasserfach 1929, S. 1276 ff.
[2]) Heilmann, Neuzeitliche Wasserversorgung in Gegenden starker Bevölkerungsanhäufung in Deutschland. S. 25 ff. — Eigenbrodt, Bau und Betrieb von Wasserwerken. Bauingenieur 9 (1928), H. 34 bis 41.

Starke Jahresschwankungen können durch örtliche Verhältnisse, z. B. Fabriken oder Sprengwasser für Gärtnereien, bedingt sein. Zuckerfabriken können in kleinen Orten beim Arbeitsbeginn im Herbst eine Steigerung auf den mehrfachen Durchschnittsverbrauch bewirken. Zum anderen kann eine zeitweise Änderung der Bevölkerung die Bedarfsschwankung herbeiführen, z. B. in Badeorten.

Auch die Niederschlagsschwankungen, insbesondere regenarme Zeiträume wirken sich auf den Verbrauch aus, Zahlentafel 40[1]). Verteilt man die Schwankungen auf die Monate, so ergeben sich (mittlerer Monatsverbrauch = $1/_{12}$ Jahresverbrauch) nach Lueger die Werte der Zahlentafel 41, also durchschnittlich 25 bis 30% Mehrverbrauch in den Sommermonaten.

Zahlentafel 40

Wasserverbrauch und Niederschlag

im Jahre	1893		1894	
Ort	Wasserverbrauch l/Kopf u. Tag	Jahresniederschlag mm	Wasserverbrauch l/Kopf u. Tag	Jahresniederschlag mm
Braunschweig .	75,3	580	27,8	621
Bremen	85,2	621	29,8	802
Köln	106,4	554	32,2	732
Erfurt	46,4	462	18	502

Zahlentafel 41

Monatsverbrauch im Verhältnis zum mittleren Monatsverbrauch

	Norddeutschland	Süddeutschland		Norddeutschland	Süddeutschland
Januar	0,88	1,15	Juli	0,70	1,30
Februar	0,80	1,15	August	0,70	1,30
März	0,89	1,06	September. . .	0,80	1,25
April	0,96	0,94	Oktober	0,90	1,15
Mai	1,15	0,92	November . . .	1,10	0,85
Juni	1,19	0,91	Dezember . . .	1,25	0,70

Ausschlaggebender für die Berechnung des Rohrnetzes sind die Tagesschwankungen. Auch hier ist die Jahreszeit zu beachten. Über die größte Zunahme des Monats hinaus gibt es im Sommer Tage, an denen ein absolut größter Wasserverbrauch eintritt. Man berücksichtigt diese Verbrauchssteigerung meist durch einen Zuschlag von 50% zum mittleren Verbrauch, doch kommen auch durch örtliche Besonderheiten wie z. B. Feldberegnung, Kurbetrieb, öffentliche Veranstaltungen usw., wesentlich höhere Zuschläge in Frage (Werder, Borkum, Zahlentafel 37). Siehe auch Wasserverbrauch von Verregnungsanlagen, Seite 218.

---

[1]) Heilmann, Neuzeitliche Wasserversorgung in Gegenden starker Bevölkerungsanhäufung.

Erhebliche Schwankungen zeigen sich innerhalb der Tagesstunden. In der Nacht scheiden die Einwohner als Verbraucher beinahe völlig aus. Der Wasserbedarf ist also sehr gering und wird in der Hauptsache durch den Wasserverlust infolge der Undichtigkeiten im Rohrnetz bedingt. Fast regelmäßig steigt der Verbrauch in den Vormittagsstunden schnell an, um etwa in der Zeit von 11 bis 12 seine Spitze zu erreichen. In einigen Fällen wird auch noch eine Nachmittagsspitze etwa zwischen 15 und 17 auftreten, dann sinkt der Wasserverbrauch bis zur Nacht. In ländlichen Versorgungsgebieten bewirkt das Tränken des Viehes starke Ausschläge im Tagesverbrauch, so daß drei Spitzen (morgens, mittags und abends) zu beobachten sind.

Die Zahlentafel 42 gibt den Stundenverbrauch im Verhältnis zum Tagesverbrauch einiger Städte. Der Höchstverbrauch je Stunde nähert sich 6%;

Zahlentafel 42

Stündlicher Wasserverbrauch in % des Tagesverbrauchs

Tageszeit	%	Tageszeit	%
0— 1	1,60	12—13	5,16
1— 2	1,55	13—14	5,43
2— 3	1,46	14—15	5,61
3— 4	1,48	15—16	5,75
4— 5	2,00	16—17	5,55
5— 6	2,90	17—18	6,05
6— 7	4,85	18—19	5,60
7— 8	5,40	19—20	4,81
8— 9	5,73	20—21	4,05
9—10	5,65	21—22	3,41
10—11	5,74	22—23	2,39
11—12	5,93	23—24	1,90
	44,29		55,71
			44,29
			100,00

8% werden selten überschritten. Für die Rechnung würden also 8% genügen. Trotzdem wird man den Stundenverbrauch gleich $1/10$ des Tagesverbrauches setzen, was annähernd einem um 50% gesteigerten Sommerverbrauch von 6% in der Stunde entspricht. Man hat dann für den Fall besonders starker Schwankungen eine Sicherheit. Selbstverständlich kann man bei Vorhandensein genauerer Beobachtungen auch andere kleinere Werte, z. B. $1/12$ des Tagesverbrauches ansetzen.

d) Feuerlöschwasser

Das Feuerlöschwasser wird mit wenigen Ausnahmen aus dem Wasserversorgungsnetz entnommen.

Gegen besondere Rohrnetze für Feuerlöschwasser (z. B. Messina) sprechen die

gleichen Erwägungen wie gegen besondere Industriewassernetze. Eher ist an ein
Einlegen besonderer Feuerlöschwasserrohre in gefährdete Gebäudegruppen, wie
z. B. Garagen, Hochhäuser usw., zu denken.

Die zum Löschen benötigten Wassermengen werden bestimmt durch den
Bedarf an der Brandstelle bzw. den Verbrauch der örtlich vorhandenen
Löschgeräte.

Der Bedarf kann nur an Hand von Erfahrungswerten festgelegt werden.
Die Mehrzahl der Brände wird mit Gesamtwassermengen von 20 bis 60 m³
in 1 bis 2 Stunden abgelöscht. Andererseits bedingen Großbrände, für
deren Bekämpfung die Anlagen geeignet sein sollten, einen Bedarf von
500 m³ und mehr. Einen guten Anhalt für die bei ländlicher Bebauung
erforderlichen Löschwassermengen gibt die Zahlentafel 43 a.

Zahlentafel 43 a

Erforderliche Löschwassermengen[1])

Art der Bebauung	Ungefähre Brand- wassermenge l/min	Geringste Brandreserve m³
Ortschaften mit vorherrschend kleinen Ge- höften und weitläufiger Bauweise	300	50— 100
Ortschaften mit mittleren Höfen und ver- einzelten Weichdächern	500	100— 400
Ortschaften mit umfangreichen Betrieben od. Mühlen, Fabriken, Ziegeleien oder vielen Weichdächern	500—1000	400—1000
Einzelgehöfte außerhalb der Ortschaften: Kleine Grundstücke	75— 150	20
Mittlere Landwirtschaften	300	50— 100
Gutshöfe usw.	500	200— 400

In ähnlicher Weise steigen auch die Brandwassermengen bei städtischer
Bebauung. Während bei offener Bebauung (Bauklassen I und II) eine
rechnerische Menge von 5 l/s meist genügt, wird man bei dichter Bebauung
(Bauklassen III und IV) wenigstens 8 l/s und bei hoher, dichter und
geschlossener Bebauung (Bauklasse V) 12 bis 16 l/s und mehr wählen
müssen (siehe auch Zahlentafel 51, S. 262).

Entsprechend den Brandwasserforderungen sind auch die Fördermengen
der verschiedenen Löschgeräte gestuft. Die Stundenleistung einer modernen Motorspritze übersteigt nur selten 72 m³ = 20 l/s. Selbstverständlich
geben derartige Brandwassermengen bei der Bestimmung der Rohrdurchmesser einen starken Ausschlag, vor allem für die Neben- und Endleitungen. Letztere müssen aber nicht jederzeit 20 l/s mit vollem Druck
hergeben können. Nur Unterdruck in den Leitungen ist bei dieser Ent-

[1]) Febrans. Versorgung der Ortschaften mit Feuerlöschwasser. Kiel 1930, Verlag
der Landesbrandkasse, 2. Auflage, S. 5.

nahmemenge zu vermeiden, damit nicht durch die Hausleitungen von der Pumpe Luft eingesaugt werden kann. Den nötigen Überdruck am Brandherd erzeugt die Feuerwehrpumpe. In kleinen Orten hilft noch, daß die Einwohner während des Brandes fast nichts entnehmen.

Kleinere Spritzen, besonders Handspritzen, haben wesentlich geringere Leistungen (siehe Zahlentafel 43b), so daß bei der Bemessung des Rohrnetzes kleinerer Orte mit wesentlich geringeren Mengen gerechnet werden kann.

Zahlentafel 43b

Leistungen von Feuerspritzen

Art der Spritze	Fördermengen l/min.	l/s mittel	Saughöhe m	Erzeugter Druck at	Anzahl der anzusetzenden Strahlrohre
Mittlere Handspritze	150— 200	3	4—5	2—4	1— 2
Kleine Kraftspritze	500— 750	8	< 6		2— 4
Mittlere ,,	750—1000	12—16	< 6	} 4—6[1]	4— 6
Große ,,	1200—2000	20	< 6		6—12

Erwünscht ist, daß von den Hydranten aus mit gutem Überdruck gespritzt werden kann. Selbstverständlich ist die Druckhöhe von der Bebauung abhängig. Febrans[2]) schlägt folgende Leitungsdrücke für mittelbares Spritzen vor:

ebenerdig und 1 geschossig 2,25 at
2 ,, 2,6 ,,
3 ,, 3,0 ,,
4 ,, 3,3 ,,
5 ,, 3,6 ,,

Mit Rücksicht auf die hohen Druckverluste in den Schlauchleitungen vom Hydranten zur Brandstelle sind diese Werte besonders bei größeren Hydrantenabständen durchaus nicht zu hoch.

Die Druckverluste in den heute üblichen Schlauchleitungen sind aus Zahlentafel 43c ersichtlich. Der Druck am Strahlrohrmundstück soll 1,5 besser 2 at betragen.

Erfahrungsgemäß werden jedem Hydranten 3 bis 4 l/s entnommen. Da ein Brandherd nur von zwei oder drei Hydranten beliefert wird, ist also die Feuerlöschmenge wachsend mit der Zahl der angeschlossenen Hydranten auf 8, 12 oder höchstens 16 l/s zu steigern.

Mit zunehmender Rohrgröße nimmt der Einfluß der Feuerlöschwassermenge ab; z. B. wird ein für 200 l/s bemessenes Rohr durch die Mitführung von 20 l/s Löschwasser nur unwesentlich mehr belastet. Schon die Tagesschwankungen ergeben größere Wasserführungsunterschiede. Man kann also bei genügend großer Wasserführung auf den Brandzuschlag verzichten. Selbstverständlich ist bei langen Zuleitungen vorsichtiger zu rechnen.

---

[1]) Über 6 at nur in Ausnahmefällen bei sehr hohen Gebäuden, da zu hohe Schlauchbeanspruchung.

[2]) Febrans, Versorgung der Ortschaften mit Feuerlöschwasser,

Zahlentafel 43 c

Druckverlust in Schlauchleitungen

in m auf 100 m Schlauchleitung

Wassermenge l/min	Schlauchkaliber			
	1 : 75		1 : 52	
	gummiert	roh	gummiert	roh
300	2	4	3,5	5,5
350	3	6	6 5	11,5
400	4	8	10,5	21,0
450	5,3	10,5	15,0	31,0
500	6,6	13,3	21,2	50,0
600	10,0	18,7	30,0	
700	14,0	25,5	43,0	
800	19,5	34,0		
900	25,0			
1000	31,5			

Erwähnt sei noch, daß die Feuerwehr anstrebt, die Größe der Straßenleitungen von der Bauweise abhängig zu machen[1]). Vgl. Zahlentafel 43d.
In einem Bauviertel mit viergeschossiger, dichter Bebauung wird im
Brandfall erheblich mehr Wasser benötigt als in einem mit zweigeschossiger,
offener, vielleicht villenartiger Bebauung. Doch können die Rohrdurchmesser nicht allein von diesem Gesichtspunkt aus bestimmt werden.

Zahlentafel 43 d

Von der Feuerwehr geforderte Löschwassermengen und Rohrdurchmesser

Anzahl der Hauptgeschosse	Löschwassermenge l/min l/s		Bei etwa 30 m Druckhöhe erforderlicher Rohrdurch- messer
2	500	8,4	100 mm
3	1000	16,7	100 mm
4	1500	25,0	125 mm
5	2000	33,4	150 mm
Theater, Waren- häuser, Ge- schäftsviertel, Industriegebiete	erfordern einen Zuschlag von 50 bis 100%		über 200 mm

Die vorstehenden Zahlen gelten für eine mittlere Druckhöhe von 30 bis 35 m.

[1]) Kreis, Richtlinien für die ausreichende Versorgung der Gemeinden mit Feuerlöschwasser. Techn. Gemeindebl. **35** (1932), H. 6. — Kreis, Die Wasserversorgung
der Gemeinden in ihrer Bedeutung für das Feuerlöschwesen. 1927, Berlin. —
Baer, Wasserversorgung und Feuerlöschwasser. Gas- u. Wasserfach 1935, S. 46.

Besonders bei kleinen Verhältnissen würde das zu unbillig großen Durchmessern führen. Die Kostenfrage wird z. B. bei Stadtrandsiedlungen usw. dazu zwingen, die Anforderungen an die Leistung im Brandfall erheblich herabzusetzen.

Da das Hochnehmen der Schläuche bei hohen Gebäuden sehr mühevoll und zeitraubend ist, werden turmartige Bauten zweckmäßig mit festeingebauten Steigerohren versehen, deren Durchmesser mit zunehmender Höhe ansteigen (Siehe Zahlentafel 43e). Derartige Steigeleitungen erhalten in allen Stockwerken Innenhydranten zum Anschluß von Schlauchleitungen. Sie bleiben bis zum Brandfall wegen der Frostgefahr leer. Für den Anschluß der Feuerspritzen werden zu ebener Erde zweckmäßig mehrere Anschlußstücke großen Durchmessers, möglichst außerhalb des Trümmerwinkels der Gebäude vorgesehen. Kurz oberhalb der Anschlüsse sind Rückschlagventile einzubauen, um das Leerlaufen beim Platzen eines Schlauches zu verhindern.

Zahlentafel 43 e

Durchmesser von Steigeleitungen in Turmbauten

Höhe des Bauwerkes in m	60	75	90	100
Durchmesser der Steigeleitung in mm	80	100	125	150

Den größtmöglichen Brandschutz bieten Sprinkler- und Drenscheranlagen[1]). Sie werden daher vorzugsweise in Betrieben eingebaut, bei denen besondere Gefahr der schnellen Feuerausbreitung besteht, wie Speicher, Spinnereien, Webereien, Mühlen, Tischlereien, Warenhäuser, Theater usw.

Sprinkleranlagen bestehen aus einem unter der Decke (auch unter Putz) laufenden Rohrnetz, an dem in etwa 3—3,5 m Abstand Brausen, sogenannte Sprinkler, angebracht werden. Die Sprinkleröffnung ist durch einen dichtschließenden Kegel unter Zwischenschaltung einer bei 72^0 schmelzenden Stütze verschlossen. Bei Aufsteigen der Heißluft eines Feuers gibt die Verschlußstütze nach, der Stopfen wird herausgepreßt und das nachschießende Wasser durch einen darüber liegenden Sprühteller verbraust. Man muß mit einem Wasserverbrauch von 100 l/min und Sprinkler auf einer Grundfläche von 6,5—9 m² rechnen. Das Rohrnetz wird bis zur Benutzung mit Preßluft gefüllt (Trockenanlage). Nach Austritt der Preßluft wird der Wasserzulauf durch ein Notventil freigegeben. Die Anlage soll stets von 2 getrennten Wasserquellen versorgt werden.

Drenscheranlagen dienen zur Schaffung von Regenwänden, z. B. in Theatern, um das Weitergreifen eines Brandes zu verhüten. Im Aufbau entsprechen sie den Sprinkleranlagen. Sie arbeiten automatisch, können jedoch auch von Hand schaltbar eingerichtet werden.

---

[1]) Flach, Die selbsttätigen Feuerlöschbrausen und Drenscheranlagen. Verlag Fr. Weber. Berlin 1924.

E. BERECHNUNG DES ROHRNETZES

Das Rohrnetz wird berechnet auf Durchflußmengen und Druckhöhenverhältnisse. Die tatsächlichen Fließverhältnisse im Ringnetz sind außerordentlich verwickelt, so daß man sich mit Näherungsrechnungen begnügt. Auch die benutzten Formeln werten einen Teil der im Wasser wirkenden Kräfte nicht aus, wie z. B. Volumenänderung durch Wärmeschwankungen oder Überdruck. Viele der Erfahrungsformeln haben gleichfalls nur beschränkte Gültigkeit. Trotz dieser Mängel sind die Fehler so gering, daß sie gegenüber den Unterschieden, die allein zwischen den im Entwurf angenommenen Verbrauchsmengen und den später wirklich verbrauchten entstehen, in keiner Weise ins Gewicht fallen. Für die Berechnungen ist demnach Rechenschiebergenauigkeit vollkommen ausreichend.

1. Hydraulische Grundlagen

Als Grundlage für alle Berechnungen dient die Formel:

$$Q = F \cdot v.$$

Q ist die ein Rohr durchströmende Wassermenge im Querschnitt F und v die Durchflußgeschwindigkeit in diesem Querschnitt.

Wasserversorgungsrohre haben fast stets einen Kreisquerschnitt, so daß sich ihre Fläche ergibt zu

$$F = d^2 \cdot \frac{\pi}{4}.$$

Ist die Wassermenge bekannt und ebenso die Geschwindigkeit, letztere z. B. durch Begrenzung nach oben oder unten, so ist der Rohrdurchmesser zu ermitteln aus:

$$F = \frac{Q}{v} = d^2 \cdot \frac{\pi}{4}$$

und daraus

$$d = \sqrt{\frac{4 \cdot Q}{\pi \cdot v}}$$

Der sich ergebende Rohrdurchmesser wird allerdings unter den handelsüblichen Rohren nicht zu finden sein. Man muß dann auf den nächsten im Rohrhandel vorhandenen Durchmesser aufrunden.

Die Größe des Druckhöhenverlustes ist aus obigen Formeln nicht zu ersehen. Nur selten kann die Ermittlung der Druckhöhenverhältnisse unterbleiben, im Gegenteil ist meist der Nachweis zu führen, daß die erforderlichen Druckhöhen nicht unterschritten werden. Dazu ist die Förderhöhe zwecks Ermittlung der Pumpenleistung und Bestimmung der Höhenlage des Ausgleichsbehälters festzustellen.

Eine gewisse Druckhöhe über Gelände muß ständig vorhanden sein. Das Wasser soll in den Steigesträngen bis zur höchsten Zapfstelle aufsteigen. Zu dieser Druckhöhe treten die Reibungsverluste in den Hausleitungen, die oft mehrere Meter betragen. Schließlich soll auch an der höchsten Stelle noch Überdruck vorhanden sein, da das Wasser sonst zu spärlich aus den Zapfhähnen fließt. Hierfür genügt ein Überdruck von etwa 5 m über Dachhöhe. Im einzelnen seien folgende Gesamtdruckhöhen genannt:

> Für ländliche Bebauung . . . . . . 15 bis 20 m
> „   kleinstädtische Bebauung . . . . 25 „ 30 m
> „   Mittelstädte . . . . 35 „ 40 m
> „   Großstädte . . . . etwa 40 m

Selbstverständlich ist die Bauweise einer Stadt ausschlaggebend. Herrscht die Flachbauweise, so genügen auch in der Großstadt geringe Drücke, z. B. Tokio[1]) mit meist nur 1 bis 2 at.

Mehrfach wird die Wahl so hoher Drücke vorgeschlagen, daß auch die Feuerwehr direkt aus dem Netz spritzen kann. Das Zwischenschalten einer Feuerwehrpumpe ist aber zweifellos wirtschaftlicher. Die sonst notwendigen höheren Drücke bedeuten eine beträchtliche Verteuerung des Rohrnetzes durch Verwendung hochwertigeren Rohrmaterials und bester Muffendichtung. Dagegen kann man, insbesondere in kleineren Orten, während der Entnahme des Brandwassers durch die Feuerwehrpumpe einen Druckabfall auch unter die erforderliche Höhe zulassen[2]).

Um die Vorgänge im Netz zu ermitteln, sei zunächst der Ruhezustand betrachtet. Denkt man sich über den einzelnen Punkten des Netzes Rohre errichtet, in denen das Wasser hochsteigen kann, so würde ein ganzes System kommunizierender Röhren entstehen. Im Ruhezustande würde sich nach dem Gesetz der kommunizierenden Röhren der Wasserspiegel überall gleich hoch einstellen. Die waagerechte Verbindung dieser Wasserspiegel heißt hydrostatische Drucklinie (Bild 92).
Sobald ein Durchfluß stattfindet, sinkt der Wasserspiegel in Fließrichtung. Die Absenkungshöhe (h) ist abhängig von der Länge der Rohrleitung, der Größe des Rohrdurchmessers und der zu fördernden Wassermenge, nicht dagegen von der Höhengestaltung des Geländes. Die so während des Durchflusses entstehende Drucklinie heißt die hydraulische Drucklinie. Die Absenkung h ist gleich dem Druckhöhenverlust. Man rechnet ihn auf die Leitungslängen um und nennt das Verhältnis $h : l$ relatives Gefälle (i).
Bei der Berechnung ist folgendes zu beachten:
1. **Die hydraulische Drucklinie liegt immer unterhalb der hydrostatischen.**
2. **Die hydraulische Drucklinie soll über der erforderlichen Drucklinie liegen.**

---

[1]) Ahmad, Gerlach, Wasserv. v. Tokio. Z. VDI Bd. 76 (1932), Nr. 52, S. 1276.
[2]) Baer, Wasserversorgung und Feuerlöschwesen. Gas- u. Wasserfach 1935, S. 46.

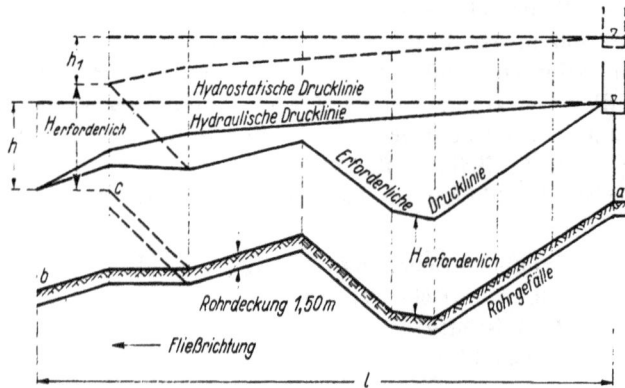

Bild 92. Längsschnitt und Drucklinien einer Rohrleitung.
h und h_1 = Druckhöhenverluste
l = Länge des Rohrstranges

3. Das relative Gefälle (**hydraulische Drucklinie**) ist nicht abhängig von den durch das Gelände gegebenen Neigungen der Rohrstränge, sondern **von Durchflußmenge und Durchflußgeschwindigkeit** (bzw. dem gewählten Rohrdurchmesser).

Rechnungsmäßig sind also die Abstände zwischen hydrostatischer und hydraulischer Drucklinie zu ermitteln.

Die erforderliche Druckhöhenlinie verläuft parallel mit den Gelände- bzw. Straßenhöhen. Ihr Höhenabstand ist bestimmt durch die für das Versorgungsgebiet maßgebende Druckhöhe ($H_{erforderlich}$). Da die hydraulische Drucklinie die erforderliche nicht unterschreiten darf, ist ohne weiteres klar, daß die höchsten Erhebungen eines Ortes bei der Anordnung des Netzes zu berücksichtigen sind. Eine höhere Lage des Punktes c in Bild 92 bedingt ein Hinaufschieben der hydrostatischen Drucklinie, da die hydraulische im Punkt c das H_{erf} nicht unterschreiten soll. Zu untersuchen wäre dann, ob der Druckhöhenverlust h_1 durch Wahl anderer Durchmesser herabzumindern oder die Wasserspeicheranlage von a nach c zu verlegen ist. Letzteres würde zweckmäßig sein, weil c höher als a liegt. Außer den Höhenpunkten sind vor allem die Netzstellen zu untersuchen, die die größten Entfernungen aufweisen.

Der Druckverlust ist abhängig von der Geschwindigkeit im Rohr. Er entsteht durch die Widerstände, die der Wasserbewegung im Rohr entgegenstehen, hauptsächlich also durch die Reibung an den Rohrwandungen selbst. Die Reibungsflächen entsprechen dem inneren benetzten Umfang (U). Sein Verhältnis zur Querschnittsfläche (F) heißt hydraulischer Radius (R). Es ist:

$$R = \frac{F}{U}.$$

Für den Kreis ist:

$$R = \frac{r^2 \pi}{2\,r\,\pi} = \frac{r}{2}.$$

Der Druckverlust wird als relatives Gefälle in die Rechnung eingefügt. Es ist:

$$J = \frac{h}{l}.$$

Zur Ermittlung der Geschwindigkeit dient folgende Formel:

$$v = k \cdot \sqrt{R \cdot J} = k \cdot \sqrt{\frac{F}{U} \cdot \frac{h}{l}}.$$

Außer den Rechnungswerten für das Gefälle und den hydraulischen Radius enthält die Formel den Beiwert k. Die Errechnung von k wird meist nach der kleinen Kutterschen Formel vorgenommen. Sie lautet:

$$k = \frac{100\,\sqrt{R}}{b + \sqrt{R}},$$

worin R = hydraulischer Radius, b = Rauhigkeitswert der Rohrwandungen. Für die Wasserversorgung wird $b = 0{,}25$ gesetzt. Mit diesem Wert sind auch die Zahlentafeln 46 und 47 berechnet. Weitere Werte sind aus Zahlentafel 44 ersichtlich.

Die kleine Kuttersche Formel ist eine Vereinfachung der Formel von Ganguillet und Kutter. Diese stellten für den Wert k folgende Gleichung auf:

$$k = \frac{23 + \dfrac{1}{n} + \dfrac{0{,}00155}{J}}{1 + \left(23 + \dfrac{0{,}00155}{J}\right) \cdot \dfrac{n}{\sqrt{R}}}.$$

Hierin gelten dieselben Bezeichnungen wie vor. Der Faktor n kann aus Zahlentafel 45 entnommen werden. Die Formel findet für offene Leitungen Anwendung. Weitere Formeln für k sowie anderweitige Berechnungsformeln sind mehrfach aufgestellt worden[1]. Eine maßgebende Bedeutung hat die von Ludin entwickelte Formel erlangt (siehe S. 244).

Handelt es sich lediglich darum, für einen Rohrstrang bei gegebener Geschwindigkeit den Druckverlust zu ermitteln, so wird vielfach folgende von Darcy aufgestellte Formel benutzt:

$$h = \left(0{,}01989 + \frac{0{,}0005078}{d}\right) \cdot \frac{v^2 \cdot l}{2\,g \cdot d}.$$

Hierin bedeuten: h = Druckhöhenverlust der Rohrstrecke in m,
d = Durchmesser des Rohrstranges in m,
g = die Erdbeschleunigung = 9,81 m/s²,
v = Geschwindigkeit in m/s ermittelt aus $\frac{Q}{F}$,
l = Länge des Rohrstranges in m.

---

[1] Näheres siehe R. Weyrauch, Hydraulisches Rechnen, Abschnitt III.

Zahlentafel 44

Größen des Beiwertes b

Beschaffenheit der Kanalwände und Sohle	Rauhigkeits-beiwert b
Feinst geglättete Baustoffe	0,10 bis 0,15
Reiner (sehr geglätteter) Zement und sehr sorgfältig gehobeltes Holz	0,15
Gut gefugte Bretter. Weite Eisen- und Stahlbetonleitungen.	0,20
Gewöhnliche Bretter, sorgfältigst hergestelltes Backstein- und reingearbeitetes Quadermauerwerk, reine Steinzeugkanäle, Wasserleitungsrohre nach längerem Gebrauch, aber nicht bei dickeren Verkrustungen	0,25
Backsteinmauerwerk und Bohlenwände, im Gebrauch befindliche Steinzeug- und Zementrohrkanäle, glatte Backsteinkanäle, quer- und längsgeniete, nicht zu weite Eisenrohre (bei Kanalisationsanlagen wird fast stets 0,35 gewählt) . .	0,30 bis 0,35
Gewöhnliches Mörtelmauerwerk von gespitzten Steinen, älteres Backsteinmauerwerk, rauher Betonputz	0,45 bis 0,50
Bestochenes Bruchsteinmauerwerk, Sohle etwas mit Schlamm bedeckt. Gut gefugtes Pflaster. Ungeputzter Beton	0,45 bis 0,75
Älterer Beton oder Mauerwerk, moos- und pflanzenfrei mit schlammiger Sohle, glattere Felsarten	1,00
Felsiger aber nicht rauher Boden, wenig Wasserpflanzen . .	1,25
Sehr regelmäßig und sauber ausgeführter Erdkanal ohne Pflanzen	1,50
Kanal in Erde oder Kies mit schlammiger oder steiniger Sohle und wenig Wasserpflanzen; manche Bäche und Flüsse . .	1,75
Mangelhaft erhaltenes, mit Moos und Pflanzen bedecktes Trockenmauerwerk mit schlammiger Sohle oder Erdkanal mit ziemlich vielen Wasserpflanzen, Bäche und Flüsse, wie die Seine, die Weser, der Linthkanal	2,00
Erdkanäle mit vielen Wasserpflanzen, schlecht unterhalten, mit schlammiger, steiniger Sohle. Gewässer mit Geschieben (wie z. B. der Rhein oberhalb des Bodensees)	2,50

Es würde zu umständlich sein, die Druckverluste nach entsprechender Umformung aus vorgenannten Formeln zu ermitteln. Man liest die Durchmesser, Gefälle und Geschwindigkeiten aus Zahlentafeln und Nomogrammen ab. Die genauen Werte werden durch Zwischenrechnung gefunden.

Vor Durchführung der Berechnung muß noch auf folgendes hingewiesen werden. Eine Wassermenge von beispielsweise 12,4 l/s kann mit großem Druckverlust (1 : 15) selbstverständlich durch ein Rohr mit 100 mm Durchmesser gefördert werden (siehe Zahlentafel 46). Dabei würde die Fließgeschwindigkeit 1,58 m/s betragen. Bei einem Förderweg von 1000 m würden also schon $\frac{1000}{15} \cong 67$ m Druckhöhenverlust auftreten, d. h., das

Zahlentafel 45

Größen des Beiwertes n

	$n =$	$1 : n =$
Kanäle von sorgfältig gehobeltem Holz, glätteste Materialien	0,010	100,00
Kanäle aus Brettern, weite Eisen- und Stahlbetonrohre	0,012	83,33
Zementputz, je nach Ausführung	0,013—0,017	76,92—58,82
Kanäle aus Bruchsteinmauerwerk; rauher Zementputz	0,017	58,82
Glatt gepflasterte Böschungen, glättere Felsarten	0,022	45,45
Kanäle in Erde; Bäche, Flüsse ohne Geschiebe .	0,025	40,00
Gewässer, hier und da mit Geschieben und Wasserpflanzen; Wildbachschalen	0,028	35,71
Gewässer, mit grobem Schotter und Geschieben, rauhe Felsufer	0,03—0,035	33,33—28,57
Draingräben (preußische Angabe)	0,03	33,33

Entnommen: Weyrauch, Hydr. Rechnen, Abschn. III. S. 97.

Wasser müßte ständig 67 m hochgepumpt werden, so daß sehr hohe Betriebskosten entstehen, während die kleine Leitung natürlich geringe Anlagekosten und damit auch niedrigen Kapitaldienst fordert.

Die gleiche Wassermenge würde in einem Rohr von 200 mm einen Druckverlust von nur 1,34 m auf 1000 m Förderweg ergeben. Die Pumpkosten würden also klein sein, dafür natürlich der Kapitaldienst für das größere Rohr wesentlich höher.

Für jede Wassermenge läßt sich der wirtschaftlichste Durchmesser ermitteln, indem man für verschiedene Rohrdurchmesser den Druckverlust und daraus die Pumpkosten ermittelt und zu diesen den Kapitaldienst, der für die verschiedenen Rohrdurchmesser aufzuwenden ist, addiert (vgl. Bild 93). Der Kapitaldienst (Verzinsung und Tilgung des Anlagekapitals) steigt mit zunehmendem Rohrdurchmesser annähernd gleichmäßig. Die Pumpkosten dagegen sinken mit zunehmendem Rohrdurchmesser in einer Kurve, die sich der Nullinie nähert, anfangs stark, später nur sehr langsam ab. Das Minimum der Gesamtkosten ergibt den wirtschaftlichsten Durchmesser.

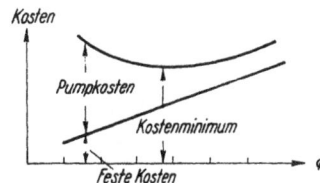

Bild 93. Ermittlung der geringsten Pumpkosten.

Bei größeren Rohrleitungen (langen Hauptzuleitungen) wird man die Wahl des Durchmessers auf Grund derartiger Ermittlungen feststellen. Bei den Nebensträngen genügt es, Erfahrungswerte zu berücksichtigen.

Zahlentafel 46

(Nach Brix)

Druckverlust, Geschwindigkeit und Durchflußmenge von gefüllten Kreisrohren[1]

φ in mm	i	Druckverlust für 1 m in m	v m/s	Q l/s	φ in mm	i	Druckverlust für 1 m in m	v m/s	Q l/s
15	1: 5	0,2	0,54	0,1	175	1: 40	0,0250	1,51	36,3
	1: 10	0,1	0,40	0,07		1: 90	0,0111	1,01	24,2
	1: 20	0,05	0,26	0,05		1: 150	0,0067	0,78	18,7
20	1: 5	0,2	0,69	0,22		1: 350	0,0029	0,51	12,3
	1: 10	0,1	0,51	0,16		1: 600	0,0017	0,39	9,4
	1: 20	0,05	0,34	0,11	200	1: 50	0,0200	1,49	46,8
25	1: 10	0,1	0,6	0,29		1: 100	0,0100	1,05	33,1
	1: 20	0,05	0,42	0,21		1: 200	0,0050	0,75	23,4
	1: 40	0,025	0,3	0,15		1: 450	0,0022	0,50	15,6
30	1: 10	0,1	0,71	0,5		1: 900	0,0011	0,35	11,0
	1: 20	0,05	0,5	0,35	250	1: 70	0,01429	1,49	73,3
	1: 40	0,025	0,35	0,25		1: 150	0,00667	1,02	50,1
40	1: 10	0,1	0,9	1,1		1: 275	0,00364	0,75	37,0
	1: 20	0,05	0,64	0,8		1: 600	0,00167	0,51	25,0
	1: 40	0,025	0,45	0,6		1: 900	0,00111	0,42	20,4
50	1: 10	0,1000	1,09	2,1	275	1: 80	0,01250	1,50	89,1
	1: 20	0,0500	0,77	1,5		1: 175	0,00571	1,02	60,3
	1: 50	0,0200	0,49	0,9		1: 325	0,00308	0,75	44,2
60	1: 15	0,0667	1,04	2,9		1: 700	0,00143	0,51	30,1
	1: 30	0,0333	0,74	2,1		1: 900	0,00111	0,45	26,6
	1: 70	0,0143	0,48	1,4	300	1: 90	0,01111	1,51	107
80	1: 10	0,1000	1,61	8,1		1: 200	0,00500	1,01	72
	1: 25	0,0400	1,02	5,1		1: 350	0,00286	0,77	54
	1: 45	0,0222	0,76	3,8		1: 800	0,00125	0,51	36
	1:100	0,0100	0,51	2,6	350	1: 100	0,01000	1,60	154
100	1: 15	0,0667	1,58	12,4		1: 125	0,00800	1,43	138
	1: 35	0,0286	1,03	8,1		1: 250	0,00400	1,01	98
	1: 70	0,0143	0,73	5,8		1: 450	0,00222	0,76	73
	1:100	0,0100	0,61	4,8		1:1000	0,00100	0,51	49
	1:150	0,0067	0,50	3,9	400	1: 150	0,00667	1,44	181
125	1: 25	0,0400	1,46	18,0		1: 300	0,00333	1,02	128
	1: 50	0,0200	1,04	12,7		1: 550	0,00182	0,75	95
	1: 90	0,0111	0,77	9,5		1:1200	0,00083	0,51	64
	1:150	0,0067	0,60	7,3	450	1: 175	0,00571	1,45	231
	1:200	0,0050	0,52	6,4		1: 350	0,00286	1,03	163
	1 250	0,0040	0,46	5,7		1: 650	0,00154	0,75	120
150	1: 30	0,0333	1,55	27,3		1:1500	0,00067	0,50	79
	1: 70	0,0143	1,01	17,9	500	1 200	0,00500	1,47	288
	1:125	0,0080	0,76	13,4		1: 425	0,00235	1,01	197
	1:200	0,0050	0,60	10,6		1: 750	0,00133	0,76	149
	1:275	0,0036	0,51	9,0		1:1700	0,00059	0,50	99
	1:400	0,0025	0,42	7,5					

[1] Die im Handel nicht mehr geführten und nicht genormten Durchmesser von mm: 70, 90, 225, 275, 325, 375, 425, 475, 550, 650 und 750 sind in der 1. Auflage enthalten.

Zahlentafel 46 (Fortsetzung)

ϕ in mm	i	Druckver-lust für 1 m in m	v m/s	Q l/s	ϕ in mm	i	Druckver-lust für 1 m in m	v m/s	Q l/s
600	1 : 250	0,00400	1,49	421	900	1 : 425	0,00235	1,51	959
	1 : 550	0,00182	1,00	284		1 : 950	0,00105	1,01	641
	1 : 1000	0,00100	0,75	211		1 : 1700	0,00059	0,75	479
	1 : 2000	0,00050	0,53	149		1 : 2600	0,00039	0,61	387
700	1 : 300	0,00333	1,51	582	1000	1 : 475	0,00210	1,53	1202
	1 : 650	0,00154	1,03	395		1 : 500	0,00200	1,49	1171
	1 : 1200	0,00083	0,76	291		1 : 1100	0,00091	1,01	790
	1 : 2000	0,00050	0,59	225		1 : 2000	0,00050	0,75	586
800	1 : 350	0,00286	1,53	770	1200	1 : 600	0,00167	1,54	1740
	1 : 800	0,00125	1,01	509		1 : 650	0,00154	1,48	1671
	1 : 1400	0,00071	0,77	385		1 : 1400	0,00071	1,01	1139
	1 : 2200	0,00046	0,61	307		1 : 2400	0,00042	0,77	870

Wirtschaftlich sind die Rohrdurchmesser der Anfangsstränge, wenn sie
eine Durchflußgeschwindigkeit von etwa 0,80 bis 1 m/s aufweisen.
Zeigt das Gelände in Fließrichtung nicht unerhebliche Höhenunterschiede,
so können diese durch erhöhten Druckverlust ausgewertet werden. Das
bedeutet eine Erhöhung der wirtschaftlichen Geschwindigkeit, doch wird
diese selten über 1,25 m/s betragen. An dem Grundsatz, daß das Gelände-
gefälle mit dem Druckverlust innerhalb des einzelnen Rohrstranges nicht
etwa gleich zu setzen ist, ändert die vorstehende Berücksichtigung günstiger Gefällsverhältnisse des zu erschließenden Geländes nichts.
Die Wahl des Rohrdurchmessers, Bestimmung der Fließgeschwindigkeit,
des Druckverlustes usw. aus den Zahlentafeln sowie die notwendigen
Zwischenrechnungen zeigen die folgenden Beispiele.
Beispiel: Ein Strang wird belastet mit 3,45 l/s Brauchwasser,

$$8,00 \text{ l/s Brandwasser,}$$

$$Q = 11,45 \text{ l/s Gesamtwassermenge.}$$

Wie groß ist der Druckverlust h und die Geschwindigkeit v bei einer
Stranglänge von 240 m?
Aus Zahlentafel 47, S. 239 können (bei $v = 0,80$ bis 1 m) für den Durch-
messer 125 mm folgende Werte entnommen werden:

h/l	Gefälle i	Geschwindigkeit v (m/s)	Wassermenge Q (l/s)
1 : 60	0,01667	0,95	11,6
1 : 70	0,01429	0,88	10,7
	$\Delta i = 0,00238$	$\Delta v = 0,07$	$\Delta Q = 0,9$

Die Zahlentafel gibt nur die Angaben für Wassermengen von 10,7 bzw.
11,6 l/s. Diese sind also durch Zwischenrechnung für 11,45 l/s zu suchen.

Zahlentafel 47

Druckverlust, Geschwindigkeit und Durchflußmenge gefüllter Kreisrohre

(Durchmesser = mm; v = m/s; Q = l/s; m = 0,25)

Durchmesser		40		50		60		80		100	
Gefälle	Druckverlust m/m	v	Q	v	Q	v	Q	v	Q	v	Q
1: 10	0,10000	0,90	1,2	1,09	2,1	1,21	3,6	1,61	8,1	1,94	15,2
20	0,05000	0,64	0,8	0,77	1,5	0,90	2,6	1,14	5,7	1,37	10,8
30	0,03333	0,52	0,7	0,63	1,2	0,74	2,1	0,93	4,7	1,12	8,8
40	0,02500	0,45	0,6	0,55	1,0	0,64	1,8	0,81	4,1	0,97	7,6
50	0,02000	0,40	0,5	0,49	1,0	0,57	1,6	0,72	3,6	0,87	6,8
60	0,01667	0,37	0,5	0,45	0,9	0,52	1,5	0,66	3,3	0,79	6,2
70	0,01429	0,34	0,4	0,41	0,8	0,48	1,4	0,61	3,1	0,73	5,8
80	0,01250	0,32	0,4	0,39	0,8	0,45	1,3	0,57	2,9	0,68	5,4
90	0,01111	0,30	0,4	0,37	0,7	0,43	1,2	0,54	2,7	0,63	5,1
100	0,01000	0,29	0,4	0,35	0,7	0,40	1,1	0,51	2,6	0,61	4,8
125	0,00800	0,26	0,3	0,31	0,6	0,36	1,0	0,46	2,3	0,55	4,3
150	0,00667	0,23	0,3	0,28	0,6	0,33	0,9	0,42	2,1	0,50	3,9
175	0,00571	0,21	0,3	0,26	0,5	0,31	0,9	0,39	1,9	0,46	3,6
200	0,00500	0,20	0,3	0,24	0,5	0,29	0,8	0,36	1,8	0,43	3,4
225	0,00444	0,19	0,2	0,23	0,5	0,27	0,8	0,34	1,7	0,41	3,2
250	0,00400	0,18	0,2	0,22	0,4	0,26	0,7	0,32	1,6	0,39	3,0
275	0,00364	0,17	0,2	0,21	0,4	0,24	0,7	0,31	1,5	0,37	2,9
300	0,00333	0,17	0,2	0,20	0,4	0,23	0,7	0,30	1,5	0,35	2,8
325	0,00308	0,16	0,2	0,19	0,4	0,22	0,6	0,28	1,4	0,34	2,7
350	0,00286	0,15	0,2	0,19	0,4	0,22	0,6	0,27	1,4	0,33	2,6
375	0,00267	0,15	0,2	0,18	0,4	0,21	0,6	0,26	1,3	0,32	2,5
400	0,00250	0,14	0,2	0,17	0,3	0,20	0,6	0,26	1,3	0,31	2,4
425	0,00235	0,14	0,2	0,17	0,3	0,20	0,6	0,25	1,2	0,30	2,3
450	0,00222	0,13	0,2	0,16	0,3	0,19	0,5	0,24	1,2	0,29	2,3
475	0,00210	0,13	0,2	0,16	0,3	0,18	0,5	0,23	1,2	0,28	2,2
500	0,00200	0,12	0,2	0,15	0,3	0,18	0,5	0,23	1,1	0,27	2,2
550	0,00182	0,12	0,2	0,15	0,3	0,17	0,5	0,22	1,1	0,26	2,1
600	0,00167	0,12	0,1	0,14	0,3	0,17	0,5	0,21	1,0	0,25	2,0
650	0,00154	0,11	0,1	0,14	0,3	0,16	0,4	0,20	1,0	0,24	1,9
700	0,00143	0,11	0,1	0,13	0,3	0,15	0,4	0,19	1,0	0,23	1,8
750	0,00133	0,10	0,1	0,13	0,2	0,15	0,4	0,19	0,9	0,22	1,8
800	0,00125	—	—	0,12	0,2	0,14	0,4	0,18	0,9	0,22	1,7
850	0,00117	—	—	0,12	0,2	0,14	0,4	0,18	0,9	0,21	1,7
900	0,00111	—	—	0,11	0,2	0,13	0,4	0,17	0,9	0,20	1,6
950	0,00105	—	—	0,11	0,2	0,13	0,4	0,17	0,8	0,20	1,6
1000	0,00100	—	—	0,11	0,2	0,13	0,4	0,16	0,8	0,19	1,5
1100	0,00091	—	—	0,10	0,2	0,12	0,3	0,15	0,8	0,18	1,5
1200	0,00083	—	—	—	—	0,12	0,3	0,15	0,7	0,18	1,4
1300	0,00077	—	—	—	—	0,11	0,3	0,14	0,7	0,17	1,3
1400	0,00071	—	—	—	—	0,11	0,3	0,14	0,7	0,16	1,3
1500	0,00066	—	—	—	—	0,10	0,3	0,13	0,7	0,16	1,2
1600	0,00062	—	—	—	—	—	—	0,13	0,6	0,15	1,2
1700	0,00059	—	—	—	—	—	—	0,12	0,6	0,15	1,2
1800	0,00056	—	—	—	—	—	—	0,12	0,6	0,14	1,1
1900	0,00053	—	—	—	—	—	—	0,12	0,6	0,14	1,1
2000	0,00050	—	—	—	—	—	—	0.11	0,6	0,14	1,1

Zahlentafel 47 (Fortsetzung)

Durchmesser		125		150		175		200		250		275	
Gefälle	Druckver-lust m/m	v	Q	v	Q	v	Q	v	Q	v	Q	v	Q
1 : 10	0,10000	2,31	28,4	2,68	47,3	3,02	72,5	3,33	104,6	3,95	194,0	4,25	252,1
20	0,05000	1,64	20,1	1,89	33,4	2,13	51,3	2,36	74,0	2,80	137,2	3,00	178,3
30	0,03333	1,34	16,4	1,55	27,3	1,74	41,9	1,92	60,4	2,28	112,0	2,45	145,5
40	0,02500	1,16	14,2	1,34	23,6	1,51	36,3	1,67	52,3	1,98	97,0	2,12	126,0
50	0,02000	1,04	12,7	1,20	21,1	1,40	32,4	1,49	46,8	1.77	86,8	1,91	114,0
60	0,01667	0,95	11,6	1,09	19,3	1,23	29,6	1,36	42,7	1,61	79,2	1,73	102,9
70	0,01429	0,88	10,7	1,01	17,9	1,14	27,4	1,26	39,5	1,49	73,3	1,60	95,3
80	0,01250	0,82	10,0	0,95	16,7	1,07	25,6	1,18	37,0	1,40	68,6	1,50	89,1
90	0,01111	0,77	9,5	0,89	15,8	1,01	24,2	1,11	34,9	1,32	64,7	1,42	84,0
100	0,01000	0,73	9,0	0,85	14,9	0,95	22,9	1,05	33,1	1,25	61,3	1,34	79,7
125	0,00800	0,65	8,0	0,76	13,4	0,85	20,5	0,94	29,6	1,12	54,9	1,20	71,3
150	0,00667	0,60	7,3	0,69	12,2	0,78	18,7	0,86	27,0	1,02	50,1	1,10	65,1
175	0,00571	0,55	6,8	0,64	11,3	0,72	17,3	0,80	25,0	0,95	46,4	1,02	60,3
200	0,00500	0,52	6,4	0,60	10,6	0,67	16,2	0,75	23,4	0,88	43,4	0,95	56,4
225	0,00444	0,49	6,0	0,56	10,0	0,64	15,3	0,70	22,1	0,83	40,9	0,90	53,1
250	0,00400	0,46	5,7	0,54	9,5	0,60	14,5	0,67	20,9	0,79	38,8	0,85	50,4
275	0,00364	0,44	5,4	0,51	9,0	0,58	13,8	0,64	19,9	0,75	37,0	0,81	48,1
300	0,00333	0,42	5,2	0,49	8,6	0,55	13,2	0,61	19,1	0,72	35,4	0,78	46,0
325	0,00308	0,41	5,0	0,47	8,3	0,53	12,7	0,58	18,3	0,69	34,0	0,75	44,2
350	0,00286	0,39	4,8	0,45	8,0	0,51	12,3	0,56	17,7	0,67	32,8	0,72	42,6
375	0,00267	0,38	4,6	0,44	7,7	0,49	11,8	0,54	17,1	0,65	31,7	0,69	41,2
400	0,00250	0,37	4,5	0,42	7,5	0,48	11,5	0,53	16,5	0,63	30,7	0,67	39,9
425	0,00235	0,36	4,4	0,41	7,3	0,46	11,1	0,51	16,0	0,61	29,8	0,65	38,7
450	0,00222	0,35	4,3	0,40	7,0	0,45	10,8	0,50	15,6	0,59	28,9	0,63	37,6
475	0,00210	0,34	4,1	0,39	6,9	0,44	10,5	0,48	15,2	0,57	28,1	0,62	36,6
500	0,00200	0,33	4,0	0,38	6,7	0,43	10,3	0,47	14,8	0,56	27,4	0,60	35,7
550	0,00182	0,31	3,8	0,36	6,4	0,42	9,8	0,45	14,1	0,53	26,2	0,57	34,0
600	0,00167	0,30	3,7	0,35	6,1	0,39	9,4	0,43	13,5	0,51	25,0	0,55	32,5
650	0,00154	0,29	3,5	0,34	5,8	0,37	9,0	0,41	13,0	0,49	24,1	0,53	31,1
700	0,00143	0,28	3,4	0,32	5,6	0,36	8,7	0,40	12,5	0,47	23,2	0,51	30,1
750	0,00133	0,27	3,3	0,31	5,5	0,35	8,4	0,39	12,1	0,46	22,4	0,49	29,1
800	0,00125	0,26	3,2	0,30	5,3	0,34	8,1	0,37	11,7	0,44	21,7	0,48	28,2
850	0,00117	0,25	3,1	0,29	5,1	0,33	7,9	0,36	11,3	0,43	21,0	0,46	27,3
900	0,00111	0,24	3,0	0,28	5,0	0,32	7,6	0,35	11,0	0,42	20,4	0,45	26,6
950	0,00105	0,24	2,9	0,27	4,9	0,31	7,4	0,34	10,7	0,41	19,9	0,44	25,9
1000	0,00100	0,23	2,8	0,27	4,7	0,30	7,2	0,33	10,4	0,40	19,4	0,42	25,2
1100	0,00091	0,22	2,7	0,26	4,5	0,29	6,9	0,32	10,0	0,38	18,5	0,41	24,0
1200	0,00083	0,21	2,6	0,24	4,3	0,28	6,6	0,30	9,5	0,36	17,7	0,39	23,0
1300	0,00077	0,20	2,5	0,24	4,1	0,26	6,4	0,29	9,2	0,35	17,0	0,37	22,1
1400	0,00071	0,20	2,4	0,23	4,0	0,26	6,1	0,28	8,8	0,33	16,4	0,36	21,3
1500	0,00066	0,19	2,3	0,22	3,9	0,25	5,9	0,27	8,5	0,32	15,8	0,35	20,8
1600	0,00062	0,18	2,2	0,21	3,7	0,24	5,7	0,26	8,3	0,31	15,3	0,34	19,9
1700	0,00059	0,18	2,2	0,21	3,6	0,23	5,6	0,26	8,0	0,30	14,9	0,33	19,3
1800	0,00056	0,17	2,1	0,20	3,5	0,22	5,4	0,25	7,8	0,30	14,5	0,32	18,8
1900	0,00053	0,17	2,1	0,19	3,4	0,22	5,3	0,24	7,6	0,29	14,1	0,31	18,3
2000	0,00050	0,16	2,0	0,18	3,3	0,21	5,1	0,24	7,4	0,28	13,7	0,30	17,8

Zahlentafel 47 (Fortsetzung)

Durchmesser		300		350		400		450	
Gefälle	Druckverlust m/m	v	Q	v	Q	v	Q	v	Q
1 : 10	0,10000	4,53	320	5,07	488	5,59	702	6,08	966
20	0,05000	3,20	226	3,58	345	3,95	497	4,30	683
30	0,03333	2,62	185	2,93	282	3,23	406	3,51	558
40	0,02500	2,26	160	2,54	244	2,80	351	3,04	483
50	0,02000	2,03	143	2,27	218	2,50	314	2,72	432
60	0,01667	1,85	131	2,07	199	2,28	287	2,48	395
70	0,01429	1,71	121	1,92	184	2,11	266	2,30	365
80	0,01250	1,60	113	1,79	172	1,98	248	2,15	342
90	0,01111	1,51	107	1,69	163	1,86	234	2,03	322
100	0,01000	1,43	101	1,60	154	1,77	222	1,92	306
125	0,00800	1,28	91	1,43	138	1,58	199	1,72	273
150	0,00667	1,17	83	1,31	126	1,44	181	1,57	250
175	0,00571	1,08	77	1,21	117	1,34	168	1,45	231
200	0,00500	1,01	72	1,13	109	1,25	157	1,36	216
225	0,00444	0,96	68	1,07	103	1,18	148	1,28	204
250	0,00400	0,91	64	1,01	98	1,12	141	1,22	193
275	0,00364	0,86	61	0,97	93	1,07	134	1,16	184
300	0,00333	0,83	58	0,93	89	1,02	128	1,11	176
325	0,00308	0,79	56	0,89	86	0,98	123	1,07	170
350	0,00286	0,77	54	0,86	82	0,95	119	1,03	164
375	0,00267	0,74	52	0,83	80	0,91	115	0,99	158
400	0,00250	0,72	51	0,80	77	0,88	111	0,96	153
425	0,00235	0,70	49	0,78	75	0,86	108	0,93	148
450	0,00222	0,68	48	0,76	73	0,83	105	0,91	144
475	0,00210	0,66	46	0,74	71	0,81	102	0,88	140
500	0,00200	0,64	45	0,72	69	0,79	99	0,86	137
550	0,00182	0,61	43	0,68	66	0,75	95	0,82	130
600	0,00167	0,59	41	0,65	63	0,72	91	0,78	125
650	0,00154	0,56	40	0,63	61	0,69	87	0,75	120
700	0,00143	0,54	38	0,61	58	0,67	84	0,73	116
750	0,00133	0,52	37	0,59	56	0,65	81	0,70	112
800	0,00125	0,51	36	0,57	55	0,63	79	0,68	108
850	0,00117	0,49	35	0,55	53	0,61	76	0,66	105
900	0,00111	0,48	34	0,53	51	0,59	74	0,64	102
950	0,00105	0,47	33	0,52	50	0,57	72	0,62	99
1000	0,00100	0,45	32	0,51	49	0,56	70	0,61	97
1100	0,00091	0,43	31	0,48	47	0,53	67	0,58	92
1200	0,00083	0,41	29	0,46	45	0,51	64	0,56	88
1300	0,00077	0,40	28	0,45	43	0,49	62	0,53	85
1400	0,00071	0,38	27	0,43	41	0,47	59	0,51	82
1500	0,00066	0,37	26	0,41	40	0,46	57	0,50	79
1600	0,00062	0,36	25	0,40	39	0,44	56	0,48	76
1700	0,00059	0,35	25	0,39	37	0,43	54	0,47	74
1800	0,00056	0,34	24	0,38	36	0,42	52	0,45	72
1900	0,00053	0,33	23	0,37	35	0,41	51	0,44	70
2000	0,00050	0,32	23	0,36	35	0,40	50	0,43	68

Zahlentafel 47 (Fortsetzung)

Durchmesser		500		600		700	
Gefälle	Druckverlust m/m	v	Q	v	Q	v	Q
1 : 10	0,10000	6,55	1286	7,45	2105	8,28	3186
20	0,05000	4,63	910	5,26	1488	5,86	2253
30	0,03333	3,78	743	4,30	1215	4,78	1840
40	0,02500	3,28	643	3,72	1053	4,14	1593
50	0,02000	2,93	575	3,33	941	3,70	1425
60	0,01667	2,67	525	3,04	859	3,38	1301
70	0,01429	2,48	486	2,81	796	3,13	1204
80	0,01250	2,32	455	2,63	744	2,93	1127
90	0,01111	2,18	429	2,48	702	2,76	1062
100	0,01000	2,07	407	2,35	666	2,62	1008
125	0,00800	1,85	364	2,11	595	2,34	901
150	0,00667	1,69	332	1,92	544	2,14	823
175	0,00571	1,57	307	1,78	503	1,98	762
200	0,00500	1,47	288	1,67	471	1,85	713
225	0,00444	1,38	271	1,57	444	1,75	672
250	0,00400	1,31	257	1,49	421	1,66	637
275	0,00364	1,25	245	1,42	401	1,58	608
300	0,00333	1,20	235	1,36	384	1,51	582
325	0,00308	1,15	226	1,31	369	1,45	559
350	0,00286	1,11	217	1,26	356	1,40	539
375	0,00267	1,07	210	1,22	344	1,35	520
400	0,00250	1,04	203	1,18	333	1,31	504
425	0,00235	1,01	197	1,14	323	1,27	489
450	0,00222	0,98	192	1,11	314	1,23	475
475	0,00210	0,95	187	1,08	305	1,20	462
500	0,00200	0,93	182	1,05	298	1,17	451
550	0,00182	0.88	173	1,00	284	1,12	430
600	0,00167	0,85	166	0,96	272	1,07	411
650	0,00154	0,81	160	0,92	261	1,03	395
700	0,00143	0,78	154	0,89	252	0,99	381
750	0,00133	0,76	149	0,86	243	0,96	368
800	0,00125	0,73	144	0,83	235	0,93	356
850	0,00117	0,71	140	0,81	228	0,90	346
900	0,00111	0,69	136	0,79	222	0,87	336
950	0,00105	0,67	132	0,76	216	0,85	327
1000	0,00100	0,66	129	0,75	211	0,83	319
1100	0,00091	0,63	123	0,71	201	0,79	304
1200	0,00083	0,60	117	0,68	192	0,76	291
1300	0,00077	0,57	113	0,65	185	0,73	280
1400	0,00071	0,55	109	0,63	178	0,70	269
1500	0,00066	0,54	105	0,61	172	0,68	260
1600	0,00062	0,52	102	0,59	166	0,66	252
1700	0,00059	0,50	99	0,57	161	0,64	244
1800	0,00056	0,49	96	0,56	157	0,62	238
1900	0,00053	0,48	93	0,54	153	0,60	231
2000	0,00050	0,46	91	0,53	149	0,59	225

Zahlentafel 47 (Fortsetzung)

Durchmesser		800		900		1000		1100		1200	
Gefälle	Druckverlust m/m	v	Q	v	Q	v	Q	v	Q	v	Q
1 : 10	0,10000	9,06	4556	9,82	6249	10,55	8281	11,23	10667	11,92	13474
20	0,05000	6,41	3221	6,95	4419	7,46	5856	7,94	7543	8,43	9528
30	0,03333	5,23	2630	5,67	3608	6,09	4781	6,48	6159	6,88	7780
40	0,02500	4,53	2278	4,91	3125	5,27	4141	5,61	5334	5,96	6737
50	0,02000	4,05	2037	4,39	2795	4,72	3704	5,02	4770	5,33	6026
60	0,01667	3,70	1860	4,01	2551	4,31	3381	4,58	4355	4,86	5501
70	0,01429	3,43	1722	3,71	2362	3,99	3130	4,24	4032	4,50	5093
80	0,01250	3,20	1611	3,47	2209	3,73	2928	3,97	3771	4,21	4764
90	0,01100	3,02	1519	3,27	2083	3,52	2760	3,74	3556	3,97	4492
100	0,01000	2,87	1441	3,11	1976	3,33	2619	3,55	3373	3,77	4261
125	0,00800	2,56	1289	2,78	1768	2,98	2342	3,18	3017	3,37	3811
150	0,00667	2,34	1176	2,54	1614	2,72	2138	2,90	2754	3,08	3479
175	0,00571	2,17	1089	2,35	1494	2,52	1980	2,68	2550	2,85	3214
200	0,00500	2,03	1019	2,20	1397	2,36	1852	2,51	2385	2,66	3013
225	0,00444	1,91	960	2,07	1317	2,22	1746	2,37	2249	2,51	2841
250	0,00400	1,81	911	1,97	1250	2,11	1656	2,25	2133	2,38	2695
275	0,00364	1,73	871	1,87	1192	2,01	1574	2,14	2034	2,27	2568
300	0,00333	1,66	832	1,79	1141	1,93	1512	2,05	1948	2,18	2460
325	0,00308	1,59	799	1,72	1096	1,85	1453	1,97	1871	2,09	2364
350	0,00286	1,53	770	1,66	1056	1,78	1400	1,90	1803	2,01	2278
375	0,00267	1,48	744	1,60	1021	1,72	1352	1,83	1742	1,95	2200
400	0,00250	1,43	720	1,55	988	1,67	1309	1,78	1687	1,88	2131
425	0,00235	1,39	699	1,51	959	1,62	1270	1,72	1636	1,83	2067
450	0,00222	1,35	679	1,46	932	1,57	1235	1,67	1590	1,78	2009
475	0,00210	1,32	661	1,43	907	1,53	1202	1,63	1548	1,73	1955
500	0,00200	1,28	644	1,39	884	1,49	1171	1,59	1509	1,69	1906
550	0,00182	1,22	614	1,33	843	1,42	1117	1,51	1438	1,61	1817
600	0,00167	1,17	588	1,27	807	1,36	1069	1,45	1377	1,54	1740
650	0,00154	1,12	565	1,22	775	1,31	1027	1,39	1323	1,48	1671
700	0,00143	1,08	545	1,17	747	1,26	990	1,34	1275	1,42	1611
750	0,00133	1,05	526	1,13	722	1,22	956	1,30	1232	1,38	1556
800	0,00125	1,01	509	1,10	699	1,18	926	1,26	1193	1,33	1507
850	0,00117	0,98	494	1,07	678	1,14	898	1,22	1157	1,29	1462
900	0,00111	0,96	480	1,04	659	1,11	873	1,18	1124	1,26	1420
950	0,00105	0,93	467	1,01	641	1,08	850	1,15	1094	1,22	1383
1000	0,00100	0,91	456	0,98	625	1,06	828	1,12	1067	1,19	1348
1100	0,00091	0,86	434	0,94	596	1,01	790	1,07	1017	1,14	1285
1200	0,00083	0,83	416	0,90	571	0,96	756	1,03	974	1,09	1230
1300	0,00077	0,80	400	0,86	548	0,92	726	0,98	936	1,05	1182
1400	0,00071	0,77	385	0,83	528	0,89	700	0,95	902	1,01	1139
1500	0,00066	0,74	372	0,80	510	0,86	676	0,92	871	0,97	1100
1600	0,00062	0,72	360	0,78	494	0,83	655	0,89	843	0,95	1065
1700	0,00059	0,70	349	0,75	479	0,81	635	0,86	818	0,91	1033
1800	0,00056	0,68	340	0,73	466	0,79	617	0,84	795	0,89	1004
1900	0,00053	0,66	331	0,71	453	0,77	601	0,81	774	0,86	987
2000	0,00050	0,64	322	0,70	442	0,75	586	0,79	754	0,84	953

Der Unterschied der notwendigen Wassermenge gegen den Tafelwert beträgt

$$DQ = Q - 10,7 = 11,45 - 10,7 = 0,75 \text{ l/s}.$$

Geschwindigkeit:

$$Dv = \Delta v \cdot \frac{DQ}{\Delta Q} = 0,07 \cdot \frac{0,75}{0,90} = 0,0584 = \text{rd. } 0,06,$$

$$v_{(Q = 11,45 \text{ l/s})} = v_{(Q = 10,7)} + D_v = 0,88 + 0,06 = \mathbf{0,94 \text{ m/s}}.$$

Gefälle:

$$Di = \Delta i \cdot \frac{DQ}{\Delta Q} = 0,00238 \cdot \frac{0,75}{0,90} = 0,00198,$$

$$i_{(Q = 11,4 \text{ l/s})} = i_{(Q = 10,7)} + Di = 0,01429$$
$$+ 0,00198$$
$$\overline{0,01627.}$$

Druckverlust:

$$\boldsymbol{h} = l \cdot i = 240 \cdot 0,01627 = \mathbf{3,90 \text{ m}}.$$

Beispiel: Ein Strang soll 54,6 l/s fördern bei einer Länge $l = 430$ m. Die zur Verfügung stehende Druckhöhe beträgt $h = 2,10$ m. Welcher Durchmesser ist zu wählen?
Für einen ersten Überschlag genügt es, in der Zahlentafel 47 die Werte aufzusuchen, die sich bei etwa 1 m Geschwindigkeit der gewünschten Menge von 54,6 l am meisten nähern. Man findet:

Bei einem φ von mm	Q l/s	v m/s	i	$h = i \cdot l$ $l = 430$ m
250	54,9	1,12	0,00800	3,44 m
275	56,4	0,95	0,00500	2,15 m
300	54,0	0,77	0,00286	1,23 m

Es zeigt sich, daß ein Rohr von 275 mm Durchmesser bei einer Mehrleistung von etwa 2 l annähernd den gewünschten Gefällsverlust aufweist. Die genauere Nachrechnung, die für diesen Durchmesser in der gleichen Weise wie im ersten Beispiel zu erfolgen hat, gibt einen noch etwas unter 2,1 m liegenden Druckverlust. Das gewünschte Maß (2,10) kann natürlich nicht genau erreicht werden, denn dafür müßten um wenige Millimeter verschiedene Rohre lieferbar sein. Gängig sind aber nur die angegebenen Durchmesser.
Besonders einfach und übersichtlich wird die Errechnung bei Benutzung der Brixschen Zahlentafel (46), die nur die Angaben enthält, die für Wasserversorgungszwecke praktisch in Frage kommen.
Beispiel: Ein Rohr soll 60 l/s fördern und auf 1000 m Länge nur annähernd 3,5 m Druckverlust haben (Gefälle von $\sim 1 : 330$). Aus Zahlen-

16*

tafel 46 ist sofort zu ersehen, daß nur Rohre von 250 mm und mehr Durchmesser in Frage kommen, da sonst die geforderten $Q = 60$ l nicht erreicht
werden. Geht man nun in der Gefällsspalte (i) dem Gefälle 1 : 330 nach,
so sieht man, daß ein Rohr von 275 mm Durchmesser bei 1 : 325 Gefälle
erst 44,2 l leistet, dagegen das Rohr von 300 mm bei 1 : 350 Gefälle bereits
54 l. Dieses Rohr wird also ausreichen. Man verbessert auf 60 l wie folgt:

Unterschied $\varDelta$ für

Q	Druckverlust
72	0,00500
54	0,00286
$\varDelta$ 18	0,00214

Zu verbessern ist für $60 - 54 = 6$ l.

$$\text{Druckverlustverbesserung} = \frac{6}{18} \cdot 0,00214 = 0,00071.$$

Für 60 l Durchfluß beträgt dann der Druckverlust je m

$$\begin{array}{r} 0,00286 \\ + 0,00071 \\ \hline 0,00357 \end{array}$$

Der Gefällsverlust auf 1000 m beträgt $h = 1000 \cdot 0,00357 = 3,57$ m.
Prüft man den Gefällsverlust noch einmal genau nach (in Zahlentafel 47)
so ergibt sich ein Wert von 0,00354 oder auf 1000 m Länge $h = 3,54$ m.
Dieser Unterschied von nur 3 cm zeigt, daß völlig ausreichende Genauigkeit erzielt wird, obwohl für die notwendige Verbesserung an Stelle der
vorhandenen Kurve zwischen 2 Punkten nur eine Gerade berücksichtigt
wird.

Die von Prof. Ludin aufgestellte Geschwindigkeitsformel, die bei Versuchen mit Eternitrohren entwickelt wurde, hat immer mehr Verbreitung
gefunden. Es ist nicht zu bezweifeln, daß die Verbesserungen bei der
Herstellung der Rohre, wie beim Schleudergußverfahren, wesentlich
glattere Rohrwandungen geschaffen haben, so daß es berechtigt ist, die
Formel auch für andere Rohrbaustoffe als Eternit anzuwenden. Die
Ludinsche Formel lautet:

$$Q = F \cdot v = F \cdot k \cdot R^{0,65} \cdot J^{0,54},$$

worin $k = 134$ bei $v > 0,60$ m/s
$\qquad k = 122$ bei $v < 0,60$ m/s einzusetzen ist.

Gegenüber der Berechnung mit der kleinen Kutterschen Formel ergibt
die Ludinsche Formel bei kleinen Rohren (bis zu 100 mm Durchmesser)
fast die doppelte Durchflußmenge. Bei den mittleren Rohren (bis zu
300 mm Durchmesser) liegt die Durchflußmenge um rd. 50% höher, bei
den größeren Rohrdurchmessern nur um etwa 20%. Berücksichtigt man

die Verbesserungen in der Rohrherstellung, so ist die Anwendung der Ludinschen Formel für glatte nicht inkrustierte Rohre in langen geraden Strecken gewiß richtig. Die Druckverluste durch Schieber, Krümmer und Rohrstöße, namentlich bei Muffenrohren, sind natürlich zu berücksichtigen. Dadurch erscheint die Ludinsche Formel wissenschaftlich verfeinert und zur praktischen Bestimmung der durch Einbauten in glatte Rohre, sowie durch Abweichungen von der geraden Rohrstrecke bedingten Druckverluste besonders geeignet.

Die einzelnen Geschwindigkeiten und Wassermengen für verschiedene Rohrdurchmesser können aus der hierfür berechneten Zahlentafel 48 (Seite 248) oder den Nomogrammen I und II (Seite 246 und 247) entnommen werden. Bei der Anwendung des Nomogramms ist folgendes zu beachten:
Durchmesser, Wassermenge, Wassergeschwindigkeit und Druckhöhenverlust sind jeweils auf Geraden zu finden. Ist z. B. die Durchflußmenge bekannt und — was meist der Fall ist — annähernd die Geschwindigkeit, so wird man auf der Linie der Durchflußmenge zunächst bis zur gewünschten Geschwindigkeit gehen und von dort zum Schnitt mit dem Rohrdurchmesser, der dem Schnittpunkt mit der Geschwindigkeit am nächsten liegt. Am Schnitt von Durchflußmenge und Rohrdurchmesser können die Druckhöhenverluste und Geschwindigkeiten abgelesen werden.

Ist die Wassermenge bekannt und muß der Druckhöhenverlust, z. B. durch das Gelände oder die Pumpleitung bedingt, in bestimmten Grenzen gehalten werden, so wird man zuerst den Schnittpunkt suchen, der sich aus Durchflußmenge und voraussichtlichem Druckhöhenverlust ergibt. Von dort aus ist der nächstliegende Rohrdurchmesser aufzusuchen. Am Schnitt von Durchflußmenge und Rohrdurchmesser ergeben sich dann wiederum die endgültigen Werte für den Druckhöhenverlust und die dazugehörige Geschwindigkeit.

Die Nomogramme gelten für den Wert $k = 134$ und Geschwindigkeiten über 0,6 m/s. Für die seltener auftretenden Geschwindigkeiten unter 0,6 m/s ist mit $k = 122$ zu rechnen.

Die Ablesung aus Nomogrammen hat den Vorteil, daß die Ausnutzung des Rohrdurchmessers und die gegenseitige Abhängigkeit von Geschwindigkeit und Druckverlust bildlich erkennbar sind. Verfolgt man z. B. in Nomogramm I (Seite 246) die Linie mit einem Durchfluß von 15 l/s, so erkennt man beim Schnitt mit der Linie der anzustrebenden Geschwindigkeit $v = 0,8$ m/s (vgl. Seite 237), daß man sehr nahe der Linie für $d = 150$ mm liegt, dagegen wesentlich weiter entfernt von dem Durchmesser $d = 175$ mm ist. Verfolgt man die Linie für 15 l/s weiter bis zum Schnitt mit dem Durchmesser $d = 125$ mm, so erkennt man am rechten Rand, daß nunmehr der Druckverlust auf über 10 mm/m gestiegen, also gegenüber den rd. 4 mm bei 150 mm Durchmesser schon über doppelt so groß geworden ist. .

Nomogramm I

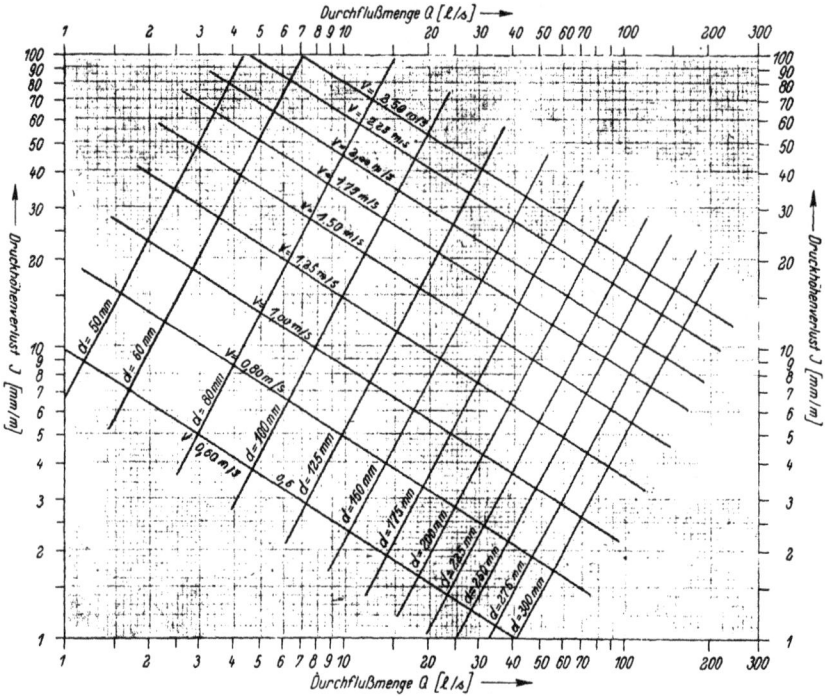

Ermittlung der Druckhöhenverluste, Wassermengen und Geschwindigkeiten nach der Geschwindigkeitsformel von Ludin für Rohrdurchmesser $d < 300$ mm.

$$Q = F \cdot v = F \cdot k \cdot R^{0,65} \cdot J^{0,54}$$
$$k = 134 \text{ bei } v = 0,6 \text{ m/s}$$

Beispiel 1:

Gegeben $Q = 10$ l/s, v soll etwa 0,8 m/s betragen. Man geht von der Linie mit 10 l/s Durchflußmenge des Nomogramms I in die Nähe der Geschwindigkeitslinie mit 0,8 m/s und findet dort den Schnitt mit der Linie, die die Durchflußmengen und die Druckverluste für den Durchmesser 125 mm anzeigt. Es ergibt sich bei genauem Ablesen eine Geschwindigkeit, die etwas über 0,80 (0,81) m/s liegt und dazu ein Druckhöhenverlust von 5,1 mm/m. Ist ein größerer Druckverlust zulässig, so kann man in der Linie für 10 l/s Durchflußmenge weitergehen zum Schnitt mit dem Rohrdurchmesser 100 mm und erhält dort eine Geschwindigkeit von 1,26 m/s bei einem Druckverlust von 15,5 mm/m.

2. Ermittlung der Strangwassermengen

Die Formeln zur Ermittlung der Rohrdurchmesser, ebenso die Zahlentafeln geben die Leistungsfähigkeit eines Rohres stets in Litern je Sekunde an. Für jeden Rohrstrang muß also die sekundliche Wassermenge ermittelt werden.

Diese Wassermenge ändert sich an jeder Stelle, an der eine Entnahme stattfindet, z. B. bei jedem Hausanschluß. Man geht nun nicht diesen

Nomogramm II

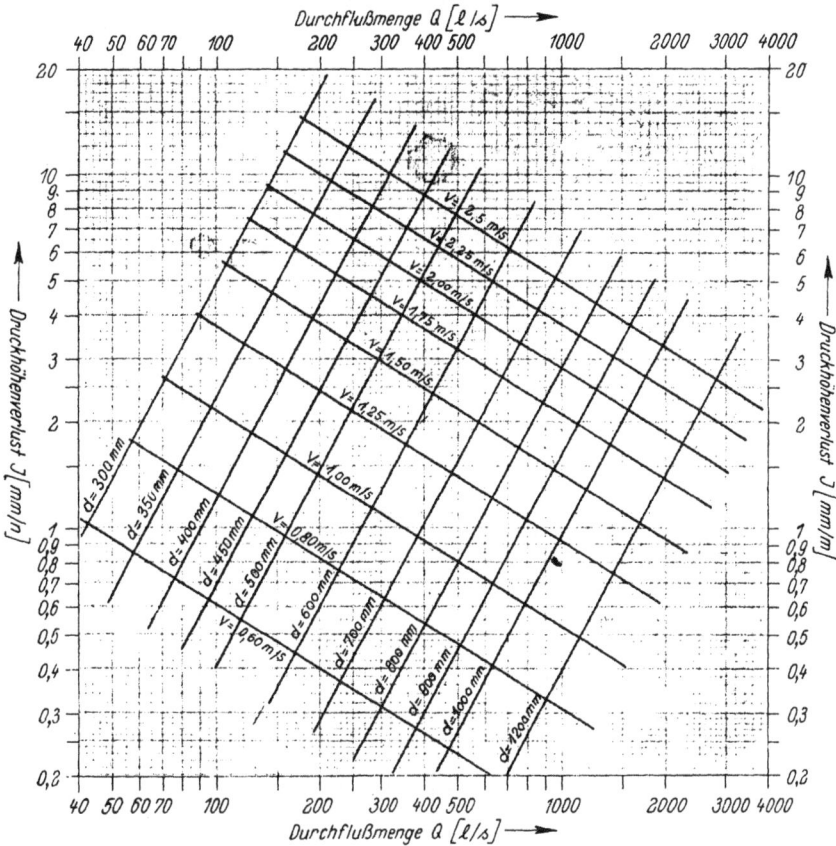

Ermittlung der Druckhöhenverluste, Wassermengen und Geschwindigkeiten nach der Geschwindigkeitsformel von Ludin für Rohrdurchmesser $d > 300$ mm.

Beispiel: 2

Gegeben $Q = 150$ l/s. Geht man auf der Linie für 150 l/s Durchflußmenge in dem Nomogramm II wie bei Beispiel 1 in die Nähe der Geschwindigkeitslinie 0,8 m/s, so findet man dort von unten kommend kurz vor Erreichen der gewünschten Geschwindigkeit einen Schnittpunkt mit der Linie des Rohrdurchmessers $d = 500$ mm lichte Weite. Die Geschwindigkeit ergibt sich annähernd zu $v = 0,75$ m/s mit einem zugehörigen Druckhöhenverlust von 0,85 mm/m. Will man eine etwas größere Geschwindigkeit zulassen, so können bei weiterem Verfolgen der 150 l/s-Linie bis zum Schnitt mit der Linie für $d = 450$ mm ø folgende Werte abgelesen werden:

Geschwindigkeit = 0,95 m/s

Druckhöhenverlust = 1,45 mm/m

schwierigen Strömungsverhältnissen nach, sondern macht zur Vereinfachung einmal die Annahme, daß die Entnahme sich gleichmäßig auf die ganze Länge des Rohrstranges verteilt. Zweitens berechnet man das Netz als Verästelungsnetz (Bild 94b), auch wenn es als geschlossener

Zahlentafel 48

Berechnungswerte für die Geschwindigkeitsformel von Ludin

⌀ in mm	i	Druckverlust für 1 m in m	v m/s	Q l/s	⌀ in mm	i	Druckverlust für 1 m in m	v m/s	Q l/s
40	1 : 10	0,1	1,94	2,4	300	1 : 90	0,01111	2,19	154,8
	1 : 20	0,05	1,33	1,67		1 : 200	0,00500	1,42	100,6
	1 : 40	0,025	0,92	1,15		1 : 350	0,00286	1,05	74,42
50	1 : 10	0,1000	2,24	4,4		1 : 800	0,00125	0,67	47,59
	1 : 20	0,0500	1,54	3,02	350	1 : 100	0,01000	2,29	220,1
	1 : 50	0,0200	0,94	1,84		1 : 125	0,00800	2,03	195,1
60	1 : 15	0,0667	2,03	5,73		1 : 250	0,00400	1,39	134,2
	1 : 30	0,0333	1,39	3,94		1 : 450	0,00222	1,01	97,65
	1 : 70	0,0143	0,88	2,49		1 : 1000	0,00100	0,66	63,48
80	1 : 10	0,1000	3,04	15,28	400	1 : 150	0,00667	2,01	252,0
	1 : 25	0,0400	1,85	9,31		1 : 300	0,00333	1,38	173,2
	1 : 45	0,0222	1,35	6,78		1 : 550	0,00182	0,99	124,9
	1 : 100	0,0100	0,88	4,41		1 : 1200	0,00083	0,65	81,77
100	1 : 15	0,0667	2,82	22,17	450	1 : 175	0,00571	1,99	316,5
	1 : 35	0,0286	1,79	14,03		1 : 350	0,00286	1,37	217,9
	1 : 70	0,0143	1,23	9,65		1 : 650	0,00154	0,98	156,0
	1 : 100	0,0100	1,01	7,96		1 : 1500	0,00067	0,62	98,72
	1 : 150	0,0067	0,81	6,40	500	1 : 200	0,00500	1,98	389,5
125	1 : 25	0,0400	2,48	30,39		1 : 425	0,00235	1,32	259,1
	1 : 50	0,0200	1,66	20,90		1 : 750	0,00133	0,97	190,6
	1 : 90	0,0111	1,24	15,22		1 : 1700	0,00059	0,63	122,9
	1 : 150	0,0067	0,94	11,58	600	1 : 250	0,00400	1,98	559,8
	1 : 200	0,0050	0,81	9,89		1 : 550	0,00182	1,29	365,9
	1 : 250	0,0040	0,71	8,77		1 : 1000	0,00100	0,94	264,9
150	1 : 30	0,0333	2,53	44,65		1 : 2000	0,00050	0,64	182,1
	1 : 70	0,0143	1,60	28,26	700	1 : 300	0,00333	1,98	762,9
	1 : 125	0,0080	1,17	20,66		1 : 650	0,00154	1,31	503,0
	1 : 200	0,0050	0,91	16,03		1 : 1200	0,00083	0,94	360,3
	1 : 275	0,0036	0,76	13,43		1 : 2000	0,00050	0,71	274,0
	1 : 400	0,0025	0,62	11,03	800	1 : 350	0,00286	2,00	1001
175	1 : 40	0,0250	2,39	57,50		1 : 800	0,00125	1,28	640,3
	1 : 90	0,0111	1,54	37,12		1 : 1400	0,00071	0,94	472,0
	1 : 150	0,0067	1,17	28,24		1 : 2250	0,00044	0,73	364,3
	1 : 350	0,0029	0,74	17,84	900	1 : 425	0,00235	1,93	1230
	1 : 600	0,0017	0,50	12,24		1 : 950	0,00105	1,25	796,5
200	1 : 50	0,0200	2,31	72,63		1 : 1700	0,00059	0,92	583,2
	1 : 100	0,0100	1,59	49,96		1 : 2500	0,00040	0,74	472,8
	1 : 200	0,0050	1,09	34,36	1000	1 : 475	0,00210	1,95	1531
	1 : 450	0,0022	0,70	22,16		1 : 500	0,00200	1,90	1491
	1 : 900	0,0011	0,44	13,88		1 : 1100	0,00091	1,24	974,4
250	1 : 70	0,01429	2,23	109,4		1 : 2000	0,00050	0,90	705,2
	1 : 150	0,00667	1,48	72,51	1200	1 : 600	0,00167	1,94	2193
	1 : 275	0,00364	1,07	52,29		1 : 650	0,00154	1,86	2099
	1 : 600	0,00167	0,70	34,37		1 : 1400	0,00071	1,22	1382
	1 : 900	0,00111	0,51	25,00		1 : 2500	0,00040	0,90	1013
275	1 : 80	0,01250	2,21	131,0					
	1 : 175	0,00571	1,44	85,83					
	1 : 325	0,00308	1,04	61,53					
	1 : 700	0,00143	0,68	40,64					
	1 : 900	0,00111	0,60	35,46					

Bemerkung:

Die Durchmesser 70, 225, 275, 325, 375, 425, 750 mm sind nur auf besondere Bestellung lieferbar; Durchmesser 175 mm soll möglichst vermieden werden.

Ring (Bild 94a) gebaut wird. Der gedachte Fortfall der Rohrverbindungen hat zur Folge, daß jede Rohrleitung nur in einer Richtung durchströmt werden kann. Die gedachten Abtrennungen sieht man so vor, daß ein Strömen von der Hauptleitung bis an die entferntesten Punkte auf möglichst kurzem Wege erfolgt. Der einzelne Rohrstrang wird belastet:

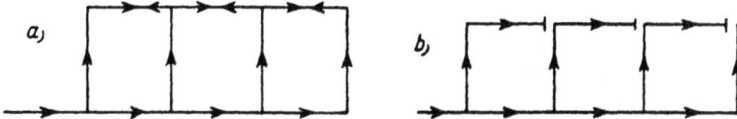

Bild 94. Stromrichtungen im Rohrnetz.
a) im ausgeführten Ringnetz. b) rechnerische Aufteilung.

1. durch den Verbrauch der Einwohnerschaft bzw. gewerblicher Anlagen,
2. durch den Bedarf im Brandfalle.

Die Bebauungsdichte einzelner Stadtteile ist oft recht verschieden. Man faßt zunächst die Teile zusammen, die annähernd gleichmäßige Bebauung aufweisen (Bild 95). Der dichtbebaute Altstadtkern (I = Innenstadt) grenzt sich meist scharf gegen die neuere Bauweise ab (N = Neubauviertel). Ebenso sind die neuzeitlichen Siedlungsteile (S = Siedlungen) oder eine villenmäßige Bebauung (V = Villengebiet) leicht erkennbar. Innerhalb der Teilgebiete sind folgende Werte für die Besiedlungsdichte zu erwarten:

Siedlungen
sehr weitläufig bebaut (½-Morgen-Stellen) . . . 30 bis 40 Einw./ha
engere Bebauung . . . . 60 „   80   „
Neubauviertel
Außenbezirke . . . . 100 „ 150   „
Villenviertel. . . . . 80 „ 120   „

Innerstädt. Bebauung
in kleinen Städten . . . . 200 „ 300   „
in Mittelstädten . . . . 250 „ 400   „
in Großstädten . . . .   „ 600   „

Innerhalb des einzelnen Gebietes kann dann die Verbrauchsmenge dadurch ermittelt werden, daß man die jedem Rohrstrang zugehörige Fläche erstens mit der Einwohnerzahl/ha und zweitens mit dem Wasserverbrauch/Kopf vervielfacht.

Die Flächen erhält man durch Ziehen der Winkelhalbierenden an den Straßenkreuzungen, die zugleich Rohrkreuzungen darstellen, und an den Knickpunkten (Bild 96). Wo nur eine Abzweigung erfolgt, ist eine der Winkelhalbierenden die Senkrechte auf die Achse des Hauptstranges (Punkt *b*). Die Winkelhalbierenden werden bis zum jeweiligen Schnitt verlängert und gegebenenfalls durch Parallele zu den Rohrsträngen verbunden bzw. begrenzt. Die so dem einzelnen Rohrstrang zufallenden Flächen werden mit dem Planimeter oder durch Zerlegung in Trapez-, Rhombus- (Rauten-)' oder Dreiecksflächen ausgewertet.

Formelmäßig gestaltet sich die Ermittlung der Strangwassermengen wie folgt:

$$q = f \cdot E \cdot \frac{M_{st}}{3600},$$

worin: q = Strangwassermenge [l/s],
f = dem Strang zugehörige Fläche [ha],
E = Einwohnerzahl [E/ha],
M_{st} = größter Stundenverbrauch je Kopf [l/st und Einw.].

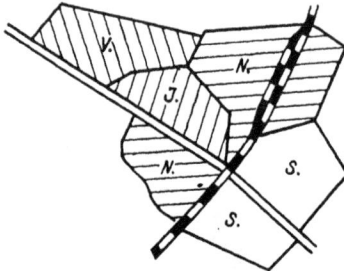

Bild 95. Aufteilung eines Stadtgebietes.

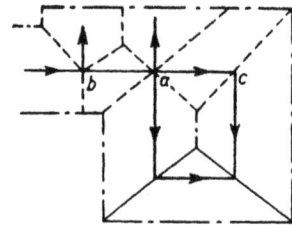

a Kreuzung
b Abzweig
c Knickpunkt

Bild 96. Flächenaufteilung.

Weit einfacher wird die Rechnung, wenn man die Annahme macht, daß sich der Verbrauch völlig gleichmäßig auf die Rohrstränge eines Bezirkes verteilt. An jedem Punkte denkt man sich also eine ständig gleichmäßige Wasserentnahme, obwohl an einzelnen Stellen und auch dort nur stoß- weise entnommen wird. Fehler entstehen praktisch keine, da innerhalb des Gesamtnetzes ein ständiger Ausgleich stattfindet. Es ist also der Wert zu suchen, der den Verbrauch pro Meter Rohrstrang angibt. Diese Metermengenzahl m findet man aus der Teilung des Gesamtverbrauches durch die Gesamtlänge der im Teilgebiet vorhandenen Straßenstränge.

$$m = \frac{F \cdot E}{\Sigma l} \cdot \frac{M_{st}}{3600},$$

worin: m = Metermengenzahl [l/s und m],
F = Gesamtfläche des Teilgebietes [ha],
E = Einwohnerzahl je ha,
M_{st} = größter Stundenverbrauch je Kopf [l/st und Einw.],
Σl = Gesamtlänge der Straßenleitungen des Teilgebietes [m].

Die Größe des Meterwertes sowie die durchschnittlich auf 1 ha entfallen- den Rohrlängen für verschiedene Bebauungsdichten sind in der Zahlen- tafel 51 zusammengestellt (Seite 262).

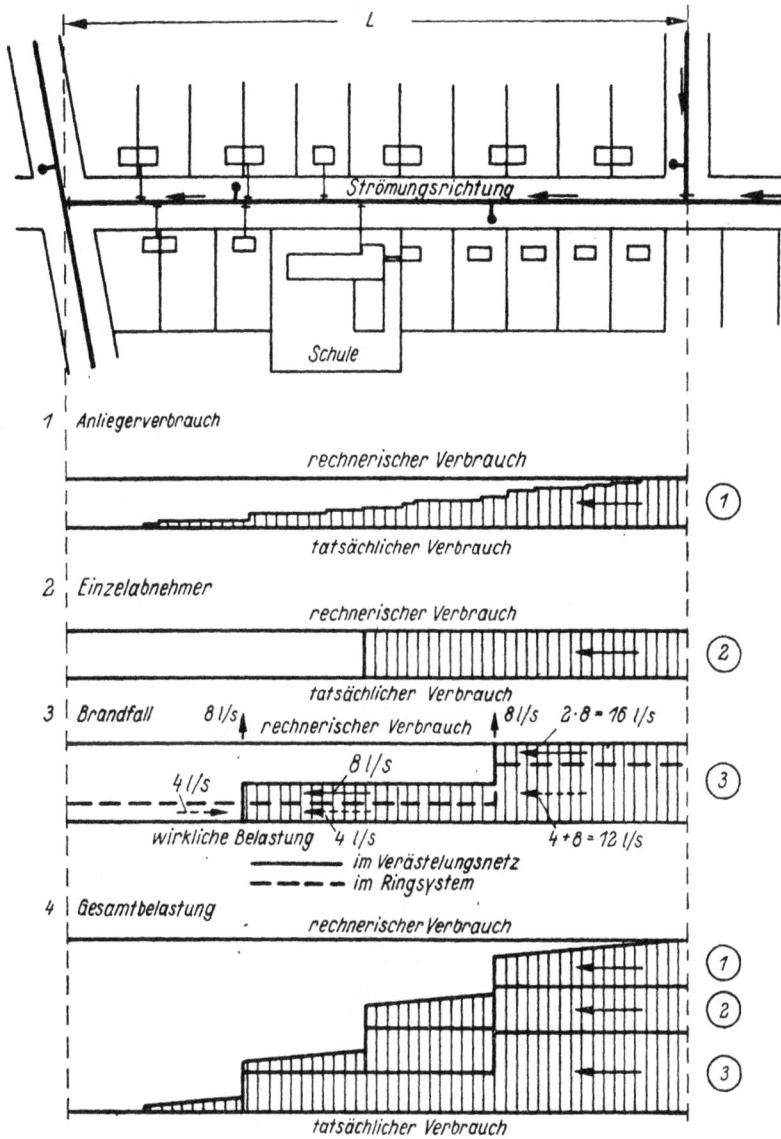

Bild 97. Rechnerische und tatsächliche Belastung eines Rohrstranges.

In einfachster Weise errechnet sich nun die Wassermenge jedes Einzelstranges durch Vervielfachung der Meterzahl mit der jeweiligen Stranglänge. Es ist:

$$q = l \cdot m.$$

Nach Feststellung der Brauchwassermenge sind noch die Mengen hi nzu-
zurechnen, die an einzelnen Stellen durch besondere Anlagen ständig
oder während eines Teiles des Tages verbraucht werden. Außer Industrie-
anlagen kommen in Frage: Schulen, Krankenhäuser, Schlachthöfe,
Badeanstalten usw.

Zu diesen ständigen Wassermengen tritt der Verbrauch im Brandfall
(vgl. S. 225).

Schließen sich eine neue Leitung bzw. mehrere an die Kreuzungsstellen
an, so sind die Verbrauchsmengen zusammenzuzählen; denn jeder Sammel-
strang muß so ausgebildet werden, daß er die Wassermengen der Anschluß-
stränge mitführen kann. Man beginnt an der äußersten Versorgungs-
spitze und nimmt in Richtung zum Hauptstrang alle anschließenden
Nebenleitungen auf.

Trägt man die einzelnen Wassermengen zeichnerisch auf, so ergibt sich
folgendes Bild (Bild 97):

Die Brauchwassermengen steigen zunehmend mit der Länge von 0 bis $l \cdot m$.
Sie belasten den Rohrstrang erst am Ende mit der vollen Menge, die
trotzdem der Rechnung zugrunde gelegt wird. Das gleiche gilt für die
Entnahme der Brandmengen. Der Strang wird also stärker als theoretisch
notwendig bemessen, d. h. er ist leistungsfähiger als es die Rechnung ergibt.
Dazu kommt, daß die Ausbildung des Netzes als Ringnetz bei stärkeren
Belastungen ein Zuströmen von mehreren Seiten gestattet.

Die anzuwendende Berechnungsart schließt also Sicherheiten in sich, die,
wenn auch im einzelnen von untergeordneter Bedeutung, zusammengefaßt beachtlich sind.

3. Bestimmung der Rohrweiten

Die Durchführung der Berechnung erfolgt am übersichtlichsten in Zahlen-
tafelform (siehe Zahlentafel 49). Im einzelnen sei folgendes bemerkt:

Zu Spalte 2: Die Einführung von Teilpunkten erleichtert die Übersicht. Teilpunkte gehören an die rechnerischen Rohrenden, an Punkte, wo Rohrleitungen
zusammenkommen und, falls eine weitere Unterteilung notwendig ist, möglichst
an spätere Abzweigstellen. Die Punkte werden fortlaufend gezählt, wobei zweckmäßig folgender Grundsatz verfolgt wird. Man beginnt an der äußersten Spitze
des Netzes und zählt fortlaufend bis zu dem Punkt, wo Rohrleitungen sich sammeln
(Bild 98). Dieser Punkt erhält nicht die laufende Nummer, sondern man zählt
fortlaufend erst alle an der Sammelstelle zusammenströmenden Rohrleitungen,
beginnend wiederum von der äußersten Spitze jeder Nebenleitung, während der
Sammelpunkt die jetzt folgende Nummer erhält. Diese Aufteilung hat den Vorteil
einer gleichzeitigen Nachprüfung, da keine Rohrleitung vergessen werden kann.
Es müssen vor Fortführung einer höheren Teilpunktzahl alle niedrigeren bereits
aufgeführt sein. Das Erscheinen einer höheren als der laufenden Teilpunktzahl
zeigt an, daß an dieser Stelle Rohrleitungen neu hinzutreten.

Zu Spalte 3: Die Straßennamen erleichtern die Auffindung des Rohrstranges im
Plan. Sie können bei kleinen Netzen fortfallen.

Zahlentafel 49 — Tabelle für die Berechnung der Rohrdurchmesser

Beschreibung	Einheit	Zeichen	Spalte
Laufende Nummer, gleichzeitig Zeichen des Rohrstranges		Lfd. Nr.	1
Angabe der in der Zeichnung eingetragenen Unterteilungspunkte		von/bis Teilpunkt	2
Angabe des Straßennamens		Straße	3
Länge des einzelnen Stranges	m	l	4
Im voraus berechneter Metermengenwert l/s·m	l/s·m	m	5
$q = l \cdot m =$ Wassermenge des Einzelstranges	l/s	q	6
Angabe der laufenden Nummer } des zu übernehmenden Stranges	aus	übernommen	7
Angabe der Wassermenge (bei mehreren Strängen Summierung zweckmäßig)	l/s	q	8
$\Sigma q =$ Summe aus Spalte 6 + 8 = Gesamtmenge des Einzelverbrauches	l/s	Σq	9
Entnahmemenge von Sonderanlagen (Fabriken, Krankenhäuser, Schulen od. dgl.)	l/s	ständ. Entn.	10
Im Brandfall erforderliche Wassermenge	l/s	Brandwassermenge	11
$Q =$ Summe aus Spalte 9 + 10 + 11 = Gesamtmenge	l/s	Q	12
Geschwindigkeit im Rohrstrang	m/s	v	13
Relatives (hydraulisches) Gefälle $i = \dfrac{h}{l} = \dfrac{\text{Druckhöhenverl.}}{\text{Länge}}$		i	14
$h = i \cdot l =$ Spalte 4 × 14 = Druckhöhenverlust des Einzelstranges	m	h	15
Summe der weiterzuführenden Höhen (nicht Summe aller Höhen)	m	Σh	16
Rechnerische Wasserspiegelhöhe	m	H_r	17
Manometrische Geländehöhe	m	H_m	18
Druckhöhenunterschied $= H_r - H_m =$ Drucküberschuß Spalte 17 bis 18	m	ΔH	19
Gewählter Durchmesser	mm	ϕ	20
Laufende Nummer (Wiederholung Spalte 1)		Lfd. Nr.	21

Zu Spalte 7 und 8: Der Nachweis der seitlich zuströmenden Wassermengen ermöglicht vor allem bei ausgedehnten Berechnungen eine schnelle Nachprüfung. Treffen mehrere Rohrstränge zusammen, so werden sie zweckmäßig bereits in Spalte 8 zusammengezählt.

Zu Spalte 10: Bei wenigen ständigen Entnahmen kann unter Fortfall der Spalte die Wassermenge durch einen Vermerk genannt werden.

Zu Spalte 17 bis 19: Die Eintragung dieser Werte wird, wenn Längsschnitte gezeichnet werden, in Fortfall kommen; sie bringt zwar genaue Angaben, doch ist ihre Benutzung nicht so übersichtlich wie die zeichnerische Darstellung im Längsschnitt.

Zwecks weiterer Nachprüfung kann zwischen Spalte 4 und 5 die Zusammenzählung der Längen vorgenommen werden. Diese Gesamtlängen mit dem Meterwert (Spalte 5) vervielfacht, müssen das gleiche Ergebnis haben wie Spalte 9.

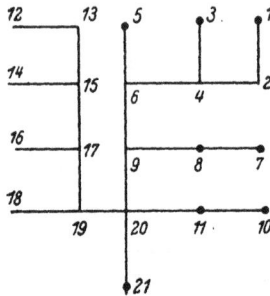

Bild 98. Festlegen der rechnerischen Teilpunkte.

Gang der Rechnung. Nach Unterteilung des Netzes im Plan wird die jedes Rohr durchfließende Wassermenge (Spalte 6) ermittelt, und zwar durch Vervielfachung der Länge des Rohrstranges (Sp. 4) mit dem Meterwert (Sp. 5). Zur Eigenmenge des Rohrstranges (Sp. 6) treten die Wassermengen der angeschlossenen Stränge (Sp. $6 + 8 = 9$) und, falls vorhanden, noch Mengen, die z. B. von Krankenhäusern, Fabriken, Springbrunnen u. dgl. ständig abgenommen werden (Sp. 10). Zu dieser Summe der Verbrauchsmengen ist noch die Brandwassermenge hinzuzuschlagen (Sp. 11). Erst auf Grund der Summe aller dieser Wassermengen kann der Durchmesser des Rohrstranges bestimmt werden (Sp. 12).

Die Durchmesser können rechnerisch gefunden werden. Man wird aber die Werte der Einfachheit halber aus Zahlentafeln unter Einhaltung folgender Grundsätze ablesen: Man sucht in der Zahlentafel 47 einen Durchmesser, der bei der erforderlichen Wassermenge im Mittel eine Geschwindigkeit von 0,80 m (0,60 bis 1,00 m) ergibt. Allerdings werden bei kleinen Durchmessern oft höhere Geschwindigkeiten, bei größeren Rohren der Hauptleitungen dagegen geringere zuzulassen sein, da letzten Endes die Wahl des Durchmessers auch vom wirtschaftlichen Gesichtspunkt beeinflußt wird (vgl. S. 235). Den zugehörigen hydraulischen Druckverlust je Meter ($i = h/l$, Sp. 14) erhält man aus Zahlentafeln. Soweit die Werte nicht direkt in den Zahlentafeln zu finden sind, müssen sie durch Zwischenrechnung ermittelt werden. Den Verlust des Stranges (Sp. 15) errechnet man durch Vervielfachung der Stranglänge mit dem hydraulischen Druckverlust (Sp. 4×14).

Der Wunsch, das Gelände möglichst, weitgehend auszunutzen, führt ohne weiteres zu Abweichungen von der obengenannten Geschwindigkeit von etwa 0,8. Macht z. B. bei stark fallendem Gelände der Druckhöhenverlust der betreffenden Strecke (h) nur einen Teil des Höhenunterschiedes (ΔH) aus, so wählt man unbedenklich größere Geschwindigkeiten, um durch das kleinere Rohr Ersparnisse zu erzielen (Bild 99). Die Geschwindigkeitssteigerung wird begrenzt durch die im Netz entstehenden Kräfte, wie Wasserschlag, Fliehkräfte in Krümmern usw. Mit zunehmender Geschwindigkeit steigen die Wirkungen dieser Kräfte. Bei den kleinen Durchmessern ist eine größere Geschwindigkeit unbedenklicher, zumal sie nur im Brandfalle erreicht wird. Während man bei kleinen Rohren noch Geschwindigkeiten von 2,0 m/s zuläßt, liegt bei zunehmender Rohrgröße (über 500 mm Durchmesser) die Geschwindigkeitsgrenze bei etwa 1,0 bis 1,5 m/s. Umgekehrt ist ein größerer Durchmesser mit geringerer Geschwindigkeit zu wählen,

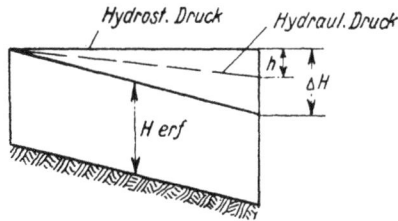

Bild 99. Ausnützung des Geländegefälles.

wenn man unnötige Druckhöhenverluste und damit erhöhte Pumparbeit vermeiden kann. Das Herabsetzen der Geschwindigkeit findet jedoch Grenzen, einmal durch die steigenden Anlagekosten, zum anderen durch die Bedingung, daß bei Geschwindigkeiten unter 0,6 m/s bereits Ablagerungen im Rohrnetz eintreten. Die Geschwindigkeit darf daher nur so weit sinken, daß eine gute Spülung zur Entfernung der Ablagerungen möglich ist. Geschwindigkeiten unter 0,3 m/s soll man daher vermeiden. Außerdem wird man in größeren Ortsnetzen als Straßenleitungen niemals kleinere Durchmesser als 80 mm verlegen, ausgenommen einzelne Siedlungsgebiete. Man sollte vielmehr, von unbedeutenden Strängen abgesehen, Rohre von mindestens 100 mm Lichtweite vorziehen. Dieser Durchmesser ist erheblich leistungsfähiger (annähernd 100% gegenüber 80 mm Durchmesser); die reinen Rohrkosten sind nur unwesentlich höher (etwa 20%).

Überdies ist es zulässig, wenn in den Endsträngen die vorgeschriebene Druckhöhe (H_{erf}) unterschritten wird; denn das Absinken tritt nur im Brandfall ein. Natürlich ist darauf zu achten, daß das fehlende Maß (ΔH_{erf}) nur einen kleinen Anteil von H_{erf} darstellt (etwa $1/3$ bis $1/4$) (Bild 100).

Mit besonderer Sorgfalt sind Hauptstränge zu bemessen. Jeder vermiedene Druckhöhenverlust wird z. B. durch geringere Förderhöhe ein Gewinn an Pumparbeit. Außerdem wird eine niedrigere Lage des Hochbehälters oder Wasserturmes erreicht, wodurch weitere Ersparnisse erzielt werden (Bild 101).

Bei der Versorgung kleinerer Städte, in denen meist eine Druckhöhe (H_{erf}) von 20 bis 30 m genügt, wird man bemüht sein, im Hauptrohr keinen größeren Druckhöhenverlust als 3 bis 4 m zu erhalten.

Wird das Ortsnetz während des Ruhens der Pumparbeit von dem als Gegenbehälter angeordneten Wasserspeicher aus bedient, so wird zumindest die Hauptleitung in umgekehrter Richtung durchflossen (Bild 102).

Es ist dann zu prüfen, ob die während des Pumpens unter hohem Druck stehenden Ortsteile (bei P) auch während der Belieferung von der Speicher-

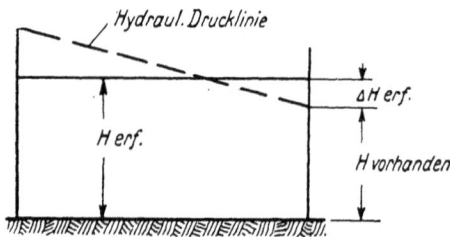

Bild 100. Unterschreiten des $H_{erf.}$ am Strangende.

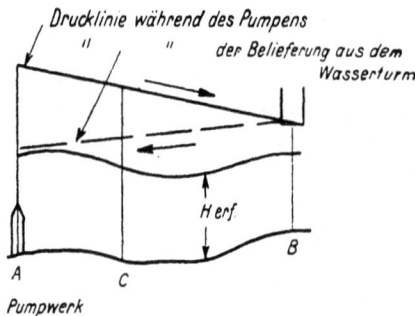

Bild 101. Drucklinie während des Pumpens und der Belieferung aus dem Wasserturm.

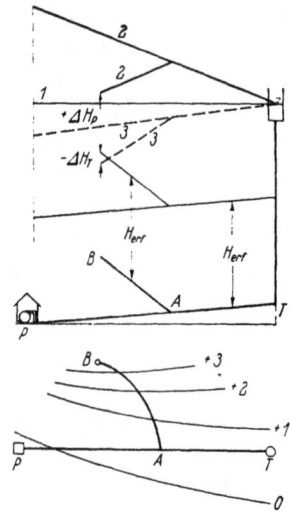

Bild 102. Verlauf der Drucklinien zwischen Pumpwerk und Turm.
P = Wasserwerk mit Pumpanlage (Pumpenhaus),
T = Wasserturm,
A = Abzweig von der Hauptleitung,
B = Hochpunkt im Rohrnetz,
1 = Hydrostatische Drucklinie.
Während der Belieferung vom Pumpwerk (P) hochliegende hydraulische Drucklinie (2) und Drucküberschuß ($+\Delta H_p$) in B. Während der Belieferung vom Turm (T) ausreichend hohe Drucklinie (3). Der geringe Mangel an Druck ($-\Delta H_T$) im Hochpunkt B ist zulässig.

anlage (T) noch genügenden Druck haben. Der Hauptstrang ist also in beiden Richtungen zu untersuchen. Für die Richtung T—P genügt das Ansetzen eines Wasserverbrauches, der den Stunden entspricht, in denen nicht gepumpt wird; 5% des Tagesverbrauches als Stundenverbrauch werden ausreichen.

Nicht zu vergessen ist, daß auch auf Seitenstränge Rücksicht zu nehmen ist, besonders wenn diese in ihrem Endpunkt (B) hoch liegen (Bild 102).

Die Höhenlage solcher Punkte kann dazu zwingen, daß in tiefer gelegenen Gebieten ein sonst nicht erforderlicher Überdruck eintritt.

4. Beispiel

Dem im einzelnen aus Bild 103 ersichtlichen Ortsteil wird das Wasser vom Werk aus bei A zugeführt. Der Hauptstrang soll über BCD geführt werden. Für ein später anzuschließendes Gebiet sind in C 4,6 l/s vorzu-

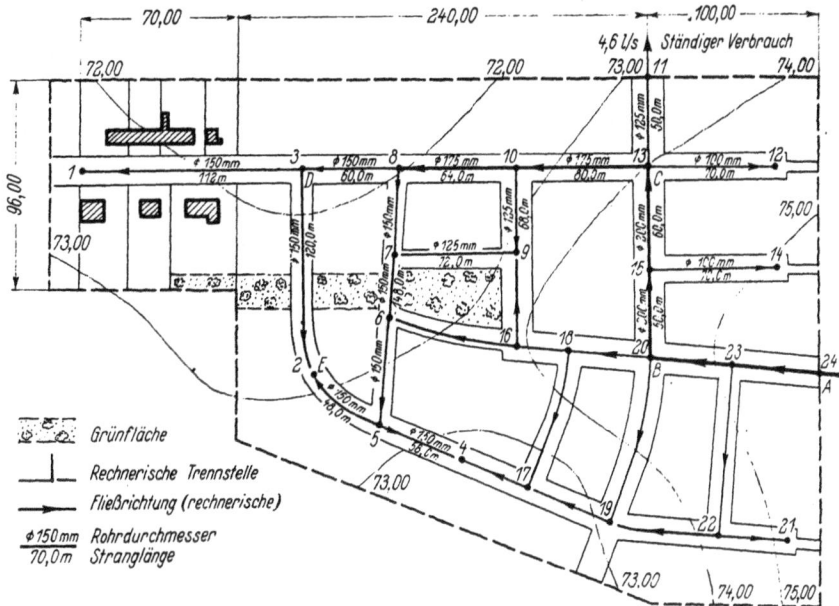

Bild 103. Bebauungsplan und Rohrnetzanordnung.
1 bis 24 Teilpunkte   A bis E Hauptstrang

sehen. Ferner sind westlich des Punktes 1 bereits zwei Parzellen verkauft, mit deren baldiger Bebauung zu rechnen ist, so daß eine Verlängerung des Stranges um rd. 40 m in Frage kommt. Auch hier wird ein Zuschlag von rd. 0,20 l/s vorgesehen.

Bebauungsdichte	E	= 360 Einw./ha
Tagesverbrauch		= 100 l/Einw.
Stundenhöchstverbrauch	M_{st}	= $^1/_{10}$ Tagesverbrauch
Gesamtrohrlänge des Teilgebietes	Σl	= 1935,00 m.

Flächenermittlung

Die Zerlegung des Gebietes in zwei Rechtecke und ein Trapez ist genügend genau (siehe Bild 104). Die Auswertung ergibt $F = 9,9$ ha.

Zahlen-

1	2	3	4	5	6	7	8	9	10	11
Lfd. Nr.	von	bis	l	m	q	übernommen aus		Σq	Ständ. Entnahme	Feuer
	Teilpunkt		m	l/s · m	l/s	lfd. Nr.	l/s	l/s	l/s	l/s
1	1	3	112	0,00512	0,57 +0,20¹)	—	—	0,77		12
2	2	3	120	0,00512	0,61	—	—	0,61		12
3	3	8	60	0,00512	0,31	1 2	0,77 0,61 1,38	1,69	...	12
4	2	5	48	0,00512	0,25	—	—	0,25		12
5	4	5	58	0,00512	0,30	...	—	0,30	....	12
6	5	8	148	0,00512	0,76	4 5	0,25 0,30 0,55	1,31	...	12
7	8	10	64	0,00512	0,33	3 6	1,69 1,31 3,00	3,33	...	12
8	7	9	72	0,00512	0,37	—	—	0,37	...	8
9	9	10	68	0,00512	0,35	8	0,37	0,72	--	8
10	10	13	80	0,00512	0,41	7 9	3,33 0,72 4,05	4,46	...	12
11	11	13	50	0,00512	0,26	—	—	0,26	4,6	12
12	12	13	70	0,00512	0,36	—	—	0,36	...	8
13	13	15	60	0,00512	0,31	10 11 12	4,46 0,26 0,36 5,08	5,39	4,6	12
14	14	15	70	0,00512	0,36	—	—	0,36	—	8
15	15	20	50	0,00512	0,26	13 14	5,39 0,36 5,75	6,01	4,6	12

Meterwertberechnung

Die Ermittlung der Verbrauchsmengen der Einzelstränge erfolgt mit Hilfe des Meterwertes. Dieser beträgt:

$$m = \frac{F \cdot E}{\Sigma\, l} \cdot \frac{M_{st}}{3600} = \frac{9{,}9 \cdot 360 \cdot {}^1/_{10} \cdot 100}{1935 \cdot 3600} = 0{,}00512 \; \text{l/s} \cdot \text{m}.$$

---

¹) Zuschlag für bevorstehende Verlängerung des Stranges(siehe S. 257).

tafel 50

12	13	14	15	16	17	18	19	20	21
Q	v	i	h	Σh	H_r	H_m	ΔH	φ	Lfd. Nr.
l/s	m/s			m	m	m	m	mm	
12,77	0,72	0,00732	0,82	0,82	(92,84)* 93,66	(72,60)* 71,90	(20,24)* 21,76	150	1
12,61	0,71	0,00714	0,86	0,86	(92,80) 93,66	(73,00) 71,90	(19,80) 21,76	150	2
13,69	0,78	0,00840	0,50	1,36	94,16	72,20	21,96	150	3
12,25	0,69	0,00672	0,32	0,32	(92,67) 92,99	(73,00) 73,20	(19,67) 19,79	150	4
12,30	0,70	0,00678	0,39	0,39	(92,60) 92,99	(72,90) 73,20	(19,70) 19,79	150	5
13,31	0,75	0,00789	1,17	1,56	94,16	72,20	21,96	150	6
15,33	0,64	0,00446	0,29	1,85	94,45	73,00	21,45	175	7
8,37	0,68	0,00874	0,63	0,63	(93,18) 93,81	(72,60) 73,80	(20,58) 20,01	125	8
8,72	0,71	0,00944	0,64	1,27	94,45	73,00	21,45	125	9
16,46	0,68	0,00516	0,41	2,26	94,86	74,00	20,86	175	10
16,86	0,70	0,00543	0,27	0,27	(94,59) 94,86	(73,20) 74,00	(21,39) 20,86	175	11
8,36	1,06	0,03020	2,12	2,12	(92,74) 94,86	(74,30) 74,00	(18.44) 20.86	100	12
21,99	0,70	0,00440	0,26	2,52	95,12	74,42	20,70	200	13
8,36	1,06	0,03020	2,12	2,12	(93,00) 95,12	(75,00) 74,42	(18,00) 20,70	100	14
22,61	0,73	0,00466	0,23	2,75	95,35	74,80	20,55	200	15

Berechnung

Nach Eintragung der Teilpunkte und Ermittlung der einzelnen Strang-
längen (Bild 103) können die Durchflußmengen der einzelnen Stränge,
wie aus Zahlentafel 50 ersichtlich, ermittelt werden. Von Teilpunkt 13
ab ist auf die Weiterführung des ständigen Zuflusses zu achten. Beim

----

* Klammerwerte gelten für die Strangenden.

17*

Zuschlagen der Brandwassermengen sind abseits liegende Rohrstränge (z. B. 12 bis 13 bzw. 14 bis 15) oder die an der Grünanlage liegenden Stränge (7 bis 9) nur mit 8 l/s belastet worden, da hier im letzteren Falle zwei nur einseitig bebaute Stränge dicht nebeneinanderlaufen oder im ersteren Falle ein starker Druckabfall bei Entnahme größerer Mengen

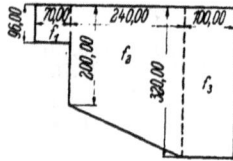

Bebauungsplan   Flächenermittlung

$$f_1 = 70,00 \times 96,00 = 6\,720 \text{ m}^2$$
$$f_2 = 260,00 \times 240,00 = 62\,400 \text{ ,,}$$
$$f_3 = 320,00 \times 100,00 = 32\,000 \text{ ,,}$$

$$\overline{101\,120 \text{ m}^2}$$

abzüglich Grünfläche — 2 240 ,,

$$\Sigma f = 98\,880 \text{ m}^2$$
$$= \sim 9,9 \text{ ha}$$

Bild 104. Bebauungsplan Flächenermittlung.

zulässig ist. Nach Ermittlung der gesamten Durchflußmenge werden die Rohrdurchmesser (Sp. 20) aus den Zahlentafeln ermittelt, wobei man auf Einhaltung von Geschwindigkeiten achtet, die nahe 0,80 m/s liegen (vgl. S. 254). Die genauen Geschwindigkeiten (Sp. 13) und die zugehörigen Druckverluste sind durch Verbesserung (Zwischenrechnung) der Tafelwerte gefunden. Bei Berechnung der Druckverluste (Sp. 16) ist darauf zu achten, daß stets der größte Druckverlust weitergeführt wird.

Vgl. laufende Nr. 3 und laufende Nr. 7 ($h = 0,86$ von Strang 2, nicht etwa $h = 0,82$ m von Strang 1, wird zu Strang 3 mit $h = 0,50$ zu m addiert, desgleichen nicht $h = 1,36$ m aus Strang 3, sondern $h = 1,56$ m aus Strang 6 mit $h = 0,29$ m aus Strang 7 zu $\Sigma h = 1,85$ m).

Nachdem man die manometrische Höhe des Punktes 1 (H_{m1}) aus dem Plan entnommen hat, können auch die rechnerischen Druckhöhen (H_r, Sp. 17) bestimmt werden. Es ist am Punkt n:

$$H_{rn} = H_{m1} + H_{erf} + \sum_1^n h.$$

Die erforderliche Druckhöhe wurde angenommen zu $H_{erf} = 20$ m. Die manometrische Druckhöhe im Teilpunkt 1 beträgt $+ 72,60$. Um Fehler zu vermeiden, beginnt man zweckmäßig bei Strang 15 und verfolgt nun zunächst rückwärts den Hauptstrang. Dabei hat man darauf zu achten, daß an Stellen, wo mehrere Stränge mit verschiedenen Druckhöhen zusammenstoßen, auf alle Seitenstränge die größte rechnerische Druckhöhe übertragen wird. Es ist also im Strang Nr. 15 (Teilpunkt 15 bis 20)

$$H_{r20} = 72,60 + 20,00 + 2,75 = 95,35 \text{ m},$$

im Strang Nr. 3 aber wäre

$$H_{r8} = 72,60 + 20,00 + 1,32 = 93,52 \text{ m falsch.}$$

Es ist vielmehr der von Strang Nr. 6 kommende größte Druckverlust

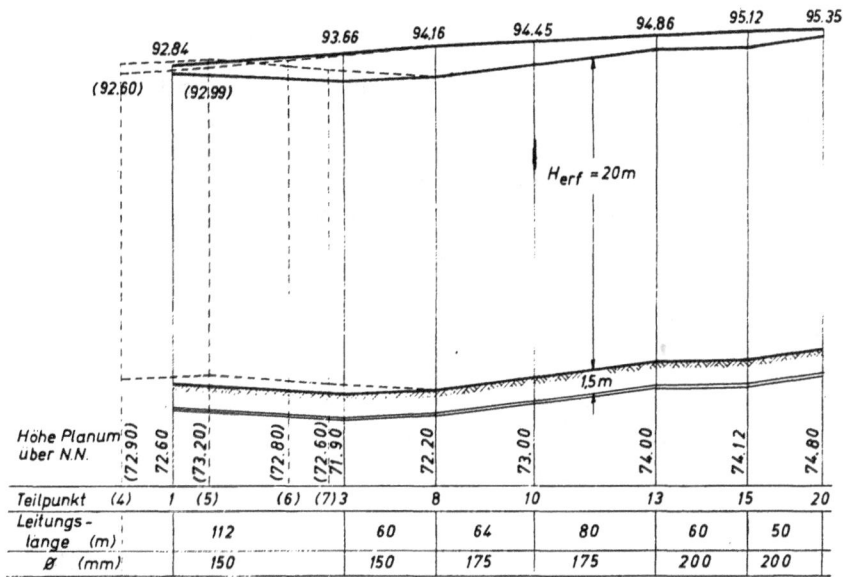

Bild 105. Längsschnitt durch die Hauptleitung und eine Nebenleitung (Nebenleitung gestrichelt, zugehörige Höhenangaben eingeklammert).

$$\sum_{4}^{8} h = 1{,}56\ \text{m zu übernehmen, so daß sich } H_{r8} = 94{,}16\ \text{m ergibt. Am}$$

Ende des Stranges zeigt sich nun als Folge ein höherer Druck als erforderlich, z. B. am Ende des Stranges Nr. 1 ein ΔH von 20,24 m (eingeklammerter Wert). Dieser Überschuß ist mit Rücksicht auf eine mögliche Verlängerung durchaus erwünscht. Verfolgt man den Drucküberschuß in Spalte 19 (Unterschied von Sp. 17 und 18), so erkennt man, daß die erforderliche Druckhöhe von 20,00 m meist überschritten und nur an wenigen Punkten unterschritten wird. Auch ist die Unterschreitung um 2,00 m am Ende des Stranges Nr. 14 unbedenklich, da die Leitung in dieser Stichstraße nicht verlängert werden wird.

Ein anderes Bild hätte sich ergeben, wenn beispielsweise die Teilpunkte 8 und 10 um etwa 6 m höher im Gelände liegen würden. An diesen Punkten herrscht ein Druck von 21,45 m beziehungsweise 21,96 m. Es ist also ein Überschuß von 1,70 m im Mittel vorhanden. Bei 6 m höherer Lage fehlen also 4,30 m. Man wäre daher gezwungen, die Drucklinie um dieses Maß höher zu legen und zu versuchen, durch Wahl kleinerer Rohrdurchmesser in den Endsträngen die dann vorhandene überschüssige Druckhöhe auszunutzen. Wenn daher das Gelände nicht wie im vorliegenden Fall ziemlich gleichmäßig mit dem Rohrnetz ansteigt, ist es am übersichtlichsten, die Druckhöhen durch Auftragen der Längsschnitte zu ermitteln (Bild 105).

5. Vereinfachte Berechnung

In einfachster Weise lassen sich die Durchmesser eines Rohrnetzes unmittelbar aus der Zahlentafel 52 ablesen, wobei nur noch die Ermittlung der Leitungslängen erforderlich ist.

Innerhalb der einzelnen Bauklassen wird man nicht nur annähernd dieselbe Einwohnerzahl auf den ha antreffen, sondern infolge der ähnlichen

Zahlentafel 51

Bauklasse	Bebaubare Fläche	Einwohner je ha	Rohrlänge je ha m	Rechnerische Entnahme auf 1 m Rohrstrang	Meterwert l/s·m	Rechnerische Brandmenge l/s
I	1/10	< 80	90—100	1/400	0,0025	5
II	2/10	150	130—140	1/300	0,0033	5
III	3/10	>300	200	1/240	0,0043	8
IV	4/10	>400	220	1/200	0,0050	8
V	5/10	>600	240	1/150	0,0070	12

Bebauung auch etwa die gleiche Rohrlänge je ha und damit auch den gleichen Meterwert. Sind für einen Rohrstrang die gesamten angeschlossenen Rohrlängen bekannt, so erhält man ohne weiteres durch Vervielfachen der Rohrlängensumme mit dem Meterwert und Zuschlag der Brandmenge die jeweilige Durchflußmenge. Bei Einhaltung der wirt-

Zahlen-

Bauklasse	Rohrlängensummen von mehr als		100 m	200 m	300 m	400 m	500 m
I	Wassermenge	(l/s)	5,25	5,50	5,75	6,00	6,25
	Durchmesser[1]	(mm)	**100**	**100**	**100**	**125**	**125**
	Druckverlust i	(m/m)	0,01181	0,01295	0,01407	0,00444	0,00479
II	Wassermenge	(l/s)	5,33	5,66	5,99	6,32	6,65
	Durchmesser	(mm)	**100**	**100**	**125**	**125**	**125**
	Druckverlust i	(m/m)	0,00218	0,01366	0,00443	0,00489	0,00545
III	Wassermenge	(l/s)	8,43	8,86	9,29	9,72	10,15
	Durchmesser	(mm)	**125**	**125**	**150**	**150**	**150**
	Druckverlust i	(m/m)	0,00886	0,00972	0,00385	0,00419	0,00458
IV	Wassermenge	(l/s)	8,50	9,00	9,50	10,00	10,50
	Durchmesser	(mm)	**125**	**150**	**150**	**150**	**150**
	Druckverlust i	(m/m)	0,00900	0,00364	0,00400	0,00444	0,00490
V	Wassermenge	(l/s)	8,70[2]	9,40[2]	14,10	14,80	15,50
	Durchmesser	(mm)	**125**	**150**	**175**	**200**	**200**
	Druckverlust i	(m/m)	0,00940	0,00393	0,00379	0,00200	0,00219

[1]) In Kleinsiedlungen genügen für die Anfangsstränge geringere Durchmesser (auch unter 80 mm).

schaftlichen Durchflußgeschwindigkeiten und der entsprechenden Druck-
verluste liegt die Wahl der Durchmesser in ziemlich engen Grenzen.
Von Ausnahmen abgesehen, sind also die in Zahlentafel 52 aufgeführten
Durchmesser anwendbar. Der jeweils unter dem Durchmesser angegebene
Druckverlust ermöglicht die schnelle Errechnung des Gefällverbrauches
und gibt einen Anhalt, ob z. B. die Ausnutzung stärkerer Gefälle einen
kleineren Durchmesser gestattet oder umgekehrt.
Für das im vorigen Abschnitt berechnete Beispiel sollen nunmehr die
Durchmesser aus Zahlentafel 52 unmittelbar abgelesen werden. Bei einer
Bebauungsdichte von 360 Einw./ha ist nach Zahlentafel 51 das Gebiet
zwischen Bauklasse III und IV einzuordnen. Wählt man Bauklasse III
und rechnet man den Hauptstrang verfolgend (vgl. Bild 103 und Zahlen-

Zahlentafel 53

Strang		Zulauf		von der Hauptleitung	Summe der Längen	Größter ⌀ der Nebenleitungen		⌀ der Hauptleitung
von	bis	von links	von rechts			links	rechts	
		m	m	m	m	mm	mm	mm
1	3	—	—	112	112	—	—	150
3	8	—	120	60	292	—	125	150
8	10	—	254	64	610·	—	150	175
10	13	—	140	80	830	—	125	175
13	15	120	—	60	1010	125	—	200
15	20	70	—	50·	1130	125	—	200

tafel 52

600 m	800 m	1000 m	1500 m	2000 m	3000 m	4000 m	5000 m
6,50 **125** 0,00518	7,00 **125** 0,00610	7,50 **125** 0,00708	8,75 **150** 0,00345	10,00 **150** 0,00444	12,50 **175** 0,00279	15,00 **175** 0,00428	17,50 **200** 0,00283
6,98 **125** 0,00606	7,64 **150** 0,00262	8,30 **150** 0,00308	9,95 **175** 0,00187	11,60 **175** 0,00256	14,90 **200** 0,00205	18,20 **200** 0,00304	21,50 **250** 0,00123
10,58 **175** 0,00213	11,44 **175** 0,00237	12,30 **200** 0,00138	14,45 **200** 0,00191	16,60 **200** 0,00253	20,90 **250** 0,00116	25,20 **250** 0,00170	29,50 **300** 0,00085
11,00 **175** 0,00230	12,00 **175** 0,00271	13,00 **200** 0,00154	15,50 **200** 0,00219	18,00 **225** 0,00154	23,00 **250** 0,00140	28,00 **275** 0,00124	33,00 **300** 0,00105
16,20 **200** 0,00241	17,60 **225** 0,00147	19,00 **225** 0,00169	22,50 **250** 0,00134	26,00 **250** 0,00179	33,00 **300** 0,00105	40,00 **300** 0,00154	47,00 **350** 0,00091

[2]) In den Endsträngen genügen 8 l/s Brandwassermenge, da durch die Ring-
netzausbildung größere Wassermengen als errechnet zuströmen.

tafel 53) die Längen aller Rohrstränge zusammen, so findet man beispielsweise für Strang 3 bis 8 unter 300 m (Summe der Längen 292 m) und
unter Bauklasse III in Zahlentafel 52 einen Durchmesser von 150 mm
oder für Strang 13 bis 15 unter 1000 m (Summe der Längen 1010 m)
200 mm Durchmesser usw.

Verfolgt man die Durchmesser des Hauptstranges (letzte Spalte Zahlentafel 53) mit den genauer errechneten Werten der Zahlentafel 50, so
ergibt sich nur für den Anfangsstrang eine Abweichung. Hätte man Bauklasse IV gewählt, so wäre ebenfalls nur im Anfangsstrang eine Abweichung
eingetreten. Für Kostenvoranschläge od. dgl. genügt aber die Feststellung
der Rohrdurchmesser auf diesem Wege. Die angegebenen Werte für den
Druckverlust (i) gestatten eine schnelle überschlägliche Ermittlung der
zu erwartenden Druckverhältnisse.

6. Berechnung der Hausleitungen

Für die Ausführungen der Hausleitungen gilt DIN 1988 „Bau und Betrieb
von Wasserleitungsanlagen in Grundstücken".

Auf einige wichtige Punkte der DIN 1988 sei kurz hingewiesen. Alle Rohrleitungen müssen möglichst geradlinig und mit Steigung zu den Entnahmestellen angeordnet werden. Luftsäcke sind zu vermeiden, Hochpunkte zu entlüften.

Die Verteilungs- und Steigeleitungen sollen einzeln absperrbar und entleerbar sein.

Die Zuleitung von der Straße zum Haus erhält in der Regel im Fußweg eine
Absperrvorrichtung, die durch Hinweisschild nach DIN 4067 kenntlich gemacht
wird. Abzweigungen innerhalb der Zuleitung bedürfen der Genehmigung des
Wasserwerkes.

Liegen mehrere Rohrleitungen untereinander an einer Wand, so ist die Kaltwasserleitung wegen der Schwitzwasserbildung als unterste zu verlegen.
Leitungen unter Kellerfußboden oder unter nicht unterkellerten Räumen sind
zu vermeiden und höchstens 30 cm tief zu verlegen.
Unter jeder Zapfstelle ist ein Ausguß anzuordnen. Die Oberkante des Ausgußbeckens soll 0,35—0,40 m unter der Zapfhahnunterkante liegen.

Für die zeichnerische Darstellung der Leitungspläne sind die Sinnbilder
der DIN 1988 zu verwenden. Siehe Bild 106.

Rohrbelüfter müssen der DIN 3266 „Regeln für Bau und Betrieb von
Rohrbelüftern" entsprechen.

Der Einbau von Abortdruckspülern setzt ausreichenden Wasserdruck
voraus. Die Abortdruckspüler müssen der DIN 3265 „Regeln für Bau
und Betrieb von Abortdruckspülern" entsprechen.

Stahl- und Gußeisenrohre sind mit Muffen oder Flanschen zu verbinden. Abweichungen, wie Schweißverbindungen bei Stahlrohren, Weichlötverbindungen bei Kupferrohren bedürfen der Genehmigung. Verzinkte und einfach bituminierte Stahlrohre dürfen nur kalt und mit einem Biegungshalbmesser von mehr als 10 d gebogen werden.

Die Durchführung von Leitungen durch Umfassungsmauern erfolgt in Schutzrohren, deren Lichtweite mindestens 40 mm größer als der äußere Durchmesser des durchzuführenden Rohres ist. Gegen Eindringen von Wasser oder Gas in das Gebäude ist der Zwischenraum mit Strick und plastisch bleibenden Abdichtmitteln z. B. Densomasse zu füllen. Bei Durchbrüchen durch Innenmauern oder Decken ist ein Spielraum zwischen Leitung und Mauerwerk zu lassen, der wie zuvor gedichtet wird.

Für den Rohrschutz gelten die Normen DIN 2420, 2431 und 2460.

Sind rohrangreifende Stoffe im Erdreich vorhanden, so wird die Leitung in einer Sandschicht von mindestens 20 cm von der Rohraußenwand gerechnet verlegt oder in anderer Weise, z. B. durch Schutzbinden, gesichert. Humus, Bauschutt, Schlacke und Steine sind nicht zur Rohrgrabenverfüllung zu verwenden. Gegen vagabundierende Ströme, ätzende Flüssigkeiten, Gase oder Dämpfe sind die Leitungen gut zu isolieren. Bleirohre dürfen nicht mit Zement oder Kalkmörtel, Stahlrohre nicht mit Steinholzfußböden in Berührung kommen. Sie sind entweder durch geeigneten Anstrich oder Umkleidung zu schützen oder in Schutzrohre zu legen.

Die Bemessung der Rohrdurchmesser erfolgt nach den „Richtlinien für die Berechnung der Kaltwasserleitungen in Hausanlagen", die vom DVGW (Deutscher Verein von Gas- und Wasserfachmännern) als Anlage zur DIN 1988 herausgegeben wurden[1]).

Für die Rohrleitungsquerschnitte kleiner Gebäude, wie Ein- oder Zweifamilienhäuser, gibt die nachstehende Zahlentafel 54 einen Anhalt.

Zahlentafel 54

Hauptanschlüsse		Steigeleitungen		
Gebäude	L.W.	Raum	Zahl der Zapfstellen	L.W.
Einfamilienhäuser	$1''$	Küche	1—2	$3/4''$
Mehrfamilienhäuser	$1\frac{1}{2}$—$2''$	Küche	3—4	$1''$
Öffentl. Gebäude,		Klosett (Spülkasten)	2—4	$3/4$—$1''$
Theater,		„ Druckspüler	2—4	$5/4''$
Krankenhäuser	$2\frac{1}{2}$	Waschtisch	2—4	$3/8''$
		Zapfhahn mit Ausguß	2—4	$3/8''$

Die Berechnung nach den „Richtlinien für die Berechnung von Kaltwasserleitungen in Hausanlagen" soll den Nachweis erbringen, daß in keinem Leitungsstrange der Druckverlust vom Straßenabzweig bis zur

[1]) Das Gas- u. Wasserfach 83, 1940, H. 29, S. 345/51 und H. 30, S. 359/65. Auch als Sonderdruck zu beziehen. Preis 3,00 DM.

Gegenstand	Sinnbild	Gegenstand	Sinnbild
Rohrleitung	——	Auslaufventil (Zapfventil)	
Verdeckt liegende Rohrleitung	- - - - -	Auslaufventil mit Schlauchverschraubung	
Isolierte Rohrleitung		Auslaufventil mit Schwenkarm	
Querschnittsänderung der Rohrleitung	$\frac{25/20}{(1")/(3/4")}$	Auslauf-Schwimmerventil	
Rohrleitungsflansch		Rohrbelüfter	
Rohrleitungsmuffe		Rohrent- und -belüfter	
Rohrleitungsgewindemuffe		Rohrentlüfter	
Einfache Anbohrschelle		Abortdruckspüler	
Ventilanbohrschelle mit Schlüsselstange		Brause	
Wasserzähler	W	Schlauchbrause	
Durchgang-Absperrventil		Mischbatterie für Kalt- und Warmwasser	
Durchgang-Absperrventil mit Entleerungsventil		Warmwasserbereiter (Wasserheizer) **	ⓓ
Absperrschieber		Warmwasserbereiter mit unmittelbarem Auslauf (z. B. Badeofen usw.) **	ⓖ
Durchgang-Schwimmerventil		Offener Behälter	
Wechselventil		Windkessel-Druckvorratsbehälter	
Durchganghahn		Wasserstrahlpumpe	
Wechselhahn		Erdung	
Durchgang-Rückschlagventil*		Unterflurhydrant	
Rückschlagverschluß (Rückschlagklappe)		Oberflurhydrant	
Druckminderventil (Spitze des Dreiecks gibt Richtung der Druckminderung an.)		Garten- und Füllhydrant	

*) --> Durchflußrichtung
**) Beheizung: D = Dampf, E = Elektrizität, K = Kohle, G = Gas, W = Warmwasser.
Sinnbilder für Rohrleitungen siehe DIN 2429 Blatt 1 bis 4
Formstücke für Rohrleitungen — Übersicht und Sinnbilder siehe DIN 2430 Blatt 1 bis 4
Allgemeine und besondere Sinnbilder für Gas- und Wasserleitungen siehe DIN 2425

Bild 106

letzten bzw. höchsten Entnahmestelle größer ist als der zur Verfügung stehende Druck, wobei an der Entnahmestelle immer noch ein Mindestfließdruck vorhanden sein muß, damit in der Zeiteinheit eine für den Betrieb ausreichende Wassermenge austritt. Als Mindestfließdruck muß mit folgenden Werten gerechnet werden:

Auslaufventile	5 m WS
½″ Abortdruckspüler	13 m WS
¾″ ,, ...	12 m WS
1″ . ,, ...	4 m WS
1¼″ ,, ...	2 m WS

Eine Berechnung des Reibungsverlustes ist ohne weiteres möglich, wenn die sekundliche Durchflußmenge der einzelnen Stränge bekannt ist. Zur Ermittlung der sekundlichen Durchflußmenge macht man folgende Annahmen:

Als Einheit — sog. Belastungswert — wird die Ausflußmenge eines $^3/_8$″-Auslaßventils mit 0,25 l/s zugrunde gelegt. Sind nun mehrere Hähne an eine Leitung angeschlossen, so kann man mit Recht annehmen, daß sie nicht alle gleichzeitig benutzt werden. Man muß also als Durchflußmenge nicht $n \cdot 0,25$ l/s einsetzen, sondern es genügt der Wert von $\sqrt{n} \cdot 0,25$ l/s. Umgekehrt jedoch ist zu beachten, daß bei anderen Entnahmestellen, die nicht den Abfluß von 0,25 l/s aufweisen, der Belastungswert nicht verhältnisgleich sondern im Quadrat wachsen muß. Beispielsweise müßte eine Entnahmestelle mit 0,75 l/s Ausfluß nicht mit 3 sondern mit $3^2 = 9$ Belastungseinheiten angesetzt werden. Die zu den einzelnen Belastungswerten gehörenden Wassermengen können aus den beigegebenen Zahlentafeln 55a und 55b, S. 268 und 270 entnommen werden.

Im einzelnen ist mit folgenden Belastungswerten zu rechnen:

	Belastungswert
Abortspülkästen, Bidets, Pißbecken u. dgl.	¼
Kleinwasserheizer mit einer Leistung bis 10 l/min, Ausläufe über Handwaschbecken u. dgl..	½
$^3/_8$″ Auslaufventile, Gas-Wasserheizer mit einer Leistung von rd. 15 l/min u. dgl.	1
½″ Auslaufventile u. dgl.	2½
¾″ Auslaufventile u. dgl.	16
1″ Auslaufventile u. dgl.	36
½″ Abortdruckspüler (Mindestspülstärke 0,6 l/s)	6
¾″ Abortdruckspüler (Mindestspülstärke 0,8 l/s)	11
1″ und 1¼″ Abortdruckspüler (Mindestspülstärke 1,3 l/s)	27

Sind also z. B. an eine Leitung 6 Spülkästen und 2 Abort-Druckspüler von ½″ angeschlossen, so ergibt dies $6 \cdot ¼ + 2 \cdot 6 = 13,5$ Belastungswerte, und die dazu gehörige sekundliche Durchflußmenge beträgt $0,25 \cdot \sqrt{13,5} = 0,92$ l/s. Besonders zu beachten sind Anschlüsse, bei denen die Verhältnisse nicht so liegen, wie es innerhalb von Wohnanlagen zu

Zahlentafel 55a
Blei- und Kupferrohre

Belastungswert der Entnahmestellen	l/s	Druckverluste in m WS je m Rohrlänge einschl. der Verluste in Krümmungen, Durchgangsventilen usw. ausschl. Verlust im Wasserzähler — Lichtweite in mm									
		13	16	20	25	30	35	40	45	50	60
½	0,177	0,45	0,15	0,04	0,01						
1	0,250	0,90	0,29	0,09	0,03	0,01					
1½	0,306	1,36	0,44	0,13	0,04	0,01	0,01				
2	0,354	1,81	0,59	0,18	0,05	0,02	0,01				
2½	0,395	2,26	0,73	0,22	0,07	0,02	0,01	0,01			
3	0,433		0,88	0,26	0,08	0,03	0,01	0,01			
3½	0,468		1,03	0,31	0,09	0,03	0,01	0,01			
4	0,500		1,18	0,35	0,11	0,04	0,02	0,01			
4½	0,530		1,32	0,40	0,12	0,04	0,02	0,01			
5	0,559		1,47	0,44	0,13	0,05	0,02	0,01	0,01		
5½	0,586		1,62	0,48	0,14	0,05	0,02	0,01	0,01		
6	0,612			0,53	0,16	0,06	0,03	0,01	0,01		
6½	0,637			0,57	0,17	0,06	0,03	0,01	0,01		
7	0,661			0,61	0,18	0,07	0,03	0,01	0,01		
7½	0,685			0,66	0,20	0,07	0,03	0,02	0,01		
8	0,707			0,70	0,21	0,08	0,03	0,02	0,01		
8½	0,729			0,75	0,22	0,08	0,04	0,02	0,01	0,01	
9	0,750			0,79	0,24	0,09	0,04	0,02	0,01	0,01	
9½	0,771			0,83	0,25	0,09	0,04	0,02	0,01	0,01	
10	0,791			0,88	0,26	0,10	0,04	0,02	0,01	0,01	
11	0,829			0,97	0,29	0,11	0,05	0,02	0,01	0,01	
12	0,866			1,05	0,32	0,12	0,05	0,02	0,01	0,01	
13	0,901			1,14	0,34	0,13	0,06	0,03	0,01	0,01	
14	0,935			1,23	0,37	0,14	0,06	0,03	0,02	0,01	
15	0,968				0,39	0,15	0,06	0,03	0,02	0,01	
16	1,000				0,42	0,16	0,07	0,03	0,02	0,01	
17	1,031				0,45	0,17	0,07	0,04	0,02	0,01	
18	1,061				0,47	0,18	0,08	0,04	0,02	0,01	
19	1,090				0,50	0,19	0,08	0,04	0,02	0,01	
20	1,118				0,53	0,20	0,09	0,04	0,02	0,01	
22	1,173				0,58	0,22	0,09	0,05	0,02	0,01	0,01
24	1,225				0,63	0,24	0,10	0,05	0,03	0,01	0,01
26	1,275				0,68	0,26	0,11	0,05	0,03	0,02	0,01
28	1,323				0,74	0,27	0,12	0,06	0,03	0,02	0,01
30	1,367				0,79	0,29	0,13	0,06	0,03	0,02	0,01
32	1,414				0,84	0,31	0,14	0,07	0,03	0,02	0,01
34	1,458				0,89	0,33	0,14	0,07	0,04	0,02	0,01
36	1,500					0,35	0,15	0,07	0,04	0,02	0,01
38	1,541					0,37	0,16	0,08	0,04	0,02	0,01
40	1,581					0,39	0,17	0,08	0,04	0,02	0,01
42	1,620					0,41	0,18	0,09	0,05	0,03	0,01
44	1,658					0,43	0,19	0,09	0,05	0,03	0,01
46	1,696					0,45	0,20	0,09	0,05	0,03	0,01
48	1,732					0,47	0,20	0,10	0,05	0,03	0,01
50	1,768					0,49	0,21	0,10	0,05	0,03	0,01

Zahlentafel 55a
Fortsetzung

Belastungs-wert der Entnahme-stellen	l/s	Druckverluste in m WS je m Rohrlänge einschl. der Verluste in Krümmungen, Durchgangsventilen usw. ausschl. Verlust im Wasserzähler								
		Lichtweite in mm								
		30	35	40	45	50	60	70	80	90
55	1,854	0,54	0,23	0,11	0,06	0,03	0,01	0,01		
60	1,937	0,59	0,26	0,12	0,07	0,04	0,01	0,01		
65	2,016	0,64	0,28	0,13	0,07	0,04	0,01	0,01		
70	2,092	0,69	0,30	0,14	0,08	0,04	0,02	0,01		
75	2,165		0,32	0,15	0,08	0,05	0,02	0,01		
80	2,236		0,34	0,17	0,09	0,05	0,02	0,01		
85	2,305		0,36	0,18	0,09	0,05	0,02	0,01		
90	2,372		0,38	0,19	0,10	0,06	0,02	0,01		
95	2,437		0,40	0,20	0,10	0,06	0,02	0,01		
100	2,500		0,43	0,21	0,11	0,06	0,02	0,01		
110	2,622		0,47	0,23	0,12	0,07	0,03	0,01	0,01	
120	2,739		0,51	0,25	0,13	0,07	0,03	0,01	0,01	
130	2,850		0,55	0,27	0,14	0,08	0,03	0,01	0,01	
140	2,958			0,29	0,15	0,09	0,03	0,01	0,01	
150	3,062			0,31	0,16	0,09	0,03	0,01	0,01	
160	3,162			0,33	0,17	0,10	0,04	0,02	0,01	
170	3,260			0,35	0,19	0,10	0,04	0,02	0,01	
180	3,354			0,37	0,20	0,11	0,04	0,02	0,01	
190	3,446			0,39	0,21	0,12	0,04	0,02	0,01	
200	3,536			0,41	0,22	0,12	0,05	0,02	0,01	0,01
225	3,750			0,46	0,24	0,14	0,05	0,02	0,01	0,01
250	3,953				0,27	0,15	0,06	0,02	0,01	0,01
275	4,146				0,30	0,17	0,06	0,03	0,01	0,01
300	4,331				0,33	0,19	0,07	0,03	0,01	0,01
350	4,677				0,38	0,22	0,08	0,03	0,02	0,01
400	5,000					0,25	0,09	0,04	0,02	0,01
450	5,303					0,28	0,10	0,04	0,02	0,01
500	5,590					0,31	0,11	0,05	0,02	0,01
600	6,124						0,14	0,06	0,03	0,02
700	6,614						0,16	0,07	0,03	0,02
800	7,071						0,18	0,08	0,04	0,02
900	7,500						0,21	0,09	0,04	0,02
1000	7,906						0,23	0,10	0,05	0,03

Zahlentafel 55 b
Gußeisen- und Stahlrohre

Belastungswert der Entnahmestellen	l/s	Druckverluste in m WS je m Rohrlänge einschl. der Verluste in Krümmungen, Durchgangsventilen usw. ausschl. Verlust im Wasserzähler[1]										
		Gußeisen-Rohre				Flußstahl-Rohre						
		Lichtweite in mm										
		40	50	70	80	15	20	25	32	40	50	70
½	0,177					0,39	0,08	0,02	0,01			
1	0,250	0,01				0,78	0,16	0,05	0,01			
1½	0,306	0,01				1,18	0,25	0,07	0,02	0,01		
2	0,354	0,01				1,57	0,33	0,10	0,03	0,01		
2½	0,395	0,01				1,96	0,41	0,12	0,03	0,01		
3	0,433	0,02				2,35	0,49	0,15	0,04	0,01		
3½	0,468	0,02	0,01			2,74	0,57	0,17	0,04	0,01		
4	0,500	0,02	0,01			3,13	0,66	0,20	0,05	0,02		
4½	0,530	0,02	0,01			3,53	0,74	0,22	0,06	0,02	0,01	
5	0,559	0,03	0,01				0,82	0,24	0,06	0,02	0,01	
5½	0,586	0,03	0,01				0,90	0,27	0,07	0,02	0,01	
6	0,612	0,03	0,01				0,98	0,29	0,08	0,02	0,01	
6½	0,637	0,03	0,01				1,07	0,32	0,08	0,02	0,01	
7	0,661	0,04	0,01				1,15	0,34	0,09	0,03	0,01	
7½	0,685	0,04	0,01				1,23	0,37	0,10	0,03	0,01	
8	0,707	0,04	0,01				1,31	0,39	0,10	0,03	0,01	
8½	0,729	0,05	0,01				1,39	0,41	0,11	0,03	0,01	
9	0,750	0,05	0,01				1,48	0,44	0,11	0,03	0,01	
9½	0,771	0,05	0,02				1,56	0,46	0,12	0,04	0,01	
10	0,791	0,05	0,02				1,64	0,49	0,13	0,04	0,01	
11	0,829	0,06	0,02				1,80	0,54	0,14	0,04	0,01	
12	0,866	0,06	0,02				1,97	0,59	0,15	0,05	0,01	
13	0,901	0,07	0,02				2,13	0,63	0,17	0,05	0,01	
14	0,935	0,07	0,02				2,30	0,68	0,18	0,05	0,02	
15	0,968	0,08	0,02					0,73	0,19	0,06	0,02	
16	1,000	0,09	0,03					0,78	0,20	0,06	0,02	
17	1,031	0,09	0,03					0,83	0,22	0,06	0,02	
18	1,061	0,10	0,03					0,88	0,23	0,07	0,02	
19	1,090	0,10	0,03					0,93	0,24	0,07	0,02	
20	1,118	0,11	0,03	0,01				0,98	0,25	0,08	0,02	
22	1,173	0,12	0,03	0,01				1,07	0,28	0,08	0,02	
24	1,225	0,13	0,04	0,01				1,17	0,31	0,09	0,03	
26	1,275	0,14	0,04	0,01				1,27	0,33	0,10	0,03	
28	1,323	0,15	0,04	0,01				1,37	0,36	0,11	0,03	0,01
30	1,369	0,16	0,05	0,01				1,46	0,38	0,11	0,03	0,01
32	1,414	0,17	0,05	0,01				1,56	0,41	0,12	0,04	0,01
34	1,458	0,18	0,05	0,01				1,66	0,43	0,13	0,04	0,01
36	1,500	0,19	0,06	0,01					0,46	0,14	0,04	0,01
38	1,541	0,20	0,06	0,01					0,48	0,14	0,04	0,01
40	1,581	0,21	0,06	0,01					0,51	0,15	0,05	0,01
42	1,620	0,22	0,07	0,01	0,01				0,54	0,16	0,05	0,01
44	1,658	0,23	0,07	0,01	0,01				0,56	0,17	0,05	0,01
46	1,696	0,25	0,07	0,01	0,01				0,59	0,17	0,05	0,01
48	1,732	0,26	0,08	0,01	0,01				0,61	0,18	0,05	0,01
50	1,768	0,27	0,08	0,01	0,01				0,64	0,19	0,06	0,01

Zahlentafel 55b
Fortsetzung

Belastungswert der Entnahmestellen	l/s	Druckverluste in m WS je m Rohrlänge einschl. der Verluste in Krümmungen, Durchgangsventilen usw. ausschl. Verlust im Wasserzähler[1]										
		Gußeisen-Rohre					Flußstahl-Rohre					
		Lichtweite in mm										
		40	50	70	80	100	32	40	50	70	80	100
55	1,854	0,29	0,09	0,01	0,01		0,70	0,21	0,06	0,01		
60	1,937	0,32	0,10	0,02	0,01		0,77	0,23	0,07	0,01	0,01	
65	2,016	0,35	0,10	0,02	0,01		0,83	0,25	0,07	0,01	0,01	
70	2,092	0,37	0,11	0,02	0,01		0,89	0,27	0,08	0,01	0,01	
75	2,165	0,40	0,12	0,02	0,01		0,96	0,28	0,08	0,01	0,01	
80	2,236	0,43	0,13	0,02	0,01		1,02	0,30	0,09	0,01	0,01	
85	2,305	0,45	0,13	0,02	0,01		1,08	0,32	0,10	0,02	0,01	
90	2,372	0,48	0,14	0,02	0,01		1,15	0,34	0,10	0,02	0,01	
95	2,437	0,51	0,15	0,02	0,01			0,36	0,11	0,02	0,01	
100	2,500	0,53	0,16	0,03	0,01			0,38	0,11	0,02	0,01	
110	2,622	0,59	0,17	0,03	0,01			0,42	0,12	0,02	0,01	
120	2,739	0,64	0,19	0,03	0,02			0,45	0,14	0,02	0,01	
130	2,850	0,69	0,21	0,03	0,02			0,49	0,15	0,02	0,01	
140	2,958	0,75	0,22	0,04	0,02	0,01		0,53	0,16	0,03	0,01	
150	3,062	0,80	0,24	0,04	0,02	0,01		0,57	0,17	0,03	0,01	
160	3,162	0,85	0,25	0,04	0,02	0,01		0,61	0,18	0,03	0,02	
170	3,260	0,91	0,27	0,04	0,02	0,01		0,64	0,19	0,03	0,02	
180	3,354	0,96	0,29	0,05	0,02	0,01		0,68	0,20	0,03	0,02	
190	3,446	1,01	0,30	0,05	0,02	0,01		0,72	0,21	0,03	0,02	
200	3,536	1,07	0,32	0,05	0,02	0,01		0,76	0,23	0,04	0,02	0,01
225	3,750	1,20	0,36	0,06	0,03	0,01		0,85	0,25	0,04	0,02	0,01
250	3,953		0,40	0,06	0,03	0,01			0,28	0,05	0,02	0,01
275	4,146		0,44	0,07	0,03	0,01			0,31	0,05	0,02	0,01
300	4,331		0,48	0,08	0,04	0,01			0,34	0,05	0,03	0,01
350	4,677		0,56	0,09	0,04	0,01			0,39	0,06	0,03	0,01
400	5,000		0,63	0,10	0,05	0,01			0,45	0,07	0,04	0,01
450	5,303		0,71	0,11	0,06	0,02			0,51	0,08	0,04	0,01
500	5,590		0,79	0,13	0,06	0,02			0,56	0,09	0,04	0,01
600	6,124			0,15	0,07	0,02				0,11	0,05	0,02
700	6,614			0,18	0,09	0,03				0,13	0,06	0,02
800	7,071			0,20	0,10	0,03				0,14	0,07	0,02
900	7,500			0,23	0,11	0,03				0,16	0,08	0,02
1000	7,906			0,26	0,12	0,04				0,18	0,09	0,03

[1] In den Druckverlustziffern dieser Zahlentafel ist eine mittlere Querschnittsverengung durch Verkrusten berücksichtigt. In Fällen, wo mit Verkrusten nicht gerechnet zu werden braucht, können im Einvernehmen mit dem Wasserwerk bis zu 10% kleinere Druckverluste in die Rechnung eingesetzt werden.

erwarten ist. Sind z. B. in den Waschräumen eines Industriewerkes Reihenwaschanlagen vorhanden, so werden diese im Augenblick des Schichtwechsels stets weitgehend gleichzeitig benutzt. Man muß dann nicht die Wassermenge wie zuvor ermitteln, also beispielsweise für 8 gleichzeitig benutzte Waschbecken zu $\sqrt{8 \cdot 0{,}25 \cdot \frac{1}{2}} = 0{,}353$ l/s, sondern mit $8 \cdot 0{,}25 \cdot \frac{1}{2} = 1$ l/s[1]).

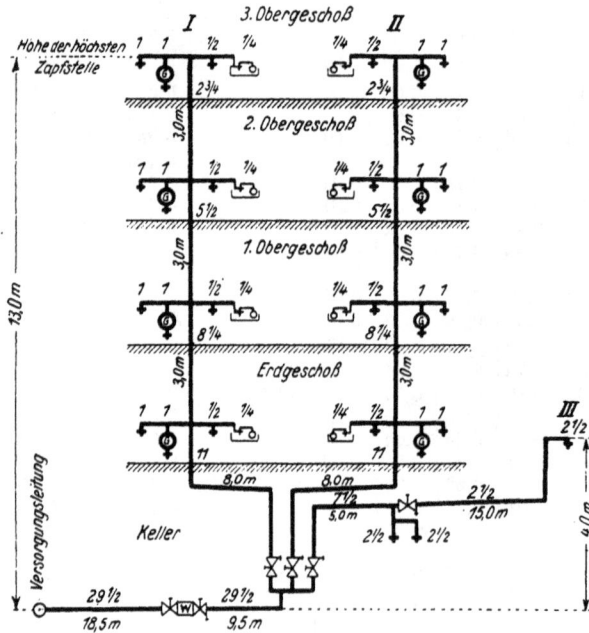

Bild 107. Leitungsplan für ein Achtfamilienhaus[2]).

Die Ziffern über u. neben den Leitungen geben die Belastung in Belastungswerten (Bw) an.

[1]) Die „Richtlinien für die Berechnung der Kaltwasserleitungen in Hausanlagen" sehen nicht vor, daß die Wassermengen bei steigender Zapfstellenzahl herabgesetzt werden, was beim Bau von Waschanlagen für große Belegschaften zum Anfall von ganz erheblichen sekundlichen Wassermengen führt. Nimmt die Zahl der in den Wasch- und Umkleideräumen gelegenen Zapfstellen stark zu, so werden auch hier zwangsläufig mit zunehmender Zapfstellenzahl immer mehr Zapfstellen im Augenblick des Schichtwechsels nicht gleichzeitig in Betrieb genommen werden. Man kann daher bei sehr großen Anlagen langsam mit der Wassermenge zurückgehen. Es wird vorgeschlagen, die Gesamtwassermengen
bei mehr als 30 Anschlüssen auf $9/10$,
bei mehr als 50 Anschlüssen auf $8/10$,
bei mehr als 100 Anschlüssen auf $6/10$
der errechneten Gesamtmenge herabzusetzen.
[2]) Das Beispiel ist den „Richtlinien für die Berechnung der Kaltwasserleitungen in Hausanlagen" entnommen; dort Beispiel 2.

Berechnung der Leitungen eines Achtfamilienhauses. Aufstellung der
Belastungswerte (vgl. Bild 107)

Geschoß	Leitung I		Leitung II		Leitung III	
	Art der Entnahmestelle	Bw	Art der Entnahmestelle	Bw	Art der Entnahmestelle	Bw
3. Obergeschoß	1 Auslaufventil³/₈″ 1 Gas-Wasser- heizer, Leistung 15 l/min ohne Mischbatt. (Badeofen) 1 Handwaschbeck. 1 Abortspülkasten	1 1 ½ ¼	wie Ltg. I	2¾	—	—
2. Obergeschoß	dsgl.	2¾	dsgl.	2¾	—	—
1. Obergeschoß	dsgl.	2¾	dsgl.	2¾	—	—
Erdgeschoß	dsgl.	2¾	dsgl.	2¾	1 Auslaufventil½″ auf dem Hof	2½
Kellergeschoß	—	—	—	—	2 Auslaufventile½″ i. d. Waschk.	5
zusammen		11		11		7½

Belastung der Zuleitung 29½ Bw = 1,358 l/s.

Baustoff der Leitung: Bituminiertes oder verzinktes Flußstahlrohr.

Ermittlung der Rohrnennweiten:

	Leitung		
	I	II	III
a) Mindestdruck in der Versorgungs- leitung . . . . mWS	40	40	40
b) Höchste Entnahmestelle über der Versorgungsleitung . . . . m	13	13	4
c) Ruhedruck an dieser Entnahmestelle = a) — b) . . . . mWS	27	27	36
d) Erforderlicher Mindestfließdruck an dieser Entnahmestelle . . . . . . mWS	5	5	5
e) Verfügbarer Druck im ganzen = c) — d) . . . . mWS	22	22	31
f) Druckverlust im Wasserzähler . . . . mWS	5	5	5
g) Verfügbar für Druckverlust in der Leitung = e) — f) . . . . mWS	$H_v = 17$	$H_v = 17$	$H_v = 26$
h) Leitungslänge gemäß Leitungsplan . . m	45	45	48
i) Zulässiger Druckverlust je m Rohr- leitung = g) — h) . . . . mWS	0,38	0,38	0,54

Die Leitungen mit dem geringsten zulässigen Druckverlust je m Rohrlänge sind die Leitungen
I und II. Mit diesen ist daher die Berechnung zu beginnen.

Leitung I und II. Von der Versorgungsleitung ab:
  Leitungslänge 45,0 m.
  Zul. Druckverlust 17,0 m WS = 0,38 m WS/m Rohrstrang.

Leitungsstrecke		Länge	Bw	NW	Druckverlust in m WS	
von	bis	m		mm	je m Rohrlänge	im ganzen
Versorgungsltg. — Wasserzähler		18,5	29½	32	0,375	6,94
Wasserzähler — Verteilung		9,5	29½	32	0,375	3,56
Verteilung — Erdgeschoß		8,0	11	32	0,14	1,12
Erdgeschoß — 1. Obergeschoß		3,0	8¼	25	0,40	1,20
1. Obergeschoß — 2. Obergeschoß		3,0	5½	20	0,90	2,70
2. Obergeschoß — 3. Obergeschoß		3,0	2¾	20	0,45	1,35
		45,0			$\Sigma h =$	16,87

$$\Sigma h = 16,87 \text{ m also } < H_v = 17,00 \text{ m}$$

Leitung III. Von der Verteilung ab:
  Leitungslänge 20,0 m.
  Zul. Druckverlust $H_v - (h_1 + h_2) = 26,0 - (6,94 + 3,56) =$
  15,50 m WS = 0,78 m WS/m.

Leitungsstrecke		Länge	Bw	NW	Druckverlust in m WS	
von	bis	m		mm	je m Rohrlänge	im ganzen
Verteilung — Abzweig im Waschhaus		5,0	7½	20	1,23	6,15
Abzweig im Waschhaus — Auslaufventil auf dem Hof		15,0	2½	20	0,41	6,15
		20,0			$\Sigma h =$	12,30

$$\Sigma h = 12,30 \text{ m also } < H_v - (h_1 + h_2) = 15,50 \text{ m}.$$

Die Leitungsdurchmesser sind nach vorstehendem richtig bemessen, da bei den sich ergebenden Abmessungen die Gesamtdruckverluste kleiner sind als die zulässigen Druckverluste, diesen aber doch möglichst nahekommen.

Sind die Belastungswerte ermittelt, so kann an Hand der Leitungslängen und unter Berücksichtigung der Höhenlage, des vorhandenen Druckes sowie des Mindestfließdruckes der Durchmesser in den einzelnen Rohrabschnitten ermittelt werden. Dabei darf der Gesamtdruckverlust in den Leitungssträngen niemals den verfügbaren Druck überschreiten. Die Einzelheiten der Berechnung sind aus dem vorstehenden Beispiel ersichtlich.

Um die formelmäßige Berechnung zu sparen, sind in den „Richtlinien für die Berechnung der Kaltwasserleitungen in Hausanlagen" für die verschiedenen Lichtweiten und Belastungswerte die Druckverluste auf den laufenden Meter Rohrstrang in Zahlentafeln zusammengestellt. In gekürzter Form sind diese Zahlen für Blei- und Kupferrohre in Zahlentafel 55 a, S. 268 und für Guß- und Stahlrohre in Zahlentafel 55 b, S. 270 enthalten. Zwischenwerte lassen sich durch Interpolation genügend genau ermitteln.

F. BERECHNUNG DES INHALTS VON SPEICHERANLAGEN

Ist der Wasserverbrauch im Rohrnetz zeitweilig größer als der künstliche oder natürliche Zulauf, so muß der Fehlbetrag einer Speicheranlage entnommen werden. Die Errechnung solcher Anlagen beruht also auf der Ermittlung dieses Fehlbetrages.

Die Speicherung kann geschehen in Hydrophoren, Wassertürmen und Erdbehältern.

1. Hydrophore (Windkessel)

haben den Vorzug der Billigkeit, aber den Nachteil, daß nur kleine Mengen, also auch kein Brandvorrat, gespeichert werden können. Die Berechnung der Windkessel geht nicht davon aus, daß man z. B. den Nachtverbrauch speichert. Man kann nur einen Ausgleichsbehälter schaffen, der das ständige Anlaufen und Anhalten der Pumpen einschränkt. Bei der Berechnung sind im einzelnen zu berücksichtigen:

    a) die Schalthäufigkeit,

    b) das Verhältnis von Förder- zu Verbrauchsmenge,

    c) die Druckverhältnisse.

a) Das Ein- und Ausschalten der Anlagen geschieht durch elektrische Hilfsschalter. Es gibt Bauarten (luftgekühlt), die ein 30maliges Schalten pro Stunde und darüber gestatten. Derartig häufiges Anspringen wird man aber einem Motor, besonders wenn mehrere PS in Frage kommen, auf die Dauer niemals zumuten dürfen. Sechs Schaltungen, äußerstenfalls 8 bis 10 je Stunde, sollten nicht überschritten werden. Aus dieser Zahl der zulässigen Schaltungen je Stunde ergibt sich ohne weiteres die Dauer der Schaltzeit T_s, z. B. bei 6 Schaltungen $T_s = {}^1/_6$ st $= 10$ min.

b) Innerhalb der Schaltzeit ist das Verhältnis von Förder- und Verbrauchsmenge zu suchen, das den größten Behälterinhalt bedingt. Setzt man:

    J = Behälterinhalt (l), f = Fördermenge (l/s),

    t_1 = Förderzeit (s), q = Verbrauchsmenge (l/s),

    t_2 = Entnahmezeit (s),

so ist nach Bild 108 $t_1 = \dfrac{J}{f - q}$; $t_2 = \dfrac{J}{q}$.

Da die Schaltfrist

$$T_s = t_1 + t_2 = J \cdot \frac{f}{f \cdot q - q^2} \quad \cdots \cdots \cdots \quad (1)$$

ist, wird

$$J = \frac{T_s \cdot (f \cdot q - q^2)}{f}. \quad \cdots \cdots \cdots \quad (2)$$

18*

Durch Differenzieren nach q erhält man

$$0 = f - 2q \quad \text{und} \quad q = \frac{f}{2},$$

das heißt J wird am größten, wenn die Fördermenge doppelt so groß ist wie die Verbrauchsmenge. Setzt man diesen Wert ein, so errechnet sich der Inhalt zu

$$J_{\max} = T_s \cdot \frac{\dfrac{f^2}{2} - \dfrac{f^2}{4}}{f} = T_s \cdot \frac{f}{4}. \quad \ldots \ldots \quad (3)$$

c) Druckverhältnisse: Nach dem Mariotte/Gay-Lussacschen Gesetz ist bei Gasen (hier Luft) das Produkt aus dem Rauminhalt und dem Druck ein und derselben Gasmenge stets gleich, also:

$$V_1 \cdot p_1 = V_2 \cdot p_2.$$

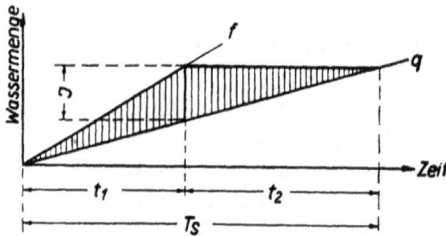

Bild 108. Speicherraum in Abhängigkeit von
Förderung und Verbrauch.

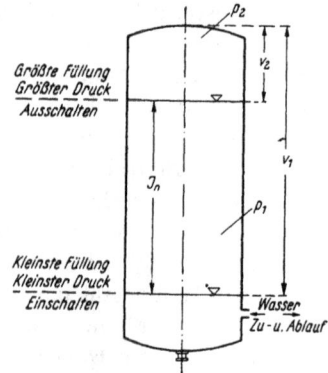

Bild 109. Nutzinhalt und Größe
von Windkesseln.

Der Nutzinhalt ist (Bild 109)

$$J_n = V_1 - V_2 = V_1 \cdot \left(1 - \frac{p_1}{p_2}\right). \quad \ldots \ldots \quad (4)$$

Der Nutzinhalt (4) ist $J_{\max}$ (3) gleichzusetzen, also

$$J_n = J_{\max} = V_1 \cdot \left(1 - \frac{p_1}{p_2}\right) = T_s \cdot \frac{f}{4}.$$

und

$$V_1 = T_s \cdot \frac{f}{4\left(1 - \dfrac{p_1}{p_2}\right)}. \quad \ldots \ldots \ldots \ldots \quad (5)$$

Setzt man für p_1 den Einschaltdruck p_e,

für p_2 den Ausschaltdruck p_a,

und für den Druckunterschied $p_a - p_e = \varDelta p$,

so erhält man durch Umformen

$$1 - \frac{p_1}{p_2} = \frac{p_2 - p_1}{p_2} = \frac{p_a - p_e}{p_a} = \frac{\Delta p}{p_a} \quad \dots \dots \quad (6)$$

und durch Einsetzen in (5):

$$V_1 = \frac{T_s \cdot f \cdot p_a}{4 \Delta p} \quad \dots \dots \dots \quad (7)$$

Diesem Werte genau entsprechende Hydrophorkessel würden im Augenblick des Tiefstandes der Luft den Austritt aus dem Kessel gestatten. Deshalb bleibt der untere Teil ständig mit Wasser gefüllt. Hierfür gehen etwa 20 bis 30% des Kesselraumes verloren, so daß sich die notwendige Kesselgröße V_k beispielsweise bei 30% Zuschlag ergibt zu

$$V_k = 1{,}3 \, V_1.$$

Setzt man noch $i = $ stündliche Schaltzahl zu 4 bis 6 Schaltungen in der Stunde ein, so ist

$$T_s = \frac{3600}{i}$$

und

$$V_k = 1{,}3 \cdot \frac{3600}{4} \cdot \frac{f \cdot p_a}{i \cdot \Delta p} = \sim 1200 \, \frac{f \cdot p_a}{i \cdot \Delta p}. \quad \dots \dots \quad (8)$$

Bei Einsetzen der Fördermenge f' in l/min (statt f in l/s) wird

$$V_k \cong 20 \cdot \frac{f' \cdot p_a}{i \cdot \Delta p}, \quad \dots \dots \dots \quad (9)$$

worin : $V_k = $ erforderlicher Kesselinhalt (l),
  f' $= $ Fördermenge in l/min,
  p_a $= $ Ausschaltdruck in Atmosphären absolut $= $ atü $+$ 1,
  i $= $ stündliche Schaltzahl,
  $\Delta p = $ Druckunterschied zwischen Ein- und Ausschalten.

Bei kleinen Anlagen, die nicht ständig gewartet werden, wird man den Kesselinhalt zweckmäßig noch etwas größer wählen. Dies geschieht durch Erhöhung der konstanten Zahlenwerte von 1200 auf 1500 bzw. von 20 auf 25.

Aus der beigefügten Leitertafel[1]) Bild 110, können die erforderlichen Windkesselinhalte abgelesen werden. Die Werte der Leitertafel entsprechen den Beiwerten 1200 (l/s) bzw. 20 (l/min) obiger Formeln.

Beispiel: Durch Verbinden von Punkt a (Fördermenge 300 l/min) und b (Dauer der Schaltperiode 10 min) kommt man zum Punkt c. Die Verbindung von Punkt d (Ausschaltdruck $= $ 6 at) und e (Druckunterschied $= $ 1,5 at) gibt Punkt f. Auf

---

[1]) Die Leitertafel ist entnommen aus ,,60 Jahre Bayerisches Landesamt für Wasserversorgung``, 1938, S. 85. H. Ludwig, Pumpwerksanlagen und deren Betriebseinrichtungen.

der Verbindungslinie von c nach f findet man in g den Behälterinhalt mit 4 m³. Rechnerisch hätte sich ergeben:

$$V_k = \frac{20 \cdot 300 \cdot 6}{6 \cdot 1,5} = 4000\,\text{l}.$$

Die Größe des Kessels schwankt also entsprechend dem Druckver-hältnis: $p_e : p_a$. Je größer der Ausschaltdruck gegenüber dem Einschalt-druck, um so kleiner wird der Kessel. Für die Ausführung sind ziemlich

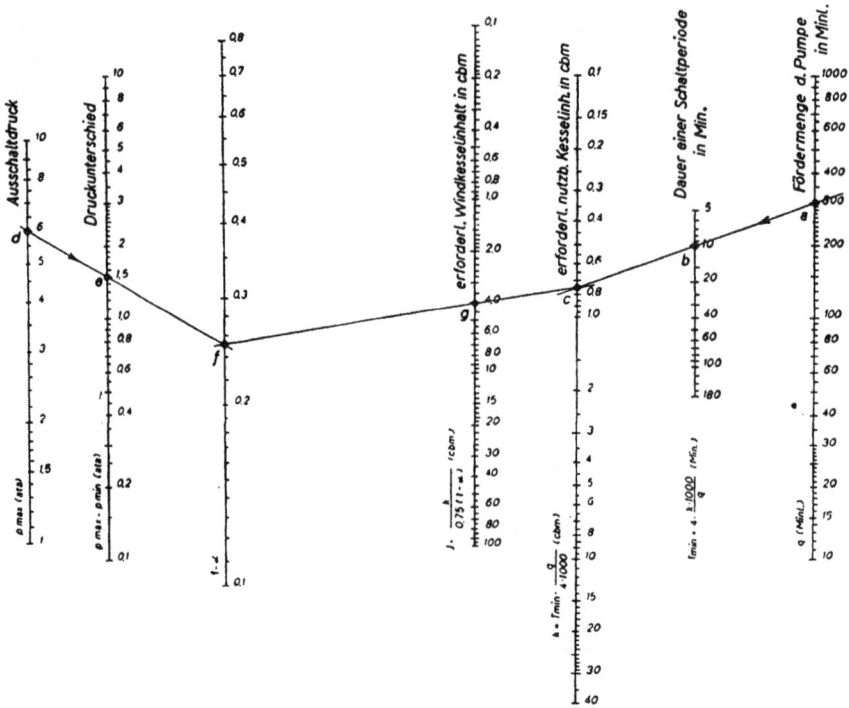

Bild 110. Leitertafel zur Bemessung von Windkesseln.

enge Grenzen vorhanden, da ein hoher Druckunterschied einen Anstieg der Förderkosten und ein Nachlassen des Wirtschaftlichkeitsgrades der Pumpe bedeutet. Schließlich spricht auch die Zunahme der Kesselwand-stärken dagegen. Man arbeitet daher selten mit mehr als 2 bis 3 at Druck-unterschied. Die Druckkessel sind genormt (DIN 4810) und auf folgende Drücke abgestimmt:

	atü	atü
Betriebsdruck	4	6
Prüfdruck	5,5	8

Um den nutzbaren Speicherraum in Prozenten des Behälters zu ermitteln, ist eine Umwandlung der Formel (4) Seite 276 erforderlich. Durch Einsetzen von (6) wird

$$J_n = V_1 \left(1 - \frac{p_1}{p_2}\right) = V_1 \left(\frac{p_a - p_e}{p_a}\right) = V_1 \cdot \frac{\Delta p}{p_a} \quad \dots \dots \quad (10)$$

Ist der Normaldruck (örtlicher Luftdruck) $p = 1$, so ist

$$V_k \cdot p = V_1 \cdot p_e; \quad \text{daraus } V_1 = \frac{V_k \cdot p}{p_e}.$$

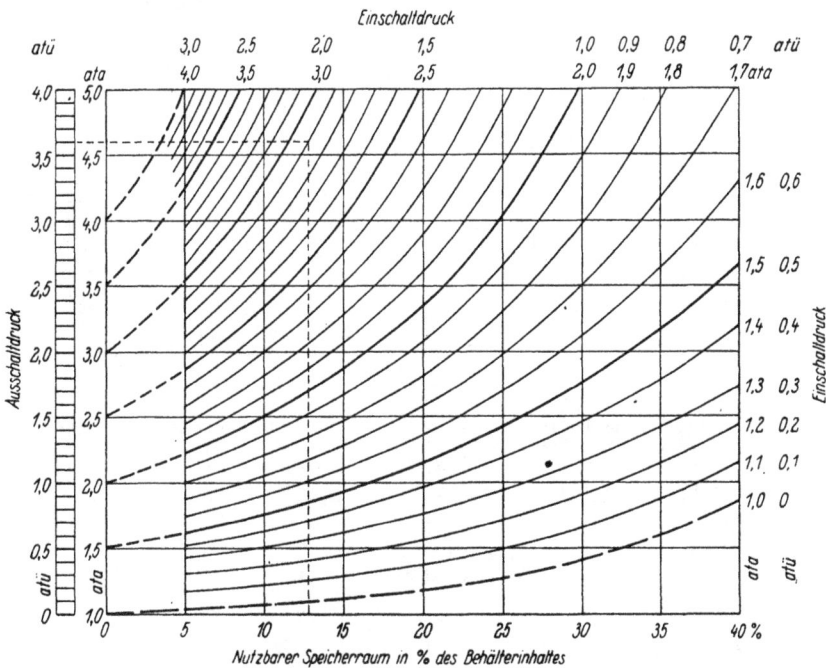

Bild 111. Nutzbarer Behälterinhalt in Abhängigkeit vom Ein- und Ausschaltdruck.

Dann wird in Prozenten durch Einsetzen in (10)

$$J_n = \frac{V_k \cdot p}{p_e} \cdot \frac{\Delta p}{p_a} \cdot \frac{100}{V_k} \quad [^0/_0],$$

worin p im Normalfall gleich 1 at zu setzen ist, so daß

$$J_n = \frac{100 \cdot \Delta p}{p_e \cdot p_a} \quad [^0/_0].$$

Die Werte für die gebräuchlichsten Ein- und Ausschaltdrücke können aus Bild 111 entnommen werden.

Beispiel: Einschaltdruck 1,9 atü
　　　　　　Ausschaltdruck 3,6 atü

Man geht von der Skala des Ausschaltdruckes 3,6 atü = 4,6 ata nach rechts bis zur Kurve mit dem Einschaltdruck 1,9 atü = 2,9 ata. Unter dem Kurvenschnittpunkt liegt auf der Prozentskala der Wert von 12,75% (geschätzt). Rechnungsmäßig sind die Werte in ata einzusetzen. Es ergibt sich

$$J_n = \frac{100 \cdot (4,6 - 2,9)}{4,6 \cdot 2,9} = 12,8\,\%.$$

Die Ausnutzung des Kessels ist, wie aus Bild 111 ersichtlich, bei Verwendung geringer Drücke besser als bei hohen. Dazu kommt der Vorteil

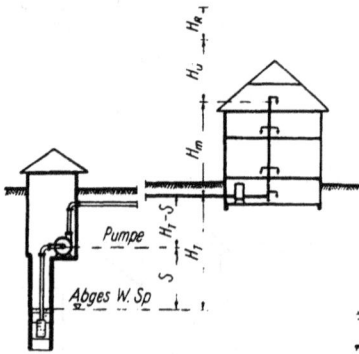

Bild 112a. Förderhöhe der Pumpe = H_T +
　　　　　$H_m + H_{ü} + H_R$,
Druckhöhe im Hydrophor = $H_m + H_{ü} + H_R$,
S = Saughöhe der Pumpe (< 7 m),
H_T = Höhenunterschied zwischen W. Sp. und Hausanschluß,
H_m = Manometrische Höhe,
$H_{ü}$ = Überdruck am höchsten Auslauf,
H_R = Druckverluste in der Versorgungsleitung.

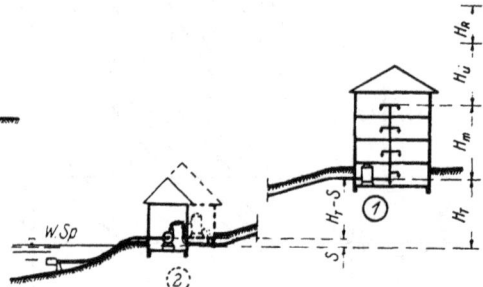

Bild 112b. Förderhöhe der Pumpe =
　　　$H_T + H_m + H_{ü} + H_R$.
Druckhöhe im unteren Hydrophor =
　$H_T + H_m\ H_{ü} + H_R$ (falsche Lage),
Druckhöhe im oberen Hydrophor =
　$H_m + H_{ü} + H_R$ (richtige Lage).

geringerer Wandstärken bei kleinen Drücken. Man wird also den Kessel, wenn nötig, von der Pumpe trennen. Das kann sowohl bei Tieflage der Pumpe (Bild 112a), um an Saughöhe zu sparen, als auch bei hoher Gebäudelage der Fall sein (Bild 112b). Der Gewinn an nutzbarem Behälterinhalt ist dabei erheblich. Nimmt man einen Überdruck von 5 m Wassersäule an, so ergeben z. B. die Verhältnisse für Bild 112b folgendes:

	Lage des Hydrophorkessels	Hauslage über Kessel	Haushöhe	Überdruck	Gesamthöhe	Erforderlicher Mindestdruck
		m	m	m	m	at
①	im Haus	—	10	5	15	1,5
②	bei der Pumpe	40	10	5	55	5,5

Bei einer Druckdifferenz von 1 at ergibt sich der Nutzinhalt in Prozenten im Fall

① $J_n = \dfrac{100 \cdot 1}{2,5 \cdot 3,5} = 11,4\,\%$

② $J_n = \dfrac{100 \cdot 1}{6,5 \cdot 7,5} = 2,05\,\%.$

Das Hochsetzen des Kessels bringt also hier die 5fache Ausnutzung. Außerdem wäre eine 2proz. Ausnutzung wirtschaftlich nicht tragbar.

2. Erdbehälter

Erdbehälter haben den Vorzug der Billigkeit, bedingen aber das Vorhandensein eines für den Bau geeigneten Höhenpunktes. Der Nutzinhalt ist abhängig von der Größe und Schwankung des Wasserverbrauchs, vom Feuerlöschbedarf, von der Zulaufmenge und bei maschineller Förderung von Pumpenleistung und Pumpenbetriebszeit. Für die Bemessung gelten folgende Grundsätze:

Bei kleinen Versorgungsgebieten
    Behälterinhalt = größter Tagesverbauch, zuzüglich Brandmenge, die nicht unter 100 m³ gewählt wird.
Bei größeren Anlagen
    Behälterinhalt > ½ des größten Tagesverbrauchs.
Bei langer Zuleitung aus Sicherheitsgründen
    Behälterinhalt = 2- bis 3facher Tagesverbrauch.

Die geringeren Baukosten der Erdbehälter gestatten auch eine Speicherung in Fällen, wo erhebliche Zuflußschwankungen innerhalb des Jahres eintreten, wie z. B. beim Nachlassen der Quellergiebigkeit im Hochsommer. Die Ermittlung der fluktuierenden Wassermengen erfolgt in der gleichen Weise wie bei Wassertürmen. (vgl. S. 283). Wird der Gesamtverbrauch eines Zeitabschnittes, evtl. des ganzen Jahres, vom Zufluß gedeckt, so kann man die Zufluß- und die Verbrauchsmengen der einzelnen Zeitabschnitte (Tage, Wochen oder Monate) fortlaufend zusammenzählen und zeichnerisch auftragen. Die sich ergebenden Kurven werden so zur Deckung gebracht, daß die Zulaufsumme ständig über der Verbrauchsmenge liegt. Der größte Unterschied zwischen Zulauf und Verbrauch entspricht dem Inhalt des Hochbehälters.
Aus Sicherheitsgründen wird stets eine Unterteilung in zwei Kammern vorgenommen. Als Wassertiefe wählt man etwa 2,5 bis 5 m. Die Behältersohle erhält zwecks leichter Beseitigung der Ablagerungen in Richtung zum Entleerungspunkt ein mäßiges Gefälle von etwa 1 : 250 bis 1 : 500.

3. Wassertürme

Wassertürme erfordern allein durch die selbst bei geringer Wasserlast
infolge des Eigengewichtes schweren Unterbauten erhebliche Kosten,
so daß die Speicherung von weniger als 100 m³ nicht vorteilhaft ist. Auch
aus betrieblichen Gründen wird man den Behälterinhalt nicht allzusehr
beschränken. Turminhalte von weniger als 20% des Tagesverbrauches
werden in Städten unter 50000 Einwohner kaum in Frage kommen.
Andererseits werden Türme mit großem Speicherinhalt schon wegen der
hohen Kosten wirtschaftlich nicht tragbar sein. Die Grenze wird meist
unter 1000 m³ Inhalt liegen.

Der Wasserturminhalt errechnet sich aus

a) den Schwankungen zwischen Wasserzuführung und Wasserverbrauch,
   der sog. fluktuierenden Wassermenge und

b) dem Vorrat für Brand oder Betriebsunfälle.

a) **Fluktuierende Wassermenge.** Bei ständigem Zufluß, z. B.
   Quellen, ist eine Wasserspeicherung nicht notwendig, wenn die stünd-
   liche Zuflußmenge größer als der größte überhaupt zu erwartende
   Stundenverbrauch ist.

   Liegt die Zuflußmenge über dem mittleren, aber unter dem größten
   Stundenhöchstwert, so kann auf Grund der Angaben zahlreicher
   deutscher Städte mit folgenden Werten gerechnet werden:

Der Stundenzufluß liegt um x% über dem mittleren Stundenhöchstwert . . . . $x =$	0	10	20	30	40
Fluktuierende Wassermenge in % des Tagesverbrauches . . . $x=$	31—33	23—25	14—16	7—8	2—3

Liegt die Zuflußmenge unter dem mittleren Tageshöchstwert, so muß
zur Ermittlung des Speicherinhalts eine Untersuchung über längere
Zeit durchgeführt werden (vgl. auch Erdbehälter).

Bei zeitweisem Zufluß (Pumpanlagen) ist die Dauer der Förderzeit
von maßgebendem Ausschlag. Die fluktuierende Wassermenge muß
dann den Verbrauch während des Stillstandes der Pumpen decken.
Annähernd kann mit folgenden Werten gerechnet werden:

Bei einer Pumpzeit von Stunden . .	20	16	12	10	8
Fluktuierende Wassermenge in % des Tagesverbrauches	8—10	20—25	30—35	40—45	55—60

Für die Ausführung wird man den Turminhalt eingehender untersuchen. Dies kann auf rein rechnerischem oder auf graphischem Wege
geschehen.

Für die rein rechnerische Ermittlung benutzt man Zahlentafel 56.

Zahlentafel 56

Ermittlung des Turminhaltes

1.	2.	A.			B.			C.		
		3.	4.	5.	3.	4.	5.	3.	4.	5.
Zeit	Verbrauch je st	Förderung	Förderungsüberschuß	Speicherinhalt	Förderung	Förderungsüberschuß	Speicherinhalt	Förderung	Förderungsüberschuß	Speicherinhalt
	$V = \%$	$F = \%$	$F - V$	$\Sigma(F-V)$	$F = \%$	$F - V$	$\Sigma(F-V)$	$F = \%$	$F - V$	$\Sigma(F-V)$
0— 1	2	—	—	11	—	—	15	—	—	20
1— 2	2	—	—	9	—	—	13	—	—	18
2— 3	2	—	—	7	—	—	11	—	—	16
3— 4	2	—	—	5	—	—	9	—	—	14
4— 5	2	—	—	3	—	—	7	—	—	12
5— 6	3	—	—	0	—	—	4	—	—	9
6— 7	4	10	6	6	—	—	0	—	—	5
7— 8	5	10	5	11	10	5	5	—	—	0
8— 9	6	10	4	15	10	4	9	10	4	4
9—10	7	10	3	18	10	3	12	10	3	7
10—11	8	10	2	20	10	2	14	10	2	9
11—12	7	10	3	23	10	3	17	10	3	12
12—13	6	10	4	27	10	4	21	10	4	16
13—14	5	10	5	32	10	5	26	10	5	21
14—15	5	10	5	37	10	5	31	10	5	26
15—16	5	10	5	42	10	5	36	10	5	31
16—17	6	—	—	36	10	4	40!	10	4	35
17—18	4	—	—	32	—	—	36	10	6	41
18—19	4	—	—	28	—	—	32	—	—	37
19—20	4	—	—	24	—	—	28	—	—	33
20—21	3	—	—	21	—	—	25	—	—	30
21—22	3	—	—	18	—	—	22	—	—	27
22—23	3	—	—	15	—	—	19	—	—	24
23—24	2	—	—	13	—	—	17	—	—	22
	100%	100%			100%			100%		

Beispiel: Der Stundenverbrauch sei bekannt. Die Pumpen arbeiten nur 10 st,
die Fördermenge/st beträgt also 10% (zur Vereinfachung ist auf volle Zahlen abgerundet) des Tagesbedarfs.

In Spalte 2 trägt man den Verbrauch/st, in Spalte 3 die Pumpenleistung/st ein.
Der Überschuß der Förderung gegen Verbrauch wird in Spalte 4 genannt und in
Spalte 5 fortlaufend zusammengezählt, so daß hier der jeweils notwendige Behälterinhalt erkennbar wird. Nach Beendigung der Speicherung wird der Speicherinhalt während der Nacht wieder verbraucht und sinkt auf 0 bis zu der Stunde,
in der die Pumparbeit wieder einsetzt.

Um festzustellen, ob der sich zwischen 15 und 16 Uhr ergebende Behälterinhalt
(42% des Tagesverbrauches) der kleinstmögliche ist, wird die Pumpzeit um 1 st

(Spalte B 3—5) bzw. 2 st verschoben (Spalte C 3—5). Dabei zeigt sich, daß Fall B mit nur 40% den Tagesverbrauch des kleinsten Behälterinhalts ergibt.

An Stelle der Hundertsätze kann selbstverständlich auch der tatsächliche Verbrauch eingesetzt werden.

Den gleichen Grundsatz wendet man bei der zeichnerischen Ermittlung an (Bild 113). Aus der Verbrauchsmenge der einzelnen Tagesstunden wird durch fortlaufendes Zusammenzählen der Gesamtverbrauch von Stunde zu Stunde ermittelt (Verbrauchssummenlinie). Während diese Linie infolge der Verbrauchsschwankungen gekrümmt verlaufen muß, ergibt die gepumpte Wassermenge, gleichbleibende Leistung vorausgesetzt, eine Gerade. Sie wird zunächst von 0 ausgehend aufgetragen und dann so lange verschoben, bis sie möglichst nahe über der Verbrauchslinie liegt. Der dann vorhandene größte Abstand zwischen Förder- und Verbrauchslinie entspricht dem kleinsten Behälterinhalt. Sind mehrere verschieden lange Pumpzeiten zu untersuchen, so werden die entsprechenden Pumplinien in gleicher Weise aufgetragen und untersucht (gestrichelte Linie). Das gleiche gilt für Förderung mit Unterbrechungen während der Pumpzeit (Strichpunktlinie) oder Einsatz mehrerer Pumpen.

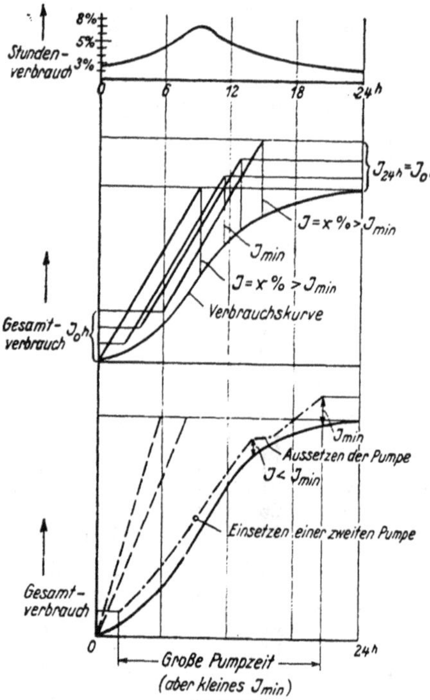

Bild 113.

Bei derartigen mehrfachen Untersuchungen ist das zeichnerische Verfahren wegen seiner Übersichtlichkeit von Vorteil.

b) **Vorrat für Brand und andere Notfälle.** Man wird niemals den Behälter ganz leerlaufen lassen, sondern einen Vorrat für unvorhergesehene Fälle, wie Maschinen- oder Rohrnetzschäden usw. halten. In solchen Fällen können die für den Brandfall zu speichernden Wassermengen herangezogen werden.

Als Brandmenge wurden früher meist 150 m³ Zuschlag zur aufzuspeichernden Menge als erforderlich angegeben, entsprechend einer zweistündigen Abgabe von rd. 20 l/s (Motorspritzenleistung). Eine derartige Speichermenge belastet kleine Werke mit hohen Anlagekosten. Man kann auch auf Grund folgender technischer Überlegungen in kleinen Gemeinden mit der Brandmenge auf etwa 50 m³ herabgehen.

Zum Ablöschen der meisten Brände werden nicht über 50 bis 60 m³ Wasser benötigt. Leistungsfähigere Pumpen sind billiger als die Schaffung großer Speicherräume und bringen noch dazu bei langandauernden Bränden die Sicherheit ständiger Wasserlieferung. Die elektrische Fernschaltung, gegebenenfalls verbunden mit der Feuermeldeanlage, gestattet auch bei nicht ständig gewarteten Wasserwerken die sofortige Einschaltung der Pumpen.

Als Anhalt für die Bemessung des Behälterinhaltes möge folgende Formel dienen, bei der die errechnete Menge zweckmäßig von 5 zu 5 m³ abgerundet wird.

$$W_{Br} = 60 + \frac{1}{300} \cdot E,$$

worin: W_{Br} = Brandmenge in m³,
        E = Einwohnerzahl.

c) **Ausmaße des Turmbehälters.** Der niedrigste Wasserspiegel im Turm ist festgelegt durch die Höhenlage des Versorgungsgebietes, die erforderliche Druckhöhe und den eintretenden Reibungsverlust. Der höchste Wasserspiegel im Turm bei voller Füllung liegt also stets über dieser erforderlichen Höhe. Um Pumpkosten zu ersparen, sind geringe Füllhöhen erwünscht, doch baulich nicht vorteilhaft. Günstige Verhältnisse ergeben sich, wenn der Behälterdurchmesser annähernd der Höhe entspricht. Als Anhalt seien für den Durchmesser folgende Formeln genannt:

Behälterinhalt $J = $ m³	Durchmesser in m
100 — 500	$D = 5,00 + \dfrac{J}{100}$
500 — 1000	$D = 8,00 + \dfrac{J}{250}$

Rechteckige Behälter erhalten zweckmäßig etwa die gleiche Grundfläche wie runde Behälter. Da

$$F_{Gr} = \frac{D^2 \cdot \pi}{4} = B^2 \text{ ist } B = 0{,}885\,D.$$

d) **Eiserne Wasserbehälterkonstruktionen und Blechkonstruktionen.** Eine Zusammenstellung von gebräuchlichen eisernen Turmbehältern nebst Berechnung ihrer Blechstärken zeigen die Bilder 114 bis 117.

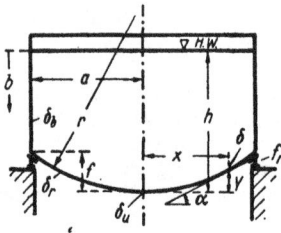

Bild 114.

Hängeboden-Behälter

$$\delta_b = 0{,}133\,a \cdot b$$

$$\delta = 0{,}066\,r\left(h - \frac{y}{3}\,\frac{3r-2y}{2r-y}\right)$$

$$\delta_u = 0{,}066\,r \cdot h$$

$$\delta_r = \delta \ \text{für}\ y = f$$

$$f_r = 10 \cdot \delta_r \cdot a : \cos\alpha.$$

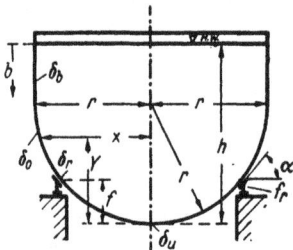

Bild 115.

Klönne-Behälter

$$\delta_b = 0{,}133\,r \cdot b; \quad \delta_u = 0{,}066 \cdot r \cdot h$$

$$\delta_0 = 0{,}066\,r\left[\frac{r^2\left(h - \dfrac{r}{3}\right)}{2ry - y^2} + h - \frac{y}{3}\,\frac{9r-4y}{2r-y}\right]$$

$$\delta_r = 0{,}066\,r\left(h - \frac{f}{3}\cdot\frac{3r-2f}{2r-f}\right)$$

$$f_r = 0{,}66\,r^2\left(h - \frac{r}{3}\right)\operatorname{ctg}\alpha.$$

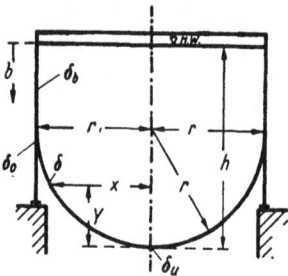

Bild 116.

Barkhausen-Behälter

Nur Zugspannungen, wenn $h \geqq \dfrac{5}{3}\,r$.

$$\delta_b = 0{,}133\,r \cdot b$$

$$\delta_0 = 0{,}066\,r\left(h - \frac{r}{3}\right)$$

$$\delta = 0{,}066\,r\left(h - \frac{y}{3}\,\frac{3r-2y}{2r-y}\right)$$

$$\delta_u = 0{,}066\,r \cdot h.$$

Intze-Behälter

G_I = Wassergewicht des schraffierten Teiles

G_{II} = Wassergewicht des übrigen Teiles + g

g = Gewicht in kg des Treppenschachtes und der auf ihm ruhenden Dachlast, vermindert um das Gewicht des Wassers, das der Schacht verdrängt.

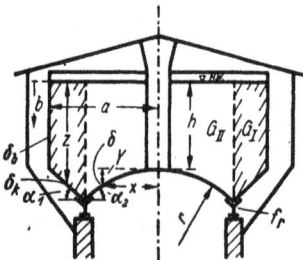

Bild 117a.

Intzebehälter mit Stützboden

$$\delta_b = 0{,}133\,a \cdot b; \quad \delta_k = \frac{0{,}133\,z \cdot x}{\sin\alpha_1}$$

$$\delta = 0{,}066\,r\left(h + \frac{y}{3}\,\frac{9r-4y}{2r-y}\right) - \frac{9r}{47000\,x^2}$$

$$\text{bzw.} = 0{,}066\,r\left(h + \frac{y}{3}\,\frac{3r-2y}{2r-y}\right) + \frac{9r}{47000\,x^2}$$

$$f_r = \frac{G_I \operatorname{ctg}\alpha_1 - G_{II}\operatorname{ctg}\alpha_2}{4700}.$$

Intzebehälter mit Hängeboden

$$\delta \quad = 0{,}066\,r\left(h - \frac{y}{3}\,\frac{3\,r - 2\,y}{2\,r - y}\right)$$

$$\delta_u = 0{,}066\,r \cdot h$$

$$f_{rI} = 10\,\delta_r \cdot k; \quad \delta_r = \delta \text{ für } y = f$$

$$\delta_{kI} = \frac{0{,}133\,z_1 \cdot x_1}{\sin \alpha_1}; \quad \delta_{kII} = \frac{0{,}133\,z_2 \cdot x_2}{\sin \alpha_2}$$

$$f_{rII} = \frac{G_I \operatorname{ctg} \alpha_1 - G_{II} \operatorname{ctg} \alpha_2}{4700}.$$

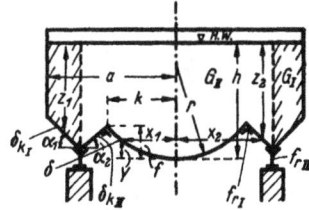

Bild 117b.

Intzebehälter am Schornstein

$$\delta_b = 0{,}133\,a \cdot b$$

$$\delta_k = \frac{0{,}133\,z \cdot x}{\sin \alpha}$$

$$\delta_c = \frac{G}{47\,000\,r \sin \alpha}.$$

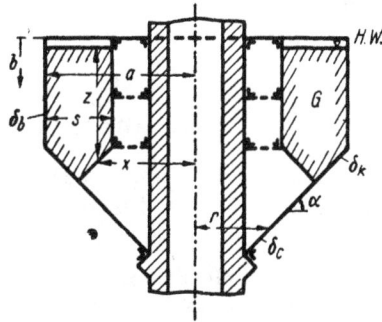

Bild 117c.

Blechstärken in mm; andere Längen in m, Querschnitte in cm², Kräfte in kg
(angenommenes $\sigma = 750$ kg/cm²).

Vgl. Forchheimer, Zeitschr. f. Bauwesen 1892 u. Taschenbuch Hütte, 21. Aufl. Foerster, Eisenkonstr. d. Ing.-Hochb., Handbuch der Ing.-Wissensch., Ergänzungsband 1913. Derselbe: Eisenhochbau im Taschenbuch f. Bauingenieure, IV. Aufl., 1. Teil.

II. BAU

A. AUFSTELLUNG DES KOSTENANSCHLAGS

Bei Vorarbeiten ist eine unbedingte Genauigkeit des Kostenanschlages nicht erforderlich. Man will nicht den Preis auf die Mark genau wissen, sondern nur welche Mittel etwa erforderlich sind.

1. Überschlägige Berechnung

Für ganz überschlägige Schätzungen geht man von der zu versorgenden Einwohnerzahl aus. Die Kosten betragen dann:

$$K = E \cdot k_1,$$

worin: K = Gesamtkosten,

E = Einwohnerzahl,

k_1 = Mittelwert für die Kosten je Einwohner, der erfahrungsgemäß zwischen 80—150 DM schwankt.

Der Mittelwert wird am kleinsten unter bautechnisch guten Bedingungen, also bei leichten Erdarbeiten, einfacher Wassergewinnung, billiger Wasserförderung und enger Bebauung, da letztere niedrige Netzkosten bedingt. Umgekehrt bewirken schwierige Verhältnisse und weitläufige Bebauung ein Ansteigen der Einheitskosten.

Größere Genauigkeit bringt die Berücksichtigung der voraussichtlichen Netzlänge. Die Kosten sind:

$$K = L \cdot k_2,$$

worin: L = Gesamtlänge des Netzes,

k_2 = Mittelwert für die Kosten je m Rohrnetz unter Einschluß aller übrigen Bauten. Erfahrungsgemäß schwankt dieser Satz zwischen ·35—70 DM. Auch für diesen Mittelwert gelten obige Grundsätze.

Genauer werden die Ermittlungen durch eine Kostenschätzung der einzelnen Abschnitte des Bauvorhabens, wofür zweckmäßig folgende Unterteilung der Einzelkosten vorgenommen wird.

1. Grund und Boden,
2. Wassergewinnung (Quellfassungen, Brunnenanlagen usw.),
3. Aufbereitungsanlagen (Belüftung, Filter, Absetzbecken usw.),
4. Pumpanlagen,
5. Speicheranlagen,
6. Rohrnetz (einschl. Schieber und Hydranten) u. U. geteilt nach

a) Rohrnetz,

b) Hausanschlüsse.

Der Hundertsatz der einzelnen Wasserwerksteile an den Gesamtkosten schwankt, von besonderen Ausnahmen abgesehen, nur in geringem Umfange. Man hat also damit einen Anhalt für die zu ermittelnden Einzelkosten. Der Fortfall ein oder des anderen Teiles ergibt allerdings eine Verschiebung der anteiligen Kosten. (Vgl. Zahlentafel 57.)

Zahlentafel 57

Verteilung der Kosten von Wasserversorgungsanlagen

Mittel aus 40 Städten

	Anteil in Hundertsteln	
	Mittelwert	Mittl. Grenzwerte
Grund und Boden	4	3— 5
Wassergewinnung	8	6—12
Aufbereitungsanlagen . .	11	6—15
Pumpanlagen	17	12—20
Speicheranlagen	6	5— 8
Rohrnetz	54	50—60
a) Ortsnetz 44		40—50
b) Hausanschlüsse . 10		8—15
	100%	

Für die Ermittlung der einzelnen Posten seien in folgendem einige Erfahrungssätze gegeben, denen die Auswertung zahlreicher ausgeführter Beispiele zugrunde liegt.

a) Grund und Boden

Der Grunderwerb beschränkt sich, wenn man von Quellgebieten, Talsperren und ähnlichen Anlagen absieht, in der Hauptsache auf das für die Wassergewinnung und die Wasserreinigung notwendige Gelände, während andere Bauten, wie z. B. Speicheranlagen, geringe Flächen erfordern. Im Durchschnitt kann man mit folgendem Flächenbedarf rechnen:

Erforderliche Grunderwerbsfläche $= 0{,}3$ bis $0{,}7$ m^2 $\times$ Einwohnerzahl

oder

erforderliche Grunderwerbsfläche $= 40$ bis 80 m^2 $\times$ Stundenleistung des Werkes in m^3.

Der Geländepreis ist selten höher als 1 M/m^2 gewesen, bei landwirtschaftlich genutzten Böden meist nur 0,20 M/m^2.

b) Wassergewinnung

Die Kosten für die Wassergewinnung sind wesentlich von der Entnahmeart abhängig.

α) QUELLFASSUNGEN

Die Baukosten schwanken außerordentlich stark, so daß ein mittlerer Kostenwert nicht gegeben werden kann. Die nachfolgende Zahlentafel 58 gibt einen Anhalt für verschiedene Ausführungen.

Zahlentafel 58[1])

Ort bzw. Land	Geologische Formation	Art der Fassung	Kleinste Schüttung l/s	Bau- kosten RM. je 1 l/s	Angaben von
Mörsheim	Weißer Jura	Sickerung, Schacht	16	160	Bay. L.-A. f. Wasserversg.
Goldbach-Hößbach	Buntsandstein	Sickerung, Brunnen	10	415	desgl
Kaufbeuren . . .	Diluvialer Schotter	Sickerung und Brunnen	15	435	desgl.
Reichstal	Rotliegendes	Senk- brunnen	0,25	1668	desgl.
Impflinger Gruppe	Buntsandstein	Sickerung, Brunnen	13	2277	desgl.
Goßweil	Diluvialer Schotter	Sickerung und Schacht	2,1	2990	desgl.
Friedensfels . . .	Granit	Sickerung, Schacht	2,2	3588	desgl.

β) BRUNNENANLAGEN

Die Tiefe der Brunnen, ihre Zahl, die Bodenschichtung usw. sind auf den Preis von Einfluß. Einen Anhalt für die Kosten der Brunnenanlagen einschl. der Rohrleitungen und des Sammelbrunnens geben folgende Zahlen:

$$K = 480 \text{ bis } 1300 \text{ DM} \times \text{ stündliche Entnahme in } m^3$$

oder

$$K = 50 \text{ bis } 110 \text{ DM} \times \text{ tägliche Entnahme in } m^3.$$

Eine sichere Kostenschätzung läßt sich durch Überschlagen der Kosten für die einzelnen Bauteile ermöglichen.

Für Senkbrunnen oder Sammelbrunnen kann man bei Tiefen bis 8,00 m mit Preisen von 75 bis 110 DM/m³ umbauten Raumes rechnen. Tiefen bis 12,00 m erfordern einen Zuschlag von 30%, von 12,00 bis 15,00 m von 50%.

Für Rohrbrunnen geben, außer der Bodenbeschaffenheit, der Brunnendurchmesser und die Tiefe den Ausschlag. Die letzteren beiden können berücksichtigt werden bei Verwendung folgender Formel für die Herstellungskosten eines Bohrbrunnens einschl. Verrohrung, Filter usw.

---

[1]) Prinz und Kampe, Handbuch der Hydrologie, Berlin 1934, Bd. II, Quellen, S. 138

$$K = \frac{t \cdot D}{6} \cdot \left(1 + \frac{t}{100}\right) \text{ in DM.,}$$

worin: t = Brunnentiefe in m,
D = Durchmesser in mm.

Bodenschwierigkeiten können nur geschätzt werden. Obige Formel gilt für leichte, hauptsächlichst sandige Böden. Bei schwereren (tonigen) Böden ist mindestens mit 1½- bis 2fachen, bei großen Schwierigkeiten, wie Fels, mit noch höheren Kosten zu rechnen.

γ) FLUSS- UND SEEWASSERENTNAHME

Die außerordentliche Verschiedenheit der Bauwerke und die starken Unterschiede in den Rohrlängen gestatten es nicht, Schätzungspreise zu geben. Meist wird es nicht schwer sein, an Hand der zu verlegenden Rohrlängen und der Bauten (Kesselbrunnen usw.) einen Überschlag zu machen.

δ) TALSPERRENWASSERENTNAHME

Auch für Talsperrenbauten muß erwähnt werden, daß besondere örtliche Verhältnisse starke Preisschwankungen bringen können. Einen Anhalt gibt folgende Formel für die Sperrenkosten, einschl. Entnahmevorrichtungen, Grunderwerb usw.

$$K = J \cdot \left(0{,}2 + \frac{1}{\sqrt{\dfrac{J}{1\,000\,000}}}\right) \text{ in DM.,}$$

worin: J = Inhalt in m³.

c) Aufbereitungsanlagen

α) ABSETZBECKEN

Einfache, nicht überdeckte, rechteckige Beton- oder Stahlbetonbecken erfordern etwa 15 bis 25 DM für 1 m³ Nutzinhalt. Werden lediglich Erdbecken ausgehoben und mit Betonplatten verkleidet, so sinken die Kosten auf etwa die Hälfte. Eine Überdeckung erfordert ungefähr 30 bis 40 DM je m² Grundfläche.

β) BELÜFTUNG

Die Errichtung einer Rieselanlage aus Koks oder Steinpackungen einschl. aller Baulichkeiten und der erforderlichen Leitungen benötigt für 1 m² Rieselfläche 400 bis 500 DM. Auch andere Ausführungen, wie Prallteller oder Verspritzen des Wassers, bedingen etwa den gleichen Preis.

γ) FILTER

Für Langsamfilter mit etwa 1000 m² und mehr Fläche können einschl. aller erforderlichen Leitungen, der Sandwäsche usw. folgende Preise angesetzt werden:

19*

Offene Filter . . . . 70 bis 90 DM/m² Fläche
Überdeckte Filter . . . . 100 ,, 130 DM/m² ,,

Offene Schnellfilter erfordern einschl. allem Zubehör und der Überdachung
bei etwa 300 m² und mehr Grundfläche 200 bis 250 DM/m² Filterfläche.

Für geschlossene Schnellfilteranlagen kann man an Hand der Stundenleistung auf das Gewicht und damit auf den Preis der Anlagen schließen.
Für das Gewicht gelten folgende Formeln:

Bei $L_h < 10$ m³/st, Gewicht in kg $= L_h \cdot (200 - 7\,L_h)$.

Bei $L_h > 10$ m³/st, Gewicht in kg $= 1300 + 60 \cdot L_h$,

worin: $L_h =$ Leistung in m³/st.

Für deutsche Verhältnisse ist einschl. der Kosten für Rohrleitungen,
Schieber, Ausführung usw. mit einem Kilopreis von etwa 4,00 bis 4,50 DM
zu rechnen.

Diese Preise gelten für Enteisenungsfilter bei einer Filtergeschwindigkeit
von etwa 10 bis 15 m/st. Filter für die Entsäuerung oder Entmanganung
bedingen einen Mehrpreis von etwa 20%.

Wird die Entsäuerung durch Kalkwasserzusatz bewirkt, so ist für die
hierfür erforderlichen Einrichtungen mit etwa 280 DM/m³ Stundenleistung zu rechnen.

In die Kosten für die geschlossenen Filter und die Kalkwasserentsäuerung
sind die Kosten für die Baulichkeiten nicht eingeschlossen.

d) Die Wasserhebung

Die Kosten für Pumpwerksanlagen kann man kaum mit genügender
Genauigkeit an Hand von Einheitswerten schätzen. Die Wahl der Pumpen, der Förderhöhen, der Betriebsart usw. beeinflussen die Kosten nicht
unwesentlich. Auf den Einwohner gerechnet muß man etwa 10 bis 15 DM
ansetzen. Geht man von der Stundenleistung aus, so schwankt der auf-
zuwendende Betrag zwischen 700 und 1500 DM/m³ je st. Diese Preise
beziehen sich auf die Gesamtkosten, also Gebäude, Pumpen, Motoren usw.
Als Anhalt diene noch, daß ungefähr ¹/₃ bis ¹/₄ der Gesamtkosten auf die
Gebäudekosten, der Rest auf die Maschinen entfällt. Ein besserer Anhalt
ergibt sich aus einer Ermittlung der Kosten für die einzelnen Anlageteile.

α) Kolbenpumpen. Für $L_s \leqq 10$ l/s können die Kosten nach folgender
Formel geschätzt werden:

$$K \text{ (in DM)} = 3000 + 350 \cdot L_s,$$

worin: $L_s =$ Fördermenge in l/s. Größere Pumpen liegen im Preis etwas
niedriger.

β) Für Kreiselpumpen gibt Eigenbrodt[1]) folgende Formel für die Preis-
ermittlung:

---

[1]) Eigenbrodt A., Betrachtungen über die Jahresausgaben von Gruppenwasser-
werken. Dissertation, Berlin 1931, Verlag R. Oldenbourg.

Für Förderhöhen unter 100 m

$$K \text{ (in RM)} = 100 \cdot Q^{0.63},$$

für Förderhöhen über 100 m

$$K \text{ (in RM)} = 170 \cdot Q^{0.63},$$

worin: Q = Leistung in l/s.

Diese Formeln erfassen die reinen Pumpenkosten. Für das Zubehör, wie Rückschlagklappen, Schieber, Manometer, Ausführung usw., macht E. einen Zuschlag von 140%. Bei dem derzeitigen Stand ist mit einem Mehrpreis von 70% zu rechnen.

Für die zum Betrieb erforderlichen Elektromotoren kann für die in Pumpwerken gebrauchten Größen annäherungsweise mit 70 bis 80 DM/PS gerechnet werden. Etwas genauere Werte erhält man an Hand nachstehender Formeln:

Motore bis   25 PS $K \text{ (in DM)} = 200 + 35 \cdot L_{\text{PS}},$
Motore bis   50 PS $K \text{ (in DM)} = 700 + 65 \cdot L_{\text{PS}},$
Motore bis 150 PS $K \text{ (in DM)} = 2000 + 60 \cdot L_{\text{PS}},$

worin: L_{PS} = Leistung in PS.

Für das elektrische Zubehör, die Ausführung usw. sind etwa 20 bis 30% hinzuzuschlagen.

Für die baulichen Anlagen des Pumpwerkes berechnet Eigenbrodt den umbauten Raum nach folgender Gleichung: $b = 4750 \cdot Q^{0.8}$. Nach Einsetzen eines mittleren Preises von 50 DM/m³ umbauten Raum ergibt sich:

$$K \text{ (in DM)} = 238000 \cdot Q^{0.8},$$

worin: Q = Leistung in m³/s.

e) Speicheranlagen

α) HYDROPHORANLAGEN

Mit genügender Genauigkeit wird man hier die Einwohnerzahl bei der Kostenrechnung zugrunde legen können. Nach Segelken[1] kann man für Vergleichszwecke für die Druckwindkessel mit Zubehör einschl. der Gebäudemehrkosten folgende Ermittlung vornehmen:

$$K \text{ (in RM)} = E + 3000.$$

Für die Anlagekosten des gesamten selbstschaltenden Pumpwerkes, also der Druckwindkessel einschl. der Schaltorgane, Gebäudemehrkosten usw., kann man rechnen mit

$$K \text{ (in RM)} = 0,7\, E + 4000.$$

---

[1] Um den heutigen Stand zu berücksichtigen, ist ein Zuschlag von 80% vorzunehmen.

β) ERDBEHÄLTER

Für die im Boden versenkten und mit Boden überschütteten Erdbehälter
kann mit folgenden Durchschnittspreisen gerechnet werden:

γ) WASSERTÜRME

Erdbehälter in Beton . . . . 40 bis 70 DM/m³ Inhalt

,,   ,, Stahlbeton. . . . . . 60 ,, 80 ,,   ,,

,,   aus Mauerwerk . . . . . 40 ,, 80 ,,   ,,

Für eiserne Türme geben die Gewichte einen guten Anhalt für den Preis.
Nach Ermittlungen von Fölzer[1] kann man für Behälterinhalte von
50 bis 1000 m³ und Gerüsthöhen von 5 bis 30 m mit folgenden Gewichten
in kg rechnen:

$$\text{Intzebehälter allein} \qquad = 37 \, (J + 300) \, J$$

$$\text{,,} \qquad \text{mit Blechdach} \; = 44 \, (J + 400) \, J$$

$$\text{,,} \qquad \text{mit Umhüllung}$$

$$\text{und Rundgang} \; = 44 \, (J + 500) \, J$$

$$\text{Stützgerüste} = 1000 + 10 \, J + 1000 \left(1 + \lg \frac{J}{200}\right) \cdot H \; .$$

Der Preis für die Eisenkonstruktion ist zur Zeit mit 1000 bis 1400 DM
je 1000 kg anzusetzen.

Für die Kosten von Wassertürmen aus Stahlbeton, Beton und Mauerwerk
sind Turmhöhe und der Inhalt von Ausschlag. Berücksichtigt man nur
den Behälterinhalt, so läßt sich bis 2000 m³ Inhalt der Preis wie folgt
errechnen:

$$K \; (\text{in DM}) = J \cdot \left(400 - \frac{J}{10}\right),$$

worin: $J = $ Behälterinhalt in m³.

Das Ergebnis dieser Formel nähert sich auch den Untersuchungen von
Lehr[2] bis auf die Preise für kleine Turminhalte. Formelmäßig lassen
sich die Untersuchungen von Lehr etwa folgendermaßen fassen:

$$K \; (\text{in DM}) = J \left(\frac{600}{\sqrt[3]{\dfrac{J}{100}}} - \frac{80\,000}{J}\right).$$

Will man auch die Turmhöhe berücksichtigen, so gilt annähernd die Formel

$$K \; (\text{in DM}) = 12 \cdot J \cdot h,$$

worin: $J = $ Inhalt in m³,

       $h = $ Höhe in m.

---

[1] Fölzer E., Wassertürme, 1923. Polytechnische Verlagsgesellschaft M. Hitten-
kofer, Strelitz.

[2] Dr. Lehr, Gesundheits-Ing. 1932, H. 11 u. 12.

Allerdings wird man für h den Betrag von 20 m nicht viel unterschreiten dürfen, auch wenn die tatsächliche Turmhöhe etwas niedriger liegt, weil sich sonst zu geringe Kosten ergeben. Verwiesen sei auf die Arbeit von Dr.-Ing. Baer[1]. Auf Grund des Baustoffbedarfes je m³ Behälterinhalt und je m Behälterhöhe kann man nach Baer die Gesamtkosten mit großer Wahrscheinlichkeit schätzen und dabei an Hand des Einheitspreises für den Baustoff noch örtliche Verhältnisse, wie Lohn, Baustoffkosten usw. berücksichtigen. Für die neueren Stahlbetonbehälter kann man die Baerschen Untersuchungen annähernd in folgender Form auswerten. Der Baustoffeinheitswert ist:

$$b = 0{,}020 + \frac{10}{J},$$

worin: J = Behälterinhalt in m³.

Die Turmkosten betragen dann:

$$K \text{ (in DM)} = J \cdot h \cdot b \cdot c,$$

worin: h = mittlere Behälterhöhe über Gelände,
c = der Einheitspreis je m³ Baustoff.

Da in obigem Baustoffbedarf Einbauten, wie Treppen, Überdachung, Rohrleitungen usw. nicht eingeschlossen sind, muß man mit rund doppelt so hohen Preisen rechnen, wie sie für Mauerwerk usw. erforderlich sind. Eine Berechnung, die den Behälterinhalt oder den Baustoffbedarf berücksichtigt, wird die jeweiligen Verhältnisse besser treffen als eine Schätzung, die nur Einwohnerzahlen berücksichtigt. Trotzdem kann man auch dadurch einen guten Anhalt bekommen. Segelken[2] hat die Kosten von Wassertürmen einschl. Maschinistenwohnung und Fernmeldeeinrichtung umgerechnet auf den Kopf der Bevölkerung untersucht.

Die Auswertung dieser Untersuchungen gibt für die Turmkosten beim heutigen Preisstand

$$K \text{ (in DM)} = E \cdot \left(8 + \frac{30\,000}{E}\right),$$

worin: E = Einwohnerzahl.

Die Ermittlungen gelten von 1000 bis 15000 Einwohner.

f) Das Rohrnetz

α) STRASSENLEITUNGEN

Sind die Durchmesser der Rohrstränge noch nicht bekannt, so kann man mit einem Durchschnittssatz von 25 bis 30 DM je m Rohrstrang rechnen. Eingeschlossen sind hierin die Kosten für Schieber, Hydranten, Erdarbei-

---

[1] Dr.-Ing. S. Baer, Die Entwicklung von Speicherung und Maschinenleistung in der deutschen Wasserversorgung. Berlin 1933.
[2] Dr.-Ing. Segelken, Kostenermittlung für Wassertürme. Gas- u. Wasserfach 1929, S. 869.

ten usw. Sind die Durchmesser im einzelnen bekannt, so kann man zur genaueren Kostenschätzung so vorgehen, daß man die jeweiligen Längen einer Rohrweite mit dem Einheitspreis je 1 m Rohrstrang vervielfacht. Für Rohre bis 200 mm Druchmesser kann man einschl. der Erdarbeiten und der Mehrkosten für Schieber, Krümmer und Hydranten usw. den Einheitspreis bestimmen zu

$$k \text{ (in DM/m)} = 1,4 \, D \text{ (in cm)}$$

Für Durchmesser von mehr als 200 mm kann man die Kosten setzen:

$$k \text{ (in DM/m)} = 10 \cdot D^{1,4}$$

worin: D = Durchmesser in dcm.

Hingewiesen sei auf die von Eigenbrodt entwickelten Formeln, die es gestatten, aus Wassermenge und Geschwindigkeit bzw. Gefälle (J) die Kosten (Preisstand 1931) zu bestimmen. Sie lauten:

$$k \text{ (in RM/m)} = 200 \cdot (Q/v)^{2/3},$$

$$k \text{ (in RM/m)} = \frac{27,96 \cdot \sqrt{Q}}{J^{0,275}},$$

worin: Q = größte Durchflußmenge in m³/s,
   v = die zu wählende mittlere Geschwindigkeit in m/s.

β) HAUSANSCHLÜSSE

Es ist durchaus möglich, die Anschlußkosten durch einen Pauschalsatz für jedes Haus zu schätzen. Wenn nicht, wie z. B. bei Villengrundstücken, besonders lange Hausanschlüsse erforderlich sind, wird man einschl. des Wasserzählers mit 140 bis 160 DM, ohne Wasserzähler mit etwa 80 DM je Haus rechnen können.

2. Die Einzelpreise

Für den endgültigen Kostenanschlag werden die Kosten ziffernweise ermittelt. Hierfür seien im folgenden einige Angaben gemacht. Die gegebenen Preise sind als Mittelpreise zu verstehen und bedürfen von Fall zu Fall der Änderungen, die durch Löhne, Anfuhr usw. bedingt sind (siehe Zahlentafel 62).

Die Preise für Erdarbeiten sind in der Zahlentafel 62 nur als Mittelpreise enthalten. Da durch Kosten der Erdarbeiten bereits erhebliche Fehlerquellen im Kostenanschlag entstehen können, sei auf die genaueren Berechnungsunterlagen hingewiesen.

Nach der V.O.B. ist zu unterscheiden:

A. Leichter Boden: Muttererde — Sand — lockere Asche — loser Boden — mit Schaufel und Spaten lösbar. Böschungswinkel 45°.

B. Mittlerer Boden: Festgelagerter Lehm — kiesiger Lehm —
                       leichter Ton — Torf — mit Spitzhacke, Breit-
                       hacke oder Spaten lösbar.
                       Böschungswinkel 60°.

C. Fester Boden: Schwerer Lehm — fester Ton — grober Kies
                       mit Ton — fester Mergel — lang lagernder
                       Bauschutt oder Asche — Schlacke oder Hal-
                       denmaterial — schieferartiger Fels oder Stein-
                       geschiebe.
                       Durch Keile oder Sprengen lösbar.
                       Böschungswinkel 80°.

D. Felsen: Auch gegossene Hochofenschlacke.
                       Nur durch Sprengen mit Sprengstoffen lösbar.
                       Böschungswinkel 90°.

E. Schlammiger Boden: Nur mit Schöpfgefäßen zu beseitigen.
                       Böschungswinkel 0°.

Zahlentafel 59

Lohnstundenaufwand für Schachtarbeiten je 1 m³ Boden

Bodenklasse	A	B	C	D	E
1. Lösen und Absetzen an der Baugrube					
0— 2 m Tiefe	0,80	1,40	2,60	4,90	2,70
2— 4 m ,,	1,30	2,20	3,60	5,80	3,30
4— 6 m ,,	1,90	3,00	4,60	6,80	4,10
6— 8 m ,,	2,50	3,20	5,00		
8—10 m ,,	3,50	4,00	6,00		
2. Zuschlag für einmaliges Weiterwerfen	0,70	0,90	1,10	1,35	0,60
3. Zuschlag für Aussteifung oder einf. Spundwände .	0,50	0,50	0,50		0,60
4. Zuwerfen der Baugrube Feststampfen oder Einschlämmen	0,90	1,60	2,80	5,00	2,80

Für die einzelnen Arbeiten und Bodenarten kann aus der Zahlentafel 59
der ungefähre Lohnstundenaufwand entnommen werden. Um die Selbstkosten zu ermitteln, ist die für alle Einzelarbeiten anzusetzende Summe
an Lohnstunden mit dem Mittellohn zu vervielfachen. Den Mittellohn
erhält man durch Nachprüfung an Hand der Einzellöhne. Für eine
Schachtkolonne ergibt sich z. B. folgendes Bild:

1 Polier	Stundenlohn	2,20 DM	Stundenanteil	2,20 DM
2 Steifer	,,	1,57 DM	,,	3,14 DM
10 Tiefbauarbeiter . .	,,	1,40 DM	,,	14,— DM
13 Lohnanteile			insgesamt	19,34 DM

Bei Ermittlung des Mittellohnes wird die Arbeitszeit des Poliers nicht in Ansatz gebracht.

$$\text{Mittellohn}\ \frac{19,34}{12} = 1,61 \text{ DM/st.}$$

Beispiel: Die Kolonne schachtet einen Graben von 0,80 m Breite, 1,50 m Tiefe mit Aussteifung in Bodenklasse A.

Aushubmenge je lfd. m $0,80 \cdot 1,50 \cdot 1,00 = 1,20$ m³.

Lohnstundenaufwand nach Zahlentafel 59:

Schachten	(1)	0,80
Aussteifen	(3)	0,50
Wiederverfüllen	(4)	0,90
Lohnstunden	. . . .	2,20

Selbstkosten:

$$1,2 \text{ m}^3 \cdot 2,20 \text{ Lohnstunden} \cdot 1,61 \text{ DM} = 4,25 \text{ DM.}$$

Zu diesen reinen Selbstkosten kommen noch die Zuschläge für soziale Lasten (Krankenkasse, Invalidenversicherung usw.), Geschäftsunkosten und Gewinn. Man muß hierfür zusammen mindestens 70%, bei Taglohnarbeiten 65% ansetzen, bei Einsatz größerer Geräte sogar noch wesentlich höhere Zuschläge, die jedoch von Fall zu Fall zu prüfen sind. Bei einem Satz von 70% würde sich also für den Erdaushub ein Preis von

$$(1,0 + 0,70) \cdot 4,25 = \sim 7,25 \text{ DM/lfd. m}$$

ergeben.

Zahlentafeln 60 und 61 enthalten noch Angaben über Bodenabfuhr und Oberflächenbehandlungen.

Weitere Einzelpreise für die bei Wasserversorgungen meist vorkommenden Arbeiten enthält die Zahlentafel 63.

Zahlentafel 60

Bodenabfuhr mit Fuhrwerk oder Lastkraftwagen einschließlich Laden und Abladen

(DM je 1 m³)

Bodenklasse	A	B	C	D
bis 500 m	4,30	4,66	5,10	6,60
,, 1000 ,,	5,20	5,50	8,30	7,50
,, 2000 ,,	6,10	6,30	7,10	8,30
,, 3000 ,,	7,—	7,30	8,10	9,40

Zahlentafel 61
Lohnstundenaufwand für Oberflächenarbeiten

Art der Arbeit	Lohnstunden
1 m² Großpflaster aufnehmen und später wieder neu zu setzen	4
1 m² Mosaikpflaster, sonst wie vor	3,50
1 m² Rasen abdecken und später wieder aufsetzen	0,50
1 m³ Mutterboden anheben und 50 m verkarren, später wieder aufbringen	2,80
1 m² Waldfläche Baumbestand abholzen, ohne Abtransport	0,50
1 m² Waldflächen-Wurzeln roden, ohne Abtransport	0,50

3. Tilgung und Unterhaltung

Bei Aufstellung der Wirtschaftlichkeitsberechnung wird man die Jahresausgaben in drei Gruppen unterteilen.

1. Ausgaben für das Baukapital,
2. Ausgaben für den Betrieb

   a) Betriebsstoffe,
   b) Löhne,
   c) Unterhaltung,

3. Ausgaben für die Verwaltung.

Über die gebräuchlichen Sätze für die Tilgungszeit und die Unterhaltungskosten gibt Zahlentafel 62 Auskunft.

Zahlentafel 62

Gegenstand	Tilgungszeit Jahre	Jährliche Unterhaltungskosten in % des Anlagewertes
Gebäude und Gründungen	60—80	0,5
Quellfassungen	50	1 —2
Brunnenanlagen	20	2 —3
Flußwasserentnahmen	50	3 —5
Talsperren	150	0,1—0,2
Kolbenpumpen	15	1 —2
Kreiselpumpen	10	3
Dampfkessel	15	1 —2
Dampfmaschinen	30—40	2
Dampfturbinen	20	2
Dieselmotoren	15	2 —3
Elektromotoren	20	1 —2
Elektr. Freileitungen	30	1 —3
Elektr. Schaltanlagen	10	2 —3
Filteranlagen	30	2 —3
Absetzbecken	60	1
Erdbehälter	60—80	0,5
Wassertürme	40	1 —2
Hydrophoranlagen	20	2 —3
Rohrleitungen	80	0,3—0,5

Zahlentafel 63

Preise für Wasserversorgungsarbeiten für rohe Ermittlung der voraussichtlichen Baukosten

Ziffer	Stück-zahl	Gegenstand	Einheits-preis DM
1	1	m³ Boden der Baugrube auszuschachten, den Boden beiseitezusetzen, die Baugrube bei Tiefen von mehr als 1,5 m vorschriftsmäßig auszusteifen, den Boden nach Ausführung der Arbeiten in Schichten von höchstens 30 cm Stärke zu stampfen oder zu schlämmen, einschl. Vorhalten der Baustoffe und Geräte bei einer Tiefe gemessen von Gelände bis Baugrubensohle von insgesamt 1,5 m	6,—
2	1	m³ Boden wie Ziff. 1, jedoch in Tiefen von 1,5 bis 2,5 m	7,50
3	1	m³ Boden wie Ziff. 1, jedoch in Tiefen von 2,5 bis 3,5 m	9,—
4	1	m³ Boden wie Ziff. 1, jedoch in Tiefen von 3,5 bis 5,0 m	11,50
5	1	m³ durch die Einbauten verdrängten Boden auf Entfernungen bis 0,5 km verfahren und zu verteilen . . .	4,50
6	1	m³ Boden wie Ziff. 5, jedoch auf Längen von mehr als 0,5 km siehe auch besondere Berechnungstafeln (Zahlentafel 60)	≧ 5,—
7	1	m² Pflaster über den Baugruben (bei Rohrgräben wird der lichte Rohrdurchmesser + 1 m gerechnet) aufzubrechen, seitlich zu stapeln und Nachverfüllen der Baugrube, neu zu pflastern, einschl. Lieferung von Ersatzsteinen und einer zweijährigen Unterhaltungspflicht .	5,50
8	1	lfd. m gußeisernes Muffendruckrohr, innen und außen asphaltiert, frei Bau zu liefern, mit 1,5 m Deckung zu verlegen, mit Weißstrick und Blei zu dichten, einschl. Lieferung der Dichtungsstoffe und Durchführung einer Druckprobe auf 5 at bei einer lichten Weite von 80 mm	11,—
9	1	lfd. m wie Ziff. 8, jedoch 100 mm l. W.	12,50
10	1	lfd. m wie Ziff. 8, jedoch 125 mm l. W.	15,50
11	1	lfd. m wie Ziff. 8, jedoch 150 mm l. W.	19,—
12	1	lfd. m wie Ziff. 8, jedoch 175 mm l. W.	23,—
13	1	lfd. m wie Ziff. 8, jedoch 200 mm l. W.	26,50
14	1	lfd. m wie Ziff. 8, jedoch 250 mm l. W.	34,—
15	1	lfd. m wie Ziff. 8, jedoch 300 mm l. W.	42,—
16	1	lfd. m wie Ziff. 8, jedoch 350 mm l. W.	52,—
17	1	lfd. m wie Ziff. 8, jedoch 400 mm l. W.	61,—
18	1	lfd. m wie Ziff. 8, jedoch 500 mm l. W.	92,—
19	1	lfd. m wie Ziff. 8, jedoch 600 mm l. W.	108,—
20	1	lfd. m wie Ziff. 8, jedoch 700 mm l. W.	145,—
21	1	lfd. m wie Ziff. 8, jedoch 800 mm l. W.	215,—
22	1	lfd. m Stahlmuffenrohr von 700 mm l. W. sonst wie Z. 8	125,—
23	1	lfd. m wie Ziff. 22, jedoch 800 mm l. W.	130,—
24	1	lfd. m wie Ziff. 22, jedoch 1000 mm l. W.	180,—
25	1	Unterflurhydrant für 1,5 m Erddeckung mit selbsttätiger Entleerung 80 mm Flanschenanschluß und 70 mm Durchgangsweite, einschl. Straßenkappe und einer Untermauerung in 3 Stein Höhe, einschl. allen Zubehörs, zu liefern und einzubauen	150,—

Zahlentafel 63 (Fortsetzung)

Ziffer	Stück-zahl	Gegenstand	Einheits-preis DM
26	1	Unterflurhydrant wie vor, jedoch 100 mm Flanschen-anschluß	350,—
27	1	Oberflurhydrant mit 100 mm lichter Durchgangsweite, 2 Schlauchabgängen und einem dritten für die Motor-spritze, den Verschlußkapseln usw. wie vor	610,— 610,—
28	1	Absperrschieber von 80 mm l. W. nach DIN 3207 mit Muffen und ovalem gußeisernem Gehäuse mit Einbau-garnitur für 1,5 m Erddeckung, die Straßenkappe unter-mauert, wie vor, zu liefern und einzubauen	100,—
29	1	Absperrschieber von 100 mm l. W., sonst wie vor . . .	120,—
30	1	Absperrschieber von 125 mm l. W., sonst wie vor . . .	150,—
31	1	Absperrschieber von 150 mm l. W., sonst wie vor . . .	180,—
32	1	Absperrschieber von 175 mm l. W., sonst wie vor . . .	240,—
33	1	Absperrschieber von 200 mm l. W., sonst wie vor . . .	260,—
34	1	Absperrschieber von 250 mm l. W., sonst wie vor . . .	360,—
35	1	Absperrschieber von 300 mm l. W., sonst wie vor . . .	450,—
36	1	Absperrschieber von 400 mm l. W., sonst wie vor . . .	860,—
37	1	Absperrschieber von 500 mm l. W., sonst wie vor . . .	1360,—
38	1	Absperrschieber von 600 mm l. W., sonst wie vor . . .	1830,—
39	1	Absperrschieber von 800 mm l. W.[1]), sonst wie vor . .	3250,—
40	1	Absperrschieber von 1000 mm l. W.[1]), sonst wie vor .	4611,—
41	1	Hydranten- oder Schieberschild aus Gußeisen mit Emaillefarbanstrich, zu liefern und an den Häusern anzubringen	7,50
42	1	kupfernes Standrohr von 70 mm Durchgangsweite mit 2 Auslässen und 1 Verschlußkapsel zu liefern	165,—
43	1	gußeiserne Anbohrschelle für 150 mm Hauptrohr mit schmiedeeisernem Bügel und Gewindeabgang für 20 mm weites Anschlußrohr, zu liefern, mit dem Hauptrohr zu verbinden, einschl. der Anbohrung und der Dichtungs-stoffe	46,—
44	1	wie vor für 25 mm weites Anschlußrohr	46,—
45	1	wie vor für 32 mm weites Anschlußrohr	53,—
46	1	wie vor für 40 mm weites Anschlußrohr	55,—
47	1	wie vor für 50 mm weites Anschlußrohr	62,—
48	1	lfd. m schmiedeeiserne asphaltierte und bejutete Haus-anschlußleitung von 20 mm l. W., zu liefern, in etwa 1,4 m tiefer Baugrube zu verlegen, einschl. aller Dich-tungsmaterialien und Gestellung des Gerätes und der Werkzeuge	4,—
49	1	lfd. m wie vor, jedoch 25 mm l. W.	5,—
50	1	lfd. m wie vor, jedoch 32 mm l. W.	6,—
51	1	lfd. m wie vor, jedoch 38 mm l. W.	7,—
52	1	lfd. m wie vor, jedoch 50 mm l. W.	12,—

[1]) Einbaugarnituren gibt es nur bis 600 mm l. W. Die Schieber 800 und 1000 mm l. W. können nur mit über Tage angeordnetem Säulenständer, mit entsprechender Kegelradübersetzung 1:2 oder 1:3, mit Kurbel oder Handrad bewegt werden.

Zahlentafel 63 (Fortsetzung)

Ziffer	Stück-zahl	Gegenstand	Einheits-preis DM
53	1	lfd. m Rohrgraben für die Hausanschlußleitungen bis 1,5 m Tiefe auszuheben und wieder zu verfüllen . . .	4,—
54	1	lfd. m Rohrgraben Oberfläche bzw. Fußwegbelag aufzunehmen und nach Verlegung der Hausanschlüsse wieder herzustellen	3,—
55	1	lfd. m Mosaikpflasterung über dem Hausanschlußgraben aufzunehmen und wieder herzustellen, einschl. Lieferung der Fehlsteine und des Kieses	5,50
56	1	lfd. m Grundwasserhaltung in der Rohrgrube bei sandigen Böden, einer Absenkungshöhe bis 0,3 m, gemessen vom ungesenkten Wasserspiegel bis Rohrunterkante für die Dauer der Arbeit einschl. aller Geräte und Lieferung der erforderlichen Kraft	18,—
57	1	lfd. m desgl. für eine Absenkungstiefe von 0,3 bis 0,6 m	22,—
58	1	lfd. m desgl. für eine Absenkungstiefe von 0,6 bis 1,0 m	28,—
59	1	m² Spundwände aus 8 cm starken gespundeten Bohlen bei 2,5 m Länge frei Baustelle zu liefern und einzurammen, einschl. des Vorhaltens aller Geräte	28,—
60	1	Düker zur Durchquerung des Grabens, 25 m lang, aus schmiedeeisernen Röhren von 250 mm l. W. und 12 mm Wandstärke gemäß Zeichnung zu liefern und zu verlegen einschl. der Ausführung eines 2 maligen Asphaltanstriches der Rohre und einschl. aller Nebenarbeiten	4000,—
61	1	m³ Magerbeton 1:10 für die Umstampfung und Festlegung von Rohren, zeichnungsgemäß auszuführen, einschl. Lieferung aller Baustoffe und Vorhalten aller Geräte	46,—
62	1	m³ Kies zum Verfüllen der Baugruben oder zur Unterstampfung der Rohre an Stellen, an denen ungeeigneter Boden entfernt werden muß, zu liefern und den überschüssig werdenden Boden zu entfernen ·	15,—
63	1000	Hartbrand-Ziegelsteine von wenigstens 250 kg/cm² Druckfestigkeit und höchstens 8% Wasseraufnahme in kleineren Mengen für vorkommende Sonderarbeiten an die jeweiligen Baustellen anzuliefern	200,—
64	1	m³ Mauersand in kleineren Mengen frei Baustelle zu liefern usw., wie vor	7,—
65	1	Sack Zement, wie vor, frei Baustelle zu liefern	4,—
66	1	Maurer für Sonderarbeiten zu stellen, einschl. aller für die Arbeiten erforderlichen Werkzeuge und Abgeltung aller entstehenden Sozialabgaben für 1 st	2,70
67	1	Tiefbauarbeiter, sonst wie vor für 1 st	2,30
68	1	Vorarbeiter, sonst wie vor für 1 st	3,—
69	1	Rohrleger, sonst wie vor für 1 st	2,60

Weitere Ziffern ergeben sich jeweils entsprechend den einzelnen Bauvorhaben des Werkes.

B. DURCHFÜHRUNG DES BAUES

1. Vorbereitende Arbeiten

Vielfach können die Zeichnungen des Hauptentwurfes als Bauzeichnungen Verwendung finden. Erwünscht ist für das Rohrnetz ein Übersichtsplan im Maßstab 1 : 5000, in dem nach eingehender örtlicher Untersuchung und Besprechung mit der Feuerwehr die Schieber und Hydranten festgelegt werden. Notwendig sind Straßenpläne mit Eintragung der genauen Lage der Rohrleitungen, Hydranten und Schieber nach der Verlegung im Maßstab von etwa 1 : 2000. Zahl und Maßstab der Ausführungszeichnungen der Bauwerke werden von der Art und Größe der einzelnen Baulichkeiten bestimmt. Es empfiehlt sich, für die Benutzung auf den Baustellen Maße einzuhalten, die ein Falten der Zeichnungen auf DIN-Format gestatten und Mappen oder Rollen ersparen.

Die Vergebung der Arbeiten kann erfolgen:

1. durch beschränkte Verdingung, zu der nur einige geeignete Unternehmer aufgefordert werden, denen die Angebotsunterlagen kostenlos zur Verfügung gestellt werden,

2. durch öffentliche Verdingung (Veröffentlichung in Zeitungen und Fachzeitschriften). Die Teilnahme steht jedem Unternehmer frei. Die Angebotsunterlagen werden gegen Entschädigung überlassen, die meist bei Einreichung des Angebots zurückerstattet wird.

Die Ausführung der Arbeiten in eigener Verwaltung wird beim Neubau nur in Sonderfällen erfolgen. Für die spätere Ausführung von Hausanschlüssen und Erneuerungsarbeiten ist sie durchaus üblich. Die Vergebung der Leistungen wird an Hand von Festpreisen für die einzelnen Leistungen erfolgen (vgl. Kostenanschlag). Bei der Aufstellung des Wortlautes der einzelnen Leistungen und Lieferungen erstrebe man eine engbegrenzte und unzweideutige Fassung. Allgemeine Ausführungen haben wenig Wert und sind meist die ersten Anlässe zu Streitfragen bei der Ausführung. Wichtig ist eine genaue Bestimmung der Leistungen und Leistungsgrade einzelner Anlageteile, wie der Motoren, Pumpen, der Reinigungswirkung der Filter usw. Doch darf man keinesfalls unsinnige, weil unmögliche Forderungen stellen. Der Unternehmer kann z. B. nicht die Ergiebigkeit eines Brunnens oder die Güte des Wassers mit voller Gewähr festlegen. Bei den Tiefbauarbeiten sichere man sich auch nicht mit unlauteren Bestimmungen gegen jegliche Mehrkosten bei entstehenden Schwierigkeiten, denn wenn sie tatsächlich das Maß dessen überschreiten, was der Unternehmer bei Übernahme der Arbeiten erkennen mußte, so

Abmessungen, Gewichte und Stoff-

			Muffenrohre				
Licht-weite	Bau-länge	Wand-stärke	Gewicht f 1 lfd. m mit Muffe (Klasse 3)	Stärke d. Dichtungs-fuge	Gewicht d. Hanf-strickes	Gewicht der Alu.-Dichtung	Gewicht der Mundit-dichtung
mm	m	mm	kg	mm	kg	kg	kg
40	2	8	10,09	7,0	0,06	0,11	0,1
50	2	8	12,14	7,5	0,07	0,16	0,14
60	2	8,5	15,21	7,5	0,08	0,16	0,14
80	3	9	19,94	7,5	0,10	0,23	0,2
100	3	9	24,41	7,5	0,14	0,30	0,3
125	3	9,5	31,65	7,5	0,17	0,38	0,35
150	3	10	39,74	7,5	0,22	0,48	0,45
175	3	10,5	48,36	7,5	0,25	0,55	0,55
200	3	11	57,66	8	0,30	0,67	0,65
250	4	12	76,51	8,5	0,44	1,04	0,8
300	4	13	99,13	8,5	0,51	1,13	0,95
350	4	14	124,13	8,5	0,55	1,23	1,05
400	4	14,5	146,68	9,5	0,75	1,66	1,15
450	4	15	170,10	9,5	0,83	1,83	1,30
500	4	16	201,66	10	1,01	2,25	1,50
600	4	17	256,69	10,5	1,33	2,96	2,20
700	4	19	335,66	11	1,55	3,45	2,75
800	4	21	425,01	12	2,02	4,49	3,5
900	4	22,5	512,80	12,5	2,47	5,49	4,25
1000	4	24	608,76	13	2,92	6,50	5,0
1100	4	26	727,75	13	3,40	7,58	6,0
1200	4	28	856,78	13 .	3,90	8,70	7,2

werden ihm im Falle eines Rechtsstreites nach den geltenden Gesetzen doch die entstandenen Unkosten zugebilligt werden. Von weit größerem Wert ist es, in den Vertrag Einzelleistungen aufzunehmen, die bei eintretenden Sonderarbeiten als Abrechnungspreise eingesetzt werden können[1]).

Dem Vertrag sind folgende Unterlagen beizugeben:

1. das Angebot, enthaltend das Leistungsverzeichnis der auszuführenden Arbeiten mit den Einheitspreisen,
2. die allgemeinen Bedingungen für Lieferungen und Leistungen (Verdingungsordnung für Bauleistungen VOB. DIN 1962),
3. besondere Bedingungen, die sich aus den Eigenheiten des Bauvorhabens ergeben,
4. die der Ausführung zugrunde zu legenden Zeichnungen.

In den unter 2 genannten Bedingungen (VOB.) sind bereits alle rechtlichen Unterlagen wie Gewährsfrist, Bürgschaftsleistung, Schadens-

[1]) Techn. Gemeindebl. 1935, H. 1.

tafel 64

verbrauch gußeiserner Rohre

	Flanschenrohre					
Alumini-um-Ring-höhe	Flanschen-durchmesser	Lochkreis-durchmesser	Zahl der Schrauben	Durch-messer der Schrauben	Gewicht eines 2,5 mm starken Gummirings	Bodenver-drängung
mm	mm	mm		mm	kg	m³/lfd. m
25	140	110	4	13	0,03	
25	160	125	4	16	0,04	
30	175	135	4	16	0,05	
30	200	160	4	16	0,06	0,008
30	230	180	4	19	0,07	0,011
30	260	210	4	19	0,08	0,016
35	290	240	6	19	0,08	0,023
35	320	270	6	19	0,11	0,030
35	350	300	6	19	0,14	0,038
50	400	350	8	19	0,16	0,060
50	450	400	8	19	0,20	0,083
50	520	465	10	25	0,23	0,114
50	575	520	10	25	0,26	0,145
50	630	570	12	25	0,29	0,181
55	680	625	12	25	0,32	0,220
55	790	725	16	28,5	0,38	0,313
55	900	830	18	28,5	0,44	0,425
60						0,558
60						0,702
65						0,860
65						1,040
65						1,235

ansprüche, Haftung des Unternehmers, Vertragsstrafen, Abnahme usw.
enthalten.

Werden die Baustoffe vom Bauherrn geliefert, so empfiehlt es sich, Lager-
plätze festzulegen, auf denen die Übergabe der Baustoffe erfolgt. Ein
längeres Lagern, z. B. von Rohren, in den Straßen ist nicht angängig, da
sie leicht beschädigt werden können. Die Freilegung von unbekannten
Leitungen ist sofort den zuständigen Stellen zu melden. Dasselbe gilt
für etwaige Beschädigungen derartiger Leitungen.

2. Bauausführung

Es kann in folgendem nicht auf alle bei den einzelnen Bauwerken zu
beachtenden Punkte eingegangen werden. Es muß auf eine sinngemäße
Anwendung der im 1. Teil gemachten Angaben hingewiesen werden.
Aufmerksam gemacht sei vor allem auf die Aufstellung eines Baupro-
grammes. Die Ausführung von Tiefbrunnen oder tiefer mit Wasserhaltung
versehener Gründungen erfordert oft erhebliche Zeit, so daß mit ihnen

Zahlentafel 65

Metergewichte für gußeiserne Druckmuffenrohre

Nennweite	Klasse B nach Din 2431/2		Klasse A etwa 10% leichter — nach DIN 2431		Klasse LA etwa 15% leichter als Klasse B	
	Schraub-Muffe	Stemm-Muffe	Schraub-Muffe	Stemm-Muffe	Schraub-Muffe	Stemm-Muffe
mm	kg/m		kg/m		kg/m	
40	10	10	9	9	8	8
50	12	12	10,5	10,5	10	10
60	15	15	14	14	12,5	12,5
70	17	17	16	16	15	15
80	20	20	18	18	17	17
100	24	24	22	22	21	21
125	32	32	28	28	26	26
150	40	40	35	35	33	32
175	48	48	43	43	40	39
200	58	58	51	51	48	47
250	76	76	70	70	66	64
300	99	99	87	87	84	83
350	124	124	110	110	107	106
400	147	147	130	130	127	125
450	173	170	156	151	151	146
500	205	202	186	180	179	174

Anwendungsbereich:

für Betriebsdrucke bis 10 atü: 80—200 mm N.W. Klasse LA ⎫ bei den anderen Abmessungen
,,   ,,   ,, 12,5 ,, : 80—200 ,,   ,,   ,, A ⎬ Vereinbarung der Klasse auf Grund
,,   ,,   ,, 16 ,, :   ,, B ⎭ der Betriebsverhältnisse

Für Nennweiten über 500 mm Gewichtsangaben auf Anfrage.

lange vor den anderen Arbeiten begonnen werden muß. Ebenso ist an eine rechtzeitige Bestellung des maschinellen Teiles zu denken. Die Verzögerung der Inbetriebnahme durch nicht vollendete Bauabschnitte kann durch die dann fällig werdenden Zinszahlungen, die noch nicht durch Einnahmen ausgeglichen werden können, eine erhebliche Verteuerung der Bauausführungen bewirken. Auch die Einholung der behördlichen Genehmigungen, z. B. für die Kreuzung einer Eisenbahn oder die Einlegung der Rohre in eine Kreisstraße od. dgl., ist frühzeitig vorzunehmen.

Wesentlich für den glatten Bauablauf ist auch die rechtzeitige Bestellung und Anlieferung der Baustoffe. Über die beim Bau zu verwendenden Rohre geben die Zahlentafeln 64 bis 66 Auskunft.

Für die Rohrverlegung in der Straße sei auf folgende Punkte aufmerksam gemacht. Gemäß DIN 1998 wird man die Rohrleitungen in den Bürger-

Zahlentafel 66

Patentgeschweißte und nahtlose Rohre nach DIN 2448

Rohraußendurchmesser		Normalwand		Dünne Wand	
mm	Zoll	mm	Gewicht kg/m	mm	Gewicht kg/m
10	$^{13}/_{32}$	1,5	0,314		
14	$^{9}/_{16}$	2	0,592		
18	$^{23}/_{32}$	2	0,789		
25	1	2	1,13		
30	$1\,^{3}/_{16}$	2,5	1,70		
38	$1\frac{1}{2}$	2,5	2,19		
44,5	$1\frac{3}{4}$	2,5	2,59		
51	2	2,5	2,99		
57	$2\frac{1}{4}$	2,75	3,68		
63,5	$2\frac{1}{2}$	3	4,48		
76	3	3	5,40		
89	$3\frac{1}{2}$	3,25	6,87		
108	$4\frac{1}{4}$	3,75	9,64		
133	$5\frac{1}{4}$	4	12,7		
159	$6\frac{1}{4}$	4,5	17,2		
191	$7\frac{1}{2}$	5,25	24,0		
216	$8\frac{1}{2}$	6	31,1		
267	$10\frac{1}{2}$	6,5	41,8		
318	$12\frac{1}{2}$	7,5	57,4		
368	$14\frac{1}{2}$	8	71,0	6	53,6
419	$16\frac{1}{2}$	9,5	95,9	6	61,2
470	$18\frac{1}{2}$	10,5	119	6,5	74,3
521	$20\frac{1}{2}$	11,5	144	7	88,8
572	$22\frac{1}{2}$	12,5	172	8	111

steig verlegen, wenn dieser breit genug ist, weil hier geringe Pflaster-kosten entstehen und eine Ausbesserung leicht durchführbar ist. Das Abstecken der Rohrgräben erfolgt in einfachster Weise mit Hilfe von Fluchtstäben. In der Geraden wird alle 20 bis 30 m die Grabenbreite durch einen Kreidestrich oder Aufreißen der Befestigung festgelegt. Bei der Festlegung der Rohrgräben ist bereits darauf zu achten, daß die einzelnen Rohrstücke möglichst wenig Verhau erhalten. Man wird z. B. den zeichnungsmäßig festgelegten Schieber immer gegenüber der Zeich-nung versetzen, wenn dann Rohre nicht zerschlagen werden müssen.

Beim Aushub des Rohrgrabens muß ein Seitenstreifen von 40 bis 50 cm freigehalten werden, um die Arbeiten nicht zu behindern. Die eine Bau-grubenseite ist für Anfuhr der Baustoffe, die andere für Lagerung des Aushubes bestimmt. Die Rohrgrabenbreite ist vom Durchmesser ab-hängig. Es ist üblich, zu dem Durchmesser des Rohres 30 bis 40 cm hinzu-zuschlagen. Eine geringere Breite als 60 cm auf der Sohle und 80 cm an der Oberkante empfiehlt sich auch bei Rohren von weniger als 200 mm Durchmesser nicht. Falls mit Aluminiumdichtung gearbeitet wird, sind für die Stemmarbeiten an den Muffen sog. Kopflöcher erforderlich, die bei weniger standfesten Böden zweckmäßig erst kurz vor dem Verstemmen ausgeworfen werden.

Die Aussteifung der Baugruben ist für einen schnellen Arbeitsfortgang nicht erwünscht. Eine gute Hilfe bei weniger standfesten Böden ist das Stehenlassen sog. Erdbrücken. Diese sind aber beim Verfüllen des Grabens einzuschlagen, da sonst stets mit Nachsackungen zu rechnen ist. In vielen Fällen genügt als Aussteifung das Einziehen von 1 bis 2 Bohlen am oberen Rande des Rohrgrabens. Ist die Straße noch nicht befestigt oder der Bürgersteig mit einer billigen Befestigung versehen (Kiesweg), so ist zu erwägen, ob man das Nachrutschen des Bodens nicht durch geböschte Gräben vermeidet. Die Grabensohle muß vorzüglich geebnet sein, so daß das Rohr gut aufliegt. Findet man in aufgeschütteten Böden in Höhe der Grabensohle Schlacke, Müll oder andere Schuttmassen, die angreifend wirken könnten, so sind diese auf alle Fälle zu entfernen und durch eine wenigstens 10 cm hohe Kiesschüttung zu ersetzen.

Die Erdarbeiten werden von Hand ausgeführt. Bei größeren Arbeiten verwendet man besondere Geräte wie Grabenbagger, Verdichtungsgeräte Hebewerkzeuge verschiedenster Art usw.

Bezeichnung von nahtlosem Flußstahlrohr von 133 mm Außendurchmesser und 4 mm Wanddicke aus Flußstahl St 35.29 nach DIN 1629[1]): Nahtloses Rohr 133 × 4 DIN 2448 St 35.29.
Lieferart: Handelslängen 4 bis 7 m, genaue Längen sind besonders vorzuschreiben (siehe DIN 1629).
Technische Lieferbedingungen siehe DIN 1629, DIN 1625, Sondervorschriften (z. B. für Kesselrohre).
Die Norm DIN 2448 gilt nicht für Präzisionsstahlrohre, Bohrrohre und Muffenrohre.
Gewinderohre siehe DIN 2440 bis 2442.
Rohre für Tiefbohrtechnik siehe DIN 4912 bis 4914 und DIN 4932.
Nahtlose Präzisionsstahlrohre siehe DIN 2385, 2391.

Das Herablassen der Rohre, bei kleinen Durchmessern mit Seilen, bei großen mit Dreibock, hat schonend zu erfolgen, um Beschädigungen der Schutzschicht zu vermeiden; treten sie trotz aller Vorsicht ein, so ist die Schutzschicht unbedingt auszubessern. Vor dem Verlegen ist das Rohr durch eine Bürste, deren Durchmesser etwa 2 cm größer als der des Rohres ist, von jeder Verschmutzung zu reinigen. Die Dichtungsarbeiten sollte man nicht im Stücklohn ausführen lassen, da gerade hier äußerste Sorgfalt am Platze ist. Gummidichtung gestattet einen schnellen Vortrieb, erspart den Aushub von Kopflöchern und vermeidet Stemmarbeiten. Statt Blei ist Aluminiumwolle (Zöpfe) bzw. Sinterit (mit Bitumen ge-

---

[1]) Werkstoff (bei Bestellung angeben): St 00.29, St 35.29, St 45.29[2]), St 55.29, St 65.29[2]) oder Sonderausführung nach DIN 1629.
[2]) Rohre aus St 45.29 und St 65.29 werden nur auf besonderes Verlangen hergestellt.

tränkter Eisenschwamm) auch Mundit (mineralische Schlackenwolle) in Verbindung mit Bitumenstrick angewendet worden, doch haben sie das Blei nicht ersetzen können.

Bei Stahlrohren herrscht die Stemmuffenverbindung vor, Schweißen läßt sich bei Wasserleitungen nur bei größeren Lichtweiten durchführen. Hier ist vor allem auf gute Isolierung Wert zu legen.

Krümmungen und Abzweigungen müssen nach der Verlegung außenseitig abgestützt werden. Hintermauerung oder Betonierung sind dabei einer Verankerung vorzuziehen.

Metalldichtungen sind zu asphaltieren, um sie vor schneller Oxydation und vagabundierenden Strömen zu schützen. Bei Verwendung schmiedeeiserner Rohre (Stahlrohr) ist die Muffe mit einem in heiße Asphaltmasse getauchten Jutestreifen so zu umwickeln, daß eine völlige Umhüllung bewirkt wird. Ein nachfolgender kräftiger Anstrich mit der gleichen Asphaltmasse wird auch die letzte Undichtigkeit verschließen. Einen noch stärkeren Schutz bietet das Umgießen der Muffe mit einem Asphaltmantel in besonderen Formkästen, die nach dem Erkalten der Masse abgenommen werden.

Während der Arbeitspausen sind die Rohrenden durch einen Holzstopfen zu verschließen, um Verschmutzungen oder Eindringen von Tieren zu vermeiden.

Ist ein Verhauen der Rohre notwendig, so geschieht dies in folgender Weise. Gußeiserne Rohre werden auf ein Kiesbett oder Unterlagsholz gelegt und mit nicht allzu schweren Schlägen mittels Meißel und Vorschlaghammer eingehauen. Die Stärke der Schläge kann mit der Zeit gesteigert werden, bis das Rohrstück abspringt. Schmiedeeiserne Rohre werden an der Trennstelle von der asphaltierten Jute befreit und nach Einschlagen eines Schlitzes mit einem Meißel durch einen sog. Rohrhauer getrennt.

Besondere Ausführungen können sich bei der Kreuzung von Eisenbahnen, Kanälen und Kabeln ergeben, sowie dort, wo die Herstellung einer Baugrube nicht möglich ist. Man drückt dann auf hydraulischem Wege ein Mantelrohr unter dem zu unterfahrenden Bauwerk hindurch, entfernt den Boden aus dem Mantelrohr und kann das Wasserrohr leicht durchführen. Bei starkem Grundwasserandrang kann u. U. das Bodenverfestigungsverfahren nach Dr. Joosten gute Dienste leisten.

Druckprobe

Die fertiggestellten Rohrstrecken sind einer Druckprobe zu unterziehen. Die Rohre werden so mit Wasser gefüllt, daß die Luft entweichen kann und mit einer Pumpe unter einen Druck von 20 at gesetzt, wenn nicht der doppelte Betriebsdruck bzw. eine Vermehrung des Betriebsdrucks um 10 at eine größere Beanspruchung ergibt. Dieser Druck muß längere Zeit gehalten werden. Der Druckmesser darf höchstens um 1 at zurückgehen und muß dann bis zum Ende der Prüfung unverändert bleiben. Sind die Rohrstrecken nicht durch Schieber abgedichtet, so sind sie durch abgestrebte Stopfen zu schließen. Erst nach Durchführung der Druckprobe dürfen die Rohrgräben verfüllt werden. Siehe auch DIN 4279: Richtlinien für die Druckprüfung an Guß- und Stahlrohrleitungen für Trink- und Brauchwasser außerhalb von Gebäuden.

Vor Inbetriebnahme ist das Rohrnetz gut zu spülen. Trotzdem wird ein schlechter (teeriger) Geschmack des Wassers in den ersten Tagen nicht zu vermeiden sein. Zweckmäßig wird die Bevölkerung auf diesen Umstand hingewiesen.

Auch ein Desinfizieren der Anlagen vor Inbetriebnahme ist üblich geworden und stets zu empfehlen.

3. Unterlagen für Abrechnung und Betrieb

Bei allen Tiefbauten ist daran zu denken, daß die unter der Erdoberfläche liegenden Bauteile später nur noch aus genauen Zeichnungen erkennbar sind. Ein genaues Aufmaß ist also nicht nur für die Abrechnung, sondern auch für die zukünftige Unterhaltung des Netzes von größtem Wert. Zu diesem Zweck werden die laufenden Aufmaße zunächst in Skizzenbücher eingetragen, die in folgende Gruppen getrennt werden:

1. Einzelbauwerke, wie Wasserwerk, Erdbehälter usw.,
2. Rohrnetz,
3. Hausanschlüsse.

1. Die sich beim Bau ändernden Maße der einzelnen Bauwerke können auch in den Bauzeichnungen vermerkt werden.
2. Von den Rohrleitungen sind am besten straßenweise genaue Lageskizzen mit allen erforderlichen Maßen herzustellen, aus denen auch die Lage der Schieber, Hydranten, ferner der Form- und Paßstücke erkennbar ist. Bei Festlegung der einzelnen Punkte richte man sich nicht nach Laternen, Bäumen od. dgl., die leicht verändert werden können, sondern nach festen Punkten, wie Hauskanten, Bordsteinen usw. Schon in diese Skizzen werden die einzelnen Häuser der Straße maßstabsgerecht eingetragen. Man kann hierfür vorhandene Fluchtlinienpläne od. dgl. benutzen. Um mehr Platz für die Eintragung zu gewinnen, kann man außerdem die Straßenbreite im Maßstab verzerren. Die Art der Ausführung zeigt Bild 118a.
3. Die Anschlußleitungen vom Hauptrohr bis zum Wasserzähler sind durch genaue Skizzen festzulegen. Siehe Bild 118b.

Handelt es sich um nicht bebaute Gebiete, so wird der Anschlußstrang immer nur aus einem geraden Stück bestehen, das von der Straßenleitung senkrecht zum Grundstück geführt wird. In diesen Fällen genügt das Führen eines Anschlußbuches, das folgende Form hat (s. Zahlentafel 67):

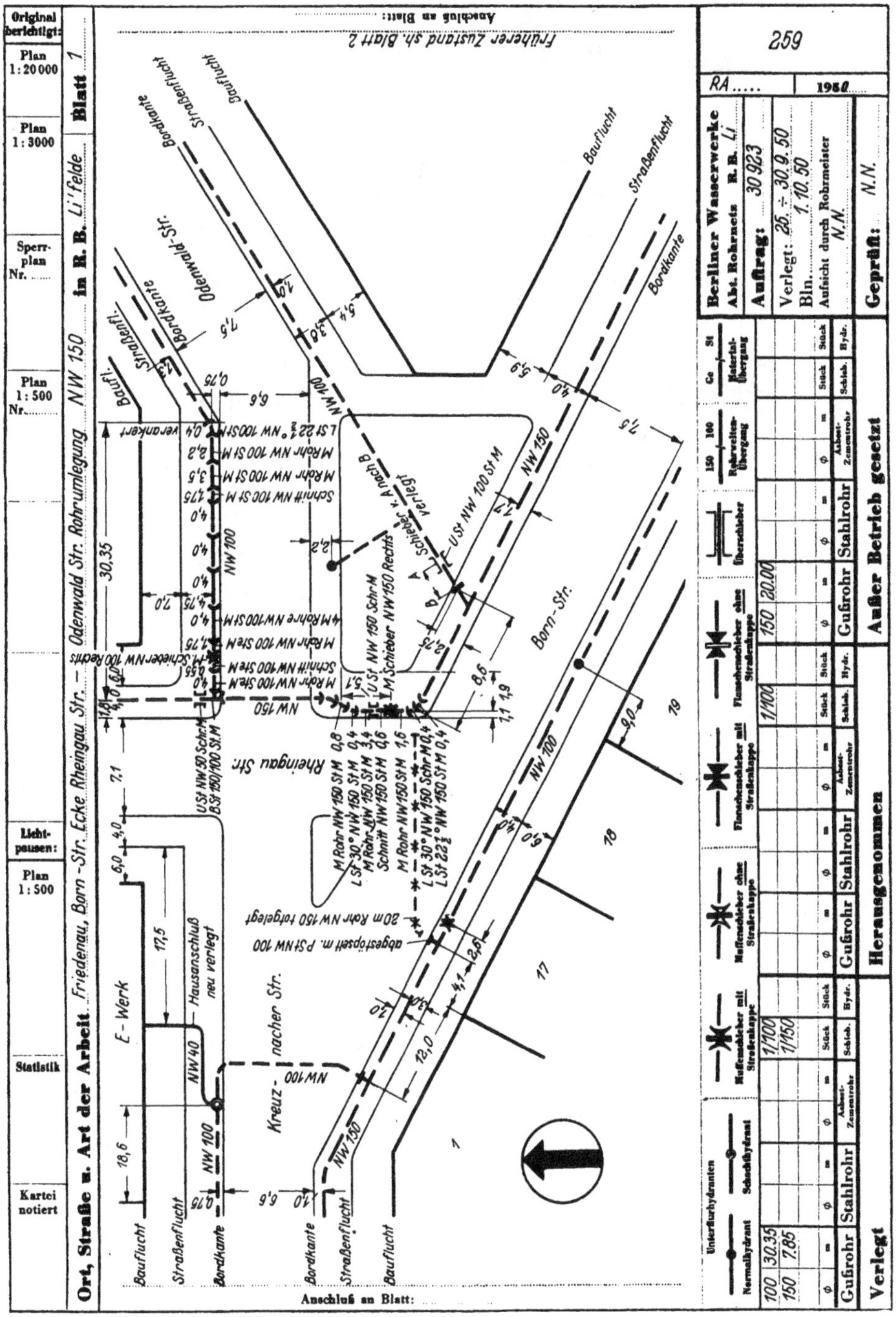

Bild 118a. Aufmaßzeichnung.

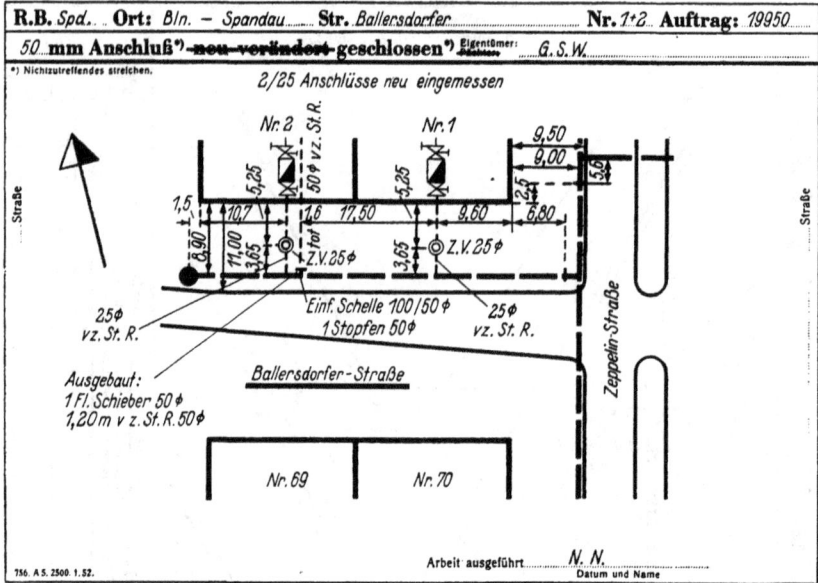

Bild 118b. Aufmaßzeichnung für Hausanschlüsse.

Zahlentafel 67

Straße	Grund-stück Nr.	$\downarrow$ m	$\rightarrow$ m	Durch-messer des Haupt-rohres mm	Durch-messer des Hausan-schlusses mm	Werkstoff des Anschluß-rohres	Aus-führungs-tag	Rohr-leger	Ver-brauchte Länge des Anschluß-rohres

In die Spalte mit dem senkrechten Pfeil wird das Maß von Mitte Rohr bis Grund-stücksgrenze eingetragen und unter dem waagerechten das von der linken Grund-stücksgrenze bis zur Achse der Anschlußleitung (Blickrichtung zum Grundstück). Mußte das Rohr aus irgendeinem Grunde abweichend von der Senkrechten verlegt werden, so kann in der 2. Spalte in Klammern auch noch das Maß von der linken Seite bis zur Anbohrschelle (senkrecht zur Grenze gemessen) eingetragen werden. Ist durch diese Maße die Rohrlage nicht klarzustellen, so sind die An-gaben im Anschlußbuch durch eine Skizze zu ergänzen.

Auch bei bester Ausarbeitung des Kostenanschlages und des Vertrages werden Tagelohnarbeiten kaum zu vermeiden sein. Es ist streng darauf zu achten, daß Bescheinigungen für Tagelohnarbeiten nur vom Bauleiter und nach Möglichkeit noch am Tage der Ausführung gegeben werden. Solange die Tagelohnarbeiten geringen Umfang haben, genügt die Ausstellung einfacher Tagelohnzettel. Handelt es sich aber um große Ausführungen oder ist überhaupt ein Teil der Arbeiten im Tagelohn vergeben, was z. B. bei sehr unklaren Untergrundverhältnissen der Fall sein kann, so benutze man einen Tagesnachweis für die einzelnen Firmen nach dem gegebenen Beispiel (Zahlentafel 68).

Schließlich ist noch ein Bautagebuch zu führen, aus dem alle wichtigeren Vorkommnisse später entnommen werden können. Vor allem sind hier auch mündliche Abmachungen einzutragen, sofern sie nicht sofort dem Unternehmer schriftlich mitgeteilt werden.

Die Abrechnung erfolgt an Hand des Kostenanschlages unter Einsetzen der durch das Aufmaß ermittelten genauen Längen. Bei größeren Bauvorhaben werden an den Unternehmer Abschlagszahlungen gezahlt. Die endgültige Abrechnung kann wesentlich vereinfacht werden, wenn schon für diese Abschlagszahlungen Teilabschnitte des Gesamtbauvorhabens nach dem Aufmaß verrechnet werden und von der jeweils sich ergebenden Summe nur ein bestimmter Hundertsatz zurückgehalten wird. Nach Fertigstellung der Bauten sind die gemachten Skizzen zu maßgerechten Zeichnungen (Bestandszeichnungen, Rohrnetzplan nach DIN 2425), die alle Einzelheiten zeigen, zu verarbeiten. Für den Betrieb ist außerdem ein Plan, der nur die Schieber enthält und ebenso für die Feuerwehr ein Plan mit den Hydranten herzustellen. Für die letzteren beiden Pläne kann, wenn sich daraus eine bessere Übersicht ergibt, eine maß-

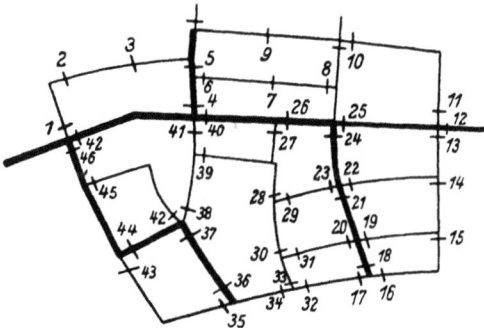

Bild 119. Schieberplan.			Bild 120. Hydrantenplan.

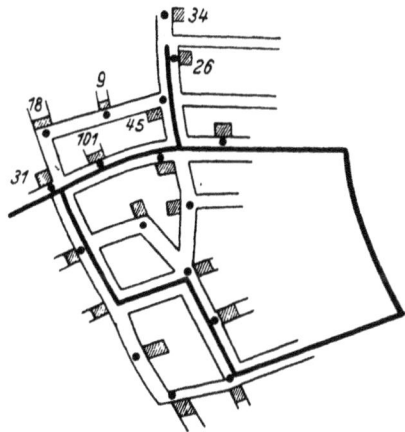

Zahlentafel 68

Tagesnachweis der Baustelle

Ausführende Firma: ....

Arbeitstag .... Arbeitszeit von...................bis ....

Überstunden .... Bemerkungen:

(Wetter usw.)

Anzahl der Leute	Art der beschäftigten Leute einschließl. Aufsicht	Art der Arbeitsleistungen u. Leistungen	Geleistete Stunden	Bemerkungen
	Schachtmeister Vorarbeiter Tiefbauarbeiter	geleistet:		

a) Schachtarbeiten

| | Vorarbeiter Schachter evtl. Maschinisten . | geleistet: .... | | Wieviel Maschinen in Betrieb .... Betriebsstoffverbrauch: a) 1. Kohlen etwa.................. 2. kWh b) Öl etwa |

b) Wasserhaltungsarbeiten

1. Maschinenbetrieb

| | Bohrmeister Bohrarbeiter Rohrleger Helfer Maschinisten | geleistet: a) Brunnen ∅.................. gebohrt ... b) Leitung verlegt ... c) Brunnen gezogen ... | | Lokomobilbetrieb in st........... Kohlenverbrauch .... Ölverbrauch .... Elektromotorenbetrieb kWh Ölverbrauch.................... |

2. Handbetrieb

| | Vorarbeiter Arbeiter | geleistet: .... | | Handpumpen: einfache doppelte .... |

c) Betonarbeiten

| | Einschaler Vorarbeiter Arbeiter Maschinisten Helfer | geleistet: .... | | Betonmischung mit—ohne Kraftbetrieb: Betriebsstoffverbrauch: a) kWh b) Öl c) Benzin .... |

Zahlentafel 68 (Fortsetzung)

Anzahl der Leute	Art der beschäftigten Leute einschließl. Aufsicht	Art der Arbeitsleistungen u. Leistungen	Geleistete Stunden	Bemerkungen
		d) Rohrverlegungsarbeiten		
	Vorarbeiter Rohrleger Helfer	geleistet: verlegte Länge u. ⌀ Zahl der Muffen		Verbrauch an: Holzkohle Koks Hanfstrick Blei
		e) Fuhrleistungen		
	Gespanne Lastkraftwagen ohne Anhäng. mit ,, Fahrer Begleiter Kraftfahrer	Bodenabfuhr m³ Rohrvertei- lung usw.		Zahl der Fahrten: Ort:
		f) Baustofflieferungen		
	Rohre: ⌀ (Gußeisen .... Schmiedeeisen Beton usw.)..... Zement Hanfstricke Blei Kohlen Holz usw.	Länge in m (Stückzahl)		Angabe des Verwendungs- zweckes:

Gemeldet: den 19

....

(Unterschrift des Beauftragten der Firma)

Geprüft: den   19

....

(Unterschrift des Bauleiters)

stäbliche Darstellung der einzelnen Straßen verlassen werden. Für beide Pläne ist ein Maßstab erwünscht, der es gestattet, den gefalteten Plan in die Tasche zu stecken. Die Angaben der Durchmesser können unterbleiben, nur die Hauptstränge sind durch größere Strichstärken zu kennzeichnen. Für den Hydrantenplan genügt es, wenn nur die Hauptleitungen eingetragen werden und die Lage der Hydranten durch die Hausnummern gekennzeichnet wird, an denen die Hydrantenschilder zu finden sind. (Vgl. Bild 119 und 120).

III. BETRIEB

A. UNTERHALTUNG DER WASSERVERSORGUNGS-ANLAGEN

1. Technische Arbeiten

Die für den Wasserwerksbetrieb notwendigen Arbeiten zerfallen in zwei Gruppen, einmal in die für den Betrieb unerläßliche Unterhaltung wie Wartung der Pumpen, Aufbereitungsanlagen, Meßgeräte, Betriebsaufschreibungen usw., zum anderen in die rechtzeitige Beseitigung von Schäden. Die modernen maschinellen Einrichtungen und die Hilfsgeräte, wie Selbstschalter usw., gestatten es, kleinere Wasserwerke ohne dauernde Überwachung laufen zu lassen. Es sei aber ausdrücklich darauf hingewiesen, daß auch eine mit allen neuzeitlichen Geräten ausgestattete Anlage einer fachmännischen Pflege bedarf, wenn sie nicht schon in kürzester Zeit versagen soll[1]).

Die Unterhaltungsarbeiten sind so rechtzeitig vorzunehmen, daß nicht erst betriebsstörende Schäden eintreten.

a) Wassergewinnung

Bei Quellwasserentnahmen verlangen die Fassungsanlagen eine sorgsame Unterhaltung. Das Einzugsgebiet der Quellen ist vor jeder Verunreinigung zu schützen. An den Quellstuben eintretende Bauschäden, wie Risse, sind baldmöglichst zu beseitigen, weil sonst Verschmutzungen durch eintretendes Oberflächenwasser möglich sind.

Bringt die Quelle Sand in die Brunnenstube, so ist für die Entsandung des Absetzraumes zu sorgen. Die gelieferte Quellwassermenge ist ständig zu überprüfen und auch die Beschaffenheit des Wassers wird hauptsächlich bakteriologisch zu untersuchen sein.

Bestehen die Zuleitungen aus offenen Gräben, so werden diese weit größere Achtsamkeit erfordern als Rohrleitungen und vielleicht täglich zu begehen sein. Offene Kanäle sind von Unkraut freizuhalten. Irgend-

---

[1]) Winke und Ratschläge sowie Erläuterungen zur Dienstanweisung für Wassermeister sind im Einvernehmen mit dem Deutschen Verein von Gas- und Wasserfachmännern ausgearbeitet von Aug. F. Meyer in „Der Wassermeister", 2. Aufl., Berlin-München 1945, Verlag R. Oldenbourg, erschienen.

welche Setzungen oder Rutschungen an Dämmen, Undichtigkeiten an Bauwerken sind zu beheben und die Absperr- oder Entleerungsschieber in leicht benutzbarem Zustand zu halten. Das Ergebnis der Besichti-' gungen ist in Berichten niederzulegen.

Besondere Sorgfalt verlangt bei Oberflächenwässern die Schöpfstelle. Selbst bei Flußwasserentnahmen wird sich die Entnahmestelle kaum so legen lassen, daß die Strömung allein eine Reinhaltung bewirkt. Die zum Zurückhalten gröberer Stoffe eingebauten Siebe oder Rechen bedürfen einer laufenden Reinigung. Besondere Vorsicht ist während der Wintermonate geboten. Nicht nur das Treibeis ist zu entfernen, sondern vor allem die Vereisung durch Grundeis zu beobachten. Lassen sich die Eismassen nicht mehr von den Rechen oder Sieben fortdrücken, so ist die Entfernung durch ein Ruhen der Entnahme oder falls möglich durch Rückströmen zu versuchen.

In den Rohrleitungen zwischen der Entnahmestelle und dem Pumpenschacht sind Sand- und Schlickablagerungen denkbar. Sind mehrere Rohrleitungen vorhanden und besitzen sie einen Durchmesser von mehr als 800 mm, so wird eine der Leitungen stillgelegt und durch einfahrende Arbeiter gereinigt. Bei geringeren Durchmessern kann die Reinigung durch Spülung erfolgen. Es ist dann bereits beim Bau Spülmöglichkeit vorzusehen.

Bei Talsperren ist die Reinhaltung des Einzugsgebietes von größtem Wert. Man wird darauf achten, daß nur in geringem Umfange benachbarte Ackerflächen bewirtschaftet werden und notfalls zu einer Aufforstung der Einzugsflächen greifen. Für eine geregelte Forstwirtschaft ist Sorge zu tragen. Die Ufer des Stausees sind weitgehendst reinzuhalten, doch wird sich eine Einfriedung des Beckenrandes meist vermeiden lassen. Beschwerden über ausgesprochene Verschmutzungen dieser Art sind bisher nicht bekanntgeworden. Selbstverständlich spielt die Größe der Sperre eine nicht unerhebliche Rolle. Während z. B. auf dem Bodensee, der nichts weiter als eine riesige Talsperre ist, die Schiffahrt, die Fischerei oder das Baden nicht im geringsten zu Mißständen führen, wird man insbesondere das letztere bei sehr kleinen Stauanlagen unterbinden. Die Unterstützung der Reinigungswirkung innerhalb der Sperre durch chemische Zusätze, die Algen abtöten und feinste Schwebeteile zum Ausfällen bringen, gehört zu den Seltenheiten. Dagegen wird die Überwachung des Niederschlagsgebietes, seiner Bevölkerung und ihrer Handlungen, die auf die Wasserbeschaffenheit einwirken können, die Beobachtung der physikalischen, chemischen und biologischen Vorgänge in den Bachstrecken und Teichen des Niederschlagsgebietes in den meisten Fällen dazu führen, Aufbereitungsanlagen hinter den Talsperren einzuschieben. Sie dienen auch den gesundheitlichen Belangen, überwiegend aber der Zurückhaltung von Schwebestoffen und dem Werkstoffschutz.

Das Sperrenbauwerk erfordert sorgfältigste Unterhaltung. Die Dichtigkeit ist ständig zu prüfen. Bei den Talsperren sind hierfür meist besondere Vorkehrungen getroffen, z. B. Beobachtungsgänge. Bei Dämmen wird man die in Drainleitungen hinter der Dammschüttung abfließende Sickerwassermenge ständig messen, da hier eintretende Schwankungen schon frühzeitig auf Schäden hindeuten. Die nachträgliche Ausbesserung bzw. Dichtung (Einbringen von Lehmschichten, Ausgießen der Risse) bereitet große Schwierigkeiten, es sei denn, daß die Sperre entleert werden kann. In letzter Zeit sind für derartige Arbeiten mehrfach walz- bzw. gußasphaltartige Massen mit gutem Erfolge angewendet worden.

Für die Betriebsführung ist maßgebend: Anleitung für den Entwurf, Bau und Betrieb von Talsperrenanlagen vom 22. 5. 1933[1]).

Sämtliche Oberflächenwässer müssen bezüglich der Güte ständig geprüft (Feststellung der Keimzahl usw.) werden. Bei größeren Werken werden die Untersuchungen täglich in eigenen Laboratorien vorgenommen. Daneben wird man auch die übrigen Eigenschaften, wie z. B. Temperatur, Klarheit, Geruch usw. prüfen und die Wasserführung des Flusses bzw. den Zustrom zur Sperre und die Entnahmemengen feststellen.

Die Reinigung von Oberflächenwässern erfolgt, wenn nicht eine Entkeimung (Chlorung) allein genügt, fast ausnahmslos durch Filterung, der gegebenenfalls Absetzbecken vorgeschaltet werden. Vergleiche die entsprechenden Angaben im 1. Teil. Die hierfür aufzuwendenden Kosten halten sich ungefähr in der Höhe von 0,5 bis 3 Pf/m³. In Königsberg/Pr. wurden die Kosten bei Verwendung verschiedener Fällmittel wie folgt ermittelt[2]):

Fällmittel	Aluminiumsulfat	Eisensulfat	Eisenchlorid
Zugabe g/m³	57	105	49
Kosten je m³ in R.Pfennig vor 1939 . . .	0,71	0,52	0,98
Kosten je 100 kg Fällmittel in RM v. 1939	12,50	5	20
Kosten je 100 kg Fällmittel in DM (1950) .	20 bis 35	25 bis 30	80

Die Kosten einer Entsäuerung durch Kalk (45 g/m³) erforderten 1938 im Wasserwerk Leipzig-Kanitz rd. 0,231 Pf./m³. Davon entfielen

auf das Chemikal 0,21 Pf./m³
auf Lohn . . . . 0,02 ,,
auf Strom . . . . 0,001 ,,

Auch bei der Verwendung von Grundwasser ist der Schutz des Grundwasserträgers vor jeder Verunreinigung wichtig. Gegen eine landwirtschaftliche Nutzung des Einzugsgebietes ist bei genügender Tiefenlage des Grundwassers kein Einwand zu erheben, wenn auch ein Waldgebiet einen noch besseren Schutz darstellt. Zu vermeiden sind die mit einer

---

[1]) „Mitteilung" Nr. 28 des Deutschen Wasserwirtschafts- und Wasserkraft-Verbandes e. V. Berlin 1930. (Entwurf der Anleitung.)
[2]) Gas- u. Wasserfach 1939, S. 250.

Bebauung verbundenen Verschmutzungsgefahren. Aus diesem Grunde muß vor allen Dingen eine gewerbliche Ausnutzung des Gebietes vermieden werden. In den Ortsstatuten über die Wasserwerksschutzgebiete unterscheidet man meist zwischen engeren und weiteren Schutzzonen, mit verschieden strengen Auflagen der Geländenutzung (Bebauung).

Die Güte des Wassers wird man hauptsächlich in chemischer Beziehung fortlaufend prüfen. Eine bakteriologische Prüfung wird man anfangs häufiger durchführen und sie in gewissen Zeitabständen wiederholen.

Die Ergiebigkeit der einzelnen Brunnen wird fortlaufend gemessen, ebenso die Wasserspiegelhöhe des ungesenkten Grundwassers, die des abgesenkten und die innerhalb des Brunnens. Die Beseitigung von Schäden an den Brunnen macht große Schwierigkeiten. Man versucht, eingetretene Verkrustungen mechanisch durch Stöpseln, Rückspülen, Einleiten von Druckluft bzw. Dampf, chemisch durch Zusatz geringer Säuremengen zu entfernen. Letzteres kann die Brunnenwandungen zerstören. Das Nachbohren eines Brunnens führt meist nur vorübergehend zum Erfolg. Ein Abbohren an anderer Stelle und Verwendung einer anderen Filterart wird unter Umständen die einzige Lösung sein.

Bei großen Heber- und Saugleitungen müssen die Entlüftungspumpen, namentlich wenn die Leitungen in stark wechselndem Grundwasserstand liegen, reichlich bemessen werden.

Der Sammelbrunnen bedarf von Zeit zu Zeit einer Entschlammung, möglicherweise Entsandung. Man muß in letzterem Falle klären, ob die Ursache an unzureichender Entsandung oder an einem Schaden eines Einzelbrunnens zu suchen ist.

b) Wasserförderung und Speicherung

Nicht nur aus hygienischen Gründen, sondern zum Vorteil aller maschinellen Anlagen ist in den Pumpwerken größte Reinlichkeit zu halten. Die Betriebsräume müssen trocken und heizbar sein und vor Staub geschützt werden. Die für den Betrieb erforderlichen Arbeiten, wie Ölen, Nachziehen der Stopfbüchsen usw. sind nicht erst vorzunehmen, wenn sie unbedingt erforderlich sind, sondern so rechtzeitig, daß eine Störung und Schäden ausgeschlossen sind. Dazu kommt von Zeit zu Zeit eine Überholung der Gesamtanlage.

Über den Betrieb ist genau Buch zu führen. Die Betriebsstunden der einzelnen Anlageteile, die gehobene Wassermenge, der Kraftverbrauch usw. sind festzustellen und in Wochen- bzw. Monatsberichten statistisch auszuwerten. An Hand von Zahlenwerten, wie z. B. Kraftverbrauch je m^3 gefördertes Wasser oder je tm gefördertes Wasser, läßt sich das Nachlassen der Leistungsfähigkeit einzelner Anlageteile rechtzeitig erkennen. Außerdem gestatten derartige über längere Zeit durchgeführte Statistiken, die Wirtschaftlichkeit des Werkes nachzuprüfen, ebenso geben sie die Unterlagen für eine spätere Verbesserung oder Erweiterung des Werkes. Hingewiesen sei auch darauf, daß die Ersatzmaschinen ständig betriebsfertig gehalten werden müssen. Zweckmäßig werden sie durch zeitweilige Benutzung auf ihre Einsatzbereitschaft geprüft.

Die für die Hebung des Wassers entstehenden Kosten sind abhängig von den geförderten Wassermengen und den Hubhöhen. Die Ausgaben für die Antriebskraft sowie die Schmier- und Putzmittel schwankten z. B. 1950/51 für die Wasserwerke Berlins (West) zwischen 3,4 und 5,2 Pf/m³ abgegebenen Wassers. Im Mittel kann mit folgenden Werten für den Energieaufwand zur Wasserförderung gerechnet werden:[1])

Elektrischer Betrieb	6 kWh	für 1000 mt
Dieselbetrieb	1,5 kg Öl	„ „ „
Gasbetrieb	6 m³ Stadtgas	„ „ „
Dampfbetrieb	6 kg Steinkohle	„ „ „

Bei Erdbehältern, die immer unterteilt werden, gestaltet sich die Reinigung einfach, weil man Teile abschalten kann. Nach Leerung einer Behälterkammer werden die Seitenwände abgespritzt und mit Besen gereinigt. Das gleiche gilt für die Sohle. Die in der Dichtung oder im Mauerwerk bzw. im Beton sich bemerkbar machenden Schäden sind nachzubessern. Zur Dichtung erwies sich z. B. Dachpappe-Klebemasse als gut geeignet.

Auch die meist aus Steinzeug bestehenden Entlüftungsrohre sind daraufhin zu untersuchen, ob nicht an den Durchführungsstellen durch die Decke Undichtigkeiten eingetreten sind, die Tageswasser eindringen lassen. Die in der Schieberkammer freiliegenden Rohrleitungen und Schieber sind gegen Rostangriffe durch Erneuerung des Anstriches zu schützen. Da sich an diesen Rohren im Sommer Luftfeuchtigkeit niederschlägt, wird man diese Arbeiten in der kalten Jahreszeit ausführen.

Es ist noch darauf zu achten, daß die Überschüttung einen guten Graswuchs (Klee) hat, weil dadurch erhebliche Teile des Niederschlagswassers verbraucht werden, und eine Staubentwicklung auf alle Fälle vermieden wird.

Für Wassertürme gelten sinngemäß die gleichen Reinigungsmaßnahmen wie bei den Erdbehältern. Da die Städte nur ausnahmsweise mehrere Wassertürme haben, sind die Arbeiten mit größter Beschleunigung durchzuführen. Der Fall, daß man das Werk nachts abschalten kann, wird nur in kleinen Orten möglich sein. Man wird meist während der Reinigung das Netz unter Druck halten und deshalb vor allem bei Kolbenpumpen für Überwachung der Pumpleistungen und Wasserdrücke zu sorgen haben.

---

[1]) A. F. Meyr, Der Wassermeister.

Die Hydrophorkessel sind, zumal wenn keine Wasserreinigung vorgenommen wird, gut zu überwachen. Sich am Boden bildende Ablagerungen sind von Zeit zu Zeit durch Öffnen des entsprechenden Schiebers
abzuleiten. Da das unter Druck stehende Wasser leicht Luft aufnimmt,
ist in entsprechenden Abständen die Luftmenge im Kessel zu ergänzen.
Um die Kessel vor der Zerstörung zu schützen, ist der Anstrich zu prüfen
und zu erneuern. Da dies im Innern von kleinen Kesseln kaum möglich
ist, wurden letztere verzinkt ausgeführt.

c) Rohrnetz

Schon der im Rohrnetz angelegte große Geldwert fordert eine sorgfältige
Behandlung der Rohrleitungen. Auf die Dauer wird es sich nicht vermeiden
lassen, daß bei Verlegung anderer Leitungen ein Umlegen von Wasser-
rohren nötig wird. Diese Arbeiten dürfen nur von geübten Leuten des
Wasserwerkes oder zuverlässigen Fachkräften zugelassener Rohrleitungs-
baufirmen ausgeführt werden. Zu achten ist bei solchen Umlegungen
darauf, daß der Rohrstrang auch in der neuen Lage zugänglich ist. Über-
bauungen durch Kabelschächte od. dgl. sind auf alle Fälle zu vermeiden.
Eine gute Sicherung gegen die Notwendigkeit solcher Arbeiten bildet die
genaue Beachtung der DIN 1998, welche die Einordnung der Versorgungsleitungen in den Straßenquerschnitt festlegt. Das Einfrieren des Wassers,
besonders in Endleitungen, kann durch geringe Entnahme auch während
der Nachtstunden (Laufhähne) unterbunden werden. Eingefrorene Leitungen werden mit Hilfe von Dampf oder elektrisch aufgetaut. Siehe
DVGW-Richtlinien für den Frostschutz und das Auftauen von Wasserleitungen, 1942.
Zur Feststellung von Rohrschäden, die an der Oberfläche noch nicht
sichtbar sind, dienen Handhorchdosen, mit denen Geräusche abgehört
werden können. Um die Schadenstelle zu finden, muß entweder nahe dem
stärksten Geräusch aufgegraben oder von der Oberfläche aus mit dem
Erdbohrer bzw. der Sonde abgetastet werden. Sicherer wirkt das Geophon,
das von der Oberfläche aus den Punkt des stärksten Geräusches ermitteln
läßt.
Eine einwandfreie Wiederherstellung des Rohrstranges ist bei Rohrbrüchen zu bewirken. Rohrbrüche sind vorwiegend auf irgendwelche
Bewegungen des Bodens zurückzuführen. Außerdem können jahreszeit-
liche Störungen (Spitzenbelastungen führen zu Drucksteigerungen bzw.
Rückgängen), Tagesschwankungen (Druckanstieg in der Nacht) und
Verkehrserschütterungen einwirken. Temperaturschwankungen im Frühjahr und Winter bewirken ebenfalls ein Ansteigen der Rohrbrüche. Meist
werden mehrere Ursachen zusammenwirken. Auch mangelhafte Auf-
lagerung der Rohre kann Brüche erzeugen.

Die Schadenstellen an den Rohren selbst werden überwiegend bereits bei der Druckprobe erkannt.

Zur Beseitigung des Schadens muß eine gut eingearbeitete Kolonne mit genügend zahlreichem Hilfsgerät und Fahrzeugen bereitstehen, denn für die Arbeit selbst steht nur kurze Zeit zur Verfügung, wenn der ganze Betrieb nicht zu lange unterbrochen werden soll. Man rechnet vom Beginn der Leitungssperrung an bis zur Beendigung der betriebsfertigen Instandsetzung mit bestimmten Zeiten (vgl. Zahlentafel 69).

Zahlentafel 69

Rohrdurchmesser mm	100	200	300	400	600	900
Sperrzeit etwa Std.	7	9	12	16	20	24

Handelt es sich bei dem Rohrbruch um einen Längsriß, so wird das betreffende Rohrstück ausgewechselt. Das neue Rohr wird mit Hilfe eines festen Überschiebers zwischengebaut. Querrisse werden durch Umlegen eines geteilten Überschiebers beseitigt (Bild 121).

Wichtig ist, daß die Wiederherstellungsarbeiten besonders bei Lageveränderungen planmäßig genau festgelegt werden. Hierzu bedient man

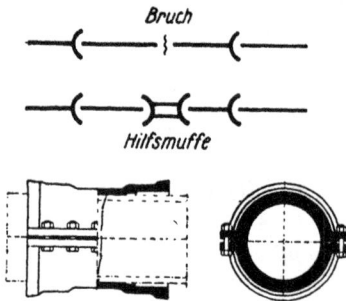

Bild 121. Ausbesserung eines Rohrbruches durch Einbau einer geteilten Hilfsmuffe.

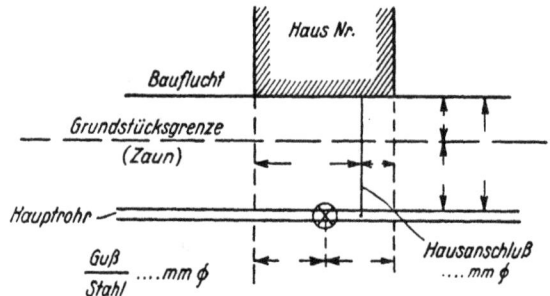

Bild 122 Rohrbruchskizze.

sich zweckmäßig des folgenden Vordruckes (Zahlentafel 70), der zugleich auch für die Ausführung von Hausanschlüssen Verwendung finden kann, und einer Skizze entsprechend dem Bild 122. Siehe auch Bild 118 b, S. 312. Auch bei guter Reinigung des Wassers lassen sich Ausscheidungen im Rohrnetz nicht restlos vermeiden. Schlammartige Niederschläge (meist Eisen- oder Manganverbindungen) sind höchst unangenehm, wenn sie wieder aufgewirbelt das Wasser trüben, ja sogar dunkel färben. Die Beseitigung solcher Niederschläge ist einfach, da sie durch eine regelmäßige Spülung aus dem Netz entfernt werden können. Zur Spülung läßt man

Zahlentafel 70

Laufende Nr.

Verrechnungs-Nr. ....

$\dfrac{\text{Neuanschluß}}{\text{Aufbruch}}$ in der .... Str. $\dfrac{\text{des Hauses}}{\text{vor dem Hause}}$ Nr. ....

wegen ....

Dabei wurden freigelegt:

1. Wasserleitung (Guß-Stahl) Länge: ....m mit..........mm ϕ, ...m Deckung

2. Gasleitung   (,, - ,,)   ,, : ....m mit..........mm ϕ ....m   ,,

3. Postkabel (frei — in Zementrohr) Länge: ....m   ....m   ,,

4· Elektr. Kabel   ,, ...m   ....m   ,,

5. .... (Rohrpost, Fern-Heizrohre od. dgl.) ....

Art des Bruches: .... (Querriß, Längsriß, Länge, Lage usw.)

Herausgenommen:

Rohrzahl...................................... Länge:

Für $\dfrac{\text{Neuanschluß}}{\text{Wiederherstellung}}$ verbrauchte Baustoffe:

Rohre: Anzahl.......... Stück mit ....mm ϕ, Länge ....m, Verhau ....m

(Guß-Stahl) ....   ,,   ,,   ,, ,, ,, ...,,   ,, ...   ,,

,,   ,,   ,, ,, ,, ...,,   ,,   ,,

Weißstrick   Blei ....   Kohle

Rohrschelle .... Stück .... mm ϕ und .... mm ϕ der Anschlußleitung

Arbeitszeit: Aufseher   Std. von   bis ....

Rohrleger   ,,   ,,   ,,

Hilfsarbeiter   ,,   ,,   ,,

Straßenaufbruch .... m³ .... (Befestigungsart)

wiederhergestellt von ....

Aufsichtführender ....

Ort ...., den ....19 ......

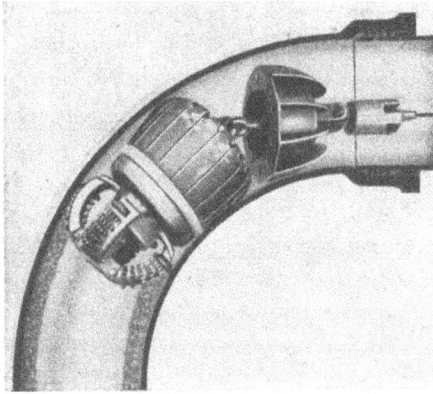

Bild 123. Selbsttätiger Rohrreiniger „Molch"
mit Turbinenantrieb für Druckwasser.

während der Abend- bzw. Nachtstunden aus den Hydranten
größere Wassermengen zum Abfluß kommen.

Feste Verkrustungen vermin-
dern den ursprünglichen Durchtrittsquerschnitt und damit die
Leistungsfähigkeit des Rohrnetzes. Sie können chemisch
oder mechanisch durch Rohrreiniger entfernt werden. Bis zu
150 mm Durchmesser arbeitet
man meist mit dem Glieder-
kratzer (Durchziehapparat), darüber mit dem Schaufelreiniger
(Turbinenschaber). Die Kosten
schwanken zwischen 1,5 und 2,5 DM/m, und stehen somit in keinem
Verhältnis zu einer etwa notwendigen Neuverlegung. Für die Einführung der Rohrreiniger sind besondere Kästen einzubauen. Die Schaufelreiniger haben am vorderen Teil messerähnliche stählerne Schneidewerk-
zeuge, die durch eine Turbine mit 3000 bis 4000 Umdr./min gedreht
werden. Der hinter dem Rohrreiniger stehende Wasserdruck treibt die
Turbine und spült die entfernten Schmutzstoffe fort. Die Hausanschlüsse
sind vor Beginn solcher Arbeiten abzusperren. Der im Netz vorhandene
Wasserdruck hat fast immer genügt. Angaben über die Maße und den
Wasserverbrauch des Müllerschen Reinigers enthält Zahlentafel 71.
Auch Krümmer, Formstücke und Schieber können durchfahren werden.
(Bild 123). Trifft der Apparat auf unüberwindliche Schwierigkeiten, wie
vorstehende Schieberteile, so wird er an einem Drahtseil zurückgezogen.
Der Arbeitsfortschritt schwankt zwischen 1 und 5 m/min. Die tägliche
Leistung ist stark von den angetroffenen Hindernissen abhängig. Bei

Zahlentafel 71.

Lichte Rohrweite mm	Kanäle im Leitrad			Wasserverbrauch je Minute und Reiniger		bei einem Druck von
	Anzahl	Abschließbar	Lichte Weite mm	max. m³	min. m³	
80	4	2	9	0,276	0,138	} 4 Atm.
100	6	4	9	0,414	0,138	
150	6	4	11	0,552	0,184	} 3 Atm.
200	9	6	12	0,990	0,330	
300	12	9	15	1,776	0,444	
400	12	9	18	2,556	0,634	} 2 Atm.
600	18	12	19	4,284	1.428	

einer Reinigung in Erfurt (1928) schwankten die Tagesstrecken zwischen
42 und 3600 m. Eine solche Reinigung stellt letzten Endes nur eine Not-
lösung dar; die Entfernung der die Verkrustung bewirkenden Wasser-
inhaltstoffe soll vielmehr durch eine geeignete Aufbereitung des Wassers
erfolgen[1]).

2. Der Wasserpreis

Für den Verkaufspreis des Wassers, der sich aus den Herstellungskosten
und dem Kapitaldienst der Werke einschließlich Erneuerungsrücklage
ergibt, sind die verschiedensten Einflüsse ausschlaggebend.

Technische Gründe

Bei Vorhandensein mehrerer Druckzonen erfordern einzelne Gebietsteile
erhöhte Pumparbeit. Aus diesem Grunde forderte man in Barmen ge-
staffelt nach der Höhenlage 16, 32 und 36 Pf je m³. In Aachen hat ein
Teil der Ortslage eine große Entfernung vom Pumpwerk. Als Ausgleich
für die hohen Anlagekosten der Zuleitungsrohre forderte man 25 Pf/m³
gegenüber sonst 20 Pf. In Bremen berechnete man im Stadtgebiet 12 Pf/m³
und im Landgebiet 15 Pf/m³. Auch eine Staffelung nach der Güte ist
durchgeführt worden. Hannover verlangte für Grundwasser 20 Pf/m³,
für Flußwasser 10 Pf/m³, Stuttgart dagegen für Quellwasser 20 Pf/m³,
für filtriertes Oberflächenwasser 50 Pf/m³.

Soziale Gründe

Aus sozialen Gründen ist es gerechtfertigt, von allen Einwohnern der
Stadt ein gleiches Wassergeld zu erheben, wenn man nicht sogar die
Minderbemittelten im Preise begünstigen will, was auch in hygienischer
Beziehung durchaus anzustreben ist. So verzichtete z. B. Frankfurt a. M.
auf die Erhebung von Wassergeld bei Wohnungen mit bis zu 250 RM
Jahresmiete. In Kassel war der Freisatz auf 200 RM bemessen. In
Halle a. S. wurden 25 l je Kopf für den Privatgebrauch unentgeltlich
abgegeben.

Kaufmännische Gründe

Betrachtet man den Wasserpreis rein kaufmännisch, so wird man feststellen, daß die Gewinnung, Aufbereitung und Verteilung sehr kleiner
Wassermengen durch die aufzuwendenden Mindestkosten stets teurer
sein werden als der Vertrieb großer Mengen. Das führt dazu, den Großver-
brauchern durch niedrige Preisgestaltung entgegenzukommen. Eine
höhere Belastung des kleinen Abnehmers braucht dadurch nicht bedingt

---

[1]) Ges.-Ing. 1929, 145 Techn. Gemeindeblatt 1933, 38, GWF, 70, 1927, Heft 18
GWF 81, 1938, S. 722—727; GWF 83, 1940, S. 221.
Wasser und Boden 1950, 25.

zu sein; oft wird erst durch Anschluß eines Großunternehmens die Gesamtanlage wirtschaftlich.

Art der Erhebung

Zum größten Teil erheben die Wasserwerke neben einer Grundgebühr das Wassergeld nach dem Verbrauch in Kubikmetern. Das hat den Vorteil, daß Verbrauch und Bezahlung in unmittelbarem Verhältnis stehen. Die Erhebung geschieht fast ausschließlich in der Form, daß die in einem Haus verbrauchte Gesamtmenge vom Hausbesitzer bezahlt und anteilig auf die Mieten aufgeschlagen wird. Es wird oft die Ansicht vertreten, man sollte ähnlich wie bei Gas und Elektrizität die Mengen jeder Einzelwohnung messen. Durch die erforderliche Mehrarbeit beim Ablesen und Verrechnen und den Mehraufwand der dann einzubauenden Wasserzähler würde aber lediglich eine Verteuerung eintreten, sie wurde z. B. für Leipzig mit etwa 30% ermittelt[1]). Auch in sozialer und hygienischer Beziehung wäre die Maßnahme zu bedauern, da dann gerade die Ärmsten der Bevölkerung am meisten an Wasser einsparen würden.

Pauschaltarife haben eine Berechtigung eigentlich nur, wenn das Wasser reichlich, mit natürlichem Gefälle und ohne besondere Aufbereitung zufließt, oder wenn die Abnehmer in gleichartigen wirtschaftlichen Verhältnissen und in einem leicht zu übersehenden Versorgungsgebiet leben. Die Aufbringung der Kosten unabhängig von der Verbrauchsmenge läßt sich nach zwei Gesichtspunkten gliedern. Einmal kann man die zu erhebenden Sätze mit dem Verbrauch in Beziehung bringen, z. B. durch Bemessung nach der Zahl

1. der Hausbewohner (und Haustiere),
2. der angeschlossenen Zapfhähne,
3. der bewohnten Räume,
4. der Haushaltungen.

Andererseits kann in stärkstem Maße ein sozialer Ausgleich geschaffen werden durch Bemessung

1. nach dem Mietswert des Hauses (bzw. der Wohnungen),
2. nach dem Gebäudesteuerwert,
3. nach dem Grundvermögenssteuerwert,
4. nach der Höhe der Brandversicherung,
5. nach der Größe des umbauten Raumes bzw. der bebauten Grundfläche oder der Wohnfläche.

Auch eine Erhebung nach dem Einheitswert ist denkbar. Die Erhebung einer Pauschalgebühr trägt durch den möglichen Fortfall der Wasserzähler und des Ablesens zur Verbilligung bei. Allerdings hat man ohne den Einbau von Wasserzählern über den Verbleib des Wassers

---

[1]) Zentralblatt der Pumpenindustrie und Wassertechnik 1913.

keine Kontrolle mehr. Nur die Gesamtfördermenge kann man im Wasserwerk ermitteln. Vorteilhaft wird die Pauschale vor allem bei der Inbetriebnahme einer Versorgung sein, da durch die Möglichkeit einer unbeschränk-
ten Entnahme die Bewohner an die Vorzüge der Anlage gewöhnt werden[1].

Aus den Ausführungen ist ersichtlich, daß die Erfassung des Verbrauchs
durch Wasserzähler jeder andern Abgabeart unbedingt vorzuziehen ist.
Dieser Tatsache trägt auch die „Mustersatzung des deutschen Gemeinde-
tages über den Anschluß an die öffentlichen Wasserleitungen und über
die Abgabe von Wasser[2]", die gemäß § 18 der deutschen Gemeindeordnung eingeführt wurde, Rechnung. Nach § 13 der Mustersatzung wird
der Wasserverbrauch durch Wasserzähler festgestellt. Zur Anpassung an
besondere Verhältnisse enthält ein Anhang Änderungen der Satzung für
den Fall, daß keine Wasserzähler vorhanden sind. Die Bemessung der
Pauschalgebühren kann dann in der bereits angegebenen Weise vorgenommen werden.

[1] Vorzügliche und sehr umfangreiche Zahlenunterlagen brachten bis zum Jahre
1938 die „Zusammenstellungen der Betriebsergebnisse von Wasserwerken".
Herausgeber: Deutscher Verein von Gas- und Wasserfachmännern.
Eine 10-Jahres-Statistik (1938—1947) der 67 größten westdeutschen Wasserwerke
wurde 1951 vom Verband der deutschen Gas- und Wasserwerke, Frankfurt/M.,
herausgegeben.
[2] Veröffentlicht im RMBl. i. V. 1938, S. 2062 und Kniepmeyer u. Richter, Die
Wasserversorgung durch die Gemeinden. Verlag W. Kohlhammer, Stuttgart
Berlin 1939.

IV. DIE NORMUNG IN DER WASSERVERSORGUNG

Für die Wasserversorgung ist die Einführung der Normung von größter Bedeutung, weil durch sie die Herstellung der einzelnen Teile, der Betrieb der ganzen Versorgung und die Erfüllung ihres Zweckes in denkbar bester Weise sichergestellt wird. Es sei nur daran erinnert, welchem, in der Auswirkung gefährlichen, Wirrwarr allein die Normung der Hydranten mit ihren Anschlüssen ein Ende gemacht hat. Darum sind nachstehend die für die Wasserversorgung in Betracht kommenden Normblätter zusammengestellt und die wichtigsten ganz oder wenigstens teilweise wiedergegeben[1]).

Die am linken Kopfende eines Normblattes stehende Bezeichnung gibt die Einordnung des Blattes in die internationale Dezimalklassifikation. Diese soll die Ordnung des Schrifttums erleichtern. DK 628.1 bedeutet: Die Veröffentlichung gehört zur Hauptgruppe 6 (angewandte Wissenschaften), Untergruppe 2 (Technik), Abteilung 8 (Gesundheitstechnik), Unterabteilung 1 (Wasserversorgung der Städte). Eine weitere Unterteilung durch Anfügung weiterer Ziffern ist ohne weiteres möglich; ebenso ist es möglich, die Zugehörigkeit der Veröffentlichung noch zu anderen Abteilungen durch Zufügung von weiteren Ziffergruppen kenntlich zu machen.

1. Zeichnungen

DIN 16	Schräge Normschrift für Beschriftung von Zeichnungen, Beispiele Hilfsnetze.
DIN 17	Senkrechte Normschrift für Schilder.
DIN 1451	Groteskschriften — Engschrift, Mittelschrift, Breitschrift.
DIN 6781	Normblatt 1—5 Zeichnungen, Schriftfeld und Stückliste.
DIN 823	Zeichnungen: Blattgrößen, Maßstäbe.
DIN 3020	Zeichen für Vermessungspläne (Verm. 20).
DIN 2403	Kennzeichnung von Rohrleitungen nach dem Durchflußstoff.
DIN 4045	Formelzeichen und Begriffsbezeichnungen in der Abwassertechnik.

2. Vorschriften und Richtlinien

DIN 1959	Technische Vorschriften für Kulturbauarbeiten. Ländliche Wasserleitungen und Kanalisationen.
DIN 1988	Bau und Betrieb von Wasserleitungsanlagen in Grundstücken.

[1]) Deutscher Normenausschuß, DINorm Berlin, Geschäftsstelle Baunormung (Berlin W 15, Uhlandstr. 175, Zweigstelle Köln, Friesenplatz 16).

DIN 1998   Richtlinien für die Einordnung und Behandlung der Gas-, Wasser-,
              Kabel- und sonstigen Leitungen und Einbauten bei der Planung
              öffentlicher anbaufähiger Straßen.
DIN 2425   Richtlinien für Rohrnetzpläne der Gas- und Wasserversorgung.
              Beiblatt: Richtlinien für Pläne der Wasserversorgung im Brand-
              schutz.
DIN 4049   Fachausdrücke der Hydrologie.
DIN 4263   Leitungsquerschnitte des Wasserbaus.
DIN 4810   Druckkessel (geschweißt) für Wasserversorgungsanlagen.
DIN 14220   Feuerlöschrohrbrunnen (Flachspiegelbrunnen), Technische Vor-
              schriften.
Richtlinien   für die Trinkwasserversorgung (DVGW) Neufassung 1949.
Richtlinien   für den Frostschutz und das Auftauen von Wasserleitungen (Auf-
              tau-Richtlinien).
Richtlinien   für die Benutzung des Wasserrohrnetzes zur Erdung in elektrischen
              Starkstromanlagen mit Betriebsspannungen bis 250 V gegen Erde.
Richtlinien   für die Ordnung der Wasserwirtschaft in der Landes- und Stadt-
              planung.
Richtlinien   für die Zusammenarbeit zwischen Wasserwerken und Wasser-
              einrichtern.
Richtlinien   für Wasseraufbereitungsanlagen.
Vorläufige Richtlinien für die tiefbauliche Erschließung von Baugebieten
              III Wasserversorgung.

3. Rohrnetz

a) Rohre

DIN 2400   Rohrleitungen, Übersicht.
DIN 2401   Druckstufen, Nenndruck, Betriebsdruck, Probedruck.
DIN 2402   Nennweiten.
DIN 2429   1—4 Sinnbilder für Rohrleitungen.
DIN 2430   1—4 Formstücke für Rohrleitungen, Übersicht und Sinnbilder.
DIN 2411   Gußeisenrohre, Erläuterungen zur Berechnung.
DIN 2420   Gußeiserne Rohre und Formstücke, Technische Lieferbedingungen.
DIN 2422   Gußeiserne Flanschenrohre für Nenndruck 10.
DIN 2431   Gußeiserne Muffendruckrohre (Schleudergußrohre) für Nenndruck
              10 und 16.
DIN 2432   Gußeiserne Muffendruckrohre für Nenndruck 10.
DIN 2435 U   Muffenverbindungen für gußeiserne Muffendruckrohre und Form-
              stücke.
DIN 2437   Gußeisenmuffen für Rohre und Formstücke, Konstruktionsblatt.
DIN 2413   Flußstahlrohre, Erläuterungen zur Berechnung.
DIN 2460   Nahtlose Stahlmuffenrohre für Gas- und Wasserleitungen.
DIN 2461   Sondergeschweißte Stahlmuffenrohre NW 300 bis 800, für Gas-
              und Wasserleitungen.
DIN 1626   Entwurf. Autogen und elektrisch geschweißte Flußstahlrohre und
              Formstücke. Technische Lieferbedingungen. DIN — M 1935 N 14.
DIN 1628   Überlappt geschweißte Flußstahlrohre und Formstücke (Wasser-
              gas-Preßschweißung). Technische Lieferbedingungen.
DIN 1629   Nahtlose Flußstahlrohre. Technische Lieferbedingungen.
DIN 4036   Eisenbetondruckrohre, Bedingungen für die Lieferung und Prüfung.

DIN 4037   Eisenbetondruckrohre, Richtlinien für die Abnahme von Eisen-
             betondruckrohrleitungen.
DIN 4279   Druckprobe.

b) Formstücke

DIN 2829   Gußeiserne Formstücke für Nenndruck 10, Übersicht.
DIN 2830   Muffenstücke m. Flanschenstutzen (A- und AA-Stücke), für Nenn-
             druck 10.
DIN 2831   Muffenstücke mit Muffenstutzen (B- und BB-Stücke), für Nenn-
             druck 10.
DIN 2832   Muffenstücke mit schrägem Muffenstutzen, 45° (C- und CC-Stücke),
             für Nenndruck 10.
DIN 2835   Muffenkniestücke, (30°), (J-Stücke), für Nenndruck 10.
DIN 2836   Muffenbogen (R = 10 NW), (K-Stücke), für Nenndruck 10.
DIN 2837   Muffenbogen (R = 5 NW), (L-Stücke), für Nenndruck 10.
DIN 2838   Muffen-Übergangsstücke (R-Stücke), für Nenndruck 10.
DIN 2839   Überschiebmuffen (U-Stücke), für Nenndruck 10.
DIN 2833   Flanschmuffenstücke (E-Stücke), für Nenndruck 10.
DIN 2834   Einflanschstücke (F-Stücke), für Nenndruck 10.
DIN 2840   Flanschkrümmer (90°), (Q-Stücke), für Nenndruck 10.
DIN 2841   T-Stücke und Kreuzstücke (T- und TT-Stücke), für Nenndruck 10.

c) Flansche

DIN 2500   Flansche, Übersicht.
DIN 2501   Flansche, Anschlußmaße für Nenndruck 1 bis 6.
DIN 2502   Flansche, Anschlußmaße für Nenndruck 10 und 16.
DIN 2505   Feste Flansche, Erläuterungen zur Berechnung.
DIN 2506   Lose Flansche, Erläuterungen zur Berechnung.
DIN 2507   Bl. 2 — Schrauben für Rohrleitungen, Richtlinien für Ausführung
             und Werkstoffauswahl der Schrauben.
DIN 2508   Flansche, Anordnung der Schraubenlöcher.
DIN 2512   Flansche, Nut und Feder für Nenndrücke 10 bis 100.
DIN 2532   Graugußflansche für Nenndruck 10.
DIN 2566   Gewindeflansche mit Ansatz für Nenndruck 10 und 16.
DIN 2632   Vorschweißflansche für Gasschmelzschweißung und elektrische
             Schweißung für Nenndruck 10.
DIN 2673   Lose Flansche mit Vorschweißbund für Gasschmelzschweißung
             für Nenndruck 10.
DIN 2690   Flachdichtungen für Flansche mit ebener Dichtungsfläche für
             Nenndruck 1 bis 40.

d) Armaturen

DIN 3221   Unterflurhydrant, 80 mm Anschlußnennweite, 70 mm Ventilnenn-
             weite.
DIN 3222   Überflurhydranten für Feuerlöschzwecke, 80 mm und 100 mm
             Anschluß- und Ventilnennweite.
DIN 3223   Schlüssel für Unterflurhydrant nach DIN 3221.
DIN 14302   C-Druckkupplung.
DIN 14307   C-Festkupplung mit Gummidichtring.
DIN 14311   C-Blindkupplung.
DIN 14370   Standrohre für Unterflurhydranten DIN 3221.

DIN 3225	Keil-Ovalschieber aus Grauguß-Eisen mit Flanschanschluß nach Nenndruck 10.
DIN 3226	Keil-Rundschieber aus Grauguß für Nenndruck 16.
DIN 3228	Keil-Flachschieber aus Stahlguß mit Flanschanschluß nach Nenndruck 10.
DIN 3229	Keil-Ovalschieber aus Stahlguß für Nenndruck 16.
DIN 4055	Straßenkappe für Hydranten in Gehwegen und Fahrbahnen.
DIN 4056	Straßenkappe für Wasserschieber in Gehwegen und Fahrbahnen.
DIN 4057	Straßenkappe für Ventile und Hähne in Wasserleitungen in Gehwegen und Fahrbahnen.
DIN 3212	Entwurf. Rückschlagkappe mit Flanschanschluß für Nenndruck 10. DIN — M 1935 N 24.
DIN 3220	Flache Handräder mit verjüngtem Vierkantloch für Armaturen.
DIN 1211	Steigeeisen, kurz.
DIN 1212	Steigeeisen, lang.
DIN 1214 — 1229	Schachtabdeckungen.
DIN 4066 — Bl. 1—2 —	Hinweisschilder, Feuerwehrwesen.
DIN 4067	Hinweisschilder, Wasser.

4. Wasserzähler, Hausinstallation

Richtlinien	für die Berechnung der Kaltwasserleitungen in Hausanlagen.
DIN 3260 U	Hauswasserzähler für kaltes Wasser.
DIN 3261 U	Hauswasserzähler für kaltes Wasser, Anschlußverschraubungen.
DIN 3265	Regeln für Bau und Betrieb von Abortdruckspülern.
DIN 3266	Regeln für Bau und Betrieb von Rohrbelüftern.
DIN 3280 — 3293	—Verschraubungen bis Nenndruck 10, Klein-, Gas- und Wasserarmaturen.
DIN 3510 — 3519 U	—Ventile für Wasserleitungen.
DIN 1397 U	Hartbleirohre für Trink-, Brauch- und Abwasserleitungen.
DIN 2950	Tempergußfittings, Erläuterungen.
DIN 2951	Tempergußfittings, Übersicht.
DIN 2952 — 2973 —	Tempergußfittings.
DIN 2980	Stahlfittings, Erläuterungen und Übersicht.
DIN 2981	Stahlfittings, Langgewinde.
DIN 2982	Stahlfittings, Rohrnippel und Rohrdoppelnippel.

5. Gewinde

DIN 11	Withworth-Gewinde.
DIN 259	Withworth-Rohrgewinde.
DIN 2999	Withworth-Rohrgewinde für Fittingsanschlüsse.
DIN 13	Metrische Gewinde.
DIN 13 u. 14	Gewinde für Festsitz.

6. Prüfverfahren

DIN 50104	Innendruckversuch für Hohlkörper beliebiger Form bis zu einem bestimmten Innendruck. Abdrückversuch.
DIN 50105	Desgleichen bis zur Zerstörung des Probestücks.
DIN 53503	Prüfung von Gummi, Bestimmung der Weichheit von Weichgummi.

DIN 53504   Prüfung von Gummi. Bestimmung der Zugfestigkeit und Bruch-
            dehnung von Weichgummi durch den Zugversuch (DVM 3504).
DIN 53508   Prüfung von Gummi, künstliche Alterung von Weichgummi:
            (DVM 3508).

7. Wasseruntersuchung

DIN 8101   Wasser, Wasserenthärtungsmittel G und H, Prüfverfahren.
DIN 8102   Wasser zur Prüfung von Wasserenthärtungsmitteln G und H
            (DIN 8101).
DIN 8103   Wasser, Maßeinheit und Grundbegriffe für Härte und Alkalität.
DIN 8104   Wasser, Bestimmung von Härte (Boutron-Boudet) und Alkalität.
DIN 8105   Wasser, Bestimmung der freien Kohlensäure (CO_2).
DIN 8106   Wasser, Chemikalienlösungen zur Bestimmung von Härte, Alkalität
            und freier Kohlensäure.
            Einheitsverfahren für die physikalische und chemische Wasser-
            untersuchung (VDCh — Fachgruppe Wasserchemie). Neuausgabe
            bevorstehend.

V. SCHRIFTTUM

A. Bücher und Druckschriften

1. Abel, Die Vorschriften zur Sicherung gesundheitsgemäßer Trink- und Nutzwasserversorgung. Berlin 1911.
2. Anleitung für den Entwurf, Bau und Betrieb von Talsperren. Berlin 1930.
3. Arbeitsgemeinschaft Deutscher Kraft- und Wärmeingenieure im VDI: Eignung von Speisewasseraufbereitungsanlagen im Dampfkesselbetrieb. Berlin 1940.
4. Arnold, Städtischer Tiefbau, Straßenbau, Wasserversorgung, Stadtentwässerung. Leipzig 1949.
5. Bames-Bleyer-Grossfeld, Handbuch der Lebensmittelchemie, 8. Band: Wasser und Luft. Berlin 1940.
6. Baupolizei-Hauptamt, Polizeiverordnung für die Stadt Berlin über die Wasserversorgung und Entwässerung der Grundstücke mit zugehörigen Durchführungsbestimmungen. Berlin 1948.
7. Bayerisches Landesamt für Wasserversorgung — 60 Jahre. München 1878—1938.
8. Becker-Rudy, Bohrung und Verlegung hölzerner Rohre zu Leitungen und Brunnen. Berlin 1943.
9. Becksmann, Geologie als Erdgeschichte. Stuttgart 1948.
10. Beger, Biologie der Trink- und Brauchwasseranlagen. Jena 1928.
11. Beger, Die Arbeitsmethoden der Trinkwasserbiologie. Berlin und Wien 1931.
12. Beger, Leitfaden der Brunnenhygiene. Berlin 1947.
13. Beger, Leitfaden der bakteriologischen Trinkwasseruntersuchung. Berlin und München 1948.
14. Bendel, Ingenieurgeologie. Wien 1948.
15. Biel, Die wirtschaftlich günstigste Rohrweite usw. München und Berlin 1930.
16. Bieske, Bohrbrunnen. München 1952.
17. Bieske, Die technischen Vorschriften für Brunnenarbeiten. Oldenburg 1949.
18. Bochalli-Linckelmann, Wasser- und Bodenverbandsrecht. Berlin 1949.
19. Böhme, Werkstoff-Taschenbuch. Stuttgart 1949.
20. Bopp und Reuther G. m. b. H., Hüter strömender Güter, eine technologische Studie zum Armaturen- und Meßgerätebau. Mannheim 1947.
21. Bösenkopf, Der Brunnenbau. Wien 1928.
22. Brandenburg, Kostenrechnung und Betriebsabrechnung. Berlin-Neuwied 1950.
23. Brandenburger, Im Zeitalter der Kunststoffe. München 1950.
24. Breitenöder, Ebene Grundwasserströmungen mit freier Oberfläche. Berlin 1942.
25. Brennecke-Lohmeyer, Der Grundbau. Berlin 1934.
26. Brinkhaus, Das Grundwasser. Berlin 1926.
27. Brinkhaus, Das Rohrnetz städtischer Wasserwerke. München und Berlin 1930.
28. Brix, Abschnitt Wasserversorgung in „Das Deutsche Museum" von Matschoss. Berlin 1925.

29. Brunner, Beiträge zur oligodynamischen Desinfektion von Wasser, besonders Badewasser. Das Photonic-Verfahren. Diss. E. T. H. Zürich 1950.
30. Bürger, Grundzüge der Trinkwasserhygiene. Berlin 1938.
31. Bundschu, Druckrohrleitungen. Berlin 1929.
32. Clodius, Untersuchungen an neuen Dichtungsstoffen für Stemmuffen. Berlin 1939.
33. Collorio, Wasserwirtschaft, Wasserversorgung, Fernwasserversorgung. Berlin 1937.
34. Czensny, Untersuchungsverfahren zur chemischen Wasseranalyse. Stuttgart 1943.
35. Dachler, Grundwasserströmung. Wien 1936.
36. Dahlhaus, Wasserversorgung. Leipzig 1949.
37. D'Ans-Lax, Taschenbuch für Physiker und Chemiker. Berlin 1943.
38. Denner, Gutachten über die Grundwasserverhältnisse und den hohen Grundwasserstand in der Innenstadt Berlin im Jahre 1945/46. Berlin 1947.
39. Deutscher Gußrohr-Verband G.m.b.H., Gußeiserne Rohre und Formstücke. Köln 1941.
40. Deutscher Verein von Gas- und Wasserfachmännern, Erforschung, Erschließung und Bewirtschaftung von Wasservorkommen für die Wasserversorgung. Hannover 1948.
41. Deutscher Verein von Gas- und Wasserfachmännern, Die Wasseraufbereitung als wissenschaftliche Aufgabe und ihre praktische Ausführung. Hannover 1949.
42. Deutscher Verein von Gas- und Wasserfachmännern, Die Wasserverteilung. Stand der wissenschaftlichen und praktischen Erkenntnisse — Bau, Betrieb und Überwachung von Rohrnetzanlagen. Hannover 1950.
43. Dubbel, Zahlentafeln und Formeln für den Maschinenbau. Berlin 1947.
44. Dubbel, Taschenbuch für den Maschinenbau. Berlin, Göttingen-Heidelberg 1949.
45. Eck, Technische Strömungslehre. Berlin 1941.
46. Eisenbrandt-Fischer, Fachkunde für Gas- und Wasserinstallateure, Teil III, Wasserinstallation und Entwässerung. Mainz 1948.
47. Ertl, Starkniederschlag und Wasserhaushalt. Berlin 1942.
48. Fachgruppe für Wasserchemie (Verein Deutscher Chemiker), Einheitsverfahren der physikalischen und chemischen Wasseruntersuchung. Berlin 1936.
49. Fachgruppe für Wasserchemie (Verein Deutscher Chemiker), Vom Wasser (Jahrbuch). Berlin seit 1927, ab XVII. Bd. Weinheim/Bergstr. 1949.
50. Fauser, Kulturtechnische Bodenverbesserungen II, Bewässerung, Ödlandkultur, Umlegung. Sammlung Göschen. Berlin 1941.
51. Febranz, Die Wasserversorgung. Stuttgart 1950.
52. Flimm, Werkstoffe Band I: Legierungsbildung Stahl und Eisen. Berlin-Braunschweig-Hamburg 1950.
53. Föppl, A., Vorlesungen über Technische Mechanik Bd. VI. München und Berlin 1943.
54. Forchheimer, Hydraulik. Leipzig und Berlin 1930.
55. Forchheimer, Die Berechnung ebener und gekrümmter Behälterböden. Berlin 1931.
56. Forschungsanstalt für Gewässerkunde in Bielefeld, Richtlinien für grundwasserkundliche Beobachtung und ihre Auswertung. Stuttgart 1949.
57. Frankfurter Quellwasserversorgung — 75 Jahre. Festschrift 1949.
58. Friedrich, Kulturtechnischer Wasserbau. Berlin 1912.

59. Frommer, Hausinstallation. Leipzig 1950.
60. Fuchs-Bruns-Haupt, Die Bleivergiftungsgefahr durch Leitungswasser. Dresden und Leipzig 1938.
61. Führer durch das Wasserwerk der Stadt Chemnitz. Chemnitz 1924.
62. Gandenberger, Grundlagen der graphischen Ermittlung der Druckschwankungen in Wasserversorgungsleitungen. München 1950.
63. Garbotz, Baumaschinen und Baubetrieb. München 1948.
64. Gönner, Arbeitsbestverfahren und Betriebsmittel, insbesondere für die Herstellung von Rohrleitungen und sonstigen rohrähnlichen Hohlteilen. München 1947.
65. Goos, Gasschmelzschweißung im Rohrleitungsbau. Halle 1942.
66. Graf, Handbuch der Werkstoffprüfung, 3. Band: Die Prüfung der nichtmetallischen Baustoffe. Berlin 1941.
67. Groh, Wasserversorgung und Brunnenbau. Berlin 1925.
68. Gross, Handbuch der Wasserversorgung. München und Berlin 1930.
69. Gürschner-Benzel, Der städtische Tiefbau, Teil II. Leipzig und Berlin 1931.
70. Haase, Werkstoffzerstörung und Schutzschichtbildung im Wasserfach. Weinheim/Bergstr. 1951.
71. Haimerl, Kreiselpumpen mit einem Anhang über hydrodynamische Getriebe. München 1949.
72. Hapke, Der bautechnische Fachschulingenieur des Wasserbaues. Berlin 1944.
73. Hasemann, Geologie und Wasserversorgung in Baden und im Elsaß. Jahrbuch der Reichsstelle für Bodenforschung. Berlin 1942.
74. Häusser, Die Niederschlagsverhältnisse in Bayern und in den angrenzenden Staaten. München 1930.
75. Handwörterbuch der gesamten Technik. Stuttgart und Berlin 1935.
76. Heck, Der Grundwasserschatz in Schleswig-Holstein — ein Wegweiser zur Wassererschließung. Hamburg 1948.
77. Heck, Grundwasseratlas von Schleswig-Holstein. Hamburg 1948.
78. Heilmann, Wasserversorgung, Die naturwissenschaftlich-technischen Grundlagen. Wittenberg 1927.
79. Heimhalt von, Grundwasser und Quellen. Braunschweig 1912.
80. Heinemann, Leitfaden und Normal-Entwürfe für die Aufstellung und Ausführung von Wasserleitungsprojekten für Landgemeinden. Berlin 1922.
81. Heinrichs, Betriebstechnisches Taschenbuch. München 1947.
82. Heinze, Das Wasser in der Natur und im Dienst der Menschen. Freiburg/Br. 1930.
83. Heller, Kampe, Kolkwitz, Lehmann, Olszewski, Spitta und Splittgerber, Wasser und Luft (Untersuchung und Beurteilung des Wassers). Berlin 1940.
84. Hentze, Wasserbau. Leipzig 1950.
85. Herrmann, Das Grundwasser nach dem in Preußen geltenden Recht. Berlin 1931.
86. Hey, Hygienische Richtlinien für die Trinkwasserversorgung. Jena 1947.
87. Holl, Unterteilte Fertigung im Rohrleitungsbau. München 1943.
88. Holluta, Die Chemie und chemische Technologie des Wassers. Stuttgart 1935.
89. Holtz-Kreuz-Schlegelberger, Das Preußische Wassergesetz. Berlin 1931/33.
90. Hundt, Erdfalltektonik. Halle 1950.
91. Hütte, Des Ingenieurs Taschenbuch, Band III. Berlin 1950/51.
92. Husmann, Vom Wasser, Ein Jahrbuch für Wasserchemie und Wasserreinigungstechnik. Weinheim 1950.

93. Johannsen. Die geologischen Grundlagen der Wasserversorgung am Ostrand des rheinischen Gebirges im Raume von Marburg—Frankenberg. Wiesbaden 1950.
94. Joly, Technisches Auskunftsbuch. Wittenberg 1949 (Jahrg. 47, 1950).
95. Jung, Angewandte Geophysik. Hannover 1948.
96. von Jürgenson, Elastizität und Festigkeit im Rohrleitungsbau. Berlin 1941.
97. Käs-Stimmelmayer-Kirgis, Handbuch für Wassermeister. Stuttgart 1951.
98. Kaufmann, W., Angewandte Hydromechanik. Berlin 1934.
99. Kegel, Bergmännische Wasserwirtschaft einschließlich Grundwasserkunde, Wasserversorgung und Abwässerbeseitigung. Halle 1938.
100. Keilhack, Lehrbuch der Grundwasser- und Quellenkunde. Berlin 1935.
101. Kelen, Talsperren, Sammlung Göschen. Berlin und Leipzig 1931.
102. Keller, Wassergewinnung in heißen Ländern. Berlin 1929.
103. Kelting, Die Wasserversorgung im alten Hamburg. Hamburg 1934.
104. Kirgis, Tiefbau-Taschenbuch. Stuttgart 1942.
105. Kirwald, Forstlicher Wasserhaushalt und Forstschutz gegen Wasserschäden. Stuttgart-Ludwigsburg 1950.
106. Klein, R., Die Aufbereitung der Industrie- und Gebrauchswässer unter besonderer Berücksichtigung der Dampfkessel-Speisewasserpflege. Essen 1948.
107. Kleinlogel, Einflüsse auf Beton. Berlin 1941.
108. Klett, Großes Handbuch für Installateure und Klempner. Nordhausen 1938.
109. von Klinkowström-von Maltzahn, Handbuch der Wünschelrute. München und Berlin 1931.
110. Klut-Olszewski, Untersuchung des Wassers an Ort und Stelle, seine Beurteilung und Aufbereitung. Berlin 1945.
111. Knauthe, Das Süßwasser. Neudamm 1907.
112. Kniepmeyer-Richter, Die Wasserversorgung durch die Gemeinden. Stuttgart und Berlin 1939.
113. Koch-Carstanjen, Von der Bewegung des Wassers und den dabei auftretenden Kräften. Berlin 1926.
114. Koehne, Grundwasserkunde. Stuttgart 1948.
115. Koehne, Das unterirdische Wasser. Handbuch der Geophysik. Berlin 1933.
116. Koehne, Kennzeichnung der verschiedenen Arten des unterirdischen Wassers. Berlin 1939.
117. Kögler-Scheidig, Baugrund und Bauwerk. Berlin 1939.
118. Kolkwitz, Pflanzenphysiologie. Jena 1935.
119. Kolkwitz, Oekologie der Saprobien. Stuttgart 1950.
120. Kolkwitz-Toedt, Einfache Untersuchungen von Boden und Wasser mit Ausblicken auf die Boden- und Gewässerkunde. Jena 1941.
121. Kollath, Grundlagen, Methoden und Ziel der Hygiene. Leipzig 1937.
122. Kollbrunner, Filterbrunnen und Quellfassungen. Zürich und Leipzig 1940.
123. Kordatzki, Taschenbuch der praktischen pH-Messung für wissenschaftliche Laboratorien und technische Betriebe. München 1949.
124. Kortüm, Kolorimetrie und Photometrie. Berlin 1942.
125. v. Kováts, Pumpen-Theorie, Berechnung, Konstruktion und Betrieb. München 1948.
126. Krammer, Rohrnetzberechnung für die Gas- und Wasserversorgung. Halle 1947.
127. Krammer, Gußeiserne Muffendruckrohre. Herstellung, Verlegung und Normung. Halle 1947.
128. Krammer, K., Hauswasserversorgung durch Pumpwerke. Halle 1947.

129. Kuckuck, Leitfaden für Rohrleger und Einrichter der sanitären Technik. München 1943.
130. Kröhnke-Masing, Der Korrosionsschutz metallischer Werkstoffe und ihrer Legierungen. Leipzig 1940.
131. Kruse, Wasser. Eine Darstellung seines chemischen, hygienischen, medizinischen und technischen Problems. Hannover 1948.
132. Kyrieleis-Sichardt, Grundwasserabsenkung bei Fundierungsarbeiten. Berlin 1930.
132. Lamb, Lehrbuch der Hydrodynamik (Deutsch von E. Helly). Leipzig und Berlin 1931.
134. Lange, Kolorimetrische Analyse. Berlin 1941.
135. Lehmann-Vogt, Ortshygiene. Berlin 1936.
136. Lehmann, Die Wasserstoffionen-Messung. Leipzig 1948.
137. Lehr, Das Trink- und Gebrauchswasser. Leipzig 1936.
138. Leick, Das Wasser in der Industrie und im Haushalt. Dresden und Leipzig 1942.
139. Lembke, Freiraum Wasser. Städtebauliche Grundlagen für den Wiederaufbau in Nordwestdeutschland. Hamburg 1947.
140. Levsen, Kalkulation im Baugewerbe. Berlin 1947/49.
141. Liebmann, Handbuch der Frischwasser- und Abwasserbiologie. München 1951.
142. Löser, Lewe, Kleinlogel, Stingule und Marquardt, Behälter, Maste, Schornsteine. Rohrleitungen und geschlossene Kanäle. Handbuch für Eisenbetonbau, Band IX. Berlin 1935.
143. Ludin, Die Wasserkräfte. Berlin 1913.
144. Ludin, Wasserkraftanlagen, 2. Hälfte, 1. Teil Tölke Talsperren. Berlin 1938.
145. Lufft, Anleitung für Rohrinstallateure und Heizungsmonteure, Halle 1940.
146. Mannesmannröhren-AG., Mannesmannrohre für Gas und Wasser. Düsseldorf 1950.
147. Marquardt, Beton und Eisenbetonleitungen, ihre Belastung und Prüfung. Berlin 1934.
148. Marquardt, Rohrleitungen und geschlossene Kanäle. Handbuch für Eisenbeton. Berlin 1934.
149. Marquardt, Formende Elemente des ausländischen Tiefbaues beim Neuaufbau. Berlin 1947.
150. Martini, Laboratoriumsbuch für die kolorimetrische Wasseruntersuchung. Halle 1931.
151. Matthiessen-Fuchslocher, Die Pumpen. Berlin-Göttingen 1948.
152. Meinck, Englisch-deutsche und deutsch-englische Fachausdrücke aus den Gebieten der Wasserversorgung und Abwasserbeseitigung. Stuttgart 1949.
153. Merk, Die Bestimmung der Wasserstoffionenkonzentration mit Indikatoren (pH-Messung). Darmstadt 1940.
154. Mengeringhausen, Be- und Entwässerung in der Kleinsiedlung, Vorbilder und Richtlinien. Berlin 1933.
155. Mengeringhausen, Wasserversorgung und Entwässerung auf dem Lande. Halle 1940.
156. Meyer, Trinkwasser aus Talsperren. München und Berlin 1937.
157. Meyer, Der Wassermeister. München und Berlin 1945.
158. Meyer-Langbein-Möhle, Trinkwasser und Abwasser in Stichworten. Berlin-Göttingen-Heidelberg 1949.
159. Mrugowsky, Untersuchung und Beurteilung von Wasser und Brunnen an Ort und Stelle. Berlin und Wien 1941.

150. Müller, Wasserversorgung mittlerer und kleiner Städte und Ortschaften. Leipzig 1913.
161. Niemeyer, R., Kleine Baustoff-Chemie. Berlin 1940/41.
162. Oberneder, Das unterirdische Wasser und seine Erschließung. Halle 1948.
163. Ohlmüller-Spitta-Olszewski, Untersuchung und Beurteilung des Wassers und Abwassers. Berlin 1931.
164. Olszewski, Chemische Technologie des Wassers. Sammlung Goschen Nr. 909. Berlin-Leipzig 1925.
165. Opitz, Brunnenhygiene. Berlin 1910.
166. Paavel, Berechnung von Brunnengalerien mit Heberleitungen. Diss. TH Braunschweig 1947.
167. Pardun, Gußeiserne Druckrohre für Gas- und Wasserleitungen. Essen 1950.
168. Pengel-Bieske, Der praktische Brunnenbauer. Berlin 1936.
169. Permutit-AG., Das Permutit-Handbuch. Berlin 1941.
170. Pfleiderer, Die Kreiselpumpen für Flüssigkeiten und Gase. Berlin-Göttingen-Heidelberg 1949.
171. Prandtl, Führer durch die Strömungslehre. Braunschweig 1944.
172. Prinz, Handbuch der Hydrologie I (Grundwasser). Berlin 1923.
173. Prinz-Kampe, Handbuch der Hydrologie II (Quellen). Berlin 1934.
174. Quantz, Kreiselpumpen, eine Einführung in Wesen, Bau und Berechnung von Kreisel- oder Zentrifugalpumpen. Leipzig 1941.
175. Quantz, Wasserkraftmaschinen. Berlin-Göttingen 1948.
176. Rabowsky, Holzdaubenrohre. Berlin 1926.
177. Randzio, Unterirdischer Städtebau. Bremen-Horn 1951.
178. Reinhold, Regenspenden in Deutschland. Berlin 1940.
179. Reissner, Die Württembergische Alb-Wasserversorgung und ihre Auswirkungen. Leipzig 1929.
180. Richter, Rohrhydraulik. Berlin 1934.
181. Robert-Koch-Institut Berlin, Abt. Wasser- und Lufthygiene, Hinweise für den Entwurf und die Berechnung von Wasserversorgungsanlagen. Berlin-Dahlem 1948.
182. Rossner-Utecht, Prüfungsfragen und Antworten aus dem Gas- und Wasserfach. Hannover 1949.
183. Samter, Hydromechanik. Berlin 1925.
184. Schäfer, A., Hydraulik und Wasserbau auf neuen Grundlagen. Stuttgart 1950.
185. Schaffernak, Hydrographie. Wien 1935.
186. Schewior, Hilfstafeln zur Berechnung von Meliorationsentwürfen, Kanalisation, Wasserleitungen usw. Berlin 1939.
187. Schleicher, Taschenbuch für Bauingenieure. Berlin-Göttingen-Heidelberg 1949.
188. Schlierf, Die Wasserversorgung der Oldenburgischen Marsch- und Moorgebiete. Oldenburg 1947.
189. Schlotthauer, Über Wasserkraft- und Wasserversorgungsanlagen. München und Berlin 1913.
190. Schmachtenberg, Umrechnungstabellen für deutsche, englisch-amerikanische und russische Maße und Gewichte. München 1948.
191. Schmidt, R., Die chemische Wasserstatistik der deutschen Wasserwerke. Berlin 1941.
192. Schneider, Hans, Be- und Entwässerung ländlicher Siedlungen. Weimar 1947.
193. Schneider-Thiele-Truelsen, Die Wassererschließung. Essen 1952.
194. Schönbrunner, Städtische Tiefbauten, Wasserversorgung.

195. Schoklitsch, Der Wasserbau I. Wien 1930.
196. Schoklitsch, Kostenberechnungen im Wasserbau und Grundbau. Wien 1937.
197. Schroeder, G., Die wasserwirtschaftliche Generalplanung. Windelsbleiche 1948.
198. Schroeder, Landwirtschaftlicher Wasserbau. Berlin-Göttingen-Heidelberg 1950.
199. Schultze, I., Die Grundwasserabsenkung in Theorie und Praxis. Berlin 1924.
200. Schultze-Muhs, Bodenuntersuchungen für Ingenieurbauten. Berlin-Göttingen-Heidelberg 1950.
201. Schulze, W. E., Wasserversorgung der Stadt- und Landgemeinden. Braunschweig-Berlin-Hamburg-Kiel 1950.
202. Schwedler, Handbuch der Rohrleitungen. Berlin 1943.
203. Schwedler, Handbuch der Rohrleitungen. Neubearbeitet von H. von Jürgensonn. Berlin-Göttingen-Heidelberg 1950.
204. Schweizerischer Feuerwehrverein, Die Wasserversorgung und ihre Beziehungen zum Feuerlöschwesen. Zürich 1943.
205. Sichardt, Das Fassungsvermögen von Rohrbrunnen und seine Bedeutung für die Grundwasserabsenkung, insbesondere für größere Absenkungstiefen. Berlin 1928.
206. Siebel, Handbuch der Werkstoffprüfung, Band I: Prüf- und Meßeinrichtungen. Berlin 1940.
207. Siebel, Handbuch der Werkstoffprüfung, Band II: Die Prüfung der metallischen Werkstoffe. Berlin 1939.
208. Sierp-Splittgerber-Bach, Ergebnisse der angewandten physikalischen Chemie, Band IV: Trink- und Brauchwasser. Leipzig 1936.
209. Sierp-Splittgerber-Holthöfer, Technologie des Wassers (Handbuch der Lebensmittelchemie, Band VIII, Teil 1). Berlin 1939.
210. Sierp, Die amerikanischen Einheitsverfahren zur Untersuchung von Wasser und Abwasser. München 1951.
211. Singer, Die bakteriologische Untersuchung des Trinkwassers. Jena 1931.
212. Smreker, Die Wasserversorgung der Städte. Handbuch der Ingenieurwissenschaften, Teil III. Leipzig und Berlin 1914.
213. Splittgerber-Nolte, Untersuchung des Wassers. Berlin und Wien 1931.
214. Stappenbeck, Geologie und Grundwasser der Pampa. Stuttgart 1926.
215. Sternemann, Neuzeitliche Wasserversorgung für Haus und Hof. Berlin 1938.
216. Stiny, Die Quellen. Wien 1933.
217. Stooff-Haase, Einheitsverfahren der Wasseruntersuchung. Berlin 1940.
218. Stoff, Chemische und physikalisch-chemische Fragen der Wasserversorgung. Stuttgart 1949.
219. Stradtmann, Stahlrohr-Handbuch. Essen 1940.
220. Streck, Aufgaben aus dem Wasserbau. Berlin 1924.
221. Streck, Grund- und Wasserbau in praktischen Beispielen. II. Band: Fließende und schwingende Wasserbewegung. Berlin-Göttingen-Heidelberg 1950.
222. Sudasch, Schweißtechnik. München 1950.
223. Thiem, G., Das Grundwasser im Wandel der Zeiten. Leipzig 1930.
224. Thiem, G., Hydraulisches Erkennen und Erkenntnis im Wasserwerksbetrieb. Leipzig 1930.
225. Thiem, G., Die Abführung der Luft in Heberleitungen für den Wasserwerksbetrieb. Leipzig 1932.
226. Thiem, G., Der gewebelose gußeiserne Ringfilterbrunnen für Wasserwerke. Leipzig 1936.

227. Thiem, G., Verbundanlage einer Wasserversorgung und einer Stromerzeugung für Samaden. Leipzig 1936.
228. Thiem, G., Die Grundlagen der Grundwasserforschung, Pumpen-, Brunnenbau- und Bohrtechnik. Leipzig 1940.
229. Thomann, Die Wasserturbinen und Turbinenpumpen. Stuttgart 1931.
230. Tiedemann. Über Bodenuntersuchungen bei Entwurf und Ausführung von Ingenieurbauten. Berlin 1946.
231. Tillmans, Die chemische Untersuchung von Wasser und Abwasser. Halle 1932.
232. Tölke, Talsperren. Berlin 1938.
233. Tölke, Der Druckstoß in einsträngigen Rohrleitungen. Mitteilungen des deutschen Druckstoß-Ausschusses. Berlin 1943.
234. Tölke, Veröffentlichungen zur Erforschung der Druckstoßprobleme in Wasserkraftanlagen und Rohrleitungen. Berlin-Göttingen-Heidelberg 1949.
235. Tönnesmann, Wasserverbandverordnung, Wasserbaugesetz, erste Wasserverbandverordnung und Wasserverbandvorschriften. München und Berlin 1942.
236. Tolkmitt-Zander, Grundlagen der Wasserbaukunst. Berlin 1946.
237. Türke, Die Grundlagen der Eisenguß-Warmschweißtechnik. Halle 1950.
238. Uhden, Fortschritte in der Hydrometrie. Berlin 1940.
239. Urbach, Stufenphotometrische Trinkwasseranalyse. Wien und Leipzig 1937.
240. Vogt, H., Probleme der Versorgungswirtschaft. München 1950.
241. Weber, H., Die Reichweite von Grundwassersenkungen mittels Rohrbrunnen. Berlin 1928.
242. Weidner, Taschenbuch des Trinkwassers. Leipzig 1942.
243. Weidner, Taschenbuch der Trinkwasseruntersuchung. Leipzig 1947.
244. Weihe-Hanner, Maschinenkunde. Berlin 1934.
245. Weinberg, Der Schultheiß von Jüstingen (Albwasserversorgung). Stuttgart 1937.
246. Weyl, Die Betriebsführung von Wasserwerken. Leipzig 1909.
247. Weyrauch (-Lueger), Die Wasserversorgung der Städte I/II. Leipzig 1914.
248. Weyrauch, Wasserversorgung der Ortschaften. Berlin und Leipzig 1916.
249. Wielewski, Die Grundschule im Wasserleitungs- und Heizungsbau. Halle 1949.
250. Wild-Schöberlein, Tabellenbuch für die Berechnung von Kanälen und Leitungen. Berlin 1930.
251. Winkel, Angewandte Hydromechanik im Wasserbau. Berlin 1947.
252. Wolff-Heck, Erdgeschichte und Bodenaufbau Schleswig-Holsteins. Hamburg 1949.
253. Wüsthoff, Handbuch des deutschen Wasserrechts. Berlin-Bielefeld-Detmold 1949.
254. Zeyen, Neue Erkenntnisse und Entwicklungen beim Schweißen von Eisenwerkstoffen. München 1949.
255. Zimmermann-Wiendl, Rohrnetzberechnung von Gas-, Wasser- und Eternit-Rohrleitungen. Tetschen-Bodenbach 1944.

B. Aufsätze aus Zeitschriften

Geordnet nach den Abschnitten des 1. Teiles. Das Verzeichnis beginnt mit dem Jahre 1938 und endet mit dem Jahre 1951. Aufsätze aus früheren Jahren finden sich in den ersten Auflagen. (—.—, Aufsätze ohne Verfassernamen.)

Abschnitt I (Allgemeines, Geschichte, Wasserwirtschaft usw.).

1938

Das Gas- und Wasserfach:

1. Albrecht, Versuche mit Kunstharz-Preßstofflagern im Gas- und Wasserwerksbetrieb. Heft 1.
2. Pohl, Die mythische und reale Bedeutung des Wassers im Rahmen der Volksgesundheit. Heft 7.
3. 60 Jahre Bayerisches Landesamt für Wasserversorgung. Heft 7.
4. Kornmesser, Die Verwendung von Porzellanrohren für Warmquellwasserleitungen. Heft 8.
5. Weckwerth, Prüfung neuer Heimstoffe für den Rohrleitungsbau. Heft 8.
6. Rodiek, Einige neuere Anforderungen an Wasserarmaturen. Heft 8.
7. Schaaff, Das neue Wasserwerk der Stadt Ludwigshafen a. Rh. Heft 10.
8. Naumann, Die Wasserversorgung von London. Heft 12.
9. Adam, Die Ortswasserversorgung in Österreich. Heft 15.
10. Scholtz, Wirtschaftliche Betrachtungen zur Wasserversorgung von Siedlungen. Heft 16.
11. Fischer, Die Grundgedanken der städtischen Wasserversorgungspolitik im Mittelalter. Erläutert am Beispiel der Reichsstadt Nürnberg. Heft 19.
12. Pfeiffer, 50 Jahre Leipziger Wasserversorgung. Heft 22.
13. Götting, Werkstoffumstellungen und Werkstoffeinsparungen im Wasserwerksbetrieb. Heft 22.
14. Seidel, Die ländliche Wasserversorgung im Rahmen der Wasserverbandsverordnung vom 3. September 1937. Heft 24.
15. Westhauser, Die Wasserversorgungsverhältnisse in Österreich. Heft 25.
16. Faehndrich, Der Eisenaufwand im Wohnungsbau für den Anschluß an die öffentliche Wasserleitung. Heft 27.
17. Sprengel, Das deutsche Frauenwerk und die Wasserversorgung auf dem Lande. Heft 28.
18. Marquardt, Eisenbeton in der Wasserversorgung. Heft 30.
19. Faber, Die Fernwasserleitung von Costa Rica. Heft 36.
20. Krauß, Sollen private Brunnen und Wasserwerke innerhalb gemeindlicher Wasserleitungsnetze zugelassen werden? Heft 43.
21. Drobek, Neuartige Werkstoffe für den Rohrleitungsbau. Heft 44.
22. Seebauer, Versorgungswirtschaftliche Aufgaben im Siedlungs- und Wohnstättenbau. Heft 45.
23. Meyer, Aufgaben der Wasserwerke in der Raumforschung und Raumordnung. Heft 47.
24. v. Brunn, Häusliche Wasserversorgung und Abwasserbeseitigung in der altindischen Städtehygiene. Heft 48.
25. Behr, Die Bedeutung der geologischen Wasserstatistik für die Arbeitsbeschaffung und die Volksgesundheit. Heft 51.

Deutsche Wasserwirtschaft:

26. Aretz und Häcker, Die Versorgung der Städte Aachen, Stolberg und Eschweiler mit Trink- und Nutzwasser. Heft 7.
27. Streck, Die Industriewasserversorgung von Euskirchen aus dem Flamersheimer Wald. Heft. 7.
28. Todt, Das Wasser. Heft 8.
29. Schröder, Die Wasserwirtschaftsstellen. Heft 8.
30. v. Karaisl, Wasserwirtschaft als Zeichen der Kultur. Heft 8/9.
31. Koehne, Einheitliche Begriffe und Bezeichnungen in der Hydrologie. Heft 9.
32. v. Kruedener, Zukunftsfragen der deutschen Wasserwirtschaft. Heft 9.
33. Fischer, Das Bild des Wasserkreislaufs. Heft 9.
34. Reuter, Geologie und Wasserversorgung im Rahmen der bayerischen Wasserwirtschaft. Heft 10.
35. Seyfried, Planmäßige Wasserwirtschaft im Rahmen der Wirtschafts- und Siedlungsplanung im Sulmtal bei Heilbronn. Heft 11.

Gesundheits-Ingenieur:

36. Kaeß, Die Eigenwasserversorgung im Düsseldorfer Stadtgebiet vom hygienischen Standpunkt aus betrachtet. Heft 5.
37. Gut, Die Wasserversorgung Bayerns. Heft 27.
38. Stimmelmayr, Die Röhn-Maintal-Gruppenwasserversorgung. Heft 31.

Pumpen- und Brunnenbau, Bohrtechnik:

39. Hodez, Die Wasserversorgung der Großstadt London. Heft 2.
40. Hundt, Von den ältesten Brunnenbauten Mitteldeutschlands. Heft 2.

Wasserkraft und Wasserwirtschaft:

41. Wasserversorgung und Abwasserbeseitigung in New Orleans. Heft 23/24.

Zeitschrift des Vereins Deutscher Ingenieure:

42. Jordan, Röhren aus Hartporzellan. Heft 9.
43. Speidel, Die Energie- und Wasserversorgung der Stadt Stuttgart. Heft 21.

Zentralblatt der Bauverwaltung:

44. Hertzog, Wassertechnische Fragen der Siedlung. Heft 38.

Zeitschrift des Österr. Vereins von Gas- und Wasserfachmännern:

45. Westhauser, Alte und neue Aufgaben der Wasserversorgung. Heft 1.

Deutsche Landeskultur-Zeitung:

46. Jenner, Wasserwerk Bückeberg. Heft 9.

1939

Das Gas- und Wasserfach:

47. Schmidt, Zur Frage der Trinkwasserversorgung aus Einzelbrunnen. Heft 4.
48. Wenger, Verbrauchsstatistik bei der Trinkwasserversorgung. Heft 14.
49. Schottak, Die Wasserversorgungsverhältnisse im Bezirk Troppau. Heft 15.
50. Bruns, Wasserepidemien in den Vereinigten Staaten von Nordamerika und Kanada. Heft 18.
51. Kasper, Die Trink- und Brauchwasserversorgung im Rahmen der deutschen Wasserwirtschaft. Heft 24.

52. Meyer, Die Mitarbeit der Wasserwerke in der Raumforschung. Heft 25.
53. Gorsler, Die Bedeutung neuzeitlicher Wasserversorgung für die deutsche Landwirtschaft. Heft 29.
54. Meier, Zentral- oder Einzelwasserversorgung? Heft 33.
55. Schottak, Die Wasserversorgungsverhältnisse in den Bezirken Aussig und Eger. Heft 38/39.

Deutsche Landeskultur-Zeitung:
56. Momm, Trinkwasserversorgung auf dem Lande. Heft 3.

Deutsche Wasserwirtschaft:
57. Streck, Die Verbesserung der Wasserwirtschaft im Erftgebiet durch den Bau von Talsperren. Heft 4.
58. Prüß, Einheitliche Bewirtschaftung von Wasser und Abwasser in ganzen Flußgebieten unter besonderer Berücksichtigung der Verhältnisse an der Ruhr. Heft 6.
59. Reinhold, Über Regenmessungen in: Einheitliche Grundlagen für die Leitungsbemessung usw. Heft 6.
60. Schmidt, Wasserversorgungsanlagen für Siedlungen. Heft 9.
61. Fiedler, Die Elbewasserwirtschaft und die Wege zu ihrer Gesundung. Heft 11/12.

Gesundheits-Ingenieur:
62. Marquardt, Baustoff- und Werkstoff-Fragen in der Wasserversorgung. Heft 7.
63. Lg., Die Wasserversorgung des mitteldeutschen Raumes. Heft 27.
64. Hn., Eigenwasserversorgung im Versorgungsbetrieb gemeindlicher Wasserwerke. Heft 39.

Pumpen- und Brunnenbau, Bohrtechnik:
65. Eichler, Görlitzer Brunnen. Heft 5.

Rundschau deutscher Technik:
66. Kasper, Die öffentliche Wasserversorgung. Heft 21.

Technisches Gemeindeblatt:
67. Müller, Die Wasserversorgung der Gemeinde Reinach. S. 86 ff.

Wasserkraft und Wasserwirtschaft:
68. Fritsch, Die Aussichten der Funkgeologie, insbesondere beim Aufsuchen von Wasser und durchfeuchteten geologischen Leitern. Heft 9/10.

Zentralblatt der Bauverwaltung:
69. Bau zentraler Wasserversorgungsanlagen auf dem Lande. Heft 1.

Zeitschrift für öffentliche Wirtschaft:
70. Hosang, Probleme der städtischen Wasserversorgung. Heft 3.

1940

Das Gas- und Wasserfach:
71. Stanisavlievici, Die Trinkwasserversorgung der Stadt Budapest. Heft 5.
72. A. F. Meyer, Wald und Wasser, Heft 27, 37 und 38.

Deutsche Wasserwirtschaft;
73. Tian, Die Wasserversorgung von Rom. Heft 3/4.

74. Krauß, Zur Eingliederung der gemeindlichen Wasserversorgung in die deutsche Wasserwirtschaft und Raumplanung. Heft 6.

Gesundheits-Ingenieur:

75. Keim, Ein ungewöhnliches Fischsterben. Heft 2.
76. Haupt, Einfluß der außergewöhnlichen Witterungsumstände auf die Wasser versorgungen. Heft 20.

Landwirtschaftlicher Wasserbau:

77. Figura, Mehr ländliche Wasserleitungen. Heft 1.

Archiv für Wasserwirtschaft:

78. F. Reinhold, Regenspenden in Deutschland. Heft 56.

1941

Das Gas- und Wasserfach:

79. A. F. Meyer, Die Wasserversorgung von Istrien. Heft 2.
80. Lemberg, Zukunftswege der deutschen Wasserversorgung. Heft 3.
81. Schemel, Wasserversorgung von Siedlungen. Heft 6.
82. Kellermann, Einzel- oder Gruppenwasserversorgung in der ländlichen Wasserversorgung. Heft 7.
83. A. F. Meyer, Energie- und wasserwirtschaftliche Aufgaben im Wartheland. Heft 23.
84. von dem Hagen, Richtige Bewässerungsmethode für Südwestafrika. Heft 36.
85. Troßbach, Zur Geschichte der Wasserversorgung der Stadt Metz. Heft 36.
86. Scheffel, Wasserversorgungsanlagen in der Sowjet-Union. Heft 43.
87. Groß, Die Wasserversorgung im Kreise Ahrweiler. Heft 47.
88. Meyer, Jodzusatz zum Trinkwasser in Holland. Heft 49/50.

Deutsche Wasserwirtschaft:

89. —.—, Vordringliche Fragen der Wasserversorgung. Heft 1.
90. Franke, Die ländliche Wasserversorgung im Rahmen der Gesamtwasserwirtschaft. Heft 5.
91. Zimmermann, Gedanken zur Wasserwirtschaftsplanung. Heft 6.
92. Schröder, Aus dem Tätigkeitsgebiet der Wasserwirtschaftsstelle. Heft 7.
93. Maybaum und Hentschel, Die Wasserversorgung im Regierungsbezirk Trier. Heft 11, 12.
94. Holler, Ländliche Wasserversorgung im fränkischen Jura. Heft 12.

Gesundheits-Ingenieur:

95. Wassileff, Die Wasserversorgung Bulgariens. Heft 28.
96. Konrich, Ranggeordnete Wasserwirtschaft. Heft 33.
97. Weldert, Wasserwirtschaft und Staat. Heft 35.

Städtereinigung:

98. Schmidt, Wasserversorgung der Städte und Dörfer vom feuerwehrtechnischen Standpunkt aus. Heft 16.

Technisches Gemeindeblatt:

99. Schulze, Die Vorteile zentraler Wasserversorgungsanlagen in den Gemeinden. Heft 8.

Zentralblatt der Bauverwaltung:

100. Langbein, Wasserversorgung und Abwasserbeseitigung der Stadt Paris. Heft 23.

1942

Das Gas- und Wasserfach:

101. Stanisavlievici, Die städtische Trinkwasserversorgung in Rumänien. Heft 5/6.
102. Ebner, Grundlage und Geschichte der Feuerhydranten. Heft 35/36.
103. Spitta, Spielt die Luft als Infektionsträger in Wasserversorgungsanlagen eine Rolle? Heft 35/36.
104. Momm, Ein neues Kreiswasserwerk. Heft 51/52.

Der Gesundheits-Ingenieur:

105. —.—, Die Reichsanstalt für Wasser und Luftgüte. Heft 19/20.
106. Haller, Die Wasserversorgung Roms. Heft 27/28.
107. Lillja, Die Wasserversorgungsverhältnisse in Finnland. Heft 33/34.

Deutsche Wasserwirtschaft:

108. Holler, Ländliche Wasserversorgung im fränkischen Jura. Heft 1.
109. Müller, Ingenieurwissenschaftliche Geländeuntersuchung in der Stadt- und Landesplanung. Heft 3 ff.
110. Keller, Wasserversorgung in den Trockensteppen Afrikas. Heft 5.
111. Kleffmann, Die Wasserversorgung des Kreises Wesermünde. Heft 5.

Pumpen- und Brunnenbau, Bohrtechnik:

112. Haumann, Vom Aquädukt über die Wasserkünste zur Fernwasserversorgung. Heft 11.

Technisches Gemeindeblatt:

113. Wassileff, Die Wasserversorgung Bulgariens. Heft 6.

1943

Das Gas- und Wasserfach:

114. Dorn, Ländliche Wasserversorgung als Großaufgabe. Heft 17.
115. Paret, Wasserversorgung im Altertum. Heft 20.

Gesundheits-Ingenieur:

116. Troßbach, Geschichte der Wasserversorgung der Stadt Straßburg. Heft 15.
117. Ortleb, Wasserversorgungsverband Nordwestsachsen. Heft 16.
118. Haller, Die Trinkwasserversorgung von Gaia. Heft 16.
119. Haller, Die Wasserversorgung des Montferrato. Heft 18.

Pumpen- und Brunnenbau, Bohrtechnik:

120. Beger, Die Wasserversorgung der Stadt Hannover im Mittelalter. Heft 13/14.

Technisches Gemeindeblatt:

121. Heilmann, Gesamtwasserwirtschaft und gemeindliche Wasserwirtschaft. Heft 6.

1944

Das Gas- und Wasserfach:

122. Meyer, A. F., Die wasserwirtschaftliche Generalplanung. Heft 4.
123. Hannemann, Die ländliche Wasserversorgung — die Pionierarbeit von Baudirektor Dr. Karl von Ehmann. Heft 5.

Der Gesundheits-Ingenieur:

124. Germani, Wasserversorgung und Entwässerung der Hauptstadt von Rumänien. Heft 1.
125. Wassileff, Gegenwart und Zukunft der Wasserversorgung in der südöstlichen Dobrudscha. Heft 1.

126. Züblin, Grundwasserversorgung einer karstigen Hochebene durch ein tief-
gelegenes Pumpwerk. Heft 1.

Technisches Gemeindeblatt:

127. Kehr, Die Siedlungswasserwirtschaft beim Wiederaufbau unserer Städte.
Heft 6.
128. Engelbert, Zusätzliche Löschwasserversorgung. Heft 6.

1947

Das Gas- und Wasserfach:

129. Bruns, Zur Frage der hygienischen Betreuung der Wasserversorgungsanlagen in Stadt und Land. Heft 1.
130. Seeberger, Die Wasserversorgung in Bayern von 1939—1946. Heft 2.
131. Imhoff, Fritz, Besondere Gesichtspunkte bei der Wasserversorgung des
rheinisch-westfälischen Industriereviers. Heft 3.
132. Carlé, Die Rolle des Waldes im Wasserhaushalt. Heft 4.
133. Walz, Das Wasser im Stadtbild, Heft 4.
134. Bruns, Neubearbeitung der Leitsätze für die Trinkwasserversorgung DIN
2000. Heft 5.
135. Schemel, Wasserversorgung im Rahmen der Wasserwirtschaft. Heft 5.

1948

Das Gas- und Wasserfach:

136. Merkel, Die Wiesbadener Tagung der Trinkwasser- und Abwasserfachleute.
Heft 1.
137. Carlé, Aufgaben und Leistungen der Wasserwirtschaft Spanisch-Galiciens.
Heft 3.
138. Heck, Die hydrogeologischen Grundlagen für die künftige Wasserwirtschaft in Schleswig-Holstein. Heft 5.
139. Daur, Ursachen und Auswirkungen des Sommers 1947 auf die Wasserversorgungen. Heft 6.
140. Weldert, Die Bewirtschaftung des Wassers — Kommunal — Zonal — Inter-
zonal? Heft 10.
141. Marquardt, Neuzeitliche Wasserwirtschaft im Rahmen der gesamten Volkswirtschaft. Heft 12.

Der Gesundheits-Ingenieur:

142. Holtschmidt, Großstadt und Wasserwirtschaft. Heft 4—5.

Die Bautechnik:

143. van Rinsum, Die Aufgaben und Ziele der Gewässerkunde in Bayern. Heft 10.

Schweiz. Verein von Gas- und Wasserfachmännern. Monats-Bulletin:

144. Schenker, Eau du Seyon, sources de l'Areuse et eau du lac. Heft 12.

1949

Das Gas- und Wasserfach:

145. Wundt, Die deutschen Wasserkraftwerke im Rahmen des Wasserkreislaufes. Heft 2.
146. Kreuz, Der Wasserhaushalt. Heft 2.
147. Paret, Die römische Wasserleitung von Rottenburg, ein antikes Fein-
nivellement. Heft 2.

148. Walz, Wasser in der Landschaft. Heft 4.
149. Krauß, Über die künftige Wasserversorgung von Württemberg. Heft 7.
150. Marquardt, Wasserwirtschaftliches Denken in der Wasserversorgung. Heft 9.
151. Marquardt, Die wasserwirtschaftliche Generalplanung. Heft 10.
152. Pöpel, Das Abwasser und seine Beziehung zur Wasserversorgung. Heft 16.
153. Paret, Wasserversorgung als Kulturaufgabe im Wandel der Zeiten und bei den verschiedenen Völkern. Heft 17/18.
154. Clodius, Wasserbedarfszahlen. Heft 17/18.
155. Haase, Möglichkeiten und Grenzen einer Abfluß-Vorhersage. Heft 19.

Der Gesundheits-Ingenieur:

156. Kruse, Hygienische Leitsätze für die Wasserversorgung. Heft 15/16.

Schweiz. Verein von Gas- und Wasserfachmännern. Monats-Bulletin:

157. Bosshard, Eindrücke vom Kongreß der internationalen Vereinigung der Wasserfachleute in Amsterdam. Heft 11.
158. Leisinger, Die Wasserversorgung der Stadt Basel und deren Weiterentwicklung. Heft 12.

Die Wasserwirtschaft:

159. Bruns, Wasserversorgung und Abwasserbeseitigung im Rahmen der Wasserwirtschaft. Heft 10.
160. Sperling, Die Entwicklung der Gewässerkunde als Wissenschaft. Heft 11.

1950

Das Gas- und Wasserfach:

161. Wundt, Wasserkreislauf und Wasserversorgung in Deutschland. Heft 2.
162. Herzfeld, Hochwasserschutz in den Andenländern. Heft 2.
163. Clodius, Wasser-Bedarfssätze. Heft 4.
164. —.—, Blick in das englische Wasserversorgungswesen. Heft 6.
165. Clodius, Wo finde ich Literatur aus dem Wasserfach? Heft 6.
166. Clodius, Rückblick auf die Siedlungswasserwirtschaft des Bundesgebietes im Jahre 1949. Heft 10.
167. Schmidt-Thomé, Der Einfluß der Alpengletscher auf den Wasserhaushalt der süddeutschen Flüsse. Heft 10.
168. van Rinsum, Zur Gewässerkunde in Bayern. Heft 14.
169. —.—, Stand der Wasserversorgung in Niedersachsen. Heft 14.
170. Pallasch, Gegenwartsaufgaben der Wasserversorgung beim Bund, den Ländern und Gemeinden. Heft 20.

Der Gesundheits-Ingenieur:

171. Mittag, Die Bedeutung der Maßordnung für den Ingenieur. Heft 3/4.
172. Müller, W., Wasserversorgung und Abwasserbehandlung in Australien. Heft 9/10.

Schweiz. Verein von Gas- und Wasserfachmännern. Monats-Bulletin:

173. Leisinger, Kongreß der International Water Supply Association in Amsterdam vom 19. bis 24. 9. 1949. Heft 1.

Österreichische Wasserwirtschaft:

174. Salcher, Der hydrographische Dienst Österreichs in den Jahren 1945—1949. Heft 1—2.
175. Seidling, Jahresbericht 1949 über aus Bundesmitteln geförderte Wasserversorgungs- und Kanalisationsanlagen. Heft 1—2.

Die Wasserwirtschaft:

176. Merkel, Grundlagen und Grenzen der wasserwirtschaftlichen Generalplanung. Heft 4.

1951

Das Gas- und Wasserfach:

177. Koehne, Notwendige, gewässerkundliche Gesichtspunkte bei der Wasserversorgung. Heft 4.
178. Herzfeld, Wasserversorgung in den Andenländern. Heft 4.
179. —.—, Stand der Wasserversorgung in den Niederlanden. Heft 4.
180. —.—, Die Entwicklung der Wasserversorgung in Belgien während der
letzten hundert Jahre. Heft 4.
181. —.—, Trinkwasserversorgung von holländischen Meiereibetrieben. Heft 4.
182. Keller, Der Wasserbedarf — ein unsicherer Faktor. Heft 4.
183. —.—, Wasserverbrauch in den USA. Heft 4.
184. —.—, Der häusliche und gewerbliche Wasserverbrauch in der Gegenwart
und in der Zukunft. Heft 4.
185. Pallasch, Die Wasserversorgung im Bundesgebiet im Jahre 1950. Heft 10.
186. Marquardt, Die geplante Fernwasserversorgung des Gipskeupergebietes von
West-Mittelfranken. Heft 10.
187. Stimmelmayr, Die Wasserversorgung von Burghausen. Heft 10.
188. Kohl, Die Wasserversorgung der Stadt Hagen. Heft 14.
189. Beck, Die Seewasserversorgung der Stadt Lindau. Heft 18.
190. Roelen, Kohle-Eisen-Wasser. Heft 24.

Gesundheits-Ingenieur:

191. Schmidt, Flußgrundwasser. Heft 10.
192. Wolf, Überblick über die Wasserversorgung in Thüringen. Heft 11/12.

Österreichische Wasserwirtschaft:

193. Grenng, Die kaledonische Provinz der europäischen Wasserkraft. Heft 1.
194. —.—, Wasserwirtschaftstagung 1951 in Bregenz, Vorarlberg. Heft 8/9.
195. Ammann, Wasserwirtschaft in den USA. Heft 8/9.
196. Töndury, Die bündnerische Wasserwirtschaft. Heft 8/9.
197. Waltl, Von der Wasserabwehr zur Wasserwirtschaft. Heft 12.

Die Wasserwirtschaft:

198. Schneider, H., Über die Ursachen der in Mitteleuropa beobachteten Grundwassersenkungen. Heft 1.
199. Loos und Mauz, Vorarbeiten für die Wasserversorgung eines großen Industriewerkes. Heft 5.
200. Haase, Über Höchstabflußspenden im Mittelgebirge. Heft 7.
201. Oberste-Brink, Die Wasserwirtschaft des Ruhrbezirks und ihre Organisation
Heft 12.

Abschnitt II (Beschaffenheit, Untersuchung)

1938

Das Gas- und Wasserfach:

1. Klut, Die wirtschaftliche Bedeutung eisen- und manganhaltiger Wässer
Heft 1.
2. Gad, Die Bestimmung von Nitraten im Wasser bei Gegenwart von Nitriten.
Heft 1.

3. Tänzler, Über die Bestimmung von freiem Chlor im Trinkwasser. Heft 2.
4. Beger, Die Biologie der Manganfällung durch Eisenbakterien. Heft 3.
5. Gad, Eine einfache kolorimetrische Methode zur Bestimmung des im Wasser gelösten Sauerstoffs. Heft 4.
6. Beger, Maßnahmen gegen das Auftreten von Eisenbakterien im Wasserwerksbetrieb. Heft 6.
7. Schaaff, Das neue Wasserwerk der Stadt Ludwigshafen a. Rh. Heft 10.
8. Gad und Naumann, Der Nachweis und die kolorimetrische Bestimmung des Aluminiums im Wasser in Gegenwart von Fluoriden. Heft 10.
9. Gad und Naumann, Die kolorimetrische Bestimmung des Fluors im Wasser. Heft 11.
10. Naumann, Die Wasserversorgung von London. Heft 12.
11. Nöthlich, Neuere Grundwasseruntersuchungen im Berliner Grunewald aus den Jahren 1934 bis 1937. Heft 18.
12. Pfeiffer, 50 Jahre Leipziger Wasserversorgung. Heft 22.
13. Wiederhold und Heinsen, Die Fernwasserversorgung aus der Sösetalsperre. Heft 22.
14. Petrik, Über den Einfluß der Brunnenbauart auf die Güte des geschöpften Wassers. Heft 22.
15. Kooijmans, Korrosion und Schutzschichtbildung durch Leitungswasser. Heft 34/35.
16. Offe, Schadenverhütung durch richtige Wasseruntersuchung. Heft 50.
17. Haupt, Einiges von Oberlausitzer Grundwässern. Heft 52.

Gesundheits-Ingenieur:
18. Nolte und Bandt, Die Bestimmung flüchtiger organischer Säuren im Wasser und Abwasser bei Gegenwart von Nitrit und Phenol. Heft 6.

1939

Das Gas- und Wasserfach:
19. Spitta, Sinn und Bedeutung der „Keimzahl" bei der bakteriologischen Wasseruntersuchung. Heft 2.
20. Schmidt, Was ist bei der Entnahme und Untersuchung von Wasserproben zu beachten? Heft 8.
21. Gad und Naumann, Der Nachweis und die kolorimetrische Bestimmung von Zink im Wasser mit Dithizon. Heft 10.
22. Husmann, Der augenblickliche Salz- und Mineralstoffgehalt des Wassers der Lippe und seine Eignung als Trink- und Brauchwasser. Heft 11.
23. Müller, Die geologischen Grundlagen der Wasserversorgung im Sudetenland. Heft 20.
24. Nuß, Neue Beobachtungen in der Wasserforschung. Heft 20.
25. Otten und v. Heyking, Geophysik im Wasserfach. Heft 20.
26. Austen, Physikalische und chemische Beobachtungen bei der Grundwasseranreicherung. Heft 34.
27. Tregl, Vereinfachte Errechnung der zugehörigen Kohlensäure in natürlichen Wässern und einige praktische Anwendungen. Heft 42.
28. Schumacher, Untersuchungen über den Enteisenungsverlauf in einem Schnellfilter. Heft 44/45.

Gesundheits-Ingenieur:
29. Haupt, Die Bleiaufnahme im Trinkwasser. Heft 11.
30. Höll, Die Entfernung von Kupfer aus Wasser und Abwasser. Heft 14.

1940

Das Gas- und Wasserfach:

31. Lang und Bruns, Über die Verunreinigung des Grundwassers durch chemische Stoffe. Heft 1.
32. Wette, Der Einfluß der Mineralsäurehärte auf das Kalk-Kohlensäure-Gleichgewicht. Heft 4.
33. Baier, Die wissenschaftlichen Grundlagen der bakteriologischen Wasseruntersuchung. Heft 28.

Gesundheits-Ingenieur:

34. Die Angriffslust des Wassers. Heft 7.
35. Haase, Neuere Ansichten über die Aggressivität des Wassers. Heft 9.
36. Spitta, Die Bedeutung der chemischen Untersuchung des Trinkwassers für seine hygienische Beurteilung. Heft 36.

1941

Das Gas- und Wasserfach:

37. Sattler, Anforderungen an die Wasserbeschaffenheit und Kleinanlagen zur Wasseraufbereitung für die ländliche Wasserversorgung. Heft 7.
38. Hofmann, Der Schutz von Grund- und Quellwassergewinnungsanlagen gegen Verunreinigungen. Heft 51/52.

Gesundheits-Ingenieur:

39. Ehrismann, Zur Hygiene der Speiseeisbereitung. Heft 28.
40. Kuntze, Selbsttätige Aufzeichnung und Regelung von pH-Werten. Heft 37.

Pumpen- und Brunnenbau, Bohrtechnik:

41. Schacht, Hartes Wasser. Heft 12.

Zeitschrift des Vereins Deutscher Ingenieure:

42. Kuntze, Selbsttätige Aufzeichnung der Wasserstoffionenkonzentration (pH-Wert). Heft 40.

1942

Das Gas- und Wasserfach:

43. Baier, Sulfatreduzierende Bakterien in technischen Anlagen. Heft 3/4.
44. Spitta, Spielt die Luft als Infektionsträger in Wasserversorgungsanlagen eine Rolle? Heft 35/36.
45. Olszewski und Köhler, Ersatznährböden für die bakteriologische Wasseruntersuchung. Heft 43/44.
46. Kegel, Schutzschichtbildung bei sehr weichen Wässern. Heft 45/46.
47. Schotte, Sulfatreduzierende Bakterien in technischen Anlagen. Heft 51/52.

Deutsche Wasserwirtschaft:

48. Olszewski und Köhler, Orientierende bakteriologische Wasseruntersuchungen an Ort und Stelle mit Hilfe von Ersatznährböden. Heft 12.

Der Gesundheits-Ingenieur:

49. Haase, Wassergütewirtschaft und Stofferhaltung. Heft 3/4.
50. Egger, Grundwasserbeeinflussung durch industrielle Anlagen. Heft 15/16.
51. Keller, Geologischer Untergrund, chemische Verunreinigungsanzeiger und bakteriologischer Befund bei erbohrten Grundwässern. Heft 23/24, 25/26.
52. Lillja, Die Wasserversorgungsverhältnisse in Finnland. Heft 33/34.

53. Papp, Zugehöriger Kohlensäuregehalt von im Kalk-Kohlensäure-Gleich-
    gewicht befindlichen Wässern und die Berechnung der kalkaggressiven Koh-
    lensäure. Heft 39/40.

Technisches Gemeindeblatt:

54. —.—, Wasserbeschaffenheit, Wasserbedarf und Wasserbeschaffung für
    öffentliche Trinkwasserversorgungsanlagen. Heft 3.
55. Dahlhaus, Bau und Betrieb gemeindlicher Wasserwerke. Heft 7.

Zeitschrift des Vereins Deutscher Ingenieure:

56. Sierp und Fränsenmeier, Messung des pH-Wertes von Flüssigkeiten durch
    Farbmischungsanzeige. Heft 1/2.

1943

Das Gas- und Wasserfach:

57. Geilhofer, Ergebnisse und Erkenntnisse aus Bodentemperaturmessungen.
    Heft 17.

Der Gesundheits-Ingenieur:

58. Olszewski, Bestimmung des freien Chlors mit Benzidin. Heft 3/4.
59. Wilcke, Gütezahl für Grund- und Quellwasser. Heft 7/8.
60. Noll, Brunnendrahtwürmer in Wasserversorgungsanlagen. Heft 17.

1944

Das Gas- und Wasserfach:

61. Seifert, O., Nomographische Ermittlung der zugehörigen und aggressiven
    Kohlensäure in natürlichen Wässern. Heft 4.

1947

Der Gesundheits-Ingenieur:

62. Gad und Priegnitz, Eine einfache Methode zum Nachweis und zur kolori-
    metrischen Bestimmung kleiner Manganmengen im Wasser. Heft 3.
63. Gad und Schlichting, Zur Bestimmung des freien Chlors im Trink- und Bade-
    wasser. Heft 5.
64. Gad und Priegnitz, Zur Bestimmung von freiem Chlor im Wasser mit chlor-
    empfindlichen Farbstoffen. Heft 6.

1948

Das Gas- und Wasserfach:

65. Bruns, Zur bakteriologischen Trinkwasseruntersuchung. Heft 2.

Der Gesundheits-Ingenieur:

66. Gad, Die titrimetrische Bestimmung des im Wasser gelösten Sauerstoffs
    ohne Verwendung jodhaltiger Reagenzien. Heft 1.
67. Gad, Knetsch und Schlichting, Ein Beitrag zur Nitratbestimmung im Wasser.
    Heft 4/5.
68. Gad und Manthey, Zwei neue Schnell-Methoden zur Bestimmung der Ge-
    samthärte im Wasser. Heft 7.
69. Sierp, Die amerikanischen Einheitsmethoden zur Untersuchung von Wasser
    und Abwasser. Heft 9.
70. Gad, Vereinfachte Bestimmung des freien Chlors im Wasser mit o-Tolidin.
    Heft 11.

71. Gad und Becker, Eine neue kolorimetrische Methode zur Bestimmung des im Wasser gelösten Sauerstoffs ohne Verwendung von Jodverbindungen. Heft 12.

Schweiz. Verein von Gas- und Wasserfachmännern. Monats-Bulletin:

72. Leisinger, Die Normierung der Wasseruntersuchungsmethoden. Heft 8.

1949

Das Gas- und Wasserfach:

73. Kruse, Die Bestimmung von kleinsten Eisenmengen im Wasser. Heft 5.
74. —.—, Die Bestimmung des pH-Wertes und Redoxpotential. Heft 5.
75. Müller, Josef, Enorme Schwankungen im Eisengehalt eines Tiefbrunnenwassers und deren Erklärung. Heft 23.

Der Gesundheits-Ingenieur:

76. Fischinger, Beitrag zur quantitativen Bestimmung des Magnesiums mit Hilfe von o-Oxychinolin. Heft 5/6.
77. Kruse, Das Membranfilter in der Wasserbakteriologie. Heft 9/10.
78. Gad und Knetsch, Die chemische Wasseranalyse aus kleinsten Mengen. Heft 15/16.
79. Beger, Bakterielle Schleim- und Gallertbildungen in Trinkwasseranlagen. Heft 21/22.
80. Müller, Joh., Beitrag zur kolorimetrischen Bleibestimmung im Trinkwasser. Heft 23/24.

1950

Das Gas- und Wasserfach:

81. Beger, Springschwänze und Süßwassermedusen in Trink- und Brauchwasseranlagen. Heft 10.
82. —.—, Rechnerisch und experimentell ermittelte pH-Werte und Gehalte an zugehöriger Kohlensäure in natürlichen Wässern und die Ursachen ihrer Differenzen. Heft 14.
83. Töller und Köhle, Über den Gehalt an Cl-Ionen im Rheinwasser. Heft 24.

Der Gesundheits-Ingenieur:

84. Gad und Manthey, Zur Gesamteisenbestimmung im Wasser. Heft 1/2.
85. Meyer, H. J., Zur Bestimmung der Gesamthärte nach Gad und Manthey sowie über eine neue Schnell-Methode zur Bestimmung des Sulfatgehaltes. Heft 11/12.
86. Schroeder, Zur Bestimmung der organischen Stoffe im Wasser und Abwasser mit alkalischer Permanganatlösung. Heft 13/14.
87. Schroeder, Aus der Praxis der Wasseruntersuchung an Ort und Stelle. Heft 17/18.
88. Müller, Johannes, Schutzschichtbildung in Bleirohren durch ein sehr weiches Wasser. Heft 19/20.

Schweiz. Verein von Gas- und Wasserfachmännern. Monats-Bulletin:

89. Leisinger, Das Laboratorium des Wasserwerks der Stadt Basel. Heft 1.

1951

Das Gas- und Wasserfach:

90. Müller, J., Einige grundsätzliche Betrachtungen zur Schutzschichtbildung auf Blei und zur Bleilöslichkeit im Trinkwasser. Heft 4.
91. Bruns, Untersuchungen zur bakteriologischen und chemischen Beurteilung ostfriesischer Zisternen. Heft 8.

Der Gesundheits-Ingenieur:

92. Kohl, Die Radioaktivität der Wässer und ihre Ursachen. Heft 3.
93. Kordatzki, Kontinuierliche pH-Messung von Wässern und Abwässern. Heft 4.
94. Kruse, Zur hygienischen Überwachung der Trinkwasserversorgungsanlagen. Heft 5.
95. Frers, Das Maß für die Wirksamkeit der Chlorung. Heft 7/8.
96. Nöring, Einflüsse der Kunstdüngung auf den Chemismus des Grundwassers. Heft 11/12.
97. Gad und Manthey, Zur Bestimmung von Chlordioxyd im Wasser. Heft 21

Schweiz. Verein von Gas- und Wasserfachmännern. Monats-Bulletin:

98. Mooser, Durch Wasser bedingte Krankheiten des Menschen. Heft 5.
99. Wuhrmann, Bakteriologie und bakteriologische Beurteilung des Trinkwassers. Heft 7.
100. Corti, Gewässerschutz und Trinkwasserversorgung. Heft 8.
101. Mohler, Eisen und Mangan als störende Faktoren im Grundwasser. Heft 9.
102. Wuhrmann, Gefährdung von Trinkwasersvorkommen durch Abwässer. Heft 11.

Abschnitt III (Wasservorkommen)

1938

Das Gas- und Wasserfach:

1. Nöthlich, Neuere Grundwasseruntersuchungen im Berliner Grunewald aus den Jahren 1934 bis 1937. Heft 18.
2. Haupt, Einiges von Oberlausitzer Grundwässern. Heft 52.

Deutsche Wasserwirtschaft:

3. Denner und Mösenthin, Die Grundwasserverhältnisse in Berlin-Innenstadt seit 1870. Heft 1.
4. Reuter, Geologie und Wasserversorgung im Rahmen der bayerischen Wasserwirtschaft. Heft 10.

Gesundheits-Ingenieur:

5. Kaeß, Die Eigenwasserversorgung im Düsseldorfer Stadtgebiet vom hygienischen Standpunkt aus betrachtet. Heft 5.
6. Nöthlich, Die Grundwasserbewegung im Grunewald bei Berlin in den Jahren 1931 bis 1937. Heft 21.
7. Nöthlich, Die Kenntnis der Grundwassertemperatur. Heft 26.

Pumpen- und Brunnenbau, Bohrtechnik:

8. Thiem, Hydrologische Ergebnisse einer Tiefbohrung im Kreidesandstein für die Erweiterung der Wasserversorgung der Stadt Reichenberg (Böhmen) Heft 19/20.

Zeitschrift des österreichischen Vereins von Gas- und Wasserfachmännern:

9. Zatloukal, Wasserbeschaffung für Wasserleitungen in Niederösterreich. Heft 5/6.

1939

Das Gas- und Wasserfach:

10. Müller, Die geologischen Grundlagen der Wasserversorgung im Sudetenland. Heft 20.
11. Otten und v. Heyking Geophysik im Wasserfach. Heft 20.

12. Beurlen, Die Wasserversorgung in ihrer Abhängigkeit vom geologischen Bau des Untergrundes in Schleswig-Holstein. Heft 26.

13. Stiny, Die geologischen Grundlagen der Wiener Wasserversorgung. Heft 31.

14. Stanisavlievici, Alkalische Grundwässer geringer Härte in Bukarest. Heft 41.

15. Fritsch, Nachweis von Grundwasservorkommen durch die Verfahren der Funkmutung. Heft 46.

16. Schneider, Die wasserwirtschaftlich nutzbaren Grundwasserhorizonte der Münsterschen Bucht. Heft 49.

Deutsche Wasserwirtschaft:

17. Koehne, Grundwasserforschung und Raumordnung. Heft 6.

Pumpen- und Brunnenbau, Bohrtechnik:

18. Hundt, Die Grundwasserverhältnisse des Thüringischen Schiefergebirges. Heft 5.

Zeitschrift für öffentliche Wirtschaft:

19. Otto, Die Wasserversorgung des mitteldeutschen Raumes. Heft 6.

1940

Das Gas- und Wasserfach:

20. Räthe, Erfolgreiche Grundwassererschließung mit Hilfe geophysikalischer Messungen. Heft 31.

21. Schneider, Über die Wasserführung des Schiefersandsteins des mittleren Keupers bei Osnabrück. Heft 46.

1941

Das Gas- und Wasserfach:

22. Meyer, Die Wasserversorgung von Istrien. Heft 2.

23. Linke, Bedeutung der Zerfallserscheinungen radioaktiver Stoffe für die Wasserwirtschaft. Heft 9.

24. Hannemann, Untersuchung eines Wassergewinnungsgebietes durch Messung der Wasserradioaktivität. Heft 9.

25. Krauß, Einige Erfahrungen an Trinkwasserfassungen im Karst. Heft 16.

26. Keller, Methodisches zur geohydrologischen Erkundung der Grundwasserverhältnisse. Heft 21.

27. Schneider, Der geologisch-hydrologische Aufbau der Baumberge. Heft 23, 24, 25.

28. Troßbach, Zur Geschichte der Wasserversorgung der Stadt Metz. Heft 36.

Deutsche Wasserwirtschaft:

29. Holler, Zum Strömungsgesetz der Grundwasserbewegung. Heft 1.

30. Bollmann, Der Wert von Grundwasserganglinien bei langfristiger Beobachtung. Heft 7.

31. Kirwald, Wald und Wasserhaushalt. Heft 9, 10.

32. Koehne, Die Wasserspeicherung in unterirdischen Räumen. Heft 9.

33. Wundt, Grundwasser und natürliche Vorratsbildung in unseren Flußgebieten. Heft 12.

Gesundheits-Ingenieur:

34. Schneider, Über die Zusammenhänge von Korngrößenzusammensetzung, Durchlässigkeit, Mächtigkeit und Leistung von Grundwasserträgern mit freiem Spiegel in unverfestigten Sedimenten. Heft 5/6.

35. Linke, Bedeutung der Zerfallserscheinungen radioaktiver Stoffe für die
Wasserwirtschaft. Heft 15.
36. Nöthlich, Der Grundwasserhaushalt des Berliner Grunewaldes im letzten
Jahrzehnt. Heft 40.

Pumpen- und Brunnenbau, Bohrtechnik:

37. Hundt, Die Grundwasserverhältnisse des Buntsandsteines Ostthüringens.
Heft 1.

Wasserkraft und Wasserwirtschaft:

38. Meyer, Gerät zum Messen der Verdunstung, der Versickerung und des
Abflusses von Schnee. Heft 2.

1942

Das Gas- und Wasserfach:

39. Meyer, Wald und Wasserhaushalt. Heft 1/2.
40. Köhler, Beobachtungen und Erkenntnisse bei den Feldarbeiten für Grundwasseruntersuchungen in Böhmen. Heft 27/28.

Der Gesundheits-Ingenieur:

41. Haase, Wassergütewirtschaft und Stofferhaltung. Heft 3/4.
42. Keller, Geologischer Untergrund, chemische Verunreinigungsanzeiger und
bakteriologischer Befund bei erbohrten Grundwässern. Heft 23/24, 25/26.

Pumpen- und Brunnenbau, Bohrtechnik:

43. Falke, Die Grundwasserverhältnisse im Deckgebirge des Aachener Stein-
kohlengebietes. Heft 2.
44. Bülow, Die Grundwasserkarte von Mecklenburg. Heft 4.
45. Haase, Wassergütewirtschaft und Wasseraufbereitung in der Industrie unter
Berücksichtigung von Standortfragen. Heft 9/10, 11.

Technisches Gemeindeblatt:

46. Thiem, Hydrologische Grundbegriffe für gemeindliche Wasserversorgungen.
Heft 2.

1943

Pumpen- und Brunnenbau, Bohrtechnik:

47. Bülow, Aufgabe und Grenzen geologischer Beratung im Brunnenbau. Heft
11/12.

1944

Das Gas- und Wasserfach:

48. Graupner, Die Wasserformel — eine abgekürzte Darstellung nutzbarer
Wasservorkommen. Heft 4.

Der Gesundheits-Ingenieur:

49. Lehr, Die Bildung von Grundwasser in der pfälzischen Rheinebene und
im Pfälzerwald. Heft 4.

1948

Das Gas- und Wasserfach:

50. Meyer, Aug. F., Die hydrogeologischen Grundlagen für die Entwicklung
der Wasserversorgung Württembergs. Heft 1.
51. Nöthlich, Ein Beitrag zur Schwankung des Grundwasserstandes in der
Berliner Innenstadt auf Grund 65jähriger Beobachtungsreihen (1870 bis
1935). Heft 4.

52. Schuster, Erforschung, Erschließung und Bewirtschaftung von Wasservorkommen für die Wasserversorgung. Heft 7.
53. Haase, Die Folgen der Entwaldung des Harzes auf die Wasserführung und die Erosion. Heft 9.

1949

Das Gas- und Wasserfach:

54. Bieske, Möglichkeiten großräumiger Wasserversorgung in Hessen. Heft 9.
55. Michels und Nöring, Die geologischen Grundlagen der Trinkwasserversorgung der Stadt Frankfurt/Main. Heft 9.
56. Hertlein, Die Feststellung von Wasservorkommen mittels elektrischer Widerstandsmessungen. Heft 10.
57. Merkel, Regenspenden in der tropischen und der gemäßigten Zone. Heft 14.
58. Schmehle, Zur Trinkwasserversorgung der Schwäbischen Alb. Heft 16.
59. Thiele, Der elektrische spezifische Widerstand, eine hydrologische Kennzahl. Heft 17/18.
60. Reiter, Neue Beiträge zum Wünschelrutenproblem. Heft 20.

Die Wasserwirtschaft:

61. Klinckowstroem, Das Problem der Wünschelrute. Heft 7.
62. von Maltzahn, Zum Problem der Wünschelrute. Heft 7.
63. Haase, Die Organisation des meteorologischen und hydrometrischen Dienstes im Westharz. Heft 11.
64. Schneider, H., Geohydrologische und hydrochemische Arbeitsverfahren und Einheitskarten in der siedlungswasserwirtschaftlichen Generalplanung. Heft 2.
65. v. Bühler, Erkenntnisse in der Erfassung des Wasservorrates im linksniederrheinischen Entwässerungsgebiet. Heft 3.

1950

Das Gas- und Wasserfach:

66. Carlé, Die Schichtlagerungskarte, eine Hilfe bei der Wassersuche. Heft 4.
67. Thiem, G., Grundwasservorkommen im Land Sachsen. Heft 6.
68. Denner, Zum Problem der Wünschelrute. Heft 18.
69. Knoch, Schwankungen der regionalen Verteilung und der Jahresmenge der Niederschläge in Deutschland. Heft 20.
70. Friedrich, Wilhelm, Über die Verdunstung vom Erdboden. Heft 24.
71. Oehler, Beobachtungen bei Lysimetermessungen in Ankara (Türkei). Heft 24.

Österreichische Wasserwirtschaft:

72. Ramsauer, Das Wasser im Boden. Heft 5.

Die Wasserwirtschaft:

73. Schroeder, Die wirtschaftliche Ausnutzung unserer Wasservorräte. Heft 5.

1951

Das Gas- und Wasserfach:

74. Knorr, Zur hygienischen Beurteilung der Ergänzung und des Schutzes großer Grundwasservorkommen. Heft 10.
75. Hundt, Hydrologische Beobachtungen in einem bisher unbekannten Ostthüringer Karstgebiet. Heft 12.
76. Wundt, Grundwasservorkommen im Gebiet der oberen Donau. Heft 12.

Schweiz. Verein von Gas- und Wasserfachmännern. Monats-Bulletin:

77. Kopp, Die Wasserfassung Vogel bei Malters (Kt. Luzern). Heft 2.
78. Gubelmann, Grundwasser. Heft 6.
79. Minder, Der See als Großspeicher für die Wasserversorgung. Heft 7.

Österreichische Wasserwirtschaft:

80. Frey, Fuschlsee-Wasser für Salzburg. Heft 7.
81. Grubinger, Gespannte Grundwässer im südlichen Wiener Becken. Heft 12.

Die Wasserwirtschaft:

82. Schütz und von Bühler, Zur Frage der Wechselbeziehung zwischen Fluß- und Grundwasser am Rhein. Heft 12.

Abschnitt IV (Wasserentnahme)

1938

Das Gas- und Wasserfach:

1. Götting, Werkstoffumstellungen und Werkstoffeinsparungen im Wasserwerksbetrieb. Heft 22.
2. Petrik, Über den Einfluß der Brunnenbauart auf die Güte des geschöpften Wassers. Heft 22.
3. Wiederhold und Heinsen, Die Fernwasserversorgung aus der Sösetalsperre. Heft 27/28.
4. Marquardt, Eisenbeton in der Wasserversorgung. Heft 30.
5. Sattler, Beiträge zur Technik der Aufbereitung von Oberflächenwasser. Heft 31.
6. Faber, Die Fernwasserleitung von Costa Rica. Heft 36.
7. Peter, Künstliche Beeinflussung der Quelltemperaturen im Plötzenfließtal bei Steinbusch, Neumark. Heft 42.

Der Bauingenieur:

8. Bachus, Die Bouldersperre. Heft 27/28.

Deutsche Wasserwirtschaft:

9. Natzschke, Die Talsperre Pirk des Weißelsterverbandes. Heft 3.
10. Lamberg, Die Wassergewinnungsanlagen des Wasserwerks des Landkreises Aachen unter besonderer Berücksichtigung der neuen Kallsperre. Heft 7.
11. Schatz, Der Bau des Staudammes der Ruhrtalsperre Schwammenauel. Heft 7.
12. Gunzelmann, Die Entlastungsanlagen der Ruhrtalsperre Schwammenauel. Heft 7.
13. Geis, Erfahrungen beim Einstau und bei den Dichtungsarbeiten der Kallsperre. Heft 7.

Gesundheits-Ingenieur:

14. Stimmelmayr, Die Rhön-Maintal-Gruppenwasserversorgung. Heft 31.

Mitteilungen der Landwirtschaft

15. Hosemann, Der künstliche- feststehende Schottermantel aus Steinzeug im Brunnenbau. Heft 3.
16. Taute, Rohrbrunnen oder Schachtbrunnen? Heft 31.

Pumpen- und Brunnenbau, Bohrtechnik:

17. Brinkhaus, Brunnen in der Nähe von Flußläufen. Heft 14.

Wasserkraft und Wasserwirtschaft:

18. Vogt, Die Wasserversorgung der Industrie mit geklärtem und mit natürlich filtriertem Oberflächenwasser. Heft 9/10.
19. —.—, Die Wasserversorgung des Salzgittergebietes durch Talsperren und Speicherbecken. Heft 9/10.
20. Kühnell, Englische Talsperren. Heft 19/20.
21. Gabran, Von Frost- und Schneeverhältnissen abhängige zeitliche Änderungen des Grundwasserzuflusses in Wasserläufe. Heft 21/22.

1939

Das Gas- und Wasserfach:

22. Müller, Die artesischen Brunnen des Memeler Wasserwerks. Heft 1.
23. Krahl, Erfolgreicher Ausbau einer größeren zentralen Wasserversorgung. Heft 5.
24. Krahl, Verwendung von Heimstoffen im Brunnenbau. Heft 7.
25. Großmann, Einfache Maßnahmen zur Steigerung der Förderleistung eines älteren Gruppenwasserwerkes. Heft 28.
26. Jenikowsky, Die Wasserversorgung der Stadt Wien. Heft 28.
27. Bruns, Die Kallbachtalsperre des Wasserwerkes des Landkreises Aachen in hygienischer Hinsicht. Heft 32.
28. Austen, Physikalische und chemische Beobachtungen bei der Grundwasseranreicherung. Heft 34.
29. Stanisavlievici, Alkalische Grundwässer geringer Härte in Bukarest. Heft 41.
30. Fritsch, Nachweis von Grundwasservorkommen durch die Verfahren der Funkmutung. Heft 46.
31. Schneider, Die wasserwirtschaftlich nutzbaren Grundwasserhorizonte der Münsterschen Bucht. Heft 49.

Deutsche Wasserwirtschaft:

32. Streck, Die Verbesserung der Wasserwirtschaft im Erftgebiet durch den Bau von Talsperren. Heft 4.
33. Koehne, Grundwasserforschung und Raumordnung. Heft 6.
34. Prüß, Einheitliche Bewirtschaftung von Wasser und Abwasser in ganzen Flußgebieten unter besonderer Berücksichtigung der Verhältnisse an der Ruhr. Heft 6.

Gesundheits-Ingenieur:

35. Marquardt, Baustoffe und Werkstofffragen in der Wasserversorgung. Heft 7.
36. —.—, Neuere Patente aus dem Gebiet der Wasserversorgung. Heft 50.

Pumpen- und Brunnenbau, Bohrtechnik:

37. Thiem, Quellenmenge und Quellenenergie in ihren Beziehungen zur Wasserversorgung. Heft 22/23.

Technisches Gemeindeblatt:

38. Müller, Die Wasserversorgung der Gemeinde Reinach. S. 86 ff.

1940

Das Gas- und Wasserfach:

39. Lang und Bruns, Über die Verunreinigung des Grundwassers durch chemische Stoffe. Heft 1.
40. Köhler, Wasserversorgung und geologischer Aufbau des böhmischen Beckens. Heft 2.

41. Meyer, Kleine Talsperre für die ländliche Wasserversorgung. Heft 52.

Der Bauingenieur:

42. Ortn, Die Eupener Talsperre. Heft 29/30.

Forschungsberichte der T. H. Berlin-Charlottenburg, Ges. d. Freunde d. T. H.

43. Günther, 1. Untersuchung von Grundwasserströmungen durch analoge Strömungen zäher Flüssigkeiten. 2. Lösung von Grundwasseraufgaben mit Hilfe der Strömung in diesen Schichten. Bericht 39.

44. Kellner, Überblick über die Grundwasserverhältnisse in quartären Sedimenten des Ruhrgebietes. Heft 43.

Gesundheits-Ingenieur:

45. Möll, Hölzerne Rohrbrunnenfilter. Heft 46.

Zeitschrift der Akademie für Deutsches Recht:

46. Holler, Zum Begriff des Grundwassers. Heft 18.

1941

Das Gas- und Wasserfach:

47. Götting, Heimische Baustoffe in der Wasserversorgung. Heft 8.

48. Wolber, Erfahrungen beim Ausbau eines Wasserwerks mit Oberflächen- und Grundwasserversorgung. Heft 17.

49. Marung, Besondere Schwierigkeiten des Bohrbrunnenbaues. Heft 49/50.

50. Wolber, Erfahrungen beim Ausbau eines Wasserwerks mit Oberflächen- und Grundwasserversorgung. Heft 17.

Deutsche Wasserwirtschaft:

51. Hest, Die Wesertalsperre bei Eugen. Heft 2.

Gesundheits-Ingenieur:

52. Möll, Glas und Porzellan als Baustoffe für Rohrbrunnenfilter. Heft 9.

53. Franke, Wasserwirtschaftliche Voruntersuchungen für Talsperren. Heft 11.

54. Schneider, Versickerung und künstliche Grundwasseranreicherung. Heft 13, 14.

Pumpen- und Brunnenbau, Bohrtechnik:

55. Thiem, Abdichtung des Filterkorbes eines artesischen Brunnens gegen die Bohrrohrwandung. Heft 16.

56. —.—, Rohrbrunnenfilter aus keramischen Baustoffen. Heft 18.

57. Thiem, Eintrittswiderstände des Grundwassers bei Rohrbrunnen. Heft 23.

Rundschau deutscher Technik:

58. Vogt, Der selbstentlüftende Heber in der Wasserwirtschaft. Heft 38.

1942

Das Gas- und Wasserfach:

59. Röschmann, Besondere Schwierigkeiten im Bohrbrunnenbau. Heft 9/10.

60. Holler, Die Errichtung von Schutzgebieten für die Wassergewinnungsanlagen zur Trink- und Brauchwasserversorgung. Heft 23/24.

61. Truelsen, Neue Werkstoffe im Wasserwerksbau. Heft 23/24.

62. Sattler, Leistungssteigerung auf dem Gebiete der Wassergewinnung und -aufbereitung. Heft 47/48.

63. Momm, Ein neues Kreiswasserwerk. Heft 51/52.

Gesundheits-Ingenieur:

64. Möll, Rohrbrunnenfilter. Heft 1/2.
65. Lillja, Die Wasserversorgungsverhältnisse in Finnland. Heft 33/34.

Pumpen- und Brunnenbau, Bohrtechnik:

66. Hodez, Quellfassungen. Heft 6.
67. Dahlhaus, Zusammenhang zwischen Probepumpen und Wasserlieferung einer großen Fassungsreihe. Heft 15.
68. Dahlhaus, Bau und Betrieb gemeindlicher Wasserwerke. Heft 7.

Technisches Gemeindeblatt:

69. —.—, Wasserbeschaffenheit, Wasserbedarf und Wasserbeschaffung für öffentliche Trinkwasserversorgungsanlagen. Heft 3.

1943

Das Gas- und Wasserfach:

70. Truelsen, Vereinfachte Bestimmung der Ergiebigkeit von Grundwasserströmen. Heft 19.

Der Gesundheits-Ingenieur:

71. Baier, Natürlich versickertes und künstlich angereichertes Grundwasser. Heft 3/4.

Pumpen- und Brunnenbau, Bohrtechnik:

72. Roelcke, Über die filtrierenden Eigenschaften des Bodens und ihre Bedeutung für die Gewinnung einwandfreien Trinkwassers. Heft 3.
73. Hodez, Talsperren und Wasserversorgungsanlagen. Heft 4.
74. Dachler, Zusammenhang zwischen Probepumpen und Wasserlieferung einer größeren Fassungsreihe. Heft 7/8.

1944

Das Gas- und Wasserfach:

75. Marung, Technische Maßnahmen zur Brunnenhygiene. Heft 4.

1947

Das Gas- und Wasserfach:

76. Merkel, Die „Wasserfabrik". Heft 2.
77. Wiederhold, Die Fernwasserversorgung aus der Eckertalsperre. Heft 6.
78. Troßbach, Zur Frage einer Landeswasserversorgung von Württemberg aus dem Bodensee. Heft 6.

1948

Das Gas- und Wasserfach:

79. Seeberger, Methode zur Gewinnung von Grundwasser und Infiltrationswasser. „Ranney Water Collector Systems (Incorporated)". Heft 2.
80. Truelsen, Wassergewinnung aus schmalen Grundwasserströmen. Heft 5.
81. Bruns, Zu der „Angst vor der sogenannten Wasserfabrik". Heft 7.
82. Krauß, Die „Wasserfabrik" anders gesehen. Heft 7.
83. Merkel, Schlußworte zur „Wasserfabrik". Heft 7.

Der Gesundheits-Ingenieur:

84. Roemer, Über den Einfluß jahreszeitlich bedingter Faktoren auf die Beschaffenheit uferfiltrierten Reinwassers. Heft 2.

Schweiz. Verein von Gas- und Wasserfachmännern. Monats-Bulletin:

85. Lüscher, Limnologie und Wasserversorgung. Heft 9.
86. Lehmann, O., Neue Grundwasserfassung „Lerchenfeld" der Stadt Thun. Heft 11.
87. Gubelmann, Horizontale Filterfassungen. Heft 12.
88. Gubelmann, Grundwasserfassungen und Pumpanlagen in Cortébert für die Wasserversorgung der Freiberge. Heft 12.
89. Mercier, Perret, Station d'aeration au lac de Bret. Heft 2.

1949

Das Gas- und Wasserfach:

90. Bruns, Schutzgebiete für Wassergewinnungen. Heft 1.
91. Denner, Schutzgebiete bei Wassergewinnungsanlagen und Hydrogeologie. Heft 5.
92. Kranz, Überblick über Ergebnisse einer mißglückten Wünschelruten-Tiefbohrung auf Wasser in der Schwäbischen Hochalb. Heft 6.
93. Merkel, Eller, Dick, Untersuchungen über Grundwasserströmung. Heft 9.
94. Denner, Wald, Entwaldung und Grundwasserhaushalt. Heft 11.
95. Schroeder, Die Bedeutung des Grundwassers als Wasserreserve. Heft 15.
96. —.—, Talsperren in der planwirtschaftlichen Wasserversorgung. Heft 16.
97. Schmidt, Heinz, Abweichungen eines Ergiebigkeitsgesetzes bei einem Brunnen mit freiem Grundwasserspiegel. Heft 23.

Die Bautechnik:

98. Jörber und Riedesser, Druckluftgründungen in großen Wassertiefen. Heft 4.
99. Schatz, Die Eifeltalsperre, ihre Kriegsschäden und deren Behebung. Heft 12.

Schweiz. Verein von Gas- und Wasserfachmännern. Monats-Bulletin.

100. Schröder-Speck, Einige geologische und hydrologische Überlegungen bei der Grundwasserbeschaffung für Sierre(Wallis). Heft 4.
101. Peter, Die neue Grundwasserfassung „Raspille" der Stadt Sierre (Kt. Wallis). Heft 5.
102. Meier, W., Neufassung Hornsäge der Wasserversorgung der Stadt Winterthur. Heft 9, 10, 11, 12.

1950

Das Gas- und Wasserfach:

103. —.—, Die Dünenwasserleitung von s'Gravenhage. Heft 4.
104. Stadtwerke Düsseldorf, Neue Wege in der Wassergewinnung. Heft 10.
105. —.—, Entwicklung der Grundwasserverhältnisse im südwestdeutschen Raum. Heft 10.
106. Paavel, Die Entwicklung der Brunnentheorie. Heft 12.
107. Gandenberger, Grundlagen der Grundwasseranreicherung. Heft 12.
108. Wundt, Grundwasserkarten für die Oberrheinebene. Heft 14.
109. Grahmann, Witterung und Grundwasser im Bundesgebiet während des Abflußjahres 1949 und des Winters 1949/50. Heft 18.

Der Gesundheits-Ingenieur:

110. Gansloser, Ein Beitrag zur Theorie der Grundwasserströmung. Heft 3/4.
111. Schmidt, Heinz, Berechnung des Durchlässigkeitswertes einer wasserführenden Schicht aus der Spiegelhebung in einem Brunnen. Heft 3/4.
112. Kruse, Typhus-Epidemie durch Einpumpen von Flußwasser in eine Wasserleitung. Heft 3/4.

Die Bautechnik:

113. Preß, Schachtausführungen. Heft 1.
114. Ohde, Neue Erdstoff-Kennwerte. Heft 11.

Schweiz. Verein von Gas- und Wasserfachmännern. Monats-Bulletin:

115. Wegmann, Durch Coli-Infektion erkannte Mängel an Quellfassungen. Heft 2.
116. Boßhard, Erfahrungen an vertikalen und horizontalen Wasserfassungen beim stadtzürcherischen Grundwasserwerk Hardhof. Heft 4, 5.
117. —.—, Leitsätze für die Projektierung und Ausführung von Trinkwasserfassungen. Heft 6.
118. —.—, Directives pour l'étude et l'établissement d'installations de captage d'eau potable. Heft 7.

Österreichische Wasserwirtschaft:

119. Ascher, Die geologischen Gründe für die Wahl der Gewölbemauer bei der Limbergsperre, Kaprun. Heft 10.

Die Wasserwirtschaft:

120. Koehne, Ein eigenartiges Grundwassergebiet: Die Senne. Heft 7.
121. Keil, Die ingenieurgeologischen Aufgaben und Mitarbeit im Talsperrenbau. Heft 11.
122. Lewin, J.D., Übersicht über amerikanische Stauanlagen. Heft 12.
123. Schneider, H., Über die Ursache der in Mitteleuropa beobachteten Grundwassersenkungen. Heft 1.

1951

Das Gas- und Wasserfach:

124. Schlifka, Neuere Methoden der Grundwassererschließung. Heft 10.
125. Denner, Trümmerschuttablagerungen und Schutzgebiete für Wassergewinnungsanlagen. Heft 14.
126. Weidenbach, Die geologischen Grundlagen für die Festlegung von Schutzbezirken bei Wasserversorgungsanlagen. Heft 18.

Die Wasserwirtschaft:

127. Kaiser und Martens, Die Frage der Schutzgebiete für öffentliche Trinkwassergewinnungsanlagen. Heft 6.

Abschnitt V (Aufbereitung)

1938

Das Gas- und Wasserfach:

1. Tänzler, Über die Bestimmung von freiem Chlor im Trinkwasser. Heft 2.
2. Beger, Die Biologie der Manganfällung durch Eisenbakterien. Heft 3.
3. Schaaff, Das neue Wasserwerk der Stadt Ludwigshafen a. Rh. Heft 10.
4. Naumann, Die Wasserversorgung von London. Heft 12.
5. Waller, Beseitigung von jodoformartigem Chlorphenolgeschmack aus Trinkwasser. Heft 14.
6. Brüche, Der Schutz des Wasserrohrnetzes der Stadt Frankfurt a. M. Heft 17.
7. Wiederhold und Heinsen, Die Fernwasserversorgung aus der Sösetalsperre. Heft 22.
8. Link, Auf dem Wege zur physikalischen Wasserenthärtung. Heft 22.
9. Olszewski, Einige Probleme der Wasserreinigung. Heft 23.

10. Sprung, Die Erweiterung des Wasserwerkes III der Stadt Potsdam bei Eiche. Heft 26.
11. Sattler, Beiträge zur Technik der Aufbereitung von Oberflächenwasser. Heft 31.
12. Marschner, Betriebsergebnisse der geschlossenen Wasseraufbereitungsanlage des Wasserwerkes III der Stadt Potsdam. Heft 26.
13. Kooijmans, Korrosion und Schutzschichtbildung durch Leitungswasser. Heft 34/35.

Der Gesundheits-Ingenieur:

14. Stimmelmayr, Die Rhön-Maintal-Gruppenwasserversorgung. Heft 31.
15. Haase, Über Fällmittel, insbesondere die Verwendung von Tonerdenatron im Wasserfach. Heft 42.

Deutsche Licht- und Wasserfach-Zeitung:

16. Heller, Reinigung und Aufbereitung von Wasser, insbesondere Oberflächenwasser. Heft 17.

Pumpen- und Brunnenbau, Bohrtechnik:

17. Klut, Die Bedeutung eisen- und manganhaltiger Wässer im Wirtschaftsleben. Heft 26.

Technisches Gemeindeblatt:

18. Castner, Neues Verfahren zur Wasseraufbereitung (Magno). Heft 8.

Technik der Landwirtschaft:

19. Gorsler und Taute, Die Verbesserung des Trinkwassers durch Aufbereitungsanlagen. Heft 8.

1939

Das Gas- und Wasserfach:

20. Krahl, Erfolgreicher Ausbau einer größeren zentralen Wasserversorgung. Heft 5.
21. Naumann, Enteisenung durch Eisenzusatz. Heft 9.
22. Brüche, Die Entsäuerungsanlagen des Wasserwerks Frankfurt a. M. Heft 16.
23. Naumann, Physikalische und physikalisch-chemische Gesetzmäßigkeiten der Wasserbehandlung. Heft 20.
24. Schumacher, Untersuchungen über den Enteisenungsverlauf in einem Schnellfilter. Heft 44/45.
25. Kühne und Heller, Bau und Betrieb einer Aktivkohle-Filteranlage im Wasserwerk Buckau-Magdeburg. Heft 47/48.

Der Kulturtechniker:

26. Schilling, Die Entsäuerung des Quellwassers. Heft 7/8 und 9/10.·

Deutsche Wasserwirtschaft:

27. Prüß, Einheitliche Bewirtschaftung von Wasser und Abwasser in ganzen Flußgebieten unter besonderer Berücksichtigung der Verhältnisse an der Ruhr. Heft 6.

Der Gesundheits-Ingenieur:

28. Marquardt, Baustoff- und Werkstoff-Fragen in der Wasserversorgung. Heft 7.

1940

Das Gas- und Wasserfach:

29. Arbatzky, Zeichnerische Ermittlung der Enthärtungsverhältnisse von Wässern. Heft 8/9.

30. Spitta, Wege zur natürlichen Gesundung des Wassers (die Rolle der Protozoen und Bakteriophagen). Heft 25.
31. Duhnsen, Auffüllung von Langsam-Sandfiltern durch Einspülen von Filterkies. Heft 42.
32. Börner, Magno-Eisensol, ein neues Fällmittel zur Wasserreinigung. Heft 47.

Der Gesundheits-Ingenieur:

33. Ortleb und Bilz, Ein Stausee zur biologischen Reinigung von Flußwasser. Heft 33.

Kleine Mitteilungen des Vereins für Wasser-, Boden- und Lufthygiene (Wabolu):

34. Haase und Priegnitz, Zur kolorimetrischen Bestimmung des Eisens in Wasser. Heft 10/12.

1941

Das Gas- und Wasserfach:

35. Meyer, Die Wasserversorgung von Istrien. Heft 2.
36. Hugelmann, Druckfilter einer Enteisenungsanlage aus Eisenbeton. Heft 4.
37. Sattler, Anforderungen an die Wasserbeschaffenheit und Kleinanlage zur Wasseraufbereitung für die ländliche Wasserversorgung. Heft 7.
38. Götting, Heimische Baustoffe in der Wasserversorgung. Heft 8.
39. Springemann, Eisenchlorid und Magno-Eisenol. Heft 8.
40. Meyer, Die Reinigung des Trinkwassers von Buenos Aires. Heft 18.
41. Sattler, Reinigung von Langsamfiltern. Heft 43.
42. Hoek, Die Entwicklung von Entkeimungsfiltern mit Kieselgurkerzen. Heft 45.
43. Hoek, Über die Arbeitsweise der Berkefeld-Filter, die Dauer ihrer Sterilfilterung und ihre Wiederentkeimung. Heft 46.
44. Franke, Arbeitsweise einer neuen Enteisenungsanlage. Heft 49/50.

Der Gesundheits-Ingenieur:

45. Lentz, Die Wasserversorgung des italienischen Heeres. Heft 10.
46. Haupt, Rohrschutz durch Trinkwasser-Entsäuerung. Heft 23.
47. v. P., Amerikanische und russische Erfahrungen mit der Wasseroberchlorung und -entchlorung. Heft 26.
48. Klosmann, Neuerungen an Wasserreinigungsanlagen. Heft 36.

Deutsche Wasserwirtschaft:

49. Hausen, Wasserreinigung durch Kunstharze. Heft 2.

Pumpen- und Brunnenbau, Bohrtechnik:

50. Börner, Das Magno-Verfahren unter besonderer Berücksichtigung des synthetischen Filterstoffes Magno-Syn. Heft 6/7.
51. Künzel-Mehner, Wasserreinigung mit Eisenchlorid. Heft 14.
52. —.—, Tonerdenatron im Dienst der Wasserreinigung. Heft 22.

Städtereinigung:

53. Freitag, Tonerdenatron im Dienst der Wasserreinigung. Heft 22.

Zeitschrift des Vereins Deutscher Ingenieure:

54. Meyer, Entsäuerung des Wassers nach dem Magnoverfahren. Heft 43/44.
55. Seelmeyer, Korrosionsverhütung in Warmwasserversorgungsleitungen. Heft 43/44.

1942

Das Gas- und Wasserfach:

56. Wiederhold, Bau und Betrieb von Fernwasserversorgungen aus Talsperren. Heft 31/32.

57. Bentz, Über die Entsäuerung weicher Quellwasser. Heft 39/40.
58. —.—, Offene oder überdeckte Langsamfilter? Heft 41/42.
59. Kegel, Schutzschichtbildung bei sehr weichen Wässern. Heft 45/46.
60. Sattler, Leistungssteigerung auf dem Gebiete der Wassergewinnung und -aufbereitung. Heft 47/48.
61. Wette, Entsäuerung und Karbonat-Aufhärtung mit Soda. Heft 49/50
62. Schotte, Sulfatreduzierende Bakterien in technischen Anlagen. Heft 51/52.

Der Gesundheits-Ingenieur:

63. Haase, Wassergütewirtschaft und Stofferhaltung. Heft 3/4.
64. Lillja, Die Wasserversorgungsverhältnisse in Finnland. Heft 33/34.

Pumpen- und Brunnenbau, Bohrtechnik:

65. Haase, Wassergütewirtschaft und Wasseraufbereitung in der Industrie unter Berücksichtigung von Standortfragen. Heft 9/10, 11.

Technisches Gemeindeblatt:

66. Dahlhaus, Bau und Betrieb gemeindlicher Wasserwerke. Heft 7.

1943

Das Gas- und Wasserfach:

67. Schmidt, Richard, Über Enteisenungsanlagen. Heft 3/4.
68. Stangelmayer, Entwicklung genormter Wasserreinigungsanlagen für Unterkünfte. Heft 7/8.
69. Wette, Die Berechnung der zugehörigen freien Kohlensäure im Kalk-Kohlensäure-Gleichgewicht. Heft 18.
70. Seelmeyer, Über den Korrosionsschutz von Kalt- und Warmwasserversorgungsanlagen durch zentrale Wasseraufbereitung. Heft 20.

Der Gesundheits-Ingenieur:

71. Borgolte, Erfahrungen mit der Cumasinaanlage bei einer zentralen Trinkwasserversorgung. Heft 20.
72. Papp, Der pH-Wert der im Kalk-Kohlensäure-Gleichgewicht befindlichen Wässer. Heft 21.

Pumpen- und Brunnenbau, Bohrtechnik:

73. —.—, Ein neues Filtrierverfahren zur unmittelbaren Herstellung keimfreier Wässer. Heft 7/8.

1944

Das Gas- und Wasserfach:

74. Dorn, Leistungssteigerung durch Umbau veralteter Filteranlagen. Heft 1.
75. Klatt, Zur Desinfektion koliverseuchter Grundwasserfilter während des Betriebes. Heft 1.
76. Steinwender, Behelfsmäßige Chlorung mit Heberansaugung. Heft 2.
77. Hoek, Leistungssteigerung von Wasserentkeimungsfiltern mit Kieselgurkerzen. Heft 5.

1947

Das Gas- und Wasserfach:

78. —.—, Das Chloren von Trinkwasser. Heft 2.
79. Gandenberger, Chlorungs-Geräte. Heft 3.

Der Gesundheits-Ingenieur:

80. Meinck und Spaltenstein, Abwässer der Kohleveredlungsindustrien und Trinkwasserversorgung. Heft 1.

1948

Das Gas- und Wasserfach:

81. Marschner, Über Wasseraufbereitungsanlagen und Filterfragen bei Ent-
eisenungs- und Entmanganungsanlagen. Heft 9.
82. Holler, Warum Wasserentkeimungsanlagen trotz scheinbar sachgemäßer
Bemessung der Chlorzugabe plötzlich versagen und Typhusepidemien entstehen können. Heft 10.
83. Gandenberger, Die Wasserreinigung im Stuttgarter Wasserwerk Gallen-
klinge. Heft 10.

Schweiz. Verein von Gas- und Wasserfachmännern. Monats-Bulletin:

84. Stumper, Considérations physico-chimiques sur les réactions d'épuration
par précipitation. Heft 8.
85. Kern, Nouvelle Station d'épuration d'eau pour l'alimentation des chaudières.
à l'usine à gaz de Châtelaine. Heft 11.

1949

Das Gas- und Wasserfach:

86. Wette, Die zur Schützschichtbildung erforderliche Karbonathärte sehr
weicher Wässer und die Berechnung der Karbonat aufhärtenden Chemikalienzusätze und ihrer Wirkungen. Heft 6, 7.
87. Schwenninger, Infizierung von Wasserversorgungsanlagen durch radio-
aktive Stoffe und deren Beseitigung. Heft 8.
88. Holluta, Die wissenschaftlichen Grundlagen der Chlorung. Heft 9.
89. Bruns, Über die Übertragung von Seuchen durch Wasser. Heft 12.
90. Kegel, Die kontinuierliche Erzeugung von unterchloriger Säure im Wasserwerksbetrieb. Heft 13.
91. Leick, Entkarbonisierung des Wassers mit Ätzkalk. Heft 15.
92. Gandenberger, Fortschritte der Wasseraufbereitungstechnik im Ausland,
besonders in den USA. Heft 17/18.
93. Bruns, Bleivergiftungen durch Trinkwasser. Heft 19.
94. Seeberger, Der Wasserversorgungsingenieur und wiederholte Typhus-
Epidemien in Neuötting (Obb.). Heft 22.

1950

Das Gas- und Wasserfach:

95. Wette, Die Berechnung der Chemikalienzusätze bei der korrosions-chemi-
schen Aufbereitung sehr weicher Wässer. Heft 6.
96. —.—, Amerikanischer Entwurf zur Normung des Filtermaterials. Heft 8.
97. Naumann, E., Gegenwartsprobleme der Trinkwasseraufbereitung. Heft 10.
98. Friedel, Das para- und diamagnetische Feld und seine Bedeutung in der
Wasseraufbereitung. Heft 14.
99. —.—, Die Süd-Distrikt-Filteranlage in Chicago. Heft 18.

Der Gesundheits-Ingenieur:

100. Brunner, Das Photonic-Verfahren, eine neue Methode zur Wasserentkeimung. Heft 23/24.

Schweiz. Verein von Gas- und Wasserfachmännern. Monats-Bulletin:

101. Boßhard, Erfahrungen an Wasserwerksbetrieben mit besonderer Berücksichtigung der Hydrobiologie. Heft 3.

102. —.—, Leitsätze für die Kontrolle von Trinkwasseranlagen. Heft 5.
103. Grombach, Zur Frage der Vorgänge in Schnellfiltern. Heft 11.
104. Schaltegger, Chlorieranlage für Trink- und Badewasser. Heft 12.

1951

Das Gas- und Wasserfach:
105. Gandenberger, Zur Frage der Vorgänge im Schnellfilter. Heft 10.
106. —.—, Ein neues Schnellfiltersystem zur Entfernung von Seeplankton. Heft 18.
107. —.—, Die Ozonisierungsanlage in Philadelphia. Heft 18.
108. Naumann, Bau und Betrieb von Schnellfilteranlagen; neue Ziele und Gesichtspunkte. Heft 20.
Bau und Betrieb. Beilage zum GWF:
109. Holluta, Wasserentkeimung und Rohrnetz. Nr. 1.
110. Jenninger, Das Chloren von Trinkwasser. Nr. 1.

Der Gesundheits-Ingenieur:
111. Haase, Was muß der Wasserfachmann vom Magno-Verfahren wissen? Heft 7/8.
112. Lang, Zum Problem der Enteisenung von Gebrauchswässern. Heft 10.
113. Bendel, Das Pista-Enteisenungsverfahren zur Wasser- und Abwasserreinigung. Heft 13/14.
114. Brauß, Trinkwasseraufbereitung mit kombinierten Fällungsmitteln. Heft 16.
115. Börner und Reif, Was soll der Wasserfachmann von dolomitischen Filtermaterialien wissen? Heft 23/24.

Schweiz. Verein von Gas- und Wasserfachmännern. Monats-Bulletin:
116. Gubelmann, Technik der Sterilisation des Trinkwassers. Heft 11.
117. Wuhrmann, Grundlagen der Trinkwasserdesinfektion. Heft 12.

Österreichische Wasserwirtschaft:
118. Nietsch, Die Wasserchlorung. Heft 1 und 2.

Abschnitt VI (Wasserförderung)

1938

Das Gas- und Wasserfach:
1. Albrecht, Versuche mit Kunstharz-Preßstofflagern im Gas- und Wasserwerksbau. Heft 1.
2. Schaaff, Das neue Wasserwerk der Stadt Ludwigshafen a. Rh. Heft 10.
3. Vogt, Die Heberleitung Kesselshain des Wasserwerks Borna (Bez. Leipzig). Heft 11.
4. Naumann, Die Wasserversorgung von London. Heft 12.
5. Bambach, Einbau eines Dampfturbinen-Pumpensatzes im Hauptpumpwerk der Stadt Darmstadt. Heft 15.
6. Wiederhold und Heinsen, Die Fernwasserversorgung aus der Sösetalsperre. Heft 22.
7. Sprung, Die Erweiterung des Wasserwerks III der Stadt Potsdam bei Eiche. Heft 26.
8. Boerendans, Berechnung der beim Ausschalten von Kreiselpumpen in Wasserversorgungen entstehenden Druckstöße. Heft 39/40.

Der Gesundheits-Ingenieur:

9. Vogt, Fehlerquellen im Wasserwerksbau. Heft 12.
10. Stimmelmayr, Die Rhön-Maintal-Gruppenwasserversorgung. Heft 31.
11. Steinwender, Luftabfuhr bei Heberleitungen. Heft 35.

Pumpen- und Brunnenbau, Bohrtechnik:

12. Brinkhaus, Die wirtschaftliche Prüfung elektrisch angetriebener Pumpen. Heft 26.

Technisches Gemeindeblatt:

13. Müller, Selbstansaugende Pumpen. S. 175.

Zeitschrift des Vereins Deutscher Ingenieure:

14. Pfleiderer, Erfahrungen und Fortschritte in der Berechnung der Kreiselpumpen. Heft 9.

1939

Das Gas- und Wasserfach:

15. Leiner, Wahl der Pumpeneinheiten bei Druckluftwasserwerken. Heft 8.
16. Großmann, Erfahrungen mit Entlastungsringen aus Kunststoff an einer Zentrifugalpumpe. Heft 31.
17. Boerendans, Druckwindkessel und Kreiselpumpen. Heft 48, 50.

Der Bauingenieur:

18. Tian, Der apulische Aquädukt. Heft 21/22.

Der Gesundheits-Ingenieur:

19. Marquardt, Baustoff- und Werkstoff-Fragen in der Wasserversorgung. Heft 7.

Pumpen- und Brunnenbau, Bohrtechnik:

20. Skrebba, Beruhigung von Druckleitungen hinter Kolbenpumpen. Heft 13.

Wasserkraft und Wasserwirtschaft:

21. Kirchbach, Die Pumpe in der Wasserwirtschaft. Heft 21/22.

1940

Das Gas- und Wasserfach:

22. Steinwender, Luftabfuhr bei Heberleitungen. Heft 7, 35.
23. Stephany, Verlegung eines Doppeldükers aus gußeisernen Schraubmuffenrohren durch die Saale. Heft 36.
24. Tian, Der neue Kaiserliche Aquädukt und das große Wasserkraftwerk für Rom. Heft 49.

Deutsche Wasserwirtschaft:

25. Tian, Die Wasserversorgung von Rom. Heft 3.

Technisches Gemeindeblatt:

26. Castner, Wichtige Neuerung im Bau von Kleinwasserwerken. Heft 2.

Zeitschrift des Vereins Deutscher Ingenieure:
27. Dziallas, Selbstansaugende Kreiselpumpen mit Ejektoreinrichtuug. Heft 1.
28. Dziallas, Kreiselpumpen mit senkrechter Welle. Heft 9.

1941

Das Gas- und Wasserfach:

29. Meyer, Die Wasserversorgung von Istrien. Heft 2.
30. Holler, Wasserbedarf, Rohrnetz-, Behälter- und Pumpwerksbemessung bei ländlichen Wasserversorgungen. Heft 7.

31. Zimmermann, Erfahrungen mit Dükerleitungen und Bau eines Gasdükers mit neuartigem Korrosionsschutz. Heft 15, 16.
32. Schön, Die Verwendung voll- und halbselbsttätiger Dieselnotstrom- oder Dieselnotpumpenanlagen für städtische Wasserversorgungen und für Feuerlöschanlagen. Heft 30.
33. Neumann, Der Anwendungsbereich der Ludinschen Formel für die Bemessung von Rohrleitungen. Heft 35.
34. Schemel, Stahlrohre mit Gußrohr-Außendurchmesser? Heft 38.

Deutsche Wasserwirtschaft:

35. Franke, Baukosten und Wasserpreis bei Fernwasserleitungen. Heft 8.

Der Gesundheits-Ingenieur:

36. Hörler, Die wirtschaftliche Führung der Hauptleitung bei Wasserversorgungsanlagen. Heft 7.

Pumpen- und Brunnenbau, Bohrtechnik:

37. —.—, Bauart, Wirkungsweise und Aufstellung von Pulsometern für die Wasserförderung. Heft 15.

Rundschau deutscher Technik:

38. Vogt, Der selbstentlüftende Heber in der Wasserwirtschaft. Heft 38.

Zeitschrift des Vereins Deutscher Ingenieure:

39. Kissinger, Grundsätzliche Erwägungen für die Errichtung von Wasserversorgungs-Pump-Anlagen. Heft 5.

1942

Das Gas- und Wasserfach:

40. Weisbrod, Selbsttätige Be- und Entlüftungseinrichtungen für Druckleitungen. Heft 9/10.
41. Sattler, Kreuzungen von Geländestrecken mit nicht tragfähigem Boden durch eine Fernwasserleitung. Heft 7/8.
42. Gandenberger, Zur Dämpfung der Druckschwankungen langer Druckleitungen nach deren Abschaltung. Heft 5/6.
43. Truelsen, Neue Werkstoffe im Wasserwerksbau. Heft 23/24.
44. Steinwender, Heberleitungen für weite Leistungsbereiche mit selbsttätiger Luftabfuhr. Heft 23/24.
45. Wiederhold, Bau und Betrieb von Fernwasserversorgungen aus Talsperren. Heft 31/32.
46. Ergänzung zu Nr. 44. Heft 51/52.

Der Gesundheits-Ingenieur:

47. Züblin, Be- und Entwässerungsanlagen. Heft 3/4.
48. Lillja, Die Wasserversorgungsverhältnisse in Finnland. Heft 33/34.

Pumpen- und Brunnenbau, Bohrtechnik:

49. —.—, Drehstrom-Nebenschluß-Elektromotoren als Antriebsmaschinen großer Kreiselpumpen. Heft 2.
50. Ritter, Hintereinanderschaltung und Parallelschaltung von Kreiselpumpen und Kolbenpumpen. Heft 4.
51. —.—, Hilfsmittel zur Geräuschverminderung in Pumpenanlagen. Heft 7.
52. Hauschild, Tauchmotorenpumpen. Heft 19.

Rundschau Deutscher Technik:

53. v. R., Windkraftnutzung. Heft 11/12.

54. Gandenberger, Windkessel in Pumpendruckleitungen. Heft 22.

1947

Das Gas- und Wasserfach:

55. Truelsen, Grundlagen für Entwurf und Bau von Heberleitungen. Heft 4.

Die Bautechnik:

56. Wetzel, Die Entlüftungseinrichtungen bei Grundwasserabsenkungsanlagen, Heft 1.

1949

Das Gas- und Wasserfach:

57. Stephany, Bau eines Wasser- und Gasdükers durch den Köhlbrand im Hamburger Hafen. Heft 1.
58. Heinrich, Der Stand des Baues von Erdölleitungen. Heft 8.
59. Metschl, Verlegung von zwei Donaudükern für die Wasserversorgung der Stadt Regensburg. Heft 19, 20.

1950

Bau und Betrieb. Beilage zum GWF:

60. Gandenberger, Verhalten eines Windkessels in einer Pumpendruckleitung. Nr. 8.

Österreichische Wasserwirtschaft:

61. Steinwender, Über Düsen, Wasserstrahlpumpen und Heber. Heft 3—4.

1951

Das Gas- und Wasserfach:

62. Amberger, Die neuen Tiefbrunnen der Wasserversorgung von Kaiserslautern. Heft 8.
63. Süßbrich, Die Leistungssteigerung der Ranna-Wasserleitung durch das Schmausenbuck-Pumpwerk. Heft 10.

Bau und Betrieb. Beilage zum GWF:

64. —.—. Eine Pumpstation für eine Tagesleistung von 800000 m³. Nr. 3.
65. —.—, Wasserknecht-Kolbenpumpen. Nr. 7.

Abschnitt VII (Verteilung)

1938

Das Gas- und Wasserfach:

1. Kornmesser, Die Verwendung von Porzellanrohren für Warmquellwasserleitungen. Heft 8.
2. Weckwerth, Prüfung neuer Heimstoffe für den Rohrleitungsbau. Heft 8.
3. Rodieck, Einige neuere Anforderungen an Wasserarmaturen. Heft 8.
4. Hannemann, Versuche mit Sinterit für die Dichtung von Muffenrohren im Wasserleitungsbau. II. Teil. Heft 9.
5. Schieferdecker, Rohrinstallateur — ein Lehrberuf. Heft 14.
6. Mitowski, Sinterit-Muffendichtungen. Heft 20.
7. Götting, Werkstoffumstellungen und Werkstoffeinsparungen im Wasserwerksbetrieb. Heft 22.

8. Wiederhold und Heinsen, Die Fernwasserversorgungen aus der Sösetalsperre. Heft 22.
9. Baese und Lüning, Über Ausführung, Wirkungsweise und Einbau von Rohrbelüftern. Heft 22.
10. Faehndrich, Der Eisenaufwand im Wohnungsbau für den Anschluß an die öffentliche Wasserleitung. Heft 27.
11. Marquardt, Eisenbeton in der Wasserversorgung. Heft 30.
12. Kooijmans, Korrosion und Schutzschichtbildung durch Leitungswasser. Heft 34/35.
13. Eggers, Wassermessung, Wasserverbrauch und Wasserverluste in den Vereinigten Staaten. Heft 37/38.
14. Drobeck, Neuartige Werkstoffe für den Rohrleitungsbau. Heft 44.
15. Schosser, Einsparung von Werkstoff, Arbeitskraft und Kosten bei Wasserleitungsanlagen für Wohnbauten. Heft 46.

Der Gesundheits-Ingenieur:
16. Mengeringhausen, Die Werkstofffrage in der Haustechnik. Heft 8.

Gas und Wasser (Zeitschr. d. Österr. Ver. v. Gas- u. Wasserfachmännern):
17. Steiner, Erfahrungen mit Asbestzementrohren im Wasserleitungsbau. Heft 12.

Rundschau Deutscher Technik:
18. Schott, Glas im Apparate- und Rohrleitungsbau. Heft 47.

Technisches Gemeindeblatt:
19. Caster, Wirtschaftliche Hauswasserversorgung. S. 153.
20. Martell, Porzellan statt Metall. S. 192.

Zeitschrift des Österr. Vereins von Gas- und Wasserfachmännern:
21. Jenikowsky, Wasserverluste. Heft 2.

Zeitschrift des Vereins Deutscher Ingenieure:
22. Jordan, Rohre aus Hartporzellan. Heft 9.
23. Mengeringhausen, Dünnwandige Stahlrohre in der Hausinstallation. Heft 41.

1939

Das Gas- und Wasserfach:
24. Bahrdt, Korrosion und Schutz unterirdischer Rohrleitungen. Heft 2.
25. Clodius, Hydrantennormung. Heft 7.
26. Clodius, Über einige weitere Versuche mit neuartigen Dichtstoffen für Stemmuffen im Wasserleitungsbau. Heft 12.
27. Baese, Untersuchung der Wasserleitungsanlagen auf Dichtheit und ausreichende Bemessung der Leitungsquerschnitte. Heft 21.
28. Bartels, Die Problematik der Rohrbelüfter. Heft 30.
29. Taute, Erfahrung mit einer Gußrohrleitung großen Durchmessers. Heft 40.
30. Witzgall, Über den Bedarf an Münzwasserzählern. Heft 50.

Gesundheits-Ingenieur:
31. Kootz, Muffen-Rohrverbindungen mit Schwefelkittdichtung. Heft 3.
32. Marquardt, Baustoff- und Werkstofffragen in der Wasserversorgung. Heft 7.
33. Mensing, Trinkanlagen. Heft 7.
34. Bauer, Neue Patente aus dem Gebiet der Wasserversorgung. Heft 16.
35. Mensing, Eine neue Trink- und Waschanlage. Heft 32.
36. —.—, Neuere Patente aus dem Gebiet der Wasserversorgung. Heft 50.

Die Bauwelt:
37. Zimmermann, Die häuslichen Versorgungseinrichtungen. Heft 21.

*24

1940

Das Gas- und Wasserfach:

38. Deubner, Untersuchungen von Rohrschutzüberzügen durch Erdeinbettung. Heft 6.
39. Krämer, Zeitgemäße Planung im Bau von Gas- und Wasserarmaturen. Heft 9.
40. Götting, Rohrverbindungen für Wasser-Druckrohrleitungen. Heft 15/16.
41. Hannemann, Untersuchung von Rohraußenkorrosionen in einer Gruppen-wasserleitung. Heft 20.
42. Baese, Über die planmäßigere Untersuchung von Wasserleitungsanlagen in Grundstücken. Heft 26.
43. —.—, Richtlinien für die Berechnung der Kaltwasserleitungen in Haus-anlagen. Heft 29/30.
44. Götting, Vergleichsversuche an Stemm-Muffendichtungen. Heft 41.
45. Burkhardt, Untersuchungen über die Drosselung von Hauptschiebern im Wasserrohrnetz. Heft 44.

Der Gesundheits-Ingenieur:

46. Baese, Wassermessung. Heft 15.
47. Degen, Heißwasserzähler, Wärmemengenmessung und die dabei auftreten-den Meßfehler. Heft 33.
48. —.—, siehe Nr. 43. Heft 41.

Zeitschrift für öffentliche Wirtschaft:

49. Heilmann, Werkstofffragen in der Wasserversorgungs- und Abwasser-technik. Heft 5.

Zentralblatt der Bauverwaltung:

50. —.—, Erfahrungen bei Verwendung von Rohren aus Hartporzellan. Heft 1.

1941

Das Gas- und Wasserfach:

51. Dabac, Die Ergebnisse einer Wasserzählernachprüfung beim städtischen Wasserwerk Zagreb. Heft 1.
52. Holler, Wasserbedarf, Rohrnetz-, Behälter- und Pumpwerksbemessung bei ländlichen Wasserversorgungen. Heft 7.
53. Götting, Heimische Baustoffe in der Wasserversorgung. Heft 8.
54. Pohl, Die Einflüsse moderner Wasserversorgung auf Arbeit und Wohnung. Heft 10.
55. Ebner, Aus der Tätigkeit des DVGW-Ausschusses Rohrnetzbetrieb/Wasser. Heft 11.
56. Götting, Rohrschutz und Bemessung von Trinkwasser-Rohrleitungen. Heft 13.
57. Wiederholt, Der Druckabfall in Rohrleitungen mit Wälzisolierung. Heft 15.
58. Steinwender, Der Rechenschieber der Wiener Wasserwerke. Heft 20.
59. Körting und Klose, Zum Wohnungsbauprogramm. Heft 25.
60. Ebner, Aus der Tätigkeit des DVGW-Ausschusses Rohrnetzbetrieb/Wasser. Heft 26.
61. Fleischmann, Bituminöse Stahlrohr-Schutzmassen. Heft 31.
62. Jentsch, Schnellschlußorgane für Rohrbruchsicherungsanlagen. Heft 32.
63. Krieger, Die Wasserrohrschäden im Kriegswinter 1939/40 und ihre Besei-tigung im Versorgungsgebiet der Stadtwerke Lübeck. Heft 37.
64. Walther, Ferngesteuerte Ringkolbenschieber im Stadtrohrnetz. Heft 40.

65. Witzgall, Typenbeschränkung bei Hauswasserzählern. Heft 41, 42.
66. Grubitsch und Steiner, Erfahrungen an einer Wasserrohrleitung aus gekupfertem weichem Flußstahl. Heft 44.
67. Schindler, Stopfbuchslose Abdichtung der Schieberspindeln. Heft 45.
' 68. Gandenberger, Gesteuerte und selbsttätige Abschlußeinrichtungen in Wasserrohrleitungen. Heft 47, 48.
Deutsche Landeskulturzeitung:
69. Knie, Die Notwendigkeit des Einbaues von Haupt- und Einzelwassermessern bei ländlichen Wasserversorgungsanlagen. Heft 8.
Der Gesundheits-Ingenieur:
70. Mengeringhausen, Untersuchungen an Muffendichtungen aus Aluminium. Heft 9.
71. Holl, Beschleunigung der Arbeitsweise und Verbilligung der Anlagekosten im haustechnischen Rohrleitungsbau. Heft 46.
Pumpen- und Brunnenbau, Bohrtechnik:
72. —.—, Vinidur im Rohrleitungsbau. Heft 15.

1942

Das Gas- und Wasserfach:
73. DIN 3267, Entwurf (Regeln für Bau und Betrieb von Rückflußverhindern). Heft 3/4.
74. Ellwanger, Vorschriftsmäßige Wasserleitungseinrichtungen in Grundstücken verhindern die Gefährdung der öffentlichen Trinkwasserversorgung. Heft 1/2.
75. Mayer, Typenbeschränkung bei Hauswasserzählern. Heft 17/18.
76. —.—, Jahresbericht 1941 des Deutschen Vereins von Gas- und Wasserfachmännern. Heft 21/22.
77. Wiederhold, Bau und Betrieb von Fernwasserversorgungen. Heft 31/32.
78. Ellwanger, Typenbeschränkung bei Hauswasserzählern. Heft 33/34.
79. Ebner, Grundlagen und Geschichte der Feuerhydranten. Heft 35/36.
80. Kegel, Schutzschichtbildung bei sehr weichen Wässern. Heft 45/46.
81. Witzgall, Wasserzählerbetrieb und Leistungssteigerung. Heft 47/48.
82. Henkel, Ausführung, Handhabung und Verlegung von gußeisernen Rohren mit Schraubmuffenverbindung. Heft 51/52.
83. Momm, Ein neues Kreiswasserwerk. Heft 51/52.
Der Gesundheits-Ingenieur:
84. Holl, Unterteilte Fertigung im Rohrleitungsbau. Heft 1/2.
85. Lillja, Die Wasserversorgungsverhältnisse in Finnland. Heft 33/34.
Pumpen- und Brunnenbau, Bohrtechnik:
86. Scht., Chrom als Korrosionsschutz für Pumpen und Armaturen. Heft 1.
87. Hodez, Hartporzellan als Werkstoff für Wasserversorgung, Rohrleitungen und Pumpen. Heft 16.
1943
Das Gas- und Wasserfach:
88. Laurick, Benutzung des Wasserrohrnetzes zur Erdung. Heft 3/4.
89. Könitzer, Die Spannbetonrohre und ihre erste Anwendung in Europa. Heft 5/6.
90. Jürgens, Die Spannungsverhältnisse in Spannbeton-Rohren mit vorgespannter Ring- und Längsbewehrung. Heft 9/10.
91. Bauer, Erfahrungen mit Hauswasserzählern. Heft 15.

92. Ellwanger, Über Frost- und andere Schäden an den Schaugläsern von Naß-
läuferflügelradzählern. Heft 15.
93. Wentzell, Druckverluste in Absperrschiebern mit geradem und eingeschnür-
tem Durchgang. Heft 16.
94. Stephany, Neue Stahlrohr-Muffenverbindungen für Wasserleitungen. Heft 18.
95. Lüning, Eine neuartige Muffenverbindung für Gußrohrleitungen. Heft 18.
96. Schlechtriem, Straßenkappen der Wasser- und Gasarmaturen im Verbande
des Straßenpflasters. Heft 23.

Der Gesundheits-Ingenieur:

97. Geiger, Einheitliche Absperreinrichtungen für Abwasser- und Wasserversorgungsleitungen. Heft 18.

1944
Das Gas- und Wasserfach:

98. Ufer, Löschwasserversorgung einer Stadt. Heft 3.
99. Steinwender, Behelfsmäßige Sicherung gegen rasche Behälterentleerung bei
Großschäden im Rohrnetz. Heft 3.

Der Gesundheits-Ingenieur:

100. —.—, Bau- und Prüfgrundsätze für Abortspülbecken. Heft 5.

1946
Neue Bauwelt:

101. Randzio, Gegenwartsfragen des unterirdischen Bauraumes. Heft 12.

1947
Das Gas- und Wasserfach:

102. —.—, Richtlinien für die Druckprüfung an Guß- und Stahlrohrleitungen
für Trink- und Brauchwasser außerhalb von Gebäuden (DIN-Einheits-
blatt 4279). Heft 2.
103. Gandenberger, Druckschwankungen beim Abschalten von Druckleitungen
mit Windkessel. Heft 5.
104. Daur, Wichtige Unterlagen für die Wiederinstandsetzung der Verteilungs-
rohrnetze. Heft 6.

Die Bautechnik:

105. Trysna, Rohrleitungen aus Holz und Gußeisen. Heft 2.

1948
Das Gas- und Wasserfach:

106. Gandenberger, Graphische Ermittlung der Druckschwankungen einer Pumpendruckleitung beim Abreißen der Wassersäule in Hochpunkten der Leitung. Heft 3.
107. Aurich, Vereinfachter Rohrnetzbau für die Wasserversorgung von Siedlungen. Heft 6.
108. Süßbrich, Bau einer Stahlbeton-Druckleitung mit Stahlrohrkern. Heft 9.

1949
Das Gas- und Wasserfach:

109. Carlé, Rohranfressungen durch Streuströme elektrischer Bahnen. Heft 4.
110. Landel, Untersuchungen über die Auskleidung von Stahlrohren an Ort
und Stelle. Heft 6.

111. Ostendorff, Der Boden als Träger der Wasser- und Gasleitungen. Heft 11.
112. Böninger, Über die Erdung elektrischer Anlagen an Wasserleitungen. Heft 11.
113. Eggers, Typenbeschränkung und Normung der Großwasserzähler. Heft 12.
114. Bauser, Neuartige Rohrbrücke für Versorgungsleitungen. Heft 14.
115. Dehler, Abortdruckspüler vor 20 Jahren und heute. Heft 17/18.
116. Landel, Erweiterung einer Seewasserleitung in USA. Heft 19.
Bau und Betrieb. Beilage zum GWF:
117. Landel, Über die normengemäße Bestellung und Abnahme von Gas- und Wasserleitungsrohren mit ihren Zubehören. Nr. 1.
118. Landel, Druckprüfungen an Gas- und Wasserleitungen. Nr. 3.

Der Gesundheits-Ingenieur:
119. Drechsler, Unterteilte Rohrfertigung. Heft 5/6.

Die Bautechnik:
120. Kaiser, Neuartige Rohrbrücken für Gas und Wasser. Heft 12.

Schweiz. Verein von Gas- und Wasserfachmännern. Monats-Bulletin:
121. Frey, Eternit im Gas- und Wasserfach unter besonderer Berücksichtigung der Eternitrohre. Heft 1.
122. Zollikofer, Darf man galvanisierte Röhren abbiegen? Heft 1.

Die Wasserwirtschaft:
123. Berger, Das Vorspannrohr für Druckstollen und Druckschächte. Heft 7.

Neue Bauwelt:
124. Mengeringhausen, Rationalisierung der Gebäude-Einrichtungen. Heft 2.
125. Mengeringhausen, Raumbedarfsmaße haustechnischer Einrichtungen. Heft 45.

1950
Das Gas- und Wasserfach:
126. Zeller, Bodenkunde im Dienste des Rohrleitungsbaues. Heft 8.
127. Landel, Betonverspannungen für Wasserleitungen und Gashochdruckleitungen. Heft 8, 12.
128. ——.——, Moderne Schutzmethoden für Gußeisen- und Stahlrohre und die mit diesen Methoden in Holland gemachten Erfahrungen. Heft 8.
129. Schüssler, Die Versorgungsleitungen in den Kölner Rheinbrücken. Heft 10.
130. Düsterdick, Rohrleitungen für Wasser und Gas über die erste nach dem Krieg in Köln erbaute Brücke. Heft 10.
131. Herzfeld, Druckspüler-Innenabort-Installationswand. Heft 14.
132. Kolb, Zerstörungsfreie Werkstoffprüfungen an Rohrleitungen. Heft 20.
133. Eggers, Die Entwicklung der Wassermeßtechnik. Heft 22.
134. Ecker, Der Wasserzähler in Anwendung und Wartung. Heft 22.
135. Klemm, Männer des Wasserzählerwesens. Heft 22.

Bau und Betrieb. Beilage zum GWF:
136. ——.——, Rasches und leichtes Arbeiten bei Rohrbrüchen. Nr. 3.
137. ——.——, Erleichterungen bei der Verlegung von Schraubmuffenrohren. Nr. 6.

Der Gesundheits-Ingenieur:
138. Wohlgemuth, Statische Berechnung von Rohraufhängungen und Rohrlagerungen. Heft 3/4.

Schweiz. Verein von Gas- und Wasserfachmännern. Monats-Bulletin:
139. Henzi, Rohrnetz-Bau- und -Unterhalt. Heft 6.

Die Wasserwirtschaft:
140. Stecher, Bitumen-Heißanstriche für stählerne Wasserleitungsrohre. Heft 8.

1951

Das Gas- und Wasserfach:
141. Feldhaus, Hölzerne Wasserleitungsrohre. Heft 4.
142. —.—, Holländische Erfahrungen mit Asbest-Zementröhren. Heft 4.

Abschnitt VIII (Speicherung)

1938

Der Bauingenieur:
  1. Allemand, Eisenbeton-Wasserbehälter der Stadt Nantes. Heft 1/2.
Das Gas- und Wasserfach:
  2. Marquardt, Eisenbeton in der Wasserversorgung. Heft 30.
Der Gesundheits-Ingenieur:
  3. Stimmelmayr, Die Rhön-Maintal-Gruppenwasserversorgung. Heft 31.

1939

Das Gas- und Wasserfach:
  4. Krahl, Erfolgreicher Ausbau einer größeren zentralen Wasserversorgung. Heft 5.
  5. Buntzel, Erfahrungen mit Behälter-Schutzanstrichen und einer selbst-geschaffenen Chlorzusatzanlage beim Wasserwerk der Stadt Bonn. Heft 23.
Der Gesundheits-Ingenieur:
  6. Marquardt, Baustoff- und Werkstofffragen in der Wasserversorgung. Heft 7.

1941

Das Gas- und Wasserfach:
  7. Holler, Wasserbedarf, Rohrnetz-, Behälter- und Pumpwerksbemessung bei ländlichen Wasserversorgungen. Heft 7.
  8. Meyer, Die Reinigung des Trinkwassers von Buenos Aires. Heft 18.

1942

Das Gas- und Wasserfach:
  9. Wiederhold, Bau und Betrieb von Fernwasserversorgungen aus Talsperren. Heft 31/32.
10. Momm, Ein neues Kreiswasserwerk. Heft 51/52.
Der Gesundheits-Ingenieur:
11. Lillja, Die Wasserversorgungsverhältnisse in Finnland. Heft 33/34.
12. Conradt, Einrichtung behelfsmäßiger Brausebäder. Heft 41/42.

1943

Das Gas- und Wasserfach:
13. Hannemann, Fassungsraum für Hochbehälter bei ländlichen Wasserver-sorgungsanlagen. Heft 17.
Der Gesundheits-Ingenieur:
14. Figura, Fassungsraum für Hochbehälter bei ländlichen Wasserversorgungs-anlagen. Heft 9/10.
15. Truelsen, Fassungsraum für Hochbehälter bei ländlichen Wasserversor-gungsanlagen. Heft 16.

1947

Der Gesundheits-Ingenieur:

16. Stutz, Über die Aufbewahrung von Trinkwasser in geschlossenen Behältern. Heft 3.

1948

Schweiz. Verein von Gas- und Wasserfachmännern. Monats-Bulletin:

17. Boßhard, Die Bemessung von Reservoir-Inhalten und deren Verteilung. Heft 9.
18. —.—, Note sur la construction défectueuse d'un réservoir. Heft 2.

1949

Das Gas- und Wasserfach:

19. —.—, Behälter aus vorgespanntem Beton in USA. Heft 6.

1950

Das Gas- und Wasserfach:

20. Lütze, Spannbeton im Behälterbau. Heft 16, 18.
21. Feucht, Wasser-Hochbehälter in der Landschaft. Heft 16.
22. Stack, Die Behältergröße bei Wasserwerken. Heft 24.

1951

Das Gas- und Wasserfach:

23. Frey, Der neue Trinkwasserbehälter auf dem Mönchsberg in Salzburg. Heft 16.

Schweiz. Verein von Gas- und Wasserfachmännern. Monats-Bulletin:

24. Bosshard, Grundsätzliches im Reservoirbau. Heft 5.

Abschnitt IX (Normung)

1941

Das Gas- und Wasserfach:

1. —.—, Richtlinien für den Frostschutz und das Auftauen von Wasserleitungen. Heft 3, 5.
2. Sattler, Anforderungen an die Wasserbeschaffenheit und Kleinanlagen zur Wasseraufbereitung für die ländliche Wasserversorgung. Heft 7.
3. Landel, Rohrnetzpläne für die Gas- und Wasserversorgung der Städte. Heft 28.
4. Witzgall, Typenbeschränkung bei Hauswasserzählern. Heft 41, 42.
5. —.—, Einbaugarnituren für Schieber (DIN 3224). Heft 43.

1942

Das Gas- und Wasserfach:

6. —.—, DIN 3267, Entwurf (Regeln für Bau und Betrieb von Rückflußverhinderern). Heft 3/4.
7. Ellwanger, Vorschriftsmäßige Wasserleitungseinrichtungen in Grundstücken verhindern die Gefährdung der öffentlichen Trinkwasserversorgung. Heft 1/2.
8. —.—, DIN 2000 (Leitsätze für Trinkwasserversorgung). Heft 15/16.

9. —.—, Jahresbericht 1941 des Deutschen Vereins von Gas- und Wasserfachmännern. Heft 21/22.
10. Kelting, Ergänzung zu den Richtlinien für die Berechnung der Kaltwasser-
    leitungen in Hausanlagen. Heft 23/24.
11. —.—, DIN 2000 (Leitsätze für die Trinkwasserversorgung). Heft 45/46.

Der Gesundheits-Ingenieur:

12. Spitta, Leitsätze für die Trinkwasserversorgung. Heft 31/32.

1943

Das Gas- und Wasserfach:

13. Landel, Die Auswirkung der Normung und Herstellungsbeschränkung auf
    die Gas- und Wasserrohrnetze. Heft 18.
14. Petrak, Die Normung als Mittel zur Leistungssteigerung der deutschen
    Armaturenindustrie. Heft 21.
15. Petrak, Technische und wirtschaftliche Auswirkungen einer europäischen
    Normungsgemeinschaft auf dem Armaturengebiet. Heft 23.

1949

Neue Bauwelt:

16. —.—, Ländliche Wasserleitungen und Kanalisationen — DIN 1959. Heft
    37, 38.

Abschnitt X (Berechnung)

1938

Das Gas- und Wasserfach:

1. Biel, Sonderrechenstab zur Berechnung von Gas-, Dampf- und Wasserleitungen. Heft 4.
2. Taute, Über die Berechnung des Druckverlustes von Wasserrohrleitungen.
   Heft 5.
3. Wiederhold und Heinsen, Die Fernwasserversorgung aus der Sösetalsperre.
   Heft 22.
4. Geck, Druckverluste bei Ventilen in Abhängigkeit vom Hub. Heft 22.
5. Eggers, Wassermessung, Wasserverbrauch und Wasserverluste in den
   Vereinigten Staaten. Heft 37, 38.
6. Boerendans, Berechnung der beim Ausschalten von Kreiselpumpen in
   Wasserversorgungen entstehenden Druckstöße. Heft 39/40.
7. Schosser, Einsparung von Werkstoff, Arbeitskraft und Kosten bei Wasserleitungsanlagen für Wohnbauten. Heft 46.
8. Krüger, Gestehungskosten (Mischtbetriebskosten) von Wasserförderanlagen
   mit betriebseigener und betriebsfremder Kraftquelle. Heft 52.

Deutsche Wasserwirtschaft:

9. Jörgensen, Betrachtungen über den Entwurf von Gewölbestaumauern mit
   unveränderlichem Mittelwinkel. Heft 2.

Technisches Gemeindeblatt:

10. Marung, Bemessung und Ausgestaltung von Druckkesselanlagen für Wasser-
    werke. S. 82 ff.

1939

Das Gas- und Wasserfach:

11. Götting, Die Kennlinien von Rohrleitungen und Pumpen. Heft 7.
12. Neumann, Die Strömungswiderstände von neuen Guß-, Stahl- und Asbestzementrohren. Heft 13/14.
13. Götting, Überlagerung der Kennlinien von Pumpen und Rohrleitungen. Heft 20.
14. Tregl, Vereinfachte Errechnung der zugehörigen Kohlensäure in natürlichen Wässern und einige praktische Anwendungen. Heft 42.

1940

Das Gas-, und Wasserfach:

15. —, Richtlinien für die Berechnung der Kaltwasserleitungen in Hausanlagen. Heft 29/30.
16. Baese, Der Wasserverbrauch in Stadtrandsiedlungen. Heft 14.
17. Meyer, Wald und Wasser. Heft 27.
18. Aurich, Gas- und Wasserverbrauch von Siedlungen. Heft 32.
19. Schweigl und Fritsch, Elektrische Messung kleinster Grundwassergeschwindigkeiten. Heft 39/40.
20. Thiem, Berechnete und beobachtete Grundwassermenge. Heft 41.

Deutsche Wasserwirtschaft:

21. Kärcher, Bemessung von Weinbergwasserleitungen. Heft 6.

Städtereinigung:

22. Heyd, Ein Nomogramm für die Geschwindigkeitsformel von Ludin. Heft 10.

1941

Das Gas- und Wasserfach:

23. Holler, Wasserbedarf, Rohrnetz-, Behälter- und Pumpwerksbemessung bei ländlichen Wasserversorgungen. Heft 7.
24. Götting, Rohrschutz und Bemessung von Trinkwasser-Rohrleitungen. Heft 13.
25. Wiederhold, Der Druckabfall in Rohrleitungen mit Wälzisolierungen. Heft 15.
26. Steinwender, Der Rechenschieber der Wiener Wasserwerke. Heft 20.
27. Neumann, Der Anwendungsbereich der Ludinschen Formel für die Bemessung von Rohrleitungen. Heft 35.

Deutsche Wasserwirtschaft:

28. Holler, Zum Strömungsgesetz der Grundwasserbewegung. Heft 1.
29. Ried, Druckstöße in abgestuften und verzweigten Rohrleitungen. Heft 2, 3.
30. Kirwald, Wald und Wasserhaushalt. Heft 9, 10.

Der Gesundheits-Ingenieur.

31. Schneider, Über die Zusammenhänge von Korngrößenzusammensetzung, Durchlässigkeit, Mächtigkeit und Leistung von Grundwasserträgern mit freiem Spiegel in unverfestigten Sedimenten. Heft 5, 6.
32. Hörler, Die wirtschaftlichste Führung der Hauptleitung bei Wasserversorgungsanlagen. Heft 7.
33. Schneider, Versickerung und künstliche Grundwasseranreicherung. Heft 13, 14.

34. Popescu, Hydraulischer Bemessungsschieber für Kreisquerschnitte mit Teilfüllung. Heft 40.

Pumpen- und Brunnenbau, Bohrtechnik:

35. Thiem, Eintrittswiderstände des Grundwassers bei Rohrbrunnen. Heft 23.

1942

Das Gas- und Wasserfach:

36. Gandenberger, Zur Dämpfung der Druckschwankungen langer Druckleitungen nach deren Abschaltung. Heft 5/6.
37. Kelting, Ergänzungen zu den Richtlinien für die Berechnung der Kaltwasserleitungen in Hausanlagen. Heft 23/24.
38. Köhler, Beobachtungen und Erkenntnisse bei den Feldarbeiten für Grundwasseruntersuchungen in Böhmen. Heft 27/28.
39. Stüssel, Rechenschieber für Überschlagsrechnungen von Druckabfällen in Rohrleitungen. Heft 31/32.
40. Gandenberger, Nachrechnung der Drucksteigerung einer langen Wasserversorgungsleitung mit großem Rohrreibungsverlust. Heft 37/38.
41. Schlechtriem, Anwendung des Filtergesetzes von Darcy in Verbindung mit Messungen und Versuchen im Brunnenbau. Heft 41/42.
42. Momm, Ein neues Kreiswasserwerk. Heft 51/52.

Der Gesundheits-Ingenieur:

43. Degen, Ein einfaches Schaubild zur raschen Ermittlung der gleichwertigen Rohrlänge. Heft 25/26.
44. Dahlhaus, Die Dämpfung der Druckstöße in Wasserpumpwerken durch Druckwindkessel. Heft 27/28.
45. Conradt, Einrichtung behelfsmäßiger Brausebäder. Heft 41/42.
46. Gansloser, Leistung, Mächtigkeit und Ruhewasserspiegel der verschiedenen Schichten während der Teufe von Tiefbrunnen. Heft 51/52.

Deutsche Wasserwirtschaft:

47. Buchner, Die Ableitung einer neuen Abflußformel und ihre Anwendung auf Schlammableitungen. Heft 2.
48. Veronese, Wirtschaftlichkeitsprobleme bei den Regleranlagen von Wasserleitungen im Flachland. Heft 3.
49. Lindner, Modellversuche an Druckrohrleitungen. Heft 8.

Pumpen- und Brunnenbau, Bohrtechnik:

50. Dahlhaus, Zusammenhang zwischen Probepumpen und Wasserlieferung einer großen Fassungsreihe. Heft 15.

Technisches Gemeindeblatt:

51. Thiem, Hydrologische Grundbegriffe für gemeindliche Wasserversorgungen. Heft 2.
52. —.—, Wasserbeschaffenheit, Wasserbedarf und Wasserbeschaffung für öffentliche Trinkwasserversorgungsanlagen. Heft 3.
53. Dahlhaus, Bau und Betrieb gemeindlicher Wasserwerke. Heft 7.
54. Lehr, Wie tief kann man den Rohrscheitel dünnwandiger Eisenbetonrohre unter Gelände legen? Heft 9.

1943

Technisches Gemeindeblatt:

55. Dahlhaus, Feuerlöschbedarf und Ortsrohrnetzberechnung. Heft 2.

1944

Das Gas- und Wasserfach:

56. Sattler, Energieverluste in Rohrleitungen. Heft 5.

1948

Das Gas- und Wasserfach:

57. Roske, Die Druckverluste in geraden Rohren. Heft 11.

1949

Das Gas- und Wasserfach:

58. Wiederhold, Druckverlustberechnung hydraulischer Leitungen. Heft 2.
59. Schneider, Hans, Betrachtungen über den Stand und die Verwertbarkeit der hydrologischen Berechnungsverfahren. Heft 14, 15.
60. Schneider, Hans, Die Grundwerte der hydrologischen Berechnungsverfahren und die Gültigkeit des Darcyschen Gesetzes und des Widerstandsgesetzes von O. Smreker. Heft 17/18.
61. Wiederhold, Zur Vereinheitlichung der Berechnungsverfahren des Druckabfalls in Wasserversorgungsleitungen. Heft 17/18.
62. Wiederhold, Über den Einfluß von Rohrablagerungen auf den hydraulischen Druckabfall. Heft 24.
63. Gandenberger, Grundlagen für die graphische Ermittlung der Druckschwankungen in Wasserversorgungsleitungen. Heft 24.

Die Wasserwirtschaft:

64. Kirschmer, Reibungsverluste in Rohren und Kanälen. Heft 7, 8.

1950

Die Wasserwirtschaft:

65. Franke, Berechnung der Verluste in Rohrleitungen. Heft 8.
66. Breitenöder, Die Beiwerte der Chezyschen Formel und ihre Beurteilung durch die Strömungslehre. Heft 9.

1951

Das Gas- und Wasserfach:

67. Thiem, Klassische Hydrologie. Heft 8.
68. Nöring, Die hydrogeologischen Grundlagen der Erfahrungssätze Paramelle's. Heft 8.
69. Magnus, Feuerlöschtechnik und Löschwasserverwendung. Heft 14.

Bau und Betrieb. Beilage zum GWF:

70. Gandenberger, Die Bemessung des Windkessels bei automatischen Windkesselpumpwerken. Nr. 4.

Schweiz. Verein von Gas- und Wasserfachmännern. Monats-Bulletin:

71. Goudstikker, Das Cross'sche Verfahren zur Berechnung der Durchflußmengen in Rohrnetzen. Heft 12.

Österreichische Wasserwirtschaft:

72. Schulz, F., Ein Auswertverfahren zur Bestimmung des Durchflusses in Rohrleitungen. Heft 3.

Die Wasserwirtschaft:

73. Frank, Der Borda'sche Stoßverlust in der Hydraulik offener Gerinne. Heft 1.

Abschnitt XI (Bau und Kosten)

1938

Das Gas- und Wasserfach:

1. Scholtz, Wirtschaftliche Betrachtungen zur Wasserversorgung von Siedlungen. Heft 16.
2. Faehndrich, Der Eisenaufwand im Wohnungsbau für den Anschluß an die öffentliche Wasserleitung. Heft 27.
3. Sattler, Beiträge zur Technik der Aufbereitung von Oberflächenwasser. Heft 33.
4. Schosser, Einsparung von Werkstoff, Arbeitskraft und Kosten bei Wasserleitungsanlagen für Wohnbauten. Heft 46.
5. Krüger, Gestehungskosten (Mischbetriebskosten) von Wasserförderanlagen mit betriebseigener und betriebsfremder Kraftquelle. Heft 52.

Deutsche Wasserwirtschaft:

6. Mast, Die Entwicklung des chemischen Bodenverfestigungsverfahrens nach Dr. Joosten in 10 jähriger Praxis. Heft 5.
7. Schatz, Der Bau des Staudammes der Rurtalsperre Schwammenauel. Heft 7.
8. Gunzelmann, Die Entlastungsanlagen der Rurtalsperre Schwammenauel. Heft 7.
9. Geis, Erfahrungen beim Einstau und bei den Dichtungsarbeiten der Kallsperre. Heft 7.

1939

Das Gas- und Wasserfach:

10. Blankenagel, Untergrund-Rohrverlegung auf hydraulischem Wege. Heft 5.
11. Meyer, Die Bewertung des Wassers auf landwirtschaftlichen Grundstücken. Heft 33.
12. Taute, Erfahrungen mit einer Gußrohrleitung großen Durchmessers. Heft 40.

Deutsche Wasserwirtschaft:

13. Schmidt, Wasserversorgungsanlagen für Siedlungen. Heft 9.

Der Gesundheits-Ingenieur:

14. Kniepmeyer, Probleme der Wasserversorgung durch die Gemeinde. Heft 29.

1940

Das Gas- und Wasserfach:

15. Krämer, Zeitgerechte Planung im Bau von Gas- und Wasserarmaturen. Heft 9.

1941

Das Gas- und Wasserfach:

16. Schemel, Wasserversorgung von Siedlungen. Heft 6.
17. Marung, Besondere Schwierigkeiten des Bohrbrunnenbaues. Heft 49/50.

1942

Das Gas- und Wasserfach:

18. Roeschmann, Besondere Schwierigkeiten im Rohrbrunnenbau. Heft 9/10.
19. Sattler, Kreuzung von Geländestrecken mit nicht tragfähigem Boden durch eine Fernwasserleitung. Heft 7/8.
20. Wiederhold, Bau und Betrieb von Fernwasserversorgungen aus Talsperren. Heft 31/32.

21. Henkel, Ausführung, Handhabung und Verlegung von gußeisernen Rohren mit Schraubmuffenverbindung. Heft 51/52.

Technisches Gemeindeblatt:

22. Dahlhaus, Bau und Betrieb gemeindlicher Wasserwerke. Heft 7.
23. Lehr, Wie tief kann man den Rohrscheitel dünnwandiger Eisenbetonrohre unter Gelände verlegen? Heft 9.

Pumpen- und Brunnenbau, Bohrtechnik:

24. Hodez, Hartporzellan als Werkstoff für Wasserversorgung, Rohrleitungen und Pumpen. Heft 16.

1943

Das Gas- und Wasserfach:

25. Sattler, Hochbehälter im Wasserrohrnetz und Einfluß ihres Standortes auf die Höhe der Förderkosten. Heft 11/12, 13/14, 15.
26. Sattler, Tiefbehälter mit Zwischenpumpwerk im Wasserrohrnetz und Einfluß ihres Standortes auf die Höhe der Förderkosten. Heft 16.
27. Truelsen, Herstellung von Sammelschachtsohlen nach dem Contractor-Verfahren. Heft 22.
28. Steinwender, Löschteich-Entleerungsheber der Wiener Wasserwerke. Heft 22.
29. Steinwender, Löschwasserhebung mittels Wasserstrahlpumpen aus geschweißten Stahlrohren. Heft 23.

Pumpen- und Brunnenbau, Bohrtechnik:

30. Bieske, Stundenlohnarbeiten im Brunnenbau. Heft 9/10.

1944

Das Gas- und Wasserfach:

31. Vogt, H., Die allgemeine Selbstkostenrechnung der Gas-, Wasser- und Elektrizitätsversorgung. Heft 1.
32. Kragel, Zentral-Wasserversorgung, Einzel-Wasserversorgung und Feldberegnung. Heft 4.

1947

Das Gas- und Wasserfach:

33. Neumann, Erwin, Wirtschaftliche Betrachtungen über Wasserversorgung von Städten und Siedlungen. Heft 3.

1948

Schweiz. Verein von Gas- und Wasserfachmännern. Monats-Bulletin:

34. Bütikofer, Vorstudien zur Bestimmung der Projektunterlagen für den Ausbau der Wasserversorgung Herisau. Heft 11, 12.

1949

Das Gas- und Wasserfach:

35. Landel, Wie können Anschlußbeiträge und Bereitstellungsgebühren bei Wasserwerken erhoben werden? Heft 22.

Neue Bauwelt:

36. Kruschwitz, Was soll mit dem Baukosten-Index werden? Heft 21.
37. —.—, Arbeitsaufwand beim Herstellen von größeren Baugruben. Heft 41, 42.
38. —.—, Arbeitsaufwand für Brunnenbau. Heft 44, 45.
39. —.—, Arbeitsaufwand für Brunnengründungsarbeiten — DIN 4137. Heft 49, 51.

1951

Das Gas- und Wasserfach:

40. Garbotz, Amerikanische Geräte für Rohrverlegungsarbeiten. Heft 8.
41. Seeberger, Bauten der Wasserversorgung in Bayern seit 1947. Heft 10.
42. Groschopf, Rutschungen und Setzungen als Ursache von Rohrbrüchen. Heft 12.
43. Landel, Neuere Gesichtspunkte bei der Trassierung von Wasserleitungen. Heft 14.
44. Reifenrath, Bau zweier Wasserdüker durch den Rhein bei Düsseldorf. Heft 24.

Bau und Betrieb. Beilage zum GWF:

45. Landel, Mechanisierung im Bau und Betrieb von Wasserleitungen in USA. Nr. 3.

Abschnitt XII (Betrieb)

1938

Das Gas- und Wasserfach:

1. Albrecht, Versuche mit Kunstharz-Preßstofflagern im Gas- und Wasserwerksbetriebe. Heft 1.
2. Sturm, Wasseranschlüsse zur Aushilfe und Reserve. Heft 3.
3. Beger, Maßnahmen gegen das Auftreten von Eisenbakterien im Wasserwerksbetrieb. Heft 6.
4. Grix, Die autogene Schweißung im Instandsetzungsbetrieb der Gas- und Wasserwerke. Heft 6.
5. Schaaff, Das neue Wasserwerk der Stadt Ludwigshafen a. Rh. Heft 10.
6. Naumann, Die Wasserversorgung von London. Heft 12.
7. Pfeiffer, 50 Jahre Leipziger Wasserversorgung. Heft 22.
8. Wiederhold und Heinsen, Die Fernwasserversorgung aus der Sösetalsperre. Heft 22.
9. Walther, Eine neue Kalkstaub-Beseitigungsanlage. Heft 25.
10. Marschner, Betriebsergebnisse der geschlossenen Wasseraufbereitungsanlage des Wasserwerks III der Stadt Potsdam. Heft 26.
11. Ebner, Das Geophon als Abhorchgerät für das Wasserrohrnetz. Heft 29.
12. Sattler, Beiträge zur Technik der Aufbereitung von Oberflächenwasser. Heft 31/33.
13. Landel, Luftschutzmaßnahmen für die Gas- und Wasserverteilungsnetze der Städte. Heft 31.
14. Eggers, Wassermessung, Wasserverbrauch und Wasserverluste in den Vereinigten Staaten. Heft 37/38.
15. Weckwerth, Die Rohrreinigung als betriebswirtschaftliche Aufgabe. Heft 41.
16. Wenger, Über Wasserverluste in kleinen Werken. Heft 42.
17. Pohl, Für Wasserverwendung werben? Heft 49.

Der Gesundheits-Ingenieur:

18. Vogt, Fehlerquellen im Wasserwerksbetrieb. Heft 12.
19. Ritter, Neuerungen auf dem Gebiet der Wasserversorgung. Heft 44.

1939

Das Gas- und Wasserfach:

20. Krieger, Die Eigenbetriebsverordnung. Heft 4.
21. Schmidt, Zur Frage der Trinkwasserversorgung aus Einzelbrunnen. Heft 4.

22. Krahl, Erfolgreicher Ausbau einer größeren zentralen Wasserversorgung. Heft 5.
23. Bartels, Die Grundlagen für die Gebührenberechnung der Reserve- und Zusatzwasserversorgung. Heft 10.
24. Lingens, Die neuen Richtlinien für die Zulassung von Gas- und Wassereinrichtern. Heft 13.
25. Clodius, Rohrleitungen und Verkehrserschütterungen. Heft 17.
26. Finter, Maßnahmen zur Leistungssteigerung im Gas- und Wasserwerksbetrieb. Heft 20.
27. Panzner, Arbeiternachweis in den Erzeugungsstätten der Gas- und Wasserwerke. Heft 20.
28. Baese, Untersuchung der Wasserleitungsanlagen auf Dichtheit und ausreichende Bemessung der Leitungsquerschnitte. Heft 21.
29. Buntzel, Erfahrungen mit Behälter-Schutzanstrichen und eine selbstgeschaffene Chlorzusatzanlage beim Wasserwerk der Stadt Bonn. Heft 23.
30. Großmann, Einfache Maßnahmen zur Steigerung der Förderleistung eines älteren Gruppenwasserwerks. Heft 27.
31. Riehl und Fick, Verdunkelung von Gas- und Wasserwerken nach dem Luminiszenzverfahren. Heft 48.

Deutsche Wasserwirtschaft:

32. Schmidt, Wasserversorgungsanlagen für Siedlungen. Heft 9.

Der Gesundheits-Ingenieur:

33. Ebner, Geräte und Fahrzeuge im Wasserrohrnetzbetrieb. Heft 3/4.
34. Kniepmeyer, Probleme der Wasserversorgung durch die Gemeinde. Heft 29.

1940

Das Gas- und Wasserfach:

35. Götting, Maßnahmen zur Wiederinbetriebnahme von eingefrorenen Wasserleitungen. Heft 8.
36. Ebner, Das Merkbuch des Rohrnetzbetriebs als Hilfsmittel für die Trink- und Feuerlöschwasserverteilung. Heft 11.
37. Sattler, Rohrreinigung. Heft 19.
38. Baese, Über die planmäßige Untersuchung von Wasserleitungsanlagen in Grundstücken. Heft 26.
39. Hannemann, Frostschäden an Wasserrohrnetzen und deren Verhütung. Heft 33.

1941

Das Gas- und Wasserfach:

40. —.—, Richtlinien für den Frostschutz und das Auftauen von Wasserleitungen. Heft 3, 5.
41. Schemel, Wasserversorgung von Siedlungen. Heft 6.
42. Sattler, Anforderungen an die Wasserbeschaffenheit und Kleinanlagen zur Wasseraufbereitung für die ländliche Wasserversorgung. Heft 7.
43. Ebner, Aus der Tätigkeit des DVGW-Ausschusses Rohrnetzbetrieb/Wasser. Heft 11.
44. Aurich, Die Sicherheits- und Überwachungseinrichtungen eines kleinen Gas- und Wasserwerkes. Heft 12.
45. Heidecke, Über den Einsatz „Technischer Kommandos" für Arbeiten im Gas- und Wasserfach. Heft 14.

46. Sattler, Summierung und Fernübertragung von Wassermengenmessungen. Heft 22.
47. Ebner, Aus der Tätigkeit des DVGW-Ausschusses Rohrnetzbetrieb/Wasser. Heft 26.
48. Landel, Rohrnetzpläne für die Gas- und Wasserversorgung der Städte. Heft 28.
49. Steinwender, Überwachung von Wasserrohrnetzen. Heft 31.
50. Krieger, Die Wasserrohrschäden im Kriegswinter 1939/40 und ihre Beseitigung im Versorgungsgebiet der Stadtwerke Lübeck. Heft 37.
51. Ebner, Aus der Tätigkeit des DVGW-Ausschusses Rohrnetzbetrieb/Wasser. Heft 40.
52. Sattler, Reinigung von Langsamfiltern. Heft 43.
53. Scheffel, Luftschutzmaßnahmen bei Wasserversorgungsanlagen in der Sowjet-Union. Heft 43.
54. Grubisch und Steiner, Erfahrungen an einer Wasserrohrleitung aus gekupfertem, weicherem Flußstahl. Heft 44.
55. Hofmann, Der Schutz von Grund- und Quellwassergewinnungsanlagen gegen Verunreinigungen. Heft 51/52.

Deutsche Wasserwirtschaft:

56. Franke, Baukosten und Wasserpreis bei Fernwasserleitungen. Heft 8.

Der Gesundheits-Ingenieur:

57. Dahlhaus, Eigenwasserversorgungen im Gebiet zentraler Wasserversorgungen. Heft 8.
58. Rohde, Eigenwasserversorgungen im Gebiet zentraler Wasserversorgungen. Heft 18.
59. v. Pohl, Der Luftschutz von Wasserversorgungs- und Entwässerungsanlagen. Heft 21.
60. A—, Wieder 3 Tote beim Ansäuern eines Brunnens. Heft 22.

1942

Das Gas- und Wasserfach:

61. Meyer, Druckschwankungen in Wasserrohrnetzen als Ursache von Rohrbrüchen in Bleileitungen. Heft 7/8.
63. Schwarzbach, Vorrichtung zum Reinigen verstopfter Hydranten-Entleerungen. Heft 7/8.
63. Daur, Erfolgsrechnung der Gas- und Wasserwerke. Heft 15/16.
64. —.—, Jahresbericht 1941 des Deutschen Vereins von Gas- und Wasserfachmännern. Heft 21/22.
65. Wiederhold, Bau und Betrieb von Fernwasserversorgungen aus Talsperren. Heft 31/32.
66. Ellwanger, Typenbeschränkung bei Hauswasserzählern. Heft 33/34.
67. Gandenberger, Nachrechnung der Drucksteigerung einer langen Wasserversorgungsleitung mit großem Rohrreibungsverlust. Heft 37/38.
68. —.—, Offene oder überdeckte Langsamfilter? Heft 41/42.
69. Olzewski und Köhler, Ersatznährböden für die bakteriologische Wasseruntersuchung. Heft 43/44.
70. Sattler, Leistungssteigerung auf dem Gebiete der Wassergewinnung und -aufbereitung. Heft 47/48.
71. Witzgall, Wasserzählerbetrieb und Leistungssteigerung. Heft 47/48.
72. Momm, Ein neues Kreiswasserwerk. Heft 51/52.

Der Gesundheits-Ingenieur:

73. Lillja, Die Wasserversorgungsverhältnisse in Finnland. Heft 33/34.
74. Borg, Elektrische Neuerungen zur selbsttätigen Regelung der Wassermengen in Wasserwerksanlagen. Heft 45/46.
75. Ortleb, Betriebsgestaltung wasserwirtschaftlicher Verbände. Heft 49/50.

Technisches Gemeindeblatt:

76. Ebner, Leistungsfähige Dampfauftaugeräte. Heft 9.

1943

Das Gas- und Wasserfach:

77. Meyer, Aug. F., Nasse Sommer — harte Winter und der Wasserwerksbetrieb. Heft 1/2.
78. Schreiber, R., Maßnahmen zur Stromersparnis in Gas- und Wasserwerken. Heft 15.
79. Kaiser, Auswirkung der Rohrnetzüberwachung auf Betrieb und Leistungsausbau eines kleinstädtischen Wasserwerkes. Heft 19.
80. Seibt, Selbststeuerorgane im Pumpbetrieb. Heft 23.

Technisches Gemeindeblatt:

81. Holler, Ländliche Wasserversorgung. Heft 10.

1944

Das Gas- und Wasserfach:

82. Gebauer, Das elektrische Auftauen von Wasserleitungen. Heft 1, 2.
83. Sattler, Wasser-Ersparnis im Wasserwerk Wasserverlust und Eigenverbrauch. Heft 3.
84. Franke, G., Gewinnung, Aufbereitung und Angriffseigenschaften des Delmenhorster Leitungswassers. Heft 3.

Technisches Gemeindeblatt:

85. Schreier, Gemeinsame oder getrennte Wasserversorgungs- und Entwässerungsverwaltung? Heft 2.
86. Kehr, Gemeinsame oder getrennte Wasserwerks- und Entwässerungsververwaltung in den deutschen Städten? Heft 3.
87. Hatmann, Gesamtwasserwirtschaft und gemeindliche Wasserwirtschaft. Heft 6.
88. Trott, Vereinfachte Fernsteuerungen von Wasserversorgungsanlagen. Heft 8/9.

1947

Das Gas- und Wasserfach:

89. Aurich, Gegenwartsaufgaben der Wasserversorgung bei einem kleineren Stadtwerk. Heft 5.

1948

Das Gas- und Wasserfach:

90. Strieter, Unfälle, Unfallverhütung und Berufskrankheiten. Heft 4.
91. Becksmann, Hydrogeologische Gesichtspunkte bei Erweiterungen städtischer und ländlicher Wassergewinnungsanlagen. Heft 4.
92. Guschel, Das Aufsuchen von Wasserverlusten in einem zerstörten Rohrnetz. Heft 4.

93. Schwab, Der Wiederaufbau der Wasserversorgung in Würzburg nach der Zerstörung der Stadt. Heft 8.
94. Strieter, Unfälle, Unfallverhütung und Berufskrankheiten. Heft 10.
95. Müller, Eberhard, Technische Entwicklung der Hamburger Wasserversorgung in den vergangenen 100 Jahren 1848—1948. Heft 12.
96. Drobek, Stand, Ausblick und Probleme der Wasserversorgung im großhamburgischen Raum. Heft 12.

Schweiz. Verein von Gas- und Wasserfachmännern. Monats-Bulletin:

97. Blanchut, Organisation du système à cartes perforées pour l'établissement des factures et le contrôle des paiements aux Services industriels de Genève. Heft 10.

1949

Das Gas- und Wasserfach:

98. Berry, Rückblick auf die Londoner Wasserversorgung. Heft 3.
99. —·—, Stand der Wasser- und Gasversorgung in Düsseldorf. Heft 4.
100. —·—·, Kriegs- und Hochwasserschäden im Wassergewinnungsgelände der Ruhr. Heft 5.
101. Kirchfeld, Erfahrungen bei der Wasserrationierung im Trockenjahr 1947. Heft 7.
102. Hofmann, Die Wasserversorgung der Stadt New York. Heft 8.
103. Momm, Wiederaufbau und Unterhaltung der ländlichen Wasserversorgungsanlagen. Heft 14.
104. Treser, 75 Jahre Frankfurter Quellwasserversorgung. Heft 17/18.

Der Gesundheits-Ingenieur:

105. Lang, Einrichtungen und Betrieb größerer Wasserwerke. Heft 15/16.

Schweiz. Verein von Gas- und Wasserfachmännern. Monats-Bulletin:

106. Schellenberg, Betriebskontrolle. Heft 10.

Die Wasserwirtschaft:

107. Lienke, Die Harzwasserwerke — ihre Entwicklung und ihre Aufgaben. Heft 12.

1950

Das Gas- und Wasserfach:

108. Höller, Die Wasserversorgung der Stadt Köln. Heft 10.
109. Kiel, Das Gruppenwasserwerk des Agger-Verbandes. Heft 16.
110. Oehler, Die Trinkwasserversorgung von Ankara (Türkei). Heft 16.
111. Schemel, Wasserversorgung der deutschen Marschengebiete. Heft 20.

Bau und Betrieb, Beilage zum GWF:

112. Geis, 40 Jahre Wasserwerk des Landkreises Aachen. Nr. 2.
113. Aubrich, Maßnahmen zur Senkung der Wasserverluste. Nr. 4.
114. Karl, Das Betriebsschema, eine Hilfe für den Wasserwerksbetrieb. Nr. 8.

1951

Das Gas- und Wasserfach:

115. Stimmelmayr, Das neue Wasserwerk der Stadt Neuötting. Heft 2.
116. Walther, Lehren des Neuöttinger Typhusprozesses für die Organisation der Versorgungsbetriebe, insbesondere der Eigenbetriebe. Heft 2.

117. Krauß, Über die Wirtschaftlichkeit von Pumpwerken im Wasserwerksbetrieb der Stadt Wien. Heft 6.
118. Kruse, Über die Notwendigkeit einer betriebssicheren Trennung von werkseigenem Brauch- und zentralem Trinkwasser in Betrieben mit mehrfacher Wasserversorgung. Heft 24.

Bau und Betrieb. Beilage zum GWF:

119. Geis, Wasserverbrauch und Wasserverluste in einer großen Gruppenversorgung. Nr. 4.
120. Wolf, J., Fehlerhafte Trinkwasseranlagen. Nr. 7.

Der Gesundheits-Ingenieur:

121. Möll, Elektrisch betätigte Vorrichtungen und Einrichtungen zum Verhindern des Einfrierens von Wasserleitungen. Heft 10.
122. Vick, Wege zur Verhinderung der Wasservergeudung. Heft 23/24.

Neue Bauwelt:

123. --.--, Flußwasserwerke nach Krefelder Vorbild. Heft 46.

Schweiz. Verein von Gas- und Wasserfachmännern. Monats-Bulletin:

124. Teutsch, Das Grundwasserwerk im Aaretal. Heft 1.
125. Lüscher, Planung von Seewasserwerken. Heft 7.

Österreichische Wasserwirtschaft:

126. Kar, Bedarfszahlen der Wasserwerke. A. Betriebsergebnisse der Wasserwerke Österreichs 1949. Heft 5/6.

Die Wasserwirtschaft:

127. Lepique, Kreiselpumpen im Wasserwerksbetrieb. Heft 12.

Abschnitt XIII (Gesetze und Verordnungen)

1938

Das Gas- und Wasserfach:

1. Seidel, Die ländliche Wasserversorgung im Rahmen der Wasserverbandsordnung vom 3. September 1937. Heft 24.

Deutsche Wasserwirtschaft:

2. Niehuß, Fragen zur Wasserverbandsverordnung. Heft 3.
3. Sievers, Wasserrecht und Wasserwirtschaft. Heft 11.

Technisches Gemeindeblatt:

4. Steimle, Neuordnung der Wasser- und Bodenverbände. S. 30.

Die deutsche Zuckerindustrie:

5. Grevemeyer, Richtlinien für die Wassergütekarten. Heft 30.

1939

Das Gas- und Wasserfach:

6. v. Frisch, Das österreichische Wasserrecht. Heft 3.
7. Meyer, Die Mustersatzung über den Anschluß an die öffentliche Wasserleitung und über die Abgabe von Wasser. Heft 6.
8. Meyer, Die Bewertung des Wassers auf landwirtschaftlichen Grundstücken. Heft 33.

Der Gesundheits-Ingenieur:

9. Hn., Der Anschluß der Grundstücke an die gemeindliche Wasserleitung und die Abgabe von Wasser. Heft 10.
10. Lg., Verordnung des Reichsarbeitsministers über die Anerkennung von Prüfausschüssen. Heft 15.
11. Hn., Eigenwasserversorgung im Versorgungsbereich gemeindlicher Wasserwerke. Heft 39.

Technisches Gemeindeblatt:

12. Steimle, Neues Recht für die Eigenbetriebe der Gemeinde. S. 170.

1940

Der Gesundheits-Ingenieur:

13. Veröffentlichung kartographischer Darstellungen. Heft 13.

1941

Das Gas- und Wasserfach:

14. Meyer, Der Entwurf des Reichswassergesetzes. Heft 27.

Deutsche Wasserwirtschaft:

15. Wüsthoff, Vom kommenden Reichswasserrecht. Heft 1.
16. Gieseke, Der Entwurf des Reichswassergesetzes. Heft 2.
17. Weber, Probleme der Grundwassersenkungsschäden. Heft 3.
18. Werneburg, Zum Wasserrecht mit neuerer Rechtsprechung. Heft 11.

1942

Das Gas- und Wasserfach:

19. Momm, Ein neues Kreiswasserwerk. Heft 51/52.

Technisches Gemeindeblatt:

20. Dahlhaus, Bau und Betrieb gemeindlicher Wasserwerke. Heft 7.

1943

Pumpen- und Brunnenbau, Bohrtechnik:

21. Dahlhaus, Rechtliche Vorschriften für den Bau und Betrieb von Wasserwerken. Heft 5.

1948

Die Wasserwirtschaft:

22. Werneburg, Grundwasserhebungsbauten im Recht des BGB und des Bayerischen und Württembergischen Wassergesetzes. Heft 2.

1949

Das Gas- und Wasserfach:

23. Werneburg, Die Zutageförderung von Grundwasser nach dem Bayerischen Wassergesetz, dem Preußischen WG und dem BGB. Heft 11.
24. Schemel, Die Wasserversorgung als öffentliche Aufgabe. Heft 17/18.
25. Gieseke, Welche Forderungen des Wasserversorgungsingenieurs kann und soll das Wasserrecht erfüllen? Heft 17/18.

26. Speh, Rechtsgrundlagen der Wasserversorgung. Heft 21.
27. Marquardt, Das Grundwasserrecht. Heft 21, 23.

Die Wasserwirtschaft:

28. Linckelmann, Wer ist der künftige Gesetzgeber des Wasserrechts. Heft 9.

1950

Das Gas- und Wasserfach:

29. Marquardt, Die zentrale Wasserversorgung aus den verschiedenen Wasserarten. Heft 6.
30. Marquardt, Die allgemeinen Rechtsverhältnisse der zentralen Wasserversorgungen. Heft 14.
31. Marquardt, Die Rechtsverhältnisse der Gemeindewasserversorgungen. Heft 18.

Die Wasserwirtschaft:

32. Wüsthoff, Die Ausgleichung als Regelung widerstreitender Wassernutzungen bei Wassermangel. Heft 11.
33. Fischerhof, Die Wasserverbandverordnung, gewandelt durch das Grundgesetz. Heft 1.

1951

Das Gas- und Wasserfach:

34. Gieseke, Fragen der Wasserversorgung und der wasserwirtschaftlichen Planung im österreichischen Wasserrechtsgesetz. Heft 4.
35. Gieseke, Die Sonderstellung der Wasserversorgung im Recht. Heft 20.
36. Kruse, Hamburger Richtlinien für Schutzgebiete von Grundwasserfassungen. Heft 22.

Die Wasserwirtschaft:

37. Bochalli, Können die Spruchstellen für Wasser- und Bodenverbände als besondere Verwaltungsgerichte im Sinne der Verwaltungsgerichtsgesetze angesehen werden? Heft 3.
38. Wüsthoff, Die zivilrechtliche Haftung für Verunreinigungen der Gewässer. Heft 5.
39. Brühne, Die Rechtsfolgen der Entziehung oder Beschränkung des Zuflusses von Quellwasser. Heft 8.

SACH- UND NAMENSVERZEICHNIS